TECHNOLOGIE DER TEXTILFASERN

HERAUSGEGEBEN VON

Dr. R. O. HERZOG

PROFESSOR, DIREKTOR DES KAISER-WILHELM-INSTITUTS FÜR FASERSTOFFCHEMIE
BERLIN-DAHLEM

VIII. BAND, 2. TEIL

DIE WOLLSPINNEREI

A. STREICHGARNSPINNEREI

SOWIE HERSTELLUNG VON
KUNSTWOLLE UND EFFILOCHÉ

VON

O. BERNHARDT UND J. MARCHER

BERLIN
VERLAG VON JULIUS SPRINGER
1932

DIE WOLLSPINNEREI

A. STREICHGARNSPINNEREI

SOWIE HERSTELLUNG VON
KUNSTWOLLE UND EFFILOCHÉ

VON

FACHVORSTAND PROF. DIPL.-ING. O. BERNHARDT, WIEN

UND

PROF. ING. DR.-TECHN. J. MARCHER, WIEN

MIT 357 TEXTABBILDUNGEN

BERLIN
VERLAG VON JULIUS SPRINGER
1932

ISBN 978-3-642-98826-4   ISBN 978-3-642-99641-2 (eBook)
DOI 10.1007/978-3-642-99641-2

Vorwort.

Die neueren ausführlichen Darstellungen der Spinnerei umfassen das Gesamtgebiet, tragen also weniger der Eigenart jeder Faser Rechnung, als sie die allgemeinen Gesichtspunkte der mechanischen Technologie berücksichtigen. Demgegenüber steht in den Einzelteilen dieses Handbuches gerade der Charakter jeder Faserart in dem Vordergrunde, nachdem die allgemeinen Grundzüge der mechanischen Verfahren im II. Bande dargestellt sind.

Die vorliegende Darstellung der Streichgarnspinnerei der Wolle, die ein seit geraumer Zeit nicht ausführlich behandeltes Gebiet betrifft, schließt sich daher wie die entsprechenden Teile bei der Baumwolle, dem Flachs usw. an Band II, 1 an. Die Verfasser haben unter Voraussetzung technischer Vorbildung alle Punkte dieses Arbeitsgebietes behandelt und die praktischen Bedürfnisse so eingehend berücksichtigt, daß der Praktiker und Industrielle, aber auch der Anfänger dem Buche leicht folgen kann.

Die Grundlagen des Werkes bilden die sehr eingehenden praktischen Erfahrungen der Verfasser, die sich insbesondere auch bemüht haben, solche Gebiete zu erschließen, die bisher im Schrifttum noch nicht behandelt worden sind. Die Abbildungen der Arbeitsgänge stellen Originalaufnahmen aus dem Betrieb dar, die Maschinen, die beschrieben sind, die neuesten Typen, soweit sie praktisch erprobt sind.

Den Herren Ing.-Assistent Ecker und Ing. Hein ist für die Anfertigung einiger Zeichnungen der beste Dank auszusprechen!

Berlin, September 1932.

Der Herausgeber.

Inhaltsverzeichnis.

Berichtigung.

Seite:	Zeile:	lautet:	soll lauten:
23	24	Ketten oder	Ketten — oder
87	Abb. 115	Bezeichnung am oberen Bildrand L_2	L_1 am rechten Bildrand fehlt beim Zeiger der Buchstabe i
90	15	Scheibe S	Scheibe
113	3	11 bis 14	11 und 14
159	7 Z. v. u.	müssen sie abermals	müssen sie noch zweimal
199	9	im Sinne des in Abb. 221a gezeichneten Pfeiles 1 bewegt	im Sinne des Pfeiles 1 in der äußersten rechten Nebenskizze...
213	21	Gleitbahn G	Gleitbahn g
236	Abb. 263	Leitspindelbezeichnung im Grundriß 442	.... im Grundriß 492
251	17 Z. v. u.	Drahtzählerscheibe Zs	Drahtzählerscheibe S
252	2	bei g	bei G
272	12	Keil K	Keil k
298	9	Nase n	Nase u
324	6	Trommeln bzw. mehrere	bzw. mehrere Trommeln
337	30	erfolgt im trockenen	erfolgt bei Baumwoll- und Halbwollhadern im trockenen ....

Herzog, Technologie VIII/2, A: Bernhardt-Marcher.

Einleitung.

Beim Spinnen werden die Fasern durch Verdrehung um die Faserbündelachse eingebunden. Für die Haltbarkeit des Fadens bilden Oberflächenreibung und Haftfähigkeit der Einzelfasern — beides zusammen als „Haftreibung" bezeichnet — in Gemeinschaft mit der Faserfestigkeit die Grundlage. Die Faserhaftung wird durch den zentral gerichteten Druck der sich gegenseitig umschlingenden Fasern sowie durch deren Oberflächenbeschaffenheit bewirkt. Je feiner der Grundstoff, das Haar oder Fasermaterial ist, desto feinere Fäden können daraus gesponnen werden.

Die Spinnfähigkeit der Einzelfaser ist von der Länge, Oberfläche, Kräuselung, Stärke, Elastizität, Dehnbarkeit, Verfilzungsfähigkeit und insbesondere von der Formbarkeit abhängig. Haftung der Fasern wird aber nur erzielt, wenn die Haare unter Spannung liegen, wodurch ausreichende Oberflächenreibung bewirkt wird. Faßt man ein Faserbündel zwischen zwei Fingerspitzen und rollt es eine Zeit unter Druck, so entsteht wohl ein fadenförmiges Stück, aber dieses besitzt keine nennenswerte Festigkeit. Die wirr liegenden Haare sind nur infolge von Kräuselung und Beschuppung lose verhängt, und zwar um so besser, je feiner die Kräuselung und Beschuppung der Einzelhaare ist. Faßt man ein solches Bündel an den Enden und verdreht es, so bleiben infolge Vergrößerung der Haftreibung die Fasern vereinigt. Bei glattem, straffem Material mit wenig Kräuselung und Beschuppung würde infolge der Elastizität des Materials beim Zusammenrollen eines solchen Bündels zwischen den Fingern wieder ein Aufspringen der Haare, also keine Verhängung erfolgen. Legt man solche Haare parallel und dreht sie, so erreicht man auch hier einen entsprechenden Zusammenhalt.

Einfluß der Faserlage im Faden auf den Garncharakter.

In der Streichgarnspinnerei ist die verwirrte Faserlage der Ausgangspunkt für die Fadenbildung. In der Kammgarnspinnerei wird die möglichst parallele Haarlage hierfür benützt. In der Kammgarnspinnerei zeigen die zwei Hauptgebiete der englischen und französischen Kammgarnspinnerei Unterschiede in der Vorgarnbehandlung. Während die französische Spinnerei feine, stärker gekräuselte Wollen verarbeitet, verwendet die englische Spinnerei längeres, straffes Material, wodurch sich besonders in der Vorspinnerei grundlegende Unterschiede ergeben.

Das französische Spinnverfahren benützt zur Einbettung der Randfasern und zur Verdichtung des Fadens, unterstützt durch die hohe Verfilzungsfähigkeit der feinen Wolle, einen rollenden Druck durch Lederhosen (Nitschelhosen). Infolge dieser Frottier- oder Mangelbewegung verhängen sich die Haare mit ihren Kräuselungen und Schuppen. Es wird hier also nicht, wie man allgemein annimmt, ein „falscher Draht" erzeugt, sondern das wechselnde Rollen um die Achsenrichtung des Bändchens bewirkt eine bis ins Innerste des Vorgarns reichende Verankerung der Haare. Falschen Draht bewirken eigentlich nur die Drehröhrchen und verbessern so die Verzugsfähigkeit.

In der englischen Kammgarnspinnerei ist das glatte, harte Haar einer Verdichtung durch Frottierung nicht zugänglich, daher wird das mehr parallel und straff liegende Material durch einseitige Achsialverdrehung des Vorgarnes zur Verhängung gebracht. Da das englisch gesponnene Vorgarn nur schwache Drehung hat und wegen des „wilden" Verzuges die freie Länge zwischen dem drahtgebenden Flügel und dem Fadenauflaufpunkt an der Spule von der Haarlänge abhängt, verwendet man in der englischen Kammgarnspinnerei Vorspinnmaschinen mit angetriebenen und mit gebremsten Spulen. Abb. 1 zeigt bei zirka 60 facher Vergrößerung das englisch gesponnene offenere und das französisch gesponnene verwirrtere Vorgarn.

Für die Praxis ergibt sich dadurch auch eine einfache Unterscheidungsmethode für französisch und englisch gesponnene Garne. Schneidet man nämlich, wie Abb. 2 zeigt, zur Erkennung der verwendeten Spinnmethode von einem Garn kleinstmögliche Fadenstücke ab, so unterscheiden sich die Garnsorten wie folgt. Bei französisch gesponnenem Kammgarn haften die durch Nitschelreibung verhängten Haarstückchen pinselartig aneinander, bei englisch gesponnenem Kammgarn spritzen die Härchen auseinander, bei Streichgarn bilden sie infolge der besonders verwirrten Faserlage und stärkeren Verfilzung kleine Kügelchen (Abb. 3).

Die Abb. 4 zeigt zum Vergleiche den französisch und englisch gesponnenen fertigen Kammgarnfaden nebeneinander.

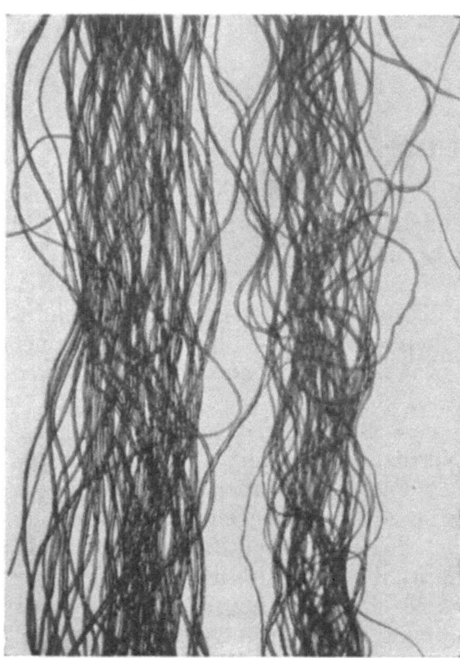

Abb. 1. Englisch und französisch gesponnenes Kammgarnvorgarn. (Vergr. 60 fach.)

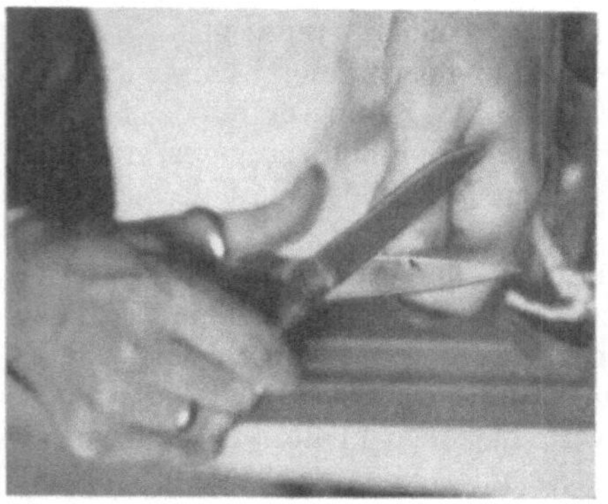

Abb. 2. Unterscheidungsmethode für Garne und Vorgarne (Querschnittsprobe).

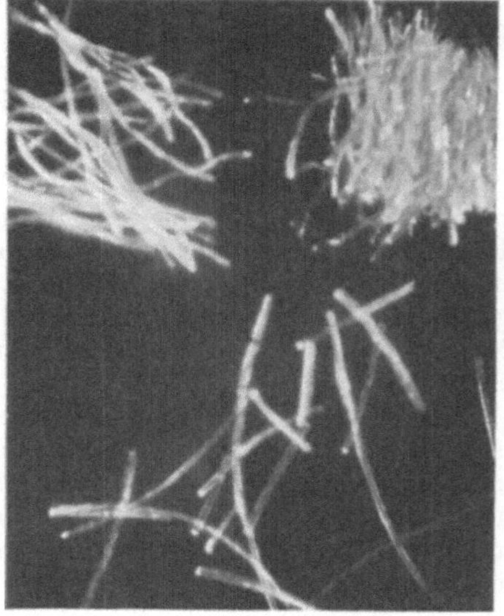

Abb. 3. Garnschnittproben von Streichgarn, französisch und englisch Kammgarn.

Die Parallellage der Haare kommt, trotzdem ihnen die Kräuselung genommen wurde, infolge der obenerwähnten Nitschelwirkung und schärferen Eindrehung weniger zur Geltung. Die verwendete feine Wolle gibt der Ware einen feinen weichen Griff bei merkbarer Auswirkung des Einzelfadens im Muster. Der englische Kammgarnfaden, in der Abbildung rechts, ist grob, schlicht, loser gedreht. Er verleiht der Ware entsprechend gröberes Aussehen und ebensolchen Griff.

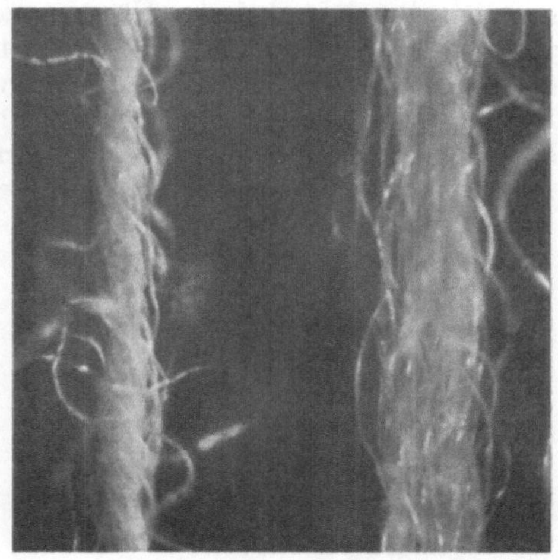

Abb. 4. Französisch und englisch gesponnener Kammgarnfaden.

Bei Streichgarn gibt die wirre Faserlage im Faden wohl eine geringere Gesamthaltbarkeit des Fadens, ermöglicht aber gleichzeitig infolge der kürzeren Fasern das Herausstehen zahlreicher freier Haarenden aus dem Faden, und erzielt einen moosig rauhen Faden, der zur Verfilzung in der Tucherzeugung zwecks besonderer Haltbarkeit bei vollem weichen Griff vorteilhaft ist. Die geringere Haltbarkeit im Faden ist dadurch begründet, daß infolge der wirren Lage nicht alle Haare eine gleichmäßige Zugbeanspruchung aufnehmen.

1. Die Garnbildung.

Zur Bildung eines Fadens ist beim Spinnen der Wolle auf folgende Punkte zu achten:

1. Reinigung und Auflockerung,
2. Erzeugung eines Vorgespinstes durch Ordnung der Fasern in gleichmäßig verwirrter oder paralleler Lage bei entsprechender Drehung,
3. Bildung des Garns durch Verfeinerung, Streckung und endgültige Drehung.

Die Reinigung der Wolle vollzieht sich im allgemeinen für Streichgarn und Kammgarn in ähnlicher Weise mit gewissen Unterscheidungsmerkmalen, die durch die Natur des Rohmaterials gegeben sind. Die Auflösung des Wollmaterials wird schon in der Krempelei in verschiedener Richtung durchgeführt. Die Streichgarnspinnerei schafft ein mehr verwirrtes Vließ, insbesondere wenn Pelzkreuzung verwendet wird, während die Kammgarnspinnerei auf ein offeneres Vließ hinarbeitet.

Die Vorgarnbildung bei Streichgarn erfolgt durch Teilung des Vließes mittels Florteiler in schmale Streifen. Diese werden durch elastischen Druck der Nitschelzeuge zusammengerollt. Um eine Verfeinerung der losen Gebilde durch weiteren Verzug zu ermöglichen, muß zuerst die noch zu geringe Haftreibung der Haare erhöht werden, was nur durch sofortige Drehung bei gleichzeitiger Verstreckung möglich ist. Die wirre Faserlage ist beibehalten. Wird ein solcher Faden bei Drehung gestreckt, so nehmen die schwachen Stellen zuerst die Drehung an. Dadurch werden diese gefestigt. Bei weiterer Verstreckung verziehen sich die weicheren, dickeren Stellen, welche die Drehung früher nicht angenommen hatten. Sie werden verstreckt und wieder verfeinert und nehmen nun Drehung an. Das Endresultat ist eine Vergleichmäßigung des Fadens (s. Feinspinnerei, Wagenverzug). Abb. 5 zeigt ein Streichgarnvorgarn. Es sei auf die wirre Faserlage hingewiesen, die für die spätere Verarbeitung so wichtig ist.

In der Kammgarnspinnerei wird das Krempelvließ zu einem Band zusammengezogen. Durch mehrfache Übereinanderlagerung solcher Bänder bei gleichzeitiger Verstreckung wird eine Verfeinerung und Vergleichmäßigung des Bandes erzielt. Auf diese Weise wird eine immer weitergehende Annäherung der parallelen Faserlage erstrebt. Der völligen Parallellage der längeren Fasern wirken die mitlaufenden kürzeren Fasern entgegen. Erfaßt man durch Streckwalzen[1] ein solches Band mit der mittleren Stapellänge, die etwas größer ist als die mittlere Faser-

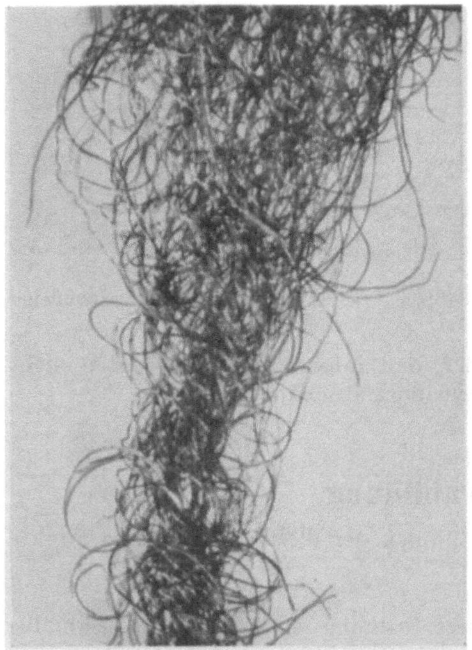

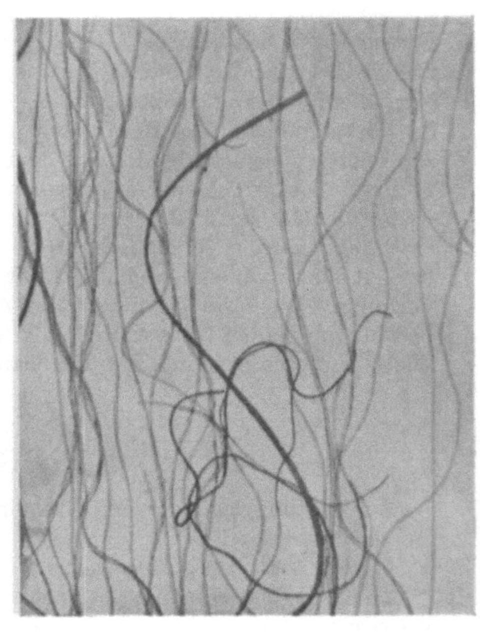

Abb. 5. Wagenverzug bei Streichgarnvorgarn. (Vergr. 25fach.)

Abb. 6. Verlagerung kurzer Fasern im Streckband.

länge, so wird durch die Oberflächenreibung zwar ein Parallellegen der längeren Fasern erzielt, während die kurzen Fasern, die nicht gehalten sind, sich verlagern. Abb. 6 zeigt diese Verlagerung, die kürzeren Fasern sind zur besseren Hervorhebung dunkel angefärbt.

Wegen der störenden Wirkung der kurzen Fasern und zur gleichzeitigen Entfernung von Verunreinigungen wie Kletten usw. werden die Streckbänder gekämmt. Durch Behandlung mit feingeteilten Nadelkämmen bzw. Kämmwalzen bei gleichzeitigem Festhalten an einem Stapelende legen sich die längeren Fasern parallel, während die kürzeren infolge mangelnden Haltes im Band von den Kämmorganen als „Kämmlinge" mitgenommen werden. Das geordnete lange Material geht als „Kammzug" weiter.

In der französischen Kammgarnspinnerei wird unter Streckung und Verdoppelung (Dublierung) und mit Hilfe der durch die Frottierbewegung erteilten Haftreibung die weitere Vergleichmäßigung und Verfeinerung erzielt. Abb. 7 zeigt ein

---

[1] Näheres über die Streckwerke siehe Band II 1 und IV, 2 A.

derartig rechts-links gedrehtes, durch Frottierbewegung erzeugtes Garnstück. Es hat nun so viel Faserhaftung, daß es weiter verstreckt werden kann.

Bei der englischen Kammgarnspinnerei gibt eine dauernde Drehung und Parallellegung mit gleichzeitiger Vergleichmäßigung durch Dublierung ein entsprechend glattes Vorgarn höherer Haltbarkeit. Abb. 8 zeigt im linken Teil ein französisches Vorgarn mit Frottierwirkung, sog. „falschem Draht", im Vergleich zu einem englischen Vorgarn mit echtem flachen Vordraht bei 60 facher Vergrößerung. Die Vorgarne beider Spinnarten werden auf Kammgarnringspinnmaschinen oder Mulespinnmaschinen

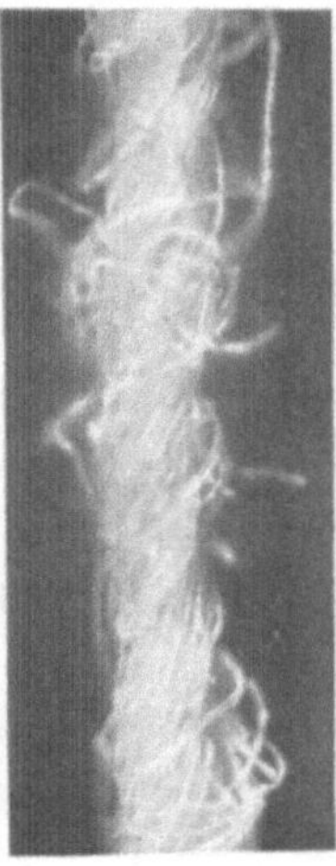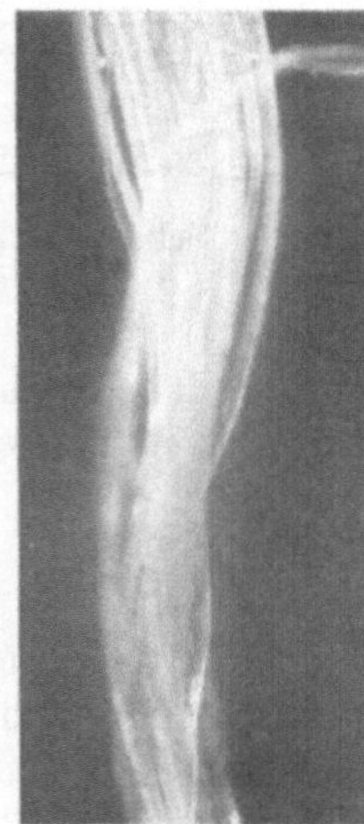

Abb. 7. Schema der Nitschelwirkung.

Abb. 8. „Falscher" und echter Draht.

endgültig verfeinert und fertig gedreht. Die beiden genannten Spinnarten ergeben daher eine Verschiedenheit im Garncharakter bezüglich Glätte und Gleichmäßigkeit, ein Unterschied, den schon die einfache Egalitätsprüfung in Abb. 9 zeigt.

Abb. 9. Egalitätsprobe für englisches Strickgarn und französisches Kammgarn.

Fehler in der Auswahl des Materials und in der Art der Behandlung können zu Ungleichmäßigkeiten im Garn führen, welche als „Spitzen" oder „schnittige" Stellen bezeichnet werden. In Abb. 10 ist unter *a* ein ideales Garn schematisch gezeichnet, unter *b* ein schnittiges, unter *c* ein spitziges Garn dargestellt. Die Kombination der Fälle *b* und *c* ist als schnittiges und spitzes Garn bei *d* angedeutet.

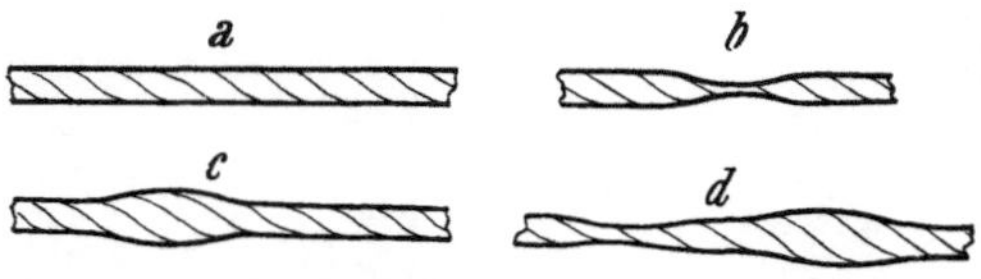

Abb. 10. Schematische Darstellung von Garnfehlern.

Eine weitgehendere Parallellegung wird in der Kammgarnspinnerei durch Entfernung der Kräuselung mittels des Plättens erzielt. In feuchter Wärme unter Spannung über Trockenzylinder gezogen verliert das Haar infolge seiner Formbarkeit den größten Teil der Kräuselung, so daß die zur weiteren Verfeinerung nötige Längsverschiebung der Fasern durch Streckung erleichtert wird.

2. Die Kunstwollspinnerei.

Die Verteuerung der Materialpreise und das Bestreben, wohlfeile Gewebe herzustellen, um auch der ärmeren Bevölkerung einen gewissen Kleiderluxus zu ermöglichen, führten zur Verwendung der Kunstwolle. Sie wird durch Wiederzerlegung schon fertiger Fadengebilde gewonnen. Durch Wiederverwertung der in der Spinnerei und Weberei unvermeidlich entstehenden Abfälle tritt sowohl eine Verbilligung der ursprünglichen Erzeugnisse als auch die Herstellungsmöglichkeit besonders billiger Gewebe ein. Die Bezeichnung „Kunstwolle" ist unrichtig, da hierbei an künstlich erzeugte Wolle (analog Kunstseide) gedacht wird. Man sollte eigentlich von „Regeneratwolle" sprechen.

Je mehr Haftreibung die Einzelfaser im ursprünglichen Faden angenommen hat, je mehr sie gedreht, gespannt oder verfilzt ist, desto schwieriger wird ihre Wiedergewinnung. Je nach Herkunft und Gewinnung unterscheidet man langstapelige Kunstwollen, aus offenen, ungewalkten Strick- und Gewebelumpen gewonnen, die je nach ihrem Ausgangsmaterial als **Strumpfshoddy**, **Kammgarnshoddy** usw. bezeichnet werden, oder als **Mungo**, das aus gewalkten Abfällen gewonnen wird. Aus halbwollenen Lumpen kann man reinwollene Kunstwolle durch Karbonisieren und nachheriges Zerreißen bis zur Einzelfaser gewinnen. Nach ausführlichen Versuchen scheint die in der Praxis häufiger verwendete Naßkarbonisation mit Schwefelsäure dem Trockenkarbonisierverfahren mit Salzsäure sowohl in Ökonomie als auch Qualität der daraus erzeugten Kunstwolle überlegen zu sein. Die durch Karbonisation gewonnene Kunstwolle wird als „**Extrakt**" bezeichnet. Die aus Kunstwolle gewonnenen Faden und Gewebe zeigen infolge ihrer Herstellungsart einen streichgarnähnlichen Charakter, nur sind infolge der vielfachen Anstrengung des Materials die wertvollen Eigenschaften der Wolle, wie Weichheit, Glanz, Haltbarkeit, Griff, mehr oder minder stark beeinträchtigt.

I. Allgemeines über Garnherstellung für Mode- und Walkware.

Die Erzeugung eines bestimmten Streichgarnes setzt neben allgemeiner Eignung der Spinnmaterialien auch noch besondere Eigenschaften voraus, die mit dem späteren Verwendungszwecke des Gewebes zusammenhängen. Man unterscheidet hauptsächlich Streichgarne, die für stark verwalkte „Tuche" (Loden, Militärtuch, Frackstoff, Strichtuch, Decken) verwendet werden, und solche, die dem Gewebe einen mehr offenen Charakter verleihen sollen, so daß darin auch der einzelne Faden zur Geltung kommt. Man spricht dann von „Modewaren", wenn das Muster wirksam wird, was besonders bei Anzugstoffen der Fall ist. Bei der Tucherzeugung wird der Spinner eher einen weichen Faden aus kurzen Wollen spinnen, der durch besondere Verwirrung der Faserlage viel freistehende Faserenden und Schleifen hat, wobei eine mäßige Drehung verwendet wird, um einen gut walkfähigen Faden zu bekommen. Im Fall der Modeware spinnt er einen glatteren Streichgarnfaden, der

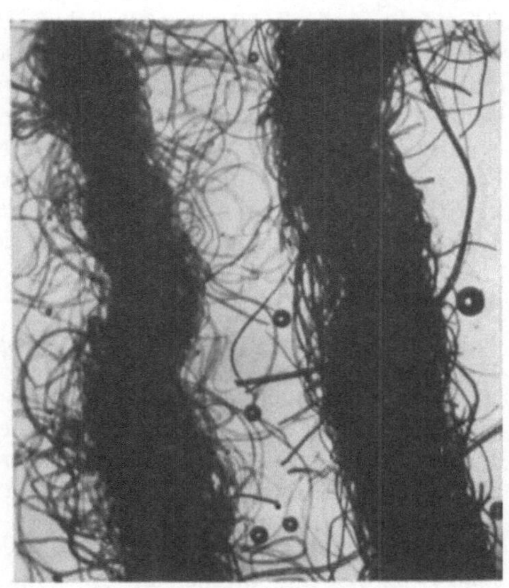

Abb. 11. Modewaren- und Tuchfaden. (Vergr. ca. 25fach.)

aus längerem Material mit weniger Faserverkreuzung ein Garn liefert, das immer noch etwas walkfähig ist, aber wo schon infolge der etwas mehr parallelen Haarlage der Faden (Garn) im Gewebe zur Geltung kommt (cheviotartige u. a. Streichgarnmodewaren). Wie Abb. 11 zeigt, ist der Tuch- und der Modewarenfaden bei schwacher Vergrößerung deutlich unterscheidbar. Der Tuchfaden, aus einem fertigen Gewebe entnommen, zeigt intensivere Verfilzung (in der Abbildung rechts), der Modewarenfaden ist offener mit mehr freiem Fasermaterial an der Oberfläche (in der Abbildung links).

A. Die Wollmanipulation[1].

Sobald sich der Streichgarnwarenfabrikant in einem bestimmten Umfang Aufträge gesichert hat, muß er einen Dispositionsplan zur zeitgerechten Herstellung der Waren entwerfen und nach ihm auch seine Gespinste rechtzeitig fertigstellen. Die für Modeartikel nötigen Vorbereitungen der Muster

---

[1] Vgl. diese Technologie Bd. VIII/2, C.

liegen zeitlich zirka 4 bis 5 Monate vor der Aufnahme der Aufträge. Durch Information besonders für Herrenmoden in London, für Damenmoden in Paris muß der Fabrikant über die nächste kommende Mode informiert sein, um seine Stoffe dem Charakter der Verkaufsgegend und der Jahreszeit entsprechend rechtzeitig in den Handel zu bringen. Dies muß etwa 2 Monate vor Beginn des Saisongeschäftes in den Kaufhäusern der Fall sein. Da zur Herstellung der Gespinste, der Mustergewebe sowie deren Ausrüstung und zur Zusammenstellung der für Modewarenfabriken so kostspieligen Musterkollektionen eine geraume Zeit vergeht, so muß einschließlich der Sammlung der Aufträge nahezu ein ganzes Jahr vor dem Erscheinen der betreffenden Waren auf dem Markte, in den Fabriken mit der Herstellung der betreffenden Waren begonnen werden.

Die für die Gespinste notwendigen Rohmaterialien müssen unter steter Beobachtung der Wollpreise am Weltmarkt rechtzeitig eingedeckt werden. Mit Rücksicht auf die wahrscheinlichen Preisänderungen werden die Wollpreise wegen besserer Beobachtung in Preisdiagrammen verfolgt. Richtiger Wolleinkauf bildet das Um und Auf der ganzen Erzeugung. Fehler im Wolleinkauf können selbst bei höchster Vollendung in der technischen Durchführung des Spinnverfahrens finanziell nicht mehr eingebracht werden. Die für ein Gewebe bestimmte Wollmischung (Wollmanipulation) wird daher in erster Linie vom zukünftigen Preis der Ware beeinflußt. Dabei muß aber die Materialmischung auch auf die Spinnfähigkeit besonders Rücksicht nehmen.

1. Manipulation auf „Stapel".

Wenn man auch bei der Streichgarnspinnerei bezüglich der Spinnfähigkeit an die gleichmäßige Länge der Fasern keine so hohen Anforderungen stellt wie bei der Bearbeitung des Materials mit Streckwerken, so wirken doch auch hier allzu starke Unterschiede in der Länge ungünstig, denn sie bewirken verschiedene Haftreibung und daher geringere Haltbarkeit der Haare im Faden. Bei Faserlängen unter 15 mm, wie sie die minderen Kunstwollen erreichen, läßt sich trotz der oft intensiven Verfilzung nur eine geringe Haltbarkeit im Einzelfaden und im Gewebe erhalten. Dem Prozentsatz an sehr kurzem Fasermaterial, das natürlich auf den Gespinstpreis sehr verbilligend wirkt, sind durch die Qualität, die Verspinnbarkeit und Haltbarkeit des Fadens entsprechende Grenzen gezogen. Bei hochwertigen Streichgarnen zur Herstellung von Feintuchen geht man daher in der Art vor, daß man die unter günstigsten Bedingungen gekauften Wollen gleicher Qualität mischt. Es darf beispielsweise der feine weiche Griff der Ware, der für bessere Tuche durch Verwendung von AA und A/AA Wollen erzielt wird, beim Spinnen nicht durch Beimengung härterer Wollen A/B, oder gar gröberer, verdorben werden, um den Garnpreis zu verbilligen. Dagegen können Kämmlinge, eventuell sogar feine Kunstwollen in den oben genannten Qualitäten A/AA oder AA sehr wohl eine Verbilligung bei Erfüllung aller gerechten Anforderungen hervorbringen. Das lange grobe Material würde bei derartigen feinen Wollen auch eine schlechte Bindung der Haare im Faden geben. In ähnlicher Weise wird bei billigen minderen Garnen ebenfalls ein entsprechendes Mischungsverhältnis gewählt. Je gröber die verwendeten Wollsorten, desto härter wird der Griff der Ware. Bei Kunstwollen geht man insbesondere bei Schußgarnen in der Materialqualität so weit herab, als überhaupt noch ein Verspinnen möglich ist. Die spätere Appretur bringt wieder eine Festigung des Gewebes auch bei diesen Waren und kann über die mindere Materialqualität hinwegtäuschen. Die nachfolgenden Wollmischungsbilder und Stapeldiagramme bei angegebener Wollmischung zeigen die Material- und Stapeländerungen. Dabei zeigen gute Manipulationen auch entsprechend guten Ausfall der Garne, und die Stapeldiagramme verlaufen als harmonische Kurven. Ein gebrochenes Stapeldiagramm zeigt plötzlichen Wechsel in der Haarlänge, was auf die Bindung der Haare im Faden ungünstig wirkt und dem Praktiker sich auch im Warenbild an der Oberfläche und im Griff bemerkbar macht.

Abb. 12 zeigt 4 Stapeldiagramme; *a* eine harmonische, richtige Mischung; *b* eine gute Mischung mit viel langem und daher teurem Material; *c* eine unrichtige Wollmischung mit ungleichem Stapel, Knickung im Diagramm, also fehlendem Übergangsmaterial; *d* eine richtige Mischung für kurzes Material. Der praktische Wollmanipulant hat jahrzehntelange Erfahrung und Fertigkeit, Wollmischungen durch bloßen Augenschein und kräftiges Stapelprüfen, durch Fassen ganzer Wollbündel mit beiden Händen, im voraus zu bestimmen. Die Kenntnis der verschieden walkenden Wollsorten und deren Charakteristik für die spätere Ware, ihr Aussehen, die Dauerhaftigkeit, der Griff ist für den Wollmanipulanten unerläßlich. Er prüft die Vermengung der Wollsorten im kleinen Maßstab mit Hilfe von Putzkratzen. Man stellt, wie Abb. 13 erkennen läßt, durch innige Vermengung die Misch- und Spinnfähigkeit der Wolle fest, indem man die vorher mit den Fingern gut vermengte Wollprobe (zirka 20 g) auf die Putzkratzen legt, diese mit gegenüberstehenden Häkchenstellungen kardiert und dann einigemal mit gleichen Häkchenstellungen kämmt. Dieser Vorgang wird so oft wiederholt, bis man schließlich die gut durchmengte Wollprobe als kleinen Pelz zwischen den Kratzenflächen durch Abstreifen der Putzkratzen, mit dem Rücken der Häkchen gegeneinander, ab-

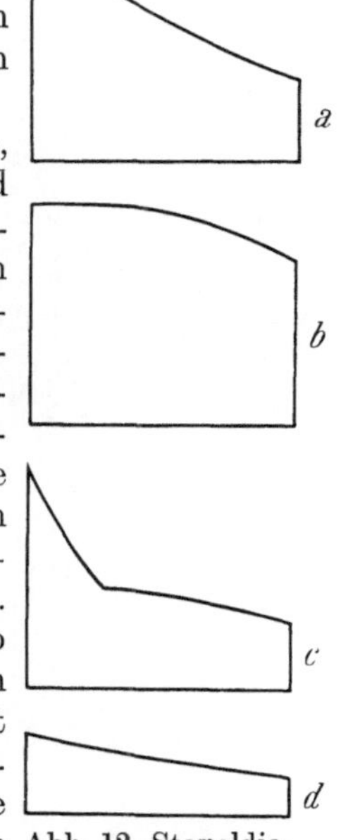

Abb. 12. Stapeldiagramme von Wollgarnen.

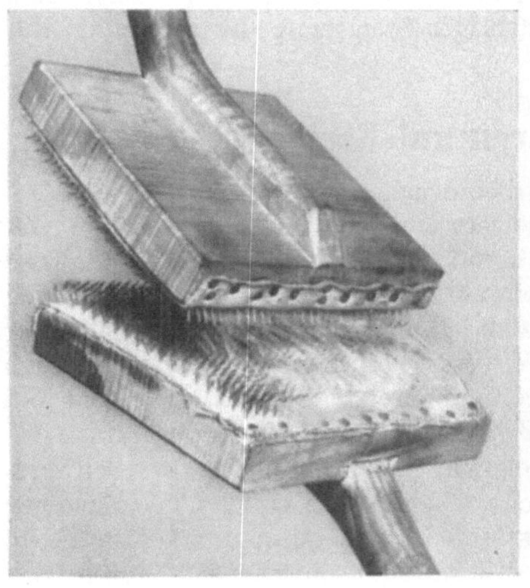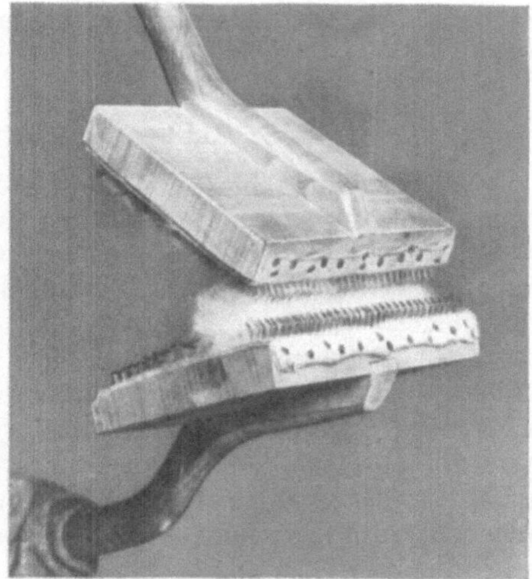

Abb. 13. Herstellung der Handmuster von Wollmischungen.

nehmen kann. An diesem kleinen Pelzmuster kann man die Einwirkung der Material- und Farbmischung beobachten und erhält sowohl Aufschluß über die endgültige Farbe, die ja später auch das Garn erhält, sowie über die gegenseitige Abbindung des Fasermaterials. Wenn man solche Kardiermuster von Hand auf einem kleinen Reibbrett verfilzt, erhält man genau die dem späteren Garn und Stoff entsprechende Färbung. Weitere Angaben über Materialmischung

Abb. 14. Schwarz-Weiß-Manipulation für Graufärbung.

sind im Kapitel „Wolferei" gegeben. Die vorstehende Abb. 14 zeigt eine Farbmischung in Schwarz-Weiß mit je 20%iger Steigerung des schwarzen Zusatzes.

2. Das Melangieren auf Farbe.

Zur Erzielung eines bestimmten Farbeindruckes werden verschieden gefärbte Wollen gemischt, um die im Faden erreichbaren Farbeindrücke im Gewebe edler zur Wirkung zu bringen, während ein im Stück gefärbtes Gewebe monoton wirkt. Der Eindruck ist auch ein anderer, milderer, als die Mischung einfarbiger Garne, durch Verzwirnung erzielt. Die Kammgarnspinnerei benützt derartige Melangewirkungen in gleicher Weise, um besonders edle Farbwirkungen herbeizuführen. Abb. 15 zeigt die fortschreitende Melangierung von weißem und schwarzem Kammzug mit dem rein weiß- und schwarzfärbigen Zug, links beginnend, und mit der fertigen grauen Melange, rechts endigend. Bei Schwarz-Weiß-Gemischen kann man durch einen schwachen Zusatz an blauer Wolle einen angenehmen blau-grauen Grundton schaffen. Besonders mannigfaltige Farbmischungen weisen olivbraune Färbungen auf. Man mischt sich durch Wägung genau die prozentuellen Wollmengen bzw. Farben und Sorten auf einer analytischen Waage vor und vermengt dann das Gesamtquantum durch intensives Kardieren.

Die Arbeit der Probemischung kann unterbleiben, wenn man die Farbsorten auf einem Melangierprüfer, entsprechend Abb. 16, prüft. Man belegt eine Kreisscheibe, die mit feinen Stiften besetzt ist, im prozentuellen Verhältnis der Farbmengen auf den einzelnen Sektoren mit den verschiedenen Sorten und bringt dann die Scheibe in so rasche gleichmäßige Drehung, daß ein gleichmäßiger

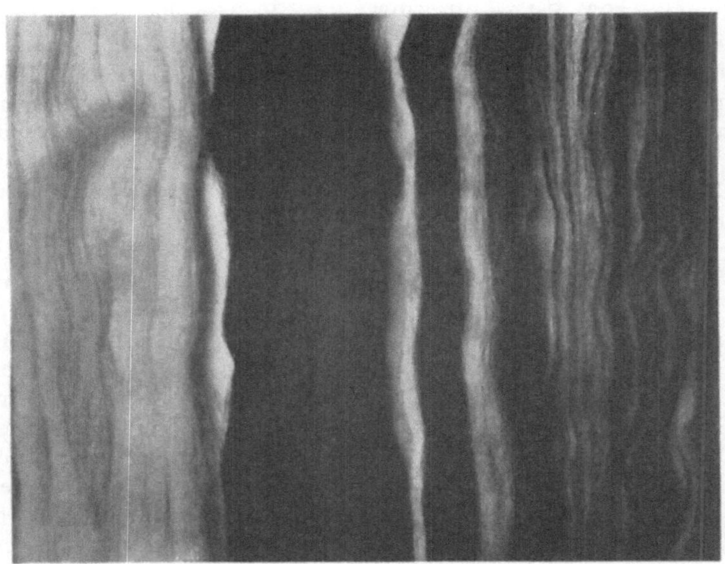

Abb. 15. Melangierung bei Kammzug.

Farbton entsteht, den man mit dem daneben gehaltenen gewünschten Farbmuster vergleicht bzw. darnach einstellt. Allzu rasche Drehung bringt leicht für jedes Mischungsverhältnis einen grauen Farbton hervor, daher ist die Geschwindigkeit vorsichtig bis zur Erreichung des richtigen Eindruckes zu steigern.

Im nachstehenden seien einige Angaben über praktisch erprobte Manipulationen für verschiedene Streichgarngewebe als Beispiele angeführt.

Loden bzw. gröberer Touristenstoff. Roh-

Abb. 16. Melangierprüfer.

ware bis 2 m breit, Kettendichte je nach Garnnummer 10 bis 14 Faden je cm, Schußdichte 12 bis 16 Faden je cm, Garnnummer 8 bis 12 in Kette und Schuß gleich, Kette rechts, Schuß links gedreht, Wollmanipulation für Kette und Schuß gleich, und zwar: Landwolle A Qualität 60%, A/B Wolle 30%, Spinnabgänge 10%.

Herren-Winter-Velourware, beiderseits gerauhter weicher Winterstoff. Doppelgewebe mit einem Kett- und zwei Schußsystemen oder mit zwei Kett- und zwei Schußsystemen. Garnnummer in der Oberkette metr. 10 bis 12, Oberschuß 12, Unterkette 12 bis 14, Unterschuß 12 bis 14, Bindekette 12 bis 14. Als Wollmischung für die Oberkette 60% kräftige Schurwolle A Qualität, 30% guter Kunstwolle gleicher Haarstärke, 10% Spinnabgänge guter Qualität aus gleich-

artigen Partien. Für den Oberschuß zirka 30% Schurwolle, 40% guter Kunstwolle wie oben 20% mittlerer Kunstwolle gleicher Wollqualität und 10% Abgänge. Für die Unterkette mit Rücksicht auf die höhere Haltbarkeit 70% gute
Schurwolle A, 30% gute Kunstwolle. Für den Unterschuß mit Rücksicht auf die
höhere Nummer 50% Schurwolle, 40% guter Kunstwolle, 10% gute Abgänge.
Die Bindekette wird gleich manipuliert wie die Unterkette.

Manipulationen für Eskimo-, Mandarin- und Palmerstonstoffe müssen
bei diesen stückfarbigen Waren den späteren schönen Glanz, besonders auf
der rechten Seite, den feinen vollen und doch kernigen Griff, also gute Walk-
fähigkeit, berücksichtigen. Die Waren sind meist Doppelgewebe mit 2 Ketten und 2 Schußsystemen, die Oberkette ist weicher gedreht, um durch das
Rauhen leichter geöffnet zu werden. Die Oberkette bei sehr feiner Ware hat
dann Nr. metr. 18, besteht aus 80% AA Wolle, 20% A/AA Wolle. Die Unterkette ist Streichgarn Nr. 16 metr., besteht aus 50% A/AA Wolle und aus
30% ebensolchen guten Kämmlingen, eventuell 20% hochwertigen AA Ab-
gängen oder allerbestem AA Strickshoddy. Der Oberschuß ist Streichgarn Nr. 16 metr. aus 30% A/AA Schurwolle, und 40% AA Kämmling,
30% hochwertige Strick-

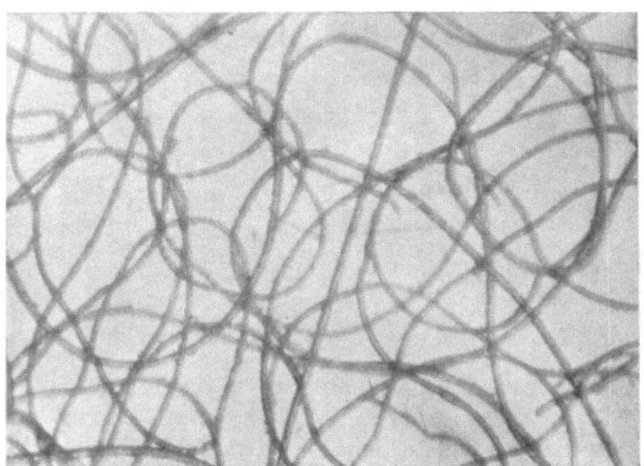

Abb. 17. Wollmanipulation einer feinen Streichgarnware.

shoddy. Der Unterschuß ist Streichgarn Nr. 10 metr. manipuliert aus 20% A/AA
Schurwolle, 60% Strickshoddy und 20% Kämmling. Die Kettendichte ist 32 Faden
je cm, Schußdichte 28 Faden je cm, Rohbreite des Gewebes 220 cm, Fertigbreite
140 cm.

Abb. 17 zeigt die Manipulation für die Oberkette bei 60facher Vergrößerung
im „Lanameter nach Prof. Döhner".

Manipulation als Streichgarnmodeware. Herren-Frühjahrs- und Herbst-
anzugstoff mit nur leichter Verwalkung zur Erzielung eines besseren Griffes und
Schusses, ohne daß aber die Fadenwirkung leidet. Kettendichte 18 Faden je cm,
Schußdichte 16 Faden je cm, Kettengarn-Streichgarn 16/2fach Zwirn. Schuß
Streichgarn Zwirn 12/2fach, Kettenmanipulation: Ungarische Landwolle A/B
40%, gute Strickshoddy, A Feinheit, 40%, Listerkämmlinge A/B 20%, Schußmaterial: Landwolle A 30%, sehr gutes Strickshoddy A 60%, gute Spinnabgänge
aus A Partien 10%.

Marengo-Meltonpaletot, grau melierter Herrenüberzieherstoff. Kettendichte
16 Faden je cm, Schußdichte 22 Faden je cm, Kettenmaterial Streichgarn
Nr. 18 metr. einfach, Schußmaterial Streichgarn Nr. 16 metr. einfach. Kettenmanipulation: 40% feine A/AA Austral Secoured Merino, ferner 20% feine A/AA
Gerberwollen, 30% A/AA Australkämmlinge, bei günstiger Lage am Kammzug-
markt eventuell geschnittener Kammzug A/AA statt der Kämmlinge, überdies
10% geschnittene gebleichte Stapelfaser, um der Ware die silberglänzenden
Härchenspitzen zu geben, was eine gute Fouléwirkung gibt. Die Spinnerei muß

in diesem Fall dreimal sehr gut durchwolfen und besonders sorgfältig krempeln, damit namentlich die Stapelfaser gut gebunden wird und auf der Krempel nicht herausfällt.

Manipulation eines Streichgarncheviotanzugstoffes, sogenannte englische Modeware für Herren-Sportanzüge. Meist mehrfarbig gemustert. Das Kettenmaterial ist Streichgarncheviot Nr. 18/2fach, das Schußmaterial ist Streichgarncheviot Nr. 12/1fach. Die Kettendichte 20 Faden je cm, Schußdichte 16 Faden je cm, Kettenmanipulation: 40% Großbredwolle langstapelig, A/B Qualität, 40% Siebenbürgische Landwolle B, 20% Listerkämmlinge. Das Schußmaterial aus 30% Croßbredwolle, ferner 50% grobe Strickshoddy A/B Qualität, 10% Listerkämmlinge und 10% gute Abgänge (kein Ausputz) aus gröberen Streichgarnspinnpartien. Kette und Schuß sind auf Streichgarndoppelkrempeln (siehe Krempelei, Malykrempel) ohne Pelzkreuzung als sogenannte Halbkammgarne zu spinnen, etwas härter zu drehen, so daß sie nur wenig walken.

Feine Streichgarn-Velour-Paletotstoffe (kurzstrichig). Kettenmaterial: Streichgarn Nr. 20 metr. Kettendichte: 20 Faden je 1 cm. Schußgarn: IA Streichgarn Nr. 16 metr. Schußdichte: 24 Schuß je cm. Ketten- und Schußmaterial mit besonderer Rücksicht auf die sehr gute Verwalkung, besonders weichen Griff, feine kurze und dichte Rauhdecke, manipuliert. Kette A/AA Austral kurzstapelig, feine Merino 40%, AA Kämmlinge Austral 30%, A/AA geschnittener Kammzug (bei günstiger Marktlage besorgt) oder aber A/AA Austral Secoured Merino 20% und hochfeines Strickshoddy (Lammwolle) 10%. Schußmanipulation Australwolle A/AA kurz und feinstapelig 30%; A/AA Kämmlinge 60% und hochfeine Strickshoddy oder gerissene feindroussierte AA Kammgarnenden 10%.

Billiger Streichgarn-Velour-Mantelstoff. Kettenmaterial: Streichgarn Nr. 16 metr. einfach, Kettendichte: 18 Faden je cm, Schußmaterial: Streichgarn Nr. 12 metr. einfach, Schußdichte: 22 Faden je cm. Kettengarnmanipulation: 25% A Merino Austral Secouredwolle. 50% A Merino Australkämmling. 15% gerissene feine Kammgarnfäden, gut droussiert, A Qualität, 10% Spinnabgänge aus A/AA Kettpartien. Schußgarn besonders moosig weich gesponnen für gute, aber nicht zu kernige Walke, welche ebenso wie die dichte Flordecke besonders durch die beigemengten Kämmlinge gebildet werden muß, auch die Preislage ist dadurch bestimmt. Manipulation für den Schuß: 20% Merino Secoured Austral A Wolle, 40% A Kämmlinge, 30% gutes Strumpfshoddy rein Wolle A, 10% Spinnflug aus A/B Partien.

Billiger Kunstwollanzugstoff, Halbwollqualität „President". Kette: Baumwollzwirn 36/2fach 20 Faden je cm. Schuß: Kunstwollstreichgarn 9 metr. Nr. 16 Faden je cm. Sehr dicht geschlagen, da ein besonderes Einwalken von dieser Ware nicht zu erwarten ist. Der Schuß als Kunstwollstreichgarn, billiger Qualität mit Rücksicht auf die kurzen Fasern, ziemlich scharf gedreht. Schußmanipulation: 5% gerissenes Walktuch, Mungo, 20% kurzes Kammgarnshoddy gerissen, 20% gerissene Streichgarnenden (Abfälle einer Lodenspinnerei), 10% kurze Amerikabaumwolle zur Erhöhung der Spinnfähigkeit.

Deckenstoff, Reinwolle Mittelqualität, Kette: Streichgarn Nr. 8 metr., 12 Faden je cm. Schuß: Streichgarn Nr. 6 metr. 18 Faden je cm. Kettenmanipulation: 30% B/C Wolle Norddeutsche Heidschnuckenwolle, 40% Croßbred gröbere Cheviotwolle, 20% gerissene Shoddy (Schrenze, Stückenden als Appreturabfälle bei der Adjustierung mittlerer Streichgarnware), 10% gerissene Thybeth. Schußmanipulation: 20% B/C Croßbredwolle, 50% gerissenes Shoddy, 20% Enden aus mittlerer Streichgarnspinnerei (etwa von Velourware Muster 2), 10% guter Ausputz und Flug aus der Krempelei einer Militärtuchfabrik.

Abb. 18 zeigt die Manipulation des Kettenmaterials mit 60facher Vergrößerung im Döhnerschen Lanameter aufgenommen. Man erkennt deutlich den
stärkeren Unterschied
zwischen den gröberen B
Wollen und den feineren
Kunstwollen, die überdies
als Shoddy nur wenig Be-
schädigungen aufweisen.

**Wollmanipulation für
Knüpfteppiche,** den Flor-
faden Cheviotgarn Nr. 2
metr. 6fach gezwirnt als
Knüpfgarn. 60% Monte-
videowolle C Qualität,
10% Mohair B, 10% Land-
wolle B, 10% Listerkämm-
linge, 10% Gerberwolle
A/B Qualität. Statt der
Landwolle können auch
Ziegen- oder entsprechen-
de Kunstwollen genom-
men werden.

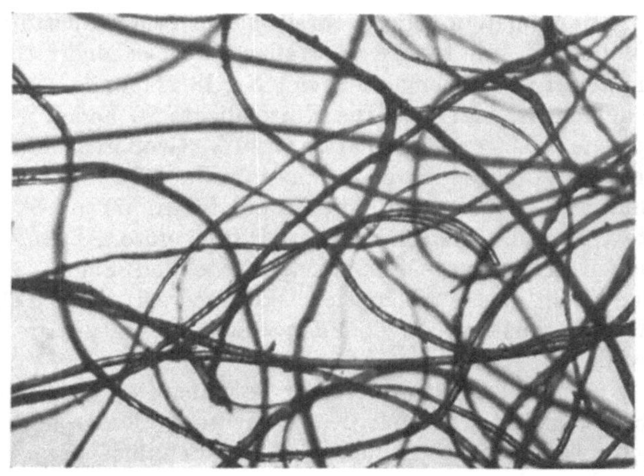

Abb. 18. Wollmanipulation des Kettmaterials einer Woll-
decke.

Wollmanipulation eines Eisenbahnertuches, bestehend aus gröberen
Wollen A/B und B/C sowie feineren Kunstwollen. Manipulation für Kette und

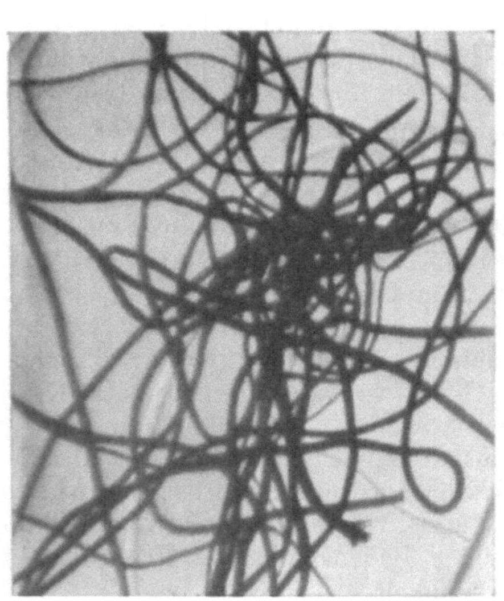

Abb. 19. Wollmanipulation des Kettmaterials eines Eisenbahnertuches.

Abb. 20. Wollmanipulation des Schuß-
materials eines Eisenbahnertuches.

Schuß gleich; Unterschied nur in der Garndrehung. Manipulation: 1% ung.
A/B Schurwolle, 39% österr. B/C Landwolle, 15% braune Kolonialwolle B, 25%
Aussortierwollen, ung. Locken und Montevideo B/C, 20% feines Alttuch und
Strickshoddy. Abb. 19: Kette, Abb. 20: Schuß.

3. Farbmelangen.

Als Beispiel einer Farbenmischung zur Erzielung eines blaugrauen Farbtons sei folgende Mischung angeführt (die Zahlen sind Gewichtsprozente der betreffenden Farbe): Weiße Rohwolle 60%, gewaschen. Indigo, hellblaugefärbte Wolle 10%. Schwarzgefärbte Wolle 24%. Dunkelblaugefärbte Kunstwolle 6%. Diese Mischung gibt einen blaugrauen Uniformstoff.

Olivgefärbter Herren-Winter-Anzugstoff (Streichgarn): 40% braungefärbte Wolle, 20% gelbgefärbte Wolle, 30% grüngefärbte Wolle, 5% rotgefärbte Wolle und 5% schwarz.

B. Der Arbeitsgang in der Streichgarnspinnerei.

Der Materialeinkauf erfolgt mit Rücksicht auf die notwendigen Garneigenschaften und unter Beobachtung des zulässigen Garnpreises. Wegen der heute immer weitergehenden Spezialisierung in der Streichgarnwarenfabrikation ergibt sich für die kaufmännische Führung des Betriebes, daß man sich auch mit Rücksicht auf die möglichst geringe Anzahl der erzeugten Gewebesorten auf gewisse Wollsorten festlegt. Z. B. wird ein Betrieb, der cheviotartige Gewebe erzeugt, sich auch auf passende Wollen im Einkauf verlegen, wie Croßbredwollen u. ä. Dagegen wird ein Feintuchbetrieb hauptsächlich Australwollen und verwandte Qualitäten berücksichtigen. Ganz besondere Spezialisierung erfordert die Erzeugung billigster Streichgarne und Kunstwollgewebe. Diese Erzeugung wird sich auf den Einkauf von Abfallmaterial aller Art aus den übrigen Streichgarnbetrieben beschränken. Sie wird auch mit dem Zusatz von Baumwolle arbeiten, um besonders minderwertigen Kunstwollen bessere Spinnfähigkeit zu geben. Infolge der neueren Entwicklung des Streichgarnwaren-Welthandels beginnt die ursprüngliche 2-Saisonarbeit sich in eine 1-Saisonarbeit umzugestalten. Der Wolleinkauf, der entsprechend der Wollschur- und Verschiffungszeit für Großbetriebe auf den Londoner Wollauktionen abgewickelt werden muß, ist mit den eingegangenen Aufträgen in Einklang zu bringen. Der Streichgarnwarenfabrikant richtet sich nach der herrschenden Mode, für welche er die billigsten Rohmaterialien unter Einhaltung der Qualität der Ware einkauft. Natürlich muß auch der Einkauf die zeitgerechte Fertigstellung der eingegangenen Aufträge berücksichtigen. Nach Festlegung der Wollqualität und -mengen mit Bezug auf den Bedarf für die vorhandenen Aufträge erfolgt der Einkauf in möglichst großen Partien. Der Zahlungstermin soll so erzielt werden, daß bis zur Fertigstellung der Ware kein zu großer Zinsenverlust für das Betriebskapital entsteht. Der Fabrikant wird daher die Wollsorten in möglichst großen Partien in fließenden Vorgang seiner Fabrikation abberufen.

1. Einlauf der Wollen im Betrieb.

Die Wollen laufen meist in großer Ballenanzahl vom Einzelgewicht 250 bis 400 kg im Betrieb ein. Die eingegangenen Ballen werden in luftigen Hallen (Schuppen) unter Gewichtskontrolle eingelagert. Man wählt zweckmäßig den Grundriß eines Wollagers unter Beobachtung möglichster Transportökonomie etwa wie folgt: Hallenhöhe mindestens 5 m, Seitenmauern mit ca. 3 m Überhöhung für das Bogen- oder Satteldach, Anlage von Hauptgängen; für den Ballenverkehr eine ringförmige Hängeschiene mit einfacher Laufkatze, welche bei leichtem Lauf (Kugellagerlaufrollen) in Verbindung mit dem Kreuzgeleise und der Drehscheibenanlage mit nur 2 Mann Bedienung den gesamten Ballenverkehr ermöglicht. Große Schafwollwarenfabriken müssen daher mit Rücksicht auf das Saisongeschäft, besonders wenn sie für Export arbeiten, ihre großen Auslandsaufträge durch entsprechende Lagermengen bewältigen. Aus Gründen der Feuersicherheit legt man derartige Lagerungen wegen der möglichst geringen Feuerversicherungsprämien in der Feuerdistanz, d. i. 20 m von der nächsten versicherten Betriebsanlage, an. Die Zwischenmauern sind als Feuermauern ausgeführt, Holzkonstruktionen werden durch Wasserglasanstrich und Kalkzusatz feuerfest gemacht. Sprinkler-Anlagen sind infolge der Frostgefahr

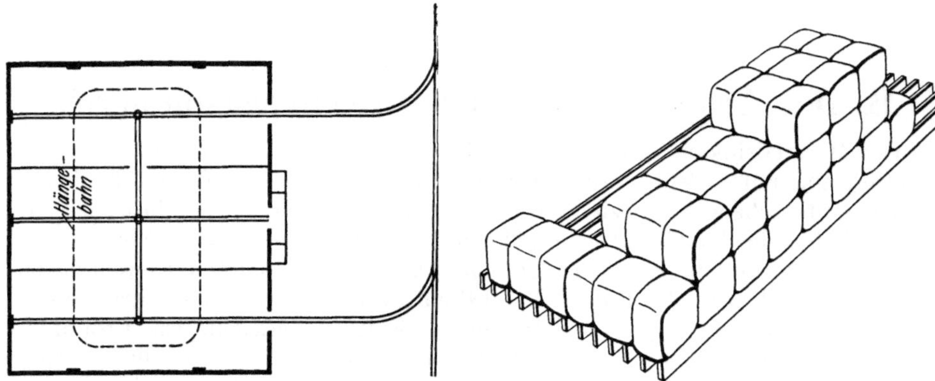

Abb. 21. Wollschuppenanlage.   Abb. 22. Ballenlagerung.

nicht zu empfehlen. Die Feuersgefahr ist in Wollagern geringer als bei Baumwolle, es genügen elektrische Feuermelder, die bei Übertemperatur ansprechen, in Kombination mit Trockenfeuerlöschern. (Abb. 21 zeigt eine bewährte Schuppenanlage.) Die Lagerung der Ballen erfolgt so, daß von den Lagerfelder-Langseiten jede Ballensorte ersichtlich und erreichbar ist. Für jede Sorte sind getrennte Gruppen von Feldern zu wählen. Man legt ca. 4 Ballen je 1 m übereinander und je 2 Ballenreihen mit den Köpfen gegeneinander, etwa nach Abb. 22. Hierdurch ist rasche Übersicht und Transportdisposition möglich.

a) Der Arbeitsgang in der Spinnerei.

Die für eine Spinnpartie bestimmten Wollballen gehen gemeinsam in die Fabrikation ein. Die Arbeiten der Streichgarnspinnerei zerfallen in nachstehende Arbeitsstufen:

     a) Vorarbeiten (Sortieren, Waschen, Trocknen, Wolfen, Mischen und Spicken),

     b) Krempeln und Vorspinnen,

     c) Feinspinnen.

Das Waschen und Trocknen erfolgt meist in einem Zuge, dann wird die Wolle eingelagert; erst mit Beginn der nächsten Spinnpartie wird mit den Vorarbeiten fortgesetzt. Gefärbt wird nach dem Waschen und Trocknen, wenn es sich um kleinere Partien handelt, größere Partien können nach dem Waschen gleich schleuderfeucht zur Färberei gebracht werden.

b) Die Wollwäscherei.

Der Waschvorgang richtet sich in erster Linie nach der Wollsorte und ihrer Verschmutzung. Er darf bei Beobachtung der geringsten Wollwaschkosten unter keiner Bedingung die Qualität der Wolle schädigen. Die Produktion der Wollwaschanlage muß mindestens 50% größer sein als die der angeschlossenen Spinnerei, damit man durch die Partienwahl und deren Wechsel sowie durch die Reinigungsperioden der Waschmaschine den Ansatz neuer Bäder, also durch die betriebstechnischen „toten Arbeitspausen" den kontinuierlichen Betrieb der nachfolgenden Spinnerei in keiner Weise stört. Für eine Streichgarnspinnerei (ebenso Kammgarnspinnerei), die beispielsweise täglich 1200 bis 1400 kg Trockengewicht an gewaschener Wolle spinnt, wird ein 4-Bottich-Leviathan für mindestens 2000 kg täglicher Leistung aufgestellt werden müssen. Bei sehr großen Anlagen ist eine Zwei- oder Dreiteilung der Wollwäscherei wegen der Betriebsreserven und wegen Anpassung an die verschiedenen Wollsorten zweckmäßig.

Die Wolle in den Ballen hat meist Vließform, sie ist als schweiß- oder auch als rückengewaschene Wolle gekauft. Kleinere Betriebe unter 150 Webstühlen kaufen heute vielfach überhaupt gewaschene Wollen, wodurch sie aber im Wolleinkauf finanziell leicht benachteiligt werden. Bei Vließwolle, also unsortierter Wolle, muß eine Sortierung der Wäsche vorangehen, um die spinnereitechnisch höchstmögliche Auswertung der Qualitäten innerhalb der gekauften Partien zu erreichen.

2. Wollsortierung.

Vor der Sortierung werden die geöffneten Wollballen in einen ca. 30 bis 40° C warmen Raum gebracht, um, falls der Transport und die Lagerung in der kalten Jahreszeit erfolgte, die Wolle „aufzutauen", d. h. durch die Erwärmung die Erweichung des erstarrten Wollfettes und eine bessere Ablösung der einzelnen Vließe aus den Ballen zwecks bequemer Sortierung zu erreichen.

Je nach der eingekauften Wollqualität und im Hinblick auf die Warenqualität werden die Sortierungen mehr oder weniger weitgehend durchgeführt. Für die Streichgarnspinnerei begnügt man sich bei gleichmäßiger Qualität der Vließe mit einer Aussortierung der Kot- und Brandspitzen, Locken-, Hals-, Bein- und der schlechtesten Bauchwolle und läßt den übrigbleibenden Teil als hochwertiges Spinngut gelten. Das Sortierungsergebnis wird in Prozent der einzelnen Sorten vom Gesamtwollgewicht nach Feinheitsgraden angegeben und richtet sich nach der hauptsächlichsten Feinheitsqualität, welche vom Fabrikanten zur Erzielung eines bestimmten Resultates in der Ware bevorzugt wird.

Beispiele von Sortierungen unter genauer Verfolgung der Gewichte in einer großen deutschen Wollwäscherei ergaben aus einer großen Vließpartie (ca. 2400 kg) folgende Sortierungsanteile: AAA Wollen: 2,3%, AA Wollen: 24,7%, A Wollen, prima: 43,4%, A secunda (gelb): 5,6%, B Wollen: 16,5%, C Wollen: 1,6%, D Wollen: 1,2%, E Wollen, Locken und Kotspitzen: 4,7%, zusammen 100%. Das Material ab A secunda wurde bei dieser hochwertigen

Abb. 23. Vließeinteilung.

Partie, mit Rücksicht auf die beabsichtigte gleichmäßige Verspinnung, nicht verwendet und an eine Decken- und Lodenfabrik weiterverkauft.

Ein anderes Beispiel einer englischen Kammwollsortierung bei beabsichtigter Verwendung für grobes Cheviotkammgarn bildet folgende Sortierung:

3% A Wollen, 47,0% B prima, 30,0% B secunda, 8% B gelb, 7% C Wollen, 5% D/E Wollen, Locken und futtrige Wollen = 100%. Die letzten 2 Posten wurden im Weiterverkauf wieder ausgeschieden, da für das verlangte Cheviotgarn A/B Feinheit vorgeschrieben war.

Die Abb. 23 läßt die Abstufung der Wollqualitäten am Schafvließ erkennen, wie sie bei sorgfältigster Sortierung in hochqualitativen Streichgarn- und Kammgarnspinnereien üblich ist. Man verarbeitet die Sorten 1 bis 3 in einer Gattung feinster Ware, die Sorten 4 bis 9 in zweiter Sortierung für Mittelware. Die Sorten 10 bis 16 werden weiterverkauft.

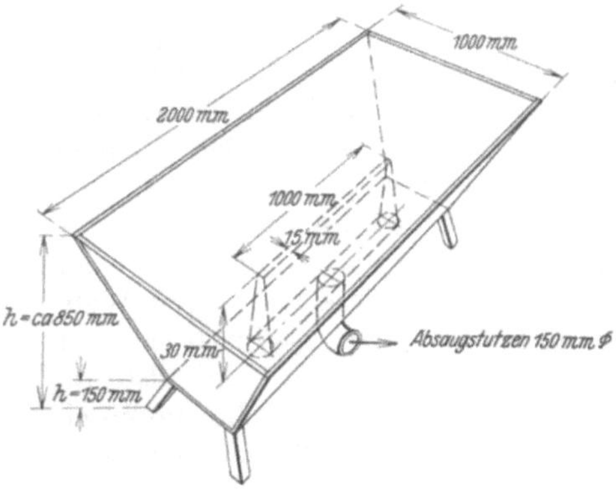

Abb. 24. Sortiertisch.

Die Sortierräume.

Die Sortierung erfolgt in hellen Sortierräumen, eventuell in hochausgebauten Dachräumen auf entsprechend eingebauten Sortiertischen. Um auch im Winter ein Erstarren der Wollen zu vermeiden, ist eine Mindesttemperatur von 25° C notwendig. Die Sortiertische sind längs eines Mittelganges angeordnet, an dessen Ende der Abwurf durch Schächte erfolgt oder die automatische Ablagerung sortierter Partien in den Vorratsraum für die Wollwäscherei führt. Der Sortiertisch (Abb. 24) ist zweckmäßig so gebaut, daß der sitzende Arbeiter bequem alle Teile des Tisches erreicht. Er besteht aus Seitenwänden mit 1,5 mm verzinntem Eisenblech, Füßen aus 45 × 45 Winkeleisen, Siebabdeckung in 8,8 mm Drahthorde, aus 1 mm Eisendraht abnehmbar auszuführen. Für männliche Sortierarbeiter, die stehende Arbeitsweise vorziehen, ist der Tisch etwa 5 bis 10 cm höher auszubauen. Der Sortiertisch wird unten mit einem Abzugsrohr von 15 cm Durchmesser mit angeschlossener Absaugdüse ausgestattet. Der

Abb. 25. Sortierarbeit am einfachen Tisch.

Saugventilator darf höchstens mit 4 bis 5 mm Wassersäule absaugen. Die Warmluftzufuhr in das Lokal muß oberhalb der Tische erfolgen, ohne daß Zugluft entsteht, da sonst die Arbeiter über Fingerrheumatismus klagen und lieber auf den weniger hygienischen Holztischen arbeiten, die überdies leicht Unreinigkeiten in das sortierte Material bringen. Die durch das Drahtsieb durchfallenden Haare werden noch ausgeklopft und als mindere Sorten verarbeitet. Abb. 25 zeigt die Sortierarbeit am einfachen Tisch, links im Bild gerollte Vließe, rechts sortiertes Material in Körben nach Qualitäten verteilt. Je gleichmäßiger die Sortierung einer Partie ausfällt, je mehr Gewichtsprozente in einer brauchbaren Wollsorte erzielt werden, desto höher bewertet der Fabrikant die gekaufte Wollpartie.

Von der im Dachraum angeordneten Sortierung führen aus dem Mittelgang Abfallschläuche A in die darunterliegenden Lagerräume sortierter Partien, die bei Größe 3×8 m und 4 m hoch ca. 1600 kg sortierte Wollen je Kammer fassen.

Aus dem Lager laufen Abfallschläuche, die innen glatt, z. T. mit Blech beschlagen sind, eventuell über Zupfwölfe zu den Einwurfstellen der Einweichbottiche der zu ebener Erde stehenden Wollwaschmaschinen L (Abb. 26). Wenn aus Raummangel die sortierten Partien wieder in Ballen oder Säcke eingesackt werden, so bedeutet dies nicht nur wesentliche Verteuerung in der Manipulation, sondern auch Erschwerung und Verlängerung der nachfolgenden Wäsche, da die eingesackte Wolle verklumpt.

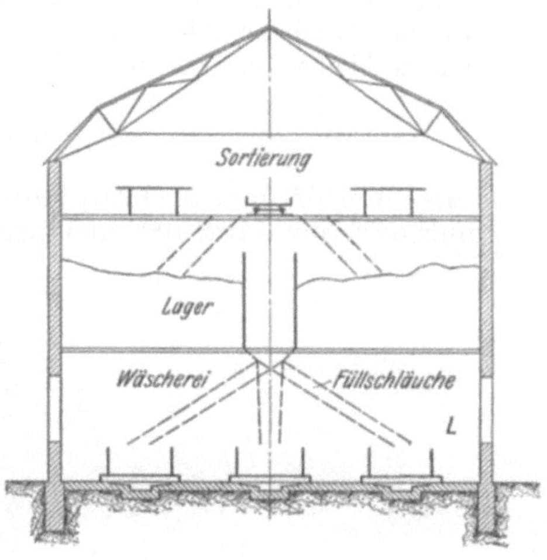

Abb. 26. Disposition der Sortierung und Wollwäscherei.

3. Die Behandlung der Gerberwollen.

„Gerberwollen" oder „Hautwollen" werden von den Häuten geschlachteter Schafe gewonnen. Entweder erfolgt ihre Gewinnung durch Schaben der gekalkten Häute — derartige Wollen sind mit Rücksicht auf die schon teilweise erfolgte Gerbung steifer und spröder — oder die Wollen werden von frischen Häuten durch elektrisch glühend gemachte Schneidedrähte abgeschabt, was wesentlich bessere Wollqualitäten ergibt. Bei gekalkten geschabten Wollen macht sich später beim Waschen der Kalkgehalt unangenehm bemerkbar, insbesondere führt er durch Kalkseifenbildung oft in sehr späten Stadien der Verarbeitung zur Flecken- und Wolkenbildung der Ware. Der Kalkgehalt führt schon in der Wollwäscherei zur Kalkseifenbildung und gibt dann in der Spinnerei durch Verschmieren der Kratzenbelege unreine Garne. Er kann selbst zur vollständigen Störung des Spinnvorganges führen.

Die elektrisch geschnittenen Gerberwollen bilden heute im südamerikanischen Import Konkurrenten der Schurwolle, der sie, bei frischer Gewinnung, nur wenig nachstehen. Sie werden vielfach über französische

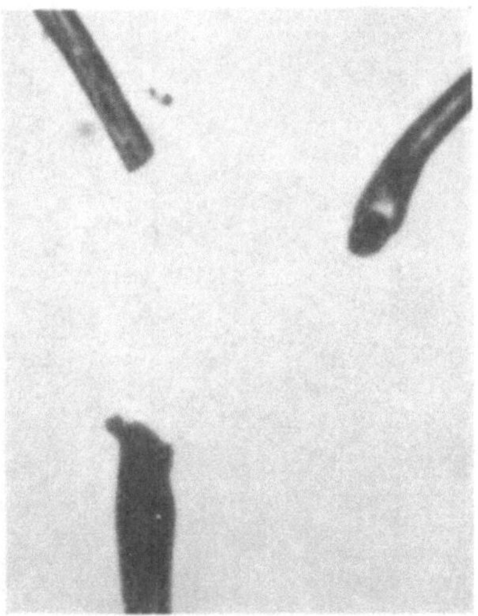

Abb. 27. Schurwolle und Gerberwolle. Ca. 130fache Vergrößerung.

Hafenstädte dem Handel zugeführt und sind in den nordfranzösischen Spinnereien recht beliebt. Den genauen Unterschied kann man manchmal erst durch genaue mikroskopische Untersuchungen festlegen, die gegenüber dem abgeschnittenen Haar der Schurwolle zwei abgebrannte Haarenden der Gerberwolle zeigt (Abb. 27). Staub- oder kalkhaltige Wollen müssen vor dem Waschen, jedoch nach der Sortierung, zweckmäßig auf Klopfern ausgeklopft werden, um die losen Kalk-, Sand- und Staubteile möglichst weitgehend zu entfernen. Gleichzeitig wird die Wolle für das Waschen besser gelockert und daher leichter waschbar, zugleich bleibt die Waschflotte länger verwendbar.

4. Der Klopfer.

Der Wollöffner, auch Zupfwolf oder Schlagwolf genannt, besitzt einen Zufuhrtisch mit etwa 1000 mm Arbeitsbreite für Handauflage. Automatische

Abb. 28. Klopfer mit 1 und 2 Klopferwellen.

Speisung ist mit Rücksicht auf die unegale Verklumpung der Wolle nicht zu empfehlen. Man benützt zwei Paar geriffelte Zuführzylinder mit Gewichtsbelastung für Langwollen mit einer Schlagtrommel, für kürzeres und mittleres Material mit

2 oder 3 Schlagtrommeln. Die Stäbe der ersten Schlagtrommel greifen noch durch einen fest an der Verschalung montierten Rechen. Die Trommeln sind mit einer Blechhaube abgeschlossen, die in der unteren Hälfte als Abwurfrost mit ca. 5 mm Lochung versehen ist. Der Auswurf des Materials erfolgt automatisch am Ausgang.

Maschine mit	1 Schlagtrommel	2 Schlagtrommeln	3 Schlagtrommeln
Riemenscheiben . . .	$375 \times 100 \times 100$	$440 \times 110 \times 110$	$600 \times 130 \times 130$
Kraftbedarf	3 PS	3,5 PS	4,2 PS
Leistung je nach Verfilzung in 8 Std. . .	800 kg	600—1000 kg	600—1000 kg
Tourenzahl der Klopferwellen	300	250	250

Die Klopferwellen erhalten 4 oder 6 Reihen Klopfstäbe, 25 mm stark, Außenschlagkreis 600 bis 750 mm. Die Abb. 28 zeigt die Ausführung mit 1 und 2 Klopferwellen, die Abb. 29 die mit 2 Klopferwellen, Abb. 30 mit 3 Klopfer-

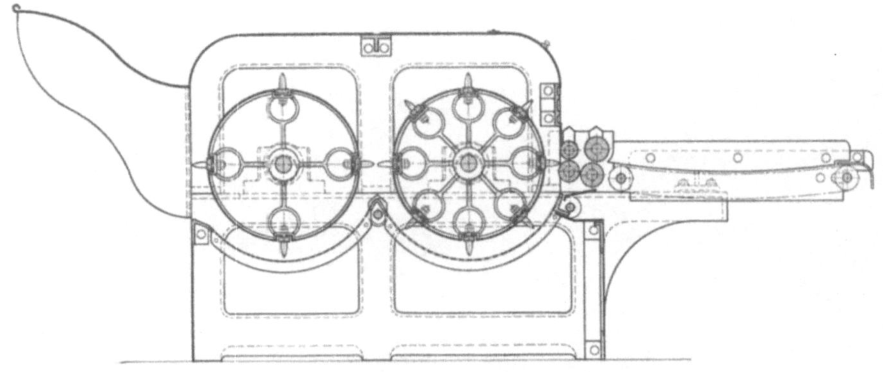

Abb. 29. Klopfer mit 2 Klopferwellen.

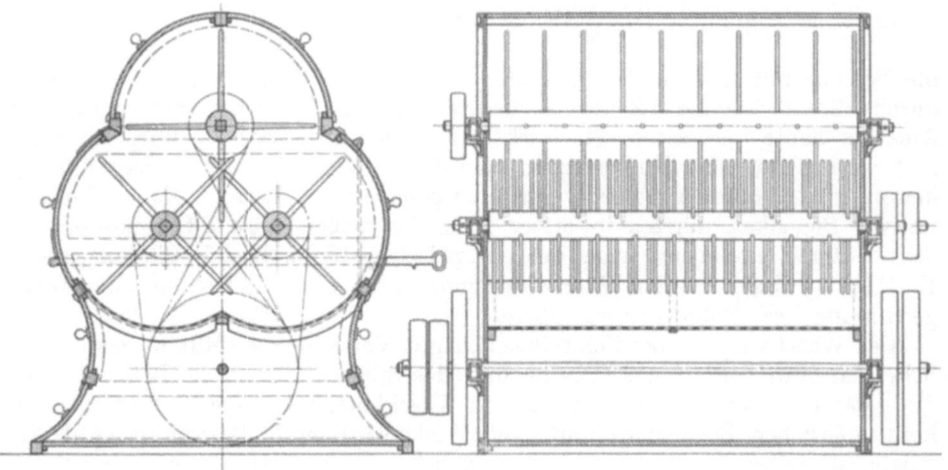

Abb. 30. Klopfer mit 3 Klopferwellen.

wellen. Werden bei längerem Material weniger Klopfstabreihen gewählt, so kann die Tourenzahl der Schlagwellen auf 280 bis 300 erhöht werden. Die vorgeklopften Gerberwollen werden dann einer schwachen Salzsäurewäsche zugeführt, was zur Ausscheidung des Kalkgehaltes führt (siehe Leviathan für Säurewäsche).

C. Die Wollwäscherei.

Die Schweißwollen sowie Secouredwollen müssen nun für die Spinnerei von Schmutz und Fett befreit werden, da erst dann die Auflösung in die Wollbüschel und Einzelfasern einsetzen kann. Bei den Schweißwollen, die bis 70% Fett und Schmutz enthalten, wird sich die Wäsche in erster Linie auf die Fettlösung durch Verseifung und Emulgierung in alkalischen Lösungen mit gleichzeitiger Entfernung der mechanischen Verschmutzung beziehen[1]. Der pottaschehältige Wollschweiß und die Verunreinigung der Wolle durch Urin des Tieres wirken bei der Fettlösung mit und ergeben eine besonders milde Wäsche, daher das Wäscherwort: „Die Wolle wäscht im eigenen Schmutz am besten". In europäischen Wollwäschereien zieht man auch heute noch

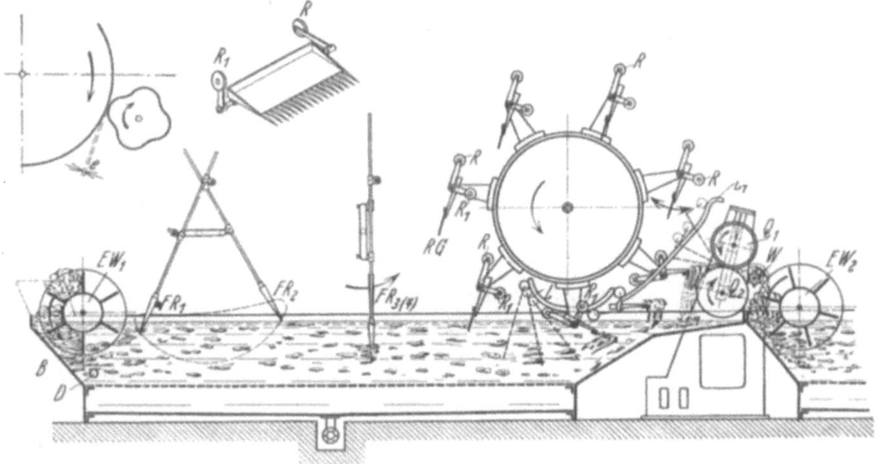

Abb. 31. Leviathan.

die Wäsche mit Soda und Seife unter evtl. Ammoniakzusatz vor. Die Wäsche durch direkt lösende leichte Kohlenwasserstoffe ist trotz Feuergefahr in Amerika heute verbreitet. Sie wirkt sehr schonend, schnell, wärmesparend, gibt unverfilzte, also hervorragend spinnfähige Wollen. Auch andere Flüssigkeiten zur Wollfettextraktion sind vorgeschlagen worden. Außer konservativer Bedenken dürften in erster Linie die großen Anschaffungskosten bei der heutigen mißlichen Lage der europäischen Wollindustrie die allgemeine Einführung dieser Art der Wäsche verhindern, die auch die bestmögliche Rückgewinnung des Wollfettes ermöglicht.

Der Waschvorgang bei Schweißwollen mit Verseifung zerfällt in das eigentliche Entschweißen, in die Wäsche und das Spülen. Für große Betriebe wird die gesamte Arbeit in einer Batterie von Waschbottichen, dem Leviathan, im kontinuierlichen Zuge ausgeführt. Die Wolle wird im 1. Bottich B (Abb. 31) möglichst locker eingeworfen, eventuell schon vom Sortierlager automatisch eingespeist. Eine Tauchtrommel Ew (Fächerwalze) führt die sonst schwer netzende fette Wolle in langsamer Umdrehung (etwa 1 Tour je Min.) unter die Flotte, Gabelrechen oder Wander- bzw. Kettenrechen mit Rückführung oder Schwingrechen besorgen die schonende Weiterführung der Wolle durch

---

[1] Siehe Bd. VIII, 3.

das erste Bad, das auch bei feinen Wollen als schwache Sodalösung (2 bis 3° Bé) angesetzt werden kann. Die Wolle netzt dann besser, als wenn sie gleich mit Seife und Soda oder mit Seife allein genetzt wird. Bei der Führung der Wolle durch die Flotte muß sie unter allen Bedingungen ihre Spinnfähigkeit erhalten und darf sie nicht verfilzen. Die Transportrechen oder Gabeln sollen durch Kurven-

führungsstücke möglichst senkrecht in die Flotte einstechen, die Wolle parallel zur Flotte und zur Bottichrichtung weiterbewegen und die Flotte möglichst senkrecht verlassen. Englische und französische Wollwäscher vermeiden deshalb lieber die Gabelbewegung, die mechanisch wohl einfach ist und eine leichte Reinigung der Maschine ermöglicht, und verwenden die umständlicheren, teueren und schwierig zu reinigenden Bewegungsmechanismen mit Ketten oder Wanderrechen, die überdies auch mehr Kraft erfordern. Der Verfasser konnte je Bottich und Quetschwerk (bei 1,20 m Arbeitsbreite) bei Gabelbewegung einen Kraftbedarf von 4 PS messen, während Wanderrechen 5 PS je Bottich erfordern.

Am Ende des ersten Bottichs wird durch eine Aushebevorrichtung, Schöpfrad (Elevator) mit Gabelschaufeln (Abb. 31), die Wolle einem Quetschwerk zugeführt, das sie dem nächsten Bottich, dem eigentlichen Waschbottich, übermittelt. Hier wiederholt sich

Abb. 32. Leviathan, Einlaufseite.

Abb. 33. Leviathan, Elevatorseite.

in einem Soda- und Schmierseifenbad die Wanderbewegung in gleicher Art. Dieser Bottich ist, wie auch alle anderen Bottiche des Aggregates, mit Doppelboden ausgestattet, um die Abscheidung der schweren Schmutzteile sowie des Schlammes durch den Siebboden und das Ablassen des Schmutzes ohne Wollverlust zu ermöglichen. Er schließt wieder mit einem Quetschwerk. Abb. 32 zeigt die Einlaufseite, Abb. 33 das Ausheberad eines Leviathans. Nach jedem Quetschwerk muß die Wolle von der unteren Quetschwalze, einer glatten Eisenwalze, an der sie besser haftet als an der oberen Quetschwalze, durch eine hölzerne Abschlagwalze W abgenommen werden.

Die Abschlagwalzen sind zweckmäßig als vier- oder fünfrippige Holzwalzen (Flügel- oder Sternwalze) gebaut, welche erfahrungsgemäß eine ungefähr 10% höhere Umfangsgeschwindigkeit als die Quetschwalzen haben und genau an die untere blanke gußeiserne Quetschwalze anstreifen sollen, um die Wollklumpen von dieser sicher abzunehmen ($e = 2$ bis 3 mm) (Abb. 31). Von eigentlichen Waschbottichen ordnet man je nach Größe der Anlage 2 bis 3 an und schließt dann die Leviathananordnung mit einem Spülbottich ab. Die Arbeitsgeschwindigkeit des ganzen Aggregates muß so eingestellt werden, daß die Wolle im Spülbottich rein und geruchfrei ankommt. Dort wird sie nur mehr mit Kaltwasser abgespült, um endgültig abgequetscht zu werden.

Die Leistung mit 5 Bottichen zu je ca. 5,4 m³ Flotteninhalt bei 1200 mm Arbeitsbreite beträgt bei einer sehr fetten Schweißwolle (Rendement 27 bis 30%) ca. 1500 bis 1600 kg in 8 Arbeitsstunden. Bei weniger fetten Wollen entsprechend mehr. Ein zu rasches Treiben der Wollwäsche ist wertlos, es geht auf Kosten der Reinheit und Spinnfähigkeit. Straffe Wollen, die weniger verfilzen, vertragen eine höhere Geschwindigkeit besser, grobe Landwollen im Mittel C Qualität können auf 3 Bottichleviathanen mit 2000 bis 2500 kg täglicher Leistung leicht gewaschen werden. Bei sehr langen Wollen, selbst wenn sie straff sind, ist höhere Rechengeschwindigkeit zu vermeiden. Man kann eher die eingespeiste Menge je Stunde erhöhen, um dadurch die Leistung zu vergrößern.

Die praktische Durchführung des Waschvorganges.

Die Wollwäscherei hängt in erster Linie neben richtiger Auswahl der Maschine mit Rücksicht auf die hauptsächlich zu waschende Wollqualität von der entsprechenden Wahl der Waschmittel und vor allem von dem richtigen Waschwasser ab. Möglichst weiches, reines Wasser von höchstens 3 bis 4° deutscher Härte sind zweckmäßig. Härtere Wasser müssen durch geeignete Enthärtungsmethoden weich gemacht werden, da sonst besonders Kalk und Magnesium leicht die Bildung fettsaurer Verbindungen bewirkt, die vom Praktiker als Kalkseife bezeichnet werden und höheren Seifenverbrauch hervorrufen. Sie geben Anlaß zu schweren Fabrikationsschäden durch Fleckenbildung.

Der Verfasser beobachtete bei Verwendung eines weichen Waschwassers, daß bei unvorsichtigem Spülen der Partie mit härterem Spülwasser, aus falscher Sparsamkeit, sehr feine Kalkseifenbildungen entstanden, die nicht einmal im Spinnen störten und in der späteren Ausrüstung der Ware nur leichte Wolkigkeit hervorriefen. Sie trat erst in der Färberei störend zutage und wurde lange irrtümlich der Gewebewäscherei zugeschrieben. Systematische Analysen auf Kalkgehalt bis zur rohen Wolle führten dann auf die richtige Spur.

Der Spülwasserbedarf des Spülbottichs überwiegt weitaus den sonstigen Wasserbedarf der Flotte. Der Wasserbedarf für die ersten 4 Bottiche beträgt ca. 30 m³ je Tag, der Bedarf des Spülbottichs allein 15 bis 20 m³ in der Std.

Abb. 34 zeigt, wie die auf das Lattentuch L aufgelegte Wolle durch die Quetsche Q_1, Q_2 zur Entwässerung gelangt, wobei schon ein großer Teil der Waschflotte von der Wolle durch das Lattentuch absickert und gemeinsam mit dem abgequetschten Wasser durch die Rücklaufrinnen RL bis etwa zur Bottichmitte zurückgeführt wird. Dadurch bleibt die Flottenkonzentration konstant. S ist der Siebboden zum Absetzen der groben Verunreinigungen, er ist ebenso wie der Hauptboden B gegen die Mitte zu geneigt, um ein besseres Ablassen der Flotte zu ermöglichen.

Eine weitere Flottenumförderung ist aus Abb. 35 ersichtlich. Die Flotte fließt durch kommunizierende Rohre, im Gegenstrom zur Wolle vom letzten gegen den ersten Bottich hin. Natürlich muß der Wasserstand im letzten Bottich etwas höher gehalten werden, um das nötige Strömungsgefälle zu erreichen. Die Überströmrohre sind gegen den ersten Bottich hin allmählich etwas tiefer angeordnet. Die Anbringung von Schöpfrädern an den Achsen der Eintauchwalzen jeden Bottichs ist nur bei Leviathanen ausführbar, die bei jedem Bottich eine Eintauchwalze besitzen, und stellt sich maschinenbaulich teurer. Die Idee dieser Ausführung ist schematisch in Abb. 36 angegeben.

Für Großbetriebe mit kontinuierlicher Produktion baut man vor die Leviathanbatterie einen automatisch auflegenden Speiseapparat (Kastenspeiser, siehe S. 145) vor, der

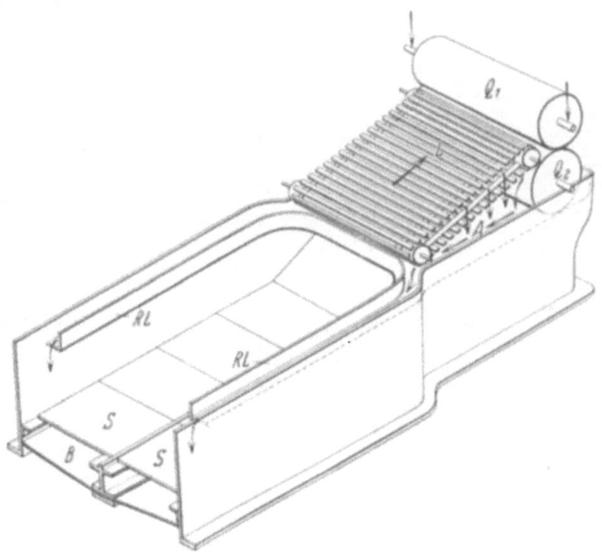

Abb. 34. Leviathanbottich, Auslaufseite.

einem zweitrommeligen Zupfwolf gleichmäßig die Wolle zuführt, worauf sie erst in den ersten Leviathanbottich gelangt. Diese Speisevorrichtung muß ebenso

Abb. 35. Flottenumförderung.

wie der Zupfwolf an die Leistung des Leviathans angepaßt werden. Günstige Antriebsverhältnisse und gute Waschleistungen erhält man bei ungefähr nach-

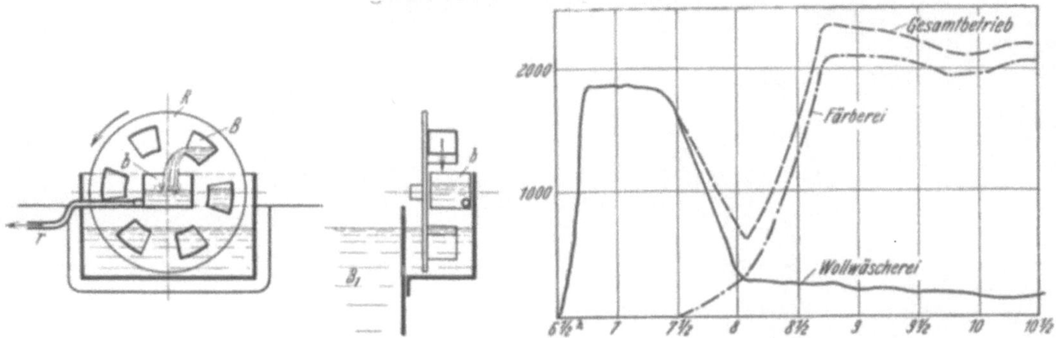

Abb. 36. Flottenumförderung durch
Schöpfer.

Abb. 37. Dampfdiagramm einer
Wollwäscherei.

stehenden Tourenzahlen: Für die Tauchwalze 1 Tour je Min., die Gabeln etwa 6 Touren je Min., der Elevator mit 7 Aushebeschaufeln 1,5 Touren je Min.

Aus den Abb. 33 u. 31 ist auch zu ersehen, daß jeder Leviathanbottich am Auslauf einen ansteigenden Boden hat, um die Führung der Wolle durch die

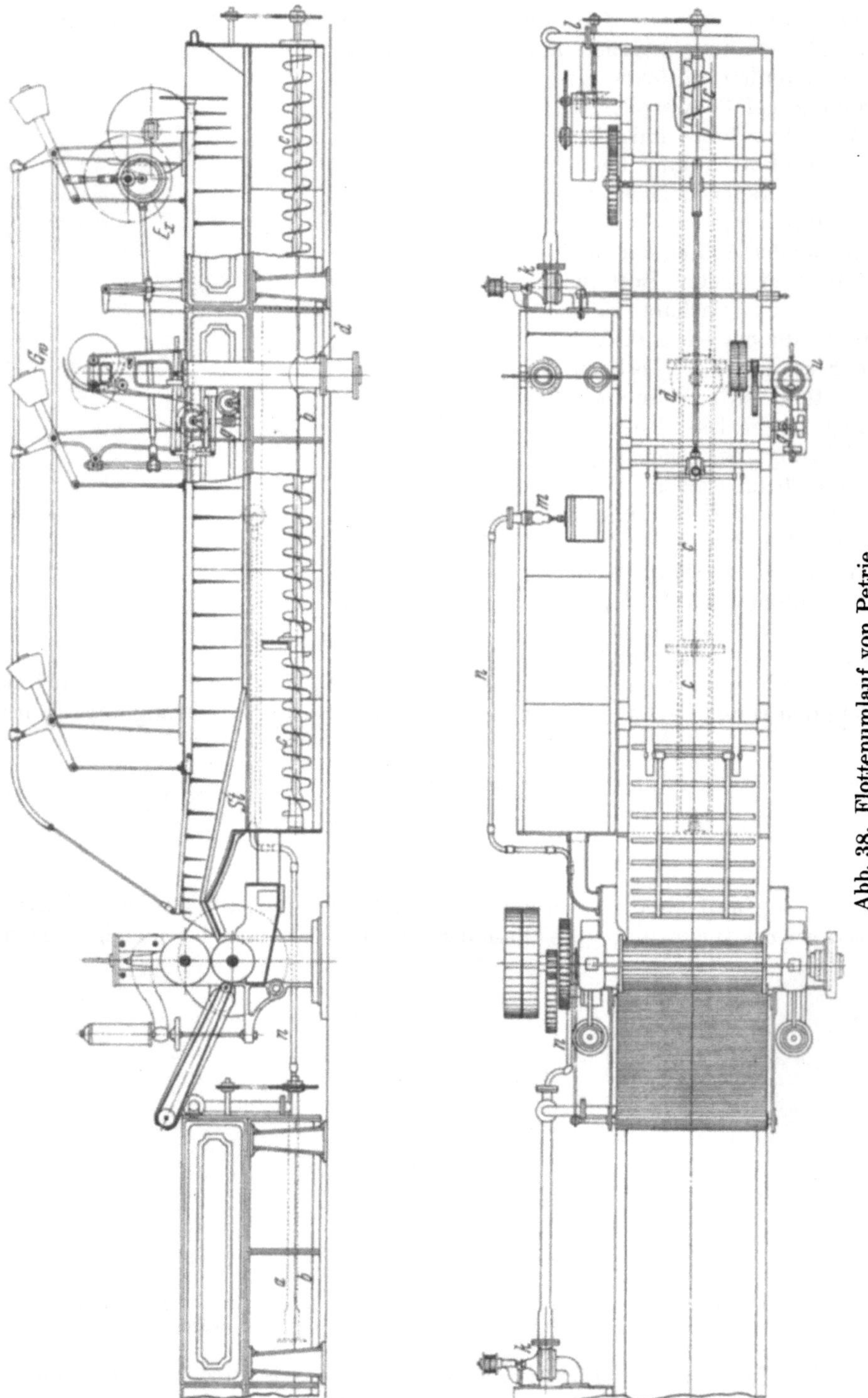

Abb. 38. Flottenumlauf von Petrie.

Aushebeschaufeln längs dieses Bodens zu ermöglichen und ein Ausweichen der Wolle zu verhindern.

Ansatz der Bäder. Vor Beginn des Waschens muß, wie der Wollwäscher sagt, das „Bad bestellt", d. h. die Flotte in den Bottichen aufgefüllt und angesetzt werden. Man läßt zuerst den ganzen Leviathan bis auf den Spülbottich mit Reinwasser anfüllen; die Verwendung von Heißwasser aus Speichern läßt die nachfolgende Anwärmzeit eventuell fast ganz vermeiden. Sonst muß etwa ½ bis 1 Stunde angekocht werden, wobei man, um Dampf zu sparen, zuerst den Einweichbottich anwärmt und dann erst nach und nach mit der Erwärmung der übrigen Bottiche vorgeht. Innerhalb der angegebenen Zeit beginnt man mit der Eintragung der Wolle, die Erwärmung der Bäder muß entsprechend voreilen. Der Dampfverbrauch einer Wollwaschanlage läßt sich z. B. aus vorstehendem Dampfdiagramm (Abb. 37) eines Betriebstages entnehmen. Zweckmäßig verwendet man Abdampf oder Anzapfdampf zur Erwärmung der Flotte,

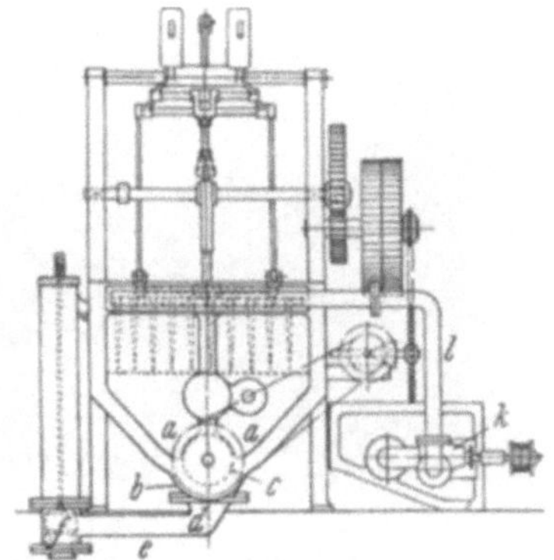

Abb. 38. Flottenumlauf von Petrie.

ebenso ist die Warmwasserwirtschaft des Betriebes für die Wollwäscherei auszunützen. Der Dampfverbrauch bei Benützung von Kaltwasser beträgt etwa 2 bis 2,5 kg Dampf von 4 Atmosphären je kg Trockengewicht reingewaschenen Wolle gerechnet. Laut Abb. 37 kann die Dampfspitze der Wollwäscherei durch zeitliche Vorlegung den Ausgleich in der Wärmewirtschaft erleichtern. Der Ansatz der Waschflotte im Entschweißbottich wird so gewählt, daß eine höchstens 2,5 bis 3° Bé starke Sodalösung von reiner Ammoniaksoda angesetzt wird. Sie wird im 1. und 2. Waschbottich mit neutraler Schmierseife versetzt. Man nimmt etwa 40 kg Schmierseife mit etwa 40% Fettsäuregehalt, möglichst neutral, je Bottich. Im 4. Bottich (bei einer 5-Bottichanlage) wird reine Seifenlösung angesetzt. Bei sehr feinen Kammwollen (AA und AAA) tritt an Stelle der Schmierseife eventuell aufgekochte Marseiller Seife. Durch die Gegenstromführung der Waschflotte vom letzten Bottich gegen den Einweichbottich zu findet eine Anreicherung der Flotte mit Alkalien des Wollschmutzes statt, die besonders zur besseren Schmutzlösung beiträgt. Im letzten Waschbottich kann auch durch 4 bis 5% Ammoniakzusatz, vom Trockengewicht der Wolle gerechnet, ein besonders milder Griff und völlige Geruchfreiheit erreicht werden.

In Großbetrieben wird die Soda- und Seifenlösung in größeren Reservoiren zu je 2 bis 3 m³ angesetzt. Man löst die Seife 1:10 in Wasser, die Soda ca. 3° Bé. Die Verwendung stärkerer Sodalösungen erzeugt leicht hartgriffige Wolle.

Eine Ansatzvorschrift für feine Wollen ist beispielsweise: Für den Einweich- und für die Waschbottiche je 200 l Seifenlösung und 150 l Sodalösung, alle Stunden werden je 12 l Seife und Soda zugesetzt. Im Einweichbottich setzt man bei fetten Schweißwollen evtl. nur 14 Schaff, d. i. 350 l Soda allein an. Je fettärmer die Wolle, desto geringer wird der Sodazusatz und desto mehr Seife ist nötig. In neuerer Zeit sucht man die Seife zu sparen, indem man sie teilweise durch Fettlöser ersetzt, z. B. Hydraphtal 1:10 im Wasser klar gelöst, um an der Wolle Flockenbildungen zu vermeiden. Von dieser Lösung werden 100 l lauwarm auf die ersten 4 Leviathanbottiche verteilt. Eufüllon, ein anderes Präparat, wird auf je 5000 l Bottichinhalt, 5 kg Eufüllon, 5 kg Salmiak, 5 kg Seife, 5 kg Soda genommen. Für das Waschen von sehr schmutzigem Krempelausputz bewährt sich zur billigen Wäsche mit Rücksicht auf den hohen Gehalt dieses Materials an Spinnöl und Schmutz, ein Ansatz von 2,5 kg Tetrapol, 75 l Sodalösung, 50 l Seifenlösung je Leviathanbottich.

Die Umförderung der Flotten.

Die Anreicherung der Flotte mit Fett und Schmutz richtet sich nach der Natur der Wolle, auch muß ihre Wandergeschwindigkeit durch die Flotte richtig eingestellt werden. Die Einweichdauer im ersten Bottich wird bei feiner fetter Merinowolle ca. ½ Stunde betragen, die gesamte Verseifungszeit kann mit etwa 1 Stunde angesetzt werden. Innerhalb dieser Zeit muß ein und dasselbe Wollquantum vom Einweich- zum Spülbottich gelangen. Die Anreicherung der Bäder, vom letzten Waschbottich gegen den Einweichbottich zu, wird praktisch nach der Waschdauer beurteilt. Ist beispielsweise bei einer erprobten Geschwindigkeitseinstellung des Leviathans nach einer entsprechenden Arbeitsdauer der Fettschmutz beim Spülen nicht mehr ablösbar und greift sich die gespülte Wolle etwas fettig an, so ist die Verseifungsfähigkeit der Flotte erschöpft. Sie wird abgelassen und eventuell der Fettextraktionsanlage zugeführt. Man wählt nach der Erfahrung diesen Zeitraum so, daß er mit dem Auslauf einer Waschpartie möglichst zusammenfällt. Dann erst wird die Flotte abgelassen und es erfolgt ein gründliches Ausspülen, Ausspritzen und Reinigen der Maschine. Dabei werden etwaige Wollreste sorgfältig gesammelt. Ebenso müssen zeitweilig von den Fangsieben der Ablaufkanäle

Abb. 39. Leviathan, Rechenförderung.

Abb. 40. Förderrechen.

Abb. 41. Kettenrechen.

die Wollhaare abgenommen werden. Sie werden in minderen Spinnpartien verwendet. Die Reinigungszeit des Leviathans ist ein unproduktiver Arbeitsgang und wird um so größer, je schwieriger die Bodensiebe der Maschine zugänglich sind. Die Gabelführungen sind diesbezüglich weit praktischer, hier dauert die Reinigung der Maschine kaum die halbe Zeit wie bei Gitter- oder Kettenrechen.

1. Der Flottenumlauf.

Die Anreicherung an Pottasche und Fettschmutz erfordert eine stetige Wanderung der Flotte gegen den Einweichbottich und auch eine beständige Durchmischung der Flotte in jedem einzelnen Bottich selbst. Zu diesem Zweck verwendet man verschiedene Mittel. Köchlin wendet eine beiderseitige Rücklaufrinne an, die das Ablaufwasser jedes Quetschwalzenpaares abfängt und etwa in die Mitte des zugehörigen Bottichs (Abb. 34) zurückführt. Die Dampfumförderung mittels Injektors innerhalb desselben Bottichs bewirkt die Verdünnung der Flotte, ist aber wärmetechnisch wegen der billigen Warmerhaltung der Bäder wichtig. Auch zur Beförderung der Flotte aus den rückwärtigen Bottichen nach vorne verwendet man Injektoren.

Englische Konstruktionen von I. Petrie in Rochdale verwenden geschlossene Heizung unter Ausnützung des Kondenswassers für besonders reine Ansatzbäder in der Färberei bei hoher Wärmeökonomie und führen die Umförderung der Flotte durch eine Schnecke aus. Diese ist unter dem Doppelboden des Bottichs oder seitlich angebaut (siehe Abb. 38, Schnecke C mit dem Überlauf U). In der gleichen Zeichnung ist ein Schwingrechen zur Materialbewegung eingebaut.

Abb. 42. Hängerechen.

Abb. 43a. Vorschubrechen von Rochdale.

Abb. 43b. Vorschubrechen von Rochdale.

Die Rechenbewegungen und Aushebevorrichtungen.

Die einfache Bewegung durch Gabelrechen und Kurbel, wie sie Abb. 31 und 32 oder die Abb. 39 und 40 zeigen, ist in der Anschaffung billig und für die Reini-

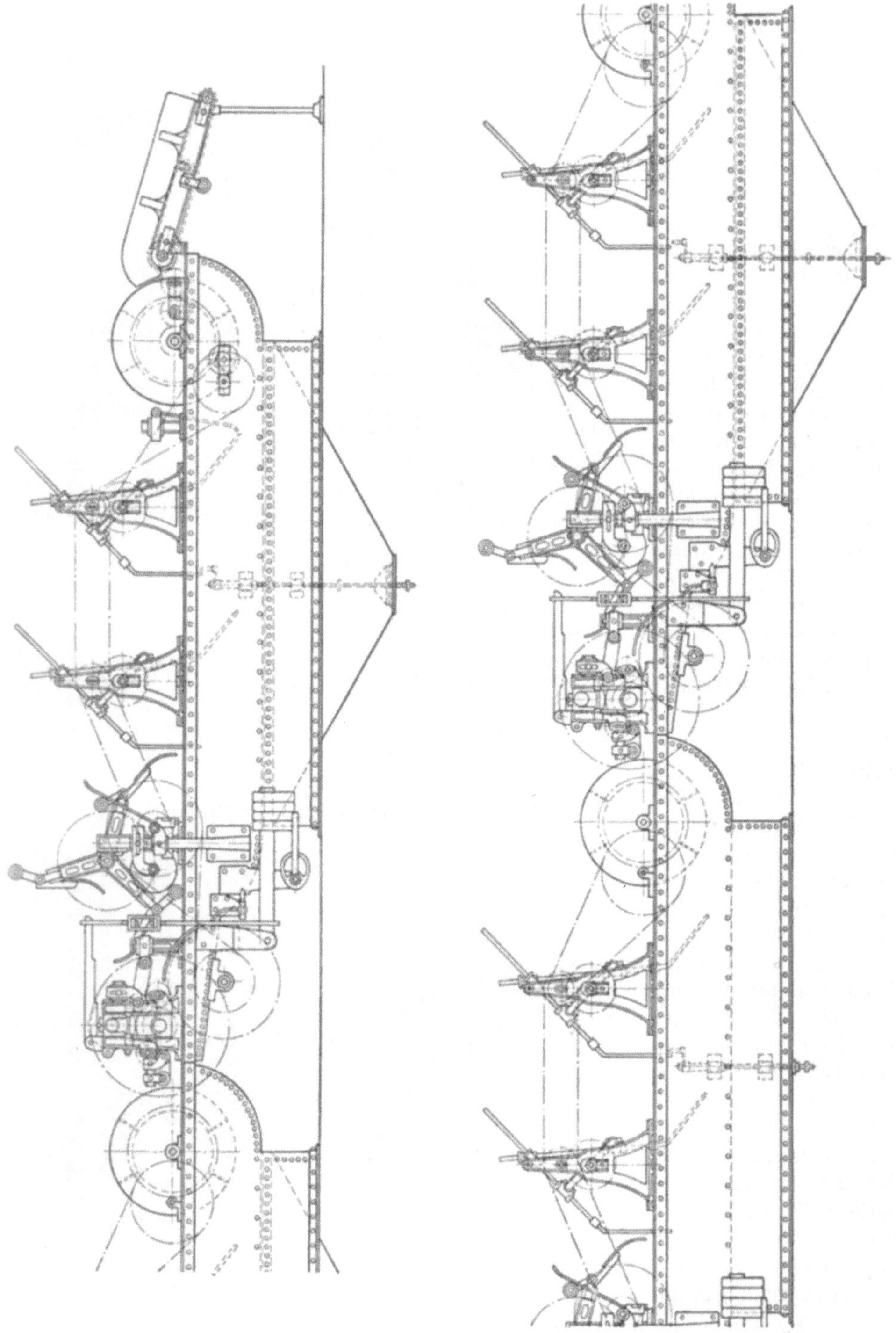

gung zweckmäßig. Das Einstechen und Ausheben der Rechen muß möglichst senkrecht zur Wanderbewegung der Wolle erfolgen. Die Rückführung der Rechen muß in einer Kurve, die flach verläuft, erfolgen und zwar mindestens bei 10 cm Höhe der Gabelspitzen ober dem höchsten Flottenniveau. Sehr feine Wollen (Austral Merino AA) sind in der Wäsche besonders empfindlich und neigen zur Verfilzung, Verklumpung oder Strähnchenbildung. Man verwendet daher für diese Wollen entweder Hängerechen (vgl. Abb. 38), wobei die mit Messing oder Bronzehülsen überzogenen Rechen mit Gegengewicht ausbalanciert sind und durch ein Exzentergetriebe *EX* die Fortbewegung der Wolle mit senkrechten Ein- und Ausheben besorgen (siehe auch Abb. 42). Petrie und Mac Naught in Rochdale, welche auf eine langjährige Erfahrung im Bau von Wollwäschereien zurückblicken, führen neuerdings zur besonderen Schonung bei leicht verfilzenden Wollen eine Art Schaufelrechen aus, die aus vollem Blech hergestellt und zur leichteren Durchführung durch die Flotte gelocht sind. Nach unserer Beobachtung muß hier die Schaufelbewegung sehr langsam erfolgen, da sonst viel Wolle an den Lochungen hängen bleibt. Jeder Schaufelrechen besitzt, wie Abb. 43 zeigt, außer den Vorschubgabelschaufeln noch eine Rückstau- bzw. Tauchschaufel, so daß innerhalb des Bottichs zwischen den Schaufeln immer ein bestimmtes Quantum Flotte und Wolle hinabgedrückt wird, wodurch bei größter Schonung der Wolle der Verschub der Flotte mit den Wollteilchen und gleichzeitig eine Flottenbewegung stattfindet. Houget in Verviers verwendet (Abb. 44) nach rückwärts abgebogene Gabelrechen, die die Flotte und Wolle beim Eintauchen gut durchmischen, da sie flacher geneigt auf die Flotte auftreffen, dadurch aber auch lotrecht aus der Flotte austreten.

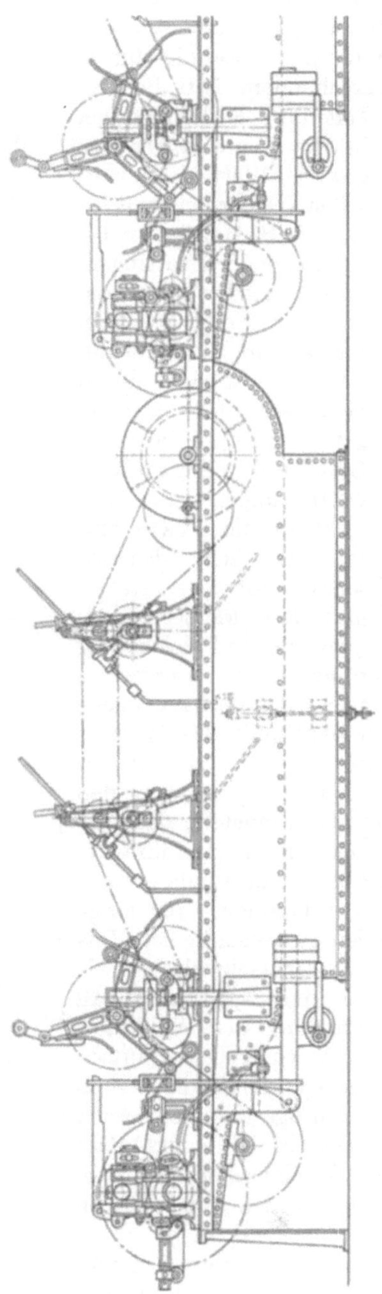

Abb. 44. Leviathan von Houget in Verviers.

Die Waschtemperatur.

Die Wäsche erfolgt am besten bei einer Temperatur von 45° C, wobei die Temperatur in neuerer Zeit zwecks ständiger Überwachung auf elektrischem Wege im Betriebsbüro registriert wird. Siemens baut Temperaturregler, die bei der Veränderung der eingestellten Bottichtemperatur selbsttätig die Nachstellung des Dampfeinströmventiles durchführen. Die Einhaltung der Temperatur wird mit 5° C Toleranz garantiert. Das Spülen erfolgt kalt, da schon in der schäumigen Emulsion der Schmutz und das Wollfett vom Wollhaar losgelöst sind und vom Kaltwasser weggespült werden müssen. Die Wandergeschwindigkeit in der

Bottichrichtung beträgt bei sehr feinen, leicht verfilzenden Wollen etwa 0,25 m je Min. und bei groben Wollen bis 0,65 m je Min. Sie muß aber praktisch so eingestellt werden, daß der richtige Auswaschungsgrad der Wolle erreicht wird. Bei kräftigeren Wollen, die zur Herstellung von Streich- und Cheviotgarnen dienen, führt man manchmal absichtlich die Wäsche nicht vollständig durch, d. h., es bleibt ein wenig Wollfett zurück, das nebst entsprechendem Griff, Bockigkeit und Wollfettgeruch in der Ware auch eine gewisse Wetterfestigkeit, selbst Wasserdichtheit erzielt (z. B. Homespun bei englischen Sportanzügen, Walliser Loden). Der Aushub der Wolle aus dem Bad erfolgt beim Auslauf jedes Bottichs durch Schöpfschaufeln mit gegabeltem Rand, die durch Hebel und Rollen an Kurvenführungen laufen, lotrecht in die Flotte eintauchen, sich daselbst schräg aufwärts stellen und ein kleines Wollquantum und gleichzeitig

Abb. 45. Wollabwurf im Quetschwerk.

etwas Waschflotte aufschöpfen. Die Wolle wird nun gegen die Unterwalze abgeworfen, so daß das nachspülende, mit der Schöpfschaufel hochgegangene Flottenquantum die Wolle gegen die untere Quetschwalze zu abspült. Der Wasserschwall drückt die nassen Wollbüschel an der Unterwalze an, so daß sie von der unmittelbar folgenden Quetschfuge sicher gefaßt werden und ganz von den Gabelspitzen abrutschen, wie Abb. 45 zeigt. Mac Naught verwendet für das Ausheben ein Steiggitter, das auf einem schrägen, glatten Steigblech St (Abb. 38) die Wolle emporschiebt und aushebt, was besonders für lange oder stark filzende Wollen zweckmäßig ist. Das Abwerfen der Wolle an den Quetschwalzen sowie das eigentliche Quetschen darf auf keinen Fall eine Stauchung oder Verfilzung der Wollklumpen ergeben. Besonders Abwurfgabeln müssen sehr genau eingestellt werden, damit die Gabelspitzen nicht in die Quetschfuge kommen. Auch müssen die Enden der Gabeln besonders glatt poliert sein, damit die Wollbüschel nicht an

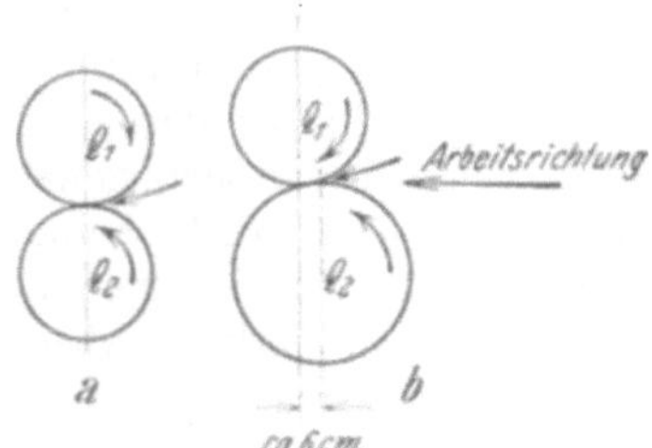

Abb. 46. Quetschwalzenanordnungen.

Rauhigkeiten der Gabelenden hängen bleiben, wobei namentlich feine Wollen leiden.

Der Wasserschwall, der gleichzeitig mit der Wolle gegen die untere Quetschwalze fließt, darf nicht durch Verminderung der Haftreibung Wollklumpen noch vor der Quetschfuge wieder in die Wanne zurückrutschen lassen; deshalb baut man die Unterwalze gegen die Arbeitsrichtung ca. 6 cm vor. Dadurch ist die Abrutschungsgefahr der Wollflocken, die noch nicht von der Quetsche erfaßt wurden, geringer. Die Abb. 46 zeigt links die alte Anordnung der lotrecht übereinanderstehenden Quetschwalzen, bei welcher sich oft größere

Mengen von zurückgerutschten Klumpen vor den Quetschwalzen im Bottich anhäuften. Dies führt wieder zur plötzlichen Aushebung solcher Klumpen, die durch das Quetschwerk zu stark verfilzt wurden und die Spinnfähigkeit herabsetzten. In der rechten Anordnung ist die neuere Art der zurückgesetzten Quetschwalze angegeben, wie sie auch die Abb. 45 deutlich zeigt. In letzterer ist auch der Quetschwalzenantrieb mittels Überspringkuppelung deutlich.

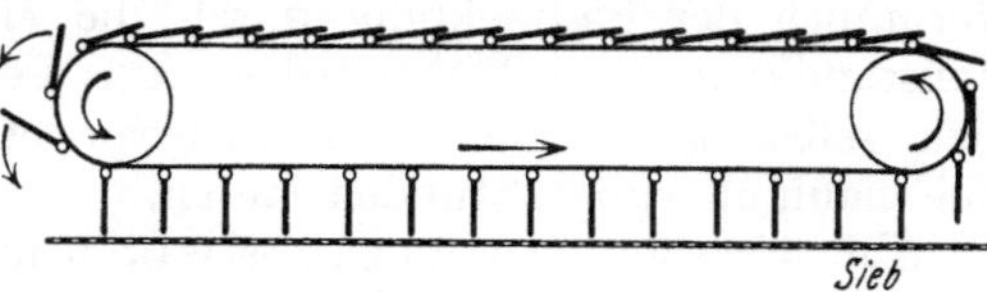

Abb. 47. Rechen von Köchlin.

Eine andere Art der Wollförderung durch Rechen zeigt die Abb. 47 in der Konstruktion von Köchlin. Bei dieser werden die Rechen in Form einer endlosen Kette über dem Siebboden horizontal bewegt, wobei sie durch ihr Eigengewicht in der Flotte lotrecht nach abwärts hängen und die Wolle schonend weiterschieben. Die Rückwanderung im oberen Teil der Kette erfolgt mit horizontal umgeklappten Rechen.

2. Die Quetschwerke.

Sie haben die Aufgabe, den Wasserüberschuß möglichst leicht abzuquetschen, ohne die Spinnfähigkeit der Wolle durch Verfilzung zu schädigen. Sie bestehen aus einer blanken gußeisernen Unterwalze und einer elastisch belegten oberen Quetschwalze. Man baut die Walzen heute mit einer durchlaufenden starken Stahlachse, auf welcher der gußeiserne Walzenkörper angeflanscht ist. Die Unterwalze muß entsprechend leicht bombiert sein und wird von der Oberwalze durch Randscheiben übergriffen. Die Oberwalze erhält bei englischen Konstruktionen einen strammgewickelten Belag aus einem unter starker Spannung aufgezogenen, in vielen Windungen aufgewickelten Tuch auf einer Unterlage von Hanf, Baumwolle oder Hanfseil. Bei deutschen Konstruktionen sind auf einer Hanfseilunterlage regelmäßige Schichten Kammzug aufgewickelt. Für karbonisierte und gesäuerte Wollen werden die Walzen säurefest ausgestattet, d. h. die Unterwalze erhält entsprechenden Phosphorbronzebelag oder Hartgummiauflage. Die Oberwalze ist nur mit einer dünnen Gummischichte überzogen, die die elastische Bewicklung erhält.

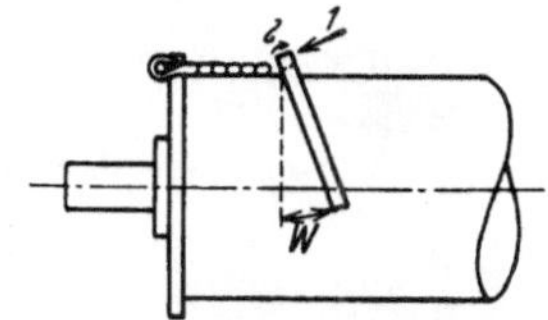

Abb. 48. Walzenbewicklung.

Das Aufziehen der Quetschseile. Diese Arbeit ist für den späteren gleichmäßigen Quetschdruck von größter Bedeutung. Die Quetschseile, am besten Ia Manilahanf, sind ziemlich weich geflochten. Sie werden folgendermaßen aufgezogen. Das hart über 2 Holzriegel durch volle Umschlingung gespannte Seil wird unter schwacher Verdrehung der Aufwickelstelle so zugeführt, daß es unter Einfluß der Drehungsspannung selbst in den Wicklungswinkel W hineinschnellt (Abb. 48). Außerdem wird das Seil noch von einem zweiten Mann, der nicht an der Führung des Seiles beteiligt ist, durch einen Schmiedehammer von ca. 3 kg kräftig in der Richtung 1 gegen die Windung gehämmert. In der Skizze ist die Aufwindung in rechts steigender Schraubenlinie gedacht, um das Seil dabei in der Richtung 2 verdreht. Man verwendet bei den üblichen Quetschwalzen Durchmesser von ca. 340 bis 400 mm, zur Bewicklung speziell als Quetschseile geflochtene Quadratseile von 32 mm Seitenlänge. Stärkere Seile winden sich zu hart und verbrauchen ebenso wie schwächere mehr an teurem Kammzug, der die oberste Decklage bildet. Die Seile werden, auf Holztrommeln gespannt aufgewickelt, von der Quadratseilfabrik bezogen und müssen bis zur Aufwicklung in trockenem Raum aufbewahrt werden. Der Kammzug ist zweckmäßig aus langer Cheviotwolle zu wählen, die Unebenheiten sollen bei geringstem Materialverbrauch der Seilwicklung durch die elastische Kammzugauflage möglichst vollständig ausgeglichen werden. Zur Verfilzung dieser Kammzugauflage in sich selbst läßt man vor Betriebsverwendung die Quetschwerke mit etwas Seifenaufguß einige Stunden laufen.

Abb. 49 zeigt Ober- und Unterwalzen in Ausführung Mac Naught. Der Antrieb von der Unter- auf die Oberwalze erfolgt durch direkten Zahntrieb, wobei

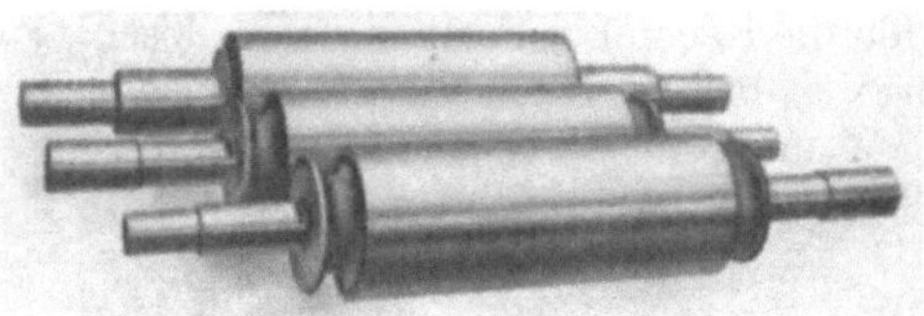

a   b

Abb. 49a und b. Ober- und Unterwalzen.

die Verbindung des oberen Zahnrades mit der Oberwalzenachse durch eine Überspringkupplung erfolgt. Diese tritt in Tätigkeit, wenn in die Quetschwalzen ein zu starker Wollklumpen einläuft und infolge der stärkeren Auflage eine raschere Mitnahme des Oberwalzenumfanges erfolgt, als dies durch den Zahnradtrieb möglich ist. Dadurch wird die innere Verfilzung dieser Wollklumpen vermieden und ihre Spinnfähigkeit erhalten.

Abb. 50. Schweres Quetschwerk von Mac Naught.

Der Antrieb der oberen Walzen würde bei starrer Kupplung der Oberwalze entweder bei zu großen Klumpen — wegen des zu großen Widerstandes des einzuziehenden Wollklumpens — wenigstens zeitweilig stecken bleiben (bei Riemenrutschung) oder den Wollklumpen derartig scharf pressen und schleifen, daß dieser ebenfalls verfilzt. Wegen der eintretenden Entfernungsschwankungen der Quetschwalzenachsen ist das Zahnprofil der Antriebsräder überhöht, um den Eingriff der Zähne auch bei den Walzenschwankungen aufrecht zu erhalten. Die früher erwähnte Zurückstellung der Oberwalze ist auch für das Anfassen größerer Klumpen durch das Quetschwerk und den Abwurf der Wollklumpen durch die Aushebevorrichtung vorteilhaft. Abb. 50 zeigt ein besonders schweres Quetschwerk der Ausführung Petrie, Rochdale, mit 15 Tonnen maximal Quetschdruck, jedoch mit noch unbewickelten Oberwalzen. Die Übersetzung der Zahnräder ist etwa 1 : 1. Da die Wollklumpen immer eine gewisse Entfernung der Quetschwalzen beanspruchen, wird die Oberwalze durch Ausklinken der Überspringkupplung etwas voreilen. Die Voreilung beträgt für 3 Touren der Oberwalze etwa einen Zahn der Überspringkupplung. Jedenfalls werden in der Praxis, um ein trotzdem noch auftretendes Schleifen der Wollklumpen zu vermeiden, die Riemen des Quetschwalzenantriebes etwas lockerer aufgelegt. Der Arbeiter entfernt dann mit Hilfe eines Drahthakens den zu großen Klumpen und wirft ihn nach Auflockerung von Hand aus wieder in die Waschflotte zurück. Die Quetschwalzenbelastung ist beiderseitig unabhängig einstellbar, mit eingeschalteten Federpuffern, wodurch ein elastischer, an beiden Zapfen genau gleicher Druck erreicht wird.

Schmälere Maschinen für ca. 30″ Arbeitsbreite haben eine tägliche Leistung von ca. 800 kg reingewaschener Wolle, als Trockengewicht gerechnet. Größere Maschinen mit 5 Bottichen 50″ Arbeitsbreite erreichen 2000 kg Tagesleistung, der Gesamtdruck der Quetschwerke beträgt je Oberwalze ca. 10 Tonnen, während

Abb. 51. Wasch- und Trockenaggregat.

bei schmäleren Maschinen entsprechend weniger gedrückt wird. Der Quetschdruck muß nach der Wolle einreguliert werden. Gröbere cheviotartige Wollen, Landwollen, vertragen höhere Drucke, während feine Merinowollen, insbesondere wenn die Wolle noch stark seifig ist, um Verfilzung zu verhindern, nur einem Druck unter 3 Tonnen ausgesetzt werden dürfen. Der Verfasser hat in der Praxis mit Vorteil den Quetschdruck in den ersten Walzenpaaren nahezu bis auf das Eigengewicht der Oberwalze herabgesetzt, die mitgezogene Schmutzmenge, welche dadurch in den nächsten Bottich wandert, ist nicht nennenswert, die Wolle bleibt dabei aber wesentlich spinnfähiger. Erst im letzten Quetschwerk, nach dem Spülen, wurde für feinste Merinos mit ca. 7 bis 8 Tonnen je 1 m Walzenlänge gequetscht und dabei bessere Resultate erzielt. Für das spätere Verspinnen ist es auch beim letzten Quetschwerk zweckmäßig, nicht allzu scharf zu quetschen und lieber die Wolle in einer Zentrifuge nochmals zu schleudern, ein geringer Mehraufwand an Arbeit, der reichlich durch das schönere Gespinst eingebracht wird. Das Schleudern verbilligt überdies das nachfolgende Fertigtrocknen viel mehr als die Vorentwässerung durch ein noch so festes Ausquetschen. Wollen, die vor dem Spinnen gefärbt werden sollen, werden nicht geschleudert, sondern gehen nach der Quetsche ohne vorheriges Trocknen gleich in die Farbe.

Die Wollwäscherei muß mit der Färberei Hand in Hand arbeiten. Für allfällige Störungen (Unfälle) sowie das schrittweise Vorarbeiten der Wolle sind die einzelnen Bottiche und Quetschwerke jeder für sich ausrückbar. Zweckmäßig wird der Leviathan in einem eigenen Arbeitsraum aufgestellt und neuerdings mit Einzelantrieb für jeden Bottich versehen. Die Antriebsmotoren müssen dann entsprechend hohe Anlaufsmomente und Schwungmassen besitzen. Beim Antrieb des ganzen Leviathans mit einer Längstransmission genügt die Schwungmasse, es kann mit normalem Drehstrommotor angetrieben werden. Es genügt dann eine Leistung von ca. 4 PS je Bottich, während bei Einzelbottichantrieb bei 50″ Arbeitsbreite mindestens ein 6-PS-Motor für jeden Bottich nötig ist. Trotzdem sind bei Botticheinzelantrieb infolge der unvermeidlichen Stillstände bei Einlauf und Auslauf der Waschpartie, bei Umpumpen der Flotte Stromersparnisse möglich. Bei härteren Wollen, Kunstwollen und Wollabfällen kann direkt von der Wollquetsche in die Trokkenmaschinen gegangen werden. In der Kammgarnspinnerei wird dieser Arbeitsgang auch bei feineren Wollen verwendet, dagegen wird in der Streichgarnspinnerei nach dem Quetschen unbedingt geschleudert, namentlich wenn es sich um feinere Wollen handelt, um dann, wie erwähnt, billiger trocknen und besser spinnen zu können. In Abb. 51 ist ein mit der Wollwaschmaschine zusammengebauter Wolltrockenapparat dargestellt. *a* ist das Entleerventil des Waschbottichs für Partieauslauf, *I* der Überströminjektor für die Flotte, *D* die Dampfanwärmegarnitur für das „Bestellen“.

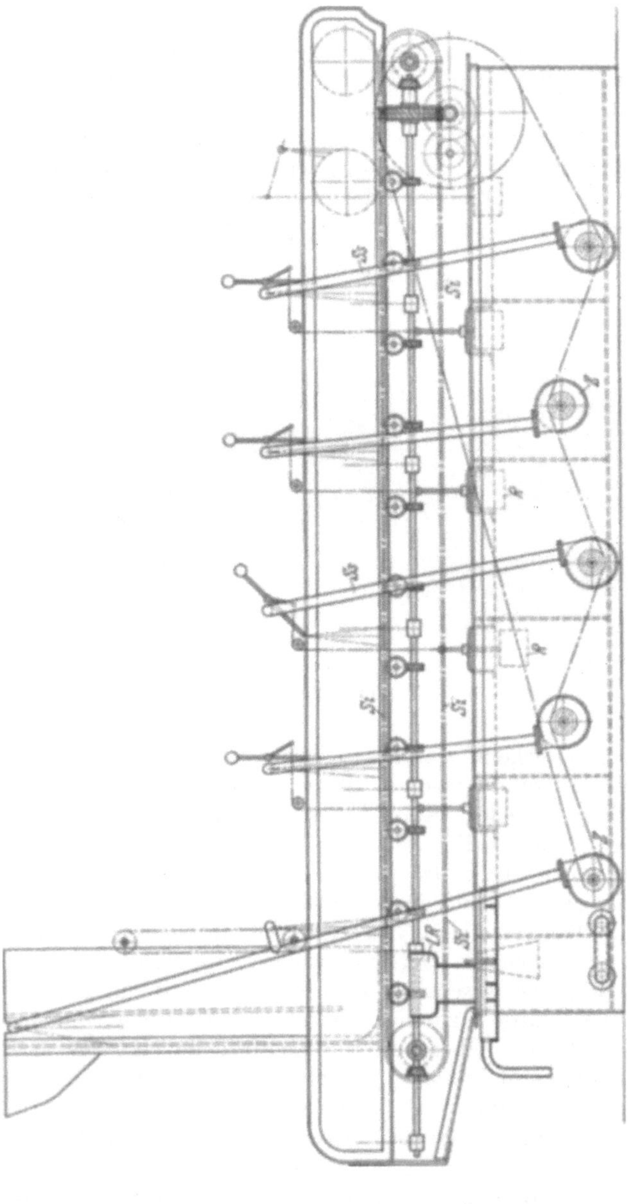

Abb. 52. Entschweißbottich von Malard.

In der Kammgarn- sowie in der Streichgarnspinnerei wird für feinere Wollen, die stark schweißig sind, zur besonders schonenden Entschweißung neuerdings häufig das System Malard verwendet (Abb. 52). Die Wolle wandert auf einem feinen Messingsiebtuch *Si* im Gegenstrom zur Flotte und wird dabei von einem Kreisrohrsystem *Ss* mit Waschflotte besprüht. Die Flotte läuft in sämtlichen Bottichen, sammelt sich an deren Boden und wird durch Zentrifugalpumpen *Z*, deren Zustrom durch die Schwimmer *R* reguliert wird, im Gegenstrom zur Wolle geführt. Die schmutzige Wolle wird von der fettschweißhaltigsten Flotte behandelt, am Ende der Flottenführung ist bei *LR* eine automatische Laugenregulierung eingebaut, die bei Erreichung einer Laugendichte von 6° Bé selbsttätig den Abfluß der überkonzentrierten Schmutzflotte öffnet. Durch richtige Einstellung kann hier eine nahezu vollautomatische Wäsche erzielt werden.

Das Waschen mit Schwefelkohlenstoff oder anderen direkten Fettlösern, wie es in Amerika häufig anzutreffen ist, gestattet eine wesentliche Verkleine-

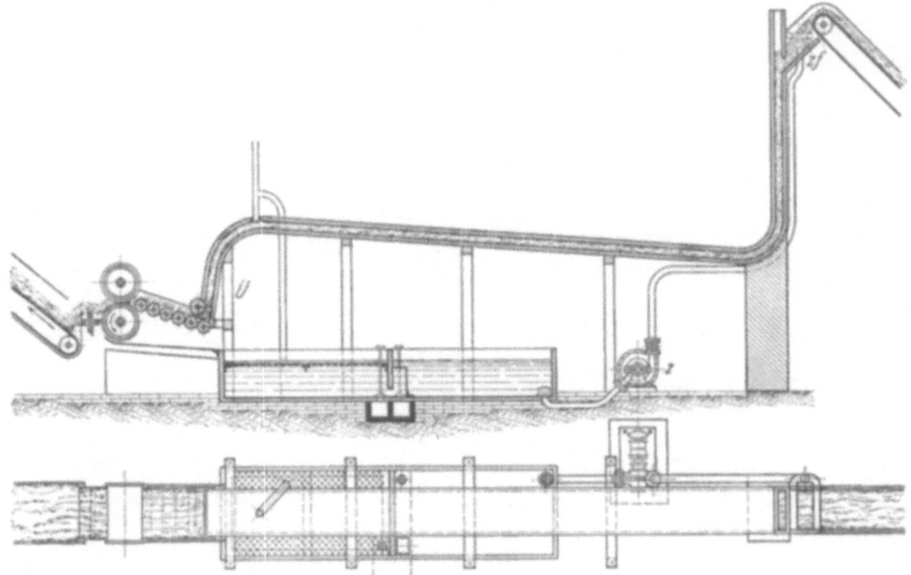

Abb. 53. Fettlöserwäsche.

rung der Bauart der Wollwaschanlage. Die Wolle kann dabei ziemlich fest gepackt in stehenden Kesseln mit Fettlösern durchgespült werden, die Fette sowie der Schmutz werden in Vakuumverdampfern zum Abscheiden gezwungen. Die Fettlöser werden dann in Kondensatoren abgekühlt und sind wieder verwendbar. Die europäischen Behörden erschweren wohl mit Rücksicht auf die teilweise Explosionsgefahr bei Verwendung explosiver Mittel bzw. wegen Vergiftungsgefahr die Verwendung dieser Methode. Aus volkswirtschaftlichen Gründen wäre jedoch die Einführung dieser Waschart unbedingt anzustreben. Die Anlage ist nicht gefährlicher als die der Benzinwäschereien und Fleckputzereien. Statt der diskontinuierlichen Waschmethode in Kesseln schlagen französische Konstrukteure die Führung der Wolle in einem geschlossenen rechteckigen Kanal vor, auf welchem Wege die Wolle im Gegenstrom von der fettlösenden Flotte durchströmt wird. Die Durchströmung der auf Messingdrahtsieben wandernden Wolle erfolgt quer zur Siebrichtung, was eine besondere Schonung der Wolle ergibt. Regenerierung und Wiederverwendung der Waschflotte mit Vakuumverdampfern ist vorgesehen. In Abb. 53 tritt die Wolle gemeinsam mit dem Fett-

löser bei *ZF* ein und wandert, von der Flotte gehalten, bis zum Überlauf *Ü*,
wo ein Abströmen der Schmutzflotte möglich ist. Die Flotte wird durch eine
Zentrifugalpumpe in ständigem Kreislauf erhalten, sättigt sich mit Fettschmutz,
und wird durch Vakuumverdampfung gereinigt und wieder verwendet.

Das Waschen der Gerberwolle.

Die Haut- oder Gerberwollen werden in einem geeigneten Klopfwolf entstaubt und müssen dann durch eine schwache, lauwarme Salzsäurewäsche (1 proz.

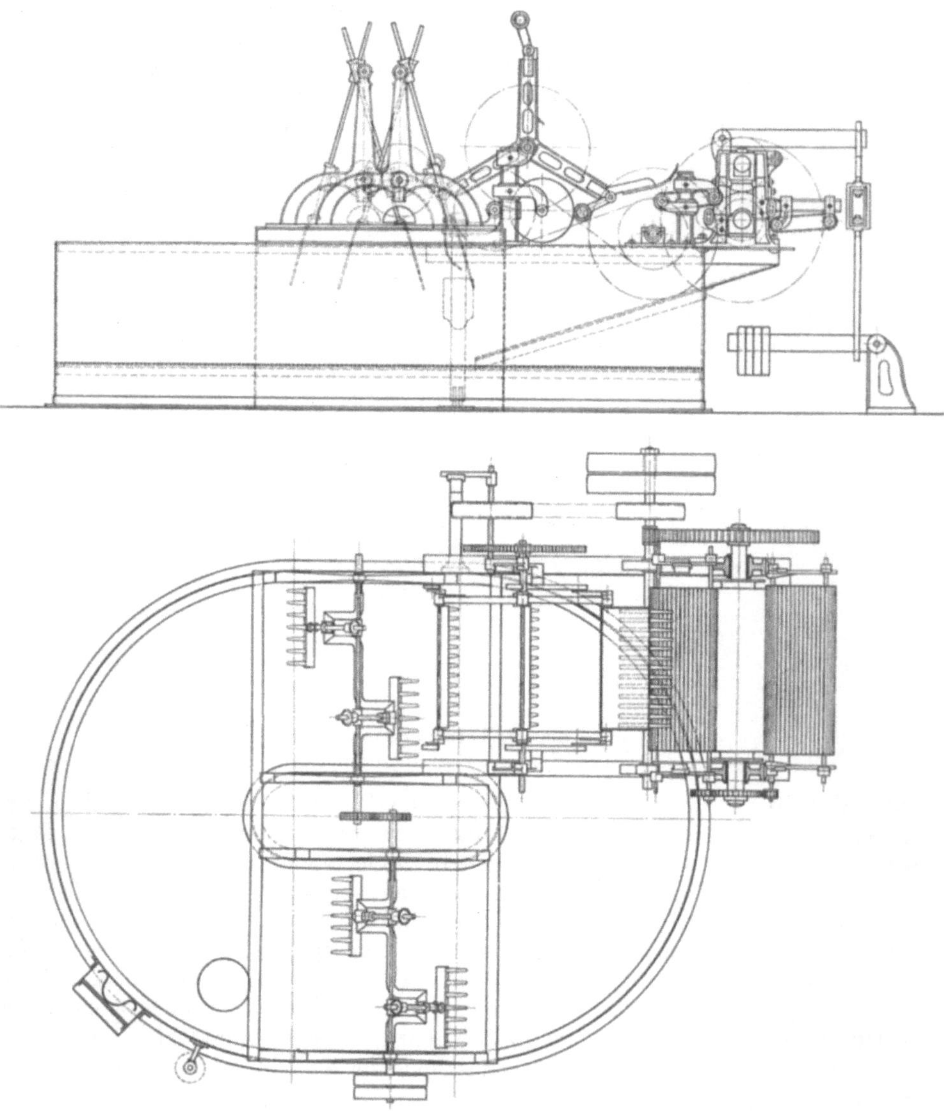

Abb. 54. Ovale Spülmaschine.

Lösung) mit folgendem reichlichen Spülen vom Kalkgehalt befreit werden. Bei
Einwurf in die Flotte muß die Wolle durch Tauchwalzen mit gekrümmten

Schaufeln unter langsamer Drehung in die Flotte gedrückt werden und dann umlaufen, so daß die Wolle ca. 25 Min. in der Flotte verbleibt. Sie wird während dieser Zeit von Gabelrechen in dem ovalen Einweichbottich der einfachen Wollspülmaschine bewegt, bis die völlige Kalkfreiheit gesichert ist. Dann wird das Ablaßventil, welches sich im unteren Hauptboden des Bottichs befindet, geöffnet und in einen Überlauf, der einen Wollfang enthält, die Salzsäure abgelassen. Ein kupferner Siebboden, der ca. 15 cm über dem Hauptboden liegt, verhindert das Abschwimmen von Wollfasern und ermöglicht darunter das Absetzen von Sand und harten Schmutzteilen, welche während des Spülens mitgeschwemmt werden. Nach Ablassen der Salzsäure folgt ein kräftiges Spülen mit Reinwasser,

Abb. 55. Betriebsbild der Spülmaschine.

mindestens eine Viertelstunde lang, wobei der Spülwasserzufluß für diesen Bottich ca. 50 m³ je Stunde betragen muß. Am Ende des Spülens muß völlige Kalk- und Säurefreiheit nachgewiesen sein, wofür der Praktiker die Lackmuspapierreaktion verwendet. Abb. 54 zeigt eine derartige ovale Spülmaschine mit Aushebevorrichtung. Mit Rücksicht auf die Verwendung der Salzsäure müssen das Innere des ovalen Spülbottichs sowie die Eisenteile und Lattentücher zumindest säurefest gestrichen sein, die Gabelrechen mit Bronzehülsen für die einzelnen Zinken ausgestattet werden, das Lattentuch entweder mit Anstrich oder wie in neue-

Abb. 56. Entschweißbottich.

rer Zeit mit Gummibelag versehen sein. Die Aushebeschaufeln sind wieder als Schalen ausgeführt, so daß die ausgehobene Wolle durch die mitgenommene Flotte auf das Lattentuch geschwemmt wird. Abb. 55 zeigt den Antrieb der Gabelrechen und der Aushebeschaufeln und des Quetschwerkes. In kleineren Betrieben verwendet man die ovale Spülmaschine auch zum Spülen von Schweißwolle, die vorher auf einem Entschweißbottich durch einfaches Einweichen mit Soda und Seife etwa ½ Stunde für jede Einlage, entschweißt wurde. Abb. 56 zeigt einen derartigen Entschweißbottich mit angebautem Quetschwerk, eingebautem Siebboden zur Schmutzabscheidung. Der Bottich kann

Abb. 57a und b. Leviathan für Säurewäsche.

auch bei sehr kleinen Waschpartien zum Entschweißen und Spülen verwendet werden. Der Arbeiter entschweißt zuerst die in einer Hälfte befindliche Wollpartie und läßt dann mit Hilfe eines Ablaßventils, allerdings unter Verlust der wertvollen Entschweißflotte, diese ab. Zweckmäßiger ist es, die Entschweißflotte in die andere Bottichhälfte hinüberzupumpen, wo sie wieder zum

Entschweißen verwendet werden kann. Die Abbildung zeigt auch eine sehr mangelhafte Ausführung der Quetschwalzenbewicklung mit einfachem Quetschseil ohne Kammzugauflage, mit schlechter Spleißstelle des Quetschseiles. Das Umrühren der Wolle in der Flotte erfolgt von Hand aus durch Wollgabeln, wenn man sich nicht überhaupt auf die Umrührwirkung des einströmenden Anwärmedampfes verläßt, welcher ja auch beim Leviathan eine intensive Umrührwirkung hervorruft.

Man verwendet die ovale Spülmaschine auch zum Spülen gefärbter sowie sandiger und staubiger Wollen, ferner zum Neutralisieren gesäuerter und karbonisierter Hadern in der Kunstwollfabrikation. Auch zum Abziehen von umzufärbenden losen Materialien, Hadern und Wollen mit Hydrosulfit und nachheriger Spülung findet diese Maschine Anwendung[1]. Die gespülte Wolle wird in Siebkörben oder Holzfässern mit gelochtem Boden abstehen gelassen und dann auf der nebenstehenden Zentrifuge ausgeschleudert. Die abgespülte Wolle kann über eine Quetsche gleich der Zentrifuge zugeführt werden. Der Waschvorgang erfordert je 60 bis 70 kg Gerberwolle ungefähr 1 Stunde, ergibt also eine Tagesleistung von etwa 500 bis 600 kg. Englische und französische Großbetriebe, die Gerberwollen in besonders starkem Maße verwenden, rüsten auch den Leviathan für diese Art der Wäsche aus, so daß besonders die ersten 2 bis 3 Bottiche die obenerwähnte säurefeste Ausstattung erhalten. Eine solche Anordnung zeigt Abb. 57, eine Bauart, die auch für Karbonisierzwecke vorteilhaft ist. Die Holzbottiche sind sehr sorgfältig mit Blei ausgeschlagen, die Quetschwerke und Rechen säurefest gebaut. In diesem Falle müssen die Quetschseile aus Cheviotgarnen, also Reinwolle, geflochten sein. Die Transportgabeln und Rechen sind entweder in Bronze oder in neuerer Zeit billiger in Eisen mit Gummoidüberzug ausgeführt.

3. Gesamtanlagen.

Die Abb. 58 zeigt einen Malard-Einweichbottich als Ergänzung der Schnittzeichnung Abb. 52 von der Einwurfseite aus gesehen. An der vorderen rechten Ecke der Abbildung ist

Abb. 58. Betriebsbild eines Malard-Bottichs.

bei RR die Reguliervorrichtung für die Laugenkonzentrationskontrolle als einfache Schwimmer- und Schiebereinrichtung sichtbar. Die Zentrifugalpumpen seitlich an der Bottichwand besorgen den Flottenumlauf. Die Abb. 59 zeigt

---

[1] Vgl. Bd. VIII, 3.

eine gesamte Leviathananlage, von der Einlaufseite aus gesehen, Wanderbewegung der Wolle durch Gabelrechen, seitliche Rückführung der abgequetschten Flotte durch Ablaufrinnen R von den Quetschwerken laut Abb. 34.
Der Überlauf $Ü$ dient zum Ablauf der schmutzigsten Flotte. Die Anlage hat

Abb. 59. Leviathan, Gesamtanlage.

Gruppenantrieb und Handspeisung der Schweißwolle auf den im Vordergrund
stehenden Auflegetisch A, der als Lattentuch gebaut ist. Rechts neben dem
Leviathaneingang steht das Sodareservoir SO. Hier wird eine konzentrierte
Sodaflotte vorbereitet, die beim Ansatz der Bäder in den ersten 2 Bottichen
verdünnt zugesetzt wird. Die Konzentration im Reservoir beträgt 10 bis 12⁰ Bé
und wird dann in den Bottichen auf ca. 2 bis 3⁰ Bé verdünnt.

4. Die Ermittlung des Wasserbedarfs.

Das Wasserhauptanschlußrohr für eine Leviathananlage bei 5 Bottichen muß
einem Wasserbedarf — insbesondere für den Spülbottich — von 20 bis 25 m³
je Stunde entsprechen. Man benützt entsprechend reichliche Reservoire, damit
bei den starken Wassermengenschwankungen ein Ausgleich des Spitzenbedarfes
eintritt. Man kann beispielsweise den Spülwasserbedarf einer gleichzeitig angeschlossenen Färbereianlage zum Ausgleich des Wasserverbrauches verwenden.
Zweckmäßige Anordnungen großer Reservoire mit direkten Anschlüssen für
Leviathanspülbottiche und für Wollspülmaschinen und weitdimensionierte Rohr-
leitungen (1 m Wassergeschwindigkeit je Sek.) ergeben störungslose Arbeit.
    Nachfolgendes Diagramm Abb. 60 zeigt, wie in einer Wollwäscherei durch
Kupplung mit einer Wollspülmaschine und 16 Färbbottichen und 10 Garnfärbe-

maschinen ein weitgehender Ausgleich bei kleinstmöglichem Reservoir erreicht wurde. Auch das Auffüllen der Maschinen kann vor Arbeitsbeginn gleichmäßig erledigt werden, die Färbereibottiche werden zweckmäßig am Abend vorher oder zeitlich früh vor der Wäscherei gefüllt, dann folgt das Auffüllen der Leviathanbottiche, eventuell direkt mit Heißwasser, welches man vorteilhaft einer Abwärmeanlage entnimmt. In der Skizze stellt M den mittleren Bedarf von 48 m³ je Stunde für die obenerwähnte Anlage dar. Die Überfläche $ü$ ergibt die nötige Reservoirgröße. Die Auffüllzeiten für das Reservoir sind durch die Zeiträume a gegeben, wobei die Pumpenleistung kleiner wird.

Zusammenstellung gangbarer Waschaggregate.

Für kleine Anlagen: 1 Entschweißbottich und 1 ovaler Spülbottich. Diese Kombination gibt nur unvollkommene Wäsche und ist nur für Kleinspinnereien üblich.

Für Spinnereien, die hauptsächlich Grobwollen verarbeiten, wird 1 Einweichbottich, 1 Leviathanwaschbottich und 1 Leviathanspülbottich verwendet. Der letztere kann aus Billigkeitsgründen allerdings auf Kosten höherer Arbeitslöhne durch eine ovale Spülmaschine ersetzt werden.

Für Großbetriebe ist eine zweckmäßige Kombination aus nachstehenden Maschinen empfehlenswert: 1 Auflegemaschine als Kastenspeiser mit Zupfwolf kombiniert, daran angeschlossen 1 Entschweißbottich und folgende 4 Bottichbatterien als kontinuier-

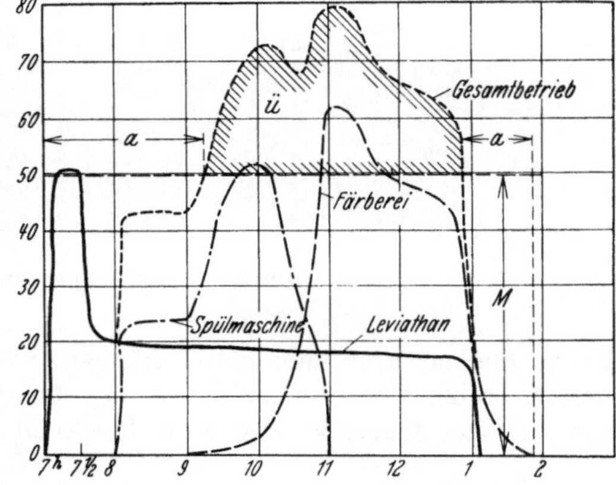

Abb. 60. Wasserbedarfsdiagramm einer Wollwäscherei und Färberei.

licher Leviathan arbeitend; dieser führt aus dem letzten Quetschwerk über einen 2-Trommelzupfer die Wolle entweder in die anschließende Mehlsche Trockentrommel oder in neuerer Zeit in einen kontinuierlich arbeitenden Bandtrockner. Die Arbeitsgeschwindigkeit des ganzen Aggregates ist so zu regeln, daß einerseits die Wolle rein und geruchfrei aus dem letzten Leviathanbottich kommt, andererseits auch die Trockengeschwindigkeit (d. i. die Laufgeschwindigkeit der Wolle durch den kontinuierlichen Trockner) so bemessen ist, daß eine weichgriffige, gut spinnbare Wolle in die Spinnerei kommt.

Namentlich Kammgarnspinnereien führen die trockene Wolle in Fließarbeit gleich in die Krempelei, während in der Streichgarnspinnerei die trockene Wolle meist eingelagert (eingesackt) und erst später in die Färberei oder Wolferei disponiert wird.

Die Verwertung der Waschhaare aus den Abwässern der Wollwäscherei.

Die Abwässer von Reinwollbetrieben usw. sowohl von Wollwäschereien als auch von Gewebewäschereien und Appreturen enthalten einen immerhin merkbaren Prozentsatz an noch verwendbaren Wollhaaren. Zu ihrer Abscheidung wird der Fasernfänger, Abb. 61, Bauart E. Hamburger, Görlitz, benützt.

Die Abwässer strömen bei $ö$ ein, fließen quer durch die langsam rotierende Siebtrommel si, die im Innern durch eine kräftige Pumpe abgesaugt wird. Die

Abb. 61. Faserfänger von Hamburger.

Fasern bleiben am Siebumfang hängen, werden durch eine Bürste $bü$ abgebürstet, in die Förderschaufeln $sö$ abgestreift und von diesen über ein Lattentuch zu einer Quetsche und zum Trocknen gebracht.

5. Waschkostenberechnung.

Die Waschkosten der Wollpartie setzen sich aus folgenden Faktoren zusammen: Verzinsung und Amortisationskosten für die Wollwaschanlage und und ihre Gebäude Va. Es können mit Rücksicht auf die heutigen hohen Anschaffungskosten und Lebensdauer der Maschinen etwa 5% Amortisation und 10% Verzinsung eingesetzt werden. Ferner werden die Kosten für den Kraftbedarf Kr in kWh, die leicht an einem Zähler abgelesen werden können, ermittelt. Sie betragen bei einer 5-Bottichanlage mit 2000 kg täglicher Leistung ca. 160 kWh in 8 Arbeitsstunden. Der Dampfverbrauch Dv kann mit 200 kg für das Aufwärmen in den Morgenstunden und mit 200 kg je Stunde für das Warmerhalten der ersten 4 Bottiche eingesetzt werden. Der letzte Bottich geht, wie erwähnt, kalt. Durch Verwendung von Abwärmewässern (Heißwasserspeichern) kann hier gespart werden. Der Arbeitslohn Al wird zweckmäßig als Normalstundenlohn mit Prämien je 100 kg gut gewaschener Wolle festgesetzt. Reiner Akkordlohn ist in Wollwäschereien wegen der dadurch leicht eintretenden oberflächlichen Wäsche nicht zu empfehlen. Die Waschmittelkosten Wm sind durch genaue Kontrolle der Waschmittelausgabe im Waschbuch gesondert zu vermerken. Sie setzen sich aus den Wasserkosten, Seife, Soda, Ammoniak und sonstigen Waschmittelkosten zusammen. Ferner ist die Regie aus Beleuchtung, Beheizung, Reparaturen, sozialen Ausgaben, Versicherung usw. zu berücksichtigen. Man setzt die Regie in Prozent des gesamten Maschinenumsatzes (Geldbewegung der Maschine je Leistungseinheit, also je Waschpartie) etwa mit 10% der obigen Gesamtkostensumme an. Die Gesamtkosten

$$Gk = \frac{Va + \text{kWh} + Dv + Wm + Re}{\text{Tageskilogramm}}$$ ergeben die Selbstkosten je kg gewaschener Wolle

als Trockengewicht gerechnet. Sie betragen derzeit bei gutgeführten Betrieben in Deutschland ca. 45 Pf. je kg oder in Betrieben der Tschechoslowakei, wegen der billigeren Lebensverhältnisse etwa 0,32 Kč je kg. Sie können aber bei unrationeller Führung leicht auf mehr als das Doppelte steigen. Insbesondere wenn nur kleinere Waschpartien mit Arbeitszeitunterbrechungen gewaschen werden, wie dies in Zeiten schwacher Beschäftigung häufig vorkommt.

II. Das Trocknen der Wolle.

Die Entfernung des Wassergehaltes nach der Wäsche bis auf den normalen Feuchtigkeitsgehalt, die Reprise, welche bei Streichwollen und Streichgarn 17%, bei Kammgarn, Vor- und Fertiggespinsten 18¼% vom absoluten Trockengewicht beträgt, wird schlechtweg als Trocknen bezeichnet. Der Vorgang zerfällt aus ökonomischen Gründen in 2 Stufen. Da die Entfernung des Wassers aus textilen Materialien durch Wärme allein zu kostspielig ist, wird zuerst der größte Teil des Wassers durch mechanischen Druck oder Schleuderwirkung entfernt und erst der letzte Rest der Feuchtigkeit, etwa 50 bis 70% vom Trockengewicht, der nicht anders entfernbar ist, wird durch Wärme weggeschafft. Loses Material, also auch Wolle, unterliegt zuerst dem Vortrocknen durch Quetschen oder Schleudern und dem Fertigtrocknen durch warme, wasseraufnahmefähige Luft.

A. Das Vortrocknen.

Nach dem Leviathan, dessen Quetschwerk besonders bei feinen Wollen nur auf schwachen Quetschdruck eingestellt sein darf, muß also die nasse Wolle durch Schleudern vorgetrocknet werden. Der geringe Mehraufwand an Arbeit durch das Umpacken (Arbeitslohn bzw. Zentrifugierkosten) wird wärmeökonomisch durch das spätere billigere Fertigtrocknen sehr gut ausgeglichen. Darum ist das Schleudern auch bei feinen Kammwollen zweckmäßig. Bei groben Kammwollen kann bei kräftigerer Einstellung des Quetschwerkes auch beim Leviathan direkt nach der Quetsche vor dem Fertigtrockner ein Öffnungs- und Speiseapparat eingebaut werden, der die locker verteilte Wolle dem Fertigtrockner zuführt. Oben zeigte Abb. 51 eine derartige Kombination.

Das Schleudern oder Zentrifugieren.

Man entfernt das Wasser aus der nassen Wolle durch die Fliehkraftwirkung in Zentrifugen. Diese bestehen in der Hauptsache aus einem gelochten Schleuderkessel (Abb. 62), der zur Erreichung größter Schleuderkraft bei größtmöglichem Durchmesser mit der höchstzulässigen Tourenzahl läuft. Der Mantel des Kessels besteht zur Vermeidung von Fleckenbildungen aus Kupfer, bei sauer behandelten Wollen (Karbonisation) ist er dünn verbleit oder am besten ein ca. 6 bis 8 mm starker Stahlmantel mit ca. 4 bis 5 mm starkem Hartgummiüberzug versehen. Der Boden des Kessels wird neuerdings aus rostfreiem Stahl gepreßt oder in Stahlguß erzeugt, zum Säureschutz wieder mit Hartgummi überzogen und zur solidesten Befestigung an der Stahlachse des Kessels mit langer Nabe versehen. Die Verbindung von Achse und Kessel muß mit Rücksicht auf das hohe Gefahrenmoment in bester Weise, d. i. mit einer geschlossenen Kappenmutter, die durch Verbohrung gesichert ist, durchgeführt werden. Der

Durchmesser des Kessels und seine Höhe hängen vom Fassungsraum ab, welcher der rechnerisch und praktisch ermittelten Maximalbelastung entspricht. Diese ist wie die anderen Konstruktionsdaten in dem behördlich vorgeschriebenen Zertifikat (Prüfungszeugnis), ebenso wie die höchst zulässige Tourenzahl angegeben. In neuerer Zeit erreichten deutsche Spezialfirmen, wie Heine in Viersen und Krantz in Aachen, Kesseldurchmesser von 1,90 m bei 850 bis 900 Touren in der Minute. Die Maximalbelastung (Beschickung) ist jenes ungefähre Gewicht, welches an nassem Material bei Erreichung der höchsten Tourenzahl im Kessel enthalten sein soll. Mit Rücksicht darauf, daß beim Anlauf schon ein großer Teil

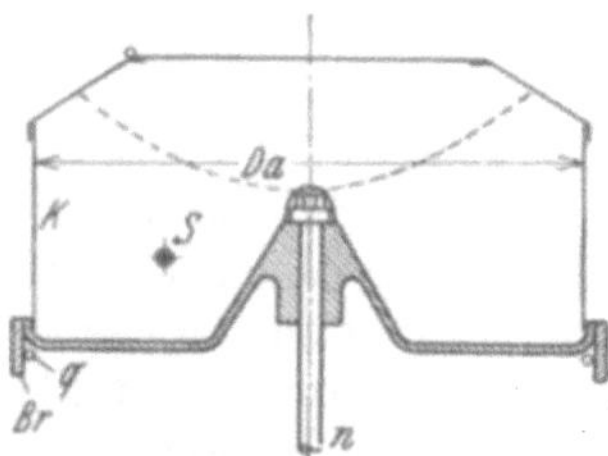

Abb. 62. Schleuderkessel.

des Wassers abspritzt, kann man an nassem Gut bis etwa 30% mehr einlegen, als dem angegebenen Maximalquantum entspricht. Z. B. würden 180 kg nasse Wolle aus dem Leviathanquetschwerk, die etwa einem Trockengewicht von 100 kg Wolle entspricht, ruhig in einer Menge von 220 bis 230 kg Naßgewicht eingelegt werden können, wenn die betreffende Zentrifuge 180 kg Maximalbelastung laut Zertifikat verträgt, da schon bei Anlauf etwa 30 kg Wasser abfließen.

Die Schleuderkraft eines Massenteilchens beträgt $f = \dfrac{m\,v^2}{r}$, wenn r der momentane Drehradius, m die Masse, v die momentane Geschwindigkeit ist. Die Schleuderkraft steigt also quadratisch mit der Geschwindigkeit und proportional der Entfernung der Wollteilchen von der Kesselachse. Aus diesem Grunde ist das in der Praxis leider häufige Überstopfen der Kessel unbedingt zu verwerfen. Neben der Gefährdung des Arbeiters durch Explosion infolge der Überlastung werden die inneren Wollpartien schlecht entwässert, geben also nur unnütze Belastung, außerdem muß auch die Mehrfeuchte beim Fertigtrocknen durch Wärme entfernt werden.

Die Produktion der Zentrifugen hängt von der Schleuderzeit ab. Die Herabsetzung des Wassergehaltes ist der wichtigste Punkt, der bei Anschaffung neuer Zentrifugen zu beachten ist. Gute Schleudern erreichen bei Wolle eine Herabsetzung des Wassergehaltes bis 50% vom Trockengewicht, das die Berechnungsgrundlage gibt. Die Tagesleistung einer Zentrifuge hängt von nachstehenden Punkten ab: 1. der Einlege-, 2. Anlauf-, 3. Lauf-, 4. Brems- und 5. der Auslegezeit. Die Zeiten 1 und 5 können durch richtige Entlohnung der Arbeiter weitgehend herabgedrückt werden. Freie, allseits zugängliche Aufstellung der Ma-

Abb. 63. Zentrifuge von Heine.

schine, richtige Höhenlage des Korbes, bequeme Zu- und Abfuhr des Materials können bei bequemer Bedienung entsprechende Höchstleistungen bringen. Das Optimum bei 2, 3, 4 zu erzielen, ist Sache des Konstrukteurs. Die alten Oberantriebszentrifugen mit Friktionsantrieb oberhalb des Kessels werden heute wegen der Unzugänglichkeit, der Ölflecke im Schleudergut, dem teuren Fundament, großen Kraftbedarf, der kleinen Produktion und der häufigen Reparaturen halber kaum mehr verwendet. Ausnahmslos wählt man bei Riementrieb Unterantriebszentrifugen, oder man gibt direkt elektrischen Trieb durch Motor auf der Kesselachse; der Motor sitzt dann entweder unterhalb des Kessels oder auf der stark nach oben verlängerten Achse, so daß die vorhin beim Oberantrieb genannten Nachteile verschwinden (siehe Abb. 63, Zentrifuge von Heine in Viersen). Bei Elektroantrieb direkt auf der Achse sind besondere Motoren zweckmäßig, die größtmögliches Anzugsmoment besitzen, aber auch bei kleinerer Leistung guten Wirkungsgrad aufweisen (Leistungsdiagramme Abb. 64). Krantz in Aachen ermöglicht durch geschickte Bauart die Ersparung dieses Spezialmotors durch Einführung eines Riementriebes mit Schneckenvorgelege (Abb. 65). Das Schneckengetriebe S_v läuft in einem gekapselten Ölbad, ist präzisest gebaut, ergibt starke Übersetzung, gestattet gerade, gut ziehende Riementriebe, dadurch raschen Anlauf und Aufstellung der Maschinen nahe der Transmission, und verlangt geringed Grunnflächen.

Die Abb. 66 zeigt eine derartige Maschine mit Riemenunterantrieb, das Schneckenvorgelege

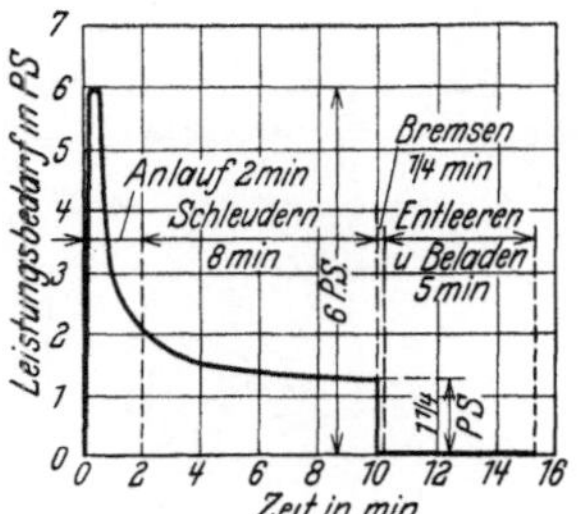

Abb. 64 a. Neue Elektrozentrifuge.

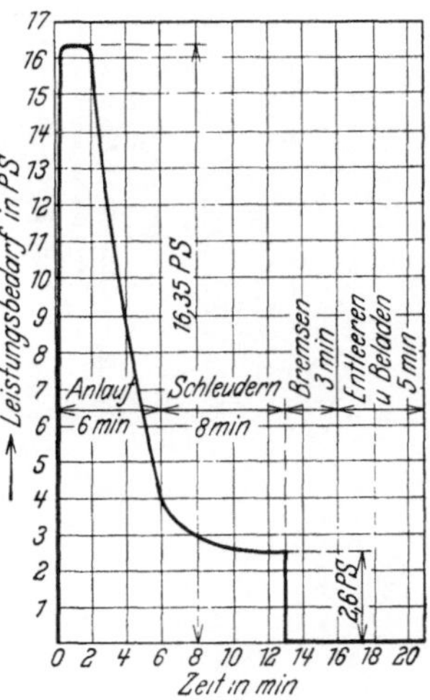

Abb. 64 b. Alte Riemenzentrifuge.

S_v ist öldicht eingekapselt. Die Maschine gibt bei billigem Anschaffungspreis gegenüber alten Zentrifugen gleichen Fassungsraumes folgende günstige vom Verfasser gemessene Betriebswerte:

Betriebsdaten	Alte Zentrifuge	Neue Zentrifuge (Krantz)
Durchmesser in mm	1600	1600
Maximaltouren	680	800
Einpackzeit	3 Min.	3 Min.
Anlaufzeit	5 Min.	1 Min. 30 Sek.
Laufzeit	10 Min.	8 Min. 30 Sek.
Bremszeit	2 Min. 40 Sek.	0 Min. 20 Sek.
Auspacken	2 Min.	2 Min.
Summe	22 Min. 40 Sek.	15 Min. 20 Sek.

Die kurzen Ein- und Auspackzeiten sind bei sehr guter Bedienung und richtigem Lohnsystem erreichbar. Auch die alte Zentrifuge befand sich dabei in vorzüglichem Zustand, trotzdem ergab die neue Zentrifuge eine Ersparnis an Arbeitszeit von ca. 7 Min. 20 Sek., also gegenüber der alten Maschine eine Mehrleistung von 30%, welche durch reine Arbeitslohnersparnisse die Anschaffung der neuen Maschine in 2 Jahren amortisierte. Die Firma Krantz hat die in Abb. 64 dargestellten Diagramme in Leistungs- und Zeitbedarf gemessen, sogar die angegebenen Werte etwas überschritten.

Die Ausgleichung der Schwerpunktslage erfolgt bei den neueren Zentrifugen durch die schwere Masse des äußeren Schutzmantels, der an 3 Säulen (3-Punkteaufhängung Abb. 65, 66) pendelnd aufgehängt ist, und bei Schwerpunktsschwingungen des rotierenden Kessels durch die Pufferstangen mit in Bewegung gesetzt werden muß; durch seine Trägheit widersteht er der Schwingung. Für kleinere Leistungen (Kesseldurchmesser bis 1,40 m) wird ein teilweise mit Quecksilber gefülltes Ringrohr (q in Abb. 62), das am Boden des Kessels befestigt ist, als Reguliermasse benützt. Das leicht bewegliche Quecksilber, etwa ⅔ des Rohrinhaltes, gleicht geräuschlos aus.

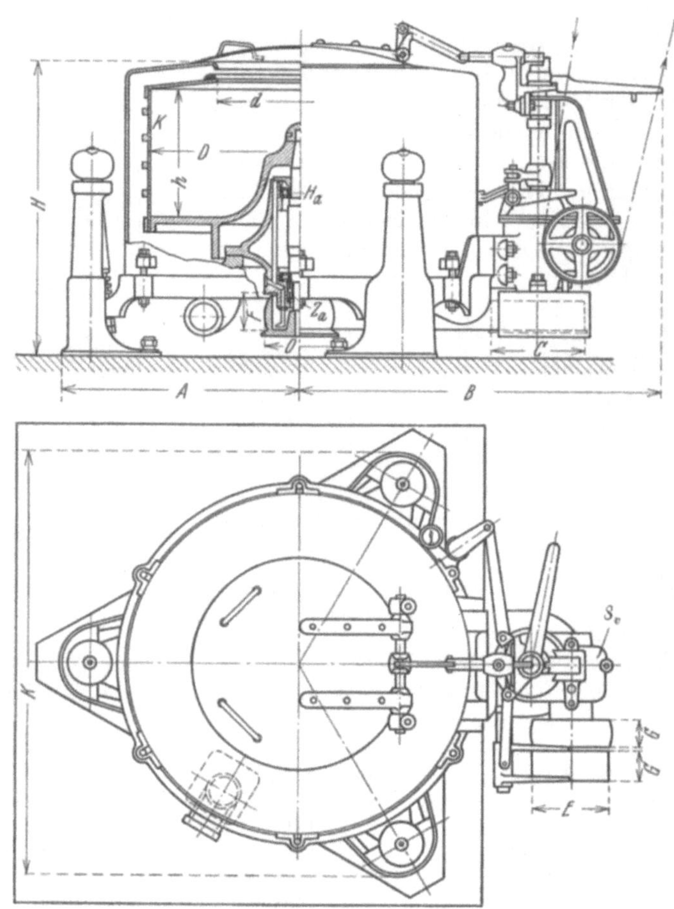

Abb. 65.

Abb. 66.

Die Schleuderkosten bestehen aus Verzinsung und Abschreibung der Maschine mit 20% je Jahr (300 Arbeitstage) bzw. je Tag gleich VA, ferner Kraftbedarf in kWh je Tag gleich Kb, Arbeitslohn je Tag gleich Al, Regie R je Tag 25% vom Geldumsatz der Maschine. Die Schleuderkosten, je 1 kg Material Trockengewicht gerechnet, betragen also $\dfrac{VA + Kb + Al + R}{M} = K$ Schleuderkosten je 1 kg, wobei M die tägliche Materialleistung in kg Trockengewicht bedeutet. Die Löhne bei Zentrifugen hat der Verfasser immer mit den Fertigtrocknern zusammen als Partielöhne bestimmt, wobei dann die ganze

Trockenpartie Prämien je 100 kg gut getrockneten Materials auf den Grundakkordlohn erhält. Die Zentrifugenarbeiter und die Fertigtrockner kontrollieren dadurch ihre gegenseitige Arbeitsleistung.

B. Das Fertigtrocknen.

Der letzte Rest der Feuchtigkeit kann aus der Wolle nur durch Lufttrocknung entfernt werden. Mit Rücksicht auf die notwendige Leistung ist man heute vom Trocknen auf Drahthorden im Freien, das nur bei günstiger Witterung möglich ist, mit Ausnahme der kleinsten Betriebe abgekommen. Allerdings liefert diese billigste Art des Trocknens die weichgriffigste Wolle, ist aber vom Wetter abhängig. Die Fertigtrocknung arbeitet heute ausnahmslos mit Trockenmaschinen. Kleinbetriebe verwenden vereinzelt noch die alten Pulttrockner. Die durch die Heizkörper H erwärmte Luft steigt infolge ihres geringen spezifischen Gewichtes durch die Siebe Si und durch die

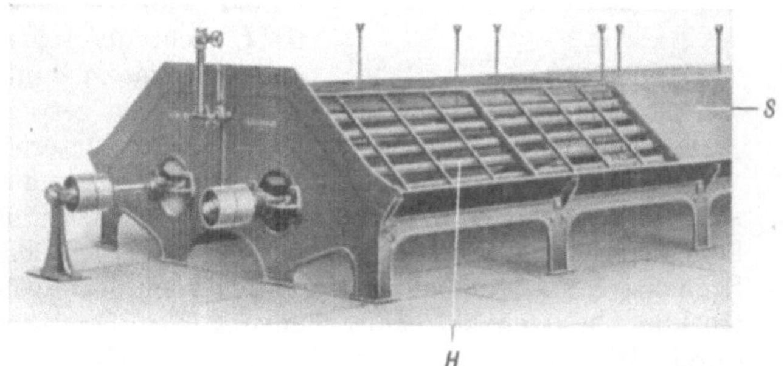

Abb. 67a. Pulttrockner.

Wolle, und strömt bei A neu nach (Abb. 67). Die Wolle wird auf den ca. 20° geneigten Sieben etwa 15 cm hoch aufgeschichtet und muß von Hand oft gewendet werden. Wärmeökonomisch ist diese Art der Trocknung zu verwerfen, da neben hohen Arbeitslöhnen für das Wenden der Wolle ein Dampfverbrauch von etwa 5 kg Dampf für 1 kg Wasser notwendig ist, das aus der Wolle ausgetrieben wird; dies ergibt je kg getrockneter Wolle einen Heizdampfbedarf von mindestens 2,5 kg Dampf. Die Feuchtigkeitskontrolle und die Erreichung des Trockenzustandes ist vollständig dem Arbeiter überlassen.

Abb. 67b. Pulttrockner.

Die Wolle wird daher ungleich getrocknet und dadurch verschieden spinnfähig.

Die neueren Einrichtungen zum Trocknen erfordern kontinuierliche Produktion, größere Leistungen, gleichmäßigen Ausfall des Trockengutes, hohe Ökonomie. Der Trockenprozeß soll den Wassergehalt aus der Wolle bis auf die Normalfeuchtigkeit entsprechend der mittleren Luftfeuchtigkeit herabsetzen. Die Mehrzahl der im Betrieb befindlichen Trockenmaschinen berücksichtigt diesen Hauptpunkt noch nicht genug. Die Maschinen trocknen meist mit viel Dampfaufwand zur Erzeugung der Heißluft die Wolle zu weit aus, sie wird schlecht spinnfähig und die Trocknung zu teuer. Derart übertrocknete Wolle muß durch Feuchtluft wieder angefeuchtet werden, um weich und spinnfähig zu sein. Die

Trockendauer, welche ein absolut trockenes Produkt erzielen würde (T_2 im Diagramm Abb. 68), ist in Arbeitsdauer und Dampfverbrauch weitaus höher als die richtige Trockenzeit T_1, die noch die Normalfeuchtigkeit in der Wolle läßt. Ein übermäßig rasches Trocknen führt den noch nicht genügend erforschten Zustand der sogenannten „Wassersteifheit" der Wolle herbei. Der Verfasser beobachtete bei zu rascher Austrocknung von Wollspinnpartien, ohne daß eine Überschreitung bei zulässiger Temperatur eingetreten wäre, einen Rückgang in der Spinnfähigkeit und härteren Griff, der nur auf zu rasche Entziehung des Wassers zurückgeführt werden konnte. Die Trockentemperatur soll besonders bei feinen Wollen im trockensten Teil der Maschine 60° C nicht überschreiten. Bei modernen Maschinen wird diesem Punkt bezüglich Schonung ohnehin Rechnung getragen, indem die fast trockene Wolle beim Materialaustritt aus der Maschine nur mehr mit kühler, aber trockener Luft zusammenkommt.

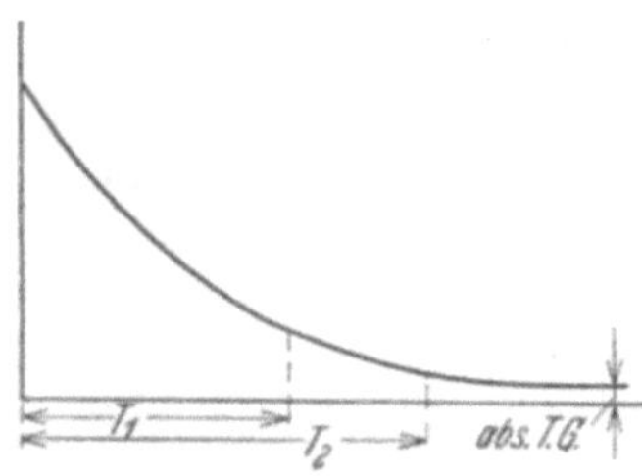
Abb. 68. Trockendiagramm.

Die verwendeten Maschinensysteme zerfallen in sogenannte kontinuierliche Trockner mit wandernden Siebtüchern und in Kammer- oder Schachttrockner mit Wagen bzw. Hordenführung des Materials. Die Schachttrockner besitzen lotrechte Führung der Drahthorden in Vertikalschächten durch Wanderketten, während die Tunnel- oder Kanaltrockner die Wagenbewegung mit den Drahthorden horizontal ausführen.

Nach Art der Führung der Luft unterscheidet man verschiedene Typen der Trockenmaschinen. Bei der reinen Gegenstromtrocknung mit abnehmender Lufttemperatur tritt die heißeste trockene Luft mit der Höchsttemperatur in das trockenste Material ein und strömt gegen das immer feuchter werdende Material. Dadurch sättigt sich die Luft vollständig mit Wasser und tritt beim wasserreichsten Material aus der Maschine. Man erhält hierdurch größte Wärmeausnutzung, aber leicht einen spröden Griff. Wegen der Billigkeit ist diese Trocknung besonders für minderste Kunstwollen nach dem Waschen oder Färben üblich. Eine Ausführungstype dieser Bauart zeigt Abb. 69. Die feuchte Wolle fährt bei d ein, die getrocknete bei b aus. Die Maschine arbeitet vollautomatisch, sobald der Bedienungsmann den Wanderkettenantrieb, welcher die Horden bewegt, einrückt.

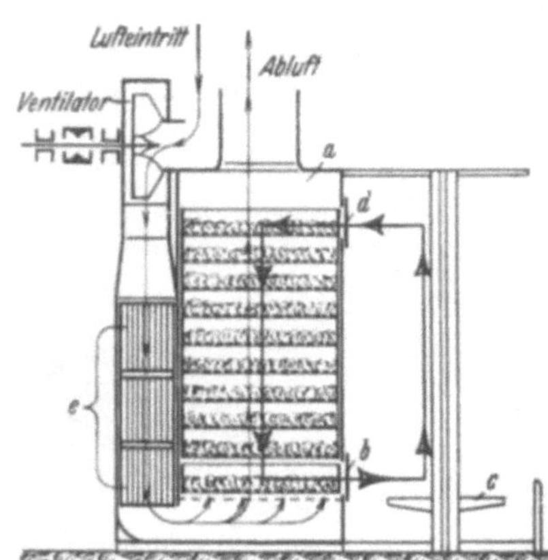

Abb. 69. Einfacher Schachttrockner von Schilde.

Trotz der größeren Leistung dieser Einschachtmaschinen, welche bei billigem Preis bis 3000 kg je Tag leisten, sind sie vielfach durch die Duplexmaschine verdrängt. Diese arbeitet mit gemischter Trocknung, wie Abb. 70a und b zeigen. Diese Bauart hat im rechten Schacht aufsteigende, im linken Schacht fallende Materialführung. Die Trocknung erfolgt daher rechts im Parallelstrom, links im Gegenstrom, aber mit bereits teilweise gesättigter Luft. Die verwickelte Art der Kettenschaltung in Verbindung mit geringerer Spinnfähigkeit bei den Einschachtmaschinen haben heute diese Bauart schon stark durch die horizontalen Bauarten verdrängt. Diese weisen bei leichterer Bedienung eine ökonomischere Luftführung auf. Sie verwenden die Stufen-

trocknung, d. h. sie führen die mäßig vorgewärmte Frischluft von ca. 20 bis 30⁰ C
auf das trockenste Material, von wo die Luft mit steigender Temperatur gegen
das immer feuchter werdende
Gut geführt wird. Der Luft-
austritt aus der Maschine liegt
also beim Eintritt des nassen
Materials in die Maschine. Diese
Art der Trocknung, seinerzeit
von Friedrich Haas in Lennep
(heute H. Krantz, Aachen) eingeführt, bildet das Vorbild für
alle modernen Trockenmaschinen.

Man verwendet entweder
Kammertrockner nach
Abb. 71 bzw. 72 oder Tunnel-
trockner nach Abb. 73 u. 74.
Die ersteren haben für kleinere
Betriebe, welche verschieden-
artige Wollpartien, eventuell
auch gleichzeitig Garnpartien

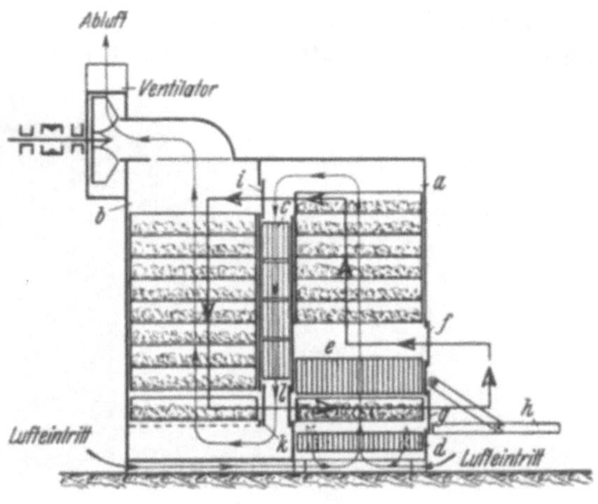

Abb. 70a.

trocknen, den Vorzug, daß man an die Trockendauer der einzelnen Kammer-
inhalte nicht gebunden ist. Die Tunnelmaschinen sind nur für große Betriebe

Abb. 70b.
Abb. 70a und b. Duplextrockner von Schilde.

geeignet, die entsprechend große Materialpartien mit gleichmäßig trocknendem
Material in einem Zuge behandeln können. Ist das Material ungleich, so kann
ein schwer trocknender Hordenwagen die ihm nachfolgenden Wagen in der

Trocknung aufhalten und für diese eine Übertrocknung herbeiführen bzw. die Kontinuität stören. In solchen Fällen, wo nur einzelne schwer trocknende Wagen in Betracht kommen, behält man die Wagengeschwindigkeit des schneller trocknenden Materials bei und läßt einfach das bei einem Durchgang nicht trocken werdende Material wiederholt durchlaufen. Bei großen Partien von

Abb. 71. Kammertrockner.

langsam und rasch trocknendem Material (lose Wolle und Strähngarn trocknen etwa doppelt so schnell wie Spulen oder andere Wickelkörper, z. B. Bobinen) ist eine Trennung nach Trockengeschwindigkeit durchzuführen. Infolge der stufenförmigen Förderung der Trockenluft durch eine Reihe von Einzelventilatoren, die die Luft auf kurzem Wege von einer Kammer zur nächsten schleudern, ist gegenüber den alten Maschinen, die nur mit einem großen Ventilator arbeiten, eine bedeutende Kraftersparnis erzielbar, so daß heute bei höchster Dampfökonomie die billigste Art der Trocknung erzielt wird. Die Endtemperatur in den nassen Kammern kann ohne weiteres etwas höher (80^0 C) gehalten werden, ohne auf die Güte der Trocknung Einfluß zu nehmen. Bei Kunstwollen, die mit Helindonfarben gefärbt werden, muß jedoch die Temperatur sorgfältig unter 70^0 C gehalten werden, da, wie der Verfasser in der Praxis beobachtete, katalytische Erscheinungen bis zur Selbstentzündung führen können.

Abb. 72. Kammertrockner.

Die Trockenkosten setzen sich zusammen aus den Verzinsungs- und Anschaffungskosten der Maschinen VA, dem Arbeitslohn Al, Kraftbedarf Kb und dem Dampfverbrauch, welcher den größten Anteil der Kosten ausmacht, Dv, sowie den Regiekosten R, die ca. 15 bis 20 % des Gesamtbetrages der vorgenannten Kosten (Umsatz der Maschine je Tag) betragen.

Es kostet das Trocknen von 1 kg trockenem Material:

$$K = \frac{VA + Al + Kb + Dv + R}{M},$$

wobei M die Tagesleistung der Maschinen in kg trockenen Materials bedeutet. Der Dampfverbrauch beträgt bei Dampf von ca. 4 Atm. Sattdampf (zweckmäßig Abdampf) ca. 1,6 kg je 1 kg Wasser, welches aus der Wolle ausgetrieben wird. Die Gesamttrockenkosten betragen bei Vollbetrieb auf einer 5-Kammermaschine mit ca. 1800 kg trockener Wolle in 10 Arbeitsstunden ca. 4 bis 5 Pf. je kg Wolle; bei gemischten Partien erreichen sie wegen der langsameren Trocknung ca. 8 Pf. je kg, für unterbrochenen Betrieb sind sie entsprechend höher. Die Löhne für die Bedienungsmannschaft werden zweckmäßig, wie bereits erwähnt, durch ein Prämienlohnsystem gemeinsam mit den Vortrocknern

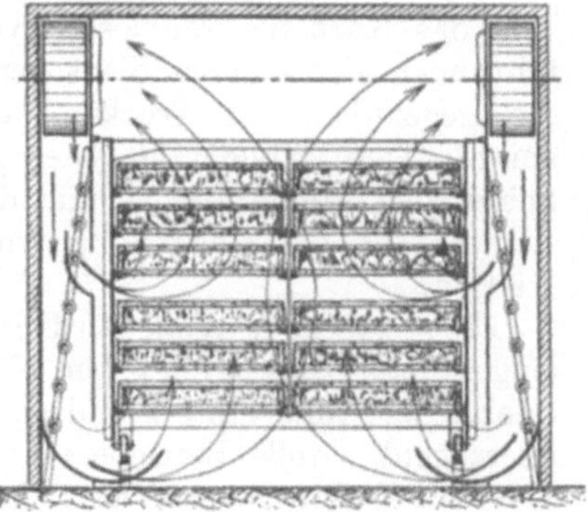

Abb. 73a.

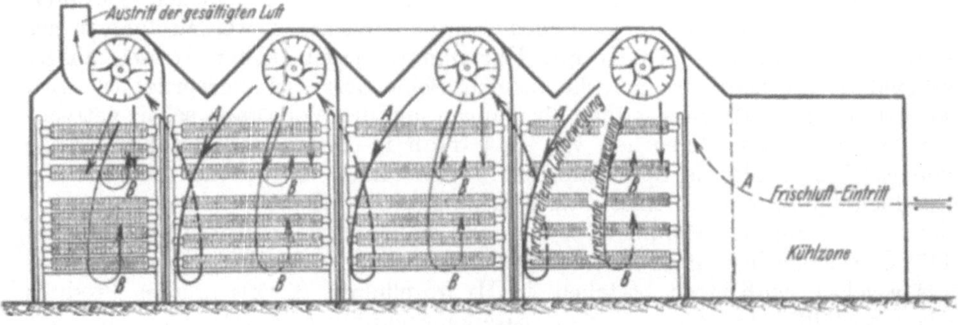

Abb. 73b.

Abb. 73a und b. Tunneltrockner. Schema der Luftführung.

(Zentrifugenarbeitern) geregelt. Eine ständige Kontrolle der Kondenstöpfe, Leistungs- und Temperaturkontrolle der Maschine durch Registrierung, Verzeichnung der Arbeitszeiten und -mengen bei einzelnen Wasch- und Trockenpartien sind bei modern geführten Betrieben unbedingte Notwendigkeit.

Die Betriebsführung wird sorgfältig auf Einhaltung der Temperaturen (in neuerer Zeit durch elektroautomatische Temperaturregler) durch Dampfmessung auf billigstes

Abb. 74. Betriebsbild des Tunneltrockners.

Trocknen bei gutem Ausfall hinarbeiten. Die entsprechende Anzahl von Reservewagen und -horden muß den kontinuierlichen Betrieb ermöglichen.

C. Das Karbonisieren der Wollen.

Stark klettige Wollen, besonders feine Montevideoarten, Kapwollen sowie sehr feine Australwollen erfordern schon in der Wolle ein Entkletten, welches, um Materialverluste, die beim mechanischen Entkletten unbedingt eintreten würden, zu vermeiden, auf chemischem Wege, durch Karbonisation, geschieht. Für das Karbonisieren loser Wolle verwendet man auf Grund reicher Erfahrungen zweckmäßig die sogenannte Naß- oder Schwefelsäurekarbonisation, die gegenüber der Trocken- oder Salzsäurekarbonisation eine wesentlich spinnfähigere Wolle gibt. Dies gilt nicht nur für die Entklettung von reiner Schurwolle, sondern auch für die Entklettung von Kämmlingen, sowie besonders für die Gewinnung von reinwollener Kunstwolle aus halbwollenen Hadern.

Die gewaschene Wolle wird in gut abgequetschtem Zustand nach der Wäsche eingesäuert. Dies erfolgt bei Kleinbetrieben in einfachen, säurefesten Kufen (Holzkufen, innen mit Bleiblech ausgeschlagen oder neuerdings mit Gummoid überzogen). Große Betriebe verwenden, wie früher erwähnt, gleich einen Leviathan, dessen letzter Bottich, als Einsäurebottich nach dem Spülbottich, säurefest gebaut ist.

Die eingesäuerten Wollen verbleiben in der 2 bis 3^0 Bé starken Schwefelsäurelösung ca. 25 Min., um gründlich Säure aufzunehmen, werden dann in der säurefesten Zentrifuge, einem mit Hartgummi ausgekleideten Kessel, ausgeschleudert. Die Schwefelsäure, die aus dem Schleuderkessel abgespritzt ist, wird sorgfältig zur Wiederverwendung abgefangen und die Wolle dann scharf getrocknet. Nach neueren Versuchen von G. Ulrich in Brünn soll die Temperatur von ca. 105^0 C für die Spinnfähigkeit des Materials maßgebend sein, für die Beschleunigung und chemische Auswirkung des Karbonisiervorganges ist die rasche Erwärmung besonders wesentlich. Höhere Temperaturen von 110 bis 115^0 C ermöglichen ein sicheres Karbonisieren (Umwandlung der Zellulose, aus welcher die Kletten bestehen, in Hydrozellulose, die als mürbes Produkt leicht ausfällt), sind aber für den späteren Spinnvorgang nachteilig. Man hat in neuerer Zeit durch Zusatz von gerbstoffhaltigen Netzmitteln wie Leonil, Flerhenol (Chem. Fabrik, Offenbach) ein Durchkarbonisieren schon bei 100 bis 105^0 C und bei einem Säuregehalt von nur $2,5^0$ Bé erreicht. Dies gibt der geschonten Wolle sehr gute Spinnfähigkeit bei Säure- und Wärmeersparnis, so daß der kleine Mehraufwand für die Netzmittelkosten sich reichlich lohnt.

Kleinere Betriebe säuern in gelochten Gitterkörben an, die aus säurefestem, perforiertem Stahlblech bestehen. Man läßt nach 20 Min. Einweichen abtropfen, schleudert aus und trocknet.

Das Trocknen nach dem Schleudern erfolgt in den Trockenmaschinen, möglichst säurefeste Drahthorden (Phosphorbronzedraht). Die übrigen Teile der Maschine sind mit Säureschutzanstrich versehen und besitzen, mit Rücksicht auf die notwendige höhere Temperatur, entsprechend ausgebaute Heizkörper. Die Dampfspannung muß bei Naßdampf mindestens 5 bis 5,5 Atm. betragen, um bei gesättigtem Dampf noch sicher die Karbonisiertemperatur zu erreichen. Besonders bei Anschluß der Maschine an Abdampf ist unbedingt auf besonders reichliche Dimensionierung der Heizkörper zu achten.

Die Karbonisierkosten sind entsprechend der längeren Arbeitsdauer, dem Chemikalien- und Wärmeverbrauch ca. 30 bis 40% höher als die Trockenkosten für 1 kg Material. Die Spinnfähigkeit karbonisierter Wollen ist unbedingt kleiner, das anfallende Garn ungleichmäßiger und weniger haltbar. Die Garne und Gewebe aus karbonisierten Wollen sind der späteren Veredlung

(Appretur, Netzfähigkeit, Verleihung von Griff und Geschmeidigkeit) weniger
zugänglich, weshalb man im losen Material nur in Notfällen karbonisiert, wenn
ein anderer Ausweg nicht möglich ist. Soweit der Spinner nur kann, wird er un-
karbonisiert verspinnen und die Entfernung der Kletten im späteren Veredelungs-
betrieb des Gewebes vornehmen.

Für gewaschene Kammwollen wird direkt nach dem Quetschen ein Zupfwolf
zur Vorlockerung der Wolle eingebaut; er führt die vorgelockerte Wolle in einem
Speiseapparat zu, der die Wolle durch Nadeltransporttücher in gleichmäßiger
Lage in losen Klumpen der Trockenmaschine zuleitet.

Auch die Streichgarnspinnerei feinerer Wollen wird auch bei höheren
Trockenkosten unbedingt auf diese Art aufrechterhalten, weil die Trocknung bei

Abb. 75. Speisevorrichtung für Wolltrockner.

derartigen Anordnungen hier doch kontinuierlich möglich ist. Bei höheren Trockenkosten wird man den Leviathanabschluß immer in die Trockenmaschine führen.
Eine derartige Speisevorrichtung zeigt Abb. 75. Die abgequetschte Wolle wird
durch ein Lattentuch aus dem Leviathan bei I durch einen Speiseblechtrichter B
dem Wollöffner zugeführt, der durch Stiftenwalzen mit gekämmten und gekrümmten Stahlstiften in der Art der Wölfe, besonders beim Kammwolf (Krempelwolf der Kammgarnspinnerei) eine Vorlockerung der Wolle vornimmt. Diese
wird dann durch einen Speiseapparat der Trockentrommel bzw. Trockenmaschine
zugeführt. Der durch Stiftenwalzen mit gekrümmten Stahlstiften ausgestattete
Wolf mischt in der Art der Wolfszähne wie beim Krempelwolf. Die vor-
gelockerten Wollklumpen werden durch einen Speiseapparat regelmäßig den
späteren Maschinen zugeführt. Die Ausführung, Länge und Dichte der Nadeln
auf den Nadeltüchern paßt sich an die Wollbeschaffenheit an. Gröbere und
straffere Wollen können durch entsprechend schüttere Nadeltücher noch sicher
transportiert werden.

D. Die kontinuierlich arbeitenden Trockenmaschinen.

Die älteren Bauarten dieser Trockeneinrichtungen ähneln mehr oder weniger der bekannten Konstruktion der Trockentrommel von Mehl (Abb. 76). Sie wird heute noch vielfach in der Kammwollwäscherei als Trockeneinrichtung verwendet. Die Wolle fällt an einem Ende in die schräg abfallende Trommel, etwa in der Trommelachse ein, fällt auf die Stiftenlatten der Innenfläche der Trommel, wird dann durch Drehung der Trommel hochgenommen und tritt aus der Hochlage in einen tiefer liegenden Punkt des Trommelumfanges. Dadurch beschreibt die Wolle einen allmählichen Spiralweg durch die Trommel. Die Außenfläche der Trommel ist von einem feinen Messingdrahtsieb (ca. 1 mm Maschenweite) gebildet. Die Trommel wird quer zur Achsenrichtung durch einen schwachen, warmen, aufsteigenden Luftstrom durchzogen. Hierdurch wird eine sehr schonende Trocknung der Wolle ohne Verwerfung oder Klumpenbildung erreicht. Da der Ausnützungsweg der Warmluft ein äußerst kurzer ist, wird die ganze Trocknung wärmetechnisch unökonomisch, der größte Teil der Luft entweicht ungesättigt. Die Wolle selbst bleibt wegen der niedrigen Trockentemperatur von 50° C sehr gut spinnfähig, weshalb man diese Einrichtung trotz ihrer geringen Ökonomie noch oft verwendet. Die Speisung durch die Zuführvorrichtung und

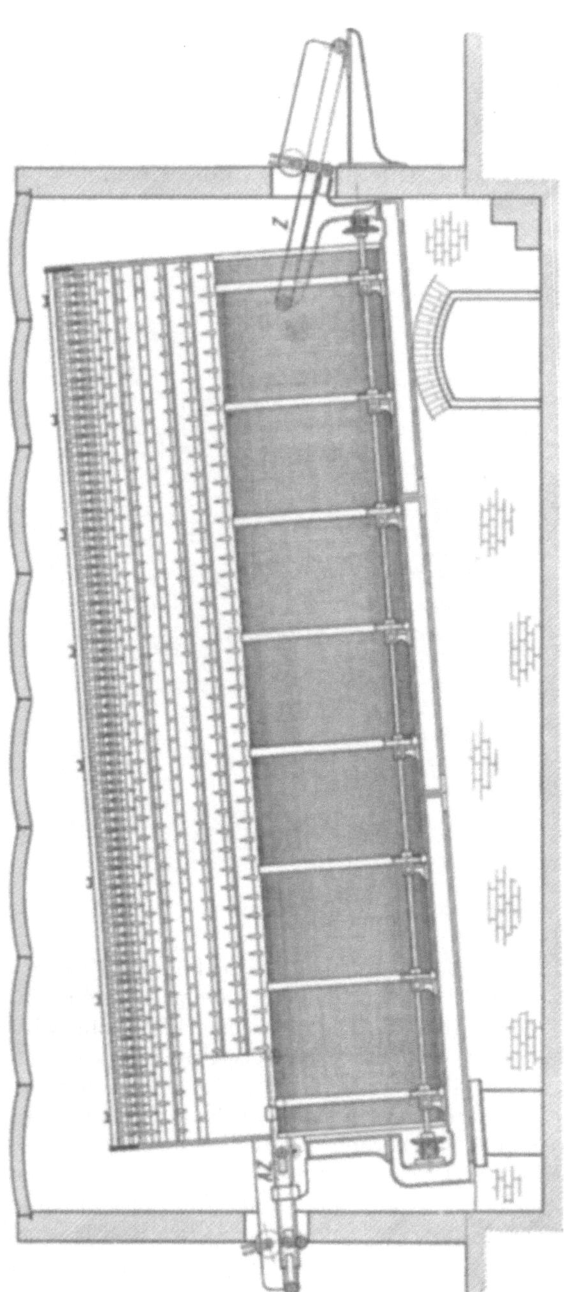

Abb. 76. Trockentrommel für Mehl.

die Trommelgeschwindigkeit müssen mit der Trocknungsgeschwindigkeit und Waschgeschwindigkeit der vorstehenden Leviathananlage in Einklang gebracht werden. In der Abb. 76 ist die Zuführung des Materials mit Z, die Abführung der trockenen Wolle mit AZ bezeichnet. Der Antrieb der ca. 3 m im Durchmesser und 7 bis 8 m in der Länge messenden Trommel erfolgt auf den Laufwellen, auf deren Rollen die Trockentrommel ruht. Die Trommel rotiert so schnell, daß der Wolldurchgang ca. 15 bis 20 Min. dauert. Am Auslauf der Trommel bringt man über dem Auslauftisch eine automatische Öl- oder Schmelzeinrichtung an, die mittels Preßluft oder besser mit Dampf, wegen der oxydierenden Wirkung der Luft auf das Öl, dieses in fein verteilter Form auf die lockere Wolle zerstäubt. Man ölt in der Kammgarnspinnerei wesentlich schwächer als in der Streichwollspinnerei, nimmt aber dafür wegen der besseren Auswaschbarkeit nur reines Olivenöl zum Schmelzen, das mit 1 bis $5^0/_{00}$ vom Gesamttrockengewicht der Wolle bemessen wird. Die Neigung der Trommel beträgt ca. $7,5^0$ zur Horizontalen, die Tagesleistung hängt mit der Leviathanleistung zusammen und kann in 10 Arbeitsstunden 1500

Abb. 77. Wolltrockner.

bis 2000 kg reingewaschener Wolle bei guter Führung erreichen. Die Trockenkosten sind wegen der geringeren Ökonomie ca. 60% höher als bei modernen Kontinuiertrocknern.

Die neueren Trockner kontinuierlicher Bauart sind meist von der Konstruktion der Mac Naughtschen Trockenmaschine abgeleitet. Diese besteht entweder aus einem korkisolierten Trockenkasten (2,5 cm Preßkork in Winkeleisenrahmen) oder einem Gestell, das aus doppelwandigen Eternitplatten gebildet ist. Korkwände sind vorzuziehen, da bei den Eternitdoppelplatten im Hohlraume zwischen den Platten Luftströmungen entstehen, die Wärmeverluste bringen. Die Wolle wird durch den Trockenraum durch Bronzedrahtsiebtücher transportiert. Abb. 77 zeigt die gesamte Anordnung einer derartigen Trockenanlage. Die Wanderung der Wolle durch die Trockenmaschine muß so erfolgen, daß bei größtmöglicher Ökonomie die Wolle weichgriffig und nicht verklumpt von der Trockenmaschine abgeliefert wird. Der Eintritt der nassen Wolle erfolgt am oberen linken Maschinenende der ersten Siebtuchführung, die die Wolle nach rechts führt, am Ende des Siebtuches fällt die Wolle auf das rechts vorstehende tiefere 2. Siebtuch, welches wieder die Führung nach links besorgt. Es sind je nach der nötigen Produktion 4 bis 8 Siebtücher in Etagen übereinander vorgesehen. Die

Anlage hat 5 Etagen mit je 2 Horizontalfeldern von 3 m Länge. Sie leistet täglich bei 8 stündiger Arbeitszeit ca. 1200 bis 1400 kg reine trockene Wolle.

Abb. 78. Trockner von Mac Naught mit Rostvorschub.

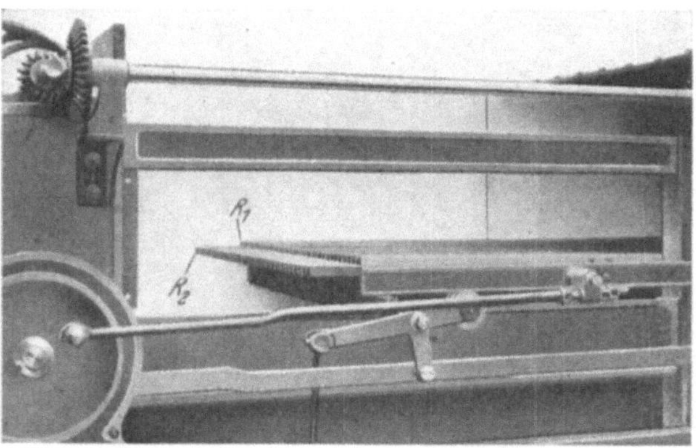

Abb. 79.

Abb. 80.

Die Wanderbewegung mit Siebtüchern hat den Nachteil, daß an den Siebtuchrändern, besonders bei sehr feiner und kurzer Wolle, viel Material hängen bleibt, also Materialverlust eintritt und häufiges Reinigen der Maschine erforderlich ist. Mac Naught hat deshalb die Siebtücher in der Konstruktion Petrie, wie Abb. 78 bis 81 zeigen, durch horizontale, aus parallelen Stäben gebildete Roste ersetzt. Diese werden durch ein Kurbelgetriebe in horizontalen Schubbewegungen geführt. Die glatten Roststäbe sind in 2 Gruppen bewegt, $R_1 R_2$ in Abb. 79, 80, 81, wobei die Gruppe R_2 eine horizontale geradlinige Schwingung ausführt, während die Gruppe R_1 zwischen den Stäben R_2 durch ein Kurbelgetriebe mit Rollenführung immer etwas emporgehoben wird und dadurch die daraufliegende Wolle ca. 200 mm schonend weiterschiebt. Dadurch ist jede Verklumpung, besonders feiner Wolle, vermieden. Die Maschine bleibt rein, allerdings ist der Kraftaufwand für die Rostbewegung erheblich größer als bei Drahtsiebtüchern. Er beträgt für die Rostbewegung ca. 2,5 bis 3 PS, bei Siebtüchern nur 1,5 PS, der Ventilator erfordert in beiden Fällen ca. 2½ PS.

In neuester Zeit hat die im Bau von Trockenapparaten besonders erfahrene Firma Haas Lennep (Krantz Söhne, Aachen) das System der Mehretagen-Siebtücher verlassen und insbesondere für Karbonisiertrockner die für die Praxis viel einfachere Einbandführung des Materials ausgeführt. Sie erreicht einen besseren Karbonisiereffekt, der früher infolge zu langer Wanderung oder zu langem Verweilen der Wolle in den Trockenkammern beim Kammersystem einen harten Griff, schlechte Spinnfähigkeit und Vergilbung der Wolle ergeben hat. Der Einbandtrockner von Haas (Abb. 82 und 83), der auch als einfacher Trockner arbeiten kann, führt das Material zwischen zwei Siebtüchern leicht gefaßt einmal durch den Trockenraum. Die Wolle kann dabei nicht verklumpen und wird trotzdem von der Trockenluft quer zu den Siebtüchern kräftig durchströmt, so daß sie schonend und rasch trocknet. Die Luftführung ist als Gegenstrom mit niedriger Temperatur für die nahezu trockene

Abb. 81.
Abb. 79 bis 81. Rostbewegung.

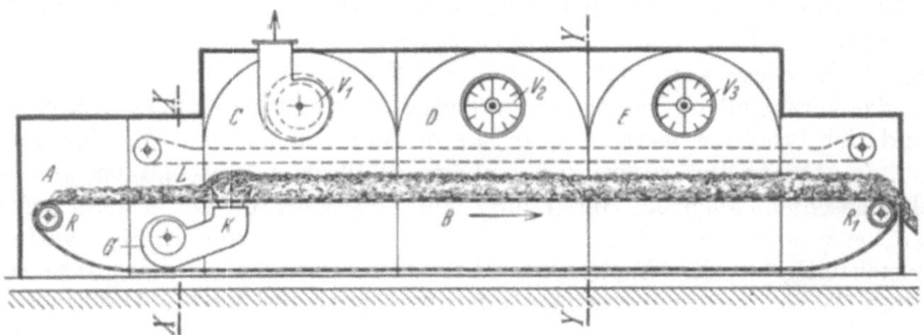

Abb. 82.

Wolle und mit Höchsttemperatur für die nasse Wolle (ca. 80° C) ausgeführt. Bei der Karbonisierausführung ist die Lufttemperatur gegen den Ausgang zu bis 105° C steigend. Die Durchlaufdauer beim Karbonisieren kann infolge der lockeren Materialführung und der genau regelbaren Luftströmung und Führung der Luft, insbesondere in der Fertigkarbonisierkammer (C in Abb. 82), bis auf eine Arbeitsdauer (Materialdurchlaufzeit) von 10 Min. reduziert werden. Nach neueren Forschungen, die besonders Ulrich in Brünn durchgeführt hat, gibt kurze Behandlungszeit die geringste Schädigung der

Abb. 83.
Abb. 82 bis 83. Einbandtrockner von Haas.

Wolle, auch bei hoher Temperatur und bei gleichzeitig gründlicher Durchkarbonisierung.

Nach dem Karbonisieren muß die Wolle auf einem Klopfwolf geklopft werden, um die losen, mürbe gewordenen Kletten durch Schläge aus den Wollklumpen zu entfernen. Man verwendet entweder Klopfwölfe mit Schlagstäben, eventuell auch Lederschlagleisten (siehe Wolferei). Die Verwendung ausgesprochener Klettenwölfe, die mit Sägeschienenbelag bzw. Klettenmessern und Walzen arbeiten, ist mit Rücksicht auf den verhältnismäßig hohen Materialverlust — durch die mit den ausgeschiedenen Kletten mitgehenden Wollhaare — bei feinen Wollen heute nicht mehr üblich. Man karbonisiert lieber und nimmt eher den dadurch entstehenden schlechteren Griff und die geringere Spinnfähigkeit in Kauf, als daß man durch Entklettung ohne Karbonisation viel und edles Material verlieren will.

III. Wolferei.

A. Wolfen.

So, wie die Wolle aus der Wäscherei kommt, kann sie nicht zu einem Fertiggarn versponnen werden. Die klumpige Wolle muß vorher in Einzelhaare aufgelöst und von eingebetteten bzw. anhaftenden Fremdkörpern, die durch die Wäsche nicht entfernt wurden, befreit werden. Dies geschieht unter Schonung der Wolle durch eine allmählich auflockernde Behandlung. Der vollständigen Auflockerung in Einzelhaare wird eine Zerteilung der Klumpen bzw. Flocken vorangestellt. Diese Vorarbeit nennt man „Wolfen".

Da das herzustellende Fertiggarn verschiedenem Verwendungszweck genügen soll und der Preis des fertigen Materials bestimmend hierfür sowie für den gewünschten Absatz ist, so werden mehrere Wollsorten miteinander gemischt. Gleiches geschieht auch bei Herstellung von Melangen, für welche man gefärbte Wollen verwendet, die während des Wolfens vermischt werden. Man verbindet also gleichzeitig mit dem Wolfen das Mischen der zu einer „Partie" zusammengestellten Wollsorten von gleicher oder verschiedener Farbe. Um auch den während des ganzen Produktionsweges an den einzelnen Maschinen unvermeidlichen Abfall wieder verwenden zu können, bedient man sich einzelner Maschinen, um die Wolle zu reinigen oder aber, falls es sich um Abfälle eines Fertiggarnes handelt, sie wiederzugewinnen. Auch diese Maschinen nennt man „Wölfe".

Man unterscheidet sie nach ihrer Verwendung und Bauart als:

1. Krempel-, 2. Schmelz-, 3. Kletten-, 4. Klopf-, 5. Spiral-, 6. Reißwölfe, 7. Endenöffner (Garnettmaschine), 8. Willow und 9. Crighton opener.

Wegen der Ähnlichkeit des Arbeitseffektes findet man nicht alle angegebenen Wölfe in einer Wolferei aufgestellt. Neuzeitliche Wolfereien sind in Fließarbeit mit der gesamten Spinnereianlage verbunden.

Die Wolferei zerfällt, wie erwähnt, in zwei Teile: in die eigentliche Mischerei und in eine Abteilung, in der die Wolle gereinigt oder wiedergewonnen wird. Den größten Raum fordert die Mischerei, da vor bzw. hinter den dort verwendeten Maschinen — heutzutage ausschließlich Krempelwölfen — eine größere Bodenfläche freigehalten werden muß, um die Wollsorten „laufender Partien" in übereinanderliegenden Schichten von Hand aus grob vormischen zu können. Da eine solche Partie von 200 bis 600 bis 1200 kg haben kann, so benötigt man hierzu eine mehr oder weniger große Bodenfläche ($2,5 \times 4$ m bis doppelt genommen) als Wolfsbett (4×16 m).

B. Der Krempelwolf.

Er wird deswegen für das Wolfen vorgezogen, weil durch die Anordnung seiner arbeitenden und auflockernden Teile gleichzeitig eine gute Mischung erzielt wird. Die Wollpartie wird durch diese Maschine gegenüber allen anderen Typen am besten „krempelrecht" gemacht. In Abb. 84 ist ein Krempelwolf in einfacher Weise schematisch dargestellt. Die von Hand oder mittels eines Speiseapparates auf das Lattentuch L aufgelegte Wolle wird durch dieses gegen die Einzugswalzen E_1 und E_2 vorgebracht, wobei eine hölzerne längs-geriffelte Druckwalze D das Vorschieben gegen die Einzugswalzen hin erleichtert. Durch ihre Anordnung wird zu hoch aufgelegte Wolle vor dem Einzug niedergedrückt. Die Walze schützt auch den Arbeiter vor dem Erfaßtwerden durch die Walzen E_{1-2}. Die Einzugswalzen haben grobe Zähne, deren Richtung der des Materialvorschubes entgegengesetzt ist, damit die zwischen ihnen gehaltene, langsam vorgeschobene Wolle durch die rasch vorbeilaufenden Zähne des Tambours T den Wolf nicht „verstopft". Gleiches erfolgt auch, wenn die Einzugswalzen zu weit voneinander entfernt sind. Eine solch starke Belieferung

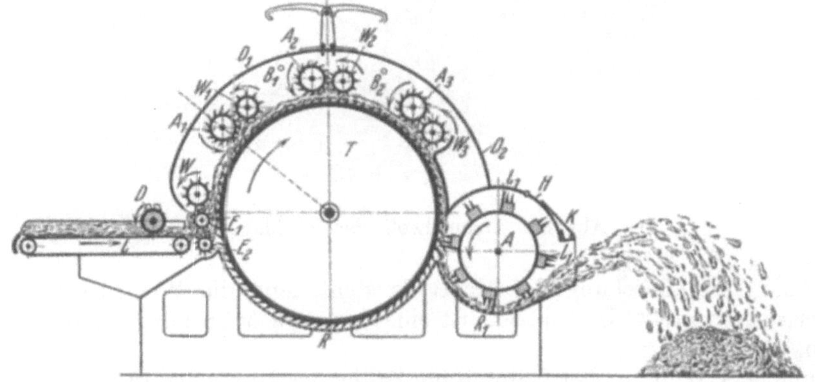

Abb. 84. Krempelwolf (Schema).

beansprucht die Zähne sowie die fix gelagerten Walzen zu stark, so daß außer Zeitverlusten infolge Riemenabwerfens und Rückdrehens usw. noch Zahnbrüche bzw. Durchbiegungen eintreten können. Oberhalb der Einzugswalze E_1 ist eine etwas größere bezahnte Walze W, welche die Walze E_1 von Wolle reinigt und diese dem Tambour übergibt. Die untere Walze E_2 wird infolge der gleichgerichteten Zahnlagen mit jenen des Tambours T vom letzteren geputzt. An der oberen Umfanghälfte sind 3 Walzenpaare gelagert, denen die Aufgabe der Wollöffnung und Mischung zukommt. Die größere dieser Walzen, mit A_{1-3} bezeichnet, wird „Arbeiterwalze" genannt, die kleineren W_{1-3} heißen „Wender".

Im Vergleiche zu diesen 3 Walzenpaaren ist auch die Einzugswalze E_1 mit ihrer oberen Putzwalze W als Arbeiter und Wenderpaar anzusehen, so daß somit insgesamt 4 derartige Walzenpaare für die Durcharbeitung der Wolle bestimmt sind.

In der älteren Ausführung waren alle Walzen aus Holz mit eingeschlagenen Eisenzähnen. Da diese nicht widerstandsfähig sind und leicht aus dem Holz ausbrechen (siehe Betriebsaufnahme Abb. 85), so werden die Walzen heutzutage ganz aus Schmiedeeisen mit einsetzbaren Stiften hergestellt. Bei der Ausführung der Sächsischen Maschinenfabrik vorm. Richard Hartmann A. G., Chemnitz, ist der Tambour mit aufgeschraubten Zahnbelegplatten aus Stahlguß versehen.

Neben der größeren Haltbarkeit können schadhafte Platten einzeln ausgewechselt werden. Die Einführwalzen sowie Arbeiter und Wender bestehen aus Stahl-
gußzahnscheiben, welche bei Bruch einzelner Zähne auswechselbar sind. Der
Krempelwolf soll eine große Leistung haben. Weil diese im umgekehrten Ver-

Abb. 85. Krempelwolf, Betriebsbild.

hältnis zur Durchmischung des Materials steht, sind die Wenderwalzen den
Arbeitern nachgestellt. In Abb. 86a ist eine derartige Anordnung älterer Art zu
ersehen.

Kommt der Wollklumpen k durch die Zähne des Tambours an die Stelle der
größten Annäherung zwischen Arbeiter A und Tambour T (Arbeitsstelle), so
wird er infolge der entgegengesetzten Richtung der Zähne des Arbeiters sowie wegen
der verschiedenen Umfangs-
geschwindigkeiten der beiden Arbeitsorgane zerrissen.
Der eine von den Tambour-
zähnen gehaltene Klumpen-
teil geht mit großer Ge-
schwindigkeit zum 2. Arbeiter. Der vom Arbeiter je-
doch zurückgehaltene Teil

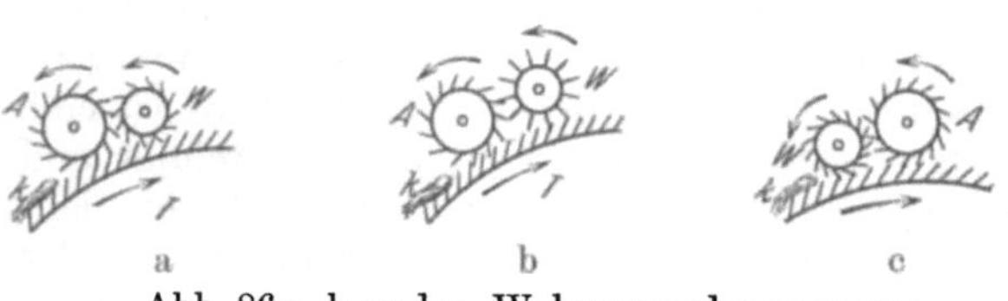

Abb. 86a, b und c. Walzenanordnungen am
Krempelwolf.

wird mit diesem langsam nach oben bewegt und durch die an der Übernahme-
stelle gleichgerichteten, mit größerer Geschwindigkeit sich bewegenden Zähne
des Wenders abgenommen und wieder dem Tambour übergeben. Wenn nun
die Auflockerungsstelle ununterbrochen mit Material beliefert wird, so treffen
die an der Arbeiter-Tambourstelle voneinander getrennten Teile eines Woll-
klümpchens infolge der mit verschiedener Geschwindigkeit durchlaufenen
ungleichen Wege zu verschiedenen Zeiten an der Wender-Tambourstelle ein.
Dadurch wird eine Farben- bzw. Sortenmischung neben gleichzeitiger Auflockerung erreicht.

Da der Wender hinter dem Arbeiter gelagert ist, wird das durch ihn zurückgegebene Material durch den Tambour sofort zur nächsten Arbeitsstelle befördert, wo sich an den bereits gemischten Flocken der gleiche Vorgang wiederholt. In gleicher Weise wirkt die nächstfolgende Übergabestelle an den Tambour.

Bei neueren Konstruktionen sind die Zähne des Wenders nicht mehr in der Richtung seiner Drehung gestellt, sondern radial eingesetzt (Abb. 86 b). Dadurch vermögen sie innerhalb des Viertelkreises zwischen Arbeiter und Tambour noch immer auflösende Wirkung als Arbeiter auf jene Wollstücke auszuüben, die bereits vor der eigentlichen Abgabestelle (Verbindungslinie der Mittelpunkte des Tambours und Wenders) von den Zähnen des Tambours erfaßt werden.

Ist der Wender dem Arbeiter vorgestellt (Abb. 86 c), so wird eine größere Flocke (Klümpchen k) durch den Spalt zwischen Wender und Tambour durchgezogen. Sie wird erst später von den Zähnen des nachgestellten Arbeiters zum Teil erfaßt und durch den großen Geschwindigkeitsunterschied der beiden auf-

Abb. 87. Krempelwolf Auswurf.

lösenden Organe — Arbeiter und Tambour — zerrissen. Der am Tambour hängende Teil geht schnell weiter zur nächsten Arbeitsstelle, während der am Arbeiter zurückgebliebene langsam um nahezu ¾ des Umfanges dieser Walze gedreht wird, um vom rascher laufenden Wender abgenommen zu werden. Die schneller rotierenden Zähne des Tambours übernehmen die Wolle nach kleiner Drehung des Materials und bringen die bei der Übernahme zusammenfallenden Wollsorten bzw. Farben zur selben Arbeitsstelle, von der wieder nur ein Teil durch den Tambour zum nächsten Arbeiter und Wenderpaar weitergeführt wird. Eine derartige Zusammenstellung von Arbeiter und Wender führt das Material zum Teil mehrmals an die gleiche Arbeitsstelle, so daß es bedeutend besser aufgelöst und durchmischt wird. Allerdings ist in diesem Falle die Leistung der Maschine eine geringere. Da die Auflösung bzw. Mischung nur eine Vorbereitung für die spätere vollständige Durcharbeitung der Wolle auf der Walzenkrempel sein soll, begnügt man sich beim Krempelwolf mit dem geringeren Mischungseffekt und arbeitet gleichzeitig auf eine bessere Leistung hin, indem bei dieser Maschine der Wender dem Arbeiter nachgestellt wird. Bei der Walzenkrempel (siehe S. 112) hingegen wird durch Vorstellung des Wenders· bei gleichzeitiger Anwendung eines bedeutend feineren Arbeitsbelages hauptsächlichst auf eine gute Auflösung und Durchmischung hingearbeitet, während die gewünschte

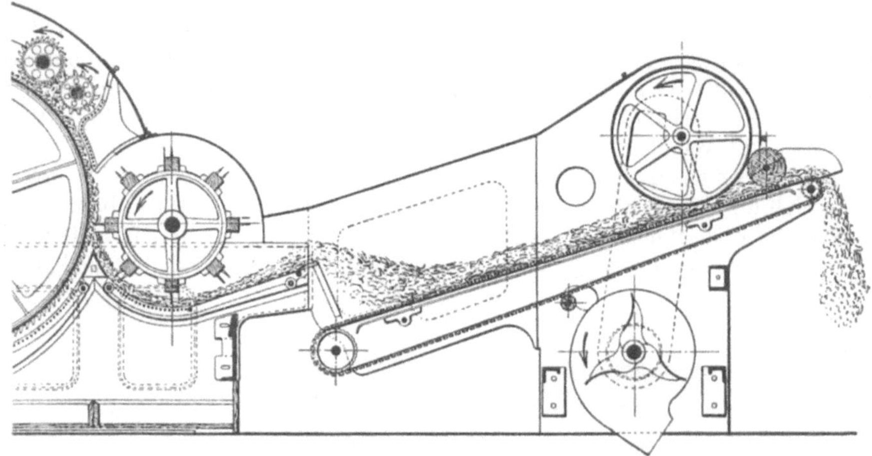

Abb. 88. Krempelwolf mit Siebtrommel.

Leistung nur durch Verwendung mehrerer Krempelsätze bzw. durch Verlängerung der Arbeitszeit (z. B. 2. Schicht) erzielt werden kann.

Wie in Abb. 87 zu erkennen ist (auch Abb. 90), werden die Arbeiter und Wender wegen der nötigen Auflösungskraft während des Materialdurchganges durch ein auf der Tambourachse lose drehbares großes Zahnrad R angetrieben.

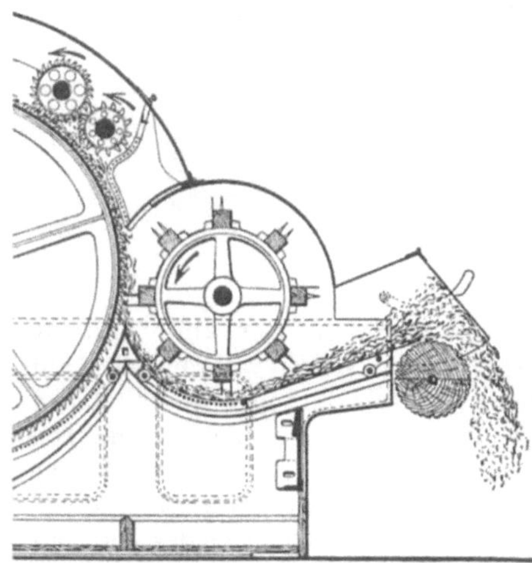

Abb. 89. Trommelabwurf.

Dieses hat einen doppelten Zahnkranz größeren und kleineren Umfanges. In den größeren Kranz greifen die kleineren Antriebsräder r_1 der Wender ein, in den kleineren Zahnkranz die etwas größeren Räder der Arbeiter. Dadurch wird bei einer bestimmten Tourenzahl des Doppelrades R, sowie bei geeigneten Walzendurchmessern die für die Auflösung, Abnahme und Übergabe der Wolle erforderliche Arbeitsgeschwindigkeit erreicht. Bekanntlich muß die Umfangsgeschwindigkeit des Wenders größer sein als die des Arbeiters und kleiner als die des Tambours, um den gewünschten Arbeitseffekt zu erzielen.

Gegenüber den Einzugswalzen liegt auf der anderen Tambourseite unterhalb des letzten Arbeiters und Wenderpaares die Abnehmerwalze (-trommel). Wie aus Abb. 84 und 87 zu ersehen ist, besitzt sie 8 starke Latten, in welche kräftige, in zwei gegeneinander versetzte Reihen angeordnete Stifte eingesetzt sind. Da die Stifte der sich schneller drehenden Trommel A, auch wenn sie in die Zähne des Tambours eingreifen, keine genügend vollständige Reinigung der Tambourzähne durchführen, besitzt jede zweite Latte an der einen Seite einen gezähnten Lederstreifen L_1, welcher über die Spitzen der Stifte ragt. Das elastische Leder schlägt auf die Zähne des Tambours und streift auf diese Weise die anhaftende Wolle ab. Gleichzeitig wird durch die Lederstreifen eine bessere Abdichtung der Trommel gegen ihre Verschalung bzw. den Rost R_1 erreicht, so daß der durch die Latten erzeugte kräftige Luftstrom die abgenommene Wolle ca. 4 bis 5 m weit aus der Maschine bläst. Die Auswurfweite der Wolle kann zwecks Vermeidung einer Entmischung durch die verstellbare Klappe K (Flugverdeck) begrenzt werden. Die ausgeworfene Wolle darf sich jedoch nicht derart nahe unterhalb der Auswurföffnung des Krempelwolfes anhäufen, daß sich der dort bildende Wollkegel vor die Öffnung legt, da sonst der Wolf an der Stelle verstopft wird. Deswegen muß die sich dort absetzende Wolle zeitweise weggeräumt werden.

Aus diesem Grunde hat man anschließend an die Auswurftrommel (Abstreichwalze), wie in Abb. 88 zu sehen ist, eine Siebtrommel mit einem darunter befindlichen Abführlattentuch angeordnet, um das entmischend wirkende und für die Bedienung unangenehme Ausblasen der Wolle zu vermeiden. Gleichzeitig wird durch die Siebtrommel Staub abgefangen, weshalb sich diese Maschine hauptsächlich für staubiges Material eignet.

Eine andere Ausführung von Hartmann, Chemnitz, zeigt Abb. 89. Hier ist unter der einstellbaren Klappe eine geriffelte Holzwalze, welche durch ihre Drehung die Wolle in geeigneter Weise abwirft.

Maschinengröße	Walzenbreite	Maschinen		Antriebsscheiben, feste u. lose		Kraftbedarf	Gewicht	
		Länge	Breite	Durchm.	Breite		netto	brutto
	mm	m	m	mm	mm	PS	kg	kg
II	1000		2,050	500	150	5	4250	5450
II	1200	6,800	2,250	500	150	6	4800	6150
II	1400		2,450	650	150	7	5350	6850

Maschinengröße	Walzenbreite	Maschinen		Antriebsscheiben, feste u. lose		Kraftbedarf	Gewicht	
		Länge	Breite	Durchm.	Breite		netto	brutto
	mm	m	m	mm	mm	PS	kg	kg
I	600	2,960	1,550	370	110	2	1620	2100
I	800	2,960	1,750	370	110	3	1950	2500
II	1000	3,600	2,050	500	150	4	2950	3800
II	1200	3,600	2,250	500	150	5	3400	4350
II	1400	3,600	2,450	650	150	6	3850	4900

Umdrehungen der Haupttrommel/Min.

	Größe I	Größe II
Für Schafwolle, Shoddy und dergleichen	220	150
Für Vigogne, Baumwollabfälle, Kunstwolle und dergleichen . . .	250	170

Die Firma Josephy, Bielitz, erzeugt den Krempelwolf in zwei Ausführungen (Kaliber), und zwar Kaliber I (große Ausführung mit drei Arbeitern und Wendern), Breite 1 m und 1,2 m, und Kaliber II mit 2 Arbeitern und Wendern, Breite 0,8 m und 1 m. Umstehend sind einige Angaben der Ausführungen dieser Typen wiedergegeben.

Länge des Krempelwolfes . . Kaliber I 2,950 m   Kaliber II 2,230 m
Breite des Krempelwolfes . .   „   I 2,200 u. 2,400 m   „   II 1,940 u. 2,140 m
Gewicht ca. . . . .   „   I 3100 u. 3700 kg   „   II 2200 u. 2800 kg
Diameter der Antriebsscheiben   „   I 0,500 m   „   II 0,400 m
Breite der Antriebsscheiben .   „   I 0,140 m   „   II 0,110 m
Tourenzahl je Minute . . . .   „   I 165   „   II 180

Produktion für 11 Stunden bei zweimaliger Passage: Kaliber I 2500 bis 3000 kg, Kaliber II 1500 bis 2000 kg. Falls das Material dreimal gewolft wird, ist die Leistung etwa 750 bis 1200 kg. Kraftbedarf etwa 5 bis 6 PS.

Abb. 90 zeigt schematisch das Getriebe des Krempelwolfes auf der Antriebsseite, Abb. 91 das der entgegengesetzten Seite.

Um die Skizzen übersichtlicher zu machen, sind nur die Achsen der einzelnen arbeitenden Walzen A_{1-3} bzw. W_{1-3} eingezeichnet.

Der Vorgang des Wolfens wird nach dem in Abb. 92 zu ersehenden Wolfereiplan näher dargelegt werden. Auf Grund der vorbeschriebenen Wollmanipulation werden die Wolfereipartien zusammengestellt. Es wird ein kleiner Teil der in Betracht kommenden Wollen nach dem angenommenen Prozent-

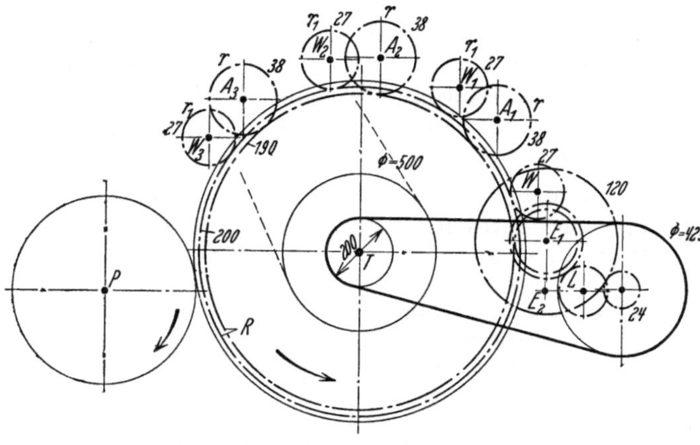

Abb. 90. Krempelwolfgetriebe.

satz aufgelöst und vermischt. Nach älterer Methode wurde dies mittels zweier Handkardätschen oder aber auf einer alten Krempel durchgeführt. Im letzteren Falle mußte jedoch das zu mischende Quantum größer genommen werden.

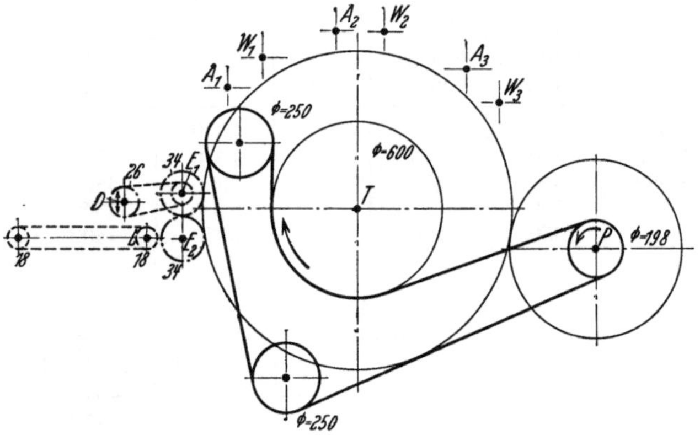

Derzeit verwendet man eine Musterkrempel, die im Wolfereiraum, besser im Musterzimmer oder Laboratorium untergebracht ist. Es ist dies eine kleine Reißkrempel mit 3 Arbeiter- und Wenderpaaren (Abb. 93 und 94).

Auf das Lattentuch der kleinen Krempel wird, von Hand roh vermischt, ein Quantum (z. B. 100 bis 500 g) Wolle vorgelegt. Durch die Arbeitsorgane dieser Muster-

Abb. 91. Krempelwolfgetriebe.

krempel wird die Wolle fein aufgelöst und innig vermischt. Das erhaltene Vließ wird über die ganze Breite so lange auf eine Holztrommel gewickelt, bis das ganze vorgelegte Material verarbeitet ist. Dann wird der sogenannte „Pelz" längs einer Trommelerzeugenden aufgerissen, nochmals auf das Lattentuch gelegt, verarbeitet und zu einem neuen Pelz gewickelt. Dieser wird abermals vorgelegt und daraus wieder ein Pelz gebildet. Es ist dies genau der gleiche Arbeitsvorgang, den die Wolle während der künftigen Verarbeitung auf einem 3-Krempelsatz durchmachen muß, so daß man die Gewähr des gleichen Aus-falles hat. Den zuletzt er-haltenen Pelz rollt man wäh-rend der Drehung der Pelz-trommel zu einem kleinen Wickel. Eine gute Handvoll von dieser Wollrolle wird abgerissen und mit Soda und Seife unter Druck beider Hände gewaschen, bis der zwischen den Fingern austretende Seifenschaum rein

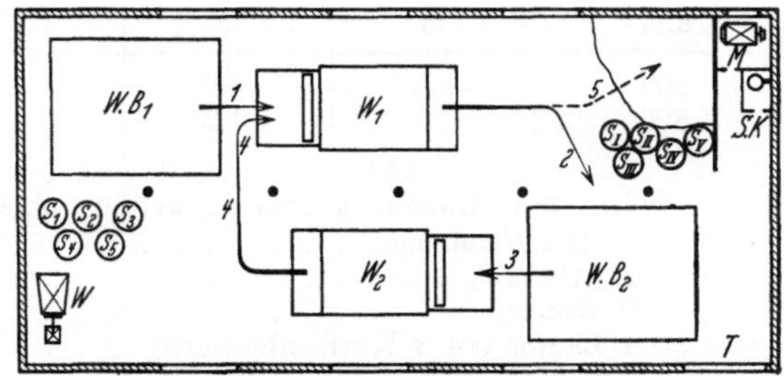

Abb. 92. Wolfereiplan.

weiß ist. Durch Druck und Reibung der Hände verfilzt die Wolle während des Waschens zu einer „Pausche". Diese wird gut gespült und in einem Trocken-ofen getrocknet. Die Firma Hartmann, Chemnitz, hat für diesen Zweck eine kleine Plattenfilzma-schine konstruiert. Durch Vergleich der Farbe des Filzes mit dem Muster erkennt man, ob der gewählte Prozentsatz der in der Mischung enthal-tenen Wollfarbe richtig ist. Im anderen Falle muß korrigiert werden. Aller-dings muß berücksichtigt werden, daß durch die Drehung des Fertiggarnes die Farbe des Muster-stückes dunkler erscheint als die des Filzes.

Eine andere Art einer Musterkrempel zeigt die in Abb. 95 zu ersehende Aus-führung der Fr. Josephys Erben in Bielitz. Sie be-sitzt einen 800 mm großen Tambour, über dessen Umfang 4 Arbeiter- und Wenderpaare sowie eine Volantwalze gelagert sind. Die Wolle wird durch einen Tisch- und 2 Entree-zylinder dem Tambour

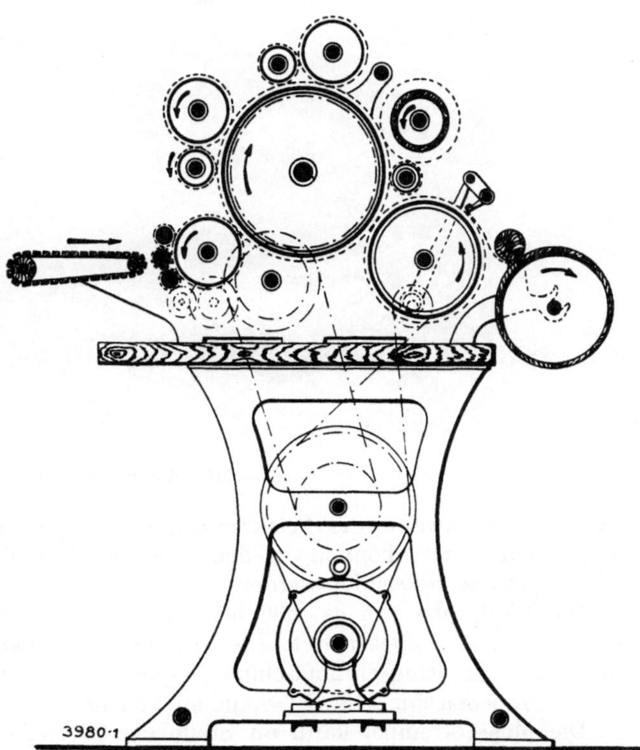

Abb. 93. Musterkrempel.

übergeben. Über die Breite (800 mm) der Maschine sind alle Walzen durch Blechbänder in 3 Teile geteilt. Hinter dem Peigneur sind über den zwei ersten Teilen eine Pelztrommel, im dritten Teil ein kleiner Zweinitschelzeugflorteiler für 12 gute Fäden mit einer Riemenbreite von 15 mm angeordnet. Aus den Vorgarnen können fertige Garne der Nr. 5 bis 18 metr. gesponnen werden.

Die Musterkrempel stellt einen 3-Krempelsatz vor. Der erste Teil ist die Reiß-

Abmessungen, Kraftbedarf, Gewichte.

Krempel-arbeitsbreite mm	Maschinen-		Kraftbedarf PS	Gewicht	
	Länge m	Breite m		netto kg	brutto kg
300	1,3	1,0	1	420	650
500	1,3	1,2	1,5	550	800

Abmessungen der Krempelwalzen,
welche mit Kratzen beschlagen werden (ohne Kratzenüberzug gemessen).

1 Haupttrommel . . . . 350 mm Durchmesser
2 Arbeiter . . . . 120 „   „
2 Wender . . . . 60 „   „
1 Läufer (zu 3 Kratzenblättern) . . . . . . 120 „   „
1 Läuferputzwalze . . . . 50 „   „
1 Abnehmer . . . . 230 „   „

Krempelarbeitsbreiten: 300, 500 mm. — Walzenbreiten: 320, 520 mm.

Abb. 94. Musterkrempel.

krempel, der zweite die Pelzkrempel, der dritte die Vorspinnkrempel. Die Kratzengarnituren können in dem gleichen Verhältnis wie bei dem großen 3-Krempelsatz verwendet werden.

Die Wollprobe von ca. 500 bis 1000 g wird durch die 3 Abteilungen der Musterkrempel aufgearbeitet. Die erhaltenen Vorgarne können am Selfaktor oder an einer Ringspinnmaschine fertiggesponnen werden. Letztere wird als kleine Probemaschine für 10 Spindeln von der Firma gebaut.

Die Musterkrempel kann an Stelle des Florteilers auch eine Pelztrommel erhalten, so daß eventuell auch gleichzeitig 3 verschiedene Materialsorten durchgemischt werden können.

Abmessungen der Musterkrempel:

Tambour . . .	800 mm	Breite der Maschine	800 mm
Arbeiter . . .	130 „	Breite des Arbeitsfeldes . .	235 „
Wender	58 „	Voll- und Leerscheibe . . .	400 „
Peigneur . . .	450 „	Breite derselben je.	80 „
Volant . . .	200 „	Tourenzahl	100 T/min

Raumbedarf ohne Florteiler 2650/1500 mm, Kraftbedarf 1 PS
Raumbedarf mit Florteiler 3250/1500 mm, Kraftbedarf 1½ PS

Partiezettel.

Partie Nr....

Auftrag:....

Farbe:....   Garnstärke:....   Kette....kg
                                                                 Schuß ....kg
                                                                 Zwirn ....kg
Mischung:....

Los Nr......   Qual........   Prozent .....   Farbe ......   kg..........
„ „ .....   „ ....   „ .....   „ ......   „ ....
„ „ .....   „ ....   „ .....   „ ......   „ ....
„ „ .....   „ ....   „ .....   „ ......   „ ....
„ „ .....   „ ....   „ .....   „ ......   „ ....
„ „ .....   „ ....   „ .....   „ ......   „ ....
„ „ .....   „ ....   „ .....   „ ......   „ ....
„ „ .....   „ ....   „ .....   „ ......   „ ....
„ „ .....   „ ....   „ .....   „ ......   „ ....
„ „ .....   „ ....   „ .....   „ ......   „ ....
„ „ .....   „ ....   „ .....   „ ......   „ ....

Ergebnis.   Partie Nr. (wie oben)
            Eingewolft am............   Olein   %....kg....
                                                 Spicköl %....kg....
                                                 Wasser %....kg....
            Abgesponnen am............
                            Satz Nr.....   Selfaktor Nr....
                                                    Kette   ....kg
                                                    Schuß   ....kg
                                                    Zwirn   ....kg
                                                    Ergebnis....kg
                                                 davon Enden ....kg
                                                 Flug. Ausputz....kg
                                                    Summe ....kg

Abb. 95. Musterkrempel.

Ist auf diese Weise der Prozentsatz der zu verwendenden Wollen und Abfälle
in bezug auf die 100 g bzw. 500 g des Musters festgelegt, so wird auf die Partie
z. B. von 600 kg umgerechnet. Für jede Partie wird ein Partiezettel aufgestellt,
auf welchem alle Daten aufgezeichnet sind. Mit Beginn der Partie werden die

Wollsäcke (S_{1-5} in Abb. 92) in die Wolferei gebracht, um daraus mit Hilfe
einer Waage W das nach den angegebenen Prozentsätzen errechnete Gewicht
der einzelnen Wollqualitäten und Farben zu entnehmen. Vor dem Krempelwolf
muß eine entsprechend große Manipulationsfläche (WB_1) freigehalten werden,
um die Wolle, roh gemischt vor die Maschine ausgebreitet, vorzubereiten. Man
nennt diese Arbeit das „Herrichten des Wollbettes"[1]. Auf das Einbetten der
Wolle muß die größtmögliche Sorgfalt gelegt werden. Das aus verschiedenen
Sorten und Farben bestehende Material muß in mehreren Lagen prozentual
auf die Manipulationsfläche aufgeteilt werden.

Eine Mischung besteht beispielsweise aus folgender Zusammenstellung:

Mischung:

Los Nr. 203	Qual.: JBI	Prozent: 20	Farbe: weiß	kg: 120
„ „ 203	„ JBI	„ 15	„ angebläut	„ 90
„ „ 123	„ BW	„ 10	„ weiß	„ 60
„ „ 123	„ BW	„ 12	„ schwarz	„ 72
„ „ 417	„ Thybet	„ 20	„ „	„ 120
„ „ 137	„ Webenden	„ 13	„ „	„ 78
„ „ —	„ Spinnenden	„ 5	„ melange	„ 30
„ „ —	„ Ausputz	„ 5	„ schwarz	„ 30
„ „ —	„ —	„ —	„ —	„ —
„ „ —	„ —	„ —	„ —	„ —
		Prozent: 100		kg: 600

Die Melange besteht aus ungleichem Material. Die Qualitäten JBI und BW,
besonders die gefärbten, sollten für sich allein vorgewolft werden. Meist wird
davon Abstand genommen und man vermischt derartige Sorten zum Zwecke des
Vorwolfens miteinander. Die Webenden bzw. Spinnenden müssen vorher durch
den Reißwolf in lose Wolle aufgelöst werden. Vorgarn muß nicht erst vorgerissen
werden. Thybet und Ausputz gibt man ebenfalls erst beim zweiten Wolf vor.
Außer JBI und BW enthalten alle Sorten von ihrem früheren Arbeitsprozeß
bereits Schmelze.

Die Qualitäten JBI und BW sollen also im ersten Wollbett eingebettet und
dann durch den ersten Wolf W_1 durchgearbeitet werden.

Je nachdem, wie viele Lagen für die Vormischung gemacht werden — je mehr
desto besser —, muß man die verschiedenen Mengen unterteilen. Es sollen
z. B. 3 Mischungslagen gelegt werden. Jede Lage enthält somit 40 kg der weißen
Qualität JBI, 30 kg der angebläuten Qualität JBI, 20 kg der weißen und 24 kg
der schwarzen Baumwolle (BW).

Zunächst werden also 40 kg der Qualität JBI weiß auf die für das Bett WB_1
bestimmte Fläche aufgeteilt, darüber, gleichmäßig verteilt, die anderen Sorten
in den angegebenen Mengen. Nun wird mit der zweiten Lage begonnen usw. Eine
gleichmäßige Verteilung ist nötig, damit nicht auf der einen oder anderen Seite
zuviel von einer Sorte liegt. In jedem Querschnitt des hergerichteten Bettes
sollen die gleichen Prozentsätze vorhanden sein, um die Gewähr zu haben, daß
die Kopse des fertigen Garnes durchweg gleichwertig ausfallen.

In Abb. 96 ist ein Wollbett in Herrichtung. Ist das Bett hergerichtet, so
wird senkrecht dazu die Wolle mit den Händen erfaßt, damit jede der dem Wolf
übergegebenen Vorlage die gleiche Mischung enthält, und erstmalig gewolft.

Gleichzeitig mit dem Herrichten des Wollbettes WB_1, oder auch nachher,
wird je nach den Lagen — es sollen wieder 3 angenommen werden — der gleiche
Teil der noch beizumischenden Sorten (wie Kunstwolle, Krempelausputz usw.)
auf die Fläche des zweiten Bettes WB_2 ausgelegt.

---

[1] Wollbett = Wolfsbett.

Über den ersten Teil dieser Sorten wird die aus dem Wolf WB_1 ausgeworfene Wolle gleichmäßig aufgelegt. Dies erfolgt z. B. so lange, bis das erste Drittel des ersten Wollbettes aufgearbeitet ist.

Abb. 96. Wollbett.

Diese erste Lage des zweiten Wollbettes wird mittels Gießkannen mit Schmelze bespritzt (gespickt). Darüber wird nun die zweite Lage geschichtet. Sie besteht wieder aus einem Drittel der noch nicht beigemischten Sorten und dem nächsten gewolften Drittel des ersten Wollbettes. Nach dieser Lage sowie nach der auf gleicher Weise übereinander geschichteten Lagen wird wieder mit Gießkannen gespickt.

Meist schlägt man auf das so hergerichtete zweite Bett mit Gabeln, um die Schmelze besser zu verteilen.

C. Das Schmelzen (Spicken) der Partien.

Wohl wäre es besser, die Wollen schon vor dem ersten Wolf zu „schmelzen", da die Wolle beim Öffnen wegen ihres besseren Gleitens bedeutend weniger Schaden erleidet, doch wird es unterlassen, um die Wolle noch einmal während der Auflockerung im ersten Wolf entstauben zu können. Besonders zu berücksichtigen ist dies bei Verwendung von Gerberwollen, von karbonisierten oder noch staubigen Wollen, sofern sie nicht schon früher auf einem Klopfwolf entstaubt wurden. Der Staub wird sonst durch die Schmelze gebunden und verschmutzt nachher die feinen Garnituren der Krempel zu stark.

Auch frisch gefärbte Wolle wird vorgewolft, um die verfilzte Wolle vorzulösen.

Zur Herstellung der Schmelze verwendet man meist Olein, ein Nebenprodukt der Stearinfabrikation. Die wichtigste Eigenschaft des Oleins ist seine leichte Verseifbarkeit, die gestattet, es nach dem Fabrikationsgange zum Gewebe aus diesem zu entfernen. Das Schmelzmittel darf weder die Farbe der Wolle beeinträchtigen, noch eintrocknen, kleben oder schmieren. Es darf auch keine Säuren enthalten, damit nicht die Arbeitsorgane der Krempel angegriffen werden[1].

---

[1] Vgl. Bd. VIII, 3 der Technologie.

Von tierischen Fetten wird öfters Fischtran als Zusatz zu Ölen verwendet.

Pflanzliche Schmelzöle sind: Olivenöl, Baumöl (spätere Pressung der Olive), Baumwollsamenöl (Cottonöl) und Rüböl.

Mineralöle, die nicht verseifbar sind, kommen für die Schmelze nicht in Betracht.

Neben den verschiedenen Ölen erhält man auch im Handel fertige Schmelzen. Diese enthalten meist Pflanzenschleime, haben niederen Fettgehalt und trocknen während des Arbeitsprozesses leicht ein.

Zur besseren Lösung bzw. Aufnahmefähigkeit verwendet man in neuerer Zeit Netzmittel, z. B. Leonil[1].

Meist nimmt man doppelt soviel Wasser als Olein. Je nach Erfahrung und Material gibt man auf 100 kg Wolle 3 bis 6% Olein und 20% Wasser. Damit sich das Olein besser mit Wasser mischt, gibt man zur Verseifung bzw. Emulgierung 1,3 bis 1,5% Salmiak oder Soda vom Wasserquantum hinzu.

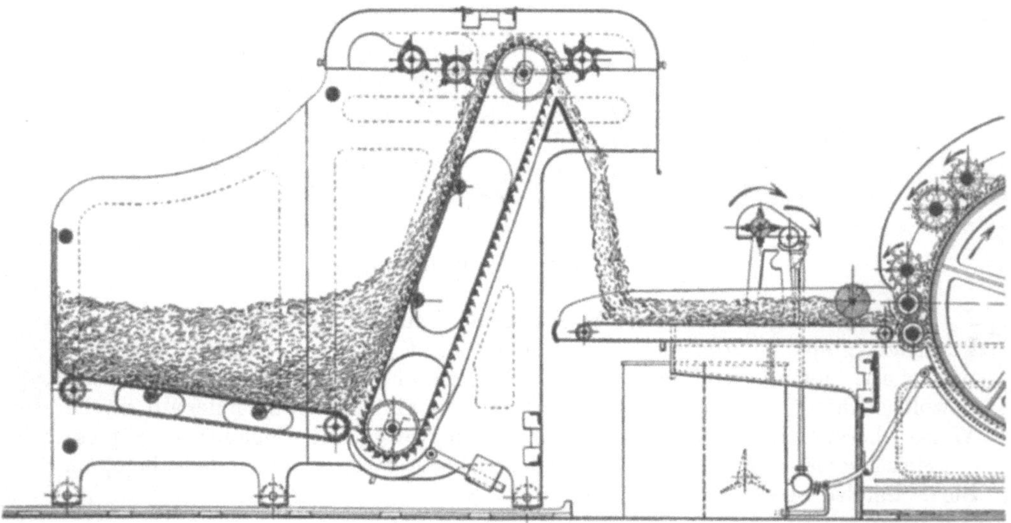

Abb. 97. Krempelwolf mit automatischer Schmelzung.

Die Schmelze wird in einem eigenen Schmelzkocher (*SK* in Abb. 92) hergerichtet.

Vom Fassungsraum des Kochers wird ca. ⅓ Olein und ⅔ Wasser genommen. Zuerst wird das Wasser heiß gemacht und dann Ammoniak unter stetem Rühren zugegeben. Nachher wird, ebenfalls unter fortwährendem Rühren, Olein zugesetzt. Wird zuerst Olein und dann Ammoniak hinzugegeben, so entstehen Seifenflocken, die schmieren. Die Mischung kann auch kalt hergerichtet werden, muß aber nachher aufgekocht werden. Von der so hergerichteten Schmelze werden je nach dem Material ca. 10 bis 30% auf die Wolle gespritzt.

Bei 25% Bespritzung kommen somit auf 100 kg Wolle ¼ des ganzen zur Herrichtung verwendeten Oleins (z. B. von 30 kg), d. i. 7,5 kg Olein und ca. 16 kg Wasser. Von der 10 bis 30% vorgerichteten Schmelze wird je ⅓ (bei 3 Lagen des 2. Wolfbettes) auf eine Lage verteilt. Für grobe Wollen gibt man nur 10%, für mittlere 15 bis 18% und für feine Wolle 25 bis 30% der angesetzten Emulsion.

Außer dem noch sehr gebräuchlichen Schmelzen mit Gießkannen gibt es

---

[1] Vgl. Bd. VIII, 3.

spezielle Einrichtungen, welche, wie auch Abb. 97 zeigt, gleich mit dem Krempelwolf in Verbindung gebracht werden.

Im speziellen Falle wird die Schmelze durch eine Pumpe in einen oberhalb dem Lattentuch angeordneten Trog gepumpt, in welchen eine Walze eintaucht. Durch langsame Drehung dieser Walze wird an der Oberfläche Schmelze mitgenommen, die durch die Borsten einer rasch umlaufenden Bürstenwalze im feinverteilten Zustand auf die auf dem Lattentuch liegende Wolle gespritzt wird.

Die Firma Josephy hat eine Schmelzanlage in den Handel gebracht, welche aus einem SpicKölkocher (links in Abb. 98), einer Pumpe und einer beweglichen Streudüse besteht. Der SpicKölkocher faßt 160 l Flüssigkeit, besitzt im Innern eine Heizschlange, sowie ein Rührwerk. Das durch die Pumpe entnommene SpicKöl kann mittels einer Skala bis auf 1 l genau abgelesen werden. Bei Besprengung eines Wollbettes wird die Streudüse mittels einer Stange über die Bettfläche bewegt. Die Streudüse kann auch über den Tisch des Krempelwolfes angeordnet werden. Für diesen Fall wird sie durch ein entsprechendes Getriebe quer zum Tisch bewegt.

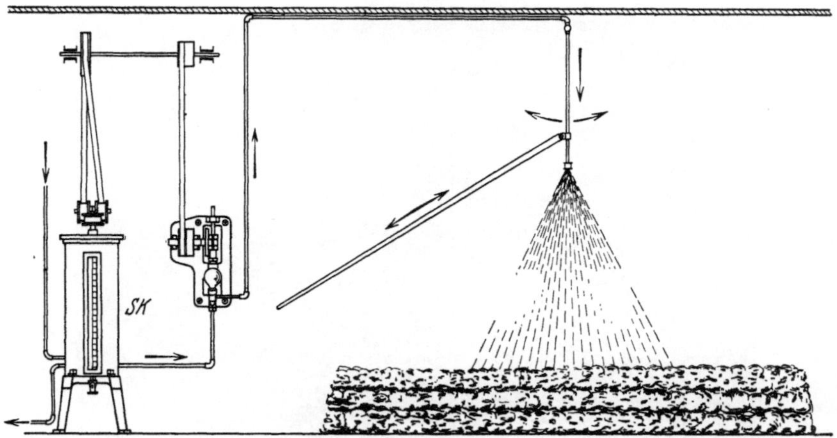

Abb. 98. Schmelzanlage von Josephy.

Bei anderen Ausführungen mündet die Leitung in Verteilerrohre, die über die ganze Breite des Tisches verlaufen und mit Löchern oder Düsen versehen sind, aus welchen die Schmelze auf die Wolle abfließen kann.

An Stelle der Bürstenwalze können auch Klappen, die an dem der Walze zugekehrten Ende schaufelartig, am entgegengesetzten Ende röhrchenartig sind, verwendet werden.

D. Wolfereianlagen.

Nachdem die Wolle geschmelzt wurde, wird sie, wie beschrieben, dem zweiten Wolf W_2 vorgelegt (Pfeil 3 in Abb. 92), um von diesem durchgearbeitet zu werden. Die vom Wolf W_2 ausgeworfene Wolle wird bei der besprochenen Wolfereianlage wieder dem ersten Wolf W_1 vorgelegt (Pfeil 4) und, nachdem sie von ihm wieder weiter aufgelöst und durchgemischt wurde, abseits aufgehäuft (Pfeil 5), um „gesackt" zu werden (Säcke S_{I-V}).

Hinter dem zweiten Wolf, oder aber bevor sie gesackt wird, soll eine Probe auf der Musterkrempel durchgearbeitet werden, um den Ausfall der gewolften Partie zu kontrollieren. Sollten sich Differenzen zeigen, so ist eine Korrektion mit nachfolgendem Wolfen nötig.

Abb. 99 gestattet einen Blick in die Wolferei, die dem Schema der Abb. 92 entspricht.

Im Vergleich zur schematischen Skizze erkennt man links den Krempelwolf W_1 und rechts den Wolf W_2. Vor dem Krempelwolf W_2 ist bereits das zweite Wolfsbett WB_2 hergerichtet. Die mit *II* und *III* bezeichneten Wollen lassen in der Abbildung den zunehmenden Mischungsgrad bei der öfteren Durchwolfung recht gut erkennen.

Die Säcke der fertiggewolften Partie sollen in einem feuersicheren Raum liegend aufbewahrt werden, damit bei eventuellem Absetzen der Feuchtigkeit in die tieferliegenden Wollflocken die feuchten Stellen sich über die ganze Sacklänge erstrecken. Bei dem Herausnehmen und der Weiterverarbeitung ist eine Vergleichmäßigung des Feuchtigkeitsgehaltes wieder möglich. Bei stehenden Säcken werden die wasserärmeren oberen Schichten vor den feuchteren unteren

Abb. 99. Wolfereianlage.

Partien eines Sackes verarbeitet, so daß eine Gleichmäßigkeit in dieser Richtung nicht mehr gut erzielt werden kann. Die geschmelzten feuchten Wollpartien enthalten auch Eisenspuren (von früherer Bearbeitung), die auf die Schmelze katalytisch einwirken, also feuergefährlich sind.

Besonders gefährlich sind der sogenannte Vorlauf sowie der Krempelputz, der infolge des Abziehens der Garnituren oder durch deren Schleifen kleine Schleifspäne und somit verhältnismäßig viel Eisen enthält.

Solche Partien sind getrennt einzulagern. Gewolfte Partien leiden bei längerer Lagerung durch Verdunstung.

Das Herrichten eines Wollbettes erfordert bei sorgfältiger Verteilung verhältnismäßig viel Zeit. Bei Verwendung von zwei Wölfen werden diese verkehrt zueinander aufgestellt, so daß die Wolle einen Kreisprozeß (Pfeile *1, 2, 3, 4* in Abb. 92) durchmachen muß. Bei einer derartigen Aufstellung kann schon während des Durchganges durch den Wolf W_1 vor dem zweiten Wolf W_2 das Bett WB_2 hergerichtet werden. Das Herrichten eines Wollbettes für eine Melange von 500 kg dauert je nach den verwendeten Wollsorten und Farben ca. ½ bis 1½ Stunde.

Das zweite und dritte Wolfen geschieht gleichzeitig und dauert für obige Menge beiläufig 1¼ Stunde. Zum ersten Wolfen braucht man etwas länger, da während des Herrichtens des zweiten Wollbettes gespickt wird, so daß kleine Unterbrechungen eintreten. Insgesamt braucht eine zu wolfende Partie vom Wollmagazin angefangen mit Bettherrichten und dreimaligem Wolfen inklusive Einsacken 4,5 bis 5,5 Stunden Arbeitszeit.

Sofern es durch günstige Aufstellung der Wölfe möglich ist, einen Kreisprozeß durchzuführen, können mehrere Arbeiten zur selben Zeit vollführt werden, was zur Verringerung der Produktionskosten beiträgt. Von manchen Fachleuten wird ein mehrmaliges Wolfen verworfen, ohne daß aber die Begründung hierfür anerkannt werden könnte. Das Wolfen verletzt nicht in so hohem Grade die Wollhaare, als sie durch den feinen Belag der Krempeln beschädigt werden können, falls die Wollflocken nicht gut vorgelöst sind. Ein mehrmaliges Wolfen hat außer dem Vorteil der guten Vorlösung und Öffnung noch den der weitgehendsten Durchmischung, besonders bei schwierigen Melangen. Dies gibt die Gewähr, daß die daraus erzeugten Fäden, gleichgültig aus welcher Stelle der Partie sie gesponnen wurden, gleichartig in Qualität und Farbe ausfallen, wodurch ein Streifigwerden in Kett- oder Schußrichtung einer Webware vermieden wird.

Die Aufstellung der Wölfe ist allerdings von dem für die Wolferei bestimmten Raum abhängig. Bei einem Neubau ist zu berücksichtigen, daß die komplette Wolferei ohne unnütze Transporte in den Arbeitsgang eingeschaltet ist.

In Abb. 100 ist die Bodenfläche des ganzen Raumes für die Mischerei etwas zu groß, weshalb im gleichen Raum noch die anderen Wölfe untergebracht wurden.

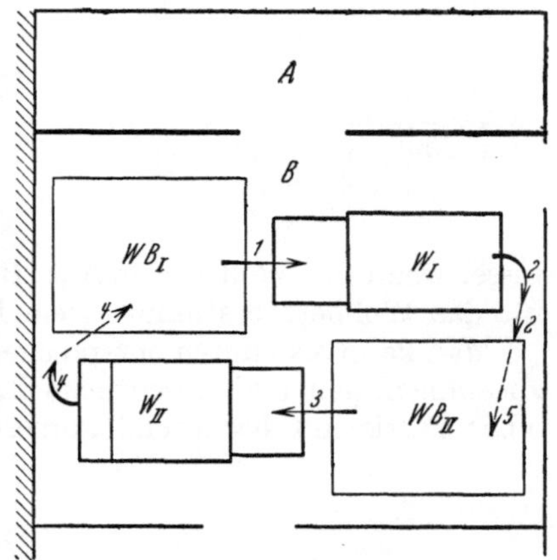

Abb. 100. Wolfereianlage.

In dem nahezu quadratischen Raum lassen sich weder in der einen noch in der anderen Richtung die Wölfe nebeneinander aufstellen.

In dieser Abbildung ist Raumteil A für die Komplettierung der Wolferei vorgesehen. Durch die versetzte Anordnung der Wölfe im Raume B wird so viel Bodenfläche gewonnen, als für die Herrichtung des jeweiligen Bettes nötig ist. Durch diese Aufstellung werden zugleich die Verhältnisse an der Auswurfstelle günstig, da die Wolle gegen die Wand geblasen wird und sich nicht entmischen kann. Allerdings ist es angezeigt, Vorsorge zu treffen, daß die Wolle durch den Luftstrom nicht hochfliegt, da sonst zu viel Wolle sowie auch Staub im Raum herumfliegt.

Schon der beim Wolfen auftretenden Staubbildung wegen ist es angezeigt — besonders dann, wenn staubige Wolle oder viel Gerberwollen verarbeitet werden —, für eine gute Entlüftung bzw. für eine eigene Entstaubungsanlage zu sorgen, da speziell in den angegebenen Fällen das Arbeiten im Wolfereiraum äußerst unangenehm wird.

Wegen Raummangel sowie aus finanziellen Gründen stehen zum Wolfen nicht immer 2 Wölfe zur Verfügung, so daß der besprochene Kreisprozeß nicht durchgeführt werden kann. Sehr häufig findet man Anordnungen, die durch Wollübertragung von Hand aus große Zeitverluste verursachen.

Wird der Wolf derart aufgestellt, daß der Auswurf gegen die Wand geht (Abb. 101 a), so ist außer dem Vorteil der kleinen Ausflugsweite noch eine bedeutende Verminderung der Bedienungswege erreicht. Ebenso sind die Verhält-

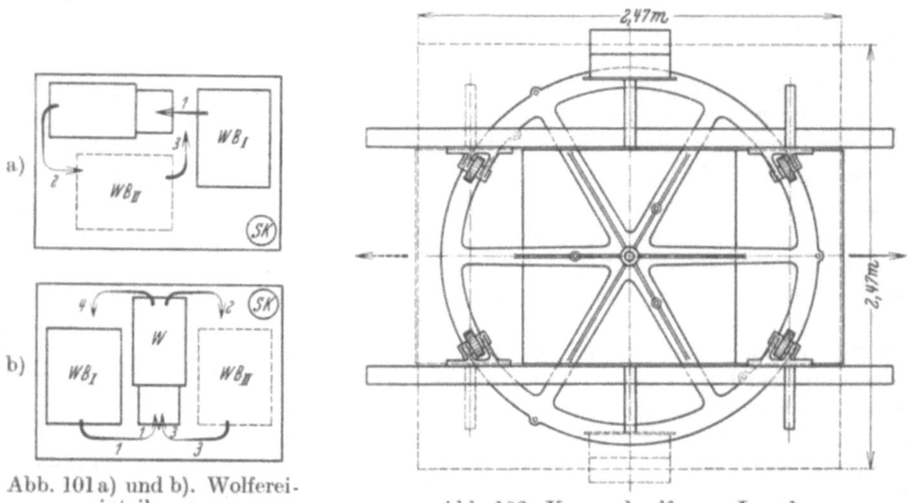

Abb. 101 a) und b). Wolferei-einteilungen.

Abb. 102. Krempelwolf von Josephy.

nisse, wenn der Wolf wie in Abb. 101 b) aufgestellt wird. In diesem Falle ist die für das Wollbett bestimmte freie Bodenfläche zu beiden Seiten des Wolfes.

Man kann also durch entsprechende Aufstellung des Wolfes mehrere Arbeiten zusammenlegen und wesentliche Ersparnisse machen, so daß sich die Wolfung einer Partie mit bedeutend kürzerem Zeitaufwand durchführen läßt.

Abb. 103. Pneumatischer Wolf der Sächsischen Maschinenfabrik vorm. Richard Hartmann, A.-G., Chemnitz.

In Erkennung der genannten Übelstände sowie der Wichtigkeit einer raschen Durchführung der Arbeiten waren die einschlägigen Maschinenfabriken bemüht, neue Konstruktionen in den Handel zu bringen.

Fr. Josephy, Bielitz, verwendet hierzu (Abb. 102) für mehrmalige Passagen einen Wolf mit Drehscheibe. Hinter dem Wolf wird das 2. Bett gemacht, von dem die Wolle nach Verdrehung des Wolfes sofort wieder vorgelegt werden kann.

Der Drehwolf erfordert 2 Antriebsscheiben auf der Transmission mit je einem zugehörigen Riemen.

Wesentlich einfacher ist ein am Drehwolf montierter Einzelantrieb.

Neuzeitliche Wolfereianlagen fördern pneumatisch um (Abb. 103, Anlage Hartmann, Chemnitz).

Um die ständige Bedienung des Lattentuches zu vermeiden, ist dem Krempelwolf ein Kastenspeiser vorgestellt, der ununterbrochen auflegt und gut durchmischt. An den Krempelwolf ist eine Saugleitung und ein Ventilator angeschlossen, durch welchen das Fasergut angesaugt, durch Zyklone Z abgelegt wird und das nächste Wollbett bildet.

In der Rohrleitung können auch beliebige Abzweigungen sein, durch welche das Wollgut nach Verstellung der betreffenden Klappen an bestimmte Stellen befördert werden kann. Durch die Leitung L befördert man die fertig gewolfte Partie in ihr Lager.

In großen Wolfereien mit mehreren Wölfen können diese auch hintereinander aufgestellt werden. Der an den ersten Wolf anschließende Abscheider kann über den Kastenspeiser des nächsten Wolfes aufgehängt werden, so daß er vollkommen automatisch den zweiten Wolf beliefert. Dadurch wird die ganze Arbeit der Bedienung auf das Nachfüllen des ersten Kastenspeisers und auf das Wegbefördern der gewolften

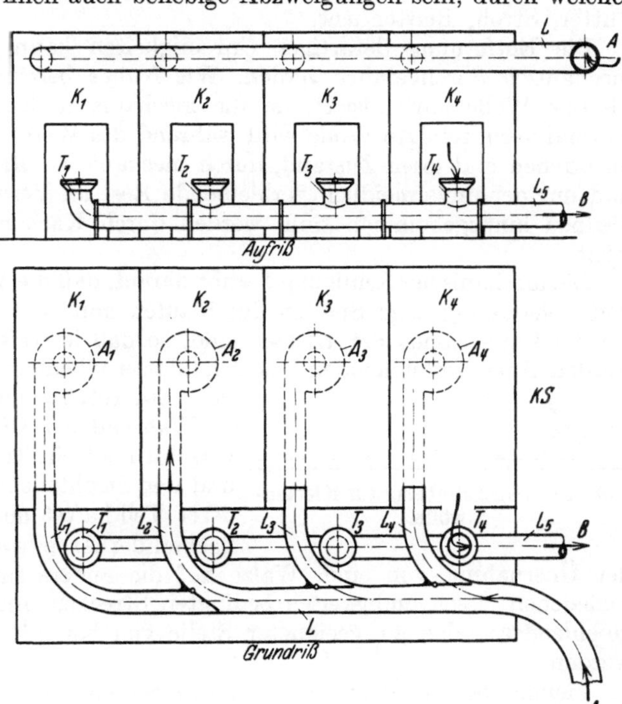

Abb. 104. Pneumatische Wollagerung nach Prof. Bernhardt.

Wolle hinter dem letzten Wolf beschränkt. Die Wolle wird vom Wolf aus pneumatisch in das Magazin befördert. Dieses wird durch Zwischenwände in mehrere Abteilungen geteilt. Die für die verschiedenen Partien bestimmten Kammern K_{1-4} (Abb. 104) werden durch Türen verschließbar gemacht, damit man die Wolle aus den Zuführrohren L_{1-4} in die einzelnen Kammern ausblasen lassen kann. Die Wolle kommt von A aus der Wolferei und fliegt von der Hauptleitung L durch Verstellung entsprechender Klappe durch die Rohre L_{1-4} in eine der Kammern K_{1-4}. Soll die Wolle in den Krempelsaal KS befördert werden, so wird (in Abb. 104 K_4) die eingelagerte Wolle in den Trichter T_4 der am Boden montierten Leitung L_5 geworfen. Durch einen Ventilator in dieser Rohrleitung wird die Wolle in die Krempelei gesaugt und durch einen Abscheider zu dem für die Verarbeitung bestimmten Krempelsatz befördert. Um einen kräftigen Luftstrom zu erhalten, sind die nicht benötigten Trichter T_{1-3} mit Deckeln abgedichtet.

E. Das Entkletten der Wolle.

Äußerst unangenehm für das Ausspinnen des Fasergutes sind die darin haftenden, z. T. mit der Wolle völlig verfilzten Kletten. Es sind dies größere oder kleinere, mit vielen Widerhäkchen versehene Fruchtknöpfe oder Gräser, welch letztere äußerst zäh sind und im trockenen Zustand sich spiralartig zu einer Kugel einrollen (Spiralkletten). Beim Ausspinnen verursachen die Kletten sehr viele Fadenbrüche; aus dem Gewebe müssen sie, um es verkäuflich zu machen, entfernt werden. Außer den Kletten sind auch noch andere pflanzliche Unreinigkeiten in der Wolle, so z. B. Baumwoll- oder Jutefasern, Holzteile, Reste vom Futter, Stroh, Blätter usw.

Die Entfernung derartiger Unreinigkeiten kann entweder chemisch oder mechanisch durchgeführt werden. Wie früher bereits beschrieben, wird stark klettige Wolle karbonisiert, da die mechanische Entfernung zu teuer käme. Normal verunreinigte Wolle wird während des Werdeganges zum Vorgarn, also im offenen und losen Zustand, durch mechanische Mittel weitgehend gereinigt, und nur der unvermeidlich verbleibende Rest an Verunreinigungen und solche, die neu hinzugekommen sind, werden durch Karbonisation der Gewebe entfernt.

Die mechanische Reinigung beruht darauf, daß die Wolle während der öffnenden Behandlung enge Spalten durchlaufen muß, deren Zwischenräume kleiner als die Dimensionen der Kletten sind, so daß letztere von der Wolle getrennt werden. Außer feststehenden Linealen (Messern) bedient man sich auch schwingender bzw. rotierender Klettenschläger.

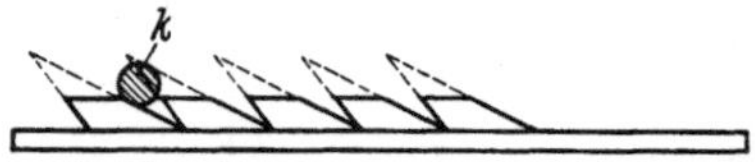

Während der Öffnung auf den Krempeln verschwindet ein Teil der Kletten, des Holzes und der Strohteilchen in die Beläge. Ein anderer Teil haftet nur mehr lose an den Faserflächen der Arbeitsorgane, so daß sie während der Übernahme von einer Walze auf die andere infolge der durch die verschiedenen Geschwindigkeiten bedingten Streckspannungen der Faserfläche abgeschleudert oder an geeigneter Stelle von bewegten Schlägern abgeschlagen werden.

Abb. 105. Sägezahnbelag für Klettenwölfe.

Vielfach bedient man sich bei Vorwalzen eines eigenen Sägezahnbelages, von welchem besonders die Kugelkletten leichter abgeschlagen werden können.

Bei dem in Abb. 105 strichliert gezeichneten Sägezahnbelag kann eine Klette zwischen den Zähnen des Belages vollkommen verschwinden, während dies bei dem voll gezeichneten, gekürzten Belag nicht der Fall ist. Die an letzterem haftende Klette wird durch eng anstehende Messer oder Schläger leicht entfernt werden können.

Bei weitem unangenehmer für eine mechanische Reinigung sind die genannten Spiralkletten sowie die durch die Emballage oder auf andere Weise in die Wolle gelangten Pflanzenfasern. Je kleiner derartige Unreinigkeiten sind, desto leichter und ungehinderter schlüpfen sie durch die engen Spalten hindurch, das gleiche gilt von Fasern, so daß sie ins Fertiggarn und durch dieses ins Gewebe gelangen. Für solche Fälle bleibt nur eine Reinigung von Hand aus während des Noppens oder die Karbonisation im Gewebe (Stückkarbonisation).

Während des Wolfens bedient man sich selten eines zur Entfernung von Kletten eigens konstruierten Klettenwolfes. Man begnügt sich mit der durch den Rost R und R_1 durchgeführten Reinigung (Abb. 84).

F. Entstaubungsmaschinen.

Staubige oder sandige Wollen sollen vor ihrer Verarbeitung geklopft werden. Auch vor dem Waschen im Leviathan sollen derartige Wollen entstaubt werden, da sonst die Waschflotte zu schnell schmutzig wird.

Ferner verbindet sich der Staub mit der während des Wolfens aufgebrachten Schmelze, wodurch die feinen Beläge auf der Krempel verschmiert werden.

Auch Gerberwollen, Kehrichtwollen sowie die karbonisierte Wolle müssen wegen der Entfernung der Rückstände geklopft werden.

Meistens verwendet man den sogenannten Klopfwolf, der in verschiedenen Ausführungen in den Handel kommt.

Nach der in Abb. 106 skizzierten Konstruktion (nach Hartmann, Chemnitz) besteht derselbe aus

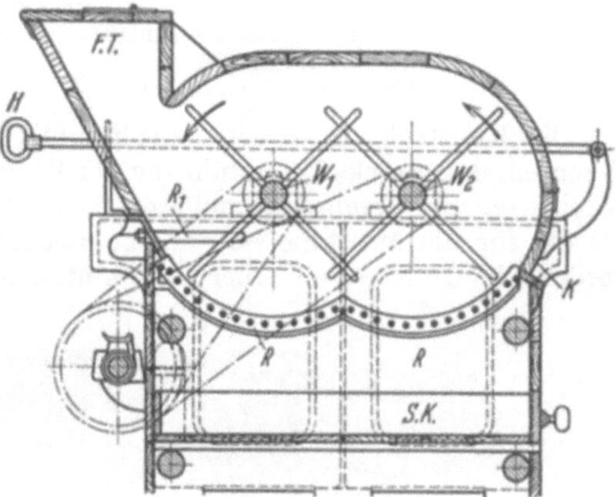

Abb. 106a. Klopfwolf nach Hartmann, Chemnitz.

2 parallel angeordneten kräftigen Schlägerwellen W_1 und W_2, in welche, zueinander versetzt, starke Klopfstäbe St eingeschraubt sind. Das zu klopfende Material wird durch den Fülltrichter FT in die Maschine gebracht und durch die schlagende Wirkung der rasch rotierenden Stäbe entstaubt.

Vor der ersten Schlägerwelle W_1 ist ein fester Rechen R_1, zwischen dessen Stäbe diejenigen des ersten Schlägers das Material hindurchschlagen. Durch den Draht oder Siebrost R fällt Staub, Holz usw. in den darunter befindlichen Staubkasten SK. Aus diesem kann der Staub mittels Ventilator in eine Staubgrube befördert werden. Eine bestimmte Wollmenge wird je nach dem Grade der darin befindlichen Unreinigkeit bei geschlossener Klappe K durchgeklopft. Nach einer bestimmten Zeit wird vermittels des Handgriffes H die Klappe geöffnet, worauf durch die kräftige Schlagkraft der Flügel die Wolle ausgeworfen wird. Die von der Firma an-

Abb. 106b. Klopfwolf nach Hartmann, Chemnitz.

gegebene Leistung eines solchen Klopfwolfes beträgt je nach der Beschaffenheit des Fasergutes in 10 Arbeitsstunden ungefähr 250 bis 300 kg. Der Kraftbedarf ist 1 PS.

Im folgenden sind die Abmessungen und Gewichte dieses Klopfwolfes angegeben.

Lichte Gestellweite	680 mm
Durchmesser der Schläger	550 mm
Länge der Maschine	1,950 m
Breite der Maschine	1,370 m
Gewicht: netto . . . . etwa	500 kg
brutto . . . . etwa	800 kg

Die Firma Josephy, Bielitz, baut diese Maschinen mit 800 bis 1200 mm Schlägerbreiten. Die Dimensionen usw. der Ausführung dieser Firma sind:

<pre>
Länge des Klopfwolfes . . . . 1,800 m
Breite des Klopfwolfes . . . . 1,4001, bis 800 m
Gewicht des Klopfwolfes . . . . 850 bis 1050 kg netto
Durchmesser der Antriebsscheibe . . . 260 mm
Breite der Antriebsscheibe . . . . . . 85 mm
Touren je Minute . . . . 450 bis 500
Kraftbedarf etwa . . . . 1 PS
</pre>

Die Konstruktion des Klopfwolfes mit 2 parallelen Schlagwellen hat den Nachteil, daß zwecks Durchführung der Klopfarbeit vor und hinter der Maschine je eine entsprechende Manipulationsfläche freigehalten werden muß. Dadurch ist die für die Maschine notwendige Bodenfläche verhältnismäßig groß. Auch fordert die Durcharbeit einer bestimmten Menge viel Zeit, da immer nur ein

Abb. 107. Spiralklopfwolf.

kleines Quantum geklopft werden kann. Erst wenn dieses gereinigt ist, kann das nächste vorgelegt werden. Das Hintereinanderlegen von Arbeiten ist nutzloser Zeitverlust. Aus diesen Gründen wird eine zweite Type des Klopfwolfes mit nur einer Schlägerwelle in den Handel gebracht, in welche die Schlagstäbe schraubenlinienförmig versetzt sind (Spiralklopfwolf).

In Abb. 107 ist ein derartiger Wolf im Betrieb zu sehen. Man erkennt links das Zuführlattentuch, das, seitlich begrenzt, die Wolle zum Fülltrichter befördert. Durch diesen gelangt sie in den Schlägerkasten, der während des Betriebes durch eine Haube (Deckel) verdeckt ist. Unterhalb ist er durch einen in der Längsrichtung verlaufenden Stab oder Gitterrost begrenzt, durch welchen die Unreinigkeiten in den darunter befindlichen Staubkasten fallen. Auch bei dieser Maschine kann der abgeworfene Staub durch einen Ventilator in eine Staubgrube abgesaugt werden.

Infolge der schraubenartigen Anordnung der Schlagstäbe wird das Material während des Klopfens axial befördert, weshalb auf der Seite, wo das Lattentuch montiert ist, die Haube eine nach oben überdeckte Auswurföffnung besitzt. Durch die Drehung der Stäbe wird das Material aus der Auswurföffnung selbsttätig herausgeworfen. Die Klopfdauer hängt wegen der axialen Wanderung des Materials von der Länge der Maschine ab. Dank dieser Ausführung bedarf die

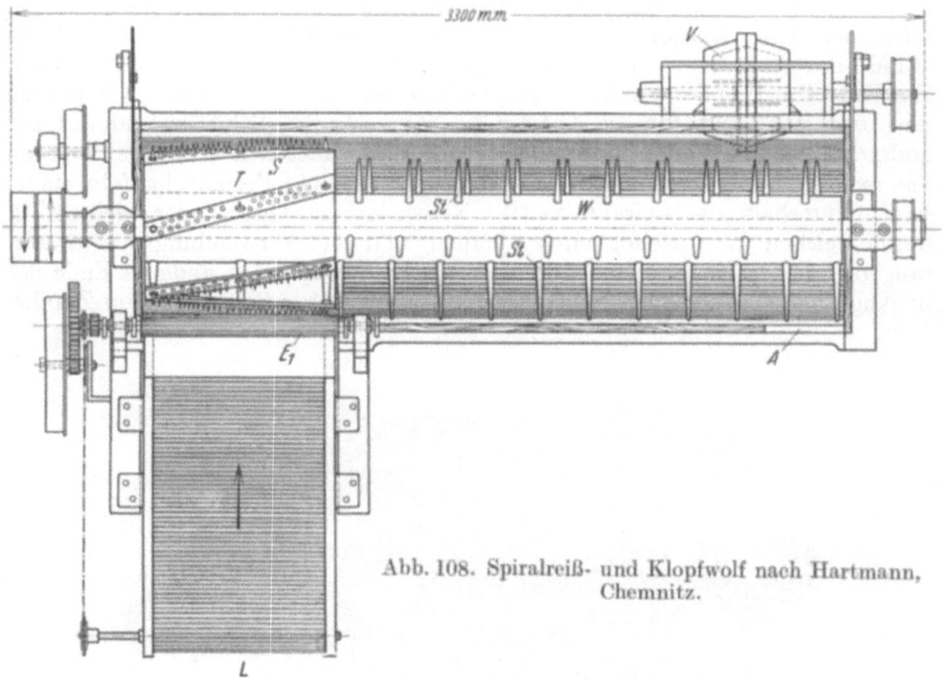

Abb. 108. Spiralreiß- und Klopfwolf nach Hartmann, Chemnitz.

Maschine nur auf der einen Seite einer entsprechenden Manipulationsfläche, so daß der Klopfwolf an die Wand gestellt werden kann, was bei der Einteilung eines Wolfereiraumes oft sehr wünschenswert ist.

Eine dritte Type des Klopfwolfes ist eine Kombination eines Reiß- und Spiralwolfes.

Beim Durcharbeiten von Spinnabfällen usw. ist das zu reinigende Material vorher aufzureißen. Um dies gleichzeitig durchführen zu können, besitzt die Schlägerwelle an der Eingangsseite kräftige Reißflügel. Das Schema eines solchen Klopfwolfes ist in Abb. 108 im Grundriß und in

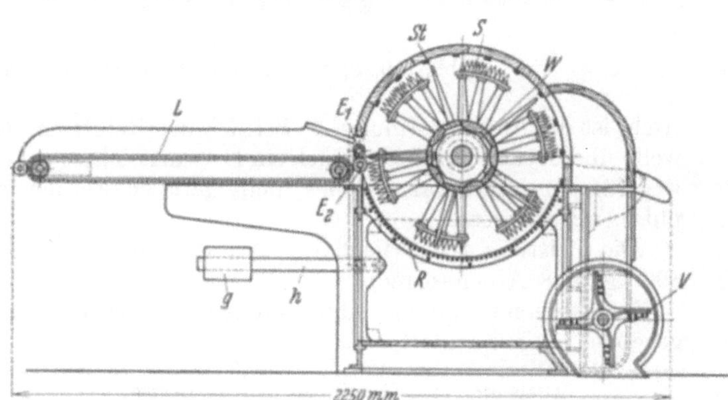

Abb. 109. Spiralreiß- und Klopfwolf nach Hartmann, Chemnitz.

Abb. 109 in Seitenansicht zu sehen (Reiß- und Spiralwolf der Firma Hartmann, Chemnitz).

Das zu verarbeitende Material (Wollabgänge, Krempelputz, Kämmlinge) wird auf das Lattentuch L gelegt und von diesem gegen die Entreewalzen E_1, E_2 vorgebracht. Die geriffelte Einzugswalze E_1 wird vermittels einer regulierbaren Gewichtshebelbelastung (g, h) oder mittels Federn gegen die untere glatte

Walze E_2 gedrückt. Die Reißstifte S der an dieser Stelle der Schlagwelle W befindlichen 4- bis 6schienigen Reißtrommel T reichen nahe an die Lieferstelle der Entreewalzen, so daß das eingeführte Material von diesen gerissen und geöffnet wird. Da die mit 2 bis 4 Reihen Stahlstiften besetzten Reißschienen schraubenförmig sind, erzeugen sie bei der hohen Tourenzahl einen kräftigen Wind, durch welchen das Material gegen die Klopfstäbe St geblasen wird. Zur Unterstützung des axialen Fluges kann an der linken Stirnseite der Maschine ein Drahtgitter mit für die Luftzufuhr regulierbarem Schieber und auf der anderen Seite des Wolfes ein Staubsauger V angeordnet sein. Eventuell werden am rechten Ende der Schlägerwelle luftzugerzeugende Forderschaufeln eingebaut. Unterhalb der Spiralwalze (W) ist wieder ein Gitter oder Siebrost R, durch welchen die Unreinigkeiten abfallen und bei Verwendung des Staubsaugers V in eine Staubkammer weiterbefördert werden. Am anderen Ende der in Kugellagern rotierenden Schlagwelle W, auf gleicher Seite mit dem Zuführ-

Abb. 110. Spiralreiß- und Klopfwolf von Josephy.

tisch, ist die Auswurföffnung A. Seitlich der Reißtrommel ist auf der die Schlagwelle überdeckenden Haube auch ein Einwurftrichter angeordnet, um den Arbeitsweg für jenes Material, welches nicht gerissen werden braucht (z. B. Krempelputz), abzukürzen.

Die Leistung ist je nach der Art des zu verarbeitenden Materials bis zu 800 kg in 8 Arbeitsstunden.

Nachstehend sind die Abmessungen, Gewichte usw. dieser Ausführung angegeben.

| Tisch-breite | Spiralwalze | | Maschinen- | | Gewicht | | Kraft-bedarf | Touren-zahl der Welle in der Min. | Fest- und Losscheibe | |
| | Durch-messer | Arbeits-länge | Länge in Richtung der Spiral-walze | Tiefe in Richtung des Tisches | netto | brutto | | | Durch-messer | Breite |
mm	mm	mm	m	m	kg	kg	PS		mm	mm
600	650	2500	3,300	2,250	1300	1900	3—4	700	250	100

Abb. 110 zeigt das Schaubild eines solchen kombinierten Wolfes nach den Ausführungen der Firma Josephy, Bielitz.

Abmessungen, Gewichte usw.

Länge des Spiralreiß- und Klopfwolfes . 3 m 250 mm	Durchmesser der Antriebsscheiben . . . . . 300 mm
Breite ,, ,, ,, ,, . 1 m 700 mm	Breite ,, ,, ... je 100 mm
Gewicht brutto ca. 1500 kg	Touren per Minute 500
,, netto ,, 1000 kg	Kraftbedarf ca. 3 PS

G. Der Willow.

Eine andere Reinigungsmaschine, die in neuester Zeit nicht nur zur Entstaubung von Baumwollabfällen, sondern auch zum gleichen Zweck für Wollabgänge, Kehricht sowie auch zum Öffnen des Krempelausputzes usw. verwendet wird, ist der Willow. Abb. 111 zeigt einen schematischen Querschnitt nach Ausführung von Hartmann, Chemnitz, Abb. 112 ein Schaubild nach Konstruktion der Maschinenfabrik C. Oswald Liebscher, Chemnitz.

Die periodische Beschickung des Willow mit dem zu reinigenden Material erfolgt entweder mittels einer Kippmulde KM oder einem Zuführlattentuch L. Sie kann durch ein an der Antriebsseite der Maschine angeordnetes Zählwerk Z (Abb. 112) nach beliebig einstellbaren Zeitabschnitten geregelt werden. Die Auflage des Materials erfolgt meist von Hand aus, da hierbei gleichzeitig größere Fremdkörper (wie Eisenteile usw.) entfernt werden können, oder aber bei der Lattentuchzuführung mittels eines selbsttätigen Speiseapparates, der wegen der unterbrochenen Arbeitsweise des Willow von diesem angetrieben wird.

Das in die Maschine beförderte Material wird durch eine schnell rotierende, mit 6 Reihen starker Schlagbolzen S (Abb. 111) besetzte Trommel T gegen einen Bandstahl oder Stabrost R geschlagen. Oberhalb der in Kugellagern laufen-

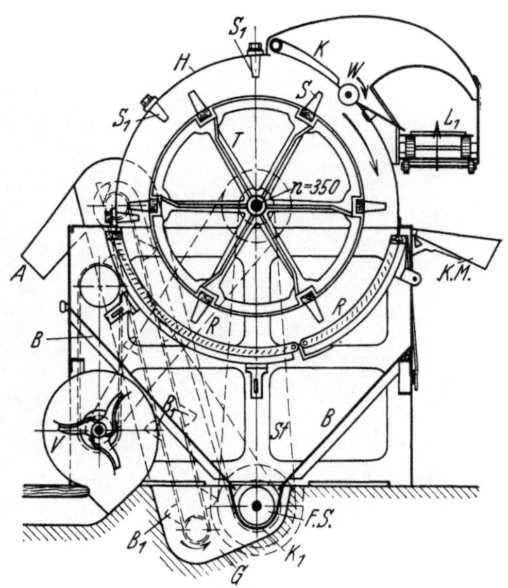

Abb. 111. Der Willow nach Hartmann, Chemnitz.

den Trommel ist eine Blechhaube H, an welcher 3 Reihen Gegenschlagbolzen S_1 befestigt sind. Die Blechhaube ist exzentrisch zum Schlagkreis der Trommel montiert, so daß die zwischen den Gegenschlagbolzen hindurcheilenden Schlagbolzen der Trommel verschieden tief eingreifen. Die festen Gegenbolzen S_1 bezwecken, das an der Rotation der Trommel teilnehmende Material im Flug zu hemmen. Durch das Aufschlagen des Materials auf die feststehenden Bolzen S_1 wird es entstaubt und die Fluggeschwindigkeit des Fasergutes zum Teil oder ganz vernichtet, so daß die klopfende Wirkung der rotierenden Bolzen S keine Einbuße erfährt. Ähnlich verhält sich auch die Reinigung durch den Rost. Da das Material während des Klopfens an keiner Stelle festgehalten, sondern nur im Fluge geschlagen wird, ist die Behandlung eine äußerst schonende. Das ganze Material wird nach der durch die Zeiteinstellung des Zählapparates erfolgten Öffnung der Auswurfklappe K, mit Unterstützung der nahe an den Schlagkreis angeordneten Walze W, auf das Lattentuch L_1 geworfen. Dieses ist parallel zur Trommelachse oberhalb der Zuführung montiert, so daß das gereinigte Faser-

gut seitlich der Maschine über ein anschließendes Rutschblech in einen Korb
oder einen Sack abgeliefert wird.

Der während der Durcharbeitung im Innern der Trommel freiwerdende Staub
wird durch einen Ventilator abgesaugt und in eine Staubkammer oder in einen
Staubturm befördert. Die Saugluft kann durch Regulierfenster geregelt werden.
Durch die — je nach dem verarbeitenden Fasergut — 2, 4 oder 6 mm weiten
Rostspalten können anhaftende Verunreinigungen, wie Sand, Holz und Strohteilchen usw., in den unter dem Rost angeordneten Staubkasten St fallen. Für
manches Material ist es vorteilhaft, einen Reserverost mit anderer Spalt-
weite zu besitzen, welcher gegen den früheren leicht ausgewechselt werden kann.
Wird das Material durch eine Kippmulde eingeschüttet, so ist der vordere Teil
des Rostes beweglich gelagert, damit er zwecks besserer Aufnahme des Gutes

Abb. 112. Der Willow von Liebscher, Chemnitz.

während der Beschickung etwas von der Trommel entfernt werden kann. Das
Bodenblech B unterhalb des Rostes ist zu beiden Seiten gegen einen im Fundament vorgesehenen Kanal K_1 stark geneigt, so daß die Unreinigkeiten in diesem
abrutschen. Im Kanal befindet sich eine Förderschnecke FS, durch welche der
Abfall in eine seitlich der Maschine an den Kanal anschließende Grube G geschafft
wird. In diese reicht der untere Teil eines Becherwerkes B_1 hinein. Die Becher
dieses Elevators befördern den Abfall nach aufwärts, um ihn durch die Auswurföffnung der Elevatorverschalung in einen darunter befindlichen Korb oder Sack
abzuliefern. Meist ist am Ende der Förderschnecke eine um ihre Achse sich
mitdrehende Schaufel, wodurch ein Ausweichen des Abfalles vermieden und
somit eine bessere Füllung der Becher erzielt wird.

Durch eine Neukonstruktion der Firma Liebscher, Chemnitz, wird der Abfall
zwecks Wiedergewinnung der darin enthaltenen Fasern bzw. Haare noch durch
eine hinter der Maschine angeordnete geneigte Siebtrommel geleitet (Abb. 113).
Aus der Öffnung der Elevatorverschalung fällt der Abfall auf eine Blechschale b,

die in das Innere der Trommel reicht. Die sich drehende Trommel ist mit einem Drahtsieb oder mit perforierten Blechen überdeckt und befördert wegen ihrer Schrägstellung das während der Drehung hochgehobene und wieder herabgefallene Material allmählich an die tiefste Stelle, an der es durch eine Blechschale b_1 aufgefangen wird. Während der Wanderung durch das Sieb wird es vom gröbsten Schmutz befreit, welcher in eine unter der Trommel aufgestellte Kiste fällt. Da eine gründliche Reinigung nur im Willow erfolgen kann, wird der auf die Schale b_1 gelieferte, zurückgewonnene Abfall von einem kleinen Ventilator v abgesogen und durch ein Rohr zu einem auf der Haube der Maschine aufmontierten Abscheider befördert, durch welchen die Saugluft nach oben entweichen kann. Der Boden des Abscheiders ist nach abwärts drehbar und wird vom Beschickungsmechanismus des Willow aus betätigt.

Abb. 113. Abfallgewinnung beim Willow.

Der Zählapparat für die Regulierung der Reinigungszeit des Fasergutes ist verschieden ausgeführt er sei nach den Abb. 114 und 115, die eine Konstruktion der Firma Liebscher, Chemnitz, darstellen, beschrieben.

Neben der Hauptantriebsscheibe R_0 sind auf der Trommelwelle 3 Riemenscheiben, von denen die mittlere R_1 die Antriebsscheibe für den Zählapparat ist. Durch einen gekreuzten Riemen wird von R_1 die Riemenscheibe R_2 angetrieben. (In Abb. 115 ist der Riemen abgeworfen.) Die Scheibe R_2 sitzt fest auf der verlängerten Nabe des Kegelrades k_1, welche sich auf einer längeren starken Achse lose dreht, die ihrerseits auf der Rahmenplatte der Maschine fix gelagert ist. Das Kegelrad k_1 treibt das Kegelrad k_2 an, welches auf einer Pendelachse A_1 fest ist. Diese pendelnde Achse ist unterhalb des Kegelrades k_2 im Schwenkhebel H gelagert. Auf ihr sind die beiden Schnecken S_1 und S_2 gekeilt. Schnecke S_1 greift infolge der lotrechten Lage der Pendelachse in Zahnrad Z_1. Durch die Räderübersetzung Z_2, Z_3 wird die Zählscheibe Z_4 langsam in der angegebenen Richtung gedreht. Die Zählscheibe hat eine kreisförmige Nut mit einer Öffnung o, durch die der Umstellbolzen i in die Nut gesteckt werden kann. Der Bolzen kann je nach der Reinigungsdauer an beliebiger Stelle befestigt werden, die am Markierungskranz erkenntlich ist. In Abb. 114 ist der Bolzen für die längste Behandlungsdauer eingestellt. Je niedriger die Markennummer ist, desto kürzer die Zeit der Reinigung.

Auf Achse A ist zwischen dem Kegelrad k_1 und Lager L_2 (Skizze rechts) der schwenkbare Hebel H (Balancier) lose drehbar gelagert. Auf dem kurzen rechten Arm des Balancier ist verstellbar eine Platte befestigt, auf der sich der Bolzen i auflegt, und die während der weiteren Drehung der Zählscheibe den Hebel niederdrückt. In der Platte ist eine gebogene Eisenstange h befestigt, welche zur Umstellung von Hand aus dient. Der nach abwärts gerichtete andere Hebelarm des Balanciers besitzt am Ende eine Rolle r, die in der Ausnehmung eines

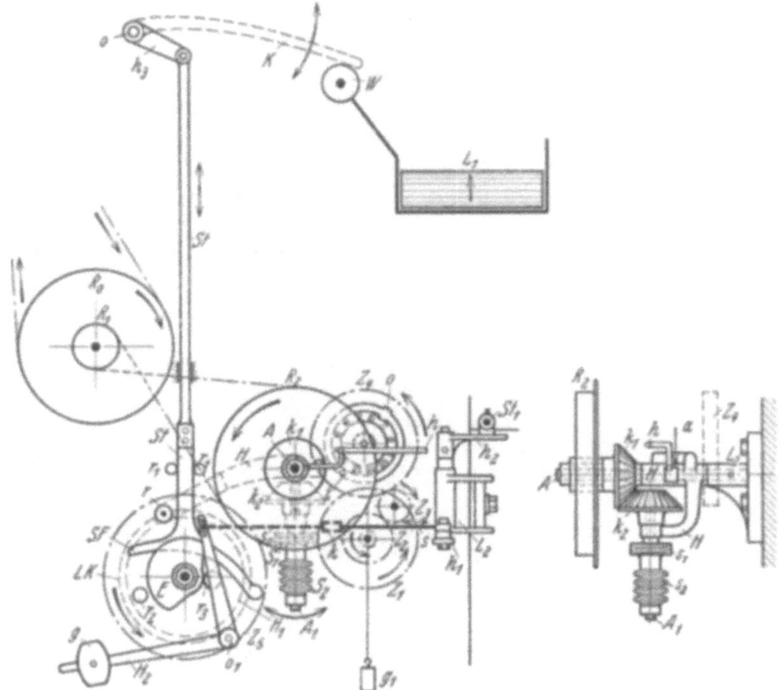

Abb. 114. Zählapparat von Liebscher, Chemnitz.

aus der rückwärtigen Ebene des Rades Z_5 herausragenden Laufkranzes LK ruht. Vor dem Rad Z_5 ist die Hubstange St gelagert. Diese besitzt am unteren Ende eine kurvenförmige Schleiffläche SF, unter welcher die an der vorderen Radebene befestigte Rolle r_2 läuft und dabei die Stange hebt. Mit dem Rad Z_5 ist der Exzenter E durch eine Hülse fest verbunden. Auf dem Umfang des Exzenters läuft die Rolle r_3 des Gewichtshebels H_1 und H_2. Der Hebelarm H_1 ist durch Stange s_0, Kupplung k, Stange s, Hebel h_1, h_2 mit der Einrückstange St_1 für den Liefermechanismus verbunden.

Der Antrieb des Zuführlattentuches erfolgt von der anderen Seite des Willow und kann durch Verschiebung des entsprechenden Riemens auf eine Leerscheibe unterbrochen werden. Diese Verschiebung des Riemens geschieht durch die quer unter dem Lattentuch laufende Einrückstange St_1.

Nach der in Abb. 114 (links) skizzierten Getriebestellung beginnt gerade die Lieferung durch das Zuführlattentuch. Die Rolle r am langen Balancierarm ist in die Unterbrechung des Laufkranzes LK eingeschnappt und sperrt gleichzeitig die weitere Drehung des Rades Z_5 sowie des Exzenters E. Die Rolle r_2 hat durch die Wegbewegung von der Schleiffläche SF die Stange nach abwärts bewegen lassen, wodurch die Klappe K geschlossen ist. Durch das Gewicht g am Hebelarm H_2 hat sich gleichzeitig mit der Exzenterverdrehung der Hebelarm H_1 nach links gedreht und vermittels des Gestänges s_0, s, h_1, h_2 und Einrückstange St_1 wurde auf der anderen Maschinenseite der Riemen für die Lieferung auf die entsprechende Vollscheibe verschoben.

Wegen des Einfallens der Balancierrolle r in die Kranzunterbrechung von LK konnte sich der Balancier entgegen der Richtung des Uhrzeigers drehen, so daß die Schnecke S_1 mit Zahnrad Z_1 in Eingriff gelangt. Vermittels der Radübersetzung Z_1, Z_2, Z_3, Z_4 dreht sich nun die Zählscheibe Z_4 in angegebener Richtung so lange, bis der Stift i auf die Auflegefläche des kurzen Balancierarmes drückt. Die damit verbundene Verschwenkung des Balanciers hat zur Folge, daß Schnecke S_2 das Zahnrad Z_5 in der Pfeilrichtung dreht. Die Rolle r läuft während ihrer Drehung auf der Lauffläche und verhindert dadurch ein Ausspringen der Schnecke. Infolge der Schwenkung des Balanciers greift die Schnecke S_1 nicht mehr in das Zahnrad Z_1. Das Getriebe Z_{1-4} ist ohne Sperrung und muß sich wegen der Wirkung des Gewichtes g_1, welches mittels eines Riemens mit einem kleinen Scheibchen auf der Nabe des Zahnrades Z_1 befestigt ist, in die Anfangsstellung zurückdrehen.

Abb. 115. Zählapparat von Liebscher, Chemnitz.

Mittlerweile hat sich das Zahnrad Z_5 so weit gedreht, daß sich die auf seiner vorderen Ebene befestigte Rolle r_2 unter die Schleiffläche SF der Hubstange St legt und längs dieser — sie gleichzeitig hebend — abrollt. Durch die Hubbewegung der Stange St wird die Klappe K geöffnet und das gereinigte Material aus der Maschine geschafft. Bei weiterer Drehung des Rades Z_5 schließt sich die Klappe wieder. Die Rolle r des Balanciers fällt wieder in die Ausnehmung des Laufkranzes LK, worauf die nächste Beschickung des Willow beginnt.

Bei anderen Ausführungen ist der Antrieb des Lattentuches auf derselben Seite wie der Zählapparat untergebracht. Die obere Tischwalze wird durch Riemen und Rädervorgelege angetrieben. Die am Tisch gelagerte Riemenscheibe wird durch eine vom Zählapparat betätigte Kupplung mit Rädergetriebe gekuppelt.

Ähnlich der besprochenen Einrichtung des Zählapparates ist auch jene der Kippmulde, nur wird das Kippen mittels Hebeln oder Kurbeln erzielt.

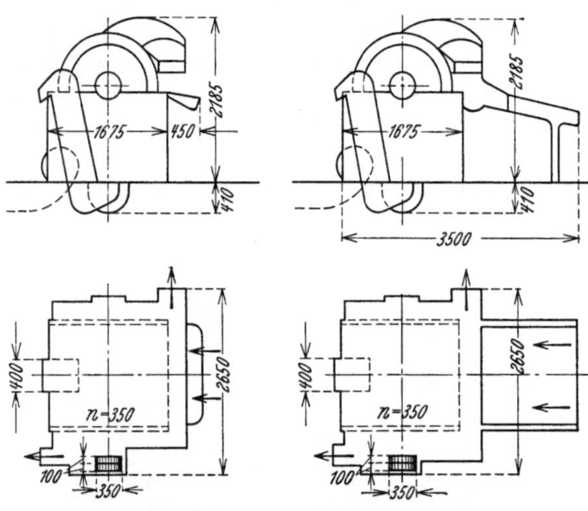

Abb. 116. Willow nach Hartmann, Chemnitz.

Die Abb. 116 zeigt die Dimensionen der Ausführung nach Hartmann, Chemnitz.

In Abb. 117 ist ein kleiner Staubturm T schematisch dargestellt, der durch den Kanal K mit der Entstaubungsmaschine (Klopfwolf, Willow usw.) verbunden ist. Der Turm T ist in seinem Innern durch wechselseitig angeordnete Zwischenwände W unterteilt. Durch diese Luftführung setzen sich die mitgerissenen Fasern infolge der zwischen den Wänden entstehenden Luftwirbel und der wegen dieser Hindernisse eintretenden Beruhigung des Luftzuges ab. An höchster Stelle sind an allen 4 Seiten des Turmes einstellbare Jalousien. Da die Höhe dieses abgebildeten Turmes verhältnismäßig zu gering ist, um eine vollkommene Reinigung der Luft zu erreichen, ist der obere Teil des Turmes außen in einer Entfernung von ca. 30 cm von einer Holzumschalung umgeben. Deren Boden fällt steil nach der Reinigungsseite hin ab, so daß er eine Rutschfläche RF für das abgelegte Material darstellt. Auf der Entleerungsseite ist der untere Teil der Verschalung mit einem feinen Baumwollgewebe verkleidet, so daß der Luftzug L hindurchblasen kann und an dieser Stelle nochmals eventuell mitfliegende Fasern zurückgehalten werden. Unterhalb ist ein Schieber S mit anschließendem Trichter und Sackaufhängevorrichtung. Auf diese Weise ist es möglich, daß die Luft gleich in den Sack geblasen wird. Bei Auswechslung des Sackes muß der Schieber geschlossen werden.

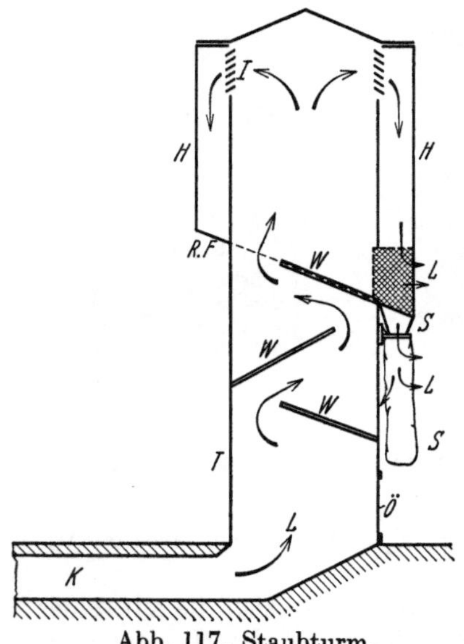

Abb. 117. Staubturm.

Unterhalb des Sackes ist noch eine verschließbare Schlupföffnung $ö$, um das abgelegte Material aus dem Turm entfernen zu können.

H. Crighton-opener.

Die Streichgarnspinnereien verarbeiten vielfach auch einen mehr oder weniger hohen Prozentsatz Baumwolle, die sie mit der Schafwolle zu einem Halbwollprodukt, dem eigentlichen Vigognegarn, ausspinnen. (Mit dem Namen Vigogne wird auch vielfach das reine Baumwollabfallgarn bezeichnet.)

Da die Baumwolle im Ballen stark gepreßt ist, so muß sie vor jeder weiteren Behandlung, sei dies Krempeln, Wolfen oder auch Färben usw., geöffnet werden. Zu diesem Zwecke bedient man sich in Baumwollspinnereien einer vorzüglichen Maschine, dem Baumwollöffner nach System Crighton oder allgemein Crighton-opener genannt[1].

Während man früher in Streichgarnspinnereien vielfach behelfsmäßig mit zur Verfügung stehenden anderen Maschinen die Baumwolle zu lockern suchte, findet der Crighton-opener heute allmählich Eingang. In

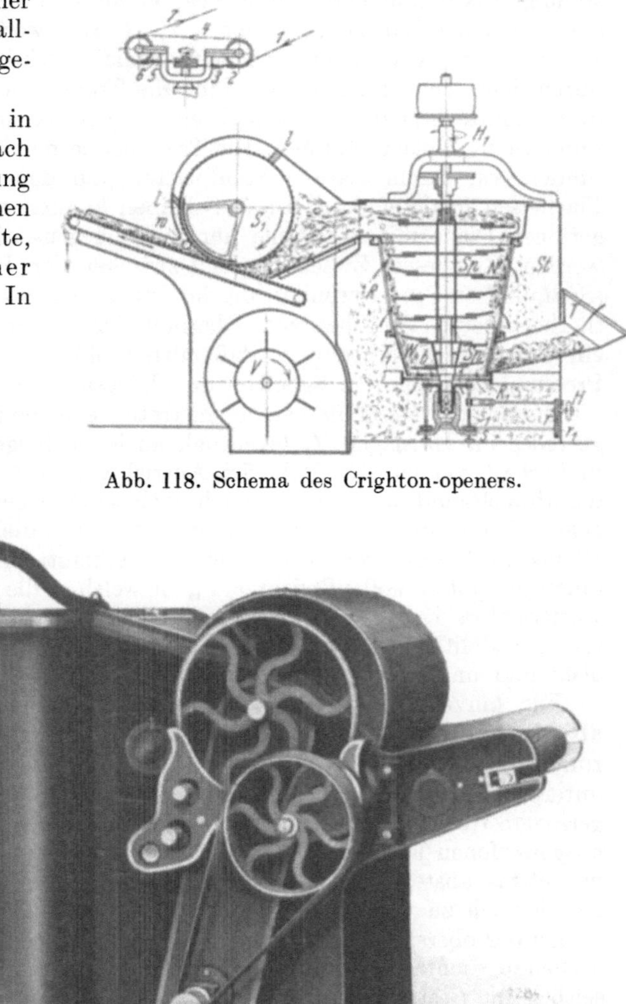

Abb. 118. Schema des Crighton-openers.

Abb. 119. Schaubild des Crighton-openers.

manchen Betrieben wird er mit Vorteil vorwiegend als Entstaubungsmaschine verwendet, und zwar nicht nur für Baumwolle, sondern auch für Wolle.

Im nachfolgenden soll darum diese Maschine an Hand der Abb. 118 und 119 dem Wesen nach beschrieben werden.

In einem prismatischen Staubkasten ist eine vertikal angeordnete starke Welle W gelagert. Das Spurlager, das auch als Kugellager ausgebildet sein kann,

[1] Vgl. Technologie d. Textilfaser, Bd. II, 1.

läuft in einem Ölkasten und ist bei manchen Ausführungen wassergekühlt. Es ist derart eingerichtet, daß die darauf ruhende konische Schlagtrommel in der Achsenrichtung verstellt werden kann. Die Verstellung beträgt von der Mittelstellung aus hinauf und hinunter ca. 30 mm und kann entweder mittels Hebeln oder mit einer Räderübersetzung r, r_1, S, S_1 bewerkstelligt werden. Über dem Lager ist im Maschinenrahmen eine radial geschlitzte Rostplatte R_1 gelagert, durch deren zentrische Ausnehmung die Trommelachse hindurchgeht. Oberhalb dieser Platte besitzt die Vertikalwelle eine Absetzung (Bord b), auf welcher die unterste Stahlplatte aufliegt. Die Trommel besteht meistens aus 7 solchen kreisrunden, ca. 5 mm starken Stahlplatten, auf denen mehrere Schlagnasen aus Flacheisen genietet sind. Diese Scheiben können wegen ihrer verhältnismäßig geringen Dicke mit der Welle nur durch gegenseitige Verspannung verbunden werden. Zu diesem Zwecke werden zwischen den Platten starke Distanzhülsen (Spannhülsen Sp) verwendet, die im Innern zwecks Zentrierung gegen die Vertikalwelle einen Steg besitzen. Oberhalb der obersten Scheibe S ist in der Welle ein Gewinde geschnitten, so daß mittels Mutter und Gegenmutter die nötige Pressung zwischen den Scheiben und Hülsen erzielt bzw. gesichert wird.

Die aus der Maschine nach oben tretende Welle ist vermittels eines Dreifußgestelles im Halslager H_1 (eventuell auch als Kugellager ausgebildet) gelagert und erhält von oberster Stelle den Antrieb von ca. 500 bis 900 T/Min. Die Anzahl der abwechselnd radialen oder auch nach abwärts gebogenen Schlagnasen nimmt gegen die oberste Scheibe zu. Die unterste hat 4, die oberste je nach Ausführung 12 bis 16 Nasen. Der untere Teil der Schlagtrommel befindet sich in einem innen gerippten Vollgußtrichter T_1, in welchen die Rohrverlängerung des Einwurftrichters T mündet. Über den Trichter T_1 ist die Trommel von einem etwas steiler gestellten Reinigungsrost R umgeben. Er besteht aus Dreikantstäben, die oben und unten in Ringe eingesetzt sind.

Für kürzeres Material eignen sich besser Siebe (perforiertes Blech) oder aber Plattenroste. Letztere sind Teile des Rostkegelmantels. Die Gesamtheit der zum Rost gehörigen Platten (ca. 10 bis 12) heißt „Satz". Die Platten sind mit unterbrochenen, gegenseitig versetzten Längsschlitzen versehen, so daß sie eine geringere freie Rostfläche besitzen und somit auch einen geringeren Verlust an ausgeworfenen Fasern geben. Die Schlitze können an der Außenseite des Rostes mit etwas abstehenden Überdeckungen versehen sein (Taschenroste), um den Abfall noch zu verringern.

An der obersten Stelle ist nach der einen Seite der Faserflug gegen eine sich drehende Siebtrommel S_1 gerichtet. Das Innere der Siebtrommel ist mittels seitlich im Gestell angeordneten Luftkanälen mit einem Exhaustor V in Verbindung, welcher den zum Flug des Materials nötigen Luftstrom erzeugt. Unterhalb der Siebtrommel ist das Abführlattentuch L.

Das in mäßigem Quantum in den Trichter T geworfene Material wird durch die Schlagnasen der im Innern der Maschine rasch rotierenden Trommel gegen die Rippen des Trichters T_1 geworfen. Das Material erfährt dadurch eine Verminderung der Fluggeschwindigkeit und wird wieder im Flug kräftig durch die Nasen geschlagen, wodurch es geöffnet und geputzt wird. Da der Trichter oben weiter ist, hat das Fasergut das Bestreben, nach oben auszuweichen. Infolge Geschwindigkeitseinbuße fällt die eine oder andere Flocke abwärts, um wieder aufwärts zu wirbeln. Neben der Trichterform bewirkt auch der durch den Exhaustor erzeugte kräftige Luftstrom, welcher durch die Spalten der Roste R_1 und R (durch Pfeile angegeben) nach oben zieht, die Hebung des zu öffnenden bzw. zu reinigenden Materials.

Das Fasergut wird durch die Nasen der Trommel ständig spiralartig über die wegen der Kanten der Roststäbe bzw. Rippen unebene innere Kegelfläche getrieben und steigt je nach ihrem Öffnungsgrade, dem Luftstrom folgend, aufwärts. Durch das Schlagen bzw. Anwerfen an den Rost werden der durch die Öffnung freiwerdende Staub, die Schalenteilchen usw. aus den Rostspalten geworfen. Durch die gegenseitige Wirkung der Nasenschläge und des Luftzuges soll somit das Material von seinen Verunreinigungen getrennt werden. Dies tritt dann ein, wenn der Luftzug weder zu stark noch zu schwach ist. Im ersten Fall würde zuviel Unreinigkeit wieder eingezogen oder überhaupt nicht ausgeworfen werden. Im entgegengesetzten Falle wird im Staubkasten auch verwendbares Material abgelegt. Falls der Crighton-opener nicht mit einer vorgestellten Maschine gekuppelt ist, wird er mit Regulierfenster zu Einstellung der Luftintensität ausgestattet. Jedenfalls besitzt er ein Luftzuführungsrohr, welches bis unter das Spurlager reicht.

Um die Öffnung des Materials im Crighton-opener zu unterstützen, werden im Rost R 3 bis 4 Schienen eingebaut, die meist mit 3 Reihen Stiften versehen sind (Hechelstäbe). Die Stifte der einzelnen Reihen nehmen in der Richtung der Trommeldrehung an Länge zu, so daß das Fasergut besser geöffnet wird. Die Dichte der Stifte nimmt gegen oben hin zu. Je besser geöffnet und daher flugfähiger die Flocken werden, desto mehr bzw. kräftigere Schläge müssen sie erhalten. Deswegen ist an den oberen Scheiben die Anzahl der Nasen größer. Infolge des größeren Durchmessers dieser Scheiben ist die Schlagkraft ebenfalls größer. Die Umfangsgeschwindigkeit an der obersten Scheibe ist ca. doppelt so groß wie an der untersten. Sie beträgt an der letzteren ca. 20 bis 24 m.

Je wertvoller das Material, desto schonender muß es behandelt werden. Dies wird dadurch erreicht, daß der Zwischenraum zwischen Nasen und Trichter bzw. Rost durch eine axiale Verstellung verkleinert oder vergrößert wird. Der Zwischenraum zwischen Nasenkreis und unterem Trichter kann von 4 auf 20 mm, der an der obersten Scheibe zwischen 28 bis 44 mm geändert werden. Beim Stabrost ist es durch Verstellung der Stabringe möglich, die Stäbe derart zu stellen, daß sie in die Richtung der Kegelerzeugenden des Rostes fallen, oder daß das obere Stabende gegen das untere vor- oder nachgestellt ist. Dadurch kann die Zeit der Behandlung des Materials etwas geregelt werden. Ist das obere Ende dem unteren vorgestellt, so stehen die Stäbe nach oben zu in der Richtung der Trommeldrehung, wodurch das Material im Aufsteigen infolge der hinaufgerichteten Auftreffkomponente am Roststab unterstützt wird. Wenn das untere Ende in der Drehrichtung vorgestellt ist, bleibt das Fasergut länger in der Maschine.

Durch die Siebtrommel S_1 erfolgt die Abscheidung des Fasergutes von der strömenden Luft. Letztere wird mit Staub und kürzeren Einzelfasern durch die Öffnungen der von einem perforierten Blech oder Drahtgeflecht überzogenen Trommel zum Exhaustor gesogen und hinter diesem in eine Staubkammer oder einen Staubturm befördert. Um den Anflug der Flocken nur gegen einen bestimmten Teil des Siebtrommelumfanges zu erzielen, ist er durch Querleisten verdeckt. Der obere Teil der Siebtrommel S_1 ist durch einen aufklappbaren Deckel abgedeckt, der mittels eines Lederstreifens die Abnahmewalze w putzt und etwas abdichtet. Fehlt die Abnahmewalze w, so muß im Innern der Siebtrommel ein Abdichtungsblech sein, um das Einsaugen der Luft an der Stelle zu verhindern und gleichzeitig die Abnahme der Flocken vom Umfang der Trommel zu ermöglichen.

Der Antrieb der Vertikalwelle wurde früher durch einen geschränkten, einseitig ziehenden Riemen ausgeführt, was sich in bezug auf Aufstellung und ungünstigen Riemenzug nachteilig auswirkte.

Man führt deshalb den Antrieb als geschlossenen entlasteten Kreisteiltrieb (Abb. 118 Nebenskizze) aus.

Der modernste Antrieb erfolgt durch direkt auf der Schlägerwelle montierten Vertikalmotor.

Abmessungen, Gewichte, Kraftbedarf der Maschinen ohne Betriebsvorgelege.

| Maschinen-Ausführung | Maschinen- | | Gewicht | | Kraftbedarf bei Transmissions-betrieb PS | Leistung in 10 Stunden |
	Länge m	Breite m	netto kg	brutto kg		
Einfacher Öffner .	3,300	2,0	2750	3300	5	bis etwa 3000 kg je nach Fasergut
Doppelöffner. . .	5,180		4500	4500	10	

Die in kleineren Wolfereien mitverwendeten Reißmaschinen und Fadenöffner dienen zur Kunstwollerzeugung, daher werden die Maschinen im Kapitel „Kunstwollspinnerei" gesondert behandelt.

IV. Die Krempelei.

A. Das Krempeln.

Die während des Spinnprozesses fortschreitende Isolierung der Wollhaare erreicht beim Krempeln ihren Höhepunkt. Durch die feinen Spitzen der Kratzenbeläge wird die in der Wolferei bis auf Klumpen und Flockenform gebrachte Wolle weiter aufgelockert und vermengt und dadurch ein besonders loses gleichmäßiges Fasergemisch, der „Krempelflor", geschaffen, in welchem jedes einzelne Wollhaar Bewegungsfreiheit hat. Da der Streichgarnspinnprozeß auf kürzestem Wege einen weichen, moosigen Faden mit möglichst verwirrter Faserlage anstrebt, ist zur Erreichung der Gleichmäßigkeit eine 2- bis 3fache Wiederholung des Krempelvorganges notwendig. Die Gleichmäßigkeit wird durch vielfach wiederholte Übereinanderlegung des gewonnenen Krempelflores zu einem Breitband oder „Pelz", der wieder mehrmals gekrempelt wird, erzielt. Das Krempeln (Kratzen, Kardieren, Schrubeln, Strobeln, Schrobeln) wird bei grobem Material zweimal, bei feinen Wollen dreimal durchgeführt, ehe man an die Bildung der Vorgarnfaden aus dem in Längsstreifen geteilten Flor schreitet. Grobe Wollen lassen sich naturgemäß wegen ihrer Glätte selbst bei größeren Längen leichter entwirren und von neuem zu einer Faserfläche (Flor) anordnen. Feine Wollen sind wegen ihrer stärkeren Kräuselung, dichteren Verhängung infolge der Beschuppung und wegen ihrer größeren Elastizität immer mehr zur Verwirrung geneigt. Ihre Auflösung muß allmählicher, mit Rücksicht auf den späteren gleichmäßigen Faden, auf längerem Wege vor sich gehen. Als Maschine kommt für die Wollkrempelei wegen der innigen Durchmischung nur die Walzenkrempel in Betracht, da die wechselnde Drehrichtung der Walzen zum Tambur sehr zur Verwirrung der Faserlagen und zu ihrer Durchmischung beitragen.

Die Fadenbildung tritt in der Streichgarnspinnerei durch Teilverzug ein. Ist Nv die Vorlagenummer des der Krempel vorgelegten Materials (Pelzes), ferner der Krempelverzug Vk, die Vorgarnfadenzahl der letzten Krempel n, die Vorgarnnummer Ng, so gelten folgende Beziehungen:

$$Vk = \frac{Ng}{n \cdot Nv} \quad \text{bzw.} \quad Ng = Nv \cdot Vk \cdot n.$$

Die Garnbildung wird durch das Nitscheln (Zusammenrollen in rasch wechselnder Richtung) mit sogenannter falscher Drahtgebung eingeleitet; erst am Selfaktor wird scharf drehend echter Draht gegeben, um den endgültigen, haltbaren Faden zu erhalten. Das zweimalige Krempeln grober Materialien erfordert also

    1. eine Grobkrempel,
    2. eine Feinspinn- oder Vorspinnkrempel.

Das dreimalige Krempeln feiner Wollen verlangt

    1. eine Grobkrempel (Rohkrempel),
    2. eine Mittel- oder Pelzkrempel,
    3. die Fein- oder Vorspinnkrempel.

Die Grobkrempel und Mittelkrempel bilden in beiden Fällen Pelze, aus denen durch abermalige Verfeinerung, das letzte Krempeln, ein möglichst homogenes Vließ entsteht, welches dann durch Teilung die Vorgarnbändchen und durch deren Nitschelung den Vorgarnfaden gibt.

1. Die Krempelkratzen.

Die Auflösung der Wolle in Einzelfasern erfolgt durch den Krempelprozeß, sie geht als fortschreitende Isolierung zuerst zur Bildung feiner Flöckchen, dann zur Isolierung der Einzelfaser und schließlich zur Florbildung über.

Dementsprechend sind auch die Kratzenbeläge zuerst gröber, dann allmählich feiner, und gehen vom Sägezahnbelag zur Wolfszahnkratze und schließlich zur Drahtkratze über.

Der Sägezahndrahtbelag wird aus flachem Stahldraht erzeugt (siehe Abb. 120). Er ist an einer Kante verstärkt, um ein Verstemmen in der feinen Spiralnuten der zu beziehenden Walzen zu ermöglichen. Die Zähne werden bei Herstellung des Drahtes in dem warm nachgelassenen Stahldraht eingestanzt,

Abb. 120. Sägezahndraht.

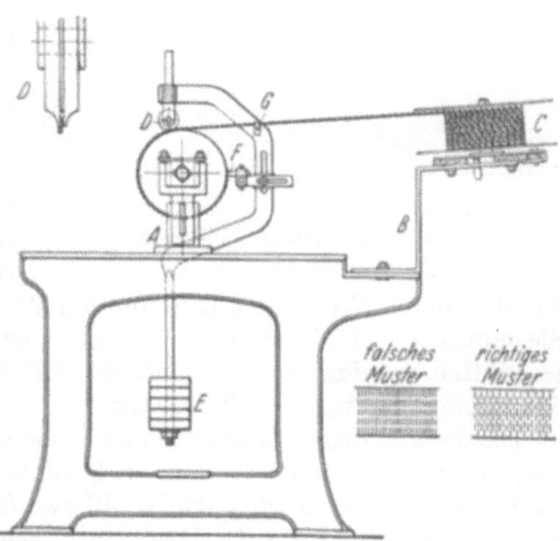

Abb. 121. Aufziehvorrichtung für Sägezahndraht.

haben daher ziemliche Grate, die mit der Feile entfernt werden müssen. Infolge der Zahnform kann der Sägezahndraht die schwerste Auflösungsarbeit leisten. Er muß zeitweilig wegen der Abarbeitung der Zähne und beim Schleifen des ganzen Krempelsatzes, von Hand aus — da gewöhnliche Schleifapparate nicht verwendet werden können — durch den Krempelmeister mit einer feinen Schlichtfeile nachgeschärft werden, ohne daß die Walzenrundheit leidet.

Das Aufziehen des neuen Sägezahnbelages erfolgt zweckmäßig auf einer Drehbank unter kräftiger Spannung des Drahtes durch seitliche Bremsbacken, wobei der Draht (Abb. 121) mit einem schwachen Stemmeisen in seiner Nute verstemmt wird. Die Drahtspannung beträgt ca. 20 kg. Das Verstemmen muß etwas hinter der Auflaufstelle mit großer Vorsicht geschehen, da sonst der Draht leicht reißt. Ein zu schwaches Spannen und Verstemmen ruft eventuell ein Herausspringen aus der Nute hervor, was Störungen in der Fabrikation gibt. Der Sägezahndraht dient zum Überziehen von Vorreißwalzen, Speisewalzen, insbesondere auch in der Kunstwollspinnerei zum Überziehen der Walzen der Garnettmaschinen, Fadenöffner usw. In neuerer Zeit wird die Aufziehvorrichtung für Sägezahndraht (Abb. 121) zur Reparatur schadhafter Walzen und für das Belegen mit neuem Sägezahndraht benützt. Der Drahtbelag G läuft straff gespannt von der innen gebremsten Rolle C ab und wird durch das Doppelscheibenrad D in die Spiralnuten der Walze eingepreßt. Die Drehung der Walze erfolgt zweckmäßig, langsam von Hand aus. Der Support wird dabei durch den Führungsstift F seitlich an der bereits fertigen Windung geführt und das Rad D mittels Gewicht E in die Nute gedrückt. Der eingezogene Draht wird zweckmäßig noch schwach verstemmt. Wegen der richtigen Auflösungswirkung muß verhindert werden, daß die Belege zweier ineinander arbeitender Walzen in zwei genau parallel laufenden Schraubenlinien liegen. (Seitliche Relativbewegung der Belege.) Aus dem gleichen Grunde darf die Sägezahnteilung nicht im Umfang der Walze enthalten sein. (Musterbildung der Zahnspitzen auf der fertig belegten Walze!)

Die Wolfszahnkratzen sind meist in Leder gestochen, sie sind als U-förmige Häkchen mit geradem oder geknicktem Schenkel aus kräftigem Flachdraht oder Sektoraldraht geformt (Abb. 122). Die Unterlagsleder, eventuell auch mehrfach geklebte Baumwollstofflagen, müssen den entsprechenden Halt geben. Die

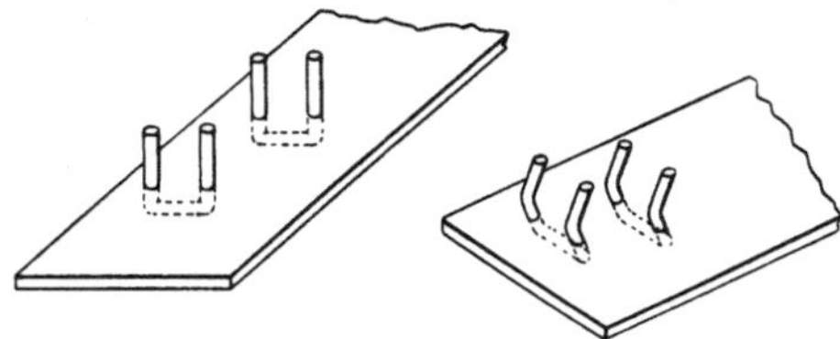

Abb. 122. Wolfszahnkratze.

gerade Form aus kräftigem Draht dient meist zum Überziehen der Speise- oder Einziehwalzen der Grobkrempel, die zweite Form mit Knie für die Speisewalzen der mittleren und der Feinkrempel. Die Drahtnummer ist der Feinheit der Wolle angepaßt (Numerierung der Kratzen siehe S. 96). Die Wolfszahnkratzen werden in Bändern verwendet, deren Breite dem Durchmesser der zu beziehenden Walze angepaßt wird. Sie können bei längerem Gebrauch nicht mehr mit dem Schleifstein nachgeschliffen werden, sondern müssen mit der Schlichtfeile auf der Dreh- bzw. Schleifbank nachgeschärft werden.

Die Drahtkratzen bestehen aus einer 4- bis 7fachen mit Ia Kautschukleim (sogenanntem Zement) verleimten Baumwollstofflage als Unterlage. Diese sollen aus Ia Amerika-Baumwollgarn Nr. 40 zweifach hergestellt sein (Stoffuntersuchung beim Kratzeneinkauf!). In diese Stofflagen werden die U-förmigen Häkchen aus bestem Stahldraht schwedischer Herkunft gesetzt. Gegenwärtig sind deutsche Drahtwerke imstande, die Kratzendrähte qualitativ gleichwertig den englischen Erzeugern zu liefern. Der Stahldraht wird in der fertigen Kratze durch wiederholtes Abbiegen gegen die Häkchenrichtung geprüft. Der Wert der Kratze hängt von der Drahtqualität und von der Zahl und Art der Unterlagen ab. Es ist leicht einzusehen, daß man mit weniger und gröberen Baumwollstofflagen und schlechterem Draht eine billigere, aber minderwertigere Kratze herstellen kann. Der Leidtragende ist in diesem Fall immer der Spinner, der sich durch zu billigen Preis zum Einkauf verleiten ließ. Kratzenherstellung und Verkauf sind zur Verhinderung von Preisunterbietungen in den wichtigsten europäischen Staaten kartelliert. Die Drahtkratzen werden zum Beziehen der Wender, Arbeiter, Haupttrommeln (Tambure), Fangwalzen, Übertragungs- und Abnehmerwalzen verwendet. Sie werden auf Kratzensetzmaschinen erzeugt, die bis 300 Stich, also Häkchen je Min., mit der größten Präzision in das Band setzen.

Die Arbeitsweise der **Kratzensetzmaschinen** ist etwa folgende. Die Setzmaschine schneidet ein genau bemessenes Drahtstück des von einer Rolle laufenden Drahtes ab, biegt es zuerst in die gerade U-Form, sticht mit einer feinen Präzisionsgabel die Löcher für die 2 Kratzenspitzen in die Rückseite des Bandes vor, setzt den U-förmigen Draht ein und biegt schließlich mit einer Flachzange die Drahtspitzen in die Knieform um.

Die Kratzenbänder werden dann auf großen Holztrommeln vorgespannt und mit wanderndem, rasch rotierendem Schleifstein vorgeschliffen. Der Holztrommeldurchmesser ist ca. 1,20 m, die Trommeltourenzahl ca. 130 je Min., der Schleifsteindurchmesser ca. 200 mm bei 800 Touren je Min. Die Bänder müssen aber in der Spinnerei, wenn sie auf den endgültigen kleineren Walzendurchmesser aufgezogen sind, nochmals fein geschliffen werden.

Für die Grundstofflagen unterscheidet man allgemein 2- bis 7fache Kautschuk-Naturell-(besonders für Baumwollspinnerei üblich) oder ebenso vielfache Halbwollstofflagen (d. h. Baumwoll- und Wollstoffe, z. B. Cotton-Wool-Cotton, bezeichnet C-W-C.) mit oder ohne Filzauflage. Die letztere hat besonders in der Wollspinnerei die Aufgabe, den Baumwollgrundstoff und damit den Sitz der Häkchen zu schützen, was beim Putzen des Belages durch die Putzkratzenspitzen besonders wichtig ist. Auch wird das Eindringen des Spinnöles in die Baumwollstofflagen verhindert und gibt die Filzlage während der Krempelarbeit eine elastische Stütze für die Drahthäkchen. Die Filzlage ersetzt das in der Baumwollindustrie übliche Deckblatt aus Kautschuk-Naturell und schützt auch die Kautschukklebung beim Wollkratzenband gegen die schädlichen Einwirkungen der Sonne und der Luft (Oxydation) sowie gegen die ungünstige Einwirkung des Spinnöles. Der Filzbelag reicht bis über das Häkchenknie, so daß dessen Spitze bei der Auflösungsarbeit elastisch ist und beim Krempeln möglichst wenig Wolle im Belag bleibt.

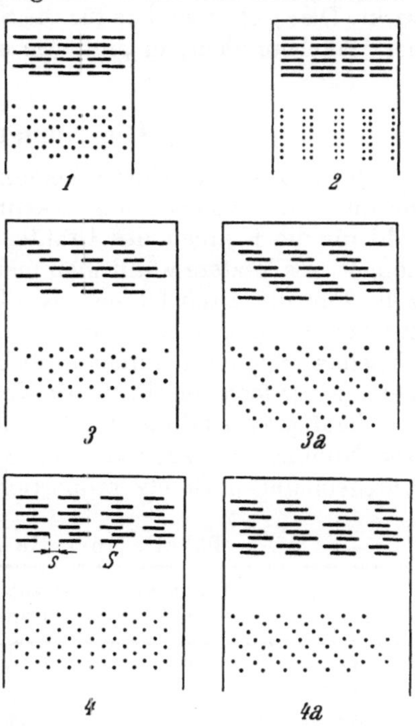

Abb. 123. Kratzensticharten.

Die Setzweise (Stich) der Kratzen.

Man unterscheidet je nach Verwendungszweck der Kratze verschiedene Arten von Kratzensetzweisen, die besonders deutlich bei Betrachtung der Kratzenrückseite, wie dies Abb. 123 zeigt, erkenntlich sind. Am wichtigsten sind 1. der Plattstich, 2. der gerade oder Sattelstich für Putzblätter, 3. der Köperstich, 4. der 2- und 3reihige Kolonnenstich. Überdies zeigt die Abbildung die Entstehung der Häkchenstraßen s, die Stege sind mit S bezeichnet. Besonders beim Plattstich beträgt die Entfernung der Stege, in der Stegrichtung gemessen, ca. ⅓ Steglänge, so daß auf der Spitzenseite, links und rechts am Bandrand, eine doppelt breite Straße s entsteht. Für die wichtigsten Walzen, d. i. für Arbeiter, Wender, Tambur- und Peigneurbeläge wird am zweckmäßigsten der 2- oder 3reihige Kolonnenstich verwendet. Er gibt die gleichmäßigste Auflösung auf kürzestem Wege, was durch aufmerksame Betrachtung des Flors erwiesen werden kann.

Für den Peigneur ist es am vorteilhaftesten, einen Belag ohne Straßen zu verwenden, d. h. man wählt entweder Köperstich oder einen entsprechend mehrreihigen Kolonnenstich. Um zu vermeiden, daß durch die Zwischenräume der Häkchenspitzen beim Anstoßen der nebeneinander liegenden Bänder eine schädliche Wirkung (Risse im Vließ) entsteht, zieht der Spinnmeister nach dem Aufziehen der Bänder mit einer Ahle zwischen den vorletzten und letzten Häkchenspitzenreihen hindurch, wodurch er die Straßenbildung durch seitliches Aneinanderdrängen der letzten Reihen der beiden Bandränder verhindert. Der gerade Stich wird für Putzblätter verwendet. Der Köperstich (4er Stich für grobes, 6er Stich für feineres Wollmaterial) ist für alle Walzen verwendbar. Er erfordert aber für die Spitzenbildung beim Aufziehen der Bänder die Entfernung von vielen Häkchen im einzelnen, so daß man ihn hauptsächlich für Putzbeläge und für Volantblätter verwendet, wo er durch seine Reihenwirkung günstig wirkt. Dies gilt besonders für die Spitzenwirkung durch das leichte Herausziehen der Häkchenreihen; er gibt, wie erwähnt, vorteilhafteste Krempelarbeit.

Die Numerierung der Kratzen.

Um eine rasche Unterscheidung der Kratzenbeläge zu ermöglichen, werden sie durch die Numerierung gekennzeichnet. Die Kratzennummer ist eine Maßzahl für die Feinheit des Drahtes und Anzahl der Häkchenspitzen je Flächeneinheit. Als letztere wählt man meist den englischen oder französischen Quadratzoll. Für die Drahtfeinheit ist die Drahtstärke in $^1/_{100}$ mm maßgebend. Die Kratzennummer wird jedoch in den einzelnen Kratzenfabriken und auch bei den einzelnen Spinnern durchaus nicht gleichartig bezeichnet, so daß bei gleicher Nummer, jedoch verschiedenen Kratzenerzeugern, kleine Abweichungen bestehen. Am häufigsten sind die französischen und englischen Numerierungen verwendet. Die Nummer ist jedenfalls der Spitzenzahl und der Drahtfeinheit nach einem unregelmäßigen Gesetz proportional.

Tabelle über die wichtigsten Kratzennummern.

Draht-Nr. metr.	Draht-Nr. engl.	Draht-Nr. franz.	Beschlag-Nr. engl.	Beschlag-Nr. franz.	Sektoral
0,55	25	10	—	—	—
0,50	26	12	—	—	—
0,45	27	14	—	—	—
0,40	28	16	50	16	25/28
0,36	29	18	60	18	26/30
0,33	30	19,5	70	20	27/31
0,31	31	21	80	22	28/32
0,28	32	23	90	24	29/33
0,26	33	24	100	26	—
0,24	34	26	110	28	—
0,22	35	28	120	30	—
0,20	36	30	130	32	—
0,18	37	32	140	34	—

Die Anzahl der Häkchen ist naturgemäß gleich der halben Spitzenzahl. Die englische Nummer wird als Regel bestimmt

$$\frac{\text{Spitzenzahl je Quadratzoll}}{5} \quad \text{oder} \quad \frac{\text{Häkchenzahl je Quadratzoll}}{2 \cdot 5}.$$

Der Sektoraldraht hat Dreiecksquerschnitt, man numeriert ihn mit Brüchen laut obiger Tabelle (Abb. 124).

Die Nummer des Sektoraldrahtes wird in Bruchform angegeben: $N = b/h$, worin b die Basisbreite, h die Dreieckshöhe des Drahtquerschnittes ist. Die Basisbreite b entspricht dem Durchmesser des Runddrahtes gleicher Kardierfähigkeit.

Der Sektoraldraht Nr. 26/30 hat somit die Widerstandsfähigkeit eines runden Drahtes von ca. Nr. 26 und die Kardier- bzw. Auflösungsfähigkeit eines runden Drahtes von ca. Nr. 30. Die Nummer der Basis ist also um ca. 3 bis 4 Nummern höher als die der Höhe.

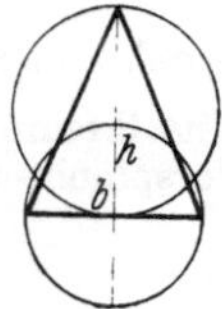

Abb. 124. Sektoraldraht.

Die Wahl der Nummern für Tambur, Peigneur, Arbeiter und Wender hängt von der zu bearbeitenden Wolle, ihrer Feinheit und besonders der beabsichtigten Egalität und Feinheit des Fertiggespinstes ab. Die Beschaffenheit und richtige Wahl der Kratzen, ihre Einstellung und Schliff sind für den Krempelprozeß und für die Streichgarnspinnerei das Um und Auf der ganzen Spinnerei und damit eine Grundlage der Streichgarnwaren- und Tuchfabrikation. Ein altes Wort sagt: Die Krempel ist das Herz der Streichgarnspinnerei, und die Seele der Krempel ist der Volant. Die Auswahl des richtigen Kratzenbelages erfordert außerordentlich reiche praktische Erfahrung. Bewährte Zusammenstellungen fand der Verfasser etwa wie folgt.

Kratzennummern für grobe Spinnpartien Nr. 2 bis 6 metr. aus groben Langwollen BC-Qualität und ebensolchen Kunstwollen.

	Wender	Arbeiter	Tambur	Peigneur	Volant	Putzwalze
Grobkrempel	14	18	18	18	18	14
Mittelkrempel bzw. Feinspinnkrempel	16	20	20	20	20	16

Mittlere Garne 8 bis 16, aus AB-Wollen und entsprechenden Kunstwollen.

	Wender	Arbeiter	Tambur	Peigneur	Volant	Putzwalze
Grobkrempel	16 Sekt. b	24	24	24	24	16
Mittelkrempel	18 Sekt. b	26	26	26	26	18
Vorspinnkrempel . . .	18	28	28	28	28	18

Für grießiges, auch hartes grobes Material verwendet man nicht nur gröbere Beläge, sondern die Kratzenspitzen werden auch bei der Herstellung gehärtet, d. h. sie werden durch eine feingespitzte kleine Knallgasflamme zum Erglühen gebracht und unmittelbar danach durch einen feinen Strahl Kohlendioxyd (Kohlensäuregas) zur Härtung angeblasen (bzw. Ölhärtung). Namentlich in der Kunstwollspinnerei haben diese gehärteten Kratzenspitzen Anwendung gefunden, sie sind aber nur für gröbere Kratzennummern zu empfehlen, da sie bei feineren Nummern leicht abbrechen. Die angegebenen Tabellen entstammen einer sehr gut geführten Spinnerei, deren Garne und Erzeugnisse weiten Ruf besitzen. Ein anderer Betrieb arbeitet mit nachstehenden Einstellungen für mittlere Partien bei gutem Erfolg:

        1. Krempel . . . Tambur 20, Peigneur 22, Arbeiter 20, Wender 16—18
        2.   „   . . .   „   22,   „   24,   „   22,   „   20—22
        3.   „   . . .   „   24,   „   26,   „   24,   „   22—24

Nach der allgemeinen Ansicht wird der Peigneur immer um 2 Nummern feiner beschlagen als der Tambur, es sind aber auch, wie obige Tabellen zeigen, in erstklassigen Spinnereien bei gleichen Nummern sehr gute Resultate erreichbar.

Feine Garne Nr. 20 bis 30, aus AA bis AAA feinen Wollen, eventuell
Kämmlingen ohne Kunstwolle.

	Wender	Arbeiter	Tambur	Peigneur	Volant	Putzwalze
Grobkrempel . . . . {	16	24	Av. Tr. 24	—	24	16
	Sekt. b	26	26	26	26	—
Mittelkrempel	18	28	28	28	28	18
Vorspinnkrempel . . .	18	30	30	30	30	18

Arbeit der Kratzenbeläge.

In Abb. 125 nähern sich die Spitzen AA_1 während der Arbeit infolge Drehung
um den Fußpunkt, so daß die eingestellte Entfernung a kleiner wird (a_1). Schleift
man die Beläge so weit, daß die Häkchenspitze über dem Fußpunkt F liegt
(Punkt C), so entfernen sich die Beläge. Sie lösen nicht
mehr richtig auf und müssen durch neue ersetzt werden.

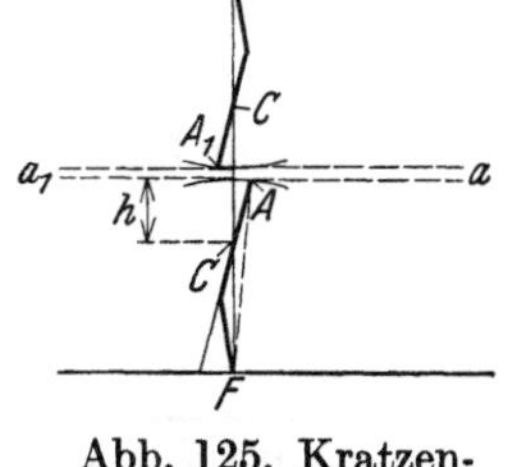

Abb. 125. Kratzenwirkung.

Die Lebensdauer eines Belages hängt theoretisch von
der Schleifhöhe h und praktisch von der Behandlung ab.
Man kann Lebensdauern von 10 bis 15 Jahren erreichen,
bei sehr schlechtem Kunstwollmaterial infolge häufigen
Schleifens oft kaum die Hälfte, bei sehr feinen Wollen dagegen erzielt man noch längere Verwendungszeiten als oben
angegeben.

Die Arbeitsbreite der Krempeln, die für je einen Satz
zugehöriger Krempeln gleich ist, wird heute mit Rücksicht
auf die größere Produktion möglichst hoch gewählt. Zu berücksichtigen ist aber,
daß bei Vergrößerung der Arbeitsbreite unbedingt eine Ermäßigung der Arbeitsgeschwindigkeit eintreten muß, und zwar wegen der eintretenden Walzenschwingungen der raschlaufenden Walzen, besonders des Volants, und der dadurch eintretenden Entfernungsschwankungen zwischen den genau eingelegten Kratzenbelegen, was eventuell Garnungleichmäßigkeiten herbeiführt. Auch ist die Bedienung schwieriger. Bei geringen Arbeitsbreiten (Musterkrempel oder alte

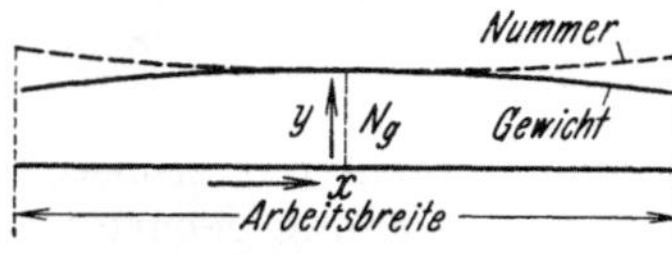

Abb. 126. Flornummerkurve.

Krempelsätze) tritt infolge der Spiralwicklung
der Bänder und durch die Schwingungen der
Krempelwalzen, besonders des Volants, eine ziemliche Ungleichmäßigkeit des Flors ein, die sich
besonders in der Garnbeschaffenheit, Nummer
und Egalität, namentlich bei den Randfäden (Eckfäden), zeigt. Verfasser fand selbst bei einer Hartmannschen Krempel mit 1,90 m Arbeitsbreite im besten Zustand in einer vorzüglich geleiteten Spinnerei noch Nummernschwankungen von über 5% für die
Eckfäden. Die Florverteilung bzw. Garnnummerverteilung erfolgt etwa nach
dem Diagramm Abb. 126. Man geht daher aus praktischen Gründen, besonders
bei sehr feinen Garnen, nicht gern über 1,80 m Arbeitsbreite hinaus. Bei groben
Materialien geht man höchstens bis 2,20 m und hält die Arbeitsgeschwindigkeiten geringer.

Das Aufziehen der Kratzenbänder.

Das Aufziehen der Kratzenbänder auf die einzelnen Walzen des Krempelsatzes muß genau und mit der richtigen, der Bandbreite entsprechenden Spannung vorgenommen werden.

Die Festlegung der Bandbreite hängt vom Walzendurchmesser ab. Man wählt
für Wenderwalzen, die ca. 55 bis 60 mm Durchmesser haben, Bänder von 18

bis 20 bis 35 mm Breite, für Arbeiterwalzen mit 188 bis 214 mm Durchmesser eine Breite von 46 bis 52 mm, für Tambure mit ca. 1230 mm nacktem Durchmesser eine Bandbreite von 56 bis 60 mm, für Peigneure mit ca. 850 mm Durchmesser eine Bandbreite von 51 bis 56 mm, für Volants werden meist 5 bis 6 Blattkratzenblätter verwendet, deren Länge gleich der Arbeitsbreite der Krempel und deren Blattbreite 120 bis 140 mm beträgt, oder bei Verwendung von Bändern eine Breite von 47 mm.

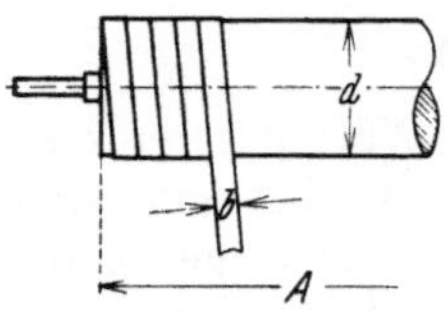

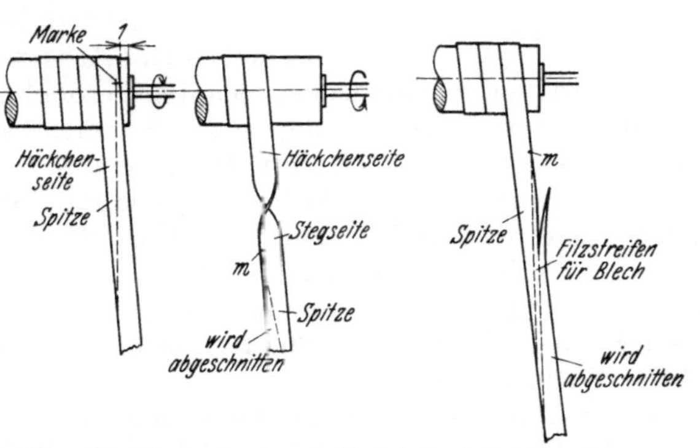

Abb. 127. Walzenbelag.

Der Kratzenbedarf für eine Walze, die die Arbeitsbreite A hat, beträgt (Abb. 127) $K_b = \dfrac{A}{b} \cdot d\pi + d\pi = d\pi \cdot \left(\dfrac{A}{b} + 1\right)$, wobei die zugeschlagene Umfangslänge $d\pi$ für die Bildung der Bandspitze verwendet wird. d ist der Walzendurchmesser, b die Bandbreite.

In der Praxis bestellt man gewöhnlich den Belag für den ganzen Krempelsatz oder zumindest für eine Krempel, da bei Auswechslungen zweckmäßig der ganze Belag gewechselt wird, um Spinnereiungleichmäßigkeiten zu vermeiden. Man verhindere möglichst selbst bei gleicher Kratzennummer die Verwendung von Fabrikaten aus verschiedenen Kratzenfabriken. Namentlich die letzte Krempel ist bei feinen Wollen in dieser Richtung empfindlich. Man schlägt bei jeder Kratzenqualität zu jeder Bedarfslänge ca. 1 bis 2 m zu, um beim Aufziehen des Bandes das nötige Ende für das Spannen zu besitzen (Schwanz oder Hinterende des Bandes).

2. Das Spitzen des Bandes.

Die Spitzenlänge $d\pi$ wird zuerst auf der Bandrückseite angezeichnet, dann werden mit der Kratzenziehahle die in dem abzuschneidenden Teil der Spitze gelegenen Häkchen reihenweise an der Rückseite des Bandes herausgezogen. Man stuft das Herausziehen der Häkchen

Abb. 129. Endspitze und Aufziehen des Bandes.

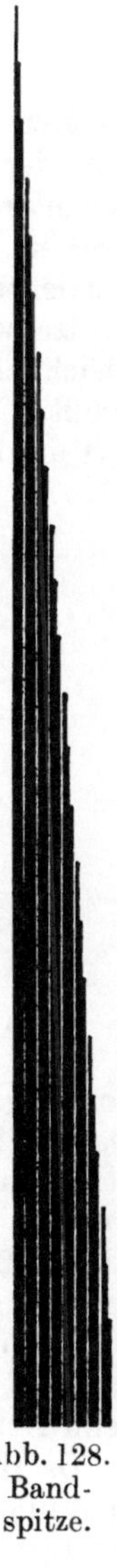

nach dem Verhältnis der Längsreihen und der Anzahl der Häkchen in der Querreihe ab. Sollen z. B. 8 × 3 Längsreihen in der Breite nebeneinander sitzen, so teilt man die Spitzenlänge in 24 Teile und zieht alle Häkchen über $\frac{1}{24}$ dieser Länge bis auf die erste Reihe heraus; im nächsten $\frac{1}{24}$ Umfang bleibt die zweite Reihe stehen usw. Dann wird mit scharfem Messer die Spitze so weit schräg abgeschnitten, daß etwa 1 cm breiter Rand zum Befestigen des Bandes freibleibt (Abb. 128).

(Spitzenlänge = Umfang der Walze — Dehnung = reduzierter Umfang.)

Beim Aufziehen der Spitze wird das abgespitzte Ende an kleinen Holzdübeln, die in den Walzenrand eingelassen sind, angenagelt. Dabei muß ein Ausreißen der Bandspitze durch sorgfältiges Spannen vermieden werden. Für das Aufziehen, Spannen, Reparieren und Schleifen sowie für das Abziehen der Beläge sind eigene Werkzeuggarnituren zweckmäßig. Die Bildung der Endspitze zeigt Abb. 129.

3. Das Aufziehen der Kratzenbeläge.

Der Tambur und der Peigneur, die sogenannten großen Walzen, werden von der Peigneurseite aus in der Krempel selbst aufgezogen. Vorher müssen Arbeiter- und Wenderwalzen abmontiert und das Peigneurgestell zurückgezogen werden. Auf die Achse des Tamburs bzw. Peigneurs wird eine einfache Aufziehvorrichtung mit Handbetrieb, wie sie Abb. 130 zeigt, aufgesetzt. Die aufzuziehende Walze wird einfach von Hand aus durch die Handkurbel langsam und sehr gleichmäßig gedreht. Die Führung und Spannung des Bandes ist dabei von größter Wichtigkeit, Fehler in dieser Richtung rächen sich später in schwerster Art am Spinngut. Die kleineren Walzen: Arbeiter, Wender, Volant usw. werden

Abb. 130. Aufziehvorrichtung.

außerhalb der Krempel in einem einfachen Aufziehbock aufgezogen. Die Abb. 131 zeigt das Aufziehen einer Arbeiterwalze durch Führung des Bandes und Bremsung desselben von Hand aus. Das Band wird als Rolle vor dem Bremsriegel bei R am Boden niedergelegt, läuft dann mit den Kratzenhäkchen nach außen über den Bremsbaum B und ist während der Umschlingung des Bremsbaumes noch über die Rolle eines Belastungsgewichtes geführt. Der Bremsbaum und die zu bewickelnde Walze haben eine Achsenentfernung von ungefähr 1,8 m und divergieren um ca. 20 cm gegen den Bewicklungsbeginn. Das auflaufende Band geht also vom Bewicklungsbeginn an selbsttätig infolge der genannten Divergenz gegen das Entwicklungsende der Walze. Alle Walzen werden von links nach rechts bewickelt. Aufziehapparate, wie sie die Abb. 132 zeigt, ermöglichen eine selbsttätige, konstante Einstellung der Bandspannung, sind aber in der Wollspinnerei noch nicht so häufig wie in der Baumwollspinnerei. Das Anhängegewicht an der Spannrolle unter dem Bremsbaum B in Abb. 131 beträgt beim Tambur ca. 200 kg, beim Peigneur 150 kg, beim Arbeiter 90 kg, beim Wender 50 kg.

Da die Spannrolle immer durch das doppelte Band getragen wird, ist die Spannung des Bandes die Hälfte der oben angegebenen Werte. Praktiker wählen die Spannung des Bandes mit ebensoviel kg, als die Breite des Bandes mm beträgt. Bei schmäleren Bändern nimmt man etwas weniger. Besondere Übung erfordert die Führung des Bandes und seine Spannung, falls von Hand aus aufgezogen wird. Aufziehapparate verwenden für die Bandspannung belastbare Bremsbacken oder winden, wie dies besonders Abb. 132 zeigt, das Band einigemal in Spiralform um eine Gleitfläche, auf der die Kratzenbandrückseite gleitet. Beim Aufziehen von Hand aus ist die Bremsung und Handspannung (Abb. 131) durch mehrfaches Auflegen der Katrzenbandrückseite in mehreren Windungen um einen hölzernen Bremsriegel in Verwendung. Erfahrene Spinnmeister versichern: „der beste Aufziehapparat ist meine Hand“, dadurch ist die individuelle genaue Arbeit gekennzeichnet. Neben der richtigen Spannung ist eine schwache Verdrehung, die auch in Abb. 129, 131 kenntlich ist, für das auflaufende Bandstück notwendig, um einen genauen Anschluß der Bandränder zu erreichen. Zu lose aufgezogene Bänder geben bei der späteren Arbeit durch Wanderung des Bandes „Blasen“ bzw. „Taschen“, so daß wieder unegaler Flor und damit unegales, schnittiges Garn entsteht. Ebenso wird bei zu stark gespannten Bändern dadurch, daß sie sich in der Querrichtung des Bandes wölben, eine Flor- und Garnschädigung durch Gassenbildung zwischen den Bändern und ungleichmäßigen Angriff der Häkchenspitzen eintreten. Man erkennt nach dem Schleifen derartig falsch bezogener Walzen oder zumindest nach einigen Tagen Laufzeit diese Art der Schädigung nach dem Ausputzen der Walzen an dem unegal schimmernden Glanz der Kratzenspitzen an den Bandrändern.

Abb. 131. Aufziehen einer Arbeiterwalze.

Da das Band während des Aufziehens gedehnt wird, muß dies bei der Spitzenbildung berücksichtigt werden. Diese Dehnung beträgt je Walzenumfang bei Tamburen ca. 8 cm, beim Peigneur 4 cm, Arbeiter 2 cm, Wender 1 cm. Vom Bandanfang an mißt man daher 15 bis 20 cm ab, markiert dies auf der Bandrückseite durch einen Strich und teilt nun den um die Dehnung reduzierten Walzenumfang in so viele Teile, als das Band Häkchenreihen hat. Die so ermittelte Länge wird auf dem Band für die Unterteilung markiert, d. h. sie dient als Kontrollzeichen, ob die aufgelaufenen Längen die gleichartige Windungszahl beansprucht haben, also ob die Dehnung des Bandes für alle Windungen gleich geblieben ist. Hat beispielsweise ein Tamburband 8 Kolonnen in 3er Reihen (Abb. 128), also 24 Häkchenreihen, ferner der Tambur 1230 mm Durchmesser, dementsprechend einen Umfang $1230 \cdot 3{,}14 = 3862{,}2$ mm, so zieht man hiervon 90 mm Dehnung ab, erhält eine Länge von 3772,2 mm. Dies gibt durch 24 (Zahl der Häkchenreihen) dividiert das Maß von 157 mm. Dieses Maß ist auf der Rückseite des Bandes für jede Reihe zu markieren. Bis zur ersten Marke zieht man die erste

Häkchenreihe mit der Ahle an der Rückseite des Bandes aus, bis zur zweiten
Marke die zweite Häkchenreihe usw. Nach dem letzten Markierungsstrich des
reduzierten Umfanges ist die Bandbreite erreicht. Kennt man die Dehnung
eines Bandes nicht im vorhinein, so wird einfach die Häkchenreihenanzahl um 1
erhöht und durch diese Zahl der Umfang unterteilt. Man kann auch einfacher
die Zahl π nicht mit 3,14, sondern reduziert als 3,05 zur Umfangsberechnung
verwenden und teilt dann durch die Häkchenreihenzahl. Sind die Häkchen von
der Rückseite aus gezogen, so schneidet man mit einem sehr scharfen Messer
die Bandspitze ab. Das Befestigen der Spitze und die Sicherung des Walzen-
randes für das Band geschieht durch Aufnagelung eines schmalen Zinkblech-
streifens an den — früher erwähnten — Holzdübeln, die am Umfang des Walzen-

Abb. 132. Aufziehapparat.

randes der nackten Walze in diese
eingelassen sind. Vor dem Auflegen
wird das gespitzte Band auf der
Rückseite mit einem glatten Holz-
griff gerieben, um die Häkchenstege
tief in das Band zu drängen. Bei
Gipstamburen sind vor dem Aufziehen ausgebrochene Stellen der
Tamburfläche sorgfältig durch Nach-
gipsen und Abschleifen auszubessern.

**Das Aufziehen mittels Krempel-
aufziehapparaten.** Im nachstehenden
sei das Aufziehen der großen Walzen
(Tambur und Peigneur) beschrieben.
Der Aufziehapparat (Abb. 132)
besteht aus einem Gleitschlitten Si,
auf welchem die Spann- und Füh-
rungsvorrichtung des Bandes, genau
proportional zur Zahl der Bandwin-
dungen, auf der großen Trommel
gleichmäßig bewegt wird. Der Gesamtantrieb für die Trommeldrehung
und Bandführung erfolgt bei der
Kurbel K, durch die Kettenüber-
tragung K_1 wird der Aufziehapparat
bzw. seine Schaltspindel betätigt.

Das Kratzenband wird dem Appa-
rat durch einen Bandeinlauf zugeführt, dessen Deckel mittels Handschraube H
die Bandbremsung hervorruft. Das Band läuft dann über eine spiralförmige
dreistufige Spannscheibe s, die durch die Bremse b gleichfalls gebremst wird;
da das Band über diese mehrstufige Bremsscheibe gleiten muß, wird damit
die nötige Bandspannung erzielt. Der Umfang der Spannscheibe wächst nach
jeder Windung um je 10 mm. Die genaue Regelung der Spannung erfolgt
durch Anziehen der Deckelschraube H. Bei der letzten Windung ist der Auslauf des Bandes von der Stufenscheibe s als federndes Ablaufhorn gebaut.
Die Stellung dieses Ablaufhornes ist durch die Bandspannung veränderlich und
durch einen Zeiger kontrollierbar. Die Seitenverschiebung des Aufziehappa-
rates erfolgt wohl durch den Ketten- und Schraubenspindelantrieb support-
artig, kann aber durch die Handkurbel K auch von Hand aus nachreguliert
werden.

4. Das Schleifen der Beläge.

Neu aufgezogene oder durch längere Arbeit stumpf gewordene Beläge müssen rechtzeitig geschliffen werden. Ein zu stumpfer oder unrichtig geschliffener Belag gibt einen unegalen, graupeligen Flor und unegales Garn, das besonders durch unaufgelösteWollteilchen, Knötchen, gekennzeichnet ist. Einen richtig geschliffenen Belag erkennt man am gleichmäßigen Glanz der matt erscheinenden Kratzenspitzen, am besten aber an dem Krempelvließ. Deshalb wird bei jeder frisch bezogenen bzw. frisch geschliffenen Krempel der erste Teil des Krempelvließes nicht sofort verwertet, sondern zur Beobachtung des „Vorlaufes" kontrolliert. Durch das zuerst einlaufende Material wird einerseits die Krempel in den Belägen „gefüllt", sie sättigt sich im Grund der Beläge mit Material, und andererseits schließt man aus Flor und Vorlauf auf die Güte des Schliffes. Je feiner und gleichmäßiger der Flor läuft, desto besser war der Schliff. Guter Schliff zeigt sich außer am Glanz der Belagoberflächen auch dadurch, daß die bloße Hand an den Belagflächen bei Berührung klebt. In Abb. 133 ist das Abnehmen des „Vorlaufes" bei weggerücktem Florteiler für eine feine Reinwollpartie ersichtlich. Feines Material bildet die in der Abbildung deutlichen Florrollen unter dem Hacker, die zeitweilig unterhalb des Hackers vom Peigneur abfallen. Für gröberes Material geht der Vorlauf als Flor ab. Der Vorlauf nimmt Schmutz, Faserreste und Schleifstaub auf, so daß er nicht in die nachfolgende Spinnpartie gelangt. Nach Reinigung des Vorlaufes am Ausputzklopfer kann er minderen Partien als wertvolle Aufbesserung zur Wollmischung beim Wolfen beigegeben werden.

Zum Schleifen dient der Schleifbock. Die Walzen werden durch eine changierende Karborundumschleifwalze mit entsprechender Körnung, in der Richtung der Kratzenhäkchen, geschliffen. Die Schleifwalze wird durch ein Schubzeug, ein auf Schub verlagertes Schneckengetriebe hin und her geschoben. Sowohl die Lagerung der Schleifwalze als auch die der gleichzeitig eingelegten 2 Krempelwalzen (Arbeiter oder Wender) ist genau einstellbar. Abb. 134 zeigt die Drehrichtung der Kratzen und Schleifwalzen bei entsprechender Häkchenrichtung. Etwas langsamer, aber mit besserem Seitenschliff der Kratzenspitzen arbeitet der Horsfallsche Schleifapparat (Abb. 136). Der Schleifstein ist

Abb. 133. Der Vorlauf der Krempel.

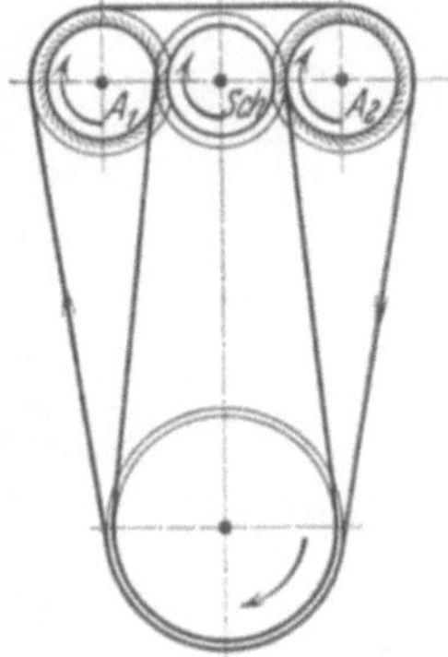

Abb. 134. Schleifbock.

auf der Hohlwelle mit Nutenkeil geführt, der gleichzeitig in der innen liegenden Doppelschraubenspindel geführt wird. Durch Drehung der Hohlwelle und

Abb. 135. Betriebsbild des Schleifbockes.

der Schraubenspindel mit verschiedener Tourenzahl wird der Schleifstein durch die Hohlwelle gedreht und durch den Tourenunterschied der Schraubenspindel

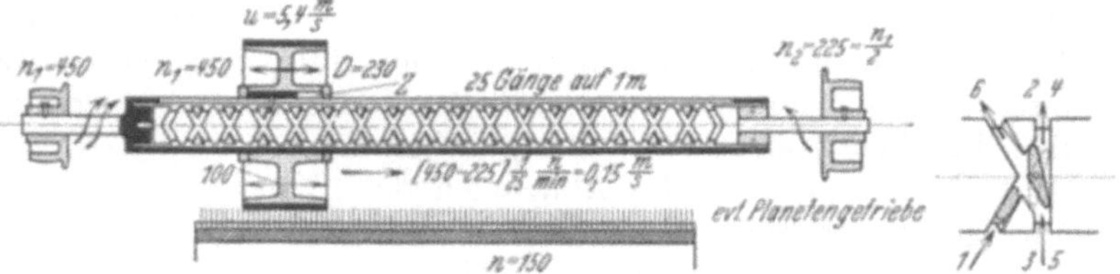

Abb. 136. Schleifapparat von Horsfall.

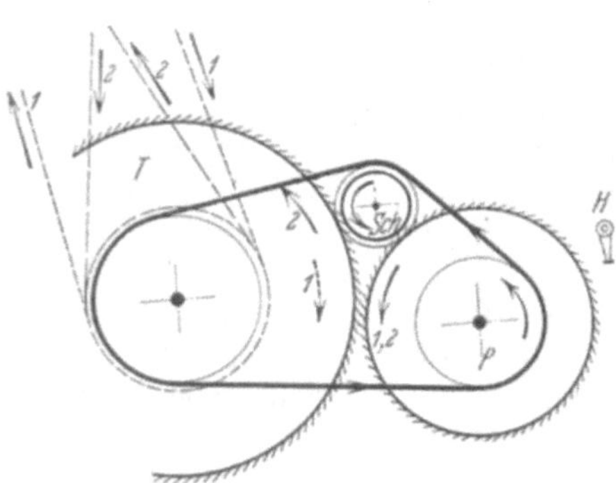

Abb. 137. Schleifen des Tamburs und Peigneurs

verschoben. Die zu schleifenden Arbeiter- oder Wenderwalzen haben ca. 180 Touren, der Schleifstein ca. 800 Touren, die Schraubenspindel läuft mit 50 bis 100 Touren vor oder nach. Höhere Geschwindigkeiten geben leicht ruppige Enden der Kratzenspitzen und dadurch unegalen Flor. Tambur und Peigneur bleiben beim Schleifen, wie Abb. 137 u. 138 zeigen, im Krempelgestell, laufen mit ihrer normalen Tourenzahl, jedoch in der Richtung der Häkchenspitzen. Es wird also der Tambur, wie in Abb. 137 durch Pfeile und Ziffern angedeutet, seine Drehrichtung gegenüber der Arbeitsrichtung wechseln müssen, während der Peigneur beim Schleifen und Arbeiten die gleiche Drehrichtung behält.

Für das Schleifen mit dem Horsfallschen Schleifapparat ist bei Hin- und Herbewegung der Scheibe wohl ein gleichmäßiger Schliff innerhalb der Krempel-

Abb. 138. Schleifen des Tamburs und Peigneurs.

breite erreichbar, nur die Belagränder erhalten infolge der Umkehrbewegung des Schleifsteines wegen des Spielraumes des Führungsbolzens in der Gewindenute eventuell unegalen Schliff. Um dies zu vermeiden, läßt man innerhalb der

Scheibennabe für die Führungsplatte dieses Stiftes einen Zwischenraum Z, wodurch die Scheibe während der Umkehr ein wenig stille steht und dadurch die Randhäkchen besser schleift. Am zweckmäßigsten wählt man die Schleifspindel etwas länger, so daß die Arbeitsbreite ganz überlaufen wird. Abb. 135 zeigt das gleichzeitige Schleifen zweier Arbeiter im Schleifbock.

Den durch das Schleifen entstandenen Grat entfernt man vor Beginn der Krempelarbeit durch

Abb. 139. Abziehen des Belages.

„Abziehen" mittels Schleifbrett. Man verwendet beim Abziehen von Hand aus zuerst ein gröberes, dann ein feineres Schmirgelmaterial, das auf dem Schleifholz aufgeleimt ist. Das Schleifholz wird auf der Schmirgelfläche vor dem Abziehen leicht eingeölt. Die Abb. 139 zeigt diese Arbeit deutlich, bei welcher leichter, ständig gleicher Andruck an die Schleiffläche und gleichmäßigste Hin- und Herbewegung des Holzes über die ganze Arbeitsbreite höchst wichtig ist, da sonst leicht verschliffen wird. Die Lebensdauer einer Kratzengarnitur wird größer, wenn seltener (ca. 4- bis 6 wöchentlich) geschliffen, aber öfter abgezogen wird (beim Putzen).

Man kann auch mit schmirgelbelegtem Leder

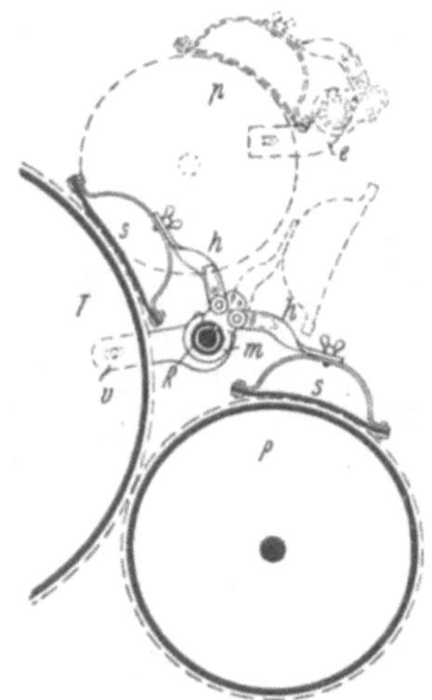
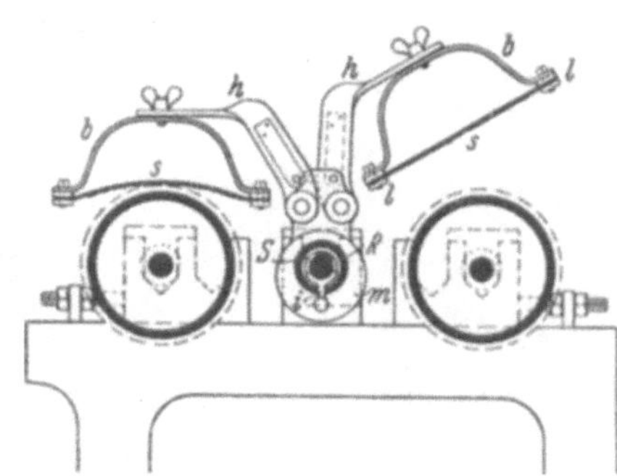

Abb. 140a und b. Abziehvorrichtungen.

abziehen, das von Hand aus durch Schnur verschoben wird. Zur Vermeidung von Ungleichmäßigkeiten und Schleiffehlern verwendet man Abziehvor- richtungen nach Abb. 140, wo die Schleifleder s, an Schraubenspindeln R wandernd, die Walzen abziehen (auch für Tambur und Peigneur, wie Ab-

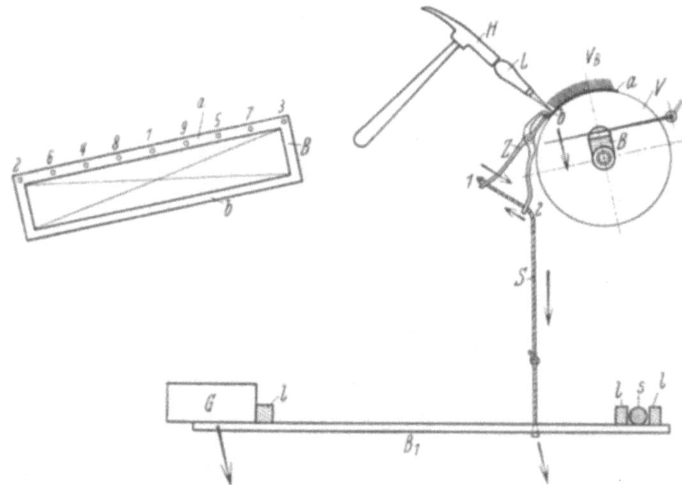

Abb. 141. Aufziehen des Volants.

bildung zeigt, verwendbar). Man kann auch nach Abziehen des Tamburs und Peigneurs T, P einen zweiten Peigneur p einlegen und gleichfalls mit der Vor- richtung abziehen.

Das Aufziehen des Volants. Der Volantbelag ist seltener bandförmig, häufiger blattförmig; er hat Lederunterlage und auf der Rückseite eine Wollfilzschicht, um die Häkchenstege trocken zu halten. Bei Bandform wird, wie beschrieben,

gespitzt und aufgezogen. Schwieriger ist das unbedingt gleichmäßige Aufziehen der Blätter, bei geringsten Fehlern führen Blasenbildungen wegen der Be-
deutung des Volants sofort Florschäden herbei (Unegalitäten durch verschiedenes Emporheben). Die genau runde Volantwalze wird in den Schleifbock eingelegt, der Walzenumfang nach der Zahl der Blätter geteilt (5 bis 6), dann bei abgebremster Volantwalze das anzunagelnde Blatt genau zur Achse parallel angelegt. Die Blattleiste a wird, wie Abb. 141 u. 142 zeigen, in der Reihenfolge 1 bis 9 angenagelt, wodurch unbedingte Faltenfreiheit erreicht wird. Der Blattrand b wird, wie die Abbildung zeigt, durch eine Breitzange, die durch Gewicht g angezogen ist,

Abb. 142. Aufziehen des Volants.

ca. 15 cm breit gespannt und angenagelt. An den Rändern muß die Zange voll fassen (abschließendes Zangenende mit dem Walzenrand abschließen).

Die Bedeutung des Volants ist im späteren Krempelaufbau gewürdigt. Seine Einstellung sei hier vorweg beschrieben. Die Einstellung nach Gehör ist unverläßlich, besser streicht man den Tamburrücken bei abgenommenem Volant an beiden Rändern und in der Mitte ca. 30 cm breit mit Kreide an. In Abb. 143 ist die ganze Breite des Tamburs bestrichen. Dann wird der Volant eingelegt und von Hand aus einigemal lang-

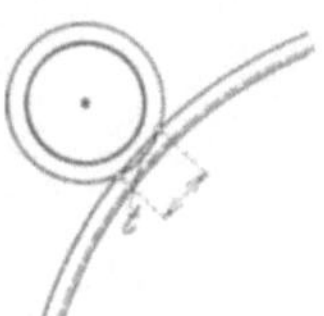

a   Abb. 143a und b. Einstellen des Volants.   b

sam gedreht. Nach Rückdrehen des Tamburs zeigt sich die Situation wie in Abb. 143. Aus der Gleichmäßigkeit und Breite des ausgebürsteten Streifens (ca. 25 mm) schließt man auf den richtigen Volanteingriff t und stellt evtl. die

Volantlager nach und wiederholt die Einstellung bis zur Erreichung der Gleich-mäßigkeit, was nur durch den Flor beurteilt werden kann. Ist der Flor einseitig dichter, so bedeutet dies tieferen Volanteingriff an dieser Seite. Rechnungs-mäßige Überprüfungen der Eingriffstiefe sind nutzlos.

Das Putzen der Krem-pel. Wie schon erwähnt, füllt sich der Krempel-belag, auch wenn die Häk-chen nur oberhalb dem Knie aus dem Filz vor-stehen, in einiger Zeit mit Wollmaterial. Die Füllung nimmt zuerst rascher zu, dann langsamer; nament-lich kürzeres Material und Verunreinigungen schlüp-fen in den Belag. Durch den Gegendruck des ein-geschlüpften Materials wird allmählich das neue Material in weniger gut gekrempeltem Zustand

Abb. 144. Krempelputzen an den Arbeiterwalzen.

ausgeschieden, was sich besonders an den Arbeiter- und Wenderwalzenrändern durch Materialanhäufung zeigt, der Flor wird unegal, man muß „putzen", d. h. durch Handputzkratzen alle Beläge reinigen. Bei sehr schlechtem Material ist tägliches Putzen nötig, bei mittlerem Material zweimal wöchentlich, bei sehr feinem Material ist mindestens wöchent-lich einmal zu putzen. Der Ausputz kann nach Reinigung am Ausputz-klopfer (siehe S. 306) wieder in mindere Par-tien manipuliert werden. Zu seltenes Putzen über-füllt die Beläge und gibt ungleiche Garne. Bei Übergang auf andere Partien ist besonders bei Farben- und Material-unterschied unbedingt zu putzen. Für das Put-zen werden alle Walzen

Abb. 145. Krempelputzen am Tambur.

bis auf Tambur und Peigneur aus der Krempel gehoben, auf die Walzenbank gebracht und in der Reihenfolge, wie sie von der Krempel kommen, von Hand aus mit Putzkratzen in der Häkchenrichtung ausgekämmt (gereinigt), wie Abb. 144 zeigt. Das Ziehen der Putzkratze muß genau in der Bandrichtung er-folgen. Es muß gründlich geputzt werden, ohne durch zu scharfen Putzkratzendruck den Grund des Filzes zu schädigen. Die Volantwalzen werden am höchsten in den Putzbock gelegt. Man putzt die Walzen, wie sie von oben nach unten im Gestell liegen. Wie dieses Bild zeigt, dreht die linke Hand die zu putzende Walze aufwärts, die rechte Hand führt die Bürste abwärts. Tambur und Peigneur werden in der Maschine — der Tambur zuerst, der Peigneur später — geputzt, wie Abb. 145 zeigt. Bei besserem Material läßt sich der Ausputz als ganze Filzfläche leicht und ziemlich rasch aus dem Belag ziehen.

Nach dem Putzen wird durch das Schleifholz abgezogen, dann werden die Walzen eingelegt und eingestellt. Der Ausputz ist feuersicher zu lagern und kann, wie erwähnt, minderen Spinnpartien beigemengt werden.

5. Das Einstellen der geschliffenen Krempel.

Man geht bei dieser Arbeit in der Krempel vom Beginn des Materialeinlaufes gegen die Ablieferung hin vor. Die Abstände der arbeitenden Beläge müssen durch diese Kontrollarbeit überprüft werden, sie sollen, um theoretisch und praktisch eine Steigerung der Auflösung zu erreichen, immer enger werden. Das theoretische Einstelldiagramm verläuft etwa nach Abb. 146. Der Arbeiter nimmt mit der linken oder rechten

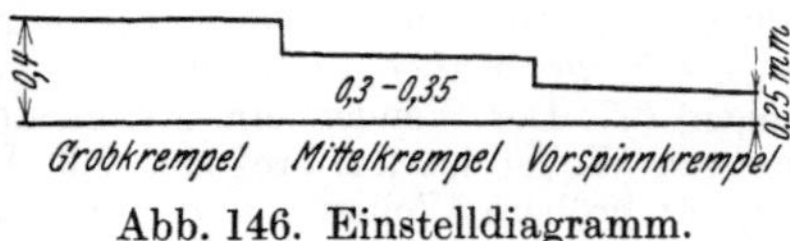

Abb. 146. Einstelldiagramm.

Hand (moderne Großbetriebe sorgen für beidhändige, gleichartige Ausbildung der Spinnereivorarbeiter, der Putzer und Meister) das Stellblech und zieht es mit entsprechendem Feingefühl zwischen den einzustellenden Walzen durch. Abb. 147 zeigt diese Arbeit. Die Wahl der Stellbleche in ihrer Stärke wird entgegen zu den Anforderungen der Theorie nicht nach dem Einstelldiagramm Abb. 146 vorgenommen, sondern man nimmt auch auf praktische Momente, wie momentanen Schliff der Krempel, Zustand der Kratzenbeläge, überhaupt Feinheit der verarbeiteten Wollmaterialien usw. Rücksicht. Dabei unterscheidet der geübte Spinnmeister weitere Feinheiten in der Einstellung dadurch, daß er die Stellbleche mit entsprechendem Feingefühl mehr oder minder leicht zwischen den Belagspitzen hindurchzieht. Besonders wichtig ist die genaueste Einstellung der Arbeiterwalze zum Tambur, die mit der fortschreitenden Arbeit ebenfalls immer

Abb. 147. Einstellung der Beläge.

enger wird. Ebenso ist die Einstellung des Peigneurs zum Tambur und namentlich des Volants zum Tambur von höchster Bedeutung.

Im nachfolgenden ist die Krempeleinstellung eines 3 Krempelsatzes unter Anführung der Stellblechstärken in $^1/_{10}$ mm für 3 Garnsorten, und zwar für grobes, mittleres und feines Streichgarn angegeben.

Für besonders kurzes Material bei schärfster Krempelwirkung, also namentlich bei kurzer Kunstwolle und Abfallbaumwolle, wird die Stellblechführung so gehandhabt, daß der Spinnmeister das Blech nur schwer durch die Beläge zieht, etwa mit der vollen Kraft eines Zeigefingers und Daumens mit durchschnittlich $^1/_{10}$ mm feineren Blechen als normal. Vielfach stellt man hier auch überhaupt nur nach Gefühl und Gehör ein. In der Reinwollspinnerei ist dagegen eine feinere, weichere Führung des Bleches nötig.

Die Krempeleinstellung in einem bedeutenden Spinnereibetrieb erfolgt, wie dem Verfasser bekannt ist, nicht immer nach der theoretischen Anforderung des immer enger werdenden Einstellraumes mit Fortschreiten des Krempelprozesses, sondern man verwendet ein Stellblech von 0,2 bis 0,4 mm für sämtliche Einstellungen. Dabei werden Cheviotpartien aus gröberen, brüchigeren Wollen ca. um $^1/_{10}$ mm gröber gestellt als die tiefer gegebenen Einstellungen, die dieser Betrieb für mittlere und sehr feine Garne verwendet. Die geschliffenen Beläge werden auf den Walzen zuerst durch ein genaues Kontrollineal auf Egalität geprüft. Die Einstellung ist von der Speisung an folgende: Die Entree-Sägezahndrahtwalzen werden so gestellt, daß sie ca. ½ mm ineinander eingreifen. (Eindruck in einem stärkeren Papier, das dazwischen gelegt wird.) Einstellung der Speisewalze zum Vorreißer (Plüschwalze) 0,3 mm, der zweiten Plüschwalze zum Avanttraintambur 0,3, Arbeiter auf Avanttrain 0,2, wenn aber die Wolle unterwachsen (Gehalt an kürzerem Material oder Kämmlingen) 0,3. Der Wender zum Avantraintambur 0,4 und ebenso Wender zum Arbeiter. Bei feineren Wollen ist letzteres Maß 0,3. Übertragswalzen zum Haupttambur für feine Wollen 0,3, für gröbere Wollen 0,4, da sie nur übertragen, nicht kratzen. Die Putzwalzen beim Volant 0,4. Der Volant zum Tambur 0,3, Wender und Arbeiter zum Tambur 0,3, Wender zum Arbeiter 0,4. Die Einstellung des Volants wurde bereits beim Aufziehen der Volantblätter erwähnt. Der Peigneur zum Tambur 0,3, der Hacker zum Peigneur 0,3. Bei der Mittel- und Feinkrempel können Arbeiter und Peigneur zum Tambur, wenn sie sehr egal und sehr fein beschlagen sind, um 0,05 bis 0,1 mm feiner eingestellt werden, als oben angegeben. Dagegen bleiben die Einstellungen mit 0,4 für Wender und Plüschwalzen. Für die Vorspinnkrempel Arbeiter und Peigneur zum Tambur 0,2, Arbeiter Wender 0,3, Tambur Wender 0,4, Speise- und Plüschwalzen 0,4, der Volant für alle 3 Krempel 0,2 zum Tambur oder, wie oben angeführt, durch Einstellung am Kreidestrich. Die Nitschelhosen stellt man bei feineren Vorgarnen 0,4 mm zueinander.

Im allgemeinen ist, wie später bei den Florteilern gezeigt wird, die Einstellung der Nitschelhosen in erster Linie nach dem Aussehen des Vorgarnes zu beurteilen.

Auch für das Schleifen wird bei genau arbeitenden Betrieben das Einstellen der Schleifwalzen an die betreffende Krempelwalze sorgfältig durchgeführt. Man stellt meist nach dem Gefühl und Gehör ein. Ein heller Ton ist als Schleifgeräusch richtig. Nach ½ stündigem Schleifen wird etwas näher eingestellt, zu strenge Einstellung gibt dumpfes Geräusch und „Verbrennen", d. i. ein Verschleifen des Belages. Je egaler die Maschine, desto früher ist sie ausgeschliffen. Gut gehaltene Krempel erfordern immerhin ca. 5 Stunden Schleifzeit je Satz. Beim ersten Schleifen neuer Bänder zeigen sich evtl. „nachgesetzte" Stellen, das sind Ausbesserungen des Häkchenbelages aus der Kratzenfabrik, die beim späteren Arbeiten leicht ausbrechen. Namentlich der Peigneurbelag ist für diese Nadelbrüche der Kratzensetzmaschine sehr empfindlich.

Die nachstehend angeführte Einstellung der Beläge eines anderen Großbetriebes zeigt gegenüber den obenangeführten eine weitergehende Abstufung in den Walzenentfernungen, ohne daß aber die Garnqualität bei gleichen Garnsorten besser wäre als beim erstgenannten Betrieb.

In Verwendung stehen für diese Einstellung 3 Stellbleche, und zwar Stellblech Nr. 1 mit ¼ bis ⅓ mm Endblechstärke, Nr. 2 mit ½ bis ¾ mm, Nr. 3 mit ¾ bis 1 mm Blechstärke. Der Betrieb stellt für grobe Garne alle Arbeiter zum Tambur ⅓ mm, Arbeiter zu den Wendern ⅓ mm, Peigneur zum Tambur ⅓ mm, Wender—Tambur ¾ bis 1 mm, Hacker—Peigneur ⅓ mm. Die Vorspinnkrempel stellt dieser Betrieb wie folgt: Alle Wender zum Tambur ¾ mm; alle Arbeiter zu den Wendern ⅓ mm; alle Arbeiter zum Tambur ¼ mm, ebenso Peigneur—Tambur ¼ mm. Der Hacker zum Peigneur 0,25 mm für feinere Partien, 0,30 mm für gröberes Material. Im letzten Fall mit strengem Durchziehen des Bleches. Der Hacker muß bei der Einstellung am Peigneur tangential anliegen. Für feinere Garne verringert man obige Einstellungen bei ⅓ auf ¼ mm, bei 1 mm auf ¾ mm. Zwischenstellungen werden durch strengere Führung des Stellbleches erreicht.

Bei neuen Kratzenbelägen (Garnituren) stellt man etwas leichter ein, da sich die Häkchen erst aufrichten, wenn sie eine Zeitlang arbeiten.

Eine rasche Einstellmöglichkeit der Arbeiter zum Tambur ist folgende:

1. Krempel: alle Arbeiter mit 0,3 mm Blech (leichte Blechführung).
2. „ : alle Arbeiter mit 0,3 mm Blech (strenge Blechführung)
3. „ : die ersten Arbeiter mit 0,25 mm Blech (leichte Blechführung)
   die übrigen Arbeiter mit 0,25 mm Blech (strenge Blechführung).

Vor der Einstellung der Beläge sind der Tambur, der Peigneur, die Einzugswalzen auf genaue Horizontaleinstellung mit Wasserwaage zu prüfen. Für die übrigen Walzen wird durch einen Spitzzirkel entsprechenden Ausmaßes die Achsen- bzw. die Körnerentfernung der Achsenmittel überprüft. Stimmt Achsenentfernung und Stellblecheinstellung, so arbeitet die Krempel richtig. Die Niggerkrempel, deren Einrichtung unter den Sonderkrempeln später angegeben ist, wird für die ersten 2 Krempel wie ein normaler Satz eingestellt. Für die dritte Krempel werden die ersten 3 Arbeiter durch Unterlegen der Lagerbüchsen mit 3 mm starken Florteilerriemchenstückchen vom Tambur weitergestellt. Die letzten 2 Arbeiter behalten die normale Stellung. Durch Entfernung der Riemchenunterlagen kann nach Ausarbeiten der Niggergarnpartie sofort, ohne Neueinstellung, die normale Walzeneinstellung erreicht werden.

6. Allgemeiner Aufbau eines 2-Krempelsatzes.

(Abb. 148a und b.)

2-Krempelsätze werden meist für gröbere Wollen und Wollmischungen verwendet. Öfter werden auch Kunstwollen zur Erzielung der besseren Faserverbindung, Baumwollen, Abfallmaterial und Tierhaare zur Verbilligung mitverarbeitet. Man spinnt ziemlich grobe Garne, die besonders zur Herstellung grober Tuche, Decken, billiger Loden und für Teppiche dienen. Der 2-Krempelsatz besteht aus einer Grob- oder Reißkrempel und einer Fein- oder Vorspinnkrempel, die entweder in nebeneinander Aufstellung (148a) oder in hintereinander Bauart (148b) dargestellt sind. Die geringere Abstufung des Ablösungsvorganges ist dadurch begründet, daß in dem gröberen Garn eine geringere Gleichmäßigkeit der Haarlage zulässig ist. Die Reißkrempel besitzt einen fahrbaren Selbstaufleger A, der als Speise- und Wiegeapparat gebaut ist. Die vorgewolften Materialien werden in den Füllkasten von Hand aus locker eingeworfen oder in neuerer Zeit pneumatisch herangebracht. Das Nadeltuch 1 nimmt die Wolle in geringer Schichtendicke hoch, ein Exzenterantrieb bewegt einen Abstreichkamm 2 in entsprechenden Kurvenformen und streift die überschüssige Wolle von dem Nadeltuch ab; der Abnehmerkamm 3 kämmt die Wolle, die noch im Nadeltuch verblieben war, in die daruntergelegene Waage 4. Sobald das in der Waage befindliche Material ein bestimmtes Gewicht erreicht hat, bekommt der Waagekasten Übergewicht über ein an einem Gegenarm befestigtes Balancegewicht, dessen Größe einstellbar ist, und wird durch das Tiefgehen der Waage die Antriebskupplung des Nadeltuches 1 ausgerückt. Unterdessen hat der regelmäßig hin- und hergehende Abstreifer $4a$ eine bestimmte Tischlänge des Zuführtisches 5 der Krempel freigemacht, bei Erreichung der Endstellung läßt der Abstreicher die Öffnung der Waagenklappen meist durch einen proportionalen Exzenterantrieb erfolgen, und die Wolle wird auf das freie Stück des Krempelzuführtisches aufgeworfen. Damit ist ein Grundgesetz des Krempelns, d. i. die konstante Speisung auf eine bestimmte Zuführtischlänge gegeben. Es ist also die Produktion der Krempel in der Zeiteinheit in kg festgelegt. Im Verein mit der Verfeinerung, dem Krempelverzug, ergibt sich damit auch die Leistung in Flor bzw. Vorgarnmengen. Die schwingende Verdichtungsschiene 6, als leichter, dreikantiger Blechhohlkörper gebaut, drückt durch senkrechte Schwingungen die Wolle auf den Tisch etwas dichter zusammen. Speisewalzen 7, mit Wolfszahnkratzen überzogen (garniert), führen mit gleichmäßiger Speisegeschwindigkeit die Wolle zur Vorreißwalze 8, die mit ihrem Sägezahnbelag das Material in feine Klumpen teilt. Die in der unteren Speisewalze verbleibende Wolle wird durch eine Übertragungswalze ebenfalls der Vorreißwalze *8* übergeben. 2 Kletten bzw. Putzmesser *9* schlagen die aus dem Sägezahnbelag der Vorreißwalze hervorragenden groben Verunreinigungen, die zwischen den Sägezähnen nicht Platz finden, ab. Die sich unter

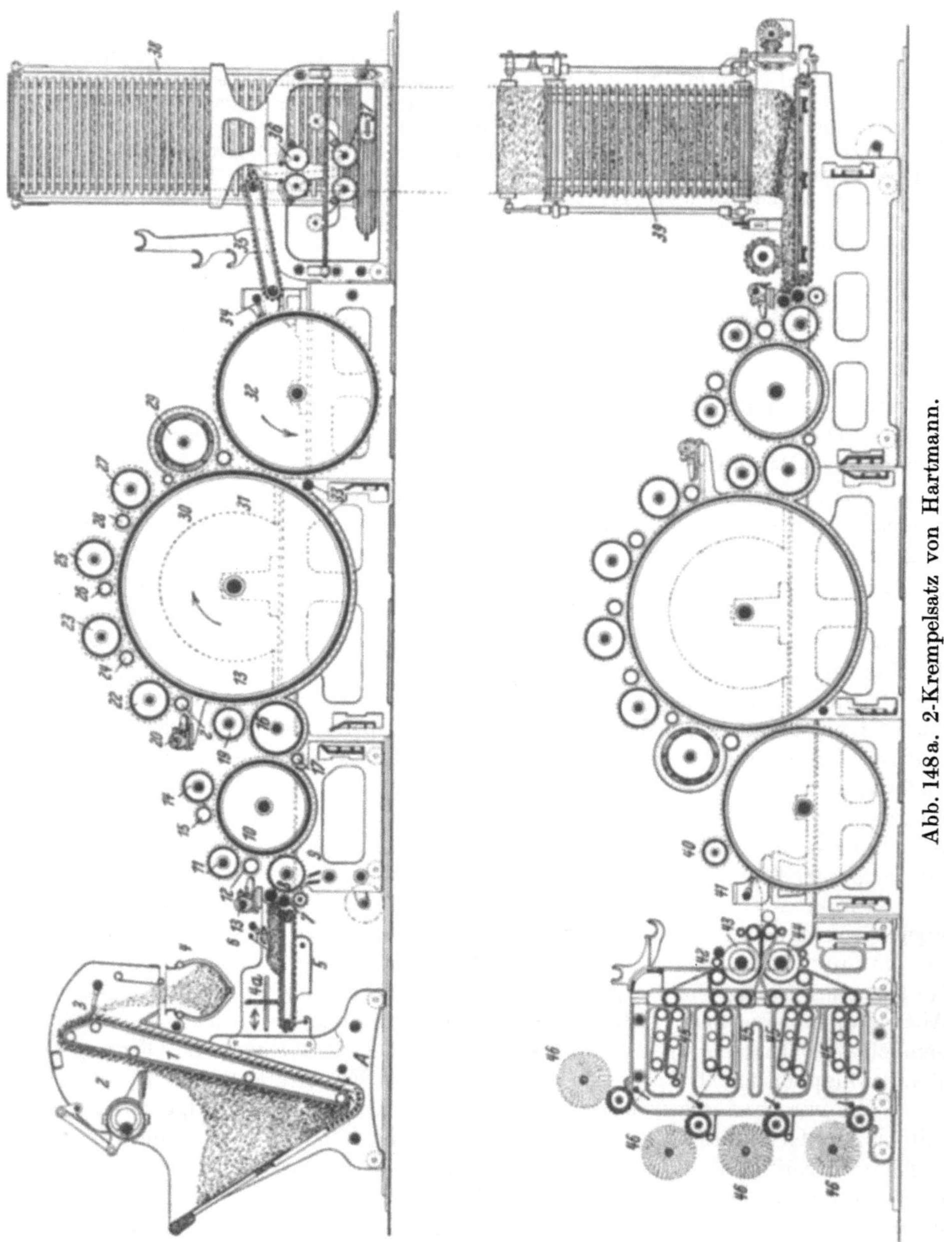

Abb. 148a. 2-Krempelsatz von Hartmann.

der Vorreißwalze sammelnden Abfälle geben dem Praktiker immer Aufschluß über die Verunreinigung (Abfallprozente) der in Arbeit befindlichen Spinnpartie. Die Vorreißwalze *8* übergibt die vorgelockerte Wolle dem Tambur *10*, der mit seinen Arbeitern *11* bis *14* und seinen Wendern *12* bis *15* eine Art kleine Zwischenkrempel darstellt, die auch als Avantrain bezeichnet wird. Der Vortambur *10* rotiert bereits mit höherer Geschwindigkeit, so daß auf ihm eine Verteilung des Materials auf größerer Fläche stattfindet, wodurch wieder eine Faserisolierung und Vergleichmäßigung erzielt wird. Die Arbeiter *11* bis *14* wirken mit dem Tambur *10*, also kratzend, wobei immer je eine Hälfte des Materials, welches sich in Arbeit befindet, in die Arbeiterbeläge übergeht. Der Arbeiter wird vom Wender ausgekämmt, d. h. sein ganzes Wollmaterial wird abgenommen und durch den Wender wieder dem Tambur übergeben, so daß durch jede Arbeiter- und Wenderwirkung das Material am Tambur besser verteilt und vergleichmäßigt wird. Der erste Wender *12* enthält noch eine größere Zahl von Verunreinigungen, besonders Kletten, bei Kunstwollen auch noch unaufgelöste Knötchen und sonstige Fremdkörper, die durch ein Abstreichmesser *13* abgeschlagen werden, sich auf der Blechmulde des Messers sammeln und von einem regelmäßig hin und her bewegten Abstreicher automatisch entfernt werden. Die Verunreinigungen mußten bei alten Krempeln von Hand aus unter Gefährdung des Arbeiters entfernt

Abb. 148 b. 2-Krempelsatz von Hartmann, Chemnitz.

werden. Die Wirkung von Arbeiter und Wender als reine Fließwirkung des Materials zeigt Abb. 149. Je gleichmäßiger die Wolle ohne Klumpenbildung und Rollen vom Arbeiter zum Wender und Tambur fließt, desto richtiger ist der Kratzenbelag, Schliff und Einstellung der Krempel durchgeführt. Der Vergleich der Abb. 149 a und b zeigt deutlich das Fortschreiten der Materialauflösung. Die mit Kratzenbelag versehene Übertragungswalze *16* (Abb. 148) nimmt durch Kämmung des Vortamburs das vergleichmäßigte Material ab und übergibt es dem Haupttambur. Die Tambur- oder Haupttrommel, ferner die Arbeiter- und Abnehmerwalzen (Peigneur) sind entweder Blankeisen- bzw. Blechwalzen oder Rohrwalzen, oder sie sind von einem Gipsbelag bedeckt, wodurch ein genaues Sitzen der Kratzenbeläge auf vorher genauest rundgedrehter Unterlage erreicht wird. Der Gipsbelag hat außerdem den Vorteil, daß der Rücken der Kratzenhäkchen nicht so leicht durchrostet und die ganze Arbeit der Kratzen eine weichere wird. Die Wenderwalzen sind auch aus Stahlrohren hergestellt, die Läuferwalzen erhalten Holzbelag. Die Lagerung aller raschlaufenden Wellen erfolgt in genau gebauten und genau stellbaren Ringschmierlagern. Der Verfasser hat in der Praxis besonders mit Wendern und Läufern, die Kugellager haben, keine guten Erfahrungen gemacht. Der Vorteil geringer Kraftersparnis wird durch Ungenauigkeiten in der Walzenstellung bei längerer Betriebszeit nicht aufgewogen. Besonders veranlassen Kugelbrüche, die häufig vorkommen und oft zu spät bemerkt werden, große Unannehmlichkeiten beim Spinnen.

Die Walze *19* gibt an *16* die in ihr verbliebenen Fasern ab. Die Haupttrommel *18* arbeitet wieder mit nunmehr engergestellten Arbeiter- und Wenderpaaren, der Abstreicher *20* wirkt wieder reinigend. Der Läufer *29* (Volant) hat

Abb. 149a. Abstreicher und Fließwirkung.

die wichtigste Aufgabe in der Krempel, er muß die vorgelockerte Wolle völlig gleichmäßig in die Spitzen der Tamburkratzen emporheben (fegen), was er durch einen besonders elastischen und hohen Kratzenbelag erreicht. Er ist mit 2 Putz-

Abb. 149b. Abstreicher und Fließwirkung.

walzen *30* und *31* an den Tambur angeschlossen und mit einer dichten Glanzblechhülle versehen, deren Kanten durch die Putzwalzen reingehalten werden.

Der Peigneur (Abnehmer) erhält nun in langsamer Drehrichtung (ca. 0,32 m/sek) vom Tambur das emporgehobene Material durch Kratzwirkung etwa zur Hälfte. Infolge der Einstellung des Kratzenbelages und des gewöhnlich um ca. 2 Nummern feineren, also dichteren Peigneurbeschlages dringt das Material nicht mehr so tief in den Kratzenbelag des Peigneurs ein und kann durch den Hackermechanismus *34* aus dem Belag herausgehackt werden. Der Flor fällt auf ein Lattentuch *35*, welches ihn an die Führung *36* abgibt. Die Reißwalze oder Tafeleinrichtung *37* legt den Flor durch Abreißen oder Tafeln in der Florlängsrichtung auf eine Breite von ca. 400 mm übereinander zu einem Pelzband (Breitband) zusammen, das in seiner Längsrichtung um 90⁰ gegen die Arbeitsrichtung der Krempel, also quer zur Krempel abbefördert wird, während die Hauptrichtung der Fasern in der Bandbreite (Arbeitsrichtung) verblieben ist.

Die Bandübertragung *39* führt nun das Band zum Zuführtisch der Feinkrempel (Vorspinnkrempel) und legt es durch Hin- und Herbewegung in der Breitrichtung der Krempel, ohne Änderung der Faserrichtung, als Pelz auf dem Zuführtisch der Krempel auf (Parallelfaserspeisung s. S. 123). Diese Art der Bandbildung gibt glattere Garne, die manchmal auch als „Halbkammgarne" bezeichnet werden, jedoch nicht mit den richtigen Halbkammgarnen verwechselt werden dürfen, die in der Kammgarnspinnerei als gröbere Garne meist nach englischem System, jedoch mit Umgehung der Kämmaschine gesponnen werden. Die sogenannte Kreuzfaserspeisung zieht das Band durch schrägstehende Walzen, die den Flor auf die Bandbreite zusammendrängen, so daß nunmehr die Hauptfaserrichtung in der Arbeits- und Längsrichtung der Krempel und auch des Bandes liegt. Durch Auflegen des Bandes in Tafelungen quer zur Tischrichtung der nächsten Krempel tritt eine Änderung der Faserrichtung um 90⁰ ein, so daß die Hauptfaserrichtung quer zur Arbeitsrichtung der nächsten Krempel liegt, wodurch infolge des Arbeitsprozesses auf dieser Krempel eine bedeutende Verwirrung, also Bildung eines rauhen Flores und Fadens eintritt.

Die 2. Krempel ist im Wesen analog zur ersten gebaut, nur sind die Kratzenbeläge feiner und die Walzen dementsprechend dichter an den Tambur angestellt. Der Peigneur wird in diesem Falle durch eine besondere Putzwalze *40* reingehalten, da er den vom Läufer (Volant) gehobenen Flor unbedingt rein übernehmen muß. Der Hacker *41* führt den Flor dem Florteiler *42* zu. Die Riemchen sind in 4 Gruppen auf den 2 Florteilerwalzen (Divisionswalzen *43, 44*) verteilt. Sie wirken durch ihre Führung scherenartig und teilen den Flor in schmale Bändchen, die sie an den Nitschelhosen *45* abstreifen. Diese bilden geschlossene endlose Schläuche oder Hosen, sind geleimt, an der Oberfläche fein geriffelt, aus Ia belgischem Leder hergestellt. Bei ihrer Anschaffung muß auf Zähigkeit und Weichheit besonders gesehen werden, da nur durch diese Eigenschaften ein gut genitscheltes, also gleichmäßig rundes Vorgarn und Feingarn erreicht wird. Derartige Qualitäten im Leder sind nur für entsprechend hohen Preis zu erhalten. Die Hosenqualität ist sowohl für die Beschaffenheit des Garnes wie auch für die Lebensdauer der Nitschelhosen maßgebend. Betriebstechnisch drückt der Spinnereitechniker den Wert einer Nitschelhose durch die Güteziffer aus.

$$\text{Güteziffer} = \frac{\text{Preis}}{\text{gesponnene Gesamtmeterlänge an Vorgarn}}.$$

Naturgemäß ist eine ökonomische Güteziffer möglichst niedrig. Die Riffelung der Nitschelhosen erfolgt für feines Material, das leichter verfilzt und zusammenrollt in feinen Diagonalriffeln, für gröberes und glatteres Material in gröberen Querriffeln. Durch die Doppelbewegung der Nitschelhosen einerseits in der Breitenrichtung der Krempel, die durch Exzenterantrieb erfolgt und die Zusammenrollung der Florbändchen bewirkt, und andererseits durch die Wanderbewegung im Umfang der Nitschelhosen, die den Garnvorschub erzielt, wird die Vorgarnbildung erreicht. Der lose, runde Vorgarnfaden hat also schwachen, sogenannten falschen Draht und wird durch die Wanderung in der Umfangsrichtung der Hosen als lose „Lunte", die nur durch geringe Oberflächenreibung der Haare zusammenhält, den Vorgarnwalzen 46 zugeführt. Auf diesen werden die Vorgarne als parallellaufende Faden mit schwacher Hin- und Herwindung aufgewunden. Sobald die Vorgarnwalzen einen bestimmten Durchmesser, der mit Rücksicht auf die Haltbarkeit des Materials auf der Walze möglichst weit getrieben wird, erreicht haben, werden sie abgenommen. Man führt sie dann auf eigenen Vorgarnspulenwagen oder auf Vorgarnaufzügen zu den Selfaktoren. Das Übertragen mehrerer Walzen, vom Arbeiter am Arm aufgehäuft, ist teuer, es beschädigt viel Vorgarn und hemmt die Fließarbeit. Die Rand- oder Eckfaden, welche immer aus entsprechend breiteren Riemchen gebildet werden, enthalten die ungleichmäßigste Materialverteilung, die den unregelmäßigen Beschlagrändern der Walzen, ferner der Einwirkung des Fluges und überdies der theoretisch noch nicht genug aufgeklärten Querwanderung des Materials in der Krempel zuzuschreiben ist. Die Eckfaden werden als Abfall der Krempel genommen, d. h. nicht fein gesponnen, kommen aber immer wieder in schmalen Rollen in den Speisekasten der Grobkrempel zurück, da sie ja gutes Material enthalten. An der Beschaffenheit der Auflösung, am Stapel und an der Vermengung des Materials erkennt der erfahrene Spinner die Qualität seiner Krempelarbeit und die Richtigkeit der verwendeten Wollmischung (Manipulation), indem er einfach aus der Eckfadenrolle Stapel zieht. Das Ablegen von Vorgarnwalzen auf Wagen oder Lagergestellen führt leicht zu Anhäufungen und längerer Lagerung von Vorgarn, besonders wenn die Selfaktorspinnerei nicht kontinuierlich in Fließarbeit mitläuft. In der Praxis ist die Zusammenstellung der Spinnereiassortimente, namentlich der Krempeln und Selfaktoren, gewöhnlich so getroffen, daß die Krempelsätze in Leistung die Selfaktoren etwas überragen, da für die Krempelsätze Stillstandsperioden für das Putzen nötig sind. Dies führt bei unrichtiger Betriebsführung zu Vorgarnanhäufungen, welche durch das längere Lagern Feuchtigkeitsverluste erleiden und spröde werden, was zu Unzukömmlichkeiten beim Feinspinnen führt. Eine zweckmäßige Luftbefeuchtung in Verbindung mit der Raumheizung, bei guter Auswahl nicht trocknender Spicköle, kann diese Übelstände vermindern.

Nachstehend einige Angaben über Abmessungen, Kraftbedarf, Gewichte:

Krempelarbeitsbreite	Maschinenlänge der Reiß- u. Vorspinnkrempel	breite der Reiß- u. Vorspinnkrempel	Antriebsscheiben		Umdrehungen in der Minute	Kraftbedarf	Walzen mit Gipsbelag Gewicht		Walzen in Eisen Gewicht	
			feste und lose							
			Durchmesser	Breite			netto	brutto	netto	brutto
mm	m	m	mm	mm		PS	kg	kg	kg	kg
1500	6,100 6,000 bzw. 12,400 Gesamtlänge bei Hintereinanderstellung	2,765 2,765	600	120	130 120	9	13 200	17 200	14 000	18 000
1650		2,915 2,915	600	120		10	13 800	18 000	14 600	18 800
1750		3,015 3,015	600	120		11	14 200	18 500	15 100	19 400
1850		3,115 3,115	650	120		12	14 600	19 000	15 600	20 000
2000		3,265 3,265	650	120		13	15 200	19 800	16 200	20 800

Bei seemäßiger Verpackung erhöhen sich die angegebenen Bruttogewichte um etwa 5%. Die Kraftbedarfs- und Gewichtsangaben sind nur als ungefähre zu betrachten, die ersteren gelten nur für den Antrieb von einer allgemeinen Transmission aus.

Abmessungen der Krempelwalzen,
welche mit Kratzen beschlagen werden (ohne Kratzenüberzug gemessen), und zwar

zur Reißkrempel:	Durchm.	zur Vorspinnkrempel:	Durchm.
1 Zylinderputzwalze	80 mm	1 Zylinderputzwalze	80 mm
1 Übertragwalze	280 „	1 Vortrommel	565 „
1 Fangwalze	55 „	2 Arbeiter	164 „
1 Haupttrommel	1230 „	2 Wender	80 „
1 Arbeiter (erster)	188 „	1 Übertragwalze	280 „
4 Arbeiter	214 „	1 Fangwalze	55 „
4 Wender	80 „	1 Haupttrommel	1230 „
1 Läufer (zu 6 Kratzenblättern) .	300 „	1 Arbeiter (erster)	188 „
1 obere Läuferputzwalze	45 „	4 Arbeiter	214 „
1 untere Läuferputzwalze	74 „	4 Wender	80 „
1 Abnehmer	850 „	1 Läufer (zu 6 Kratzenblättern) .	300 „
		1 obere Läuferputzwalze	45 „
		1 untere Läuferputzwalze	74 „
		1 Abnehmer	850 „
		1 Abnehmerputzwalze	125 „

Krempelarbeitsbreiten: 1500   1650   1750   1850   2000 mm
Walzenbreiten: 1530   1680   1780   1880   2030 mm.

Für die Berechnung der Länge der Kratzenbänder und Breite der Läuferblätter ist die Walzenbreite maßgebend.

Die Kratzenbänder sind in Stoff mit Filz 11 mm hoch, das für die Zylinderputzwalzen zur Verwendung kommende Sektoralband (Leder ohne Filz) 8 mm hoch, die Läuferblätter (Leder mit Filzunterlage) 24 mm hoch und das für die Abnehmerputzwalze benötigte Kratzenband in Stoff mit Filz 17 mm hoch herzustellen.

7. Krempelsätze mit Pelzbildung durch Wicklung.

Diese ältere Bauart arbeitet zwischen der ersten und zweiten Krempel entweder mit einer Bandübertragung für Kreuz- oder Parallelfaserspeisung, oder bei der ältesten Art wird der Flor der Reißkrempel auf einer großen Trommel

Abb. 150. Speiseapparat von Josephy.

zu einem Pelz gewickelt. Falls ein 3-Krempelsatz vorhanden ist, kann auch der Flor der zweiten Krempel entweder mit Bandübertragung arbeiten oder er wird auf einem Langpelzapparat durch Übereinanderwickeln der Florschichten auf einem Stütz- und Führungstuch zu einem Langpelz geformt. Dieser dient dann meist wegen der egaleren Speisung in dublierter Form als Auflage auf den Zuführtisch der dritten Krempel.

Im nachstehenden seien einige Besonderheiten dieser Krempelbauart angeführt. Das gewolfte Material wird nach Abb. 150 in den Speisekasten des Speise- und Wiegeapparates von Hand aus eingetragen. In modernen Anlagen legt man den Materialvorrat vorteilhaft pneumatisch in einen Drahtglaskasten in der Nähe des Speise- und Wiegeapparates ab, so daß der Arbeiter den Speisekasten bequem periodisch füllen kann. (Siehe Krempeleianlagen S. 181.) Die Einführung der Speise- und Wiegeapparate erfolgte, weil man die Ungleichmäßigkeiten der Handspeisung, die außerdem den Arbeiter stark in Anspruch nahm, beseitigen wollte. Da auch beim Speiseapparat infolge der Zufälligkeiten, die bei der Aufnahme der Wolle von den Nadeln des Steiglattentuches wirksam sind, keine ganz regelmäßige Verteilung des zugewogenen Wollquantums über die Lattentuchbreite erreicht wird, muß man diesen Übelstand, der bei

Abb. 151a. Wollabwurf der Waage.

der ersten Krempel gewisse Florungleichheiten erzeugt, durch mehrfache Dublierung des Flores aufheben. Das erreichte Wollgewicht wird von der Waage auf den Speisetisch ausgeworfen, ein Augenblick, den Abb. 151a gerade festhält. Die Nadeltuchbewegung wird, sobald das Gewicht im Waagekasten W erreicht ist, abgestellt. Dies geschieht durch Sperrung des Nadeltuchantriebes in der Federkupplung K. Damit einzelne Wollflocken, die am Nadeltuch auch nach seiner Abstellung hängengeblieben sind, nicht mehr in die Wollwaage fallen, wird bei manchen Konstruktionen auch noch der abstreifende Hacker abgestellt. Die Wollwaage schließt außerdem nach Abwurf wieder ihre Sperrklappen, worauf der Lattentuchantrieb wieder eingerückt wird. Die fortschreitende Mischung und Auflösung der Wolle geschieht hier, wie schon früher beschrieben, zuerst auf einer Vorkrempel (Avanttrain) und dann auf der Hauptkrempel. Die

Abb. 149 zeigt dies an einer Ausführung von G. Josephys Erben, Bielitz. Während der Auflösung der Wollflocken werden die Fremdkörperchen, wie Kletten, Strohteilchen usw., die im Innern der Flocken eingebettet waren, frei. Zum Teil schlüpfen sie in die Beläge der Walzen ein, zum Teil aber haften sie ganz lose an dem Material, das besonders auf der Oberfläche der ersten vier Arbeiterwalzen sitzt.

Da die Wender infolge ihrer groben Kratzenteile in kleinen Zeitzwischenräumen den Faserflor von den Arbeiteroberflächen abheben, wirken sie auf derartige Fremdteilchen wie eine Schleuder. Namentlich das erste und zweite Wenderpaar würden diese Verunreinigungen gegen die Vorreißwalzen und das Lattentuch, also in die zulaufende Wolle werfen. Um deren Verunreinigung zu vermeiden, ist die in Abb. 149b angegebene Abdeckung der Vorreißwalzen vorgesehen.

Abb. 151b.

Der Flor am Tambur ist wegen seiner Feinheit nicht brauchbar. Es muß deshalb dafür gesorgt werden, daß auf dem Peigneur ein entsprechend kräftigerer Flor entsteht, damit er von einem Hacker abgenommen werden kann. Würde man den Peigneur für eine normale Auskämmarbeit am Tambur nach Abb. 152a einstellen, so müßte der Peigneur noch rascher laufen als der Tambur, was eine

Abb. 152a und b. Peigneuranordnung.

weiter Florverfeinerung am Peigneur zur Folge hätte. Damit erreicht man aber nicht nur das Gewünschte nicht, sondern man könnte auch keine Hackerwirkung, sondern höchstens eine schnell laufende Kämmwalze benützen. Deshalb führt man, wie Abb. 152b zeigt, die Drehrichtung und Häkchenrichtung auf Tambur und Peigneur entgegengesetzt aus. Durch die höhere Geschwindigkeit des Tamburbelages werden die Härchen unter Kratzwirkung in den langsamer laufenden Peigneurbelag eingestrichen und die Haarenden nach vorne gelegt. Sie stehen, wie die Nebenabbildung (unten) zeigt, nach vorne, der Flor hebt sich teilweise vom Peigneurrücken ab und kann vom Hacker *H* leicht abgekämmt werden, wie dies besonders die rechte Nebenabbildung in vergrößerter Darstellung erkennen läßt. Der Geschwindigkeitsunterschied zwischen Tambur und Peigneur sorgt also für die Verdichtung des Flores. Bei einer Tamburgeschwindigkeit von beispielsweise 10 m je Sek. und einer Peigneurgeschwindigkeit von 0,32 m je Sek. wird der Flor also ca. 30fach verdickt. Je schneller der Peigneur dagegen läuft, desto feiner ist der Flor. Dies ist bei Nummernänderung des Vließes zu beachten. Das aus dem Peigneur ausgehackte Vließ wird auf der Pelztrommel *Pt*, wie in den Abb. 153 und 154 ersichtlich, in vielen Lagen übereinandergewickelt. Man

Abb. 153. Pelzbildung an der Trommel.

dubliert das Vließ ca. in 30 bis 40 Windungen übereinander zu einem Pelz und läßt zur Verdichtung eine Holzwalze auf der Pelztrommel mitrollen. Die Holzwalze ist auf einer schiefen Führung gelagert, so daß ihr Gewicht immer auf den Pelz drückt und ihn verdichtet.

Ein Teil der Pelztrommel, ca. 30 cm Umfangslänge, ist über die ganze Breite mit Tuch belegt, um besonders den Vließanfang zu binden, damit er nicht bei der ersten Trommelumdrehung abfällt. Die Abb. 153 zeigt den rückwärtigen Teil einer Reißkrempel, rechts oben ist die Antriebskette für die Arbeiter zu erkennen, die vom Peigneur aus bewegt wird. Hinter dem mit einem Handrad versehenen Riemenausrücker ist der in einem Blechverschlag laufende Volant zu

Abb. 154. Pelzbildung an der Trommel.

erkennen, links darunter ist der Peigneur, an diesen anschließend die Pelztrommel. Am linken Bildrand sind einige aufgerollte übereinandergelegte Pelze sichtbar. Der Durchmesser dieser Pelztrommelvorrichtung ist ca. ½ m. Abb. 154

zeigt eine sogenannte große Pelztrommel mit 1 m Durchmesser, die bei einer anderen Reißkrempel angebaut ist.

Nach Fertigwicklung des Pelzes, also nach Erreichung einer bestimmten Pelznummer, wird er über die ganze Breite aufgerissen und entweder in Flächenform abgenommen und durch Umschlagen zusammengelegt oder auf einer Wickelwalze aufgerollt. Der Stützhebel ist in Abb. 154 hochgeschlagen, um den Arbeiter während der Floraufwicklung nicht zu behindern. Erst beim Aufwickeln des Pelzes, während der Arbeiter die Pelztrommel von Hand aus besonders an jenen Stellen schlägt, wo bereits der Pelz abgewickelt ist und sich neuer Flor anlegt, werden die Stützhebel umgelegt.

Bei breiten Krempeln ist das Aufreißen des Pelzes von Hand aus beschwerlich, da auch der Abriß nicht genug gerade erfolgt, was bei der späteren Krempel die Speisung stört. Man hat deshalb hierfür automatische Pelzbrecher erfunden. Sie erhalten an einem Teil des Trommelumfanges 2 schwingbare Segmente, die mit gegenseitig fingerartig ineinander greifenden Verzahnungen versehen sind (Abb. 155). Durch eine einstellbare Zählvorrichtung wird nach Erreichung der gewünschten Pelzstärke bzw. Nummer durch einen Exzenter, der sich in den Weg einer Führungsrolle schiebt, Öffnung der Reißsegmente und damit das Aufreißen des Pelzes erreicht. Der Pelz wird bei Weiterdrehung der Trommel selbsttätig in einen Wickelapparat geschoben, der durch die in Abb. 155 ersichtliche Riffelwalze den

Abb. 155. Pelzbrecher.

Pelzwickler am Umfang antreibt. Trotz der automatischen Einrichtung solcher Pelzbrecher ist eine gewisse Beaufsichtigung durch den Arbeiter notwendig. Da der Arbeiter, der einen ganzen Krempelsatz zu bedienen hat, sich meist in der Nähe der besonders wichtigen Vorspinnkrempel aufhält, ist es notwendig, kurz vor Beginn des Pelzbrechvorganges ein Glockensignal durch den Pelzbrecher auslösen zu lassen, das den Arbeiter herbeiruft. Aus Bequemlichkeit schalten die Arbeiter diesen Zähl- und Signalapparat oft aus und schließen die Pelzaufreißbewegung durch Einschalten des betreffenden Auslösehebels von Hand aus ab. Natürlich sind solche Pelze in der Zahl der Florlagen bzw. in der Pelznummer nicht ganz verläßlich.

Wenn der Pelz, der auch „Fell“ genannt wird, aus sehr feinen Wollen besteht, so zieht er sich nach dem Abreißen und Abnehmen von der Pelztrommel etwas zusammen, so daß seine Länge, die dem Umfange der Pelztrommel entspricht und bei Querfaserspeisung der Tischbreite der nächsten Krempel entsprechen soll, nicht die ganze Breite des Tisches ausfüllt. Dann fallen die Randfäden zu schwach aus. Bei kürzeren bzw. schweren oder glatten Wollen dehnt sich dagegen der Pelz auf der Trommel, so daß seine Länge nach dem Abnehmen größer ist. Infolgedessen muß er an den Rändern des Speisetisches der nächsten Krempel mehr zusammengedrängt werden, was wieder stärkere Eckfaden hervorruft. Aus diesem Grunde hat seinerzeit die Firma Oskar Schimmel in Chemnitz, die später in der

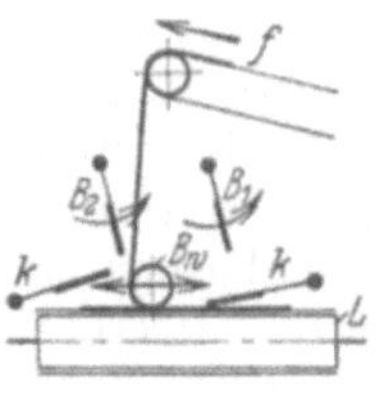

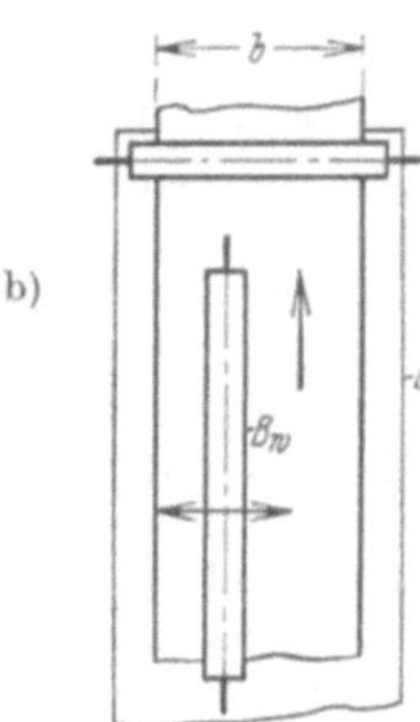

Abb. 156a und b. Bandübertragung für Parallelfaserspeisung.

Abb. 157. Bandübertragung Ablieferung.

Sächsischen Maschinenfabrik aufging, eine Expansionstrommel gebaut. Diese gestattet den Umfang und damit die Pelzlänge zu ändern, so daß sie der Elastizität des Materials angepaßt wird und der Trommelumfang auch in der Pelzlänge der Speisetischbreite der nächsten Krempel entspricht.

Die von der Trommel gewonnenen Pelze werden der nächsten Krempel übergeben. Je nachdem, ob man mit einem 2- oder 3-Krempelsatz arbeitet, ist die Auflage auf die zweite Krempel verschieden. Bei einem 2-Krempelsatz werden die abgenommenen Pelze in Wickelform vorgelegt. Zum besseren Ausgleich ist es vorteilhaft, zwei Pelzwickel, also dublierte Pelze, auf das Lattentuch der nächsten Krempel vorzulegen. Die Wickelstöcke müssen dabei in Schlitzlagern des Auflegetisches eingelegt werden, damit die Pelze gleichmäßig am Speisetisch laufen.

Wird der Flor der ersten Krempel hingegen von einem Bandübertragungsapparat abgenommen und auf den Speisetisch der zweiten Krempel übertragen, so wird die Bandübertragung in gleicher Weise auch zur Übertragung des Flores von der zweiten Krempel und Pelzbildung auf den Speisetisch der dritten Krempel benützt. Wie schon auseinandergesetzt, kann die Speisung der zweiten Krempel mit oder ohne Pelzkreuzung vorgenommen werden. Dies ist auch bei Anwendung einer Bandübertragung möglich. Wenn der auf der ersten Krempel gebildete Pelz bzw. das von der Bandübertragung geformte Band auf dem Tisch der nächsten Krempel in der Art aufgelegt wird, daß die Hauptrichtung der Fasern in der ersten und zweiten Krempel übereinstimmt, so spricht man von Parallelfaserspeisung, die ein glatteres Garn zur Folge hat. In Abb. 156

ist eine derartige Parallelfaserübertragung dargestellt. Die Nebenskizze zeigt im unteren Schnitt, wie der Flor f vom Abführtuch der ersten Krempel in den Bereich einer horizontal hin- und herrollenden Bandbildungswalze fällt. Diese tafelt den Flor durch ihre Hin- und Herschwingungen, bei welchen sie durch die Schwingflächen B_1, B_2 in der Tafelung unterstützt wird. Die Klemmflächen k halten abwechselnd den umgelegten Flor fest, so daß dadurch ein breites Band gebildet wird, dessen Breite etwa b beträgt. Das Grundrißbild in der Seitenskizze zeigt, wie die Faserrichtung unverändert senkrecht zur Bandlängenrichtung liegt. Da die Zahl der Schwingungen der Bügel- oder Rollwalze Bw im genauen Ver-

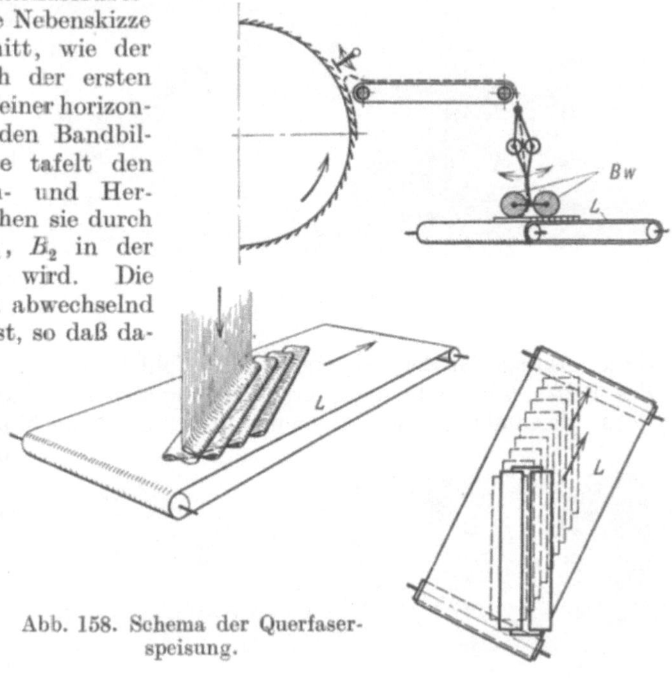

Abb. 158. Schema der Querfaserspeisung.

hältnis zur Laufgeschwindigkeit des Flores und zur Geschwindigkeit des Querlattentuches L steht, liegen in jedem Bandquerschnitt gleichviel Vließlagen. Die Abb. 156a zeigt die Abreißvorrichtung des Flores der ersten Krempel und die Bandbildung, die Abb. 157 eine Ablieferung des Breitbandes auf den Zuführtisch der nächsten Krempel.

Für rauhere Streichgarne ist wegen der besseren Verfilzungsmöglichkeit die Querfaserübertragung vorteilhafter. Diese führt die Fasern in einer bestimmten, ungefähr der Laufrichtung der Krempel entsprechenden Lage im Flor der Reißkrempel ab, zieht den Flor zu einem mehr oder minder breiten Bande zusammen und legt dieses Band, in dem die Fasern ungefähr in der Längsrichtung liegen, annähernd in der Breitenrichtung des Speisetisches der nächsten Krempel durch Abtafelung auf diesem ab. Dadurch liegen die Fasern ungefähr quer zur Arbeitsrichtung der nächsten Krempel. Die Abb. 158 zeigt im Schnitt und schematisch in perspektivischen Bildern eine besondere Art der Querfaserübertragung. Das Lattentuch L steht etwas schräg zur Achsenrichtung der in der Ablieferungsrichtung des Vließes hin und her bewegten Bügelwalzen Bw. Durch diese Verstellung kann das Pelzband derart abgeführt werden, daß die Härchen etwa in der Bewegungsrichtung der Tafelung liegen. Da das schwingende Auflegelattentuch der zweiten Krempel (analog Abb. 157) das Band über die ganze Breite des Zuführlattentuches dieser Krempel quer auflegt, so liegen die Härchen des Pelzes in der Zuführrichtung des Bandes, also in der Längsrichtung von L, die annähernd quer zur nächsten Arbeitsrichtung liegt. Die Bandübertragung wird immer zwischen zwei nebeneinanderstehenden Krempeln hochgeführt, um den dazwischen angelegten Bedienungsweg zu überbrücken, was gleichfalls in Abb. 156a kenntlich ist.

Abb. 159. Pelzauflage.

Die Abb. 159 zeigt die Auflage des Pelzes einer Pelztrommel mit Handauflegung auf den Speisetisch der zweiten Krempel. Die Ungleichmäßigkeit dieser Auflage ist deutlich ersichtlich. Wohl bemüht man sich durch Zuwägung des Pelzes, wie die links in der Abbildung stehende Waage zeigt, auf eine möglichst gleichmäßige Gewichtsmenge in der Speisung hinzuarbeiten, ohne jedoch die sich ziemlich häufig wiederholende Unegalität, besonders in den Anschlußstellen, vermeiden zu können.

Weitaus gleichmäßiger legt die Schmalbandübertragung (Abb. 160) auf. Das auf der Reißkrempel durch einfaches Zusammenziehen des Flores gebildete Schmalband von ca. 200 mm Breite wird durch eine Tafelvorrichtung, die in einfacher Weise mittels der in der Bildmitte sichtbaren Kette angetrieben wird, auf den Zuführtisch der nächsten Krempel

Abb. 160. Schmalbandübertragung.

gleichmäßig aufgetafelt. Die Einstellung der Geschwindigkeitsverhältnisse dieser Ablieferung muß so erfolgen, daß die ganze Fläche des Auflegetisches gleichmäßig bedeckt ist.

Eine Querfaserspeisung ohne Abreißen des Flores, also mit Bandbildung durch einfaches Zusammenziehen des Flores, zeigt die Betriebsaufnahme der

Abb. 161 der Firma G. Josephy's Erben, Bielitz. Der Flor der ersten Krempel wird hier durch schräg stehende, glatte Holzwalzen in der Breite zusammengedrängt und tafelt sich auf das darunterlaufende Querlattentuch. Er läuft dann unter einer Druckwalze durch, um als verdichtetes Band von der Übertragung erfaßt zu werden. Die Ablieferung des Bandes auf dem Zuführtisch der nächsten Krempel ist in Abb. 162 ersichtlich.

Die Schmalbandübertragungen geben durch stärkeres Zusammendrängen des Flores ein dichteres und daher haltbareres Band, das bei gut filzenden Wollen nur durch ein einfaches Übertragungstuch zur nächsten Krempel übertragen werden kann. Allerdings muß bei der Auflage des Bandes am nächsten Speise-

Abb. 161. Bandbildung.

tisch die durch den einfachen Transport eingetragene Banddehnung bei der Auflage entsprechend berücksichtigt werden. Wegen der stärkeren Beanspruchung des ca. 15 bis 18 cm breiten Wollbandes ist diese Art der Bandführung nur für besseres Material, das gut verfilzungsfähig ist, geeignet. Für langes, glattes oder zu kurzes Material ist diese Übertragung nicht gut geeignet. Ist sie in einem Betrieb schon vorhanden und wird dann vom guten Material eventuell auf glattes oder schlechtes Kunstwollmaterial übergegangen, so kann zur Erhöhung der Bandhaltbarkeit eine Zugabe mehrerer Eckfäden im Bandlauf die Haltbarkeit etwas verbessern. Viel zweckmäßiger ist jedoch, schlechtes und kurzes Material beiderseits durch Lattentücher zu stützen oder für ganz kurzes Material eine Kanalbandführung zu verwenden. Die Abb. 163 zeigt die Einzugsvorrichtung des Reißkrempelflores, die durch querliegende Lattentücher gebildet ist, mit den zugehörigen Verdichtungswalzen, während die Auflage am nächsten Tisch durch die Nahaufnahme Abb. 160 verdeutlicht wird.

Abb. 162. Bandablage.

Die Bildung von Langpelzen.

Die vollautomatische Bandübertragung für 3-Krempelsätze führt besonders für den Auslauf einer Spinnpartie dazu, daß der letzte Teil des Vorgarnes nicht ganz homogenes Speisematerial bekommt, wenn man völliges Auslaufen verwendet, oder es verbleibt verhältnismäßig viel Restmaterial, besonders in der zweiten und dritten Krempel, wenn die eintretende Materialverminderung im Flor bzw. Band der zweiten Krempel schon nach Auslauf der Speisung zur Geltung kommt. Stellt man in diesem Zeitpunkt die Vorgarnbildung auf der dritten Krempel ein, so ist viel Restmaterial vorhanden, das anderweitig verwertet werden muß. Nur sehr große Spinnpartien vertragen also eine derartige Arbeitsweise. Die Verwertung von Langpelzen, die aus dem Flor der zweiten Krempel gebildet werden, gibt eine viel längere Ausnützungsfähigkeit der dritten Krempel. Die Langpelzapparate ermöglichen auch eine viel längere Pelzbildung als die Pelztrommeln und bewirken daher auch erheblich weniger Stückelungen und Unegalitäten bei der Speisung der nächsten Krempel. In Abb. 164 ist eine solche Langpelzbildung schematisch dargestellt. Bei dieser von Martin eingeführten Einrichtung formt das endlose Tuch T auf einer Länge von ca. 12 m die Florlagen durch Übereinanderwickeln zu einem Pelz. Der Transport des Tuches, das auf seiner Innenseite dünne Holzlatten in der Teilung der Trommeln t erhält, erfolgt

Abb. 163. Einzugsvorrichtung für den Krempelflor.

durch die Trommeln t_1 bis t_5; die Walzen w_3, $_4$, $_5$ besorgen die Pelzverdichtung, die Wickelvorrichtung W ermöglicht das Aufrollen des fertigen Pelzes. Das Wickeltuch läuft mit ca. 1 Min. Umlaufsdauer. Die Pelzgewichte werden bei 24 Florlagen in 20 Min. ca. 4 kg erreichen. Bei sehr kurzem und schwerem Fasermaterial ist es vorteilhafter, liegende Pelz-Hin- und -Herführungen eventuell zwischen zwei Führungstüchern anzuwenden. Diese sind besonders an jenen Stellen nötig, wo der gebildete Pelz am Führungstuch nach unten hängt. Die Kontrolle der Pelznummer erfolgt, da die Zahl der Florlagen maßgebend ist, durch eine Zeitkontrolle, die durch ein Zählwerk mit Klingeleinrichtung unterstützt werden kann.

In Abb. 165 ist das Aufreißen und Aufrollen des Pelzes auf der Wickelwalze ersichtlich. Die Auflagewickel auf den Auflegetisch müssen besonders auf dem Tisch der dritten Krempel von ungleicher Länge sein, damit der Auslauf der Pelzlänge nicht gleichzeitig eintritt, was zu Fehlern im Vorgarn führen würde. Man bildet deshalb gewöhnlich aus dem ersten Pelz eine neue Spinnpartie, auf der Langpelzvorrichtung 2 Wickel, die aus $\frac{1}{3}$ bzw. $\frac{2}{3}$ der ganzen Pelzlänge bestehen. Diese beiden Pelze legt man dann der nächsten Krempel vor und hat dadurch an den Stößen eine ständige Versetzung der Pelzenden von $\frac{1}{3}$ der Pelzlänge. Die hohe Egalität des Pelzes der Langpelzvorrichtungen ermöglicht eine besonders gute Einhaltung der Pelz- und Vorgarnnummer und hat dazu geführt, daß man meist hinter der zweiten Krempel bei 3-Krempelsätzen Langpelze schafft und sie dubliert der

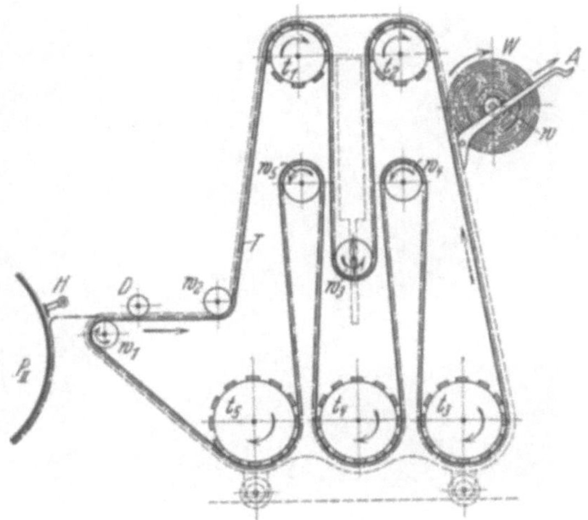

Abb. 164. Langpelzapparat von Martin.

Abb. 165. Langpelzapparat von Martin.

dritten Krempel vorlegt, während man die erste und zweite Krempel mit Bandübertragungen versieht. — Besonders die Bandübertragungen mit Abreißen der Florstreifen führen leicht durch ungleichen Florriß zu ungleicher Speisung. Deshalb wird die Regelung des Vließzulaufes und damit die Pelzlieferungsgeschwindigkeit für die nächste Krempel für die Nummer des Pelzes maßgebend sein.

Namentlich die Bügeloder Abreißwalze des Flores, die bis auf ca. 1 mm Entfernung an die Schwingbretter heranrollt, darf bei kurzem Material, also schlechtem Flor, nicht zu rasch bewegt werden, um Reißen des Flores zu vermeiden. Bei längeren Wollen dagegen muß die Bügelwalze schneller bewegt werden und schnell durchreißen, damit der Flor sich nicht auf ihr aufwickelt.

Zum Ausgleich des Materials in der Auflage und zur Erreichung eines gleichmäßigen Vorgarns über die ganze Bandbreite legt man die beiden Pelze am Speisetisch der dritten Krempel mit vertauschten Rändern aufeinander auf. Um dem Arbeiter diese Auflage zu erleichtern, gewöhnt man ihn daran, den einen Pelz mit der Wickelrolle nach oben, den andern mit der Wickelrolle nach unten aufzulegen, wodurch automatisch der Kantenwechsel der Pelze eintritt. Die Auflage dreier Wickel, wie sie vereinzelt verwendet wird, führt kaum bessere Egalität in der Speisung über die Pelzbreite herbei, dagegen ist die Verschiebung der Stoßenden hier besonders umständlich.

Abb. 166a. Parallelfaserpelz.

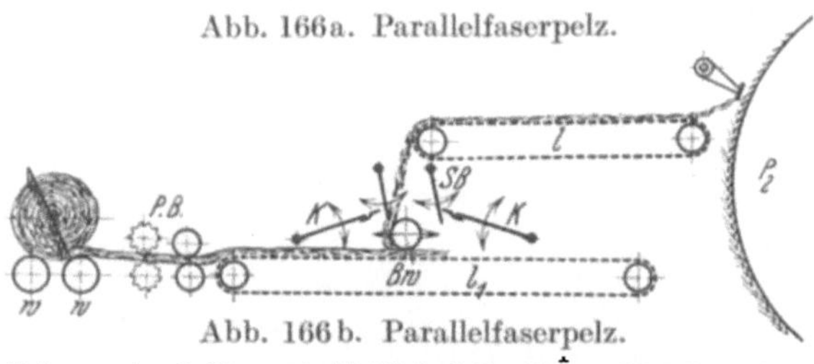

Abb. 166b. Parallelfaserpelz.

P_2 Peigneur der 2. Krempel, $l\,l_1$ Förderlattentücher, SB Schwingbretter, K Abstreifklappen, Bw Bügelwalze, PB Pelzverdichter, w Wickelwalzen.

Abb. 167a. Flortafelung.

Die Laufzeit eines Wickels von ca. 12 m auf der dritten Krempel dauert ca. 45 Min., die Zeit für die Bildung eines Wickels auf der zweiten Krempel

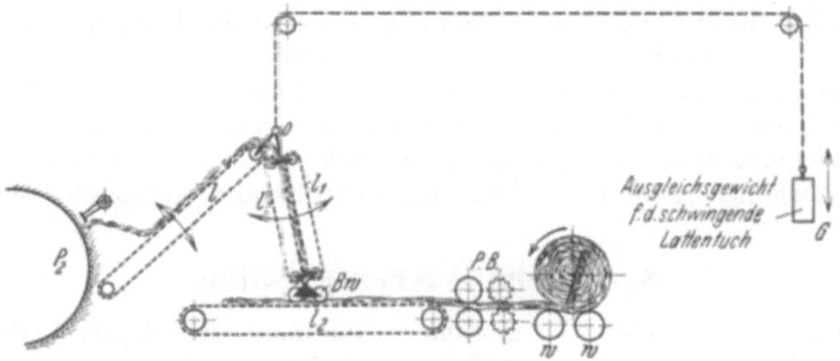

Abb. 167 b. Flortafelung.

ca. 25 Min. Um einen ununterbrochenen Gang der dritten Krempel, die ja für die Produktion des Krempelsatzes die maßgebende ist, zu erreichen, ist es nach dem Putzen des Krempelsatzes zweckmäßig, zuerst mindestens einen Reservewickel bei der ersten Pelzwickelvorrichtung herzustellen, dann erst wird mit dem Betrieb der Vorspinnkrempel eingesetzt. Ebenso geht man beim Beginn einer neuen Partie vor. Während des Laufes einer Spinnpartie soll also bei der Vorspinnkrempel außer den zwei aufgelegten Wickeln mindestens ein Reservewickel vorhanden sein. Erfahrene Spinner stellen bei 3-Krempelsätzen die ersten

Abb. 168a. Wickelvorlage.

zwei Krempel auf etwas raschere Ablieferung ein, so daß automatisch Reservewickel für die dritte Krempel vorhanden sind.

Die Bildung von Langpelzen bei Parallelfaserspeisung ist aus den Abb. 166a und b erkennbar. Die Abb. 166a und die zugehörige Nebenskizze als Längenschnitt zeigen die Abnahme des Flors und seine Abtafelung durch eine Tafelwalze Bw, die aber den Flor nur legt, ohne ihn zu reißen. Der Pelzverdichter PB drückt den Pelz nur

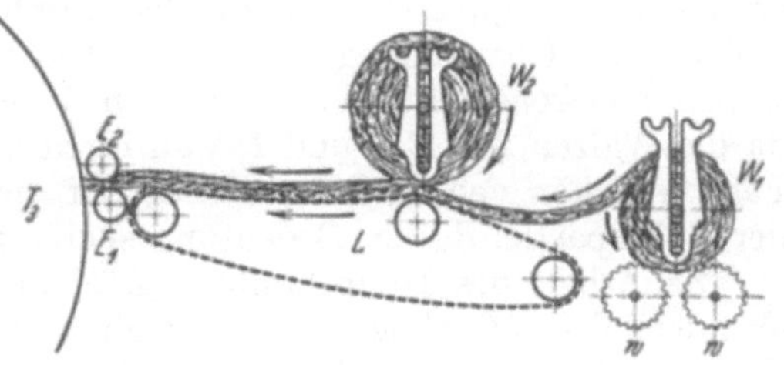

Abb. 168 b. Wickelvorlage.

nieder, um ihn zu verdichten. Da der Flor in seiner Laufrichtung getafelt wird, liegen die Haare ungefähr in der Laufrichtung und behalten diese Lage auch bei der Speisung in der nächsten Krempel. Die Abb. 167a und b zeigt eine andere

Bauart dieser Flortafelung. Infolge der Hochführung der Lattentücher l und l_1 ist eine besonders breite Tafelung des Flors möglich, so daß, bei gleichzeitiger Vermeidung von Florrissen, ein besonders homogen gelegter Pelz entsteht. Die schwingenden Massen der Lattentücher l_1 sind durch das Balancegewicht g ausgeglichen.

In Abb. 168a und b und zugehöriger Längsschnittskizze ist die schon früher erwähnte Speisung von Langpelzen mit gegeneinander gekehrten Wickellagen zur Vergleichmäßigung der Speisung ersichtlich. Diese Betriebsaufnahme zeigt auch das Aussehen reinwoller Pelze aus gut filzender, kompakter Wolle.

8. Neuere 3-Krempelsätze.

Für mittlere und feine Garnnummern kommen bei entsprechenden Wollmaterialien bzw. Wollmischungen 3-Krempelsätze zur Anwendung. Diese erzielen durch eine große Anzahl von Arbeitsstellen eine allmählich fortschreitende Auflösung auf und damit ein gleichmäßigeres bzw. feineres Endprodukt. Man baut die 3-Krempelsätze entweder in Nebeneinander- oder Hintereinanderanordnung der einzelnen Krempeln mit Parallel- oder Kreuzfaserspeisung. In Großspinnereien zieht man manchmal auch ganz kontinuierliches Arbeiten durchweg mit Bandübertragungen vor, namentlich wenn es sich um Massenproduktion in großen Partien — 2000 kg und mehr — bei billigerem Material handelt. Feinspinnereien, die hohe Anforderungen an die Garnqualität stellen, ziehen vielfach zwischen der zweiten und dritten Krempel den Langpelz vor, was früher begründet wurde.

Die Abb. 169 bis 174 lassen die heute übliche Anordnung eines 3-Krempelsatzes in gekuppelter Bauart erkennen. Die Reiß- oder Grobkrempel zeigt einen Speise- und Wiegeapparat, welcher die Wolle in gleichen Gewichtsmengen auf die Längeneinheit des Tisches wirft, der sie der Krempel zuführt. Vom Tisch wird das Material durch die Speise- oder Entreewalzen 62 und 80 der Vorreißwalze 203 übergeben; von hier gelangt es in kleine Einzelflocken aufgelöst auf den Vortambur des Avanttrains 250, der das Merkmal einer modernen Krempel darstellt. Die Leistungssteigerung der Krempel in neuerer Zeit war nur dadurch möglich, daß die ursprünglich in grober Abstufung erfolgende Auflösung des Fasergutes durch den Einbau des Avanttrains, als eine Art Zwischenkrempel, in eine weitgehend abgestufte Verfeinerung der Auflösung umgewandelt wurde.

Dadurch war aber auch eine weitere Steigerung der Arbeitsgeschwindigkeit und damit der Leistung möglich. Der Vortambur 250 mit seinen Arbeiter- und Wenderwalzen $80, 66, 80$ lockert weiter vor. Mittels der Übertragungswalze 188 erfolgt die Faserübertragung auf den Tambur 1230. Es sei gleich hier bemerkt, daß bei der Übertragungswalze besonders für die kürzeren Wollen und Kunstwollen eine konstruktiv noch immer nicht einwandfrei gelöste Aufgabe vorliegt, da die Walzen $203, 250$ und 188 an ihrem unteren Umfange Ursache zu großen Faserverlusten geben. Jeder Erfolg auf diesen Teilen verbessert den „Stand" der Spinnpartie, dessen Bedeutung später besonders erörtert wird.

Die Arbeit des Haupttamburs 1230 mit den Arbeiterwalzen 214 und den Wenderwalzen 80 erfolgt mit entsprechender Steigerung der Auflösung in einzelne Fasern mit immer stärker steigendem Relativgeschwindigkeitsverhältnis der Krempelbelege. Der Volant 300 hebt den Faserflor, der Peigneur 850 arbeitet in bekannter Art kratzend.

Die Florablage erfolgt hier bandförmig, je nachdem Parallel- oder Kreuzfaserspeisung angewendet ist. Das Pelzband wird automatisch auf den Tisch der zweiten oder Mittelkrempel übertragen. Diese löst mit feineren Belegen weitgehender und vergleichmäßigender abermals in einen Flor auf. Die Steigerung der Egalität zeigt besonders der Vergleich der Flore der beiden Krempel. Die Ablieferung

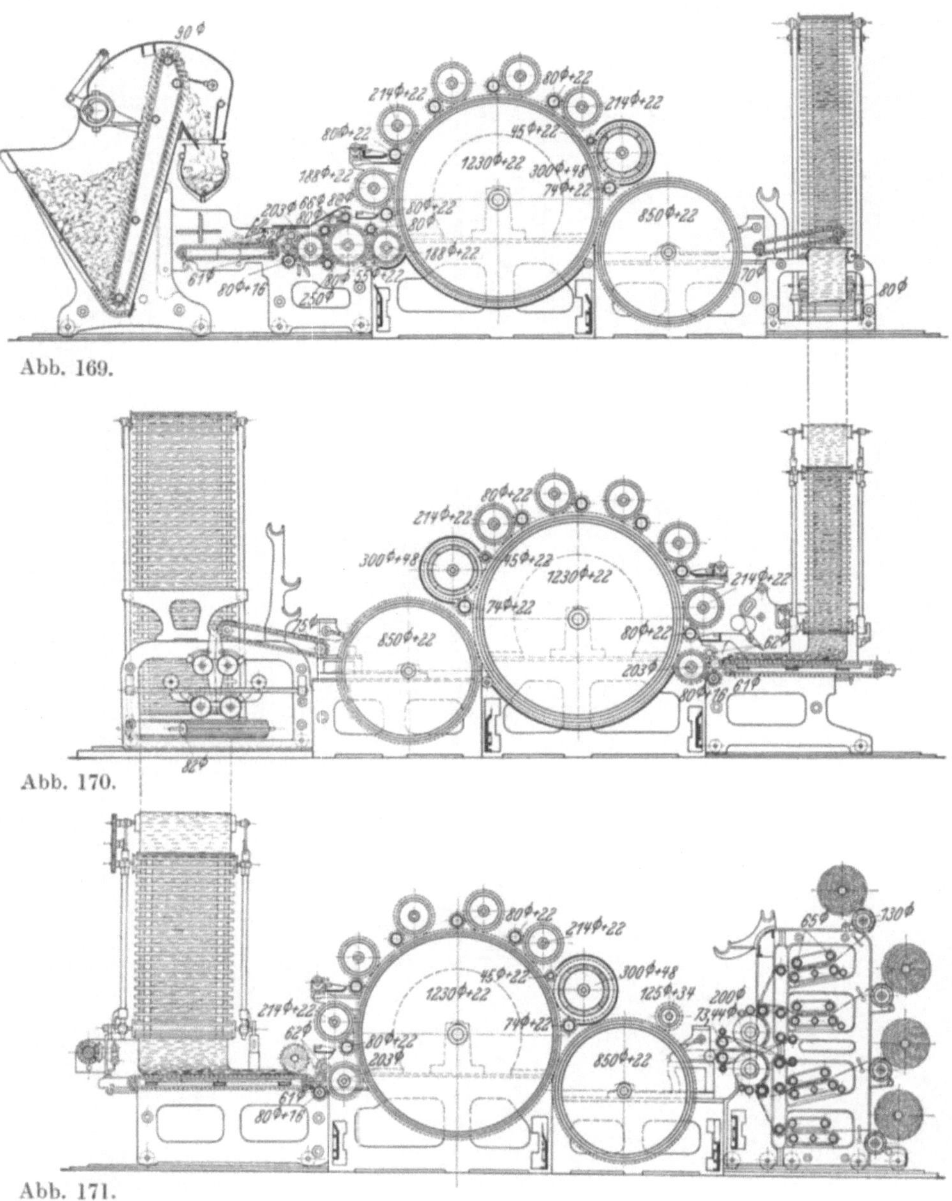

Abb. 169.

Abb. 170.

Abb. 171.

Abb. 169 bis 174. 3-Krempelsatz von Hartmann, Chemnitz.

der zweiten Krempel formt mit Hilfe des Florabreißapparates durch Übereinanderlegen der abgerissenen Florstreifen einen Breitbandpelz, der mit gleichbleibender Faserlage (Parallelfaserspeisung) auf den Zuführtisch der dritten Krempel automatisch übertragen wird. Diese Mechanisierung der Übertragung gibt höhere Gleichmäßigkeit und ermöglicht die Bedienung des ganzen 3-Krem-

9*

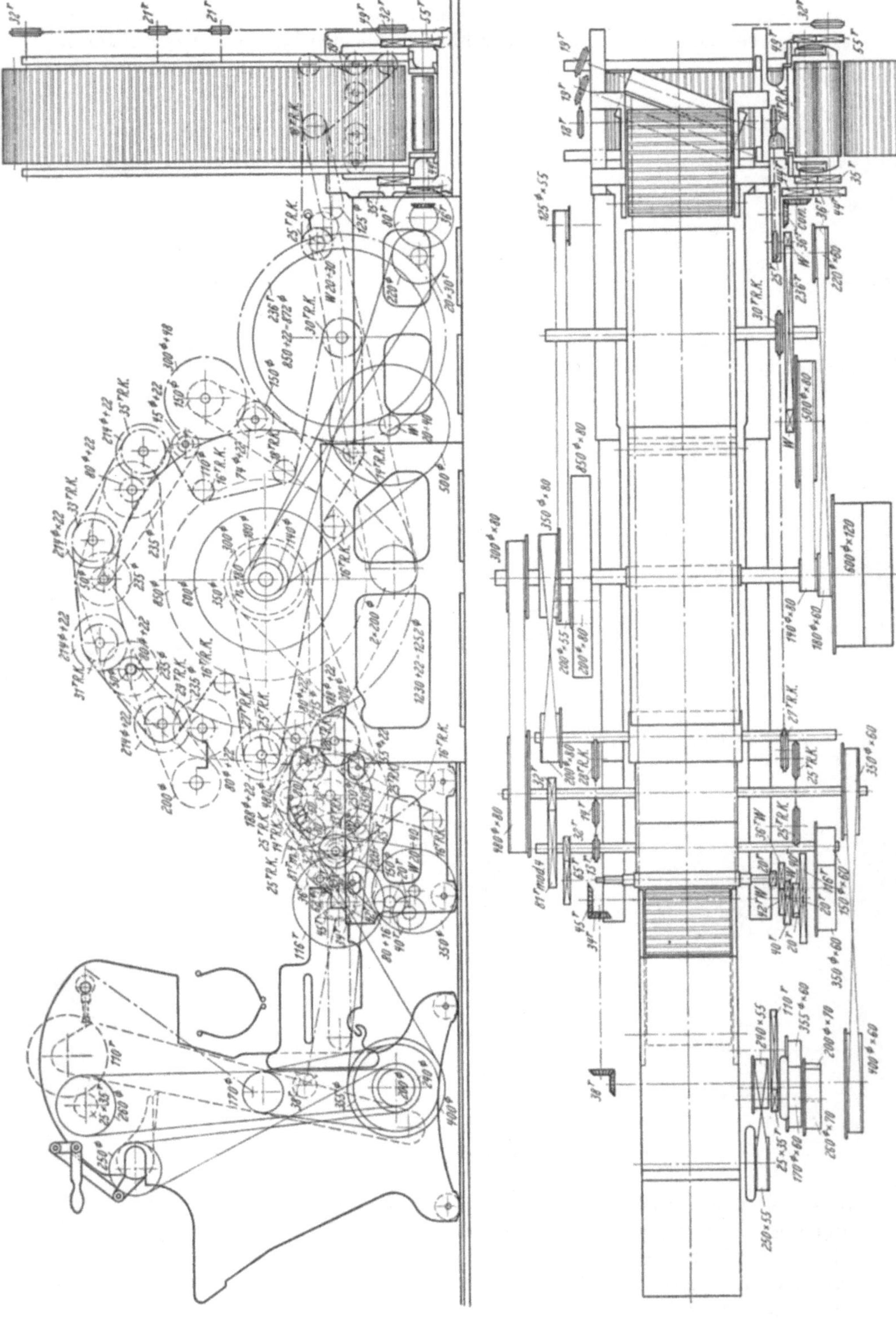

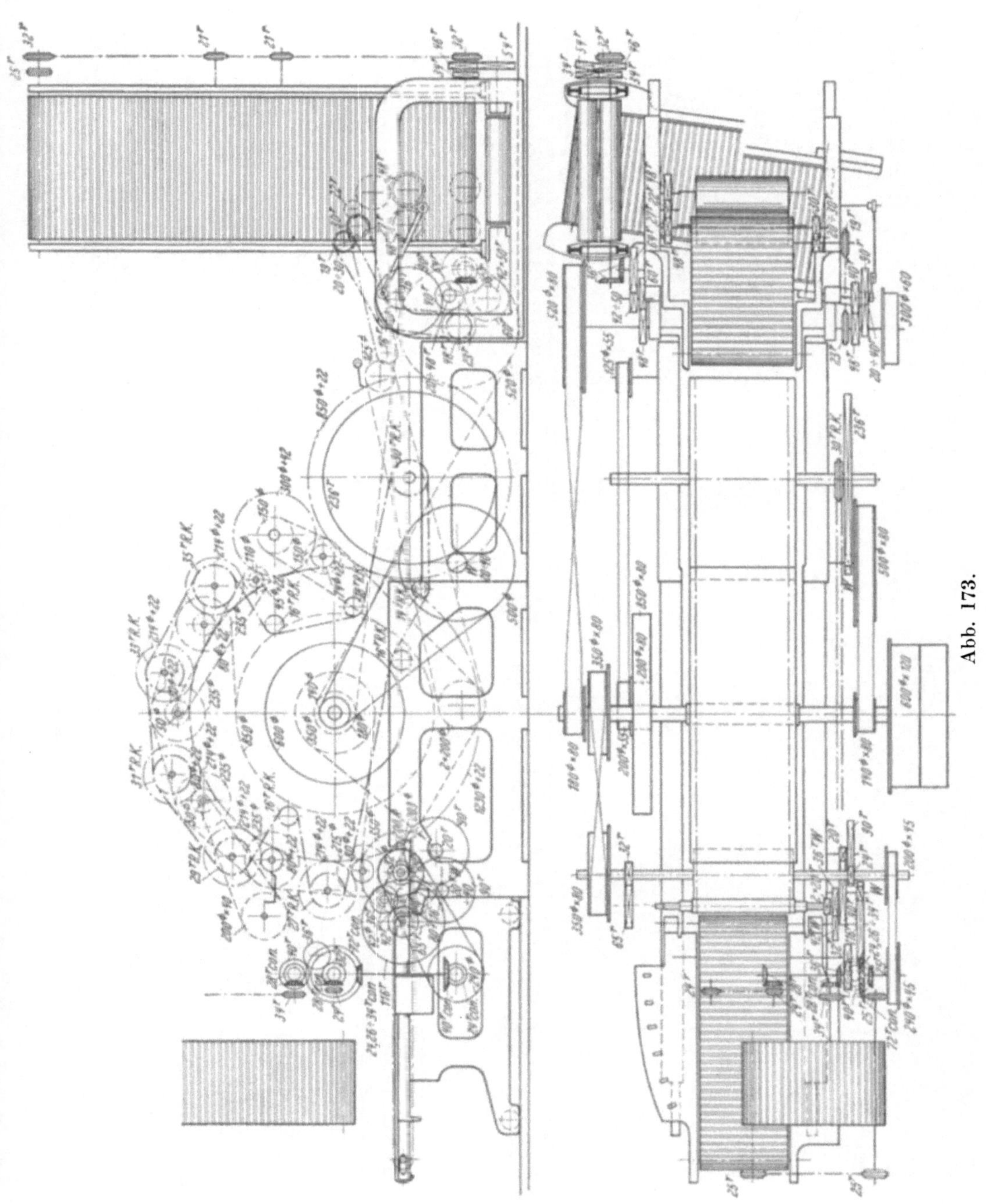

Abb. 173.

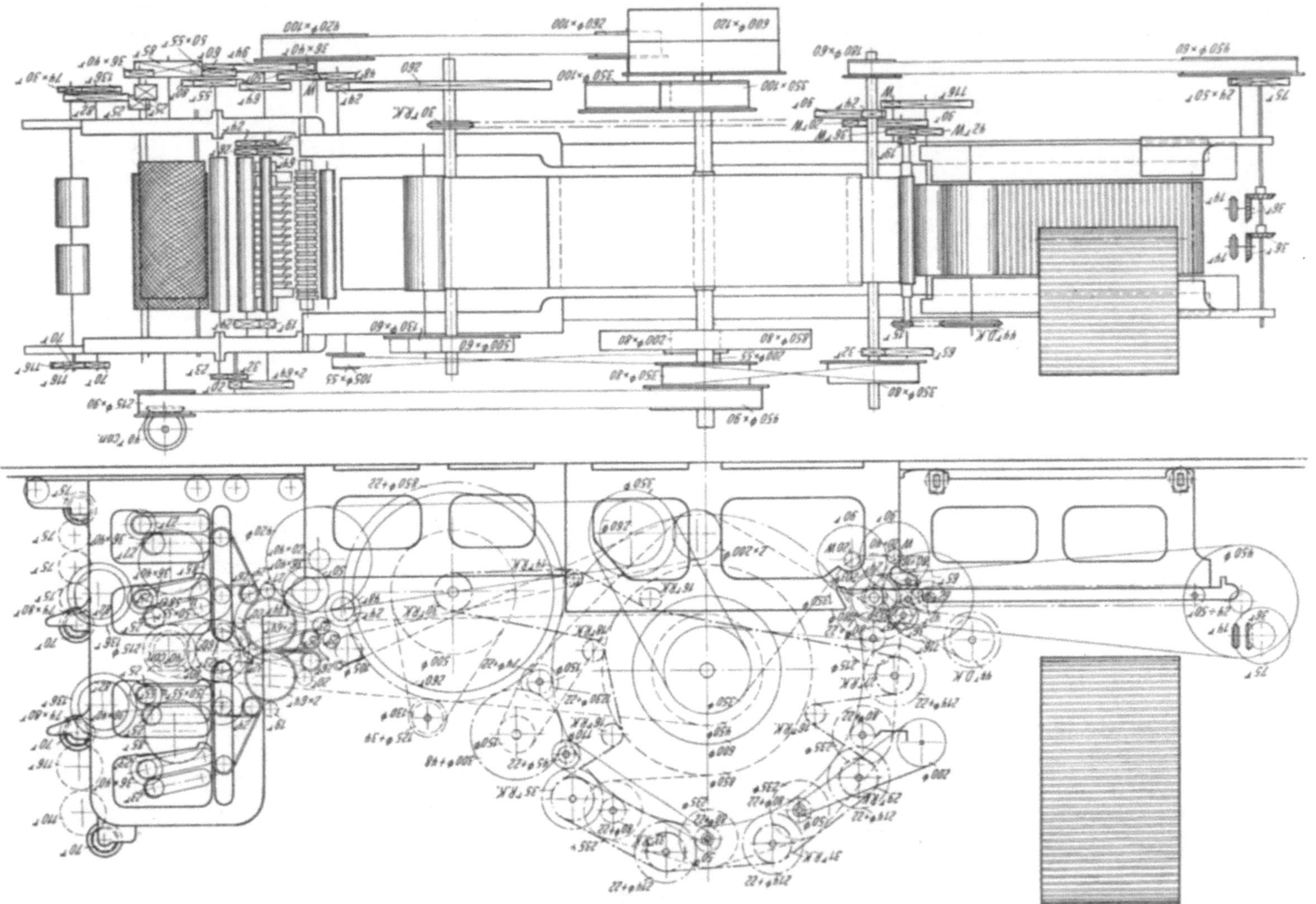

pelsatzes durch einen Arbeiter. Die dritte Krempel vollendet die Auflösung des Fasergutes, bildet einen möglichst egalen Flor und erzeugt durch Teilung in Längsstreifen und Nitschelung derselben das drehungslose Vorgarn[1].

Verzugsrechnungen. Laut Abbildung der Reißkrempel l ist:

n_{Ta} = die Tamburtourenzahl,

Φ_{Ta} = Tamburdurchmesser,

n_{pe} = Peigneur-Tourenzahl,

Φ_{140} = Antriebsriemenscheibendurchmesser an der Tamburachse,

Φ_{500} = Gegenscheibendurchmesser hierzu,

W_p = Zähnezahl des Peigneurwechselrades (bei Hartmann 20—40),

Z_p = Zähnezahl des Peigneurachsenrades.

Es folgt

$$n_{pe} = n_{Ta} \cdot \frac{\Phi_{140}}{\Phi_{500}} \cdot \frac{W_p}{Z_p} \, , \tag{1}$$

für $W_p = 20$ folgt $n_{pe} = 3{,}32$.

Die Umfangsgeschwindigkeit v_{pe} des Peigneurs ist identisch mit der abgelieferten Florlänge als der **Lieferung**, die für den erzeugenden Industriellen die wichtigste Zahl der Krempel bildet:

$$v_{pe} = \Phi_{pe} \cdot \frac{\pi \cdot n_{pe}}{60} = \Phi_{pe} \cdot \frac{\pi}{60} \cdot n_{Ta} \cdot \frac{\Phi_{140}}{\Phi_{500}} \cdot \frac{W_p}{Z_p} = K_{op} \cdot W_p \, . \tag{2}$$

Der Spinnereiingenieur findet jeden weiteren Wert von v_{pe} aus dem Graphikon (siehe Abb. 175).

Die Tamburtourenzahl wird bei dem in Stapelerzeugung arbeitenden Betrieb der verarbeitenden Wollmischung bestmöglichst angepaßt; für bessere Streichgarne (Reinwolle) wählt man für moderne Grobkrempel $n_{Ta} = 140$.

Die Krempelleistung wird direkt maßstäblich abgenommen.

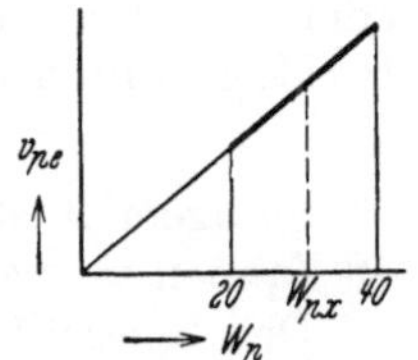

Abb. 175. Lieferwechseldiagramm.

Ist n_{Tav} Tourenzahl des Vortamburs (Avanttrains), so wählen wohl die Spinnereimaschinenfabriken ein festes Übersetzungsverhältnis $\frac{n_{Tav}}{n_{Ta}}$; dasselbe muß aber der kontinuierlich gesteigerten Auflösung des Fasermaterials angepaßt sein (siehe später Kämmungskurven).

Bei der Grobkrempel von Hartmann, Chemnitz, ist

$$\frac{n_{Ta}}{n_{Tav}} = \frac{\Phi_{Tav}}{\Phi_{Ta}} = \frac{300}{480} \, . \tag{3}$$

Die Umfangsgeschwindigkeiten des Haupttamburs v_{Ta} und des Vortamburs v_{Tav} sind daher laut Abbildung 174

$$v_{Ta} = \Phi_{Ta} \cdot \frac{n_{Ta}}{60} \cdot \pi \, , \tag{4}$$

$$v_{Tav} = n_{Ta} \cdot \frac{\pi}{60} \cdot \frac{\Phi_{300}}{\Phi_{480}} \cdot \Phi_{Tv} \, , \tag{5}$$

wobei Φ_{Tv} der Avanttrain-Tambur-Durchmesser, gemessen in den Kratzenspitzen, ist.

Das Verhältnis der beiden Tambourumfangsgeschwindigkeiten $\frac{v_{Ta}}{v_{Tav}}$ ist für

---

[1] In den Ausführungen sind mit Rücksicht auf die große Zahl der Arbeitsorgane die Durchmessermaße als Bezeichnungen für die betreffenden Walzen gewählt. Verwechslungen können hier nicht eintreten, da die Grundsätze des Krempelns als bekannt vorausgesetzt sind.

den kontinuierlich gesteigerten Auflösungsvorgang von größter Wichtigkeit (siehe Gesamtkurve der Relativgeschwindigkeiten Abb. 176).

Die Umfangsgeschwindigkeit der Vorreißwalze v_{rv} ist analog

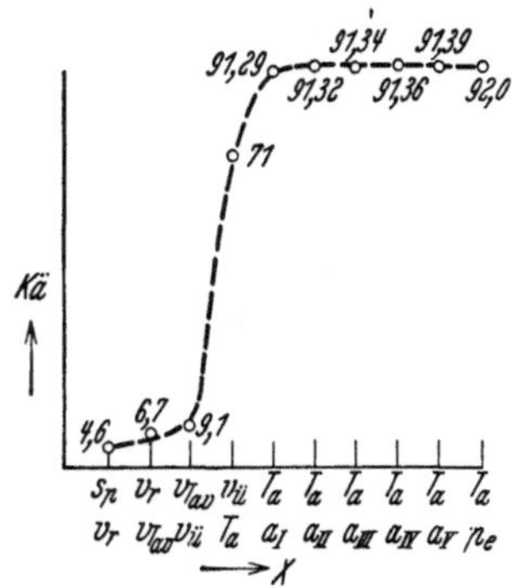

Abb. 176. Auflösungskurve.

$$v_{rv} = \Phi_{rv} \cdot \pi \cdot \frac{n_r}{60}, \qquad (6)$$

$$n_{rv} = n_{Tav} \cdot \frac{r_{32}}{r_{81}} = \frac{\Phi_{300}}{\Phi_{480}} \cdot n_{Ta} \cdot \frac{r_{32}}{r_{81}}, \qquad (7)$$

also ebenfalls ein **fixes Verhältnis** bei einmal gewählter Tamburtourenzahl. Ist ferner Φ_{la} der Durchmesser der Transportwalzen der Zuführlattentische v_{la} die zugehörige Geschwindigkeit, so folgt

$$v_{la} = \Phi_{la} \cdot n_{la} \cdot \frac{\pi}{60}. \qquad (8)$$

Laut Abbildung ist

$$n_{la} = n_{rv} \cdot \frac{\Phi_{150}}{\Phi_{350}} \cdot \frac{W}{r_{40}} \cdot \frac{r_{20}}{r_{40}} \cdot \frac{r_{20}}{r_{116}},$$

mit Gleichung (7) vereinigt, ergibt sich

$$n_{la} = \frac{\Phi_{Ta}}{\Phi_{Tav}} \cdot n_{Ta} \cdot \frac{r_{32}}{r_{81}} \cdot \frac{\Phi_{150}}{\Phi_{350}} \cdot \frac{W}{r_{40}} \cdot \frac{r_{20}}{r_{40}} \cdot \frac{r_{20}}{r_{116}}, \qquad (9)$$

$$v_{la} = \Phi_{la} \cdot \frac{\pi}{60} \cdot \frac{\Phi_{Ta}}{\Phi_{Tav}} \cdot n_{Ta} \cdot \frac{r_{32}}{r_{81}} \cdot \frac{\Phi_{150}}{\Phi_{350}} \cdot \frac{1}{r_{40}} \cdot \frac{r_{20}}{r_{40}} \cdot \frac{r_{20}}{r_{116}} \cdot W$$

oder, alle konstanten Größen in obiger Gleichung zur sogenannten Krempeltischkonstanten K_{oT} vereinigt,

$$v_{la} = K_{oT} \cdot W.$$

Sinngemäß ist wieder die Ermittlung weiterer Werte, da W zwischen 20 und 40 Zähnen schwankt, graphisch am einfachsten.

Der Speisetisch hat die Aufgabe, die vom **Speise- und Wiegeapparat** aufgeworfene Wollmenge in regelmäßigen Zeitabschnitten aufzunehmen und mit gleichmäßiger Speisegeschwindigkeit den Speisewalzen zu übergeben.

Ist N_{AZ} die Auflagenummer am Zuführtisch, die für eine bestimmte Flornummer N_{fp} am Peigneur nötig ist, so ist für jede Krempel (unter Vernachlässigung der Faserverluste, siehe spätere Berechnung des Materialstandes)

$$N_{fp} : N_{AZ} = V_{Kr}$$

der Gesamtverzug der Krempel. Derselbe ist auch durch das Verhältnis zwischen der Peigneurumfangsgeschwindigkeit v_p und der Speisewalzen-(Entree-)Geschwindigkeit v_{spW} gegeben.

$$v_p : v_{spW} = V_{Kr} = N_{fp} : N_{AZ} \qquad (10a)$$

$$v_{spW} = \Phi_{spW} \cdot \frac{\pi}{60} \cdot n_{spW} \qquad (11)$$

$$n_{spW} = n_{la} \cdot \frac{r_{42}}{r_{36}} = n_{Ta} \cdot \frac{\Phi_{Ta}}{\Phi_{Tav}} \cdot \frac{r_{32}}{r_{81}} \cdot \frac{\Phi_{150}}{\Phi_{350}} \cdot \frac{W}{r_{40}} \cdot \frac{r_{20}}{r_{40}} \cdot \frac{r_{20}}{r_{116}} \cdot \frac{r_{42}}{r_{36}} \qquad (12)$$

$$v_{spW} = \Phi_{spW} \cdot \frac{\pi}{60} \cdot n_{Ta} \cdot \frac{\Phi_{Ta}}{\Phi_{Tav}} \cdot \frac{r_{32}}{r_{81}} \cdot \frac{\Phi_{150}}{\Phi_{350}} \cdot \frac{W}{r_{40}} \cdot \frac{r_{20}}{r_{40}} \cdot \frac{r_{20}}{r_{116}} \cdot \frac{r_{42}}{r_{36}} \qquad (12a)$$

In obiger Gleichung können alle Größen bis auf W zur Konstanten des Speisewalzengetriebes zusammengefaßt werden, K_{os} also $v_{spW} = K_{os} \cdot W$ vereinigt mit Gleichung (2) ergibt daher den **Gesamtverzug der Krempel**

$$V = \frac{v_p}{v_{spW}} = \frac{K_{op} \cdot W_p}{K_{os} \cdot W} = K \cdot \frac{W_p}{W}, \qquad (13)$$

worin K die **Krempelhauptkonstante** ist. Diese Beziehung ergibt die Abhängigkeit des Verzuges von der Konstanten und den Wechselrädern der Speisung und Ablieferung, während die älteren Rechnungsarten[1] mit einer konstanten, möglichst großen Speisung rechnen (Tischauflage), um bei höchstmöglichem Verzug auf die größtmögliche Ablieferung zu kommen. Es wird gewiß das Bestreben des praktischen Spinners sein, diese Steigerung bis an die Grenzen zu bringen, welche noch ein brauchbares Gespinst ergeben. Durch übergroße Speisung, Verzug und Ablieferung entstehen Unegalitäten im Flor, welcher Fehler im steigenden Maße besonders für die Mittelkrempel und am meisten für die Vorspinnkrempel gilt.

Die Vorspinnkrempel bestimmt den Ausfall der ganzen Spinnpartie in technischer und finanzieller Richtung. Entstandene Fehler können beim Feinspinnen nur mehr wenig gemildert werden.

Der Speise- und Wiegeapparat. Die metrische Nummer der Tischauflage ist

$$N_{AZ} = \frac{L_{az}}{G_{az}}, \tag{14}$$

wobei L_{az} die Tischauflagelänge in Metern ist und G_{az} das zugehörige Gewicht in Gramm. Diese Beziehung gilt für jede Länge, also auch für die in der Zeiteinheit auflaufende Speisetischgeschwindigkeit:

$$v_{la} = L_{az} \tag{15}$$

Das Nadeltuch des Speisekastens führt die Wolle in lockerer Verteilung unter Abnahme durch einen Abschlagkamm in die Wollwaage. Da die Zuführgeschwindigkeit dieses Speisetuches entsprechend groß gewählt wird, so ist das Gewicht G_{az} viel früher, als der zugehörigen Speisetischlänge entspricht, aufgefüllt. Die Waage stellt mit Hilfe eines einstellbaren Laufgewichtes bei Erreichung des Gewichtes G_{az} den Antrieb des Zuführlattentuches und Abstreichkammes mittels einer Kuppelung ab.

Bei Hartmann, Chemnitz, ist die Geschwindigkeit des Speiselattentuches im Speise- und Wiegeapparat

$$v_{las} = \Phi_{las} \cdot n_{las} \cdot \frac{\pi}{60}, \tag{16}$$

wobei

$$n_{las} = \frac{\Phi_{Ta\,300}}{\Phi_{Tav\,480}} \cdot \frac{\Phi_{350}}{\Phi_{400}} \cdot \frac{\Phi_{200}}{\Phi_{260}} \cdot \frac{r_{25} \cdots 30}{r_{110}}$$

$v\,25 \cdots \cdots 30$ ein Wechselrad,
also

$$v_{las} \cdot \Phi_{las} \cdot \pi \cdot \frac{\Phi_{Ta\,300}}{\Phi_{Tav\,480}} \cdot \frac{\Phi_{350}}{\Phi_{400}} \cdot \frac{\Phi_{200}}{\Phi_{260}} \cdot \frac{r_{25} \cdots 30}{r_{110}}$$

oder bei Vereinigung der konstanten Größen

$$v_{las} = K_{las} \cdot r_{25 \cdots 30} \cdot \tag{17}$$

Die Veränderung von v_{las} ist wieder graphisch leicht darstellbar, wird aber selten durchgeführt; da, wie oben erwähnt, jede Streichgarnspinnerei eine gewisse Gruppe von Stapelgarnen erzeugt, an welche sie schon durch ihre Krempelbeschläge (Kratzen) gebunden ist, wird es möglich sein, für bestimmte Stapelerzeugungen die entsprechend möglichst große Lattentuchgeschwindigkeit zu wählen.

Der Speisetuchantrieb muß ein Vielfaches der Speisung ermöglichen, da in dem Zeitraum, in welchem die Wollwaage gefüllt wird, nicht auf den Zuführtisch

---

[1] Siehe **Bergmann**: Brünner Monatsschrift für Textilind. 1909 S. 152.

der Krempel aufgeworfen werden kann. Da überdies der Zuführtisch der Krempel erst nach einem bestimmten Zeitraum frei wird, so muß indessen der Antrieb des Speisetuches ausgeschaltet bleiben.

Die Einstellung des Gewichtes G_{az} bildet daher die einzige Verstellung, die der praktische Spinner am Speise- und Wiegeapparat vornimmt, weil heute der Nummern- und Materialunterschied einer in Stapelarbeit eingestellten Krempel bei gleichbleibendem Kratzenbeschlag gering ist. Die Gesamteinstellung des Krempelverzuges ist, wie oben erwähnt, in hohem Maße mit der Materialmengung (Wollmanipulation) verwandt, so daß man, um einen egalen und daher gutes Vorgarn liefernden Flor zu gewinnen, die Peigneurtourenzahl möglichst wenig ändert (siehe Kämmung S. 140).

Bei einer im Betriebe befindlichen Krempel wird man aus den Gleichungen (10b) und (13) den Verzug bestimmen, nachdem man vorher die Vorgarnnummer aus der Feingarnnummer und dem praktisch günstigsten Selfaktorverzug ermittelt hat.

Ist

N_{fg} die Feingarnnummer,
N_{vog} die Vorgarnnummer,
V_{sf} der Selfaktorverzug,

so ist

$$V_{sf} = \frac{N_{fg}}{N_{vog}} \quad \text{oder} \quad N_{vog} = \frac{N_{fg}}{V_{sf}}. \tag{18}$$

Ist Z_{vog} die Anzahl der Vorgarnfäden inklusive Eckfaden, so beträgt die Flornummer N_{flof} auf der Vorspinnkrempel

$$N_{flof} = \frac{N_{vog}}{Z_{vog}} = \frac{N_{fg}}{V_{sf}} \cdot \frac{1}{Z_{vog}}. \tag{19}$$

Die Flornummer steht aber durch den Verzug auf der Vorspinnkrempel in direktem Verhältnis zur Pelzvorlagenummer des durch den Bandabrißapparat auf der Mittelkrempel gebildeten Pelzes. Ist N_{op} die Nummer des Mittelkrempelpelzes, so ist zu beachten, daß dieser Pelz durch Übereinanderlegen des Bandschichten einzelner Florstreifen gebildet wird, die quer zur Arbeitsrichtung der Krempel auf die fixe Breite des Breitbandübertragungsapparates abgerissen werden.

Dabei gilt, wenn V_{vsK} der Verzug auf der Vorspinnkrempel ist, analog den eingangs gewonnenen Verzugsgleichungen auf der Grobkrempel

$$V_{vsK} = \frac{N_{flof}}{N_{op}} \quad \text{bzw.} \quad N_{op} = \frac{N_{flof}}{V_{vsK}} \tag{20}$$

oder

$$N_{op} = \frac{N_{fg}}{V_{sf}} \cdot \frac{1}{Z_{vog}} \cdot \frac{1}{V_{vsK}}.$$

Die Zahl der Florabrisse Z_{pa}, um den Pelz mit der Nummer N_{op} zu bilden, wenn N_{flmK} die Flornummer der Mittel- oder Pelzkrempel ist, ergibt sich aus

$$Z_{pa} = \frac{N_{flmK}}{N_{op}}. \tag{21}$$

Der Flor der Mittelkrempel wird von dem Tafelapparat, der in fixem Übersetzungsverhältnis vom Tambur angetrieben wird, auf den Abtransporttisch abgetafelt und dabei in breiten Streifen abgerissen und durch Überlagerung der Breitbandpelz gebildet.

Der Antrieb des Ablieferungstisches ist in Anpassung an die Florablieferung des Peigneurs der Mittelkrempel mit einem Wechselrad r_{20} bis r_{30} ausgestattet.

Die Ablieferungsgeschwindigkeit des Abtransporttisches für den Flor ist analog dem Obigen:

$$V_{atmK} = K_{\ddot{u}mK} \cdot r_{20\cdots30}, \tag{22}$$

worin $K_{\ddot{u}mK}$ die Übertragungskonstante vom Tambur aus und r_{20} bis r_{30} das entsprechende Wechselrad ist. Es wird meist nach Einstellung des Krempelsatzes bei der Montage für eine bestimmte Stapelerzeugung nicht mehr gewechselt.

Die Zahl der Florabrisse Z_{pa} ist aber auch aus dem Getriebe gerechnet gleich der doppelten Tourenzahl der Antriebskurbel für die Abreißwalzen:

$$Z_{pa} = 2 \cdot n_{Ta} \cdot \frac{\varPhi\,180}{\varPhi\,520} \cdot \frac{r_{48}}{r_{40}} \cdot \frac{r_{20\cdots40}}{r_{90}}. \tag{23}$$

Nur bei bedeutenden Nummern- und damit Flor- und Verzugsänderungen wird auch hier zum Radwechsel gegriffen.

Der Verzug der Mittelkrempel steht der Größe nach zwischen dem Verzug der Grobkrempel und dem der Vorspinnkrempel. Er wird aus dem Getriebe — das jedoch, wie die Abbildung der zweiten Krempel zeigt, einfacher ist — analog ermittelt nach

$$V_{KmK} = K \cdot \frac{W}{W_p} \text{ (laut Gl. 13)},$$

woraus die Pelznummer für den Vorlagepelz der Mittelkrempel folgt:

$$N_{opm} = \frac{N_{flom}}{V_{KmK}}. \tag{24}$$

Die Vorlagepelznummer der Mittelkrempel N_{opm} wird durch Zusammenziehen des Flors der Grobkrempel (erste Abbildung) mittels schräger Abnehmerwalzen durch Bildung eines Schmalbandes erzielt. Dieses wird zu einer Pelzfläche auf dem Vorlagetisch der Mittelkrempel zusammengelegt (Kreuzfaserspeisung). Die Anzahl der Bandlagen (Hin- und Herbewegungen) des Bandes entspricht der Speisetischgeschwindigkeit der Mittelkrempel.

In der Praxis wählt man meist den obenerwähnten Weg der größten Produktion bei noch ausreichender Floregalität, was einer Höchstgeschwindigkeit des Peigneurs an der Vorspinnkrempel von etwa 4 bis 4,2 Touren, bei der Mittelkrempel ca. 3,5 Touren und bei der Grobkrempel etwa 3 Touren je Min. ergibt. Die Verzüge werden dabei bis zur höchst möglichen Speisung gesteigert.

Die enorme Bedeutung der technologisch richtigen Durchführung des Krempelprozesses ist in E. Müllers „Studien über das Krempeln der Baumwolle" und insbesondere in dem Aufsatz Haußners „Theorie des Krempelns", der allgemein — also nicht bloß für Baumwolle — gilt, bis in die letzten Einzelheiten behandelt. Aus ihnen hat in erster Linie der Spinnmaschinenkonstrukteur wertvolle Folgerungen gezogen. Der produzierende Spinnereiingenieur hat aber auch mit den gegebenen vorhandenen Konstruktionen zu rechnen und aus diesen höchste Leistungen bei größter Güte hervorzuholen.

Für die Auflockerung des Materials ist namentlich der Auflösungsgrad des Materials wichtig. Josef Bergmann hat diesen Begriff für eine einfache Walzenkrempel älterer Bauart abgeleitet, deshalb schlägt der Verfasser vor, diese Zahl in Hinkunft als „Bergmannsche Zahl" zu benennen. Sie sei hier für die neueste Hartmannsche Krempel abgeleitet und hieraus weitere Folgerungen für den Krempelbau gezogen. Die hierbei für die Grobkrempel abgeleiteten Formeln gelten dabei sinngemäß auch für die Mittel- und Vorspinnkrempel.

Nach Bergmann ist die Auflockerungszahl (dort irrtümlich Kämmungszahl)

$$K = \frac{n}{l}, \tag{25}$$

wobei K die Anzahl der Kratzwalzenumdrehungen irgendeiner Kratzenwalze ist, die auf 1 cm Länge des durch einen zweiten Belag zugeführten Materials entfällt.

n ist die Tourenzahl der kämmenden bzw. der kratzenden Walze.

l ist die Länge des in der zugehörigen Zeit zugeführten bzw. vorüberlaufenden Belages. Der Verfasser schlägt vor, um eine praktische Annäherung an die theoretischen Ausführungen Haußners (siehe obige Abhandlung, S. 133 u. f.) zu erreichen, die Betrachtung des ganzen Kämmungsvorganges auf einer Breite von 1 cm zu beobachten. Ferner statt der Tourenzahl Bergmanns, wie es auch Dobson, Müller und Haußner angeben, die Belaggeschwindigkeit unter Berücksichtigung der Häkchendichte (Kratzennummer) einzusetzen.

Die Auflösungszahl ist dann

$$K' = \frac{v' \cdot N_i'}{v'' \cdot N_i''}, \tag{26}$$

wenn v' die Geschwindigkeit des einen Belages in der Zeiteinheit und v'' die Geschwindigkeit des zweiten Belages in der Zeiteinheit ist.

N_i' und N_i'' sind die Zahlen der dabei in Arbeit kommenden Kratzenspitzen. Diese können ziffernmäßig leicht aus der Kratzennummer ermittelt werden.

Die Auflösungszahl entspricht bei gleicher Kratzennummer der arbeitenden Beläge, also direkt der Relativgeschwindigkeit der Beläge.

Es sei dies hier für die wichtigsten Organe: Tambur, Arbeiter, Wender, insbesondere aber Volant und Peigneur abgeleitet. Bei gleichgerichtet laufenden Belägen kommt die Differenz, bei entgegengesetzt laufenden Belägen die Summe der Geschwindigkeiten in Betracht.

Laut Gleichung (4) ist

$$v_{Ta} = \Phi_{aTa} \cdot \pi \cdot \frac{n_{Ta}}{60} = 1{,}252 \cdot 3{,}14 \cdot \frac{140}{60} = 9{,}17 \text{ m/sek,}$$

für den Avanttrain Gleichung (5)

$$v_{Tav} = \Phi_{Tav} \cdot \pi \cdot \frac{n_{Tav}}{60} = 0{,}25 \cdot \frac{3{,}14}{60} \cdot 140 \cdot \frac{300}{480} = 1{,}24 \text{ m/sek,}$$

für die Vorreißerwalze Gleichung (7)

$$v_{rv} = 0{,}203 \text{ m} \cdot \frac{3{,}14}{60} \cdot 140 \cdot \frac{300}{380} \cdot \frac{32}{81} = 0{,}464 \text{ m.}$$

Die Speisewalzengeschwindigkeit v_{spW} nach Gleichung (12) bei $W = 20$ Zähnen

$$n_{spW} = \Phi_{spW} \cdot \frac{\pi}{60} \cdot n_{Ta} \cdot \frac{\Phi_{300}}{\Phi_{480}} \cdot \frac{r_{32}}{r_{81}} \cdot \frac{\Phi_{150}}{\Phi_{350}} \cdot \frac{W}{r_{40}} \cdot \frac{r_{20}}{r_{40}} \cdot \frac{r_{20}}{r_{116}} \cdot \frac{r_{42}}{r_{36}} = 0{,}0025 \text{ m/sek, bei } W = 40$$

also 5 mm/sek.

Die Peigneur- also auch die Florablieferungsgeschwindigkeit

$$v_p = \Phi_p \cdot \frac{\pi}{60} \cdot n_{Ta} \cdot \frac{\Phi_{140}}{\Phi_{500}} \cdot \frac{W}{Z_p} = (\text{wobei das Wechselrad } W = 20 \dots 40)$$

$$\text{bei } W = 20 \text{ Zähnen} = 0{,}872 \cdot \frac{3{,}14}{60} \cdot 140 \cdot \frac{140}{500} \cdot \frac{20}{236} = 0{,}108 \text{ m.}$$

Unter Beobachtung der relativen Geschwindigkeiten ergibt sich also (je nachdem ob gekratzt oder gekämmt wird) in Millimetern gerechnet:

Zwischen Speisewalzen und Vorreißwalze

$$2{,}5 + 464 = \frac{466}{462}.$$

Zwischen Vorreißer und Vortambur

$$1140 - 64 = 674.$$

Zwischen Vortambur und Übertragungswalze

$$2050 - 1140 = 910.$$

Zwischen Übertragungswalze und Tambur

$$9170 - 2050 = 7120.$$

Zwischen Tambur und Peigneur

$$9170 - 108 = 9062.$$

Von größter Bedeutung für die Verteilung der Auflösung des Fasergutes ist besonders die Kämmung (Kratzwirkung) zwischen den einzelnen Arbeitern und dem Tambur. Da die Arbeiter vom Peigneur angetrieben werden, ist ihre Tourenzahl vom Peigneurwechselrad abhängig. Diese beträgt $n_{aw\,I\ldots V}$ vom Maschineneingang gezählt unter Zuhilfenahme der Gleichung (1)

$$n_{aw\,V} = n_{pe} \cdot \frac{r_{30}}{r_{35}}; \quad n_{aw\,IV} = n_{pe} \cdot \frac{r_{30}}{r_{33}} \text{ usw.}$$

$$n_{aw\,I} = n_{pe} \cdot \frac{r_{30}}{r_{27}}, \tag{27}$$

also

$$n_{aw\,I} : n_{aw\,II} : \ldots n_{aw\,V} = \frac{r_{30}}{r_{27}} : \ldots \frac{r_{30}}{r_{33}} = \frac{1}{r_{27}} : \ldots \frac{1}{r_{33}}$$

$$v_{aw\,I} = \Phi_{aw} : \frac{n}{60} \cdot n_{pe} \cdot \frac{r_{30}}{r_{27}} = n_{Ta} \cdot \frac{\Phi_{140}}{\Phi_{500}} \cdot \frac{20}{236} \cdot \frac{30}{27} \cdot \Phi_{aw} \cdot \frac{\pi}{60} = 0{,}041$$

$$v_{aw\,II} = \text{analog } 0{,}0382$$
$$v_{aw\,III} = \quad,,\quad 0{,}0357$$
$$v_{aw\,IV} = \quad,,\quad 0{,}0336$$
$$v_{aw\,V} = \quad,,\quad 0{,}0316$$

oder relativ

$$v_{Ta} = v_{aw} = I = 9129 \text{ mm}, \quad II = 9123, \quad III = 9134, \quad IV = 9136, \quad V = 9138.$$

Zur graphischen Betrachtung sei eine einheitlich gleich geteilte Abszissenachse gewählt, um wenigstens die Natur der sich ergebenden Kämmungskurve (richtig Auflösungskurve) zu erkennen, wenn als Ordinaten die relativen Kämmungen unter 100facher Reduktion aufgetragen werden.

Die Betrachtung der Kämmungskurve zeigt, daß sie etwa nach Gesetz einer Kurve dritter Ordnung mit einem Wendepunkt verläuft.

$$\frac{d_{Kd}}{d_x}$$

gibt im praktisch verwendeten Teil immer positive Werte.

Es wäre günstig, für den Teil der Arbeiterkämmung $A_I \ldots A_V$ mit dem Tambur durch entsprechende, gegen den Eingang der Maschine gesteigerte Arbeitertourenzahl eine größere Annäherung an einen sinusförmigen Verlauf der Kurve zu erreichen. Der Verfasser erhofft von dieser Änderung eine gleichmäßiger gestufte Auflösung und egalere Florbildung.

Der Volant sei wegen seiner Bedeutung gesondert betrachtet. Er hat bekanntlich die Aufgabe, den Flor am Tambur für die Übergabe an den Peigneur durch gleichmäßiges Emporheben vorzubereiten.

Die Tourenzahl des Volants ist

$$n_{vcl} = n_{Ta} \cdot \frac{850}{150} = 792$$

für den Grobkrempel.

Seine Geschwindigkeit

$$v_{vol} = 0,348 \cdot 3,14 \cdot \frac{792}{60} = 14,44 \text{ m},$$

also die höchste Geschwindigkeit aller arbeitenden Beläge.

Die Auflösung mit dem Tambur ist

$$K_{vol\,Ta} = v_{vol} - v_{Ta} = 14440 - 9170 = 5270 \,. \tag{28}$$

Diese Kämmung, die an sich eine Unstetigkeit in der Kämmungskurve bedeutet, ließe sich nur an die stetige Linie annähern, wenn die Tamburgeschwindigkeit (Tourenzahl) ermäßigt würde, da die Volanttourenzahl, die durch ihre Erhöhung den gleichen Effekt erreichen würde, aus praktischen Gründen (Egalität) nicht mehr erhöhbar ist. Diesem Vorgang stehen jedoch die Produktionsanforderungen entgegen.

Sämtliche Kämmungen hängen natürlich in ihrer Intensität von der Kratzennummer, die wieder eine Funktion der Woll- und Garnfeinheit ist, stark ab.

Man wählt bekanntlich, in instinktivem Verständnis für diese Verhältnisse, in der Praxis in den 3 Krempeln eines Satzes um je 2 Nummern abgestufte Kratzenbeläge, z. B. für die Garnnummern metr. 12 bis 20, etwa 26-, 28-, 30er Beläge. Die zugehörigen Riemchenzahlen sind bei Arbeitsbreiten von 1600 bis 1900 mm etwa 160 bis 192 Riemchen.

Eine bis heute wissenschaftlich nicht geklärte Frage ist auch die Unegalität des Flors, von der Mitte gegen die Ränder der Arbeitsbreite gemessen. Um diesen Fehler zu beheben bzw. zu mildern, ist man in der Praxis zum Prinzip der Eckfaden übergegangen, die als Produktionsabfall zu werten sind.

Möglichst richtig gestufte Auflösung (Kämmung), richtige Einstellung der Arbeitsgeschwindigkeiten, vor allem auch richtige Wollmischung, entsprechende Wahl der Kratzenbeläge, sind die Mittel, die bisher in der Praxis zur Verfügung stehen.

Die Unegalität hängt auch stark mit dem Materialauswurf an den Rändern der Maschine zusammen, der Auswurf ist besonders beim Volant (Stauben!) auffällig.

Nebst der Formänderungen der Volanthäkchen, ihrer Stellung zur Arbeitsrichtung, spielt der Zusammenhang der Tourenzahl, Schwingungslänge und Schwingungszahl (kritische Touren) hier gewiß herein.

Die Verteilung der Garnnummer über die Krempelbreite (Vorgarn) ist etwa eine Kurve der Form (Abb. 126)

$$N_g = f_b,$$

sehr angenähert gilt etwa, wie praktische Messungen zeigen

$$\frac{x^2}{Ng^2} + \frac{y^2}{b^2} = 1, \tag{29}$$

wobei N_g das zugehörige Garngewicht, ein reziproker Wert der Garnfeinheit (Nummer) zu werten ist. Mit Rücksicht auf die heute schon verwendeten Arbeitsbreiten von 1900 bis 2000 mm, welche das praktisch erreichbare Höchstmaß sein dürften, treten Schwankungen bis 3% auf, welche schon nahe an die Grenze von 4 bis 5% reichen, die mit Rücksicht auf die kaufmännischen Usancen am Streichgarnmarkt die Verkaufsunfähigkeit darstellt.

Die auf der Krempel entstehenden Abfälle sind für die Ökonomie einer Spinnerei von fundamentaler Bedeutung. Ihre Herabsetzung ist bei dem schweren Konkurrenzkampf äußerst wichtig.

Ist die in den Spinnprozeß eingeführte Materialmenge M_e, ferner die hieraus gewonnene Garnmenge M_g, so ist

$$\frac{M_g}{M_e} = S \qquad (30)$$

der Stand der Spinnpartie, die sorgfältig gehütete Geheimziffer, welche man mit allen Mitteln an den Wert $S = 1$ anzunähern sucht.

9. Krempelsysteme und ihre Einzelheiten.

a) Speise- und Wiegeapparate.

Die Speise- und Wiegeapparate oder sogenannte Selbstaufleger werden heute nur mehr als Kastenspeiser mit Wiegevorrichtungen gebaut. Die einfachen Auflösungsapparate mit Füllkasten, die keine Rücksicht auf eine bestimmte Gewichtsauflage beim Speisen nehmen, wie z. B. das Speiseapparatsystem Bohle, welches mit einer eingebauten Sägezahnwalzenanordnung, als Vorreißapparat mit Verteil- und Abstreichwalzen, arbeitet, sind heute nur mehr in älteren Anlagen bei Erzeugung grober Abfall- bzw. Kunstwollgarne verwendet. Die Anordnung ist in Lichtbild und Schnitt in Abb. 177 und 178 dargestellt. Die allgemeine Funktion der Kastenspeiser ist bereits in der Gesamtbeschreibung der 2- und 3-Krempelsätze beschrieben. Im nachstehenden seien einige besondere Ausführungen in Anpassung an die Materiallänge und Materialmischung angeführt.

Abb. 177. Speiseapparat von Bohle.

In Abb. 179 bis 180 ist ein Speiseapparat als abfahrbarer Selbstaufleger dargestellt. Er hat einen besonders großen Füllkasten, wodurch die Zeitperioden, in welchen der Arbeiter Material heranzubringen hat, stark verlängert werden. Dadurch kommt man in die Lage, eventuell 2 Krempelsätze durch eine Arbeiterin bedienen zu lassen. Die Seitenklappe Kl oder ein eingebauter Fühlhebel liegt mit schwacher Gewichtswirkung auf der eingefüllten Wolle. Sobald die Entleerung der Wolle im Kasten so weit fortgeschritten ist, daß eine Nachfüllung nötig wird, sinkt die Fühlwand oder der Fühlhebel und rückt ein Klingelzeichen ein, das den Arbeiter zur Nachfüllung herbeiruft. Für kürzeres Material, also feinere, kurze Wollen, Abfälle und Kunstwollen werden am besten zur Abnahme des Materials vom Steignadeltuch Abnehmewalzen Aw verwendet, die durch Abnehmstifte und Schlaglederstreifen die Wolle in die darunterliegende Waage abstreifen. Bei längerem Material ist nebst Änderung der Stiftenlänge und ihrer Teilung in dem Lattentisch ein Abstreifkamm ha für den Wollabwurf nötig. Die Abb. 180a zeigt eine derartige Konstruktion. Wenn auch das Speisenadeltuch bei Erreichung einer bestimmten Gewichtsmenge in der Wollwaage

abgestellt wird, so muß doch noch das Nachfallen von Wollklumpen durch ein
oberes Abschlußblech a verhindert werden, welches beim Erreichen
des Wollgewichtes in der Waage und Abstellen des Nadeltuches
hochklappt. Der Unterteil des Wollfüllkastens ist als glatte klapp-

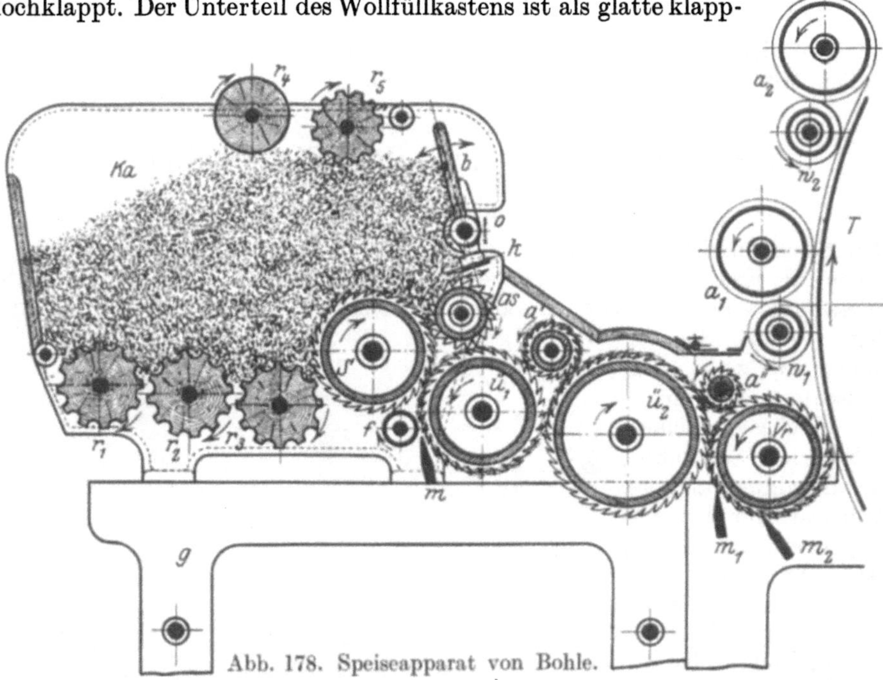

Abb. 178. Speiseapparat von Bohle.

bare Blechmulde gebaut, um ein Durchlaufen zu großer fester Wollklumpen
eventuell von Fremdkörpern, die im Nadeltuch verblieben sind, durch Ausweichen

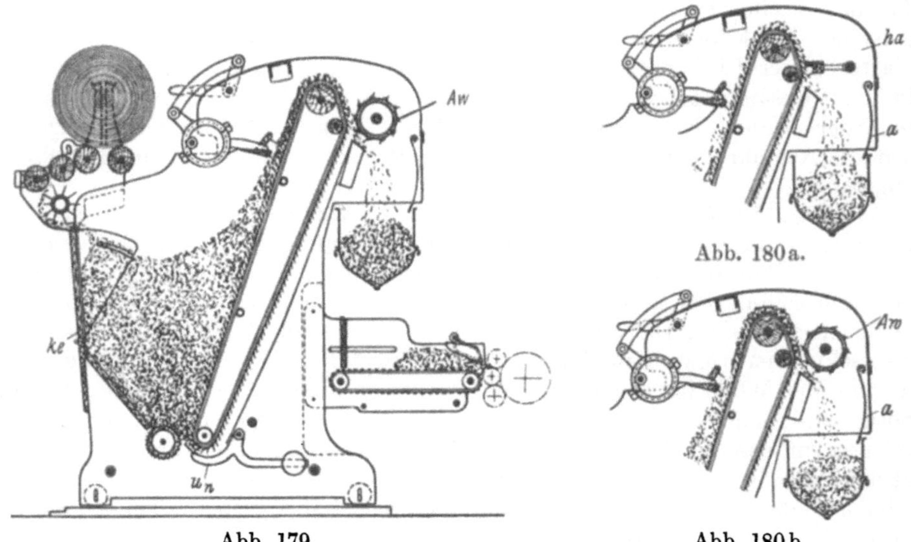

Abb. 179.   Abb. 180 b.
Abb. 179 und 180a und b. Selbstaufleger mit Wickelbeilage.

der Klappe zu ermöglichen. Abb. 179 zeigt für Baumwollwickelbeimengung, die
in der Kunstwollspinnerei und Baumwollabfallspinnerei üblich ist, die Zuführ-

und Zupfvorrichtung für solche Wickel. Es können auch mehrere solche Wickel nebeneinander aufgelegt werden, wie dies im Gegensatz zu den geringen Breiten der Baumwollkarden bei den großen, modernen Arbeitsbreiten der Krempeln notwendig ist.

Abb. 181 zeigt den Gesamtaufbau eines fahrbaren Selbstauflegers. Der Hauptantrieb erfolgt bei A von der Vortambur- oder Haupttamburachse aus. Die Laufgewichtsstellung, der Verschluß der Waage sind in der Abb. 181b, der Antrieb der Kämme, Abstreifer, der Tischantrieb sind in der linken Abbildung ersichtlich. Im praktischen Betrieb muß besonders bei längerem Material darauf

Abb. 181a. Gesamtaufbau der Selbstaufleger.

geachtet werden, daß der Öffnungsmechanismus der Waage, der durch ein zeitlich einstellbares Exzenter Ex und den Abschlaghebel th bedient wird, genügend lange offen bleibt, damit alles Material herausfallen kann. Der Auskämmhacker bei mittlerem und kurzem Material macht eine einfache Hin- und Herschwingung; bei besonders langem Material beschreibt der Abnehmkamm infolge Antriebes durch Doppelexzenter eine nierenförmige Kurve (Kurve vierter Ordnung), die einen rascheren Abwurf und einen langsameren Rückgang des Kammes gewährleistet. Auch der Abnehmkamm kann bei Erreichung des Wollgewichts in der Waage abgestellt werden.

Die bisher beschriebenen Bauarten von Hartmann, Chemnitz, sind den entspre-

Abb. 181b. Gesamtaufbau der Selbstaufleger.

chenden zugehörigen Konstruktionen der Krempeln angepaßt. Die Abb. 150 und 151 stellt eine Konstruktion von G. Josephys Erben, Bielitz, dar. Sie ist in der Bauart Thatham ausgeführt und hat besonders einfachen Aufbau. Der Hauptantrieb erfolgt von der Avanttrainachse (Vortambur) aus auf die Antriebswelle Aw, zum Abschieben des Wiegeapparates beim Putzen und Schleifen der Krempel braucht nur der Antriebsriemen abgeworfen zu werden. Die Abbildung zeigt deutlich den mit Wechselrädern veränderlichen Kettenantrieb K des Speisetisches für die Krempel, der auch das Steuerungsexzenter hinter dem Zahnrad z_4 verdeckt. Der Steuerhebel *1* bewirkt den Abschluß des Wagenöffnungs- und Schließhebels *2* für die Wollwaage; ferner wird durch ein Kupplungsstängelchen *3* die Ausrückung der Nadeltuchantriebswelle N besorgt, sobald die nötige Wollgewichtsmenge in der Wollwaage erreicht ist. Der Spinnmeister hat die Möglichkeit, durch zeitliche Zusammenpassung all dieser Teile eine völlig homogene Speisung und dadurch eine genaue Erreichung der Vorlagenummer zu erzielen.

Die Abb. 182 zeigt die Signalvorrichtung, die bei Erreichung eines bestimmten Pelzgewichtes ein Glockenzeichen gibt. Das in der Abbildung ersichtliche große Schaltrad wird bei jeder Wägung um einen Zahn weitergeschaltet und löst nach einer bestimmten Schalt- oder Zahnzahl, also bei einem bestimmten Pelzgewicht, den Antrieb des Glockensignales aus. Die Signalvorrichtung kann auch mit dem Langpelzapparat verbunden werden, bzw. das Leerwerden des Speisekastens melden. Da das Sperrad gegenüber seiner Anfangsstellung einstellbar ist, so kann bei bekanntem Verzug, also auch bekanntem Florgewicht, ein bestimmtes Pelzgewicht angestrebt werden. Das Vorlagegewicht in der Zeit zur Herstellung eines Pelzes entspricht, abgesehen von den Verlusten, dem Pelzgewicht.

Abb. 182. Signaleinrichtung am Selbstaufleger.

Die Zahl der Wägungen, also die Sperradzähnezahl, multipliziert mit dem Inhaltsgewicht der Waage, ergibt das Vorlagegewicht und Pelzgewicht.

b) Die Auswurf- und Ausputzvorrichtungen.

Diese spielen besonders bei stark verunreinigten klettigen Wollen und auch bei unvollkommen aufgelösten Kunstwollen eine wichtige Rolle. Denn die Abfälle verlegen besonders in der Nähe des Materialeinganges, also am Avanttrain und in der Grobkrempel sehr leicht die Arbeiter und Wenderwalzen, was öfters zu schweren Störungen führt. Die Abb. 183 und 149 zeigen eine Konstruktion von G. Josephys Erben, Bielitz, die sich leicht auch an vorhandenen alten Krempeln anbringen läßt. Um die Abfallstoffe, wie Staub, Kletten, Schalen, Schielhaare, harte, unaufgelöste Knötchen beim Krempelprozeß aus dem übrigen guten Material zu entfernen, werden an den ersten Wendern, und zwar entweder nur an einem oder an mehreren Wendern, meistens am zweiten, sogenannte Fang - körbe angebracht. Sie sind mit ihrer Fangmesserkante genau an den Wenderumfang angestellt, so daß an dieser Kante die aus den Wenderzähnen hervorragenden Abfälle aufgefangen werden. Man verwendet wohl auch Fangkörbe, die einfach nur Material auffangen, aber nicht abführen, so daß der Arbeiter unter Gefährdung seiner Hände den Fangkorb zeitweilig entleeren muß. Auch führt diese Abhängigkeit vom Arbeiter wegen Nachlässigkeit häufig zur Überfüllung der Fangkörbe, wodurch sich die Abfälle so stark anhäufen, daß sie vom Wender wieder erfaßt und in den Krempelbelag hereingerissen werden. Dadurch entstehen örtlich starke Verunreinigungen der Garne, die bis zu ihrer Unbrauchbarkeit führen können (Fadenbrüche beim Spinnen). Es geschieht auch mitunter, daß durch das plötzliche Hereinreißen von zuviel Abfall Arbeiter- oder Wenderwalzen aus den Lagern herausgeworfen werden, wodurch schwerer Schaden entsteht.

Um diesen Übelständen vorzubeugen, wurden Konstruktionen mit selbsttätiger Abführung der Abfälle geschaffen. Der automatische **Rechenfangkorb** wirkt nach Abb. 183 folgendermaßen (Abb. 149). In der Fangmulde A wird ein Rechen mit Schiebeblechen c, der auf der Welle b drehbar und verschiebbar ist, bewegt. Die Bleche c sind in Entfernung ca. 100 mm auf der Welle b festgeschraubt und werden zuerst durch eine Zahnrad- und Exzenterbewegung in der Abbildung geradlinig nach rechts geschoben (Grundriß mit Pfeilrichtungen), dadurch gelangen die Abfälle ruckweise der Abfallrinne a_1 zu. Am rechten Ende des Hubes werden die Schiebebleche (Messer) c durch Verdrehung der Welle b infolge Anstoß an einen Anschlag hochgehoben, was aus dem Querschnitt ersichtlich ist. In der hochgehobenen Stellung von c macht b die horizontale Rückbewegung, an deren Ende die Schiebebleche durch ihr Übergewicht infolge Freigebung durch den Anschlag der Welle b abfallen und sich wieder in der Fangmulde auflegen. Die ganze Vorrichtung wird vom Wender bei ri angetrieben.

c) Die verschiedenen Einlauf- und Speisewalzenanordnungen für die einzelnen Krempelsysteme.

Je nach der Länge und Verwirrung des Materials muß seine Auflösung in der Krempel der Auflösbarkeit des Materials entsprechend angepaßt sein.

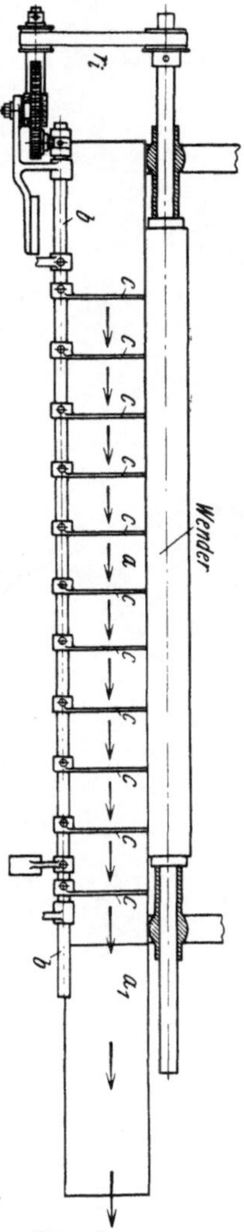

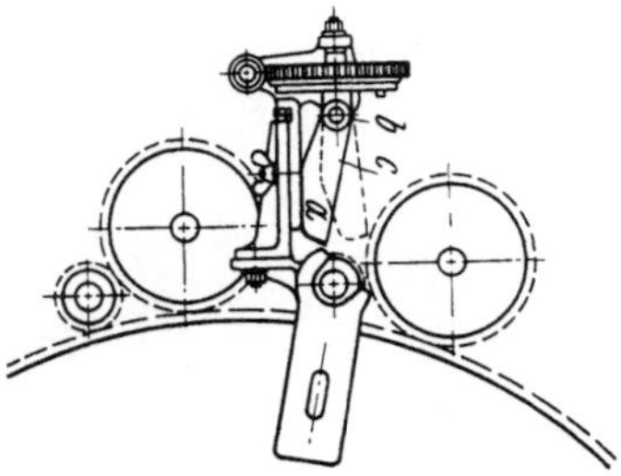

Abb. 183. Fangrechen. von Josephy.

Die mitfolgenden Abb. 184 und 185 zeigen verschiedene Speise- und Zuführvorrichtungen für Hartmannsche Krempelsysteme. Bei dem Modell *1* liegen die Einführzylinder (Speisezylinder) direkt an der Haupttrommel für die Vorspinn- oder Feinspinnkrempel, es eignet sich besonders für ganz offenes Material mittlerer Länge und für Längsfaserspeisung. Modell *2* besitzt zwei Paar Einführzylinder direkt an der Haupttrommel der Fein- und Vorspinnkrempel, es ist namentlich für langes, völlig geöffnetes Material bei Längsfaserspeisung bestimmt. Modell *11* erhält eine Vorwalzeneinrichtung mit nach unten laufender Vorwalze, die als Zuführeinrichtung an der Vortrommel liegt oder als Zuführeinrichtung an der Haupttrommel der Reißkrempel angeordnet ist; das Modell eignet sich nicht für unreine Reinwolle, besonders für Abscheidung von Kletten, Schalen

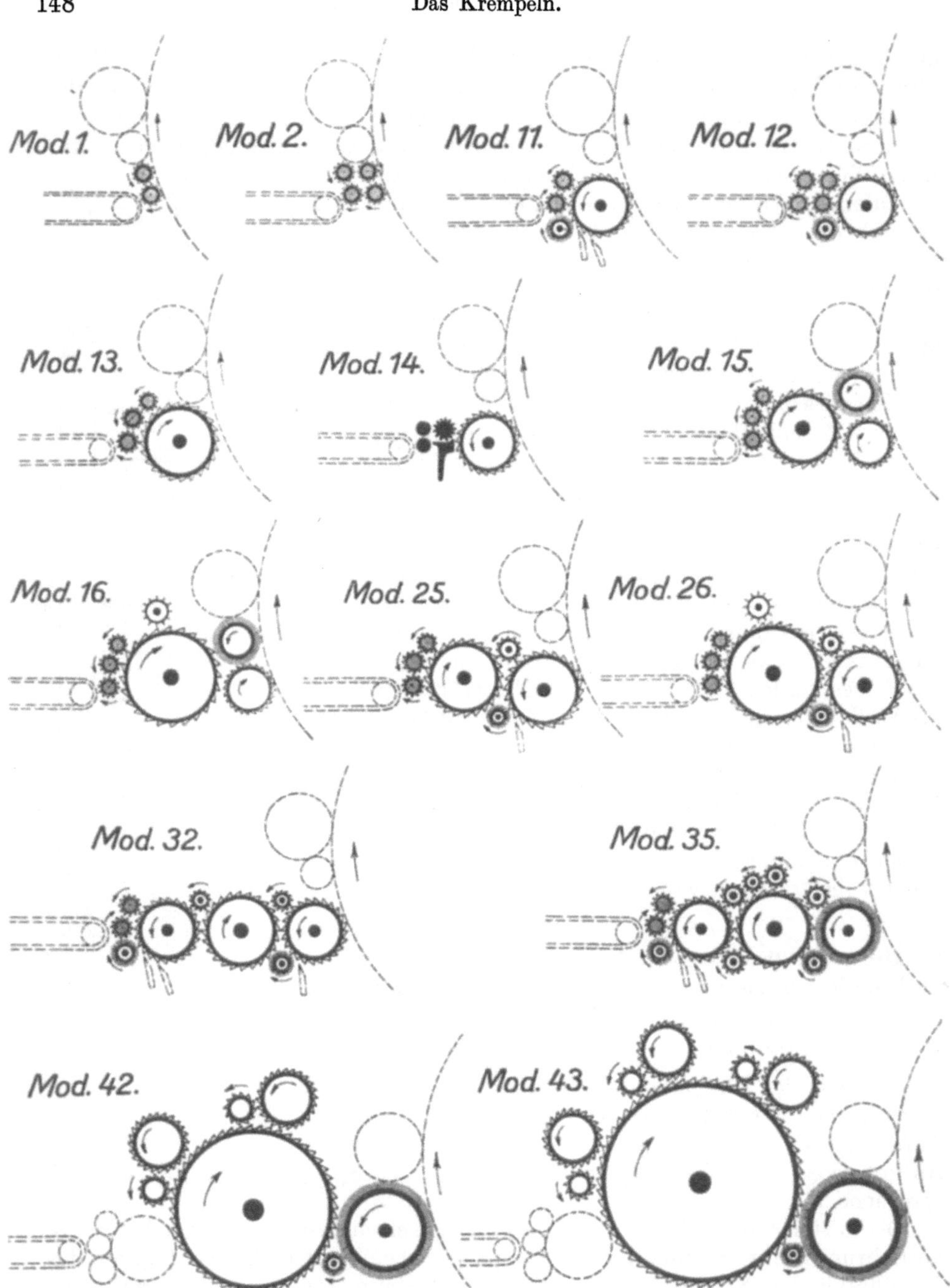

Abb. 184. Speisewalzenanordnungen.

und sonstigen Unreinigkeiten ist es unten mit zwei oder beim Verarbeiten von
Baumwolle mit einem Abstreichmesser und mit einem Stäbchenrost versehen.
In dieser Art baut man auch die Zuführeinrichtung bei Querfaserspeisung.

Bei Modell *12* hat die Vorwalzeneinrichtung wieder 2 Paar Speisezylinder
zum gleichen Zweck wie Modell *11*, jedoch für langes Material.

Modell *13* ist eine Vorwalzeneinrichtung mit nach oben laufender Vorwalze. Verwendung wie Modell *11*, jedoch für starres, kurzes, also leicht abfallendes Material, wie mindere Kunstwolle, bestimmt.

Modell *14* ist eine Vorwalzeneinrichtung mit Muldenspeisung, wenn nur reine Baumwolle verarbeitet wird (Vigognespinnerei).

Modell *15* besitzt eine nach oben laufende Vorwalze, der erste Wender arbeitet als Übertragswalze zur Vortrommel oder Haupttrommel, unten ist es mit einer Fangwalze für starres, kurzes, leicht abfallendes Material ausgestattet. Es eignet sich besonders als Zuführeinrichtung an Vor- oder Feinspinnkrempeln. Für die Reißkrempel geschieht die Ausführung gewöhnlich nach Modell *16*. Die Vorwalze erhält dann, um den oberhalb angeordneten Klettenschläger bequem unterbringen zu können, einen größeren Durchmesser. Die Modelle *25*, *26* haben die Vorwalze nach oben laufend, im zweiten Falle mit vergrößertem Durchmesser, die gegenüber Modell *15*, *16* noch besser auflösen, sich daher noch für verwirrteres Material eignen, wobei der Übertragungswender durch eine besondere Übertragswalze ersetzt wird. Dadurch wird besonders längeres Material sicherer und besser aufgelöst an die nachfolgende Vor- oder Haupttrommel übertragen.

Die Modelle *32* und *35*, von Praktikern als „Vorstreckeinrichtungen" bezeichnet, sind besonders zur Auflösung von stark manipulierten Partien bestimmt. Die zweite Art ist nur eine Verbesserung der ersten, beide eignen sich jedoch nicht für gleichmäßigeres längeres Material. Wenn in der Wollmanipulation der grobe spinnereitechnische Fehler gemacht wird, längeres, straffes Material mit kurzem, verworrenem zu mischen, so gibt dies niemals eine richtige Bindung des Materials im Faden, und die beste Zuführvorrichtung kann das Material nicht für die Krempel bzw. das Spinnen geeignet machen.

Die Modelle *42*, *43* zeigen Vortrommeln mit Sägezahndrahtbelag für alle Walzen, besonders für Reißkrempel empfehlenswert, wenn es sich um die Vorauflösung von stark verwirrtem, kürzerem Material handelt. Die Bauart *52*, *53* zeigt Avanttrainanordnungen mit Vortrommeln, die außer 2 bzw. 3 Arbeiter- und Wenderwalzenpaaren auch noch mit Volant ausgestattet sind, so daß sie namentlich bei Vorspinnkrempeln für langes, stark geschmälztes Material gerade durch den Volant die Vortrommel länger sauber erhalten. Hierdurch ist das Putzen der Kratzenbeschläge, das immer Zeit- und Geldverlust beim Spinnen bedeutet, in größeren Zeitabständen möglich.

Die Modelle *63* und *64* sind besonders als Vorkrempel zur Behandlung feinerer Wollen, also für feine Garne bestimmt. Sie sollen infolge weiterer Abstufung mehrerer Krempelstellen eine besonders gleichmäßige Auflösung gewährleisten.

Der Spinner wird sich bei Anschaffung von Krempelsätzen oder beim Einbau neuer Zuführvorrichtungen oder Avanttrains in bestehende alte Krempelsätze immer genau klar sein müssen, für welche Materialmischungen seine Krempelei und Spinnerei hauptsächlich eingerichtet sein soll. Ändert man die Garnarten einer Spinnerei, z. B. wegen Modewechsel oder durch Übergang von feinen, teuren Reinwollgarnen auf gröbere, billigere Kunstwollgarne, so muß man nicht nur auf die Änderung der Zuführ- und Speisevorrichtungen Bedacht nehmen, sondern auch die kostspielige für das Material passende Änderung der Kratzenbeschläge vornehmen. Hierzu kommt dann selbstverständlich noch die Änderung der Florteiler, also Austausch der Divisionswalzen und Riemchengarnituren auf passende Teilung, alles in allem kostspielige, zeitraubende Änderungen, die nur durch eine Konjunktur begründbar sind. Insbesondere der teuren Kratzenauswechslung wird solange als möglich ausgewichen. Hingegen kommt der Austausch von Florteilergarnituren öfter in Betracht. Damit man die günstige Auflösung des Materials bis zum Flor nicht zu sehr stört, führt man durch

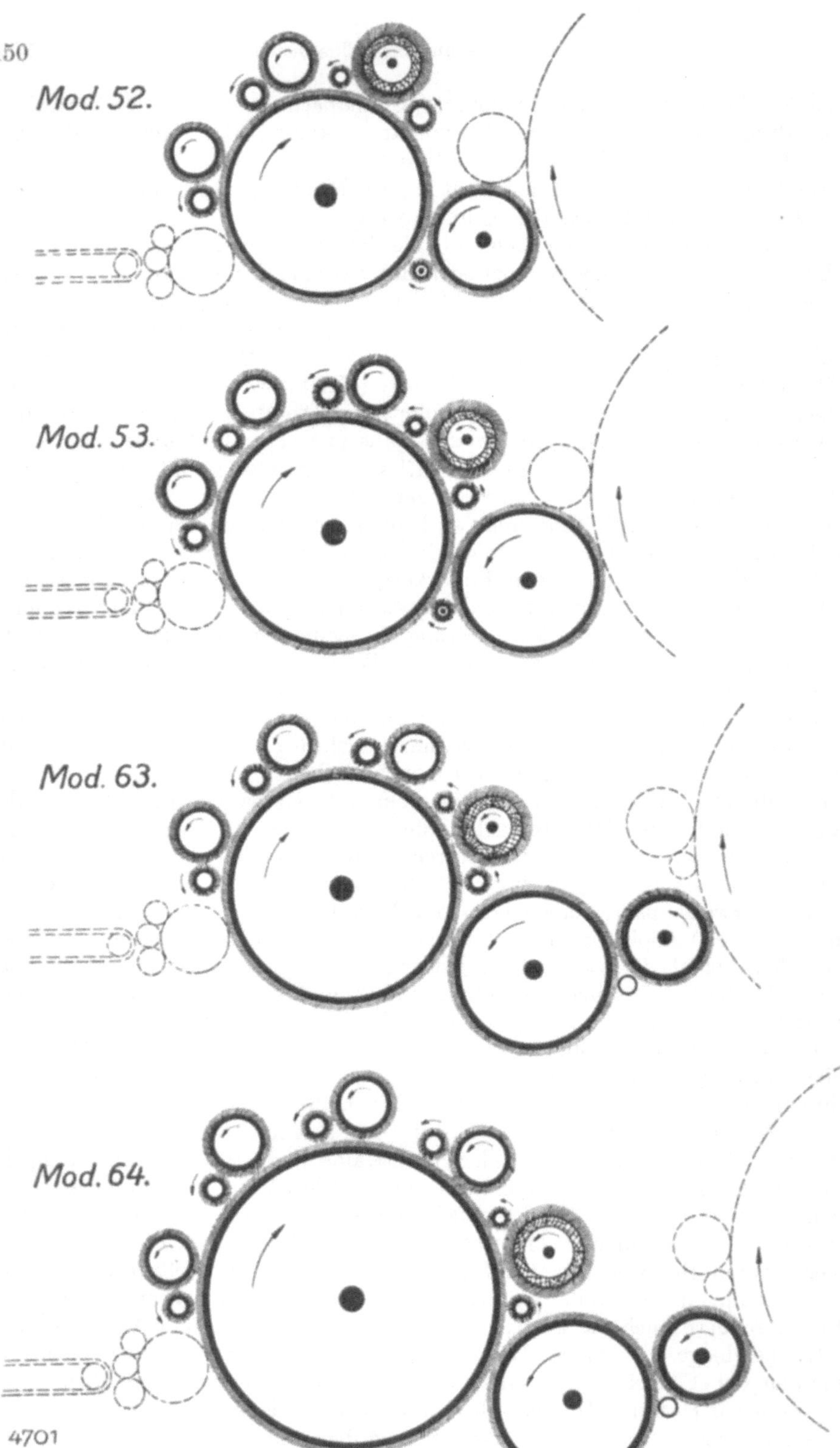

Abb. 185. Krempeleinläufe.

Änderung des Florteilers am einfachsten eine Änderung der Vorgarnnummer durch. Der Spinner hat für einzelne Vorgarnnummerbereiche immer je eine Florteilergarnitur und Divisionswalzengarnitur lagernd, innerhalb welcher er durch Krempelverzug die einzelnen Nummern ändert. Besonders Riemchenflorteilergarnituren müssen in kühlen Räumen, mit neutralem Nitschelhosenöl gefettet, entsprechend gekennzeichnet aufbewahrt sein.

d) Besondere Bauarten von Krempelsystemen.

Ein 3-Krempelsystem für feine Wollen, wie sie besonders bei den nordfranzösischen und belgischen Wollspinnereien üblich sind, die mit Vorliebe mit geringeren Arbeitsbreiten bei höchstmöglichen Feingarnnummern arbeiten, sei nachfolgend beschrieben; es ist zur Herstellung feinster Reinwolltuche bestimmt. Die Abb. 186 zeigt eine Grobkrempel für dieses Material. Der Avanttrainvorbau ist weggelassen, weil nach Ansicht französischer Spinner derartig feine Wollen schon in der Wolferei so weit vorgelockert werden müssen, daß sie direkt der Krempel zugeführt werden können. Die Erfahrung in der ebenfalls sehr hochstehenden Aachener, Grünberger und Brünner Feintuchindustrie zeigt jedoch auch für diese Materialien ·den Avanttrain als zweckmäßig. Der einfache Aufbau der französischen Krempel zeigt sich in dieser Abbildung von der Übertragungsseite aus.

Abb. 186. Grobkrempel für feine Garne.

Der Hauptantrieb (Voll- und Leerscheibe) liegt auf der Gegenseite. Der Riementrieb R, r zeigt die Situation des Wenderriemengetriebes; das Getriebe 1 dient zur Übertragung zwischen Speisewalzen- und Peigneurantrieb. Wie aus dem früheren ersichtlich ist, kann (siehe Berechnung der Krempel) der Krempelverzug durch Austausch des Wechselrades bei 1 geändert werden. Später wird auf dieses Getriebe bei Anlegung einer neuen Spinnpartie zurückgegriffen. Der Lagerbogen EB dient zur präzisen Einstellung der Arbeiter- und Wenderlager zum Tamburumfang nach dem Schleifen.

Abb. 187 stellt die Mittelkrempel für diesen Satz dar. Sie ist mit einer besonders eigenartigen Zuführung des Pelzes für die Speisewalzen und einem Vorreißer ausgestattet, was bei Ausführung der mitverwendeten, oben angeführten einfachen Reißkrempel merkwürdig erscheint, da doch die intensivere Auflösung bei der Reißkrempel beginnen soll. Der besonders große Tamburdurchmesser ist bei dem feinen Material verwendbar, da für den Tambur die Tourenzahl 136 bis 140 eingehalten wird. Die höhere Zahl von 6 Arbeiter- und Wenderwalzenpaaren zeigt, daß die französischen Konstrukteure mit der starken auflösenden Wirkung dieser Organe besonders rechnen. Der Wenderriementrieb hat mit Rücksicht auf den genauen Lauf der Wender eine besondere Bedeutung. Er wird durch einen endlosen Riemen mit Spannrollen Sp besorgt. Für das Riemen-

material des Wenderriemens soll ausschließlich hochprima belgisches Leder aus
der Rückenbahn, und zwar ein höchstens 4 bis 4,5 mm stark gekitteter, nicht
genähter Riemen verwendet werden. Der Riemenkitt soll, wie für alle Spinnerei-
riemen, gegen Spickfett unempfindlich sein. Der vielfach verwendete minderwertige Riemen mit schlechten Flickstellen zeigt geringes Verständnis auf seiten
der Spinnmeister für die wichtige Arbeit der Wender. Sie geben nicht nur
unegales Krempelvließ, sondern führen auch bald einen Verschleiß der Wenderlager, unruhigen Lauf der Krempel und damit wieder ein unreines Spinnprodukt
herbei. Von größter Bedeutung bei allen Wollkrempeln ist auch die richtige Einstellung der Arbeitertourenzahl zum Tambur (siehe Berechnung der Krempel
S. 135), weil dadurch die Grundlage der richtigen Auflösung gegeben ist. Der
Antrieb der Arbeiter erfolgt durch einen langsam laufenden, genauen Kettentrieb;
in den angegebenen französischen Konstruktionen ist dieser Trieb, besonders in

Abb. 187. Mittelkrempel für feine Garne.

Abb. 186 an der linken Krempelseite bei K, ersichtlich. Falsche Sparsamkeit,
nämlich nicht rechtzeitige Auswechslung dieser Ketten führt zu ruckweisem
Antrieb der Arbeiter und damit wieder zu unegalem Flor.

Der Breitbandapparat der Gebr. Josephs Erben in Bielitz.

Für Kreuzfaserspeisung ist zur Erreichung egaler Vorlagepelze die Bildung
besonders breiter Florbänder als Vorlage für die nächste Krempel wichtig. Eine
Ausführungsart eines solchen Breitbandapparates zeigen die Abb. 161, 162. Das
von der Krempel kommende Vließ wird auf einen kurzen, schwach ansteigenden
Lattentisch At zwischen 2 schrägstehende, polierte Holzwalzen w_1, w_2 geleitet
und durch sie zu einem Breitband zusammengefaltet. Dieses fällt auf den Quer-
lattentisch qu, der das Breitband mittels der Übertragung $\ddot{U}$ und durch das
Tafellattentuch T auf den Auflegetisch der nächsten Krempel legt. Er wird
besonders zwischen der ersten und zweiten Krempel verwendet.

Die Zahl der Tafelungen der Tafelvorrichtung T, d. h. das Verhältnis der
Florzuführung zur Abführung, muß an die Vorlagenummer der nächsten Krempel
angepaßt sein. Die Bandbreite beträgt ca. 400 mm, die Lattentischbreite der
Übertragungsbänder ca. 450 mm. Das auf dem Tisch der zweiten Krempel mit
teilweise schräger Übereinanderlagerung der Bänder gebildete Vorlageband hat

also den Charakter eines homogenen Vorlagepelzes. Die Konstruktion muß so durchgeführt sein, daß sie an der Maschine selbst befestigt ist. Beim Putzen oder Schleifen der Krempel können die Bandübertragungen mit dem Peigneur vom Tambur abgefahren werden. Der obere, horizontale Übertragungstisch U kann einfach durch eine Hakenverbindung ausgehängt werden. Bei der Konstruktion der Lattentische ist darauf zu achten, daß für die Latten bestes, mehrjährig ausgetrocknetes, astfreies Fichtenholz, auf prima zähen, weichen Riemen montiert, verwendet wird. Schlecht ausgeführte Bandübertragungen geben durch Verwerfen der Latten oder Dehnen der Laufriemen vielfach Anlaß zur Betriebsstörung in der Bandübertragung. Für möglichst große Lebensdauer sind die Latten an die Riemen mit durchgehenden, umgeschlagenen Messingstiften zu befestigen. Eisenstifte rosten besonders bei feuchten, geschmälzten Wollen leicht durch.

Besonders wichtig für die Bandübertragung sind die Ausführungen der Tragstangen und Übertragungsgerüste. Sie dürfen einerseits nicht zu schwer ausgeführt sein, damit sie beim Abmontieren bzw. Abschieben der Bandübertragung, beim Schleifen und Putzen der Krempel leicht bewegt werden können, andererseits müssen sie so versteift sein, daß ein ruhiger Gang der Übertragung unbedingt gewährleistet ist. Die Ausführung der Bandübertragung muß sich auch der Krempelaufstellungsart anpassen. Die Frage, ob man die zusammengehörigen Krempel eines Satzes nebeneinander oder hintereinander stellt, hängt mit den Raumverhältnissen und mit der Gebäudegrundform zusammen. Falls genügend Raum in beiden Horizontaldimensionen des Gebäudes vorhanden ist, wählt man in modernen Spinnereianlagen meist das Hintereinandersystem der Krempelaufstellung; dadurch erreicht man für alle Vorspinnkrempeln eine gemeinsame Flucht der Florteiler und Vorgarnablieferungen, was eine einfache Aufstellung der Streichgarnselfaktoren ermöglicht und die Verteilung der Vorgarnaufzüge im Hochgebäude begünstigt. Die Nebeneinanderaufstellung mit entsprechender Änderung der Bandübertragung wird nur dort verwendet, wo schmale Grundflächen im Spinnereibau zur Nebeneinanderaufstellung der Krempel zwingen. Da hierdurch auch die Selfaktorenrichtung parallel zur Gebäudelängsrichtung wird, ergibt sich für die Vorgarnaufzüge eine ungünstige Verteilung. Der letzte Fall ist nur für die bequemere Bedienung durch den Arbeiter vorteilhaft.

B. Die Florteiler.

In der Streichgarnspinnerei und ihren Abarten (Kunstwollspinnerei, Asbestspinnerei, Baumwollabfallspinnerei usw.) wird wegen der wirren Faserlagen nur eine Verdichtung des Vorgarnbändchens durch Druck benötigt und daher das Vorgarn zur Verkürzung des Spinnvorganges direkt vom letzten Flor gebildet. Dies ist wegen der erwünschten verwirrten Faserlage am einfachsten durch Teilung des Flores in schmale Bändchen und Zusammenrollen dieser Bändchen zu losen, runden, fadenartigen Gebilden, dem Vorgarn, durch die Nitschelung möglich. Die allgemeine Wirkung des Florteilers wurde schon im Gesamtaufbau der Krempelsätze gegeben. Im nachstehenden seien einige Sonderbauarten und ihre Anpassung an die verschiedenen Materialien angegeben. Der Florteiler wurde ursprünglich als Riemenflorteiler von E. Geßner, Aue, erfunden und von Cölestin Martin, Verviers, welcher die Riemchenschränkung erfand, wesentlich verbessert. Die Teilung erfolgte anfänglich nur durch Riemchen, später auch durch Stahlbänder, besonders für die Abfallspinnerei (Mungo). In neuerer Zeit geht man allgemein fast ausschließlich auf Riemchenflorteiler über, da man durch die entsprechende Bauart der Divisionswalzen und Riemchenführungen jedes Material durch Riemchenteilung behandeln kann. Je nach der verwendeten Vorgarnnummer verwendet man im Florteiler 60 bis 200 Riemchen. Für Sondermaterialien, besonders Abfallschußgarne in der Möbelstoffindustrie, werden Kuh- und Kälberhaare, eventuell mit Kunstwollen und Grobwollen, besonders als Füllschußmaterial mit noch geringerer Riemchenzahl gearbeitet. Außerdem ordnet man an den beiden Florrändern durch Abteilung mit besonders breiten Riemchen z. B. je einen ca. 40 mm breiten Florstreifen an, der durch 2 Riemchen von je 19 mm Breite in den sogenannten Randfaden (Eckfaden) geteilt, wohl der Nitschelung zugeführt wird, aber als Eckfaden zu den Abfällen der Vorspinnkrempel zählt. Er wird, wie früher erwähnt, da er gutes, noch ungedrehtes Material enthält, immer wieder der Speisung der Reißkrempel zugeführt, bildet also bei der gesamten Spinnpartie keinen Materialverlust, der im „Stand" der Spinnpartie prozentual zum Vorschein kommen würde. Die Zahl der Nitschelhosenpaare hängt teilweise mit der beabsichtigten Nummer, Feinheit des Vorgarnes und vor allem mit dem Hub des Nitschelzeuges zusammen. Glatte, harte Wollen und Abfallmaterialien erfordern wegen der geringen vorhandenen Haftreibung des Spinngutes nicht nur besonders geriffelte Nitschelhosen, sondern auch ein schärferes Zusammenrollen

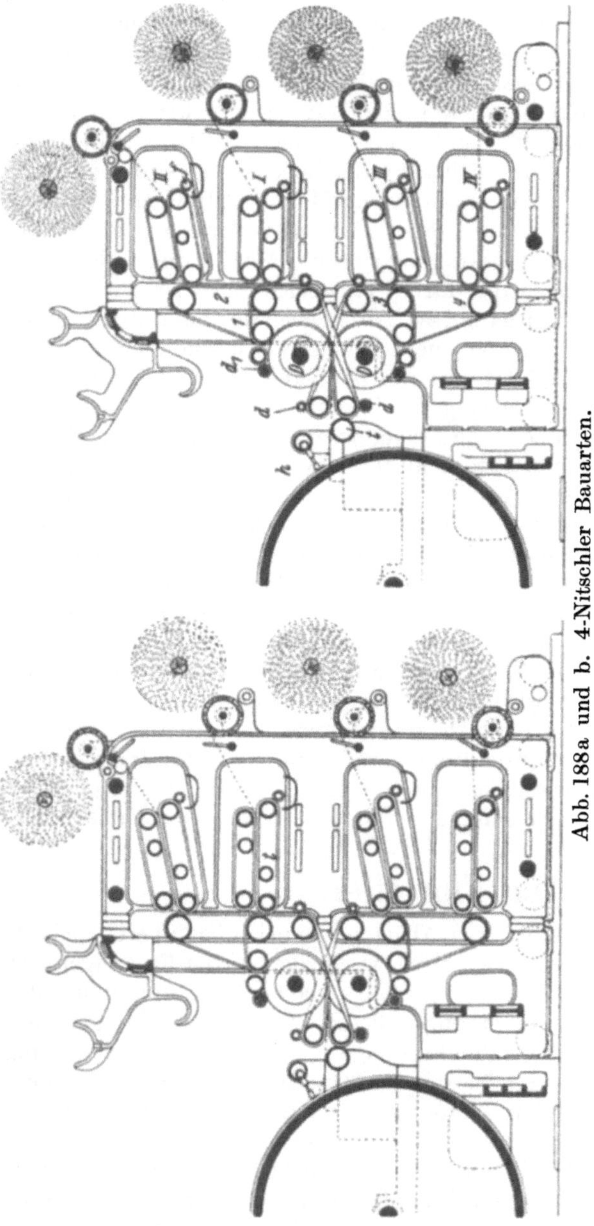

Abb. 188a und b. 4-Nitschler Bauarten.

beim Nitscheln. Dies wird durch größeren Hub der Nitschelhosen und ihrer Antriebsorgane einerseits und andererseits durch besondere Breite der Nitschelhosen, also längeren Arbeitsweg der Nitschelung, so weitgehend erreicht, daß man heute auf jede andere Teilung und Führung des Flores als durch Riemchen verzichten kann. Derartige schwernitschelnde Materialien können beim Austritt der Vorgarnfäden aus den Nitschelhosen vor der Aufwicklung einer Passage durch ein Drehröhrchen unterzogen werden, wodurch etwas höhere Haltbarkeit entsteht. Das Drehröhrchen hat nur eine Drehrichtung. Die umständliche Bedienung dieser Vorrichtung beim Einlegen neuer Spulen läßt diese Einrichtung nur für den äußersten Notfall als zweckmäßig erscheinen. Die Intensität der Nitschelung wird heute bei entsprechend rasch laufendem Exzenterantrieb und passender Nitschelhosenbreite so groß, daß man mit wenigen Ausnahmen nur in äußersten Fällen zur Bauform der 2-Nitschler für sehr grobe Garne und 6-Nitschler für sehr feine Garne greift. In der Regel genügen für die normale Streichgarn- und Baumwollabfallspinnerei 4-Nitschler. Die Abb. 188 bis 190 stellt einen derartigen 4-Nitschler im Längenschnitt dar. Der durch den Hacker abgenommene Flor wird von der glatten Stahlwalze t (Abb. 188 b) als Tragwalze mit der Geschwindigkeit der Teilriemchen, die genau gleich ist der Divisionswalzenumfangsgeschwindigkeit in den Riemchenführungen, bei d-d übergeben. Die Riemchen schneiden von den kleinen Druckwalzen, glatt gepreßt und vorher eventuell durch Plüschwalzen gereinigt, den Flor, der in die Divisionswalzen D eingeführt wird, in 2 Gruppen; diese werden dann wieder jede für sich in die Hälfte geteilt, durch die Riemchenführungen 1 und 2 bzw. 3 und 4 werden die 4 Untergruppen der Riemchen gebildet und damit die Florstreifen und Vorgarnfaden in 4 Gruppen geordnet. Jeweilige Abnahme-

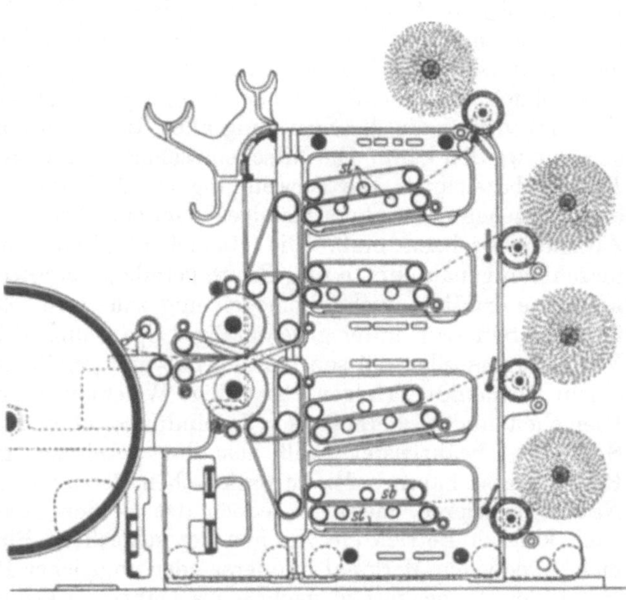

Abb. 189. 4-Nitschler Bauarten.

Abb. 190. 4-Nitschler Bauarten.

nitschelhose wird an die betreffende Riemchengruppe so weit angestellt, daß ein mittleres Krempelstellblech unter schwachem Zuge durchgeschoben werden kann, um eine sichere Abnahme der Florstreifen zu erreichen. Die Riemchen müssen zwar unbedingt straff laufen, dürfen aber nicht durch zu starke Spannung wölben, da dies eine schlechte Florbandabnahme und ein graupeliges Vorgarn geben würde. Dies setzt also für jede Riemchengruppe genau gleiches, homogenes Riemchenmaterial voraus, da die Spannung aller Riemchen einer Gruppe nur gemeinsam geregelt werden kann. Die Nitschelhosengruppen sind in der Abb. 188 mit I, II, III, IV bezeichnet. Die Verwendung von Mehrriemchenflorteilern erfordert für das Riemchenmaterial erstklassiges belgisches Leder, das nebst Weichheit größte Zähigkeit besitzen muß. Die Riemchenbreiten müssen auf Spezialschneidemaschinen genau auf $^1/_{10}$ mm Breite gerade geschnitten sein. Das Ledermaterial muß, wie erwähnt, dicht, homogen und zähe sein. Gute Riemchen dürfen auch bei längerem Lauf unter gleichmäßiger Spannung nicht an Breite einbüßen. Die Verbindungsstellen müssen fein geleimt und genäht sein, die Leimung muß mit einem Riemenkitt erfolgen, der völlige Weichheit und Gleichheit mit dem vollen Riemchen und Sicherheit der Verbindungsstellen auch gegen den Einfluß des Spinnöles gewährleistet. Reißt ausnahmsweise nach mehrjährigem Gebrauch ein Riemchen, so kann es der im praktischen Betrieb erfahrene Spinner wohl durch Nähen reparieren, meist ist jedoch das Reißen besonders mehrerer Riemchen nach kurzem Betrieb ein Zeichen des schlechten Einziehens durch den Spinnmeister oder ein Merkmal minderer oder ungleicher Riemchenqualität. Das Eintreten der Riemchenrisse nach 3- bis 4jährigem Gebrauch ist das Anzeichen, an die Erneuerung der Riemchengarnitur zu schreiten.

Allgemeine Bauart der Viernitschler.

Die Abb. 188 bis 191 zeigen die neuesten Viernitschler der Firma Hartmann, Chemnitz, die sich durch besondere stabile, leicht zugängliche, niedrige Bauart auszeichnen. Das Gestell dieses Florteilers ist zweiteilig, jeder Teil für sich abfahrbar. Trotzdem ist durch die Paßflächen t (Abb. 190) durch gemeinsamen Stand auf der präzisen Fahrschiene, die genauest zum Krempelsatz ausgerichtet sein muß, ein genaues Zusammenpassen beider Teile erreicht. Im Vorderteil ist die Florteilvorrichtung eingebaut, der Hinterteil trägt die Nitschelzeuge, wodurch ein bequemes Putzen und Schleifen des Krempelsatzes und leichtes Einziehen neuer Riemchen möglich ist. Abb. 191 zeigt den ausgefahrenen Florteiler von der Nitschelhosenantriebsseite aus, mit deutlich sichtbarer Riemchenführung. Das Abfahren erfolgt durch ein Zahnstangengetriebe z_1 (Abb. 190), der Florteiler kann nach Bedarf im ganzen oder, für das Einziehen neuer Riemchen, auch geteilt abgefahren werden. Die Fahrschienen erfordern als Unterlage eine genaue, gut tragfähige Decke, am besten aus Beton, bei Shedbauten aus entsprechendem Pflaster mit entsprechender Tragfähigkeit. Man rechnet im Spinnereibau bei Aufstellung von Streichgarnkrempeln mit einer Bodenbelastung von 800 kg je m^2 durch die Krempelsätze.

Die Riemchen und Teilwalzen werden durch Putzwalzen d_1 (Abb. 188) ebenso wie die Riemchen und Nitschelhosen stets rein erhalten. Am Auslauf der Nitschelhosen sind kleine Plüschfangwalzen f vorhanden, die das Aufwickeln der Vorgarnfäden bei Arbeitsbeginn besorgen. Damit sich die nitschelnden Lederflächen besonders an der Arbeitsfläche stets straff gespannt erhalten, werden die Nitschelzeuge an der äußeren, den Aufwickelspulen zugewandten Walzen angetrieben; im Innern der Lederhosen sind, wie die zweite Variante (Abb. 189) zeigt, Spannwalzen st vorhanden. Die Teilung des Flors und die Anzahl der Riemchen und Vorgarnfäden hängt von der Krempelarbeitsbreite und der zu erzeugenden Garn stärke ab; man verwendet meist, wie erwähnt, 60 bis 200 gute Faden, von welchen jedes Nitschelhosenpaar je ein Viertel, also mit vervierfachter Fadenentfernung zur Riemchenteilung, zu nitscheln hat. Hierbei entfällt auf jedes Nitschelhosenpaar abwechselnd links und rechts je 1 Eckfaden. Die Gesamtarbeitsbreite $A = 2 \cdot (2\,br) + n \cdot b$, worin A die Gesamtarbeitsbreite der Krempel in mm, br die genaue Eckriemchenbreite (bei Hartmann, Chemnitz, 19,5 mm), n die Anzahl der guten Fäden durch die Zahl der Nitschelhosenpaare teilbar, und b die Breite der „guten" Riemchen darstellt. Besonders sorgfältig müssen die Divisionswalzen hergestellt sein, sie werden, wie erwähnt, auf Spezialmaschinen gedreht. Bei Kauf und Übernahme derartiger Walzen legt man sie aneinander, hierbei zeigt sich sofort

Abb. 191. Nitschelwerk.

das Passen der Nuten einer Walze zu den Erhebungen der anderen Walze. Teil- oder Divisionswalzen müssen bei der Montage vorsichtig behandelt werden. Durch Ineinanderklemmungen der Teilungen beim Transport können unliebsame Walzenschäden entstehen.

Das fertige Vorgarn wird mit schwacher Kreuzwicklung zwecks Bildung von Scheiben auf 4 Spulen aufgewickelt, wobei jeder Faden wegen der leichteren Vorgarnsuche beim Selfaktor eine Scheibe für sich bildet. Bei größeren Arbeitsbreiten, von 1500 mm aufwärts, kann man die Spulen in je 2 nebeneinander unterteilen, die auf einer Abtreibtrommel laufen. Damit alle Vorgarnfäden bequem zu erreichen sind und sie die günstigste Austrittsrichtung erhalten, wird das erste und dritte Nitschelhosenpaar schräg nach der Ablieferung zu angeordnet. Die Nitschelhosen des Riemenflorteilers werden von den Divisionswalzen aus durch ein Rädergetriebe z_2 (Abb. 190) mit besonders großen Wechselrädern angetrieben. Die oberen und unteren Nitschelhosenantriebe lassen sich gesondert auswechseln, so daß die Umlaufgeschwindigkeit der Nitschelhosen weitgehend an den Vorgarnlauf angepaßt werden. Der richtige Lauf dieses Triebes wird daran erkannt, daß sowohl der Flor vom Hacker zu den Divisionswalzen ohne besondere Spannung (Florrisse), aber auch ohne Durchhängen läuft, andererseits die Vorgarnstreifen richtig in die Nitschelhosen und die Vorgarnfaden glatt aus den Nitschelhosen laufen. Aus diesem Grunde sind auch die hölzernen gerillten Aufwickeltrommeln hier besonders zweckmäßig durch gefräste Rädertriebe mit genau passender Umfangsgeschwindigkeit für jede einzelne Vorgarnspule antreibbar. Wie schon wiederholt erwähnt, zeigt der ruhige Gang des gesamten Riemenflorteilers auch bei großer Arbeitsbreite und raschem Gang von richtiger Bauart des Nitschelhosen- und Exzenterantriebes.

Die Nitschelhosenmaße werden bei Lederhosennachbestellungen als Arbeitsbreite zwischen den Knöpfen gemessen. Unter der Hosenlauflänge versteht man den inneren Umfang

Abb. 192a. Nutendivisionswalzen.

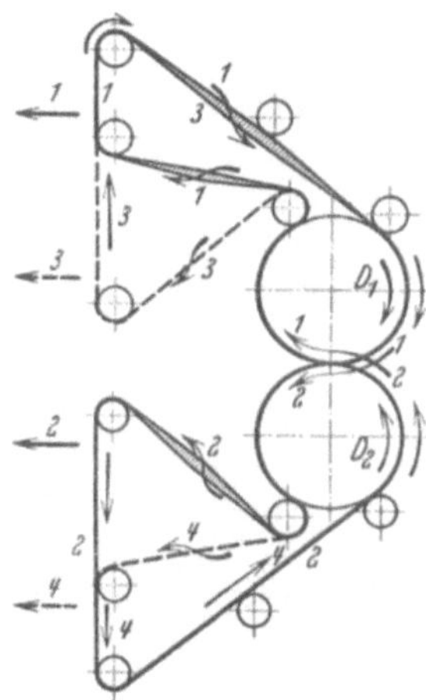

Abb. 192b. Riemchenführung für Nutendivisionswalzen.

in den unteren breiten Hosen. Abb. 188 zeigt Hosenbreiten normalen Umfanges von 610 bis 680 mm, die zweite Ausführung in dieser Abbildung breitere Hosen von 720 bis 790 mm Innenumfang, beide Typen mit je einer inneren Druckwalze. Abb. 189 zeigt die breitesten Lederhosen mit beiderseitiger Anordnung von Hosenstützwalzen st bei 830 bis 900 mm innerem Umfang für schwerst nitschelbare Faserstoffe. Es wird dies insbesondere für kurze Kunstwollen und ähnliches Material in Betracht kommen, man erreicht hierbei auch durch entsprechend nahes Anstellen der Nitschelhosen aneinander eine verstärkte Nitschelwirkung. In Abb. 190 ist ein Hartmannscher Florteiler mit Viernitschler dargestellt. Er ist an der Teilfuge t zusammengebaut. Der Florteiler ist von der Floreinlaufseite aus dargestellt, der Antrieb der Nitschelhosenumlaufbewegung geht vom Divisionswalzenantrieb aus und weiter bis zu dem Vorgarnwickelwalzenantrieb durchaus in gefrästen Zahnrädern. Der Antrieb (Abb. 191) der Nitschelbewegung erfolgt bei dieser Konstruktion Hartmanns an der Riemenscheibe A weiter durch Kegelräderübersetzung auf die vertikale Exzenterwelle v, und zwar im Massenmittelpunkt dieser Vertikalwelle, wodurch leichter, ruhiger Gang und Massenausgleich erzielbar ist. Diese von Hartmann, Chemnitz, patentierte Anordnung gewährleistet einen besonders ausgeglichenen Gang, also gleichmäßigen Kraftbedarf der Nitschelbewegung. Vibrationsmessungen an der Exzenterwelle ermöglichen die Kontrolle der Erschütterungen in Diagrammform bei Übernahme neuer Florteiler. Dynamometrische Messungen an der Antriebswelle ermöglichen die Kontrolle der Kraftersparnis bei dieser Antriebsart. Der ruhige Lauf ergibt geringere Erschütterungen der Vorgarnfäden, wodurch besseres Garn erreicht wird. Bei Viernitschlern wird durch genaue graphische Ausmittlung des Massenausgleiches eine Verteilung der Exzenterradien mit Versetzungswinkeln von abwechselnd ca. 105 und 85^0 erzielt. Wird der Antrieb des Nitschelzeuges tiefer verlegt (siehe Abb. 194 und 198), wie dies G. Josephys Erben, Bielitz und französische Konstrukteure ausführen, so wird auch bei Anbringung von Schwungmassen in Verwendung von Kreisseiltrieb kein völlig ruhiger Gang der Nitschelzeuge erzielt.

Abb. 193a. Scheibendivisionswalzen.

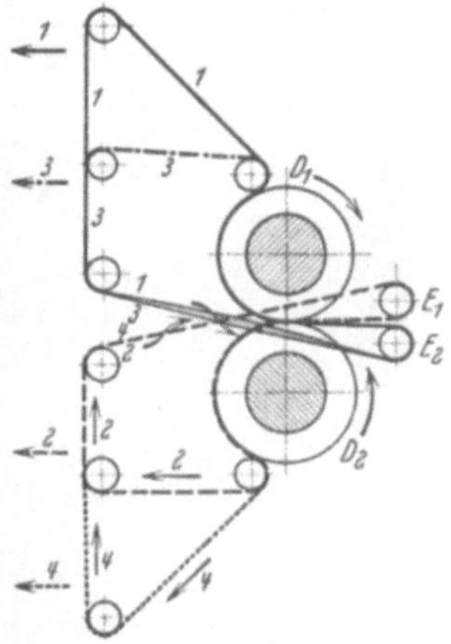

Abb. 193b. Riemchenführung zu den Scheibendivisionswalzen.

In Abb. 192a ist ein Florteiler von der Seite der Nutendivisionswalzen aus abgebildet. Zur besseren Verdeutlichung ist er wegen der Abbildungsaufnahme von der Krempel abgeschoben. Die zugehörige schematische Abb. 192b zeigt den Lauf der Riemchen. Die Riemchenläufe sind in diesem Schema mit gleichlaufenden Ziffern bezeichnet. Das Vorgarn *1* entspricht also dem Riemchen *1* usw. Die Riemchen sind untereinander gleich lang, dabei ist immer im Schema ein Riemchen voll gezogen, das Nachbarriemchen gestrichelt dargestellt. Die Bezeichnung der Riemchen läuft vom linken Rand der Abbildung fortlaufend. Es geht also das Riemchen *1* nach aufwärts von der oberen Divisionswalze weg, das Riemchen *2* nach abwärts von der unteren Divisionswalze weg. Die Riemchen erhalten schon von der riemchenliefernden Firma eine Schränkung, beim Einziehen müssen sie abermals verschränkt werden. Die inneren Verschränkungen sind notwendig, weil sonst das Vorgarnbändchen nicht an die Nitschelhosen abgegeben werden könnte. Die dritte, obere, äußere Verschränkung ist wegen der Umkehr des Riemchens notwendig, damit es nicht nur auf einer Seite benützt wird. In der Abbildung ist das Vorgarnbändchen im oberen Lauf mit *1* bezeichnet, wenn es von der oberen Nut der Divisionswalze D_1 auf die erhabene Stelle der unteren Divisionswalze D_2 gelangt ist, mit *2*. Ebenso ist die Bezeichnung für das Nachbarriemchen *3* und *4*. Ein Riemchen läuft also nicht in einer Ebene, sondern ist durch die Divisionswalzen innerhalb 2 Nutteilungen verstellt.

In Abb. 193a ist ein Florteiler mit Scheibendivisionswalzen, von der Einlaufseite aus gesehen, abgebildet. Das zugehörige Schema (Abb. 193b) zeigt, daß für einen solchen Florteiler gruppenweise längere und kürzere Riemchen nötig sind, je nachdem das Bändchen an das oberste bzw. unterste oder mittlere Nitschelwerk abzuliefern ist.

Bei diesem Florteiler ist infolge der Führung keine Riemchenschränkung zusätzlich nötig, nur wegen der Rückführung zwischen den Scheiben genügt für das Umkehren und Putzen der Riemchen die vorhandene Schränkung.

Abb. 194 zeigt einen Viernitschler, Bauart von G. Josephys Erben, Bielitz. Es ist besonders der Antrieb der Vorgarnspulen durch den in der Abbildungsmitte verlaufenden Riemen sichtbar und der Antrieb der Nitschelbewegung durch die vertikale Nitschelexzenterwelle deutlich. Die Abb. 195 zeigt einen Florteiler von G. Josephys Erben, Bielitz, mit 144 Faden, bei welchem die Vorgarnspulen wegen besserer Handlichkeit am Selfaktor in der Mitte unterteilt sind. Die Abbildung gibt auch deutlich die Abscheidung der Randfaden und die versetzte Wicklung der Vorgarnendscheibenspulen für die Eckfaden wieder.

Die vom Florteiler abgenommenen Vorgarnwalzen können, wie später auch S. 184 ausgeführt wird, auf Vorgarnaufzügen oder Wagen zum Selfaktor befördert

Abb. 194. Viernitschler von Josephy.

werden. Die Abb. 196 stellt ein derartiges Walzengestell dar. Zu lange Lagerung der Vorgarnwalzen gibt ein Austrocknen des Vorgarnes und damit Erschwerung des Feinspinnens und auch Nummernschwankungen.

Um Fadenverluste an den Walzen zu vermeiden und um beim Auflegen der Vorgarnspulen am Selfaktor die Vorgarnfadenanfänge leichter zu finden, geht man folgendermaßen vor. Die Vorgarnwalzen werden vor dem Einlegen in das Gestell etwas zurückgedreht, so daß die Enden frei werden, dann werden die Enden zusammengefaßt und in die Mitte der Vorgarnspule zwischen 2 Scheiben gesteckt. Dies ist in Abb. 196 sehr deutlich.

Befinden sich die Nitschelhosen lange im Gebrauch, so werden sie schmutzig und ölig. Sie können dann mit lauwarmem, schwach alkalischem Wasser gewaschen werden und müssen, um ein Sprödewerden zu vermeiden, bei Leerlauf der Maschine mit einer Mischung von Fischtran und Talk eingefettet werden, die durch eine Bürste einzureiben ist. Zu glatt gewordene Nitschelhosen können mittels feinen Kratzenbürsten (alten Krempelkratzen) oder durch Bimssteinpulver aufgerieben werden. Die Oberfläche der Hosen soll immer fein samtartig gerauht sein.

Wenn nach Reinigen des Krempelsatzes und Beendigung des Vorlaufes der Florteiler an den Peigneur angerückt wird, so läßt man vorher ca. 30 cm Flor ablaufen, schlägt ihn behutsam über den Hacker an den Peigneurrücken und stellt dann erst den Florteiler an. Hierauf wird das zurückgeschlagene Florstück vorsichtig mit dem Stellblech zwischen die Nutenwalzen eingestrichen und der Florteiler anlaufen gelassen. Ein Florteiler benötigt bei Vorgarn Nr. 5 bis Nr. 6 ca. 30 bis 35 Min. für einen Abzug.

Abb. 195. Viernitschler von Josephy, von der Hosenantriebsseite.

Der Stahlbandflorteiler System Bolette bzw. die Nachbauten, wovon eine Ausführungsform des Ateliers Houget, Verviers, in Abb. 197 und 198 vorliegt, zeigt einen in einteiliger Art ausgeführten Florteiler. Dieser führt die Teilung des Flors durch die an den Walzen W befestigten Stahlblätter durch. Letztere machen durch ihre Befestigungswalze, die kleine Schwingungen ausführt, eine geringe Längsbewegung in der Stahlbandrichtung, so daß die Schnittwirkung am Flor verbessert wird und reine Kanten an den Florbändchen erreicht werden. Durch ein Kurbelgetriebe K mit einstellbarer Schlitzkurbel wird noch eine leichte Seitenbewegung der Stahlbänder erzielt, wodurch die scherenartige Wirkung vervollständigt wird. Der Hauptantrieb vom Peigneur auf

Abb. 196. Vorgarnspulengestell.

den Nitschelhosenumfangsantrieb muß genau mit der Florgeschwindigkeit erfolgen. Er wird durch die reichlich dimensionierte Riemenscheibe H besorgt, die mit Zahnradgetriebe den Nitschelhosenumfang und mit Kettenantrieb die Vorgarnwickelwalzen antreibt. Da in diesem Getriebe Wechselräder vorhanden sind, so kann die Vorgarnaufwicklung genau an die Nitschelhosenumfangsgeschwindigkeit angepaßt werden. Bei längerer Betriebsdauer müssen allerdings

die Antriebsketten früher ausgewechselt werden, als wenn der Gesamtantrieb
der Vorgarnwickelwalzen durch geschlossene Zahnradgetriebe erfolgt. Schräg-
liegende Nitschelhosenflächen (Abb. 198) ermöglichen bei großer Breite der
nitschelnden Flächen eine verhältnismäßig kurze Bauart des ganzen Florteilers.
Die einteilige Konstruktion ist jedoch für Riemchenwechsel, Schleifen und Mon-
tieren und auch infolge der größeren Bauart der Hosen für die Bedienung
schwieriger. Der Antrieb der Nitschelhosenexzenter (Abb. 198) folgt am unteren
Ende der Vertikalwelle, an der Riemenscheibe R; er bewirkt infolge der schrägen
Bauart der Nitschelhosen eine wesentliche Verlängerung der Exzenterwelle und

Abb. 197. Florteiler von Houget.

eine etwas ungünstige
Verteilung der Nitschel-
hosengetriebeschwung-
massen, so daß ein Aus-
gleich derselben durch ein
Schwungrad SW nötig
wird. Durch statische und
dynamische Ausbalancie-
rung mit entsprechenden
Gegengewichten bzw. Aus-
bohrungen des massiven
Schwungrades wird wohl
eine Beruhigung des
Ganges erzielt, aber nicht
die Gleichmäßigkeit des
Hartmannschen Getriebes
erreicht. Weitere Kon-
struktionen des Stahl-
bandflorteilers siehe in der
Kunstwollspinnerei.

Ein Riemchenflorteiler
französischer Bauart ist
für einen Viernitschler in
Abb. 199 dargestellt. Vielfach bildet die zu geringe
Bemessung der Haupt-
riemenscheibe des Flor-
teilers oder zu lose Spannung bzw. schlechter Zustand des Hauptriemens die
Ursache eines schlechten Anlaufs für den ganzen Florteiler, der Flor rollt an
den Einlaufswalzen zusammen und gibt kein brauchbares Vorgarn, solange
nicht die völlig richtige Arbeitsgeschwindigkeit des Florteilers erreicht ist, die
der Peigneurablieferung entspricht. Diesem notwendigen raschen Anlauf des
Florteilers tragen die Spinnereiarbeiter oft dadurch Rechnung, daß sie beim
Anlauf den Riemen von Hand aus kräftig spannen. Jedenfalls ist der rasche
Anlauf des Florteilers und damit die sofortige Erzielung guten Vorgarnes ohne
Nachhilfe durch den Arbeiter ein Zeichen für genaue Montage und leichten Lauf
des gesamten Florteilergetriebes. Wegen des leichten Anlaufs trennt man auch
den Florteilerantrieb und Nitschelhosenumfangsantrieb vom Antrieb der Nitschel-
exzenterbewegung. Die letztere ist, wie Abb. 199 zeigt, bei dieser Bauart durch
Schnurscheibenkreis-Seilantrieb ausgeführt. Wenn auch die Antriebschnurscheibe
vom Ende der Welle zwischen den dritten und vierten Exzenter (von oben
gezählt) hinaufgerückt ist, so wird immer noch ein Schwungrad notwendig. Der
Kettenantrieb für die Vorgarnwickelwalzen ist wohl einfach und billig, funk-

tioniert auch bei guter Kettenpflege ziemlich gut, für sehr feine und schwache Vorgarne ist jedoch der direkte Zahntrieb, wie ihn Abb. 190 zeigt, vorzuziehen.

Die Teilungs- oder Divisionswalzen werden von den einzelnen Maschinenfabriken verschieden ausgeführt, die älteren Konstruktionen (O. Schimmel, Chemnitz) und auch einige englische und französische Konstrukteure verwenden einzelne Gußeisenringe, die auf einer Stahlwelle mit entsprechenden Zwischenscheiben aufgezogen sind, der Riemchenteilung entsprechend. In neuerer Zeit bauen wohl alle bedeutenden Maschinenfabriken einteilige, auf Präzisionsdrehbänken mit Teilmaschineneinrichtung gedrehte Divisionswalzen. Die seich-

Abb. 198. Florteiler von Houget.

Abb. 199. Viernitschler von Houget.

ten Riemchenführungen, welche eine glatte Lage der Riemchen wohl erreichen, haben aber den Nachteil, daß durch den Druck auf die Riemchen eine Streckung dieser eintritt, die ihre Dauerhaftigkeit herabsetzt und zu Ungleichmäßigkeiten im Vorgarn führt. Beim Übergang der Riemchen von den Ringnuten der einzelnen Walze auf die Ringerhöhungen der zweiten Teilwalze wird die erwähnte Quetschung eintreten, nur hervorragendes Material hält diese Beanspruchung aus. Die Riemchenverlängerung kann nur durch gemeinsame Nachspannung behoben werden. Ungleich dehnende Riemchen (unegales Riemchenmaterial) führen unbedingt zu Unzukömmlichkeiten. Auch die Verschmälerung der Riemchen durch Nachspannung gibt unreine Ränder der Florbändchen und damit schlechte graupelige Garne. Durch die Riemchenrückführung in den tiefen Nuten erfolgt infolge der Riemchenelastizität ein Spannungsausgleich, was die Lebensdauer der Riemchen wesentlich erhöht und auch reinere Schnittarbeit ermöglicht. Deutsche Konstruktionen stützen den Flor nur von unten, weil hierdurch eine bessere Beobachtung beim Einlauf des Flors in die Divisionswalzen möglich wird. Die Riemchenschränkung, deren Angabe nach links oder rechts, ferner ob einfach oder doppelt geschränkt, bei Bestellung neuer Riemchengarnituren nicht übersehen werden darf, ist für das Einziehen der Riemchen praktisch bedeutungsvoll.

Das Einziehen neuer Riemchengarnituren. Die parallel angeordneten Riemchen, die meist zur Ordnung durch einen Bindfaden abgebunden sind, werden nach vorsichtiger Demontage der einseitigen Lagerung der Divisionswalzen und Spannwalzen seitlich in den Florteiler eingeschoben. Von einem Eckriemchen nach einer Seite ausgehend, legt man die Riemchen zuerst parallel nebeneinander in die Divisionswalzennuten ein. Dann werden die Riemchen an den Spannwalzen geordnet, hierbei arbeitet der Spinnmeister mit einer Hilfskraft immer gleichzeitig an demselben Riemchen, wobei auf völlige Gleichlage der Riemchen nebeneinander zu achten ist. Man legt die Riemchen zuerst ziemlich locker ein, mit entsprechend zurückgestellten Spannwalzen, so daß sie auf diesen seitlich leicht verschiebbar sind; dann achtet man sorgfältig darauf, daß die Lage der Verschränkung für alle Riemchen an dieselbe Stelle der tiefen Divisionswalzennuten kommt. Sind alle Riemen gleichmäßig eingelegt, so überprüft man noch einmal die richtige Lage der Fleisch- und Hautseite aller Riemchen, indem man im Umfang der Riemchenlänge um alle Walzen geht; dann erst werden alle Riemchen gleichmäßig durch Nachstellung der Spannwalzen eingespannt. Ein kurzer Probelauf des leeren Florteilers zeigt bei Inbetriebsetzung der Krempel, ob die Spannung der Riemchen die richtige war. Die Größe der Spannung selbst ist bereits bei der allgemeinen Beschreibung der Florteiler angegeben.

a) Überprüfung der Vorgarnnummer.

Sie erfolgt durch Abwägung von 100 m Vorgarn. Man mißt vom laufenden Florteiler, das Vorgarn abnehmend, vorsichtig, möglichst ohne Dehnung, 17 nebeneinandergelegte Faden, etwa 6 m lang, ab. Dies gibt 17×6, also 102 m Vorgarn, eine Länge, von der man 2 m abnimmt; dann wiegt man die restlichen 100 m. Unegalitäten im Vorgarn können besonders örtlich als schnittiges oder spitzes Garn unangenehm sein, wenn auch sonst die Garnnummer stimmt. Häufig führt ein Schaden an den Hackerzähnchen (Verbiegen) zu solchen örtlichen Flor- und Garnfehlern. Auch Eigenschwingungen des Hackers, besonders wenn er nicht durch Ausgleichsmassen gut ausbalanciert ist, führen zu derartigen Fehlern. Nummerschwankungen sind vielfach durch schwankende Raumfeuchtigkeit der Spinnereisäle zu erklären; eine gute Luftbefeuchtung, die stets gleichmäßig ca. 60% Raumfeuchte gibt, vermeidet dies. Zu trockene Luft erzeugt leicht infolge der Faserreibungen statische Elektrizität, die großen Abfall durch schadhaftes Garn gibt.

b) Die Berechnung des Florteilers.

Obwohl in der Streichgarnspinnerei meist nicht besondere Spinnpläne entworfen werden und die Hauptverzugsänderung nur in der Krempelspeisung und im Krempelverzug liegt, sind für die Erreichung guter Garne von bestimmter Nummer gewisse Grundregeln wichtig. Selbstverständlich ist für die Erreichung eines gleichmäßigen Garnes von bestimmter, besonders feiner Nummer wesentlich, daß vor allem die Manipulation richtig ist. Für die Gleichmäßigkeit der Garne kommt dann die Einstellung und der Schliff der Krempel in Betracht. Für die Erreichung der Nummer ist ferner die richtige Wahl der Verzüge maßgebend. In den nachfolgenden Berechnungen ist P_g das Gewicht der doppelten Pelzvorlage, das je Zeiteinheit einläuft; V_n ist die beabsichtigte metr. Vorgarnnummer, R_z die verwendete Riemchenzahl, unter der Annahme, daß je 2 Riemchen seitlich zu einem Eckriemchen vereinigt sind, v_p ist der prozentuelle Verlust in der Krempel an Flugabfällen und Eckfaden. Er zerfällt in den wirklichen Krempelverlust, der aus dem erfahrungsgemäß bekannten „Stand" der Spinnpartie erschlossen wird, und aus dem Verlust an Eckfaden. Der Verlust v_p beträgt im Mittel ca. 5% von der gesamten Vorgarnablieferung insgesamt. Ist der Verzug der Vorspinnkrempel V_k, ferner die Gesamtnummer des Doppelpelzes N_p, und verstreckt man durch den Krempelverzug die Pelzlänge L auf die Vorgarnlänge L_{vg}, so gelten folgende Beziehungen: Das Gewicht der Vorlage $P_g =$ dem Gewicht der Ablieferung $+$ dem Verlustgewicht;

also $P_g = \dfrac{L \cdot V_k}{V_n} + v_p$. Andererseits ist $P_g = \dfrac{L}{N_p}$, ferner $V_k = \dfrac{\frac{1}{R_z} \cdot V_n}{N_p} = \dfrac{V_n}{R_z \cdot N_p}$.

In der Praxis zählen in der Riemchenzahl R die Eckriemchen als Doppelriemchen. Die geringen Fehler, die durch Annahme der gleichen Breite für die Eckriemchen wirklich entstehen, müssen ohnedies durch geringfügige Verzugsänderungen am Selfaktor ausgeglichen werden. Mit Rücksicht auf die geringe Veränderlichkeit geht man von der erwünschten Feingarnnummer unter Berücksichtigung des Selfaktorverzuges zur Ermittlung der Vorgarnnummer aus, die dann auf Grund des Krempelverzuges und der bekannten Flornummer die Riemchenzahl zur Ermittlung der Vorgarnnummer ergibt.

Die Beziehung Flornummer $N_{fl} = \dfrac{V_n}{R_z}$ bzw. $R_z = \dfrac{V_n}{N_{fl}}$ ermöglicht die Bestimmung der Riemchenzahl R_z. Ist die Arbeitsbreite der Krempel A_k, so ergibt sich auch die Breite der Riemchen r_b aus der Riemchenzahl R_z bei einer Eckriemchenbreite b_e bei der gewöhnlichen Anzahl von vier Eckriemchen: $A_k = R_z \cdot r_b + 4 \cdot b_e$. Dies liefert unter Berücksichtigung der nachstehenden Riemchenbreitentabellen bei gegebener Arbeitsbreite gewöhnlich die praktisch nötigen Riemchenzahlen. Der Krempelverzug ist, wie aus der früheren Berechnung des 3-Krempelsatzes ersichtlich, leicht bestimmbar; er wird dadurch gegeben, daß die Maschinenfabriken bestimmte Wechselradsätze für die Krempeln beistellen. Man kann dann für das kleinste und größte Wechselrad bei gegebener Tourenzahl des Haupttambürs die zugehörigen Krempelverzüge bestimmen. Z. B. sind bei Hartmann, Chemnitz, Nummernwechsel für die Lieferwechselräder 16- bis 36zähnig, dies gibt bei der mittleren Tourenzahl von 145 Touren für den Haupttambur die beste Florbeschaffenheit für die zugehörigen Krempelverzüge von ca. 80 bis 40. Diese können dann einfach in einem Graphikon aufgetragen werden, hieraus entnimmt man dann alle Zwischenwerte praktisch genügend genau. Die Selfaktorverzüge, die bei Streichgarn nur eine geringe Abstufung zulassen, ermöglichen die leichte Berechnung der Vorgarnnummer aus der vorgeschriebenen Feingarnnummer und diese, wie oben angeführt, aus der Flornummer die nötige Riemchenzahl.

c) Gangbare ungefähre Riemchenbreiten in Millimeter.

Für die wichtigsten Garnarten sind in den nachstehenden Tabellen die auf Grund von Betriebserfahrungen gewonnenen Werte der gangbarsten Riemchenbreiten angegeben. Man verwendet naturgemäß immer möglichst einfache Riemchenzahlen, die einerseits durch die Nitschelwerkzahl teilbar sind, mit den entsprechenden Eckriemchen, und muß dann die Fadenzahl der Vorgarnfäden je Vorgarnspule zur Spindelzahl der Selfaktorspindeln je Feld fassen.

1. Für Grobgarne, Teppichfüllschuß, für Decken, Kotzen und Filzfabrikation. Die Eckriemchen werden bei diesen groben Breiten meist nicht besonders dimensioniert.

Riemchenbreite mm	Eckriemchen mm	Beabsichtigte Feingarnnummer
60	2×60	¼
55	2×55	½
50	2×50	¾
46	2×46	1
42	2×42	1¼
38	2×38	1½
34	2×34	1¾
30	2×30	2

Sind nur geringere Mengen von Divisionswalzengarnituren vorhanden, z. B. statt der angeführten 8 Riemchenbreiten nur 4 oder gar nur 2, so muß der Spinner durch entsprechende Änderung der Flornummer bzw. Änderung der Tischauflage oder des Verzuges die entsprechende Vorgarnnummer erreichen.

2. Riemchenbreiten für Teppichflorgarne (ohne Pelzkreuzung gesponnen), ferner für Knüpfgarne ebensolcher Art, die man lieber mit schmäleren Riemchenbreiten, aber gröberer Flornummer arbeitet.

Riemchenbreite mm	Eckriemchen mm	Beabsichtigte Feingarnnummer
24	2×24	2
21	2×21	2½
18	$36 = 2 \times 18$	3
16	$32 = 2 \times 16$	3½

3. Für Grobhaargarne aus Tierhaaren, Kuhhaare, Kälberhaare, Hundshaare, grobe Kunstwollen und ähnliche, sowie für die Asbestspinnerei, wo man meist mit ganzzahlig abgestuften Feingarnnummern arbeitet.

Riemchenbreite mm	Eckriemchen mm	Beabsichtigte Feingarnnummer
36	2×36	1
30	2×30	2
26	2×26	3
22	$44 = 2 \times 22$	4

4. Für Streichgarne aus Kunstwolle oder kräftigerer Reinwolle bzw. gemischtem Material, dabei werden die Feingarnnummern entsprechend dem Gehalt an feinerer Wolle passend gesteigert.

Riemchenbreite mm	Eckriemchen mm	Beabsichtigte Feingarnnummer
20	$40 = 2 \times 20$	1½—3¾
18	$36 = 2 \times 18$	4
16	$32 = 2 \times 16$	4¼
14	$28 = 2 \times 14$	4½
12	$24 = 2 \times 12$	5
12	$20 = 2 \times 10$ od. 2×11	5½
12	$20 = 2 \times 10$	6

Zumeist genügen hier schon 3 Divisionswalzengarnituren mit 10, 14 und 20 mm Teilung, man hilft sich einfach durch Änderung der Krempelverzüge wie oben angegeben.

5. Für Streichgarne aus besseren Kunstwollen oder mittleren Wollen bzw. Gemischen.

Die Abstufungen in den Feingarnnummern, die bei den Nummern bis 10 eventuell auch noch um halbe Nummern üblich sind, werden einfach durch Verzugsänderung gewonnen.

Riemchenbreite mm	Eckriemchen mm	Beabsichtigte Feingarnnummer
10	$2 \times 10 = 20$	7
10		8
9½	$2 \times 9 = 18$	9
9		10
9	$2 \times 8 = 16$	12
9		14

6. Für Reinwollgarne aus feinen Wollen, für die Feintuchfabrikation.

Über Nummer 32 wird nicht gesponnen, bei derartig hochfeinen Streichgarnwaren, besonders für Kettengarne, werden an Stelle der Streichgarne feine, weiche Kammgarne gewählt.

Riemchenbreite mm	Eckriemchen mm	Beabsichtigte Feingarnnummer
9	$18 = 2 \times 9$	16—18
8½	$17 = 2 \times 8½$	18—20
8	$16 = 2 \times 8$	22—24
8	$15 = 2 \times 7½$	24—26
8	$14 = 2 \times 7$	28—32

C. Sonderkonstruktionen von Streichgarnkrempeln.

1. Gilljam-Krempel.

Die Hartmann-Gilljam-Krempel wurde in der Absicht erfunden, die Auflösung sehr verwirrter kürzerer Wollen und Abfallmaterialien schonender zu gestalten. Insbesondere sollte sie auch die beim Krempeln verwirrten Materials auf der gewöhnlichen Krempel eintretende Zerreißung einzelner Fasern zwischen Arbeiter und Tambur verhindern. Diese Beschädigungen sind vor allem durch die hohe Arbeitsgeschwindigkeit des Trommelumfanges bei der gewöhnlichen Krempel begründet. Man hatte wohl schon früher die Auflösung dadurch schonender gestaltet, daß man in der Reißkrempel die Vorkrempel (Avanttrain) einbaute, um hierdurch eine allmähliche Abstufung der Krempelarbeit zu erzielen. Ferner ging man besonders im Bau von Kunstwollkrempeln (siehe S. 328) auf eine größere Anzahl von Arbeiter- und Wenderwalzenpaaren über. Dann führte man für derartige kürzere, verwirrte Materialien die Kratzenwalzen überhaupt kleiner aus.

Gilljam erkannte den Hauptfehler in der hohen Tamburgeschwindigkeit und suchte durch ihre Herabsetzung mit gleichzeitig wesentlicher Änderung der Arbeitsfunktion der Krempelwalzen eine schonendere und bessere Auflösung zu erreichen. Er läßt den Tambur bei gleichbleibender Drehrichtung langsamer laufen und kehrt die Häckchenrichtungen gegenüber der gewöhnlichen Krempelarbeit um. In Abb. 200 ist eine derartige Anordnung der arbeitenden Walzen, welche die Arbeiter-, Wender- und Tamburwirkung ersetzen sollen, dargestellt. Der Haupttambur T ist bei der Gilljam-Krempel eine Kämmtrommel und wirkt eigentlich in der Art eines Peigneurs. Die zugehörigen Arbeitsgeschwindigkeiten sind in der Abbildung direkt an den Walzen mit Angabe der Dreh- und Häckchenrichtung eingetragen. Der Tambur T bringt das von der Vorkrempel in seinem Belag eingeschlagene Material in den Kratzenbelag der Übertragswalze $Ü$ durch Kämmwirkung hinein. Von dieser wird das Material wieder durch eine Streichwalze s_2 abgenommen, die das vorgelockerte Material mit dem Tambur und der zweiten Kämmwalze s_3 auflöst. Infolge des geringen Geschwindigkeitsunterschiedes zwischen s_2 und s_3 ist die Auflösung an dieser Stelle eine viel schonendere. Die Putzwalze p_2 hält den Belag der Streichwalzen s_2 und s_3, die eigentlich hier die Arbeit der Haupttrommel der gewöhnlichen Krempel verrichten, rein, so daß ein wesentlich längeres Arbeiten der Krempel ohne Unterbrechung durch Putzen der Beläge möglich ist.

Die Kratzenbeschläge bei den einzelnen Walzen müssen aber mit Rücksicht auf die Eigenart der

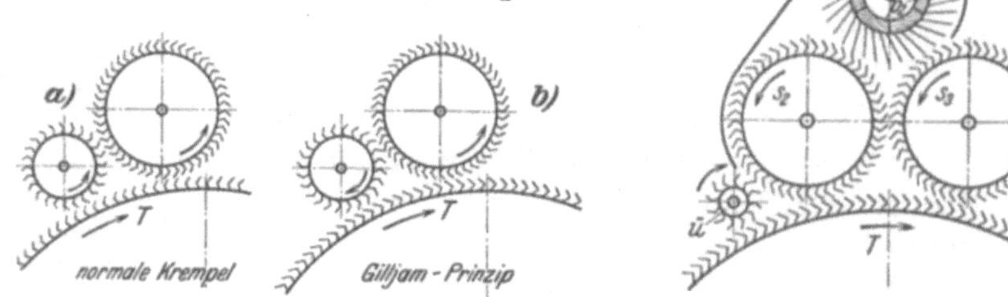

Abb. 200a, b und c. Arbeitsprinzip der Gilljam-Krempel.

Arbeit der Gilljam-Krempel nummermäßig abgestuft sein, sie ermöglichen auch für reine Arbeit nur bestimmte Zusammenstellungen der Geschwindigkeitsverhältnisse und Verzüge. Dadurch ist aber die Abstufung der Garnnummern behindert und, wie später noch weiter ausgeführt, die Anwendung der Gilljam-Krempel beschränkt. Nebenstehende Tabelle zeigt eine Zusammenstellung der wichtigsten Beschlagnummern für gröbere, mittlere und sehr feine Wollen bzw. Kunstwollen.

s_2	s_3	T	p_2
20	22	20	24
22	24	22	26
24	26	24	28

Im übrigen ähnelt der Aufbau der Gilljam-Krempel der gewöhnlichen Krempel, nur sind natürlich die Antriebsverhältnisse den geänderten Arbeitsbedingungen angepaßt. Eine Hartmannsche Ausführung dieser patentierten Bauart zeigt Abb. 201 im Schnitt und 202 im Lichtbild, in der Sonderausführung als Reiß-

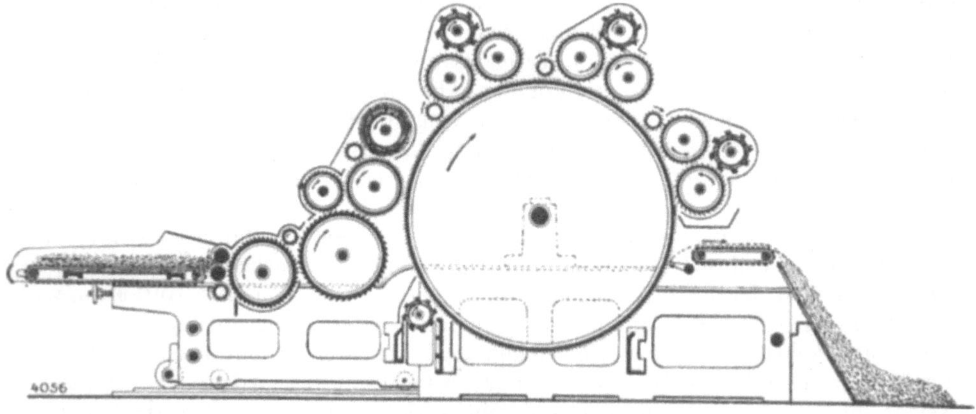

Abb. 201. Gilljam-Krempel.

bzw. Droussierkrempel. Als Vorspinnkrempel eignet sie sich wegen der Schwierigkeit, in den Garnnummern entsprechende Änderungen vorzunehmen, weniger. Sie ist mehr für Herstellung gröberer Garne mit wenig schwankenden Nummern bestimmt. Die Krempel hat einen normalen Auflegetisch und Vorreißapparat, wenn sie als Reißkrempel ausgeführt wird, eventuell einen eingebauten Avanttrain, der in gewöhnlicher Art oder in der Art des Gilljam-Systems arbeiten kann. Als Droussierkrempel verwendet man die Gilljam-Krempel besonders zum

Auflösen von Kammgarnenden, nachdem dieselben vorher einen Garnettöffner als Voröffner passiert haben (siehe S. 310). Die abgebildete Droussierkrempel erhält eine Speisung durch einen Zuführtisch mit Handauflage, da bei dieser Art der Speisung, ohne Rücksicht auf höhere Arbeitslöhne, eine nochmalige Kontrolle und Ausscheidung gefährlicher Hartkörper und Verunreinigungen erreicht wird. Die abfahrbare Vorreißeinrichtung besteht aus zwei Einführzylindern und einer nach unten herumlaufenden ersten Vorreißwalze mit ca. 320 mm Durchmesser mit Sägezahngarnierung und einer Zylinderputzwalze mit Kratzenbeschlag. Unterhalb der Vorreißwalze befindet sich ein Abstreifmesser für den Auswurf harter Knötchen oder Kletten, ferner eine glatte Blechmulde, um den Auswurf und den Materialverlust an der Vorreißwalze zu verhindern. Die zweite Vorreißwalze hat 412 mm Durchmesser, läuft nach oben

Abb. 202. Gilljam-Krempel.

und ist ebenfalls mit Sägezahndraht beschlagen. Zwischen der ersten und zweiten Vorreißwalze liegt oben eine kleine mit Kratzen beschlagene Arbeiterwalze. Diese streift das Material in die Beläge der Vorreißwalzen herein. An die zweite Vorreißwalze schließt die erste Streichwalzengruppe an, sie enthält eine mit Sägezahndraht belegte Wenderwalze, die entgegengesetzt zur Vorreißwalze läuft, eine Streichwalze, ferner eine große Putzwalze mit 200 mm Durchmesser mit Holzbelag und einen Putzwalzenwender. Die letzten 3 Walzen sind sämtlich für Kratzenbeschlag eingerichtet. Die Streichwalze hat einen Durchmesser von 250 mm und streicht das Fasergut auf die große Kämmtrommel von 1230 mm auf. Diese läuft, wie schon erwähnt, mit geringer Umfangsgeschwindigkeit bei verkehrt liegendem Kratzenbeschlag, jedoch gleicher Drehrichtung wie bei der gewöhnlichen Krempel. Nachdem die erste Arbeitsgruppe das Material in der beschriebenen Art auf die große Kämmtrommel übertragen hat, bringt diese es zu den folgenden drei weiteren Streichwalzengruppen. Jede von diesen besteht aus 2 Streichwalzen, Stahlröhren von 214 mm, die in der beschriebenen Art miteinander und mit der großen Kämmtrommel arbeiten. Über den Streichwalzen für jede Gruppe befindet sich je eine Putzwalze von 150 mm Durchmesser mit Holzbelag, und vor jeder Streichwalzengruppe ist je eine Wenderwalze von 60 mm Durchmesser, mit Kratzen beschlagen, eingerichtet. Die Vorreißwalzen sowie die Streichwalzengruppen haben zur Vermeidung von Faserflug dichte

Blechverkleidungen, unterhalb der Kämmtrommel ist noch eine Putzwalze zur Reinerhaltung der großen Trommel vorgesehen. Die Florabnahme erfolgt entsprechend der entgegengesetzten Zahnstellung des Kämmtrommelbelages mit verkehrt, d. h. mit nach oben schlagendem Hacker. Der Flor wird von einem Lattentuch aufgenommen und beim Droussieren über ein Abrutschbrett einem Sammelkorb zugeführt oder bei Reißkrempeln an die Bandübertragung abgegeben. Die Haupttrommel läuft mit 130 Touren in der Min. Der Kraftbedarf beträgt, je nach Verwirrung des Materials und Auflage, bei Einbau eines Avanttrains ca. 6 PS, ohne ihn ca. 4 bis 5 PS. Als wirkliche Reißkrempel im Verein mit der dazugehörigen Vorspinnkrempel trifft die Gilljam-Konstruktion mit Rücksicht auf die Schwierigkeiten bei der Garnnummeränderung auf den Widerstand der Praktiker. Diese ziehen für Grobgarne mit Rücksicht auf die leichtere Nummernänderung den einfachen 2-Krempelsatz vor.

2. Nigger.
Die Herstellung von Noppen oder Knotenstreichgarnen mit sogenannten Niggern.

Unter Niggern versteht man kleine, weniger aufgelöste Knötchen bzw. unregelmäßig auftretende Verdickungen in Streichgarnen, die gegenüber dem Grundgarn eine auffallende grelle Färbung besitzen. Durch Beimengung der Nigger in den letzten Stadien des Krempelvorganges durch einen Speise- und Wiegeapparat, eventuell selbst vor den letzten 2 Arbeiterpaaren der Vorspinnkrempel werden diese Noppen nur oberflächlich leicht aufgekratzt, so daß sie sich mit dem Flor vermengen, aber nicht mehr vollständig auflösen. Im Florteiler erfolgt dann die normale Behandlung des Flors mit möglichst starker Nitschelwirkung. Das Feinspinnen am Selfaktor erfolgt in normaler Art, nur mit etwas schwächerem Verzug. Die prozentuelle Beimengung der Nigger darf aber nicht so hoch gehen, daß bei der Vorgarnbildung oder beim Feinspinnen Fadenbrüche entstehen. Die Herstellung der Nigger und Noppen erfolgt vorher aus kurzem, möglichst feinem, scharf kräuselndem Wollmaterial. Sie kann auf einer gewöhnlichen Krempel erfolgen, deren Arbeiter und Wender entsprechend eingestellt werden. Der Peigneur erhält zum Unterschied von der gewöhnlichen Krempel jedoch die gleiche Häkchenrichtung des Belages wie die Haupttrommel. Die Einstellung des ersten Arbeiters erfolgt auf einem Zwischenraum, der zwei schwachen Stellblechen entspricht, also ohne Berührung mit der Haupttrommel; der zweite Arbeiter erhält bereits einen Abstand von 2 mm zur Haupttrommel; für jeden folgenden Arbeiter nimmt man den Abstand um je 2 mm größer als für den vorhergehenden, so daß er für den letzten Arbeiter ca. 8 mm beträgt. Durch diesen erweiterten Abstand tritt eine rollende Wirkung der Beläge auf das Fasermaterial an Stelle der Kratzwirkung ein. Die Wollfasern werden zu Kügelchen gestaucht. Die Wender arbeiten bei Einstellung auf ein feines Stellblech zum Tambur mit leichter Berührung, so daß sie die Nigger wieder an den Tambur übertragen. Auch der Volant wird etwas leichter als gewöhnlich angestellt, etwa um ein feines Stellblech mehr als bei der gewöhnlichen Krempel für feines Material. Der Abstand des Abnehmers (Peigneurs) von der Haupttrommel muß der Noppengröße entsprechen, er ist also jedenfalls über 2 mm zu wählen. Um das Zusammenrollen der Nigger zu verbessern, werden sie bei einem Durchmesser von über 4 mm noch ein zweites Mal durch die Niggerkrempel geschickt, bei einem Durchmesser von 2 bis 4 mm wird der Niggerprozeß dreimal wiederholt. Durch diese Wiederholung tritt eine stärkere Verfilzung und bessere Haltbarkeit der Nigger ein. Sind die Nigger aus minderwertigeren Wollsorten, die weniger verfilzen, z. B. aus Kunstwolle, so werden sie zur Erzielung besserer Haltbarkeit einer Nachbehandlung unterzogen. Sie werden mit einer dünnen Leimlösung (ca. 1 proz.) mit geringem Glyzerinzusatz, etwa ½%, und zwar am besten auf dem Öltisch eines Schmelzwolfes durch einen Zerstäuber besprengt und hierauf in einem langsam laufenden einfachen Klopfer (Ausputzklopfer, siehe S. 306) leicht durchgeklopft. Zur weiteren Festigung werden die Nigger dann zuerst auf einer feinmaschigen Drahthorde schonend getrocknet. Bei Trockenmaschinen neuerer Bauart, die mit sehr kräftigem Luftzug arbeiten, müssen für diesen Fall die Luftströmungen am einfachsten durch Blechschieber gedrosselt werden, weil sonst die Nigger leicht in die Ausblasleitung der Trockenmaschine getragen werden. Man kann evtl. auch die Nigger in grobmaschigen Leinensäcken ohne weitere Luftdrosselung trocknen. Nach dem Trocknen werden die Nigger zur Erzielung einer noch besseren Haltbarkeit auf einem „Niggerreiber" durchgearbeitet. Ein solcher besteht, wie aus Abb. 203 ersichtlich, aus einer kannelierten Hartholzwalze W, die mit etwa 120 Touren je Min. in der Mulde M, die mit einem rauhen Leder le ausgelegt ist, rotiert. Aus einem Füllkasten F werden die gut trockenen Nigger durch einen regulierbaren Schieber Si in die Mulde M gespeist und durch die Walze W gerollt. Der Oberteil der Walze ist mit einem dicht angestellten Glanzblech verschalt. Das Leder le ist zeitweilig mit einer scharfen Drahtbürste aufzurauhen. Das Krempeln der Noppengarne geschieht so, daß die Noppen je nach der gewünschten Auflösung und dementsprechend

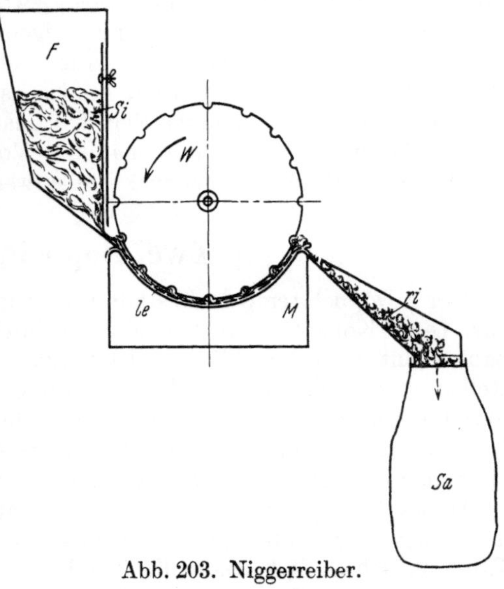

Abb. 203. Niggerreiber.

ihrer Verbindung mit dem Grundgarn entweder schon in der Mittelkrempel oder erst in der Vorspinnkrempel auf den Speisetisch zugesetzt werden oder, wie der Verfasser mit gutem Erfolg in der Praxis versucht hat, so, daß die Speisung durch einen kleinen Speiseapparat oberhalb der Krempel, etwa hinter dem zweiten Arbeiter erfolgt. Das Aufstreuen der Noppen von Hand aus auf den Speisetisch der Krempel liefert leicht eine gar zu unregelmäßige Verteilung der Noppen. Die Nigger sollen auf der zweiten Krempel nur leicht angerauht werden, so daß sie sich mit dem Grundmaterial leicht verbinden, ohne daß sie dabei zu sehr aufgelöst werden. Geht die Auflösung der Nigger weiter, so entstehen nur Garne mit Farbschattierungen durch die Noppen. Man stellt daher je nach der Größe der Nigger auch auf der Hauptkrempel für das Grundmaterial den Abstand zwischen Arbeiter und Tambur sowie zwischen Wender und Tambur und den Abstand zwischen Arbeiter- und Wenderwalzen, soweit sie nach dem Zusatz der Nigger im Arbeitsprozeß liegen, um ca. ½ mm enger, als die durchschnittliche Größe der Nigger beträgt. Z. B. sind bei 3 mm Nigger die Abstände Arbeiter und Tambur 3 bis 4 mm, zwischen Wender und Arbeiter 3 bis 3½ mm, zwischen Wender und Tambur ca. 2½ mm für das erste Arbeitswalzenpaar eingestellt. Die Abstände können für die nachfolgenden Walzenpaare noch um ca. ein feines Stellblech erhöht werden. Größere Abstände, wie sie in mancher

Fachschriften empfohlen sind, führen leicht den Nachteil eines unreinen Flors herbei, der ja bei der Vorspinnkrempel gerade wegen der Niggerbeimengung besonders gleichmäßig und haltbar sein soll. Das Einstellen des Abnehmers an den Tambur muß sich hier ganz nach der Beschaffenheit der Nigger richten und erfordert reiche Erfahrung zur Erreichung eines guten Flors und Vorgarnes. Man stellt gewöhnlich etwas leichter ein als bei der gewöhnlichen Krempel und läßt den Volant etwas rascher laufen, damit er bei seiner leichten Einstellung besser hebt. Der Hacker wird etwas kräftiger angestellt, um Flor und Nigger im gesamten heben zu können. Bei der Herstellung der Nigger ist der Hacker dagegen ganz abgestellt. Für die Speisung der Nigger nimmt man, wie erwähnt, einen kleinen Kastenspeiser, von dessen Nadeltuch die Nigger durch eine Streubürste mit hohem Belag abgebürstet werden. Für das Feinspinnen geht man wegen der Gleichmäßigkeit der Garne zweckmäßig über die metr. Nummer 16 nicht hinaus. Der Prozentsatz an beigemengten Niggern muß auch bei höheren Nummern mäßig gehalten werden, ebenso der Selfaktorverzug niedriger, etwa unter 1,8, gewählt werden, weil sonst die Haltbarkeit und das Aussehen der Garne leidet. In neuerer Zeit hat man bei besonders billigen Garnen die Nigger dadurch imitiert, daß man das Vorgarn beim Lauf am Selfaktor oder das Feingarn durch Spritzdruck stellenweise anfärbt.

3. Zwei-Doppelkrempelsatz.

Der 2-Doppelkrempelsatz stellt eine weitere Sonderbauart von Krempelsätzen dar. Diese Konstruktion, von Maly erfunden, von Hartmann in Chemnitz gebaut, dient dazu, feine Reinwollstreichgarne möglichst kammgarnähnlich herzustellen, so daß sie vielfach als Halbkammgarne bezeichnet werden. Man erreicht dies durch ständiges Strecken und Parallellegen mit paralleler Faserspeisung vom Eingang des Spinngutes in das Krempelaggregat während des ganzen Prozesses bis zum Florteiler. Die Abb. 204 zeigt das Schnittbild dieser Sonderausführung.

Dieses Krempelsystem erreicht die Glattlegung der Fasern durch besonders langsames und vollkommenes Auflösen des Spinngutes infolge der niedrigen Tamburgeschwindigkeit — die Tambure machen nur 100 Touren je Min. —, ferner durch große Kratzenflächen und durch Anwendung von sogenannten Streichwalzen (A) und Glättwalzen (B). Dadurch wird ein glattes, rundes Vorgarn erreicht. Man kann auf sehr feinem Flor, höhere Vorgarnnummern übergehen, so daß man mit Leichtigkeit, da auch der Selfaktorverzug bis 2,5 gesteigert werden kann, Feingarne von Nr. 20 und mehr — die sehr kammgarnähnlich sind — erreicht. Der Arbeitsgang sei an Hand der Schnitte klargelegt. Das Material geht vom Selbstaufleger der Reißdoppelkrempel über den Einführungstisch zum Avanttrain bekannter Bauart. Eine Übertragungswalze u_1 liefert das Material an den besonders großen Tambur T_1, der mit 4 Arbeiter- und Wenderwalzen arbeitet, die Streichwalzen A und Glättwalzen B sind bei den letzten zwei Walzenpaaren angebracht. Überdies ist eine Streichwalze A zwischen Tambur und Abnehmer A_1 und zwischen Abnehmer A_1 und Übertragungswalze u_2 unten angebracht. Diese Streich- und Glättwalzen sind glatt poliert, also nicht mit Kratzenbeschlag versehen, und verstreichen und verstrecken die aus den Belägen hervorstehenden Wollhärchen. Man kann also wohl sehr angenähert von Parallellegen sprechen. Während die Streichwalzen A das Glattlegen besorgen, führen die 8 mit B bezeichneten Walzen, als glattpolierte Glättwalzen gebaut, zwischen Arbeiter und Wender, sowie zwischen Abnehmer- und Übertragungswalze eine glatte Faserfläche des Spinngutes, besonders von den Arbeitern zu den Wendern herbei. Sie verhindern die sonst eintretende flockenartige Übergangsform des Materials von den Arbeitern zu den Wendern, da die Fasern unter der Glättwalze unter einer Art Schleifwirkung durchgezogen werden. Trotz der geringeren Tourenzahl des Krempelsatzes wird die Vorgarnleistung eines gewöhnlichen Streichgarnsatzes bei gleicher Arbeitsbreite, Fadenzahl und Vorgarnnummer erreicht. Die sonstige Ausrüstung des Krempelsatzes entspricht den normalen Konstruktionen. Der Wiegeapparat, die Vorkrempel, die einzelnen Teile der Krempel, sowie Bandübertragung und Florteiler sind an den Teilfugen *f* abfahrbar eingerichtet, was die sonst schwierige Arbeit des Putzens, Schleifens, Einstellen sehr erleichtert. Man baut diese Sätze in Arbeitsbreiten von 1650, 1750 und 1850 mm. Die Gesamtlänge bei Hintereinanderstellung des ganzen Aggregates beträgt 16100 mm, die Gesamtbreite an den äußersten Kanten gemessen für die Reißkrempel 2915 mm, 3015 mm und 3115 mm, für die Vorspinnkrempel entsprechend 2830 mm, 2930 mm, und 3030 mm. Der Kraftbedarf ist 14 PS, 15 PS, 16 PS. Das Gesamtnettogewicht eines derartigen Satzes (wegen der Gebäudebelastung angegeben) beträgt bei Ausführung der Tambur-, Abnehmer- und Arbeiterwalzen mit Gipsbelag 19400 kg, 20300 kg und 21200 kg. Bei Ausführung der großen Walzen in Eisen sind die Gewichte um 10% höher. Zur Ermittlung des Bedarfes an Kratzenmaterial seien für diesen Fall auch die Walzenmaße der Krempelwalzen, für die nackten Walzen ohne Kratzenüberzug gemessen, an-

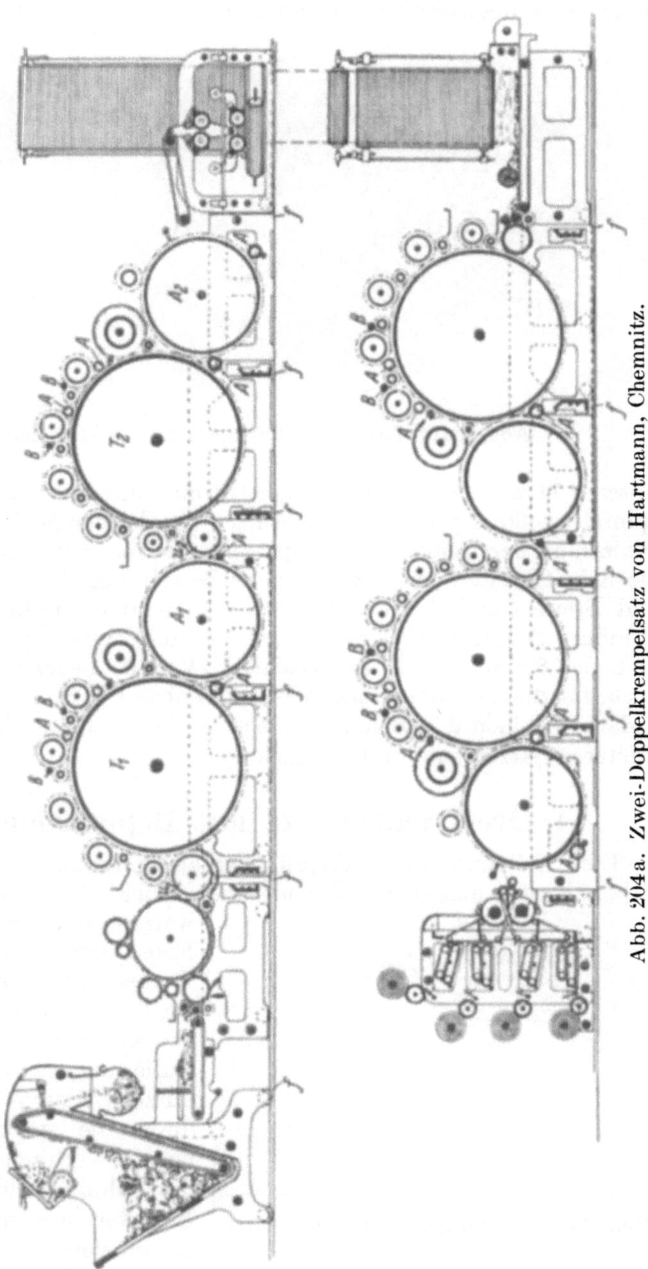

Abb. 204a. Zwei-Doppelkrempelsatz von Hartmann, Chemnitz.

gegeben, und zwar für die Reißdoppelkrempel: eine Zylinderputzwalze 80 mm, eine Übertragwalze 320 mm, eine Fangwalze 70 mm; zweite Übertragwalze 250 mm, die Tambure 1230 mm, die zwei ersten Arbeiter 188 mm, die weiteren acht Arbeiter 214 mm, der erste Wender 70 mm, die weiteren acht 80 mm, die zwei Volants mit je sechs Kratzenblättern 300 mm, die zwei oberen Volantputzwalzen 45 mm, die zwei

Abb. 204b. Zwei-Doppelkrempelsatz von Hartmann, Chemnitz.

unteren 74 mm, die zwei Abnehmer 850 mm, ihre Putzwalze 125 mm. An der Vorspinndoppelkrempel haben alle Walzen die gleichen Maße wie die entsprechenden Walzen an der Reißdoppelkrempel. Die Walzenbreiten sind je 30 mm länger als die Arbeitsbreiten, sie dienen für die Berechnung der Länge der Kratzenbänder und Breite der Volantblattkratzen. Die Kratzenbandhöhen sind für Arbeiter, Tambur, Peigneur, Wender 11 mm, für die Zylinderputzwalzen, Sektoralband in Leder 8 mm, für die Läuferblätter (Volant) Leder mit Filzunterlage 24 mm hoch, für die Abnehmerputzwolle Kratzenband in Stoff 17 mm hoch. Der Kraftbedarf für einen derartigen Satz beträgt bei 1650 mm Arbeitsbreite 14 PS., bei breiteren Sätzen entsprechend mehr.

4. Dreikrempelsätze mit Doppelabnehmerbauart.

Diese Erfindung wurde ursprünglich als Konstruktion Beran von G. Josephys Erben, Bielitz, ausgeführt. Sie hat eine doppelte Abnehmewirkung der Peigneurwalzen und kommt besonders für die Erzeugung von gröberen Teppichen, Decken und Grobtuchgarnen in Betracht. Besonders stärkere Wollen und Wollabgänge erfahren hier eine kräftigere Auflösung, das Verbleiben vor allem der kurzen Fasern im Tamburbelag wird durch die stärkere Wirkung der Abnehmer verhindert. Die Abb. 205a gibt die Schnittzeichnung dieser Krempelbauarten wieder. Die Einstellung der Krempelorgane entspricht sonst einer normalen Krempel, nur die Abnehmer

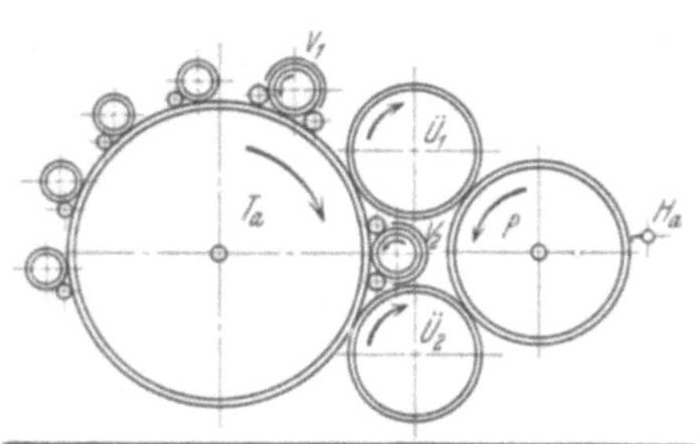

Abb. 205a. Doppelpeigneurkrempel von Beran.

werden in gesteigerter Annäherung auf zweierlei feine Stellbleche, im besonderen der untere Abnehmer schärfer als der obere, an den Tambur angestellt. Durch die aufeinanderfolgenden Abnehmerwirkungen werden auch die tiefer in den Belag der Haupttrommel eingeschlagenen Wollhaare gewonnen, d. h. dem Tambur abgenommen, so daß dieser wieder speisefähig wird, also eine größere Leistung aufnehmen kann. Die Flore werden aus den beiden Peigneuren nach der Abnahme durch die Hacker mittels Lattentüchern übereinander doubliert und der Bandübertragung bzw. dem Florteiler zugeführt. Die ursprüngliche Ausführung Berans, der seinerzeit den zweiten Flor durch eine Übertragungswalze, den Flor vom unteren zweiten Peigneur auf den Belag des ersten Peigneurs mit dem ersten Flor vereinigte, hat wenig Anwendung gefunden. Dies war dadurch begründet, daß die Einstellung, Reinigung und Kontrolle, besonders für den zweiten Volant, schwierig ist und dadurch leicht Flor- und Garnunegalitäten entstehen. Vielfach verwendet die Praxis den ersten Peigneur als Arbeiterwalze. Die doppelte scharfe Einwirkung der Abnehmerbelege gibt aber nur bei Feingarnnummern, bei getrennter Florabnahme unter Nr. 8, bei gemeinsamer Florabnahme, natürlich auch besserem Material, nur unter Nr. 12 noch brauchbare Garne. Die Einstellung der Volants muß hier, der getrennten Florabnahme

entsprechend, ebenfalls verschieden ausgeführt werden. Man stellt den ersten Volant nur leicht an die Trommel etwa ein feines Stellblech ohne Widerstand, den zweiten Volant auf ein solches Blech streng eingepaßt ein. Die schwierige Einstellung der Volants und Abnehmer erkennt man bei Inbetriebsetzung ebenso wie die geringsten Schleiffehler sofort an dem löchrigen Flor, der dann eintritt. Man greift deshalb hier zu stärkerer Speisung, schwächerem Verzug, stärkerem Flor und gröberer Vorgarnnummer. Man baut wegen der geringeren Anforderungen, die hier an die Garne gestellt werden, mit Rück-

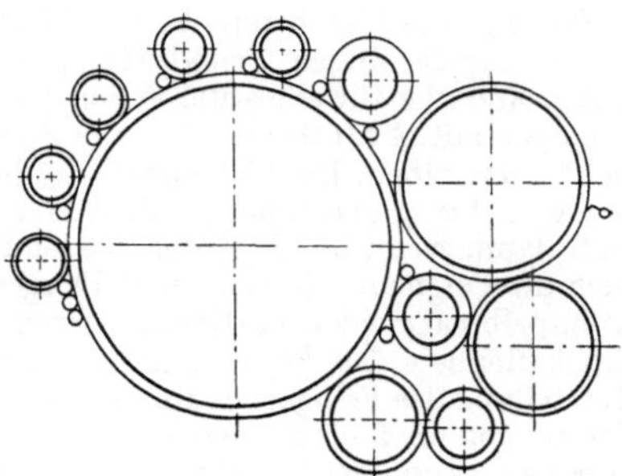

Abb. 205b. Doppelpeigneurkrempel von Braun.

sicht auf das gröbere Material diese Anordnung in Form von 2-Krempelsätzen.

Es wurden versuchsweise noch andere Konstruktionen, wie die Doppelpeigneur- oder Universalkrempel von Braun (Abb. 205b) geschaffen, die mit einem oder zwei Peigneuren arbeiten kann, doch haben diese Varianten in der Praxis nur wenig Eingang gefunden.

Die Gilles-Krempel sucht durch Anwendung eines großen Peigneur (ca. 4,2 m) eine Produktionssteigerung zu erreichen.

5. Praktische Regeln für den Krempelbetrieb.

Wie aus den vorangegangenen Erörterungen schon teilweise ersichtlich, richtet sich der ganze Krempelbetrieb nach dem zu verarbeitenden Material. Bei Einrichtung einer Streichgarnspinnerei muß man schon im vorhinein genau über die zu verarbeitenden Materialien Klarheit haben, man muß sich auf die Herstellung gewisser Streichgarngebiete einstellen, um für die aufzustellenden Krempelsätze die richtigen Konstruktionen bez. Walzenzahl der richtigen Beschläge zu wählen. Wohl lassen sich auf ein und demselben Krempelsatz bei entsprechender Änderung der Einstellung verschiedene Materialien in gewissen Abstufungen verarbeiten. Allgemein muß man jedoch die grundsätzlichen Unterschiede zwischen der Verarbeitung besonders feiner Reinwollen, ferner von Kunstwollen und von Grobwollen einhalten. Große Spinnereibetriebe, die entweder eine größere Eigenweberei mit Garnen versorgen, die stärkere Mannigfaltigkeit haben sollen oder direkt als Lohnspinnereien für einen ganzen Industriebezirk arbeiten, müssen eine dementsprechende Betriebseinrichtung vorsehen. Sie werden dann in ihren Krempelsätzen (Assortimenten) sowohl bez. der Maschinengruppen wie auch in ihren Beschlägen, Kratzenfeinheiten, Auswahl und verschiedene Arbeitsmöglichkeiten haben. Allgemein ist ja heute die Spezialisierung als naturgemäße, volkswirtschaftliche Entwicklung in der Textilindustrie so weit vorgeschritten, daß ein Spinnereibetrieb, namentlich, wenn er eine Eigenweberei bedient, gewisse Standardgarne erzeugt. Etwas größer muß die Umstellungsmöglichkeit beim Lohnspinner sein.

Allgemein kann man ungefähr drei Haupttypen von Streichgarnspinnereien unterscheiden: Streichgarnspinnereien, die überwiegend hochfeine Streichgarne von ca. Nr. 16 aufwärts aus nahezu reinen Schurwollen spinnen. Spinnereien, die mittlere Streichgarne mit geringerer oder größerer Beimengung von Kunstwolle für mittlere Streichgarne oder Kunstwollgarne spinnen. In dieser Gruppe läßt sich evtl. die reine Kunstwollspinnerei und allenfalls auch Baumwollabfall als Barchentgarnspinnerei und Vigognespinnerei überhaupt einreihen. Die dritte Sondergruppe bilden die sog. Streichgarngrobspinnereien. Die Lohnspinner, die heute bei Streichgarn ein ohnehin sehr eingeschränktes Arbeitsgebiet besitzen, müssen sich auf mindestens zwei oder auf alle drei genannten Gruppen einstellen. Allgemein trachtet heute jeder Wollbetrieb, eine eigene Spinnerei für seinen Bedarf zu besitzen, da bei dem schweren Konkurrenzkampf im Spinnereibetrieb besonders für Streichgarngroßbetriebe die beste Verdienstmöglichkeit in der Spinnerei bzw. Wollmanipulation und im Wolleinkauf liegt. Der reine Weber, der auf den Lohnspinner angewiesen ist, wird sowohl in Materialmischung wie im Fabrikationsgewinn immer durch den Lohnspinner benachteiligt sein. Nachstehend seien die Besonderheiten der drei erwähnten Gruppen hervorgehoben.

Streichgarnkrempelsätze für feine Reinwollgarne in den metr. Nummern von 16 bis ca. 30 zur Erzeugung hochfeiner Tuche, wie sie in einzelnen Sonderbetrieben Aachens, Brünns und Reichenbergs üblich sind, müssen schon mit Rücksicht auf die besonders schonende Auflösung, die hier bereits in der Wolferei mit größter Materialschonung einsetzt, auch in der Krempelei diesen Grundsatz befolgen. Geringere Tourenzahl bzw. Arbeitsgeschwindigkeiten sind hier für alle auflösenden Maschinen von größter Bedeutung. Man wählt unbedingt Krempel mit Avanttrain, läßt die Speisung und demgemäß Produktion und auch Verzug nicht übertreiben. Die Lieferwechselräder, die der Speisung und dem Auflösungsgrad gewöhnlich verkehrt proportional sind, dürfen nicht zu klein gewählt werden. Der Krempelverzug muß dann, wenn die Speisung passend niedrig ist, nicht so hoch gesteigert werden, womit auch die Peigneur-, Hacker- und Florgeschwindigkeit mäßig wird. Man wählt für den ganzen Krempelbesatz einen mittleren Verzug von etwa 50 bis 60, richtet sich jedenfalls nach der Beschaffenheit des Flores und Vorgarnes, insbesondere ihre Egalität. Wenn auch bei der Herstellung des Feingarnes am Selfaktor, entsprechend dem guten Material, ein etwas höherer Verzug von ca. 2 bis 2,5 gestattet ist, so wird man nur in Notfällen sich auf die ausgleichende Verzugswirkung des Selfaktors verlassen. Zur Erzielung größter Egalität beim Vorgarn muß die Krempel auf das peinlichste eingestellt und geschliffen sein, die richtige Wahl der Kratzen als erste Grundbedingung ist selbstverständlich. Zu grob beschlagene Sätze geben selbst bei feinstem Schliff und bester Einstellung bei derartig feinen Garnen eine graupelige Garnbeschaffenheit. Zu hoher Verzug auf der Krempel gibt wieder auf der andern Seite einen unegalen evtl. löchrigen Flor und damit unegale, schnittige Vor- und Feingarne. Den höchsten Verzug legt man entsprechend dem fortschreitenden Auflösungsvorgang in die letzte Krempel, die Vorspinnkrempel. Man arbeitet bei diesen feinen Materialien auf der Reißkrempel mit ca. 40- bis 45fachem Verzug, auf der Mittelkrempel mit 45- bis 50fachen und auf der Feinspinnkrempel mit 50- bis 60fachem Verzug. Die Nitschelwirkung wird mit Rücksicht auf die leichte Verfilzungsfähigkeit der feinen Wollen hier etwas schwächer gehalten. Man treibt sie nur so weit, daß man ein rundes Vorgarn erreicht. Die Tourenzahlen für die Tambure und damit für den Krempelhauptantrieb betragen für die Grob-, Mittel- und Feinkrempel zweckmäßig je 125, 130 und 135 bis 140 Touren.

Die Auswahl der Krempelsätze für mittlere Streichgarne mit den Nummern von 8 bis 16 aus Woll- und Kunstwollgemischen. Bei diesen Garnen ist schon wegen ihrer Billigkeit auf eine höhere Produktion zu sehen. Man legt wohl noch sehr Wert auf gleichmäßige Garne, daher auf eine gut eingestellte und geschliffene Maschine, erhöht wegen der größeren Arbeitsgeschwindigkeit, um die bessere Abstufung der Auflösung zu erreichen, die Anzahl der Arbeiter- und Wenderwalzenpaare und geht auf etwas gröbere Kratzennummern, soweit dies die Florbeschaffenheit gestattet. Der Krempelverzug wird ebenfalls gesteigert; man beginnt mit ca. 50- bis 60fachem Verzug an der Grobkrempel, geht für die Mittelkrempel auf ca. 70, und für die Feinkrempel bis 85 hinauf. Die Tourenzahlen der Tambure steigert man mit Rücksicht auf die notwendige größere Produktion ebenfalls auf 135 Touren für die Grobkrempel, 140 Touren für die Mittelkrempel und ca. 145 für die Feinkrempel. Höhere Tourenzahlen sind nur in Kunstwollspinnereien üblich, die mit starker Baumwollbeimengung arbeiten, jedenfalls soll hier die Mehrproduktion nicht mit Tourenzahlen von über 160 Tamburtouren erkauft werden, da man ja schließlich auch bei sehr billigen Garnen gewisse Qualitätsanforderungen stellen muß. Die höchsten Leistungen erreicht bei gutem Maschinenzustand hier nur der entsprechend erfahrene Krempelmeister. Das Einstellen der Beläge, sowie das Schleifen, das hier häufiger wiederholt werden muß, erfolgt hier schärfer. Die ganze Auflösungsarbeit ist eine härtere, der Feingarnverzug am Selfaktor wird in der Regel 1,5 bis 1,8 gewählt. Zu großer Verzug gibt schon leicht schnittige Garne. In dieser Arbeitsgruppe bewegt sich heute die Mehrzahl der bestehenden Streichgarnspinnereien. Weitere Sonderheiten für Großleistungen billigster Kunstwollgarne sind später in der Kunstwollspinnerei angeführt, an dieser Stelle sei nur bemerkt, daß schärfster Schliff, genaueste Einstellung hier die stärksten Anforderungen an den Spinner stellt.

Für Streichgarngrobgarne arbeitet man, wie schon früher erwähnt, meist auf 2 Krempelsätzen bis ca. Nr. 6 metr. aus Grobwollen, ebensolchen Kunstwollen und Abfällen sowie beigemengten Tierhaaren aller Art. Mit Rücksicht auf das kürzere, steifere Material, das einerseits weniger verzugsfähig ist, andrerseits aber weniger aufgelöst zu werden braucht, da man an die Garne weitaus geringere Anforderungen betreffs Egalität stellt und durch die groben Nummern genügende Haltbarkeit erreicht, verringert man die Zahl der Auflösungsstellen. Dadurch verkürzt und verbilligt man den Arbeitsweg und erhöht die Produktion. Man arbeitet hier lieber mit geringerem Verzug, ca. 35 bis 40, mit starker Speisung und geringeren Tourenzahlen, 120 bis 130; so erhält man einen dichteren schwereren Flor und damit hohe Gewichtsproduktion. Bei entsprechender Riemchenbreite ergeben sich die nötigen groben Garnnummern. Die Auflösung ist hier nicht so weitgehend, der Flor ungleich, oft knotig, einzelne Haare stehen aus ihm weit heraus, die Kratzenbelege sind entsprechend grob und die Einstellung der Walzen zueinander weiter. (Siehe frühere Einstelltabelle.) Eine besondere Bedeutung hat auch hier der Volant. Er darf nicht zu hoch in der Tourenzahl hinaufgehen, da er durch zu scharfes Heben bei dem starren, besonders bei kürzerem Material durch seine zu starke Peitsch- oder Fegwirkung auf den Tamburbelag leicht stärker „staubt", d. h. besonders das kurze und grobe Material in dieser Mischung (Kuh- und Kälberhaare), welche die Verbilligung dieser Garne herbeiführen, hinauswirft. Man wählt hier den Volant mit langen Häkchen, die kurz an der Spitze abgeknickt sind, und stellt ihn nicht zu scharf ein. Dagegen wird man die Peigneuranstellung verstärken. Die Hackertourenzahl muß man hier hoch halten, den Hacker scharf anstellen. Die Tourenzahl des Peigneurs wird niedrig gewählt, um einen halbwegs egalen Flor zu erreichen. Die Anforderungen an die Florgüte sind hier oft sehr mäßige, man begnügt sich damit, daß das Vorgarn, das aus der Krempel läuft, gerade nur so viel verträgt, daß es am Selfaktor das Feinspinnen aushält. Die kräftige Drehung gibt erst die für die Weberei und weitere Verwendung nötige Haltbarkeit.

Leistung- und Qualitätsbeurteilung im Streichgarnspinnereibetrieb.

Die Leistung in kg Vorgarn bzw. kg Feingarn je Krempelsatz (Assortiment) bei gegebener Nummer ist für den betriebskontrollierenden Spinnereileiter insbesondere aber auch für den Spinnereibesitzer selbst die wichtigste Betriebszahl. Sie wird in modern geleiteten Spinnereien nach Garnsorten, Partienummern und Krempelsätzen getrennt, sowohl buchmäßig (Kartothek) wie auch in Diagrammform geführt. Eine ganz oberflächliche Kontrolle für rasche Stichproben, besonders für den die Ökonomie des Betriebes prüfenden Spinnereibesitzer, gibt die Bestimmung der Leistung in kg gesponnener Durchschnittsnummer je Krempelsatz oder noch besser je 1 m Arbeitsbreite der im Betrieb befindlichen Krempeln. Die Maschinenausnützung bzw. der Wirkungsgrad der Krempelsätze ist

$$\text{gegeben durch das Verhältnis } \eta = \frac{\text{wirklich geleistete Krempelarbeitsstunden}}{\text{die möglichen Arbeitsstunden aller Krempelsätze}}.$$

Dabei ist die mögliche Arbeitsleistung aller vorhandenen Krempelsätze so in Rechnung zu stellen, daß keine Unterbrechung des Betriebes durch Stillstände, Putzen der Krempeln, Schleifen, Riemcheneinziehen, Belegen sowie durch Reparaturen eintritt, während in der wirklichen Leistung diese Betriebsverluste berücksichtigt werden. Die wirklichen Leistungen können durch verläßlich arbeitende Ökonographen, Servicerecorder bzw. ähnliche Leistungsmesser in Diagrammform gewonnen werden. Die angegebene Zahl gibt ein Bild über die Leistungsfähigkeit des Spinnmeisters, über die Richtigkeit der spinnereitechnischen Vorgänge und die Leistung der Arbeiter. Sie kann auch in kg gewonnenen Garnes im Verhältnis zur idealen Maximalmenge bei Vollbetrieb ausgedrückt werden. Sie hängt natürlich auch von der Güte und leichten Verarbeitbarkeit des Spinnmaterials ab. Bei Spinnereien für feine Reinwollgarne (Gruppierung wie früher in 3 Gruppen) soll sie mindestens 85% erreichen, für mittlere Garne 75 bis 80% und für schlechteste Kunstwollgarne mindestens 60 bis 70% betragen. Genaue, wirklich verläßliche Aufzeichnungen ergeben oft überraschende Aufschlüsse

gegenüber den Angaben oder Behauptungen des Werkstättenpersonales. Sie
führen den erfahrenen Betriebsmann rasch zur Ursache vieler Fehlerquellen.
Führt man derartige Messungen an einzelnen Krempelsätzen bzw. auch an den
Feinspinnmaschinen, je Krempelsatz getrennt, durch, so kann man einerseits
leichter Aufschlüsse über die Spinnfähigkeit einer Garnpartie erlangen (mit Ermittlung der Unterbrechungszeit durch das Putzen), andererseits ergibt sich die
Zeitdauer aller Betriebsunterbrechungen. Da diese produktionshemmend sind,
so ist ihrer Herabsetzung größte Aufmerksamkeit zuzuwenden. Jedenfalls findet
man bei Feststellung der Ursache der Betriebsstillstände oft rasch Aufschluß
über bestehende Übelstände im Spinnereibetrieb. Die Anbringung der Kontrollapparate muß so erfolgen, daß die Registrierung der effektiven Arbeitszeiten der
betreffenden Maschinen einwandfrei möglich ist und überdies dem Arbeiter,
welcher von solchen Kontrollmessungen immer eine Lohnverkürzung befürchtet,
jede Eingriffsmöglichkeit in den Antrieb des Kontrollapparates genommen
werden, um das klare Arbeitsbild nicht zu stören. Man wird Kontrollapparate
bei Krempeln in erster Linie an der Vorspinnkrempel anbringen, die ja für die
Garnleistung endgültig bestimmend ist. Die Zahl der Selfaktorspindeln, die für
die Aufarbeitung des Vorgarnes nötig ist, muß durch Beobachtungsversuche
(siehe Selfaktor) so bemessen sein, daß die Selfaktoren, meist je zwei für einen
breiten Krempelsatz, das erzeugte Vorgarn glatt ohne Materialstockungen, aber
auch ohne Stillstände, abspinnen. Bei richtiger Einteilung kann die Kontroll-
zählung an den Selfaktoren selbst unterbleiben, da die Fertiggarnproduktion an
Feingarn ohnedies als Abschlußarbeit unbedingt einer Gewichts- und Qualitäts-
kontrolle unterzogen wird.

a) Die Qualitätskontrolle der Krempelarbeit.

Es wurde schon wiederholt erwähnt, daß in erster Linie die Prüfung der
Gleichmäßigkeit des abgelieferten Vorgarnes, also der geleisteten Florqualität,
wichtig ist. Wenn mangelhaftes Vorgarn vorliegt, ist die Ursache meist im
Krempelprozeß zu finden. Fehler in den Florteilern sind weitaus seltener,
sie bilden nach Beobachtungen des Verfassers kaum 5% aller auftretenden
Spinnereifehler. Die Beobachtung des Flors ist demgemäß die erste Aufgabe
des Spinnmeisters. Natürlich muß sie von der Reißkrempel an einsetzen, da
man auf der letzten Krempel nicht alle Fehler der vorangegangenen Krempeln
beheben kann, wenn auch die Wiederholung des Krempelvorganges durch Verwendung der Doublierung der Vorlage auf den Speisetischen der zweiten und
dritten Krempel frühere Fehler teilweise ausgleicht. Das Material muß über
die Arbeiter und Wender immer gleichmäßig dahinfließen. Tritt durch Betriebs-
fehler eine Störung dieser kontinuierlichen Verfeinerung ein, die der Spinner
sofort an der Materialverteilung auf den genannten Walzen sieht, so deutet
dies immer auf einen Krempeleifehler hin. Starke Materialanhäufungen, die besonders an späteren Arbeitsstellen auf der Krempel plötzlich auftreten, sind ein
Zeichen, daß entweder falsche Antriebsverhältnisse in der Nähe dieser Arbeitsstelle vorliegen (lockere Arbeiterantriebskette, ausgelaufenes Kettenrad, un-
gleiches Anstellen der Walze) oder daß lokale Defekte im Kratzenbelag vorhanden
sind. Dieser Fehler zeigt sich dann auch örtlich unregelmäßig begrenzt im
Flor der betreffenden Krempel. Gehen die Materialungleichmäßigkeiten dagegen
über die ganze Arbeitsbreite der Krempel, so deutet dies in erster Linie auf
Ungleichmäßigkeiten in der Speisung hin. Verlaufende Ungleichmäßigkeit, die
besonders bei Beobachtung des Flors in der Breitenrichtung feststellbar ist,
läßt auf einseitig unrichtige Stellung eines oder mehrerer Arbeitsorgane, z. B.
der Arbeiterwalzen, des Peigneurs und besonders des Volants zum Tambur

schließen, mitunter ist dies ein Zeichen schlechten Schliffes. Schleifen und Einstellen sind der Kernpunkt in der Krempelei. Unegaler Schliff, der Unebenheiten in der Kratzenhöhe bringt, ist nur bei reinem Handschliff zu befürchten. Er ist dann meist rein örtlich mit unregelmäßiger Verteilung der Fehlerstellen im Flor zu beobachten, während durch maschinelles Schleifen am Schleifbock meist ein verlaufender Schleiffehler über die ganze Arbeitsbreite und demgemäß über den Flor eintritt. An den Stellen, wo die Beläge schärfer aneinandergestellt sind, tritt ein dünnerer Flor ein, so daß sich dieser Fehler auch schon bei Vergleich der Vorgarnnummern der einzelnen Vorgarnfäden innerhalb der Krempelbreite zeigt. Bei Handschliff kann besonders in der Mitte der Walzen leicht infolge der Handbewegung des Schleifholzes (Körperbewegung) ein tieferes Schleifen eintreten (gröberer Flor und gröbere Vorgarnnummern in der Krempelmitte). Ungleicher Schliff zeigt sich besonders, wenn er örtlich vorhanden ist, durch eine feine Graupenbildung im Flor, es kann dies auch ein Zeichen von Volantschwingungen, besonders bei großen Arbeitsbreiten und zu hohen Volanttourenzahlen sein. Ist der Fehler über die ganze Breite verteilt und auch bei sorgfältigem Schleifen nicht mehr vollständig zu beheben, so deutet dies auf zu alte, zu tief herabgeschliffene Kratzen hin, die sofort durch neue Beläge zu ersetzen sind. Erfahrene Spinner lassen diesen Zustand nicht erst eintreten, sondern wechseln die Kratzen früher aus. Man kann derartig nicht zu sehr herabgearbeitete Kratzen wieder an Baumwollabfallspinner bzw. Kunstwollerzeuger für die Vorauflösungsmaschinen (Droussetten) oder an Wattefabriken für die Wattekrempeln verkaufen, wo sie als billiges Kratzenmaterial sehr geschätzt sind und ihren Zweck noch lange erfüllen können. Der Spinnereibesitzer muß natürlich darauf achten, daß nicht durch unlautere Manipulationen oder zu häufigen Schliff bzw. schlechtes Kratzenmaterial ein allzu häufiger Wechsel der Kratzen vorgenommen werden muß, der nur im Interesse des Kratzenlieferanten liegt. Die Kontrolle der Lebensdauer jedes Kratzenbelages ist daher mit Rücksicht auf die Kostspieligkeit ihrer Erneuerung für die Spinnereiökonomie notwendig. Spinnereibesitzer kontrollieren die Laufdauer ihrer Kratzenbeläge unabhängig von den Aufzeichnungen der Werkführer zweckmäßig noch in ihrer Hilfsmaterialienkontrolle. Eine vorteilhafte Maßnahme ist, bei jedem Krempelsatz eine Arbeitstafel zu führen, die bei gut organisierten Betrieben auffallend sichtbar in der Nähe des Krempelsatzes hängt, sie trägt das Datum der letzten Kratzenerneuerung in nicht veränderbaren Ziffern. Natürlich ist dieses Datum auch in den Hilfsmaterialkontrollbüchern verzeichnet. Auf dieser Tafel sind überdies Partienummern, Laufzettel mit Angabe der Laufdauer, Menge, Qualitätsbezeichnung der Spinnpartie sowie auch das jeweilige Datum des Putzens des Krempelsatzes vorgemerkt. Diese Maßnahme gibt eine einfache und doch ziemlich genaue Betriebskontrolle, die beim täglichen Durchgang dem verantwortlichen Spinnereileiter oder dem Spinnereibesitzer rasch Aufschluß über den guten Arbeitsvorgang geben.

Nebst dem gleichmäßigen Flor ist die Reinheit und Rundheit sowie die Materialdurcharbeitung des Vorgarnes die zweitwichtigste Kontrolle. Der gewissenhafte Spinnereileiter übt sie bei jedem Krempelsatz und bei jeder Spinnpartie bei seinem täglichen Durchgang durch die Spinnerei aus, indem er namentlich die Eckfadenprobe, wie sie schon bei der allgemeinen Krempelbeschreibung erwähnt wurde, vornimmt. Durch Stapelziehen überzeugt er sich von der Güte und Gleichmäßigkeit der Auflösungsarbeit in den Eckfadenvorgarnstapeln. Sind diese rein, besonders ohne „Graupen“, so sind die „guten“ Fäden um so besser. Abb. 206 zeigt vergleichsweise einen schlechten und einen gut aufgelösten Eckfadenstapel von ein und derselben Streichgarnpartie, jedoch von zwei verschieden eingestellten Sätzen, der schlechtere Stapel bedeutete also nach Einsicht in die Schleif- und Einstellkontrolle dieses Satzes, daß eine Auswechslung der Kratzengarnitur bevorstand.

Die gleichmäßige Dicke und Rundheit des Vorgarnes, besonders seine glatte Oberfläche, ist meist ein Beweis für gute Einstellung des Florteilers und Nitschelzeuges. Ist insbesondere auch bei gleichmäßigem Flor immer noch das Vorgarn fehlerhaft, so liegt die Ursache im Florteiler bzw. Nitschelzeug. Rauhes, zu loses Vorgarn ist ein Zeichen zu lose eingestellter oder alter, abgescheuerter Nitschelhosen, oder aber zu stark gedehnter, also zu schmal gewordener Florteilerriemchen. Diese geben einen unreinen Riß der Ränder bei den einzelnen Florstreifen. Derartige Florteilriemchen zeigen einen starken Dicken- und Breitenverlust und stark abgerundete Kanten und liegen lose mit zu viel Spielraum in den Nuten der Divisionswalzen. Ihre zu lange Verwendung ist falsche Sparsamkeit, die man durch schlechtes Garn büßt. Derartige Florteilriemchengarnituren zeigen schon früher häufiges Reißen der Riemchen, bedeuten also Auswechslung der Riemchengarnitur. Die Lebensdauer und Nitschelhosengarnitur ist selbstverständlich in der Hilfsmaterialkontrolle wieder kartothekmäßig zu führen.

Als Merkmal guter Nitschelhoseneinstellung dient der gleichmäßig runde glatte Vorgarnfaden. Sind Rauhigkeiten, Ungleichheiten der Oberfläche oder hervorstehende Wollhaare trotz richtiger Materialmischung vorhanden, so deutet dies, falls die Riemchen gut sind, auf Mängel in den Nitschelhosen, ihrer Einstellung, Spannung und Rauhigkeit. Die Nitschelhosen sind ebenso wie die Riemchen zeitweilig mit einem säurefreien Nitschelhosen- bzw. Lederöl leicht einzufetten, auch reiner Fischtran leistet hier gute Dienste. Die Nitschelhosenoberfläche, auf deren richtige Rifflung schon bei der allgemeinen Beschreibung hingewiesen wurde, muß der Garnqualität entsprechend etwas rauh erhalten bleiben.

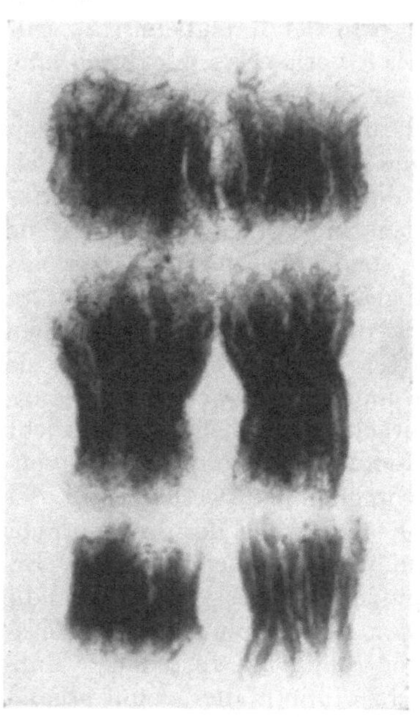

Abb. 206. Eckfadenstapel.

Streichgarnspinnereikontrolle.
Links Eckfadenstapel. Rechts gute Faden
(Vorgarn).

Die Leistung eines normalen Krempelsatzes in 8 Arbeitsstunden bei ca. 1600 mm Arbeitsbreite und bei einer mittleren Garnnummer von 8 bis 16 metr. für einen Betrieb, der überwiegend Schurwolle und Kämmlinge verspinnt, beträgt je Woche ca. 600 kg Feingarn, wobei größere Leistungen natürlich bei groben Garnen, kleinere Leistungen bei den feineren Garnen erreichbar sind. Sinken die Ansprüche an die Garnqualität, so sind höhere Leistungen möglich. Hochfeine Garne mit hohen Qualitätsanforderungen geben dementsprechend wesentlich geringere Produktion je Satz. Eine moderne große Streichgarnspinnerei, die mittelfeine und feine Garne erzeugt, leistet bei 14 Satz und 26 Selfaktoren ca. 7000 kg je Woche mit der Mittelnummer 12. Dabei sind wegen der zwei vorhandenen schmäleren Sätze mit 1200 mm Arbeitsbreite, nur 26 Selfaktoren statt

28 gerechnet, die übrigen Sätze haben durchweg 1650 bis 1800 mm Arbeitsbreite. Die Garnmenge von dieser Maschinengruppen befriedigt den Bedarf einer Weberei mit 200 breiten Stühlen (Tuchstühlen) und liefert mit der zugehörigen Appretur ca. 350 bis 400 Stück Ware wöchentlich, mit einem mittleren Stückgewicht ca. 20 bis 25 kg, bei einer mittleren Stücklänge von 45 m fertige Ware. Bei billigeren Qualitäten steigen entsprechend den gröberen Garnnummern die Spinnereileistungen und bei Haltbarkeit der Garne auch die Webereiproduktion. Die Appreturleistung muß dann durch Betriebsvergrößerung in diesem Teil oder durch längere Arbeitszeit erreicht werden. Nachtarbeit in Spinnereien, die feines und besonders dunkel gefärbtes Material verarbeiten, ist der Qualität nicht zuträglich, die Maschinenleistungen sinken um mehr als 15% in Menge und Qualität. Bei Kunstwoll- und Abfallgarnen bringt dagegen die ununterbrochene Arbeit Maximalziffern in Leistung bei billigerem Garnpreis. Rationeller Spinnereibetrieb ist die Grundlage für die Ökonomie jeder Streichgarnwarenerzeugung.

b) Kraftbedarf und Anlage von Krempeleien.

Der Kraftbedarf der Krempelsätze ist außerordentlich vom Material, von der Stärke der Speisung, Schliff und Einstellung der Arbeitsstellen und insbesondere von der Verwirrung, Länge und Stärke der verarbeiteten Wollen abhängig. Der Spinner spricht von „leichterem" oder „schwererem" Lauf der Sätze. Materialänderungen, soweit sie im Hinblick auf die Kratzenbeschläge zulässig sind und der Bauart des Krempelsatzes entsprechen, bringen Schwankungen im Kraftbedarf von 15 bis 20%. Mit der Arbeitsbreite schwankt der Kraftbedarf bei gleichbleibendem Material.

Der Einzelantrieb je Krempel ist mit Rücksicht auf das größere Anlaufsmoment und die beim Anlauf eintretenden Einflüsse auf den Flor nicht zu empfehlen. Man wählt meist Gruppenantriebsmotoren mit einem Motor je Krempelsatz, eventuell treibt man, namentlich bei Nebeneinanderstellung der zusammengehörigen Krempel, mit längeren Transmissionssträngen an. Die Transmissionslänge, passend zur Saallänge bzw. Säulen- und Krempelverteilung, wird bis ca. 50 m weit gewählt, was ungefähr fünf 3-Krempelsätzen in der Breite entspricht. Verfasser erreichte bei Antrieb von zehn 3-Krempelsätzen in 2 Reihen bei einer Arbeitsbreite von 1650 mm, die von einem gemeinsamen, zentral gelegenen Antriebsmotor angetrieben wurden, besonders gute Ausgleichwirkung. Der Kraftbedarf betrug in diesem besonders günstigen Fall im Durchschnitt 8,8 PS je Krempelsatz. Hierbei wurden mittlere Garne überwiegend aus reiner Schurwolle mit Nr. 12 metr. zur Erzeugung mittlerer Damentuche gesponnen.

Für die Aufstellung der Krempelsätze bei Neuanlagen wählt man heute wohl möglichst das Hintereinandersystem für die zusammengehörigen Krempeln eines Satzes (Abb. 207) und nimmt entweder einen Motor für den ganzen Satz mit Übertragungskettengetriebe oder häufiger den Antrieb durch einzelne Motoren je Krempel, wobei mantelgekühlte Schleifringläufermotoren verwendet werden, deren Ständer und Läufer miteinander elektrisch gekuppelt sind. Eine besondere Umschaltwalze am Anlasser gestattet auch das einzelne Antreiben der Krempeln unabhängig voneinander, was für den Anlauf bei Inbetriebsetzung notwendig ist. Ebenso kann das Schleifen durch entsprechende Umschaltung der einzelnen Krempel mit umgekehrter Drehrichtung zur normalen Arbeitsrichtung, ferner das Schleifen des Tambur- und Peigneurbelages erfolgen (bei der Gilljam-Krempel andere Belagsrichtung, siehe S. 167). Der Antrieb vom Motor auf die Krempelhauptachse erfolgt geräuschlos durch Novotext-Zahnradgetriebe.

Die Nebeneinanderaufstellung der Krempeln der zusammengehörigen **Sätze** wird bei neuen Aufstellungen seltener verwendet. Sie wird manchmal bei geringen

Abb. 207. Krempelsatzantrieb.

Breiten der zur Verfügung stehenden Bauflächen und bei gleichzeitig großer Längenausdehnung derselben notwendig. Abb. 208 stellt diese Art der Aufstellung dar. Der Lauf des Materials von der Reißkrempel zur Feinkrempel ist durch die Pfeil-

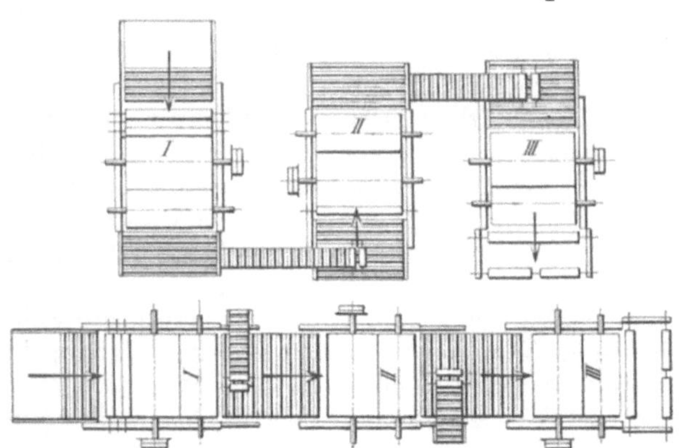

richtung angegeben, man stellt den Krempelsatz in solchen Gebäuden derartig auf, daß die Vorgarnablieferung der Vorspinnkrempel gegen die Fensterseite zu (Beleuchtung des Florteilers) liegt. Diese Aufstellungsart hat den Vorzug, daß die Anhängung der zusammengehörigen Krempeln eines Satzes an dem gemeinsamen Transmissionsstrange möglich wird. Dadurch ist die Kraftverteilung und Beobachtung der

Abb. 208. Krempelaufstellung.

einzelnen Sätze in ihrem Kraftbedarf für den, den Betrieb überwachenden Beamten erleichtert. Eine richtige Betriebsführung stellt auch an den Krempeln durch regelmäßige Aufschreibungen des Kraftverbrauches und Anbringung entsprechender Meßinstrumente den laufenden Kraftbedarf der Krempelei je Satz fest. Ebenso wird zeitweilig der Leerlaufsbedarf der Transmissionen gemessen, um die sachgemäße Instandhaltung, Schmierung, den Maschinenverschleiß zu beobachten. Regelmäßige Aufzeichnungen, sowohl als Gesamtverbrauch als auch als Durchschnittsziffern je kg erzeugter mittlerer Garnnummer berechnet, geben dem Betriebsführenden und besonders auch dem Spinnereibesitzer wertvolle Fingerzeige über den Zustand des ganzen Betriebes sowie Gegenkontrollen (gegenüber Flor- und Vorgarn) über Einstellung und Schliff und dadurch über die Qualität des Spinnmeisters. Die ständige Verfolgung von Betriebsziffern je kg geleistete Durchschnittsnummer deckt rechtzeitig Mißstände im Spinnereibetriebe auf. Man kontrolliert vorteilhaft besonders den Kraftbedarf in kWh je gesponnene Garn kg als Durchschnittsnummer neben den besonders wichtigen anderen Kontrollen wie: Ermittlung der effektiven Materialkosten, d. h. Verbrauch an Rohwolle je kg Durchschnittsnummer (durchschnittlicher Stand), ferner den Verbrauch von Spicköl, Hilfsmaterial, wie der Kratzen, Riemchen, Schmieröle usw. auf dieselbe Garneinheit bezogen, womöglich in Diagrammform, ergeben sie eine ständige und verläßliche Betriebsüberwachung. Sie liefern aber auch äußerst

wertvolle Zahlen für die verläßliche Kalkulation des Garnpreises, die eine Lebensfrage für den Gesamtbetrieb darstellt.

Beim Entwurf neuer Krempeleien ist von der Gesamtleistung bzw. Durchschnittsleistung je Satz auszugehen. Aus dieser wird dann die Anzahl der nötigen Krempelsätze ermittelt. Nach den hauptsächlichsten Material- und Garnsorten, die man zu erzeugen beabsichtigt, sind die Krempelsysteme zu bestimmen. Nach deren bekannten Abmessungen geht man an den Entwurf der Anlage, berücksichtigt die nötigen Hilfsräume, Nebenräume für Arbeiter, Meister, Hilfsmaterial, Ersatzteillager usw., besonders auch der hygieni-

Abb. 209. Ungünstige Krempelaufstellung.

schen Anlagen, sowie Feuerschutz, Beleuchtung, Beheizung, auf welche noch zurückgegriffen wird. Der wesentlichste Punkt beim Entwurf ist die Bestimmung der Maschinenverteilung, die sich ausschließlich nach den Arbeitsbedingungen zu richten hat. Mit der Maschinenteilung ist dann die Säulenverteilung in der zur Verfügung stehenden Grundfläche gegeben. Die richtige Wahl der Säulenteilung ist für den rationellen Betrieb von größter Bedeutung. Falsche Säulenteilungen bringen ungünstige Krempelaufstellungen und oft schwere Fabrikationsstörungen.

Bei Verwendung verschiedener Krempelsysteme ergibt sich bei Nebeneinanderstellung in einem Saal, besonders bei Schedbau, leicht eine ungünstige Verteilung, wie dies Abb. 209 zeigt. Es entstehen ungleiche Maschinenabstände oder infolge der Absicht, diesen Übelstand zu vermeiden, der noch ungünstigere Fall, daß eine Säule auf dem Arbeitsplatze steht, der für die Bedienung der Krempel freibleiben soll.

Der Verfasser fand für Krempelsäle bei modernen Sätzen, etwa 1600 mm Arbeitsbreite, eine Breite von je 2 Krempelbreiten mit den nötigen Zwischenräumen als Säulenfeldteilung zweckmäßig. In der Längenrichtung der Krempel wird zweckmäßig die Krempellänge mit dem Bedienungsraum vorne und rückwärts für die Säulenfeldteilung gewählt. Die Raumhöhe wird mit Rücksicht auf die Lichtverteilung mit etwa 4,5 m auch mit Rücksicht auf die nötigen Riemenlängen und Transmissionshöhen festgelegt. Die Wahl, ob Hochbau oder Schedbau, hängt mit den Grundverhältnissen, Grundpreisen, also mit den Gebäudekosten je nach örtlicher Lage des Betriebes zusammen. Bei billigem Grund hat der Schedbau Vorteile wegen der geringeren Baukosten und leichteren Bauweise, da die Maschinengewichte keinen Einfluß auf den Bau nehmen. Dagegen erhöhen sich hier infolge der Oberlichten die Beheizungskosten. Die günstigste Gebäudeform ist wieder die, welche je Kilogramm gesponnenen Materiales die geringsten Kosten bringt. Bei teurem Boden, in Städten, ist der Hochbau evtl. vorteilhafter. In die Waagschale fallen die billigeren Beheizungskosten, aber auch die begrenzten Raumtiefen wegen der Lichtverhältnisse. Die Boden- bzw. Deckenbelastung durch die darauf stehenden Krempelsätze wird mit 800 kg je m² als gleichmäßig ruhige Last gerechnet. Die Annahme eines Erschütterungszuschlages bei der statischen Berechnung der Decke ist bei dem ruhigen Krempelbetrieb überflüssig. Die Grundrißzeichnung (Abb. 210a, b, c) zeigt ein maßstäbliches Schema einer Streichgarnspinnereianlage bei Anordnung im Hochbau.

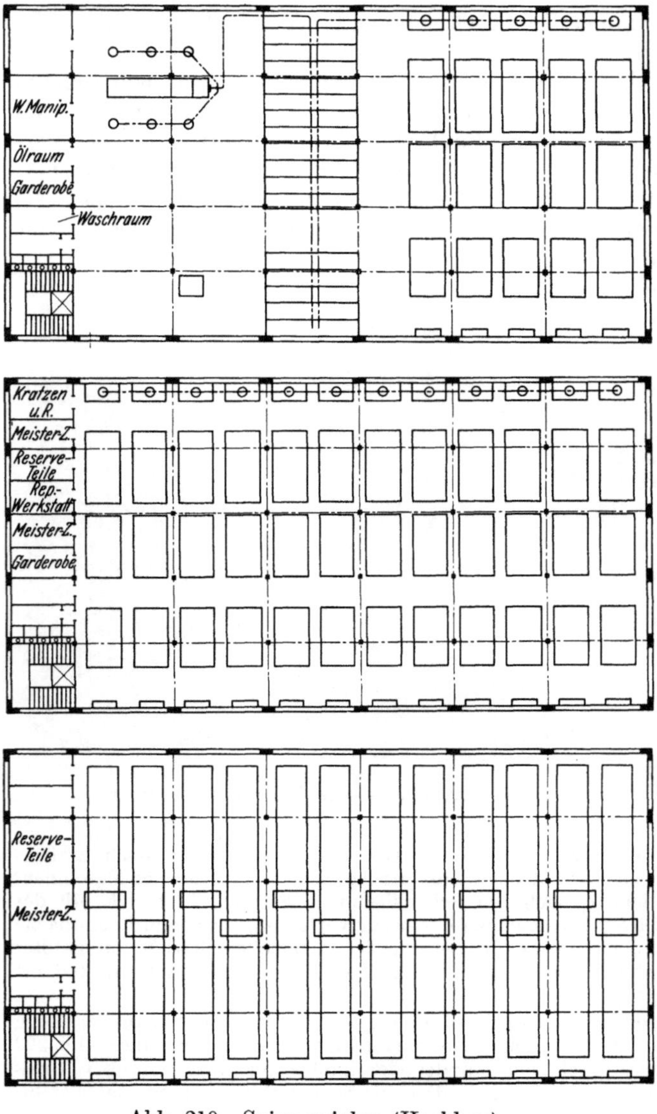

Die angeführte Anlage setzt das Vorhandensein der Wollager in den Wollballen in einem Schuppen voraus, wie dies im Kapitel Wolleinkauf und Lagerung angeführt wurde. Das Gebäude ist als allseits freistehendes Eisenbetongebäude mit den früher angegebenen Geschoßhöhen gedacht. Die Wolferei mit einem großen pneumatischen Wolf ist im linken Teile des Parterres angenommen. Daneben ist außerdem Raum für einen Ölwolf, allenfalls für 1 bis 2 Reißmaschinen, vorgesehen. Eine Droussette, evtl. ein Endenöffner, können noch im rechten Teil des Saales, der als Krempelei ausgestattet ist, untergebracht werden. In der Mitte des Arbeitssaales ist der Lagerraum der pneumatisch geförderten, gewolften Partien eingerichtet. Das neben dem Stiegenhaus am linken Rande gegebene Säulenfeld umfaßt immer die jeweiligen Nebenräume im Stockwerk, wie Garderoben, Waschräume, Meisterzimmer usw. Der erste Stock enthält durchweg 3 Krempelsätze in Hintereinanderaufstellung, an der oberen Fensterfront vor den Grobkrempeln

Abb. 210. Spinnereiplan (Hochbau).

stehen die aus Drahtglas hergestellten Einblasekästen der vorgewolften, für jeden Satz bestimmten Partie. An der unteren Fensterfront, also hinter den Vorspinnkrempeln, sind die Vorgarnaufzüge disponiert, die zu den oberhalb gelegenen Selfaktorensälen führen. Der Saal ist mit Einzelantrieb je Krempelsatz gedacht. Es ist auch Gruppenantrieb möglich, der sogar bis zu einem gewissen Prozentsatz, wie früher erwähnt, kraftsparend wirkt. In den oberen Stockwerken, und zwar im 2., 3. und 4. Stock stehen die zu den 15 Krempelsätzen gehörigen 30 Selfaktoren von je 450 Spindeln. Die Krempelsätze haben 1,6 m Arbeitsbreite, der im 4. Stock freibleibende Raum ist noch für 3 Zwirnmaschinen, jede zu 160 Spindeln, für die 2 Garnhaspel, für Hülsensortierraum usw. reserviert. Die Beheizung der Lokale erfolgt in allen Stockwerken durch Raumheizung mit Einzelstrahlkörpern, die gleich mit der Luftbefeuchtung verbunden sind. Die Temperatur in den Arbeitssälen muß, um das Spinnen nicht zu erschweren, besonders im Winter auf mindestens 20 bis 22° C erhalten bleiben. Bei sehr strengen Frösten ist es in Eisenbetongebäuden ratsam, auch des Nachts durchzuheizen, damit nicht am nächsten Morgen bei Betriebsbeginn einerseits durch die erstarrte Schmelze in der Wolle, andererseits namentlich auch durch die kalten Lieferzylinder bei den Selfaktoren schwere Unzukömmlichkeiten entstehen.

Die Beleuchtung von Krempelsälen, die auch so ziemlich der Beleuchtung der Feinspinnereien, also der Selfaktorräume, entspricht, wird heute zweckmäßig durch entsprechende Raumbeleuchtung ausgeführt. Man arbeitet mit einer Lichtstärke von mindestens 40 Lux, die für namentlich schwarze Garnpartien unbedingt erreicht sein muß. Die Florteiler erhalten außerdem armierte, erstklassig isolierte und stoßsichere Handlampen zum Aufsuchen gerissener Vorgarnfäden im Florteiler, wobei auf entsprechende Schutzschirmkonstruktion zu achten ist, damit nur die Arbeitsstelle beleuchtet, nicht aber das Auge des Arbeiters geblendet wird. Eine Notbeleuchtung, die von einer unabhängigen Stromquelle gespeist wird und die zweckmäßig Arbeitsgänge, Stiegenhäuser und besonders Not- und Rettungsausgänge beleuchtet, ständig mit dem Hauptlicht mitbrennt, um ihren tadellosen Zustand zu erweisen, ist für Feuer, Unglücksfälle, Versagen der Hauptbeleuchtung, für die Begehung durch den Nachtwächter, Einbruchskontrolle wichtig.

V. Das Fertigspinnen.

A. Der Streichgarnselfaktor.

Betrachtet man einen Vorgarnfaden, so erscheint er äußerlich ziemlich gleichmäßig (Abb. 211 a). Durch die Mangelbewegung der Lederhosen im Florteiler werden stärkere Stellen im Vorgarn besser verdichtet, durch den auf sie ausgeübten Druck die Wollhaare gegeneinander verschoben und ihre Lage wechselseitig gesichert. Die Stellen geringerer Faseranhäufung erhalten beim Mangeln (Nitscheln) weniger Druck, weshalb die gegenseitige Verankerung der Haare auch weniger tief im Innern des Vorgarnfadens erfolgt. Das Fasergut liegt in diesen Partien des Vorgarnes loser bzw. offener, so daß kein wesentlicher, äußerer Unterschied in der Stärke des Vorgarnfadens gegenüber den Stellen dichterer Faserlagerung zu bemerken ist. Diese Ungleichmäßigkeiten kommen erst bei Durchsicht bzw. bei Durchleuchtung zum Vorschein. Je nach der Anhäufung des Fasergutes erscheinen hierbei dunklere und lichtere Stellen, welche den mehr oder weniger ungleichmäßigen Charakter des Vorgarnes erkennen lassen (Abb. 211 b).

Infolge der ungleichen Verankerung der Härchen kann ein nach dem Prinzip der Florteilung erhaltener Vorgarnfaden nie durch gewöhnliches Verziehen vergleichmäßigt werden.

Die dichteren Stellen bieten wegen der besseren Sicherung der Faserlagerung bzw. Haftreibung bedeutend mehr Widerstand gegen das Verziehen als die offenen, lockeren. Beim Verzug verkleinert sich der Durchmesser scheinbar, doch löst sich beim Überschreiten einer bestimmten Verzugslänge das Fasergebilde an der Stelle des geringsten Widerstandes, ohne daß sich dabei die anderen Partien des Vorgarnstückes merklich verzogen haben.

Hieraus ergibt sich die Tatsache, daß ein nach dem Streichgarnprinzip erhaltenes Vorgarn durch Streckwerke nicht verzogen werden kann. Ein Streckwerk, welches im allgemeinen aus mehreren hintereinandergeordneten, immer schneller laufenden Walzenpaaren besteht, kann nur für jene Vorgarne mit Vorteil angewendet werden, in welchen das Fasermaterial parallele Lage hat.

Um das Vorgarn der Streichgarnspinnerei ausspinnen zu können, muß ihm vor dem Verziehen eine Vordrehung gegeben werden. Da die dichteren Stellen wegen der größeren Faserzahl der Verdrehung einen stärkeren Widerstand entgegensetzen, fängt sich die Drehung in den Teilen des Vorgarnes, in welchen

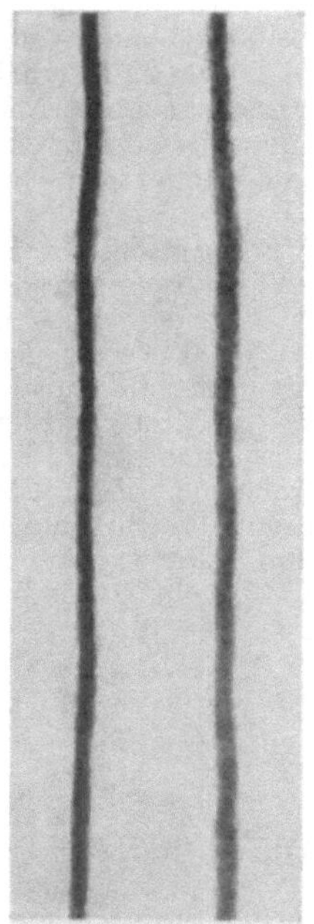

Abb. 211a. Normales Vor-
garn in Draufsicht.

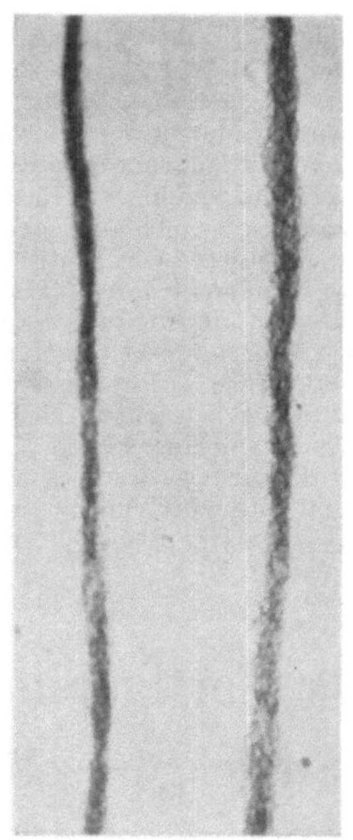

Abb. 211b. Loses Vor-
garn in Durchsicht.

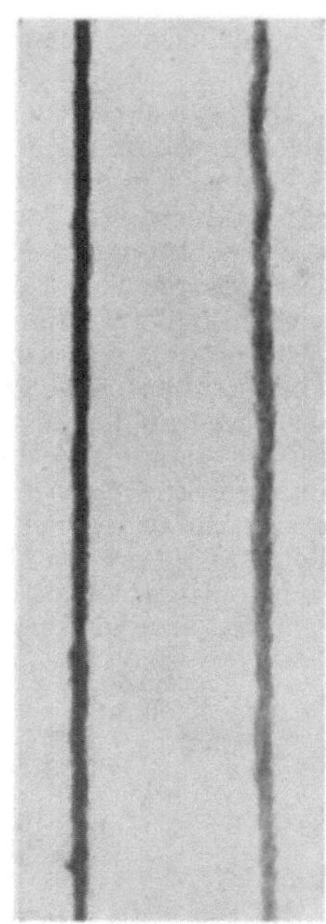

Abb. 211c. Wenig gedrehtes
Vorgarn ohne Verzug.

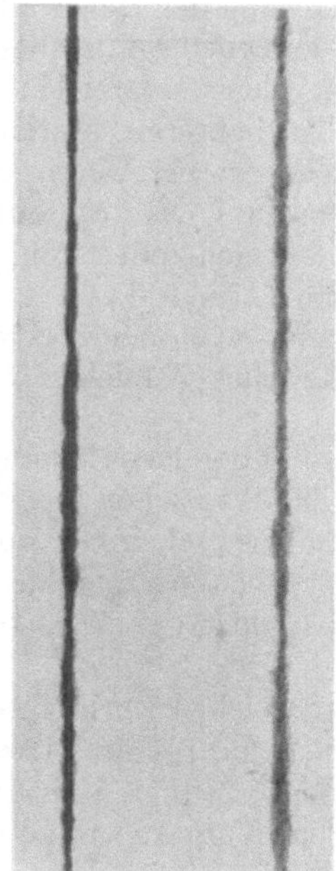

Abb. 211d. Mehr gedrehtes
Vorgarn ohne Verzug.

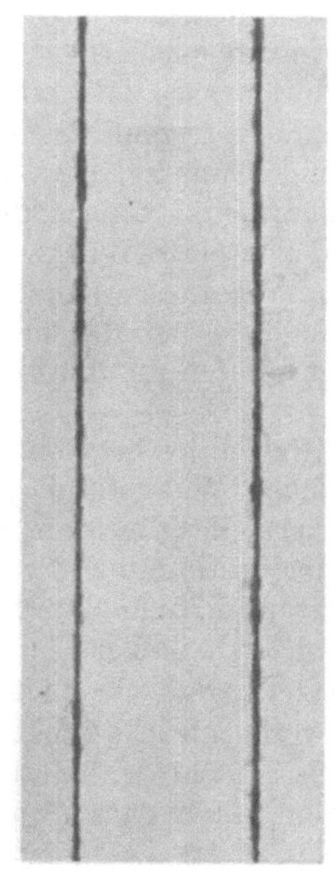

Abb. 211e. Gedrehtes und
verzogenes Vorgarn.

Abb. 211f. Fertiggarn.

Abb. 211a—f. Fadenstadien.

weniger Fasern vorhanden sind. Die weniger dichten Stellen werden also durch die Vordrehung verdichtet. Infolge der durch die Verdrehung bedingten Faserverkürzung wird der gegenseitig ausgeübte Druck zunehmen und die schwachen Vorgarnstellen werden verfestigt (Abb. 211c und d). Da die spezifische Drehungszahl in den schwächeren Stellen des vorgedrehten Vorfadens größer ist, sind die Fasern in den stärkeren Stellen weniger durch den gegenseitigen Druck gehalten und lassen sich durch Ziehen relativ zueinander verschieben, wodurch das Vorgarn egalisiert wird (Abb. 211e).

Da durch die Verschiebung der Fasern während des Verziehens ihr gegenseitiger Druck verringert wird und durch die erfolgte Längenänderung des Vorgarnfadens infolge des stattgehabten Zuges sich die gegebene Vordrehung auf die neue Fadenlänge verteilt, liegen die Fasern im Faden wieder offener bzw. loser zueinander.

Die Änderung des inneren Zustandes des Vorgarnfadens bzw. der relativen Faserlagen bewirkt bei weiterem Verziehen die Gefahr des Fadenbruches, besonders bei kürzerem Material.

Um den Fasern wieder den nötigen Halt zu geben, muß abermals Drehung gegeben werden.

Wegen der Verfeinerung des Fadens durch das Verziehen muß die spezifische Drehungszahl größer werden.

Bei weiterem Verzug wird das Vorgarn abermals vergleichmäßigt. Der auf diese Weise egalisierte Faden verliert wegen der neuerdings erfolgten Verlängerung infolge Verlaufens der ihm erteilten Drehungen, über die ganze ausgezogene Länge an Festigkeit. Die Fasern liegen jetzt wieder offener. Diesem lose gedrehten Faden muß nun dem Zwecke entsprechend die endgültige Drehung je Längeneinheit erteilt werden (Abb. 211f).

Aus diesen Vorgängen ergibt sich von selbst das Spinnprinzip auf dem Streichgarnselfaktor.

Da das Vorgarn der Streichgarnspinnerei im losen Zustand keinen Verzug verträgt, so besitzt der Selfaktor nur ein Lieferwerk. Die Spindeln erteilen im ersten Teil der Wagenausfahrt dem von dem Lieferzylinder gelieferten Vorgarn zuerst die für das Verziehen nötige Vordrehung (erste Spindelgeschwindigkeit).

Je nach dem Material wird früher oder später während der Wagenausfahrt die Lieferung durch die Zylinder abgestellt, während sich der Wagen für gewöhnlich langsamer vom Lieferwerk wegbewegt. Durch die in den Fäden auftretende Zugspannung werden sie verzogen (Wagenverzug).

Um die Bruchgefahr des Fadens bei weiterhin wirkendem Wagenverzug zu beheben und entsprechend der Lockerung der Fasern sowie der zunehmenden Fadenverlängerung in derselben Zeit die nötige Drehung zu geben, müssen die Spindeln schneller als früher gedreht werden (zweite Spindelgeschwindigkeit).

Nachdem der Wagen ausgefahren ist, wird die endgültige Drehung erteilt. Da die Drehung über die ganze ausgezogene Fadenlänge in möglichst kurzer Zeit gegeben werden soll, werden die Spindeln mit noch größerer Tourenzahl wie früher angetrieben (dritte Spindelgeschwindigkeit).

Die auf diese Weise hergestellten Fäden werden während der Wageneinfahrt aufgespult.

Demnach unterscheidet man am Selfaktor vor allem das eigentliche Spinnen (Spinnperiode), welches während der Ausfahrt des Wagens (erste Periode) erfolgt. Anschließend daran werden durch eine größere oder kleinere Nachdrehung (zweite Periode) die Fäden ihrem späteren Zwecke entsprechend fertiggestellt. Die während der Wagenausfahrt ausgezogenen Fäden müssen nun auf eine für den Gebrauch handliche Form (Kops) gespult werden (Spulperiode).

Die wegen der schräggestellten Spindel während der Drahtgebung sich bildenden Verbundspiralen — von der Spindelspitze bis zum jeweiligen Garnkörper
auf der Spindel — müssen zum Zwecke des Aufspulens der fertigen Fadenstücke
von der Spindel abgewunden werden. Diese vorbereitende Arbeit heißt das Abschlagen der Fäden (dritte Periode). Während der darauffolgenden Wageneinfahrt (vierte Periode) liefert der Wagen durch seine Bewegung gegen das Lieferwerk sich selbst das aufzuwickelnde Garn, welches durch geeignete Führungs- bzw. Spannungsorgane (Auf- und Gegenwinder) in gesetzmäßiger Art geführt und gewickelt wird.

Auf Grund der schematischen Skizze (Abb. 212) des Streichgarnselfaktors soll nun der allgemeine Vorgang besprochen werden, hierauf an einer Neukonstruktion der Firma Josephys Erben im einzelnen.

Die wichtigsten Teile sind:
1. der Lieferzylinder LZ,
2. der Wagen W,
3. die Spindel Sp,
4. der Aufwinder A,
5. der Gegenwinder G.

Während der ersten Periode (Ausfahrt des Wagens) drehen sich die Lieferzylinder LZ und ziehen vermöge des aufliegenden Druckzylinders von der Vorgarnwalze für jede Spindel das nötige Vorgarn ab.

Die Vorgarnwalzen liegen auf einer Abtreibtrommel (Abtreibzeug AZ), welche vom Lieferzylinder ihren Antrieb erhält.

Durch eine im Headstock untergebrachte Vorrichtung (Vorgarnzähler) wird vom ausfahrenden Wagen je nach Einstellung der Antrieb des Lieferzylinders unterbrochen (Zylinderausschluß).

Der Bedarf der Vorgarnlänge hängt von der Nummer des Vorgarnes sowie der Nummer des herzustellenden Fertiggarnes ab. Das Verhältnis dieser beiden Nummern bestimmt den Verzug, d. h. wievielfach das gelieferte Vorgarnstück durch den ausfahrenden Wagen verlängert werden muß.

Der Verzug des Vorgarnes hängt wieder von dem zu spinnenden Material ab, kürzeres Material gestattet einen geringeren Verzug als längeres.

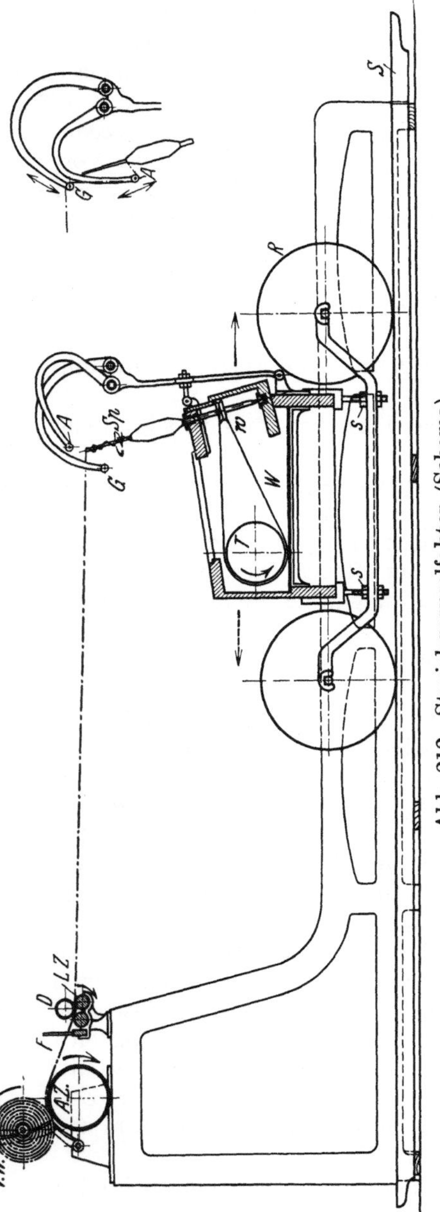

Abb. 212. Streichgarnselfaktor (Schema).

Die Wirkungsweise des Wagenverzuges kann je nach der Antriebsart des Lieferzylinders bzw. der hiervon abhängigen Vorgarnlieferung verschieden sein.

Im allgemeinen unterscheidet man deshalb einen direkten, einen kontinuierlichen und einen halbkontinuierlichen Verzug.

Beim **direkten** Wagenverzug liefert das Lieferwerk nur während eines Teiles der Wagenausfahrt Vorgarn. Die Lieferung wird frühzeitig abgestellt, während der Wagen über den restlichen Teil seines Ausfahrtweges das vorgedrehte Vorgarn bei gleichzeitiger Drahterteilung auf die gewünschte Feinheit auszieht. Der Verzug ergibt sich dann aus der Formel $V = \dfrac{W}{L}$ (W = Wagenausfahrtlänge und L = Lieferung).

Bei **kontinuierlichem** Wagenverzug liefert der Zylinder bis zum Schluß der Wagenausfahrt. Die Zuführungsgeschwindigkeit des Vorgarnes ist jedoch während der ganzen Ausfahrt geringer als die Geschwindigkeit, mit welcher sich der Wagen bewegt, so daß das gelieferte Vorgarn ebenfalls durch den Wagen auf die gewünschte Feinheit verzogen wird.

Der kontinuierliche Verzug ist wegen seiner Stetigkeit schonender als der direkte Verzug, welch letzterer nach Abstellung der Zylinder plötzlich zur Wirkung kommt, weshalb der kontinuierliche Verzug besonders bei schlechterem Material für die klaglose Ausspinnung günstiger ist.

Die Kombination des direkten mit dem kontinuierlichen Verzug ergibt den sogenannten **halbkontinuierlichen** Verzug.

Die Verzugsformel $V = \dfrac{W}{L}$ gilt ebenfalls für die beiden zuletzt genannten Verzüge.

Der Verzug ergibt sich aus $V = \dfrac{N_2}{N_1}$, wobei N_2 die Fertiggarnnummer, N_1 die Vorgarnnummer ist.

Da der Verzug, wie früher angegeben, auch aus der Formel $V = \dfrac{W}{L}$ gerechnet werden kann, so ist

$$V = \frac{N_2}{N_1} = \frac{W}{L}.$$

Hieraus kann die Lieferung der Zylinder bestimmt werden: $L = \dfrac{N_1}{N_2} \cdot W.$

$\left(\text{Dasselbe Resultat erhält man auch aus } V = \dfrac{W}{L}.\right)$

Will man den Verzug in Prozent errechnen, so findet man den Prozentsatz mit Hilfe der Proportion

$$(N_2 - N_1) : N_2 = p\% : 100$$

$$p\% = \frac{(N_2 - N_1)}{N_2} \cdot 100 .$$

Ist jedoch der Prozentsatz des Verzuges gegeben, so findet man den Verzug aus

$$V = \frac{100}{100 - p\%}.$$

Um eine möglichst stoßfreie Wagenfahrt zu erreichen, fährt der Wagen anfangs beschleunigt, am Ende verzögert, welch letztere Bewegung auch wegen eines ruhigen Verzuges durch den Wagen nötig ist.

Je nach dem zu verarbeitenden Material kann die anfängliche Wagengeschwindigkeit derart eingestellt werden, daß der Wagen relativ zur Lieferung etwas langsamer, gleich oder aber schneller ausfährt.

Ein sehr schlechtes Vorgarn erträgt nicht den geringsten Zug, weshalb der Wagen mit geringerer Geschwindigkeit in bezug auf die Lieferung auslaufen muß und das Vorgarn vorerst etwas Drehung erhält. Die Spindeltourenzahl darf in diesem Fall anfänglich nicht zu groß sein, da die Fäden sonst infolge des Durchhängens durch die Drahtgebung in zu starke Schwingungen geraten und Nachbarfäden gegenseitig aufschlagen, zwirnen und endlich reißen.

Bei gutem Vorgarn läßt man jedenfalls den Wagen etwas schneller auslaufen, um ein Schlaffwerden der Fäden zu vermeiden. Allerdings muß man die Wagengeschwindigkeit auch der Verkürzung des Vorgarnes während der Drahtgebung anpassen (siehe auch „Zunehmender Verzug" S. 244).

Solange die Lieferzylinder während der Ausfahrt Vorgarn liefern, drehen sich die Spindeln mit ca. 1000 bis 2500 T/min (erste Spindelgeschwindigkeit). Nach Unterbrechung der Lieferung drehen sich die Spindeln, wie erwähnt, schneller (2500 bis 3000 T/min) (zweite Spindelgeschwindigkeit). Kurz vor dem Wagenstillstand erhöhen sie ihre Tourenzahl auf 3500 bis 4000 T/min (dritte Spindelgeschwindigkeit). Die Spindeltouren sowie die Dauer der verschiedenen Spindelgeschwindigkeiten, ebenso ob nur mit zwei Spindelgeschwindigkeiten oder aber mit drei gesponnen wird, hängt von der Feinheitsnummer, vom Gebrauchszweck des herzustellenden Fertiggarnes sowie vom Material und der Verzugslänge ab.

Um die Spindeldrehungen dem Garne übermitteln zu können, müssen die zur Aufwicklung nötigen Organe in solcher Stellung gehalten werden, daß sie die Drehungserteilung nicht behindern. Deshalb steht der Aufwinderdraht in seiner Ruhelage oberhalb der Fäden, während sich der Gegenwinder unterhalb derselben befindet (Spinnstellung).

Wenn der Wagen außen angekommen ist — oder kurz vorher —, erfolgt das Nachdrehen der Fäden (zweite Periode). Da dies eine Vervollständigungsarbeit des Spinnens ist, dürfen die Lieferzylinder kein neues Vorgarn liefern, weshalb ihre Kupplung ausgeschaltet bleibt. Bei geringerer Fadendrehung wird der ausgefahrene Wagen festgehalten, während er bei stärkerer Drahterteilung eine kleine Bewegung in der Richtung zu den Lieferzylindern (Wagenrückgang) macht, um Fadenbrüche infolge der durch die Verdrehung entstandenen Fadenverkürzung zu verhindern.

Nachdem die Fäden fertig sind, muß die jeweils ausgesponnene Länge zu einem für den späteren Gebrauch geeigneten Garnkörper gewickelt werden. Der Garnkörper wird in axialer Richtung der Spindel aufgebaut und ist während seiner Bildung durch die auf der Spindel liegenden Verbundspiralen mit den gesponnenen Fadenlängen in Verbindung. Vor dem Aufwickeln müssen die erwähnten Spiralen abgewickelt werden. Zu diesem Zweck drehen sich die Spindeln je nach der Größe des gebildeten Garnkörpers mehr oder weniger in entgegengesetzter Richtung als bei der Drahtgebung. Gleichzeitig senkt sich der Aufwinder in die Aufwickelstellung (Spulstellung) und führt gemeinsam die Fäden der einzelnen Spindeln bis zur Spitze des Garnkegels an die Wickelstelle. Die durch das Abwickeln locker gewordenen Fäden werden gemeinsam durch den nach aufwärts sich bewegenden Gegenwinderdraht gespannt. Das zwischen dem Auf- und Gegenwinder (A, G in Nebenskizze Abb. 212) befindliche Fadenstück ist eine notwendige Reserve, um die während der Bewicklung auftretenden Spannungsunterschiede auszugleichen. Während dieser für das Spulen vorbereitenden Bewegung von Auf- und Gegenwinder bleibt der Lieferzylinder und der Wagen still.

Das „Abschlagen" bedeutet somit das Umstellen des Selfaktors von einer Spinnmaschine auf eine Spulmaschine.

Im letzten Teil eines Wagenspieles fährt der Wagen ein (vierte Periode) und liefert sich selbst das fertiggestellte Garn. Das Lieferwerk steht während dieser Zeit wieder still.

Die ganze Fadenlänge wird während der Einfahrt in zwei kegeligen Schichten auf den Garnkörper derart gewickelt, daß der größte Teil der gesponnenen Länge in parallelen Windungen als Hauptschichte zu liegen kommt, während der übrige Teil in zur Hauptschichte gekreuzten Lagen (Kreuzschichte) gewickelt wird. Dies ist zur besseren Abwicklung erforderlich. Zu Beginn der Einfahrt wird durch rasche Senkung des Aufwinders die Kreuzschichte gebildet und im weiteren Verlauf der Rückbewegung durch langsame Aufwärtsbewegung des Winders die Hauptschichte gewickelt. Der Gegenwinder gleicht durch seine Gewichtsbelastung die bei der Aufwicklung auftretenden Spannungsunterschiede aus und liefert dabei durch sein relatives Steigen und Fallen gegenüber dem Aufwinder die dem Unterschied der Spannung entsprechenden Fadenlängen.

Da sich der Aufwinder zu Beginn der Einfahrt von der Garnkörperspitze gegen die Kegelbasis bewegt, und weil deren größerer Umfang eine größere Fadenlänge erfordert, die durch die Bewegung des Wagens von diesem selbst geliefert werden muß, bewegt sich der Wagen anfänglich beschleunigt, er liefert somit mehr. Im weiteren Verlauf der Einfahrt bewegt sich der Aufwinder wieder aufwärts gegen die Kegelspitze und benötigt somit weniger Fadenlänge, weshalb sich auch der Wagen verzögernd einwärts bewegt. Die anfänglich beschleunigte und später verzögernde Wagenbewegung hat aber noch weiter den Vorteil, daß durch ruhigen und gleichmäßigen Lauf des Wagens Schlingenbildungen usw. vermieden werden. Die Drehungen derselben sind von der durch den Wagen gelieferten Länge sowie von der jeweiligen Aufwicklungsstellung des Aufwinders abhängig. Deshalb wird während der Einfahrt die Spindeldrehung der Wagenbewegung angepaßt und vom Wagen selbst abgeleitet.

Knapp vor Ende der Einfahrt wird der Auf- und Gegenwinder in die Spinnstellung gebracht (Aufschlagen), wodurch wegen der auslaufenden Drehungen der Spindel der ungeführte Faden in steilen Schraubenlinien (Verbundspiralen) über die Spindelspitze zum höhergelegenen Lieferwerk läuft.

B. Der Selfaktormechanismus.
(Neuer Josephy-Selfaktor, Modell 1928.)

Der Antrieb der Selfaktorhauptwelle erfolgt entweder durch ein Deckenvorgelege oder aber durch ein Vorgelege, welches auf einem Aufbau des Vorderbockes montiert und direkt mit einem Elektromotor gekuppelt ist.

Nach Abb. 213 ist die Vorgelegewelle *1* in zwei Ringschmierlagern *4*, *5* gelagert, welch letztere in den Hängearmen *6*, *7* genau einstellbar montiert sind. Parallel zur Vorgelegewelle *1* ist in je einem Lagerauge der Hängearme die Riemengabelstange *8* geführt.

Innerhalb dieser Lagerung ist die Voll- und Leerscheibe *9*, *10* für den Antrieb der Vorgelegewelle, ferner die Vollscheiben *11*, *12* angeordnet, von denen die größere Scheibe *12* für die zweite und dritte Spindelgeschwindigkeit und die kleinere *11* für die erste Spindelgeschwindigkeit, sowie für den Wagenauszug dient. Seitlich des Hängelagers *7* ist der dreirillige Vorgelegewirtel *13*, welcher zum Antrieb der Selfaktornebenwelle vorgesehen ist. Durch Wirtel *13* und Stellring *14* ist die Vorgelegewelle gegen seitliche Verschiebung gesichert.

Auf der Riemengabelstange *8* liegen die Riemengabeln *15*, *16*, durch welche der Transmissionsriemen von der Leerscheibe *9* auf die Vollscheibe *10* und umgekehrt geführt werden kann. Auf Stange *8* ist das Ausrückstelleisen *17* fixiert, an welchem der Kloben *18* stellbar geschraubt ist, dessen Bolzen in die Kulisse des um *19* drehbaren Winkelhebels *20* eingreift. Derselbe ist am Deckenwinkel *21* gegen den Selfaktor einstellbar, damit die Stange *22*, welche den am Headstock gelagerten Winkelhebel *23* mit *20* verbindet, richtig montiert werden kann.

Die Ein- und Ausrückung des Vorgeleges erfolgt vom Vorderbock aus mit Hilfe des Handgriffes *24* (Abb. 214) an der Stange *25*, welcher dort in einem Lagerböckchen *26* geführt und durch eine Falle *27* gesichert werden kann. Die Einrückstange *25* ist an ihrem anderen Ende mit dem Winkelhebel *23* verbunden.

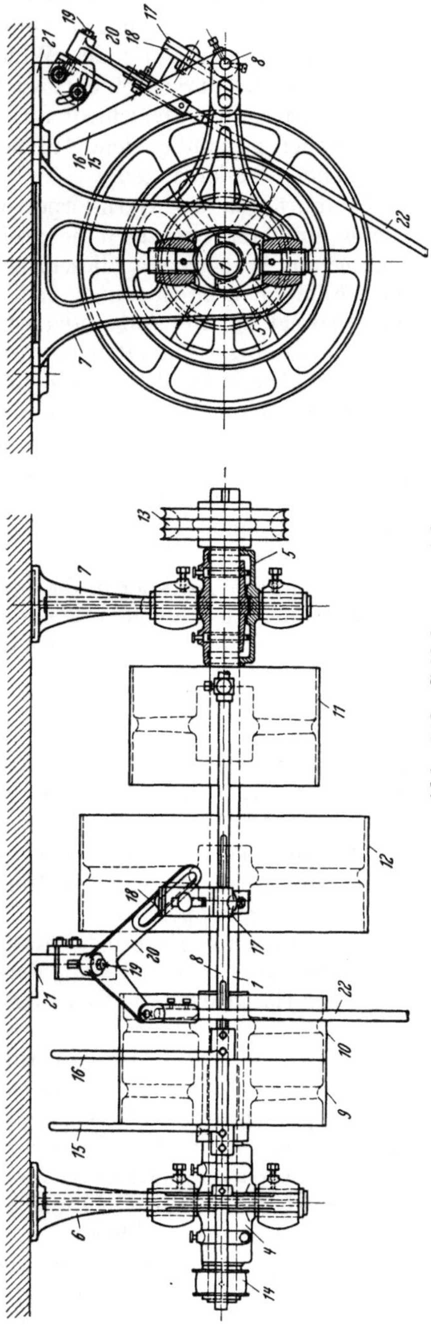

Abb. 213. Selfaktorantrieb.

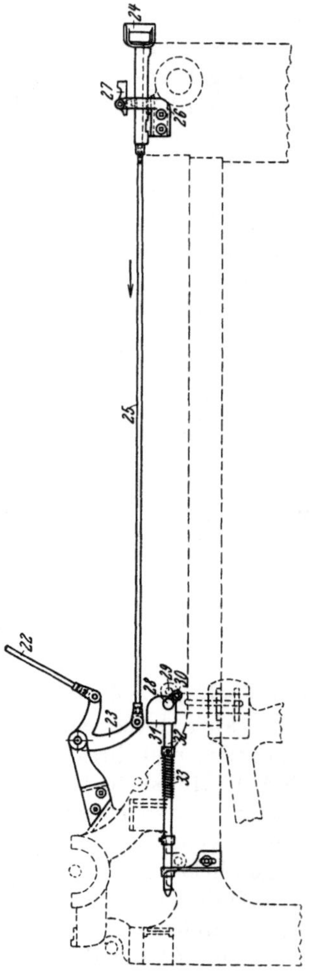

Abb. 214. Ausrückung.

Wird der Handgriff *24* und dadurch die Einrückstange *25* gegen den Headstock bewegt (Pfeilrichtung), so wird das Vorgelege in Bewegung versetzt und durch dieses die Antriebsriemen des Selfaktors.

Neben dieser Ein- und Ausrückung besitzt der Selfaktor noch eine andere Einrichtung, welche es ermöglicht, von jeder beliebigen Stelle des Wagens aus seine Ausfahrt zu verhindern, ohne daß der Antriebsriemen des Vorgeleges verschoben werden muß (siehe S. 200).

Die Abb. 215 zeigt den Einzelantrieb des Selfaktors mittels eines Elektromotors am Vorderbockaufbau.

1. Die Hauptwelle.

Auf der stählernen Hauptwelle *2* (Abb. 216), welche in 2 einstellbaren Ringschmierlagern *34, 35* der Headstockwände gelagert ist, sind 2 Riemenscheibengruppen angeordnet (vgl. auch die Abb. 217).

Die rechte Scheibengruppe (*36, 37, 38*) ist für die Wagenausfahrt, für den Zylinderantrieb und für die erste Spindelgeschwindigkeit bestimmt. Die linke Scheibengruppe (*39, 40, 41, 42*) dient für die zweite und dritte Spindelgeschwindigkeit.

Rechts der Absetzung der Hauptwelle läuft lose die Scheibe *38*, auf deren langer, im Ringschmierlager *35* gelagerten Nabe *43*, außerhalb der rechten

Abb. 215. Selfaktor mit Einzelantrieb.

Headstockwand, der sogenannte Hauptwellenwechsel *44* (28 bis 42 Zähne, um je 2 Zähne steigernd) aufgekeilt ist.

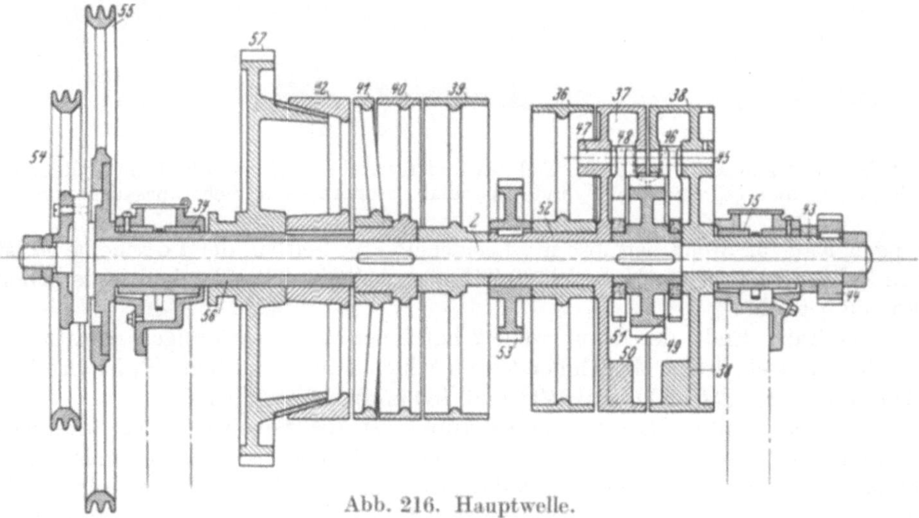

Abb. 216. Hauptwelle.

Durch dieses Wechselrad werden der Wagen und die Lieferzylinder angetrieben. Die Riemenscheibe *38* besitzt einen Bolzen *45*, auf welchen eine drehbare Sperrklinke *46* gelagert ist. Auch die Scheibe *37* hat auf einen Bolzen *47* eine Sperrklinke *48* drehbar gelagert. Zwischen beiden Scheiben ist, auf der Hauptwelle, das Sperrad *49* aufgekeilt, in dessen Zähne die Sperrklinken *46, 48* eingreifen können. Die Nabe des Sperrades hat auf beiden Seiten eine Absetzung, auf welche je eine sogenannte Schleiffeder *50, 51* aufgesetzt ist. Das eine Ende der Schleiffeder wird von 2 Ansätzen der zugehörigen Sperrklinke umgriffen. Wenn die Scheibe *38* sich zu drehen beginnt, so bewegt sich der Bolzen *45* der Sperrklinke relativ zu der um die Nabe des noch stillstehenden Sperrades *49* geklemmten Schleiffeder *50*. Dadurch wird die Klinke *46* gedreht, und das Sperrad kuppelt mit der Scheibe *38*. Dieselbe Wirkung hat auch die Sperrklinke *48* der Scheibe *37* auf das Sperrad *49*. Falls aber das Sperrad schneller gedreht wird, so wird die Sperrklinke ausgeschaltet. Die Scheibe *37* läuft· gleichfalls lose auf der Hauptwelle. Auf ihrer

Abb. 217. Hauptwelle mit einem Teil des Rädergetriebes. Zylinderschaft mit Zylinderkupplung und Teile für den Zylinderausschluß. Stoßzange für Sicherungsausrückung.

langen Nabe *52* dreht sich lose die Leerscheibe *36*. Seitlich der Losscheibe *36* ist das Zahnrad *53* auf der Nabe *52* (60 Zähne) gekeilt, welches den kontinuierlichen Verzug betreibt.

Das linke Ende der Hauptwelle *2* hat einen scheibenförmigen Ansatz, an welchem mittels dreier Mitnehmerstifte der kleine auswechselbare Twistwirtel *54* (Durchmesser = 250, 300, 350, 400 und 450 mm) befestigt ist.

Von der zweiten Riemenscheibengruppe ist die Scheibe *39* lose drehbar, während die Scheibe *40* auf der Hauptwelle aufgekeilt ist. Die schmale Übergangsscheibe *41* läuft lose auf der Nabe der Vollscheibe *40*. Die Riemenscheibe *42* ist auf die lange Büchse *56* aufgekeilt. An deren Flansch ist der große auswechselbare Twistwirtel *55* angeschraubt (Durchmesser = 500, 550 und 600 mm). Zwischen dem Lager *34* und der Vollscheibe *42* ist — axial verschiebbar — auf der Büchse *56* das Abschlagrad *57* drehbar gelagert. Falls der Riemen der ersten Scheibengruppe von der Leerscheibe *36* auf die Scheibe *38* geführt wird, so wird durch die Sperrklinke *46* das Sperrad *49* mitgenommen und die Hauptwelle angetrieben. Vermittels des kleinen Twistwirtel *54* erhalten die Spindeln ihre erste Geschwindigkeit. Da das Wechselrad *44* auf der langen Nabe *43* der Scheibe *38*

aufgekeilt ist, werden auch der Wagen und die Zylinder angetrieben. Wird während
der Wagenausfahrt der Riemen von *38* auf Scheibe *37* geführt, so wird die Hauptwelle mit gleicher Geschwindigkeit wie früher gedreht, jedoch vom Rad *53* der
kontinuierliche Verzug abgeleitet (siehe später).

Soll im Laufe der Wagenausfahrt die zweite Spindelgeschwindigkeit gegeben
werden, so wird, während der rechte Riemen auf *38* oder *37* läuft, der linke
Riemen von *39* auf *40* geführt. Da dieser Riemen durch die größere Scheibe *12*
des Deckenvorgeleges (Abb. 213) seinen Antrieb erhält, treibt er die Vollscheibe *40*
und durch diese die Hauptwelle mit größerer Geschwindigkeit an. Dadurch ent-
kuppelt sich das Sperrad *49* innerhalb der Scheiben *37, 38* und die im Eingriff
gewesene Sperrklinke wird ausgeschaltet.

Wegen der höheren Tourenzahl der Hauptwelle treibt der kleine Twistwirtel
vermittels der Triebschnur die Spindeln mit höherer Geschwindigkeit an.

Kurz vor Ende der Ausfahrt wird der Riemen der linken Scheibengruppe
auf die Scheibe *42* verschoben.

Da *42* durch die Büchse *56* mit dem Twistwirtel *55* verbunden ist, wird wegen
dessen größeren Durchmessers die Triebschnur den Spindeln eine noch höhere
Tourenzahl erteilen (dritte Spindelgeschwindigkeit).

Das Abschlagrad *57* wird durch ein Zahnrad der Nebenwelle, die hinter der
Hauptwelle parallel zu dieser gelagert ist, dauernd in entgegengesetzter Richtung
zu den auf der Hauptwelle befindlichen Scheiben angetrieben. Es besitzt — auf
der zur Scheibe *42* zugekehrten Seite — einen konischen Ansatz, der mit Fiberbelag versehen ist und in die konisch ausgebildete Innenfläche der Scheibe *42*
paßt. Wird das Abschlagrad gegen diese Scheibe verschoben, so wird diese mit
ihm gekuppelt und in entgegengesetzter Richtung mitgenommen. Der große
Twistwirtel *55* vermittelt diese für das Abschlagen der Fäden nötige Drehbe-
wegung den Spindeln. Damit der Riemen während der Rückbewegung von der
Scheibe *42* nicht gleich auf die mit anderer Geschwindigkeit laufende Scheibe *40*
geführt wird, ist die schmale Leerscheibe *41* dazwischengeschaltet.

Gleichzeitig bewirkt der Übergang des Riemens über *41* einen Geschwindig-
keitsverlust der Spindeln, so daß diese allmählich bis zum Stillstand aufgehalten
werden. Außerdem vermeidet man dadurch bei schlechter Riemeneinstellung
ihr gleichzeitiges Aufliegen auf den mit verschiedener Drehzahl laufenden Riemenscheiben *42* und *40*.

2. Die Schaltung.

Um Wagenausfahrt, erste Spindelgeschwindigkeit, sowie Zylinderbewegung
zur richtigen Zeit auslösen zu können, ist der Selfaktor mit einer Schalt- oder
Steuerwelle ausgerüstet. Diese ist horizontal (von hinten nach vorne) unterhalb
der Hauptwelle gelagert. Die Steuerwelle trägt bei dem besprochenen Modell
den Schaltkonus sowie den Schaltteller. Bei den älteren Typen ist eine Glocken-
kupplung auf der sogenannten Königsbaumwelle (stehende Welle) angeordnet.
Nach Abb. 218 wird letztere (*58*) durch eine Kegelradübersetzung von *59, 60*
von der Nebenwelle *3* dauernd angetrieben. Sie ist oben in einem Halslager *61*,
welches auf der hinteren oberen Verbindung *62* der beiden Headstockseitenwände
montiert ist, und unten in einem Fußlager gelagert.

Unterhalb des Lagers *61* ist auf ihr ein Schraubenkegelrad *63* (21 Zähne) gekeilt, welches in ein doppelt so großes Rad *64* (42 Zähne) einkämmt und dieses
ständig antreibt (siehe Abb. 219). Das Rad *64* bildet ein Stück mit der Schaltglocke (Konus *65*) und ist lose auf dem Exzenterrohr *66* drehbar.

Das Exzenterrohr *66* besitzt zwei Exzenter *67, 68*. Es bietet im Verein mit
Lager *69* der Schaltwelle *70* die rückwärtige Unterstützung, während dieselbe

13*

durch *71* vorne gelagert wird. Vor dem Lager *71* ist Exzenter *72* mit der Welle *70* fest verbunden. Exzenter *67* dient zur Umstellung des Riemenhebels für die Scheibengruppe *36, 37, 38*, Exzenter *68* gehört für die Wagenausfahrtskupplung, Exzenter *72* für die Lieferung des Vorgarnes. Das Lager *69* ist auf der unteren hinteren Verbindung *73*, Lager *71* auf der vorderen oberen Verbindung *74* der beiden Headstockseitenwände montiert. Am rückwärtigen Ende der Schaltwelle ist der zweite Teil der Schaltkupplung vermöge eines Mitnehmerkeiles axial verschiebbar. Der Schaltkonus *75* ist mit Fiberbelag (Ferodo-Fiber) belegt und aus einem Stück mit dem Schaltteller *76* gegossen. Der Schaltteller *76* besitzt an seiner Innenfläche 2 Nasen (Ansätze) *77, 78* (Abb. 219), durch welche die Umsteuerung der Exzenterwelle erfolgt. Sie sind um 180° gegeneinander versetzt. Die radiale Entfernung der beiden Nasen von der Schaltwelle

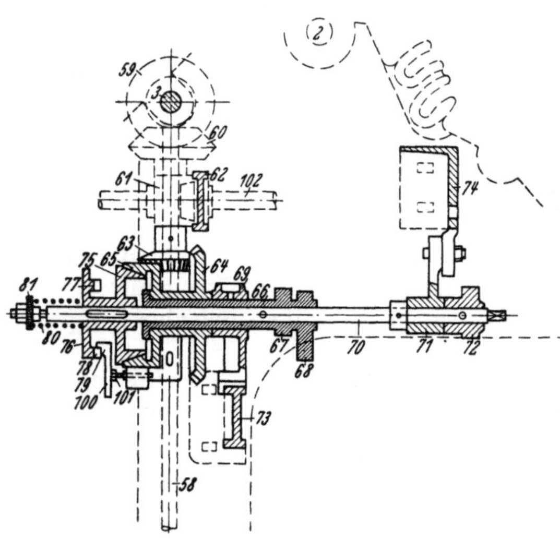

Abb. 218. Steuerwelle.

ist verschieden. Nase *78* ist am Rande des Tellers, während Nase *77* näher der Exzenterwellenachse ist. Diese Anordnung bezweckt, die Schaltwelle mit der Schaltglocke zu gegebener Zeit zu kuppeln und nach einer Drehung von 180° die Kupplung wieder zu lösen. Um das abwechselnde Einrücken und Lösen der Schaltkupplung zu ermöglichen, wird ein Schalthebel *79* (siehe auch Abb. 223) derart radial zur inneren Tellerfläche bewegt, daß sich dessen nasenförmiges Ende in den Weg der Ansätze *77, 78* stellt. Die Ansätze besitzen je eine schräge Auflauffläche, welche während der Drehung des Tellers über das Ende des Schalthebels *79* gleitet. Dabei wird der Teller *76* mit dem Schaltkonus *75* nach Überwindung der Feder *80* in axialer Richtung auf der Schaltwelle verschoben und die Kupplung gelöst.

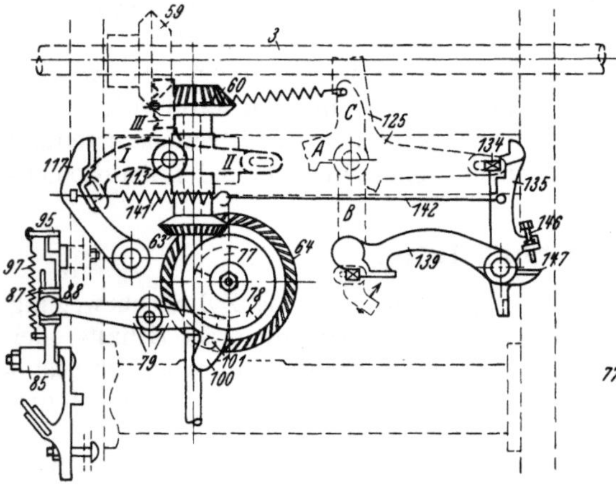

Abb. 219. Steuerwellenschaltung.

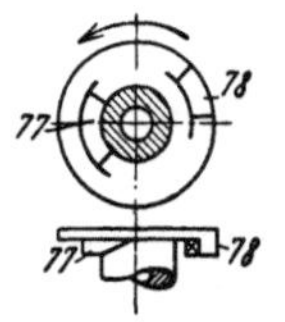

Gleichzeitig sperrt der Hebel *79* den Teller gegen weitere Drehung und sichert die ausgekuppelte Stellung. Soll die Kupplung wieder einfallen, so bewegt sich das Ende des Schalthebels entweder gegen die Schaltwelle oder von ihr weg, je nachdem, welche Nase des Tellers gesperrt war, und gibt dieselbe frei. Dadurch kann die Feder expandieren und schlägt die Kupplung ein. Nach 180° Drehung läuft die Auflauffläche der anderen Nase auf das in ihren Weg gestellte Hebelende auf und löst wieder die Kupplung. Die Feder *80* kann durch Verstellen der Mutter *81*

mehr oder weniger gespannt werden. — Die Verdrehung der Schaltwelle muß zum Zwecke der Wagenausfahrt, Vorgarnlieferung usw. kurz vor Beginn jeder Ausfahrt, sowie am Ende derselben stattfinden. Deshalb wird die Umschaltung des Hebels *79* durch die Wagenbewegung selbst durchgeführt.

Zu diesem Zwecke befindet sich längs der rechten Headstockverbindung (Abb. 220 bzw. Abb. 245 und 249) eine Schaltstange *82*, welche an dem einen Ende gelenkig mit dem im Vorderbock (in *83*) gelagerten Schalthebel *84* verbunden ist und am anderen Ende mit dem an der Headstockseitenwand um *85* drehbaren Schaltknie *86* angreift. Der gegabelte Hebelarm *87* desselben umgreift das kugelförmige Ende *88* des Schalthebels *79*. Durch ein kleines Lager *89* erhält die Schaltstange noch außerdem eine Führung (siehe auch Abb. 219).

Am Wagenmittelstück sind zwei Stelleisen *90, 91* befestigt. Im Stelleisen *90* befindet sich die Rolle *92*. Das Stelleisen *91*, welches durch die Auf- und Gegenwinderwelle gelagert ist, trägt die Anschlagrolle *93*. Fährt der Wagen ein, so stößt die Rolle *92* an das Schaltknie *86* und hebt dieses, so daß die Gabel *87* den Kugelkopf des Schalthebels *79* senkt. Dadurch wird dieser in eine solche Stellung gebracht, daß er die Randnase *78* des Schalttellers *76* freigibt und sich in den Weg der Nase *77* desselben stellt. Wenn der Wagen ausfährt, so stößt am Ende dieser Bewegung die Rolle *93* an den Schaltschuh *94* des am Vorderbock gelagerten Schalthebels *84* und dreht diesen nach auswärts (siehe auch Abb. 245). Durch die Stange *82* wird das Schaltknie entgegen des Uhrzeigers bewegt, wodurch die Gabel *87* den Schalthebel in die frühere Lage bringt.

Zwecks Arretierung der Stellungen des Schaltknies *86* ist sein aufwärtsgerichteter Arm mit einer spitz zulaufenden Nase versehen, auf welcher der in *96* gelagerte Sperrhebel *95* mittels einer Feder *97* gedrückt wird. Der Sperrhebel *95* besitzt zwei Rasten in welche die Nase einschnappt und festgehalten wird. Zur sicheren Hubbegrenzung der Schaltstange *82* sind auf beiden Seiten des kleinen Lagers *89* zwei Stellringe *98, 99*, die sich je nach der Verstellung der Stange *82* an das Lager anlegen.

Um ein Nachgeben bzw. Verbiegen des Schalthebels *79* durch den Druck der Feder *80* (Abb. 218) zu verhindern, besitzt das gegen die Schalttellernasen arbeitende Ende des Hebels *79* einen angegossenen Lappen *100* (vgl. Abb. 219 bzw. die einzelnen Abb. 223 bis 227). Hinter diesem ist in einem Lagerkörper eine Schraube *101* durch Kontramutter einstellbar. Gegen den Kopf der Schraube *101* stützt sich der Lappen des Hebels *79* und gibt diesem die nötige Führung. Die Schraube *101* dient noch zur genauen Einstellung des richtigen Eingriffes des Schaltkonus.

Beispielsweise kann die Schaltkupplung heißlaufen, was darauf hindeutet, daß Glocke *65* und Konus *75* nicht ganz außer Eingriff kommen, oder es schlägt die Kupplung zu stark ein. In beiden Fällen wir durch diese Schalthebelstellung eine zu feste Kupplung des Konus mit der Glocke eintreten.

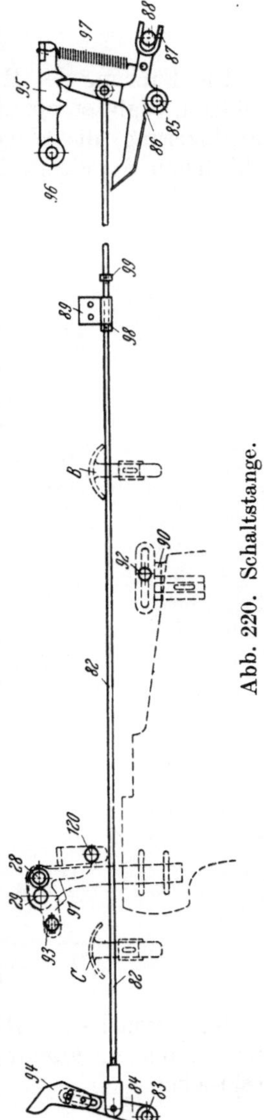

Abb. 220. Schaltstange.

Zur Abhilfe wird nach Lösen der Kontramutter die Schraube *101* etwas herausgeschraubt. Diese verhindert durch den Schalthebellappen, daß die Kupplung zu stark eingreift. Im umgekehrten Fall kann die Schaltung der Exzenterwelle steckenbleiben. Es ist dies meist der Fall, wenn der Konusbelag abgenützt ist. Durch Hineinschrauben von *101* wird eine bessere Kupplung erreicht.

3. Die Riemenführung.

Die Führung der Riemen muß durch den zugehörigen Mechanismus derart erfolgen, daß entsprechend dem jeweils auszuspinnenden Material die Vorgarnlieferung, die Wagenbewegung zu dieser, sowie die Einfallzeiten der verschiedenen Spindelgeschwindigkeiten geregelt werden können.

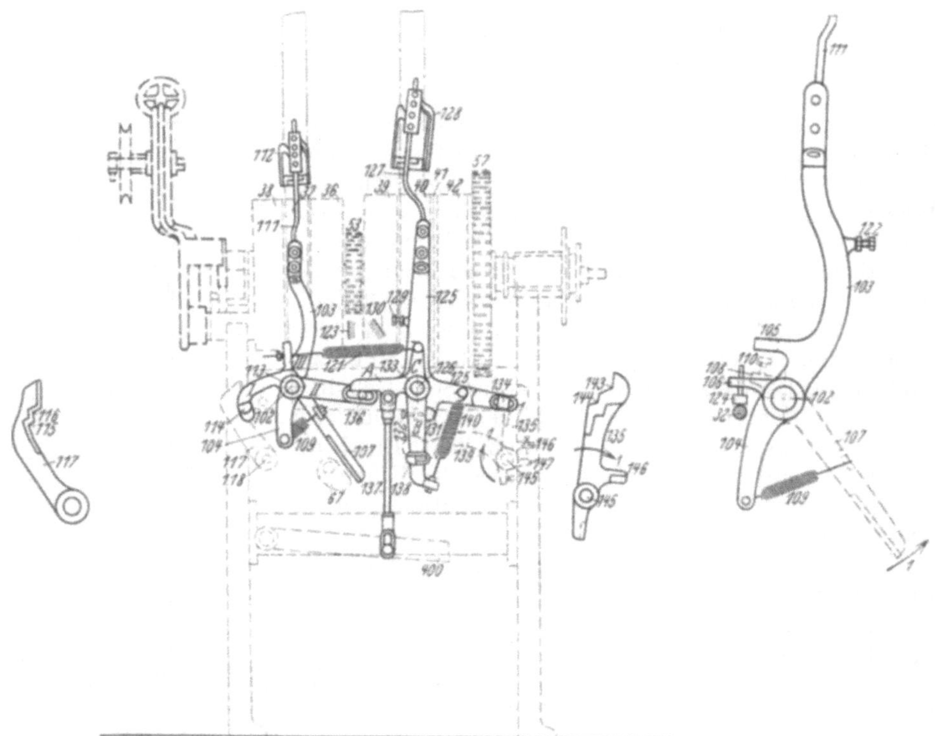

Abb. 221. Riemenführungsmechanismus.

Jeder von beiden Riemen hat seinen eigenen Führungsmechanismus, welche miteinander in Fühlung stehen. Im nachfolgenden wird ihre Wirkungsweise besprochen.

Riemenführungsmechanismus für die erste Geschwindigkeit.

Unterhalb der ersten Scheibengruppe ist zwischen den beiden oberen Verbindungen der Headstockseitenwände der Bolzen *102* (Abb. 221) drehbar gelagert (vgl. auch die Abb. 223 bis 227). Innerhalb seiner Lagerungen ist auf Bolzen *102* der Riemenhebel *103* lose drehbar. Dieser besitzt einen nach abwärts gehenden Hebelarm *104* (Abb. 221a), sowie 2 Angüsse *105, 106*. Vor der Nabe des Riemenhebels *103* ist auf dem Bolzen *102* der Sicherungshebel *107* festgeschraubt, welcher außer einem für die Feder *109* bestimmten Anguß noch einen kleinen Hebelarm *108* besitzt. In diesem ist eine Schraube *110* durch eine Mutter fixierbar, auf welcher sich der Ansatz *105* des Riemenhebels *103* auflegt, falls letzterer den Riemen auf die Scheibe *38* verschoben hat. Die Verstellung der Schraube *110* ermöglicht die Begrenzung des Ausschlages des Riemenhebels und somit eine genaue Riemenführung auf der Scheibe *38*, so daß der Riemen weder auf der einen noch auf der anderen Seite über die Scheibe *38* läuft.

Der Sicherungshebel *107* ist oberhalb des Exzenters *67* der Schaltwelle *70* montiert. Am Ende der Wageneinfahrt, wenn durch den bereits besprochenen Schaltmechanismus der Exzenter *67* mit seiner größten Exzentrizität unter dem Sicherungshebel *107* durchläuft, wird letzterer im Sinne des in Abb. 221a gezeichneten Pfeiles *1* bewegt. Da der Hebel *107* durch die Feder *109* mit *104* gekuppelt ist, wird durch seine Ausschwingung der Riemenhebel *103* mitgenommen. Vermöge der Riemenstange *111* und der auf dieser befestigten Riemenschlinge *112* wird der Riemen für die erste Geschwindigkeit (künftig kurz als „erster Riemen" bezeichnet) auf die Scheibe *38* geschoben. Durch sie wird der Wagen, sowie Zylindertrieb und die Spindel angetrieben.

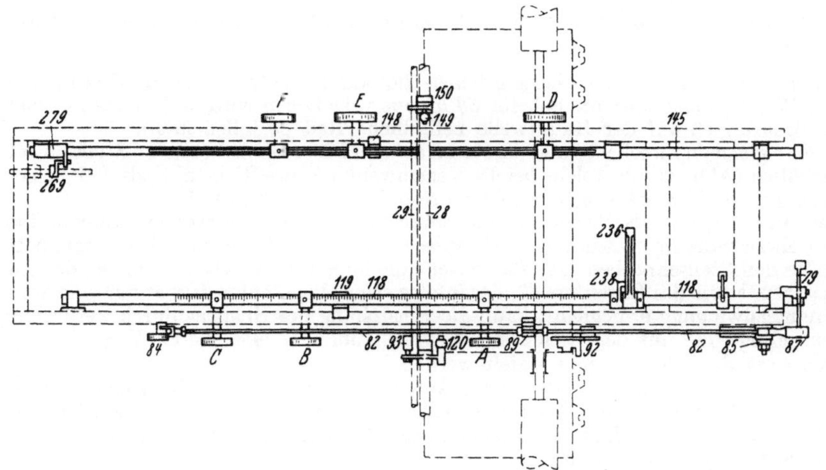

Abb. 222. Vorgarnzählerwelle.

Da der Wagen einen bestimmten Weg zurückzulegen hat, muß auch der Riemen in seiner Stellung, die er durch Exzenter *67* eingenommen hat, fixiert werden.

Zu diesem Zwecke ist außerhalb der oberen Verbindung im Headstock der dreiarmige Schalthebel *113* auf dem Bolzen *102* festgeschraubt. Der Arm *I* desselben hat einen Schlitz, in welchem der Bolzen *114* verstellbar fixiert werden kann. Dieser legt sich in die untere Rast *115* des Hebels *117* (linke Nebenskizze, Abb. 221), welcher mit der Vorgarnzählerwelle *118* verschraubt ist.

Nach Abb. 222 ist diese längs der rechten Headstockwand drehbar angeordnet und außer im Headstock, sowie im Vorderbock noch durch Lager *119* gegen Durchbiegung gelagert. Sie besitzt eine Einstellskala und ist mit einer Längsnut versehen, durch welche 3 verstellbare Auflaufschuhe *A*, *B*, *C* in konstanter Einstellung erhalten werden können. Die Auflaufschuhe bestehen aus dem eigentlichen Schuh, welcher in dem auf der Vorgarnzählerwelle *118* an verschiedenen Stellen verkeilbaren Stelleisen auch in der Höhenrichtung einstellbar ist. Der Schuh *A* dient zur Auslösung des Überganges von der Scheibe *38* auf *37*, während Schuh *C* den Übergang des Riemens von der Scheibe *37* auf *36* hervorruft. Der in der Mitte befindliche Schuh *B* rückt die Zylinderkupplung während der Wagenausfahrt aus (siehe S. 209).

Fährt nun der Wagen aus, so stößt die Rolle *120* (siehe Abb. 245) auf die verschieden hoch gestellten Schuhe. Sie bewirkt durch Niederdrücken des Schuhes *A* eine kleine Drehung der Vorgarnzählerwelle *118* und, weil der Sperrhebel *117* (Abb. 221) ,auf ihr befestigt ist, auch seine Ausschwingung, so daß der Arm *I* des Hebels *113* mit seinem Bolzen *114* in die Rast *116* des Sperrhebels *117* einfällt. Dadurch dreht sich Hebel *113* infolge der Federkraft *121*. Mit ihm dreht sich auch der Sicherungshebel *107* sowie der Riemenhebel, so daß der erste Riemen auf die Scheibe *37* gleitet. Bei weiterer Ausfahrt wird durch Niederdrücken des Schuhes *B* die Zylinderkupplung ausgelöst, ohne daß durch die hierzu nötige kleine Verdrehung der Vorgarnzählerwelle der Sperrhebel den Bolzen *114* des Hebels *113* freigibt.

Erst wenn Rolle *120* (Abb. 222, siehe Abb. 245) den Schuh *C* niederdrückt, wird der Sperrhebel soweit gedreht, daß der Bolzen *114* freigegeben wird. Durch den Zug der Feder *121* wird der Hebel *113* und mit ihm der Sicherungshebel *107*, sowie der Riemenhebel *103* soweit gedreht, bis sich der Sicherungshebel *107* auf das Exzenter *67* legt. Durch diese Verdrehung gleitet der Riemen von Scheibe *37* auf die Leerscheibe *36* und beendet dadurch die Wagenausfahrt (Schluß der ersten Periode).

Durch das Auflegen des Sicherungshebels *107* auf Exzenter *67* ist die Gewähr gegeben, daß der Riemen nicht über die Scheibe *36* hinaus verschoben wird und in das zwischen den 2 Scheibengruppen auf der Hauptwelle befindliche Rad *53* fallen kann.

Zu dem gleichen Zweck ist außerdem noch an dem Riemenhebel *103* eine Stellschraube *122* fix einstellbar (Abb. 221 a), welche bei der Verschwenkung des Riemenhebels *103* gegen einen Anschlag *123* am Verdeck des Rades (siehe Abb. 223 bis 227) auftrifft.

Der Anschlag gilt als Sicherung und sollte normal nicht verwendet werden. Der eingestellte Zwischenraum zwischen der Schraube *122* und dem Anschlag soll ca. 2 mm betragen.

Außer den Stellschrauben *110, 122*, welche die äußersten Wegbegrenzungen des Riemenhebels geben, sowie des Exzenters *67*, der infolge seines konstanten Hubes nur eine konstante Riemenausschwingung ermöglicht, kann die Einstellung des Riemens durch Verdrehung der Riemenschlinge *112* auf der Riemenstange *111* (Abb. 221) bzw. durch Vergrößerung oder Verkleinerung des Riemenweges erzielt werden.

Der Riemenweg kann entweder durch Auf- oder Abwärtsstellen der Riemenschlinge auf der Stange *111* oder aber durch letztere selbst im Riemenhebel verstellt werden, wodurch in beiden Fällen der Hebelarm des Riemenhebels *103* und dadurch der Ausschwingungsweg vergrößert oder verkleinert wird.

Oftmals ist es erwünscht, den Wagen am Ende der Einfahrt vor der Zylinderbank stillstehen zu lassen, d. h. die nächste Ausfahrt des Wagens zu verhindern. Wenn durch den Wagen am Ende der Einfahrt die Umschaltung der Exzenterwelle erfolgt ist, also das Exzenter *67* bereits den Hebel *107* verschwenkt hat und seine Stellung vermöge des Hebels *113*, Bolzen *114* und Sperr- bzw. Rastenhebel *117* fixiert ist, muß die Ausschwingung des mit dem Exzenterhebel *107* elastisch gekuppelten Riemenhebels *103, 104* verhindert werden. Es geschieht dies auf folgende Weise. Der Riemenhebel hat nach Abb. 221 a einen kleinen Hebelarm *106*, in welchem eine Schraube *124* einstellbar fixiert werden kann. Unter den Kopf dieser Schraube *124* wird im Bedarfsfalle durch den einfahrenden Wagen die Abstellstange *32* geschoben (Abb. 214), so daß der Riemenhebel *103* dem Zuge der Feder *109* nicht folgen kann. Um die Stoßstange *32* wunschgemäß unter die Schraube *124* zu schieben, ist am Wagen unterhalb des Auf- und Gegenwinders *28, 29* eine über die Wagenlänge verlaufende Ausrückstange *30* gelagert, auf welcher das Stoßeisen *31* befestigt ist (siehe Abb. 217 und 248, 249). Das Stoßeisen *31* kann gegenüber der Stoßstange *32* verschoben werden — der Hub ist durch Stelleisen begrenzt —, so daß bei Abstellung des Selfaktors das Stoßeisen auf die Stange *32* trifft und diese nach Überwindung der Feder *33* (in Abb. 217 rechts) unter die Schraube *124* (Abb. 221 a) schiebt.

Will man den Selfaktor wieder laufen lassen, so wird durch Zurückbewegen der Ausrückstange das Stoßeisen von der Stange *32* entfernt. Durch die Expansion der Feder *33* wird der Riemenhebel *103* frei und kann dem Zuge der auf ihn wirkenden Feder *109* folgen, worauf der Riemen auf die Scheibe *38* gleitet.

In Abb. 223 ist diese Stellung festgehalten. Der Wagen ist eingefahren und hat bereits umgeschaltet, so daß die Maschine für die nächste Ausfahrt bereit ist.

Beide Riemen befinden sich auf ihren Leerscheiben. Der linke Riemen wird als der erste bezeichnet, der rechte als der zweite. Die Verschiebung des ersten Riemens ist auf vorbeschriebene Art verhindert worden.

In Abb. 224 ist weiter keine Verstellung an der Riemensteuerung zu bemerken. Es wurde lediglich die Stoßstange (nicht zu sehen) zurückgezogen, so daß der erste Riemen auf die äußerste linke Scheibe gleiten konnte. Damit hat die Wagenausfahrt und die Vorgarnlieferung begonnen. Von dieser Scheibe wird den Spindeln die erste Geschwindigkeit mitgeteilt.

Im Vergleich zu den bisherigen schematischen Abbildungen sind in diesen letztgenannten 2 Bildern soweit sie den rückwärtigen Teil des Headstockes betreffen, die verschiedenen Hebel zur Steuerung des ersten und des zweiten Riemens als auch die beiden Scheibengruppen, die Nebenwelle, die stehende Welle sowie die Schaltwelle mit der Schaltkupplung und den zugehörigen Schalthebeln zu erkennen.

Abb. 223.

Der Wagen hat nach beendigter Einfahrt die Umschaltung veranlaßt. Die Maschine ist für den nächsten Auszug bereitgestellt. Die Sicherungsausrückstange wurde eingelöst. Beide Riemen befinden sich auf ihrer Leerscheibe.

Abb. 223 bis 227. Headstockansichten in verschiedenen Arbeitsstellungen.

Steuerung des Riemens für die zweite und dritte Spindelgeschwindigkeit.

Der Riemenhebel *125* für den zweiten Riemen ist auf einem Bolzen *126*, der in der oberen rückwärtigen Headstockverbindung festgeschraubt ist, lose drehbar gelagert (Abb. 221). Er besitzt ebenfalls in dem nach aufwärts gerichteten Arm ein Augenlager für die Riemenstange *127* und auf dieser wieder eine zweiteilige Riemenschlinge *128*.

Durch Verstellung der Stange sowie der Schlinge in der Höhenrichtung ist wieder, wegen der Änderung des Riemenweges, eine Einstellung dieses möglich. Außerdem hat der Riemenhebel eine Stellschraube *129*, durch die sich der Hebel an einen Lappen *130* der oberen Headstockverbindung anlehnt, womit die Begrenzung seiner Bewegung in bezug auf die Leerscheibe *39* gegeben ist. Der

Abb. 224.
Die 1. Stufe des Wagenspieles hat begonnen. (Der Wagen fährt aus, der Zylinder liefert, die Spindeln haben die 1. Spindelgeschwindigkeit.)

Riemenhebel *125* besitzt an seinem rechten Arm noch eine angegossene Nocke *131*, die, falls der Riemen auf die Scheibe *42* geleitet worden ist, an die Stellschraube *132* des Schalthebelarmes *B* anstößt und durch deren genaue Einstellung die Gewähr gibt, daß der Riemen am Ende der Bewegung nicht über den Rand der Scheibe *42* ragt. Auf dem rechten Arm des Riemenhebels *125* ist ein Bolzen *134* verstellbar befestigt, welcher gegen den Stufen- bzw. Rastenhebel *135* arbeitet. Dadurch wird der Hebel *125* und durch ihn der zweite Riemen in der jeweiligen Lage gesichert.

Vor dem Riemenhebel *125* ist auf dem gleichen Bolzen *126* der Schalthebel *133* lose drehbar gelagert. Der Arm *A* desselben liegt auf der Rolle *136* des Armes *II* vom Schalthebel *113* und ist außerdem mittels einer Zugstange *137* mit dem Einzugsbremshebel *400*
(Abb. 223) zwecks Sicherheit gegen frühzeitiges Einfallen der Einfahrtskupplung verbunden. Der Arm *B* des Schalthebels *133* besitzt die Stellschraube *132*, sowie auch einen Bolzen *138* für die Zählerfalle *139*. Durch Feder *140* ist der Schalthebel mit dem Riemenhebel *125* elastisch gekuppelt. Am aufwärts gerichteten Arm *C* des Schalthebels *133* legt sich eine Stellschraube auf, die an dem einen Arm des Abschlaghebels angeordnet ist als Sicherung gegen zu frühes Abschlagen. Außerdem kann durch entsprechende Einstellung dieser letztgenannten Schraube die richtige Funktion des Abschlaghebels ermöglicht werden.

Vermittels der einstellbaren Feder *121* ist der Schalthebel *133* mit dem Schalthebel *113* gekuppelt. Durch Feder *141* und Verlängerungsstange *142* (Abb. 219 und 223 bis 226) sind beide Rasten- bzw. Sperrhebel *117* und *135* elastisch verbunden.

Zu Beginn der Wagenausfahrt läuft der zweite Riemen auf der Leerscheibe *39*. Der Bolzen *134* liegt in der Rast *143* des Rastenhebels *135*.

Der Schalthebel *133* wird durch Bolzen *138* und Zähler-

Abb. 225.
Die 2. Stufe des Wagenauszuges hat eingesetzt. Mittlerweile ist der zweite Riemen auf die Scheibe für die 2. Spindelgeschwindigkeit übergegangen.

falle *139* gesperrt. Die Federn *121* und *140* sind gespannt.

Soll nun die zweite Stufe der Wagenausfahrt einsetzen, d. h. die zweite Spindelgeschwindigkeit gegeben werden, so wird auf ähnliche Art, wie bei der Vorgarnzählerwelle besprochen, die Riemenhebelwelle *145* (Abb. 219, 221, 222) durch den Wagen selbst im Sinne des Pfeiles *1* etwas verdreht, so daß der Bolzen *134* des Riemenhebels *125* auf die Rast *144* des Hebels *135* einfällt und dadurch der Riemen auf die Vollscheibe *140* gleitet (Abb. 225). Kurz vor Ende der Wagenausfahrt wird die Riemenhebelwelle *145* nochmals gedreht, und Bolzen *134* gleitet von der Rast *144* ab, so daß der Riemenhebel *125*, dem Zuge der Feder *140* folgend, den zweiten Riemen auf die Vollscheibe *42* verschiebt und gleichzeitig mit Nocke *131* durch Stellschraube *132* in seiner Bewegung aufgehalten wird (Abb. 226).

Abb. 226.

Der Wagen hat die Ausfahrt beendet. — Der erste Riemen ist bereits auf die Leerscheibe übergegangen. Der zweite Riemen besorgt die 3. Spindelgeschwindigkeit.

Wenn der Drahtzähler im Vorderbock angeordnet ist, wird durch ihn die Riemenhebelwelle *145* langsam, in gleichem Sinne wie bisher, solange weiter gedreht, bis dem Faden der gewünschte Draht gegeben wurde. Sobald dies der Fall ist, drückt die Stellschraube *146* des Rastenhebels *135* auf eine Nocke *147* der Zählerfalle *139* und hebt diese aus. Falls der Drahtzähler jedoch im Wagen angeordnet ist, so wird die Zählerfalle auf andere Weise ausgehoben.

Durch die Aushebung der Zählerfalle *139* wird die Sperrung des Bolzens *138* aufgehoben und der Schalthebel *133* freigegeben, so daß er sich, dem Zuge der Feder *121* folgend, dem Uhrzeiger entgegengesetzt dreht und mittels der Stellschraube *132* und Nocke *131* die Überführung des Riemenhebels von der Vollscheibe *42* auf die Leerscheibe *39* durchführt. Abb. 227 zeigt die beiden Riemen wieder auf ihren Leerscheiben; der Riemenhebel *125* ist bereits wieder durch Rast *143* gesperrt. Die Zählerfalle *139* ist ausgelöst; da schon abgeschlagen ist, läßt auch der Einzugsbremshebel *400* die Einfahrtskupplung (links unten) einfallen.

Wenn der Wagen eingefahren ist, wird durch den Exzenter *67*

Abb. 227.

Die 3. Spindelgeschwindigkeit ist beendet. Der Drehungszähler hat bereits die Rückwanderung des 2. Riemens auf die Leerscheibe veranlaßt und die Abschlagbewegung eingelöst. Der Wagen steht vor der Einfahrt.

der Schalthebel *113* entgegen dem Uhrzeiger gedreht, wodurch der erste Riemen wieder auf *38* geführt wird. Bei der Verdrehung des Schalthebels *113* schnappt wieder der Bolzen *114* in die Rast *115* des Sperrhebels *117* ein. Durch die Rolle *136* des Armes *II* vom Schalthebel *113* wird der Hebelarm *A* des Schalthebels *133* so weit gehoben, daß die Zählerfalle *139* vor den Bolzen *138* einfallen kann. Gleichzeitig wird durch Zugstange *137*, die schon durch den einfahrenden Wagen gelüftete Einfahrtskupplung in gesicherter Lage arretiert. Durch die Bewegungen beider Schalthebel werden die einzelnen Federn wieder in Spannung gebracht.

Die Drehung der Riemenhebelwelle *145* — zwecks Steuerung des zweiten Riemens — wird, wie Abb. 222 und 248 zeigen, auf folgende Weise erreicht.

Längs der linken Headstockverbindung läuft die Riemenhebelwelle *145*, welche im Headstock und Vorderbock gelagert und außerdem durch Stützlager *148* in der Mitte der Headstockverbindung gegen Durchbiegung gesichert ist.

Auf dieser Riemenhebelwelle sind 2 oder 3 Schuhe *D, E, F* angeordnet, welche durch eine Rolle *149* niedergedrückt werden. Die Rolle *149* ist in einem um die Winderwelle drehbaren und durch 2 Stellringe gegen seitliche Verschiebung gesicherten Anstoßkloben *150* befestigt. Der Schuh *D* wird ganz zur Zylinderbank angestellt; er bezweckt, am Beginn der Wagenausfahrt eine kleine Verstellung des zweiten Riemens zu erzielen, um gerade in diesem Moment, in dem der erste Riemen wegen der großen Belastung leicht gleitet, durch den zweiten Riemen eine kleine Unterstützung in bezug auf die erste Spindelgeschwindigkeit zu geben. Der Schuh darf nur so eingestellt werden, daß der Bolzen *134* (Abb. 221) nicht in die Rast *144* des Rasthebels fällt, sondern auf der abgeschrägten Fläche der Rast *143* etwas gleitet. Zufolge der geringen Senkung des Bolzens *134* auf der schrägen Rastfläche vollführt der Riemenhebel eine ganz kleine Ausschwingung, so daß durch den zweiten Riemen die erwähnte Unterstützung des ersten Riemens erzielt wird.

Der zweite Schuh *E* ist zur Einschaltung der zweiten Spindelgeschwindigkeit, der Schuh *F* für die dritte Spindelgeschwindigkeit bestimmt.

Der Schuh *E* muß derart eingestellt sein, daß durch die Rolle *149* die Riemenhebelwelle *145* die nötige Verdrehung vollführt, um den Bolzen *134* von der Rast *143* auf die Rast *144* des Hebels *135* herabfallen zu lassen. Der Schuh *F* muß also höher eingestellt sein, so daß er trotz der durch Schuh *E* erfolgten Bewegung von Rolle *149* niedergedrückt wird und der Bolzen *134* von der Rast *144* abfallen kann.

Die weitere Verdrehung des Rastenhebels *135* wird zwecks Auslösung der Zählerfalle *139* durch den Drehungszählermechanismus erzielt; sie ist dort besprochen.

4. Der Wagenauszug.

Wie bereits aus der Beschreibung der Abb. 216 hervorgeht, ist die Scheibe *38* der ersten Scheibengruppe mit dem Rad *44* (Abb. 228 bis 230) in Verbindung. Das Rad *44* (30 Zähne) treibt über die Räder *151*, *152* Sperrad *153*, *154*, *155*, *156* das Wagenkupplungsrad *157*, so daß bei eingerückter Auszugskupplung *158* (Abb. 231) die Wagenauszugswelle *160* gedreht wird. Gleichzeitig wird vom Rad *152* aus das Zylinderrad *171* angetrieben, so daß zur selben Zeit die Lieferung des zu verspinnenden Vorgarnes beginnt.

Wird der Riemen von der Scheibe *38* auf die Scheibe *37* verschoben, so wird der kontinuierliche Verzug eingeschaltet. Es geschieht dies durch das Rad *53* (Abb. 216 und 237), welches zwischen den beiden Scheibengruppen auf der Hauptwelle angeordnet ist.

Das Rad *53* sitzt auf der langen Nabe *52* der Scheibe *37* und treibt das Rad *172* an, welches unterhalb der Hauptwelle angeordnet ist. In Abb. 230 ist ein Teil des Zahnkranzes dieses Rades zu sehen (zwischen den Riemenscheiben). Außerhalb der Headstockwand ist auf der Welle *173* des Rades *172* das Rad *174*, welches einerseits über die Räder *175*, Sperrad *176*, weiter über *177*, *178* und *179* das Wagenkupplungsrad *157*, anderseits durch Rad *180* (hinter Rad *152*, Abb. 228, 229) das Rad *181* (hinter Rad *171*, in gleicher Größe wie dieses) antreibt.

Während des Antriebes der Wagenauszugswelle *160* durch eine der Scheiben *38*, *37* wird, da in das Rad *157* einerseits das Rad *156* (vom Trieb *44*, *151* bis *156*), anderseits das Rad *178* (vom Trieb *53*, *172*, *174* bis bis *179*) eingreift, die Schleiffederkupplung des jeweils nicht angetriebenen Triebes ausgelöst.

Das Rad *157* ist als Zahnkupplung ausgebildet und läuft, seitlich durch Stellring *169* begrenzt (Abb. 229 und 231), auf der Nabe des innerhalb der Kupplung angeordneten Mitnehmers *159*, welcher auf der Wagenauszugswelle *160* aufgekeilt ist.

In den Kerben des Mitnehmers *159* greifen dauernd die Nasen der zweiten Kupplungshälfte *158* ein. Am rechten Headstockrahmen ist in einem Lager der Wagenauszugshebel *162* drehbar gelagert. Die Auszugsgabel *163* des Hebels *162* greift mittels einer Klaue in eine Eindrehung der Kupplungshälfte *158* ein. Der Hebel *162* ist zwecks genauer Einstellung

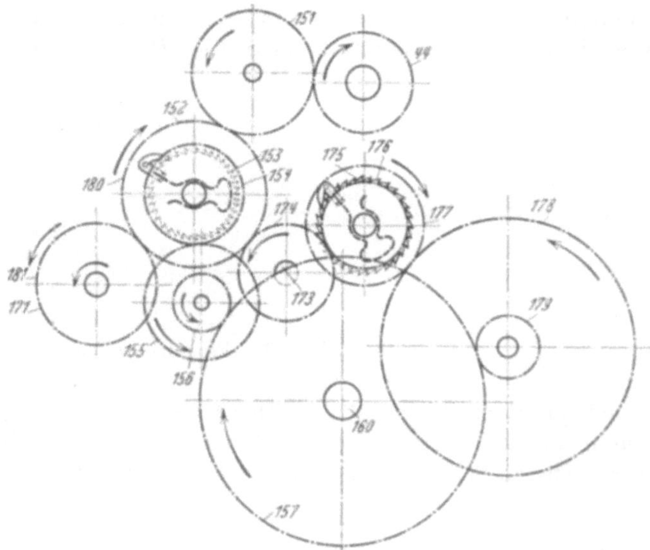

Abb. 228.

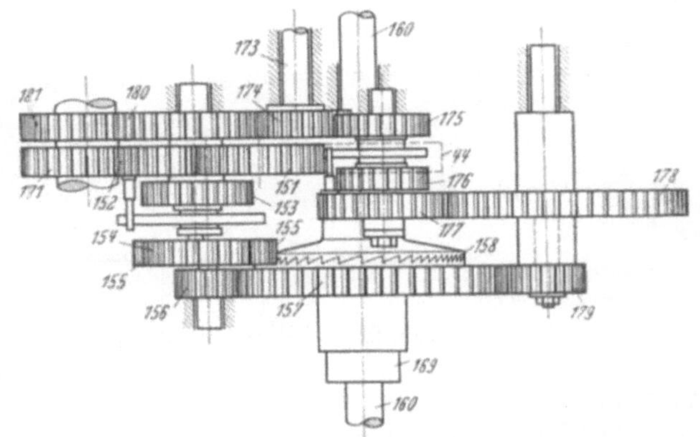

Abb. 229.

Abb. 230. Räderbetrieb für Wagenauszug und Zylinderlieferung.

Abb. 228 bis 230. Wagenantrieb.

zweiteilig. Der Verlängerungshebel *164* desselben ist um das Augenlager *165* des Hebels *162* drehbar und im Schlitz *166* fixierbar. Am Ende des Auszugs-

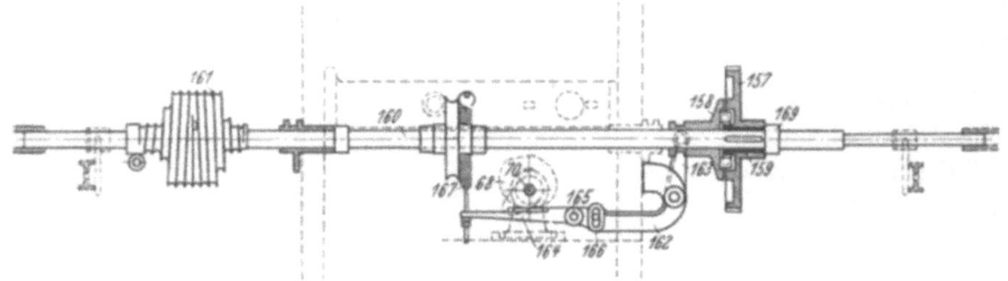

Abb. 231. Wagenauszugswelle.

hebels greift die Feder *167* an. Durch die Schaltung der Exzenterwelle *70* wird die Kupplungshälfte *158* derart bewegt, daß am Ende der Wageneinfahrt bis zur nächsten Schaltung der Exzenterwelle, das ist am Ende der Wagenausfahrt,

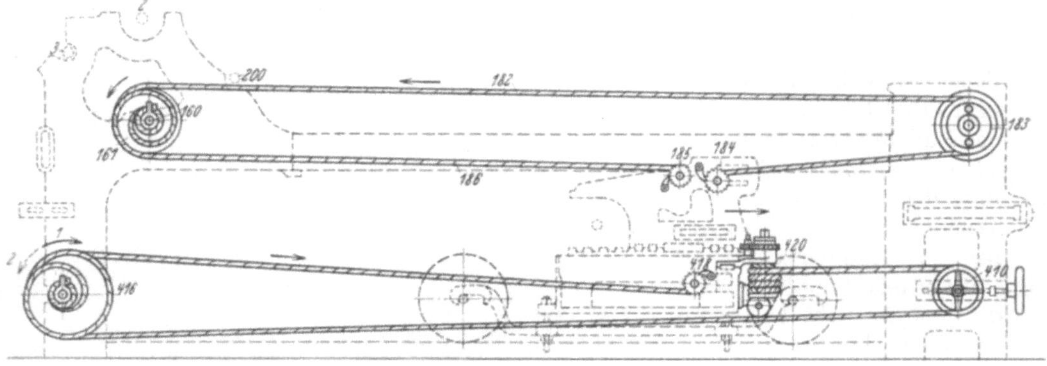

Abb. 232. Seilführung für den Wagenauszug.

die Kupplung geschlossen bleibt. Außerhalb der linken Headstockwand befindet sich die Wagenauszugsschnecke *161*.

Wegen der seitlich kleiner werdenden Seilrillen wird der Wagen gegen Ende der Ausfahrt verzögernd hinausgezogen, was wegen der mehr oder weniger großen Beanspruchung des zu spinnenden Garnes infolge des Wagenverzuges notwendig ist (siehe Abb. 239, die Schnecke rechts im Bilde).

Zur Befestigung der beiden Seile besitzt die Wagenauszugsschnecke eine Seilöse

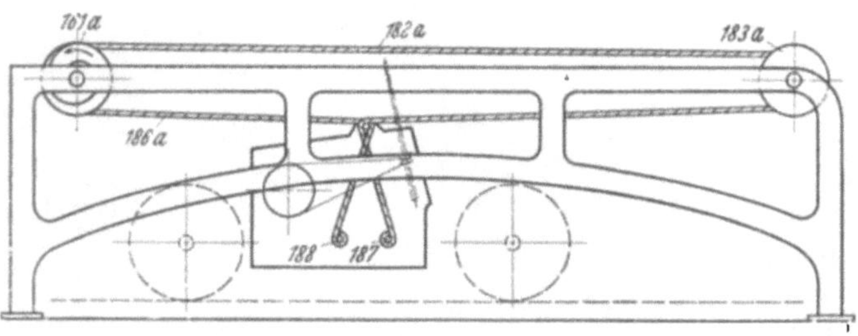

Abb. 233. Wagenführung der Wagenenden.

für das Gegenseil und in der Mitte der großen Seilspur ein Loch, in welches der Knoten des Auszugsseils eingehängt wird.

In Abb. 232 ist die Führung des Auszugseiles *182* zu erkennen. Dieses läuft von der Schnecke *161* über eine Rolle *183* am Vorderbock und ist bei *184* im Wagen befestigt. Das zur ruhigen Führung des Wagens dienende Gegenseil *186* läuft während der Wagenausfahrt von der Schnecke *161* ab und ist im Punkt *185* am Wagen stellbar befestigt.

Die Seilbefestigungen im Wagen müssen nachstellbar sein und bestehen daher aus einem Sperrad mit Seilöse und Sperrklinke. Durch einen Vierkantzapfen und Kurbel sind die Sperrräder drehbar.

Auf der Wagenauszugswelle *160* ist noch an ihren beiden Enden je eine Auszugsschnecke *161a* zwecks sicherer schwankungsfreier Wagenführung angebracht, Abb. 233, 234 zeigen diese Wagenführung. Abb. 234, 235 lassen den Antrieb des Abtreibzeuges *193* vom Lieferzylinder *200* aus durch die Vorgelege *189, 190, 191, 192* erkennen.

Bei Selfaktoren mit sehr großer Wagenlänge wird zwecks Vermeidung einer Durchbiegung des Wagens zumeist auf der längeren, linken Wagenseite noch eine sog. Mittelführungsschnecke

Abb. 234. Wagenführung der Wagenenden.
Linke Endwand und linkes Wagenhaupt sowie Antrieb des Abtreibzeuges.

eingebaut (Abb. 236). Bei ganz besonders langen Selfaktoren und speziell, wenn der Headstock in der Mitte der Maschine angeordnet ist, werden auf beiden Seiten solche Mittelführungsschnekken eingebaut.

Ungefähr in der Mitte des betreffenden Wagenteils wird in kurzer Entfernung von einem normal angeordneten Zylinderbankfuß *194* ein ebensolcher *195* aufgestellt. Zwischen diesen beiden Zylinderbankfüßen ist die kurze Schneckenwelle *203* gelagert, welche durch die gleichgroßen Räder *204* und *205* (1:1) von der Wagenauszugswelle *160* angetrieben wird. Unterhalb der Welle *203* ist die kurze Welle *207* für die Leitrollen *208* vorgesehen.

Unter dem Wagen ist das Stelleisen *209* zwecks Befestigung der Seil

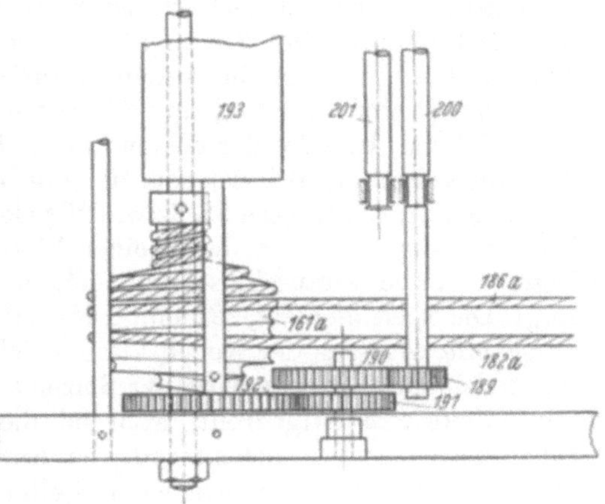

Abb. 235. Antrieb des Abtreibzeuges.

enden montiert und am Boden des Raumes das Leitrollenstelleisen *210* angebracht. Infolge der Zahnradübersetzung *204, 205* dreht sich die Mittelschnecke im umgekehrten Drehsinn wie die anderen Führungsschnecken, weshalb diese Auszugschnecke in bezug auf die Seilrillen (Schraubengänge) entgegengesetzt wirkende Windungen erhalten muß; befindet sich also z. B. die Mittelführungsschnecke auf der linken Wagenseite, so muß sie eine rechtsläufige Schnecke sein, und umgekehrt. Das Wagenauszugsseil *212* ist in der Seilöse der Schnecke befestigt und läuft über die rechte Leitrolle *208* nach vorne über die im Boden gelagerte Leitrolle *211* zur einstellbaren Befestigungsstelle *214* im Wagen. Das Gegenseil *213* läuft über die linke Leitrolle *208* zum Wagenbefestigungspunkt *215*.

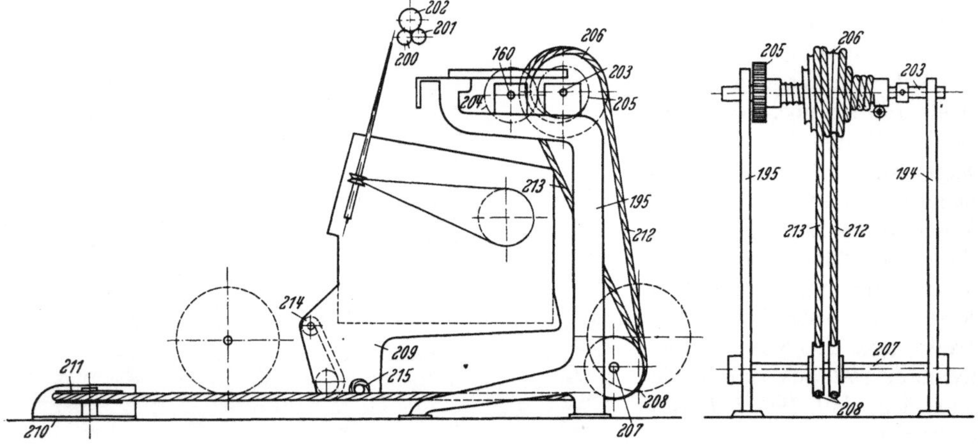

Abb. 236. Wagenmittelschnecke.

5. Zylinderantrieb.

Zu Beginn der Wagenausfahrt muß der Lieferzylinder neues Vorgarn liefern. Je nach dem Material, der Vordrehung usw. ist die Wagengeschwindigkeit entweder gleich, etwas kleiner oder größer als die Vorgarnlieferung. Die Geschwindigkeitsdifferenz wird durch Einschaltung entsprechender Wechselräder im Antrieb erreicht. Auf dem Zylinderschaft *216* (Abb. 237), welcher in den Headstockwänden gelagert ist, ist links das Lager *217* (vgl. Abb. 217) und die Zylinderkupplung *218*, *219* montiert. Die Kupplungshälfte *219* hat eine lange Nabe *220*, auf welcher die beiden Zahnräder *171*, *181* sowie die Sperräder *221*, *222* gelagert sind. Der Stellring *223* begrenzt die Kupplungsnabe gegen seitliche Verschiebung. In jedes der beiden Zahnräder *171*, *181* ist ein Klinkenbolzen *224*, *225* eingeschraubt, auf welchem die zugehörige Klinke *226*, *227* sitzt. Zwischen den beiden Ansatzfingern *228* bzw. *229* jeder Klinke greift die zugehörige Schleppfeder *230* bzw. *231* ein, die in einer Eindrehung des entsprechenden Sperrades liegt und eine geräuschlose und sichere Steuerung der jeweiligen Klinke besorgt. Die Sperräder *221*, *222* sind beide auf der Nabe *220* der Kupplungshälfte *219* aufgekeilt. Wie aus der Nebenskizze ersichtlich ist, wird, falls das Zahnrad *171* im Pfeilsinn angetrieben wird, der Bolzen *224* der auf dem Zahnrad *171* geschraubten Klinke *226* mitgedreht, während die Feder *230*, auf der Nabe des noch ruhenden Sperrades *221* sitzend, die Ansatzfinger *228* der Klinke zurückhält. Dadurch wird in jeder beliebigen Stellung der Klinke diese zum Eingriff ins Sperrad gebracht.

Das Zahnrad *181* dreht sich zu Beginn der Wagenausfahrt beim Vorübereilen des ersten Riemens über die Scheibe *37*, wenn dieser auf die Scheibe *38* verschoben wird. Der Antrieb von Scheibe *37* ist durch die geeignete Wahl der Räderübersetzung *53*, *172*, *174*, *180*, *181* (Abb. 228, 229) langsamer als der Antrieb durch das Getriebe *44*, *151*, *152*, *171* (von Scheibe *38* ausgehend), so daß gleich zu Beginn der Wagenausfahrt im gleichen Verhältnis der Wagen und Zylinderantrieb langsamer ist. Wenn der erste Riemen auf der Scheibe *38* angelangt ist, wird die Klinke *226* des Zahnrades *171* das Sperrad *221* kuppeln, und der Zylinder wird somit von Scheibe *38* angetrieben. Durch die Drehung der Kupplungsnabe *220* wird auch das Sperrad *222* gedreht und, weil das Zahnrad *181* stillsteht, die zugehörige Klinke ausgeschaltet. Ist der Riemen auf Scheibe *37*, so geschieht gleiches mit der Klinke des Zahnrades *171*.

Innerhalb der Kupplung ist mit dem Zylinderschaft eine Mitnehmerscheibe *232* verkeilt, in deren beiden Kerben je ein Bolzen der Kupplungshälfte *218* dauernd eingreift. Diese Kupplungshälfte *218*, welche wie die andere *219*, mit einseitig wirkenden Zähnen versehen ist, wird durch eine Klaue des Schalthebels *233* in axialer Richtung gesteuert. Durch eine Feder *234*, deren Spannung mittels Stellring *235* eingestellt werden kann, wird *218* gegen die Kupplungshälfte *219* gedrückt. Am Ende der Wageneinfahrt wird durch die Exzenterwelle *70* der Exzenter *72* in angegebener Pfeilrichtung gedreht, so daß seine Erhöhung unter der Schleiffläche des unteren Armes des Schalthebels *233* durchläuft. (In Abb. 237 ist die Schaltung beendet.) Gleichzeitig schnappt die Falle *236* vor dem einstellbaren Bolzen *237* des Schalthebels ein und sichert somit die durch diese Ausschwingung des Schalthebels durchgeführte Einrückung der Zylinder-

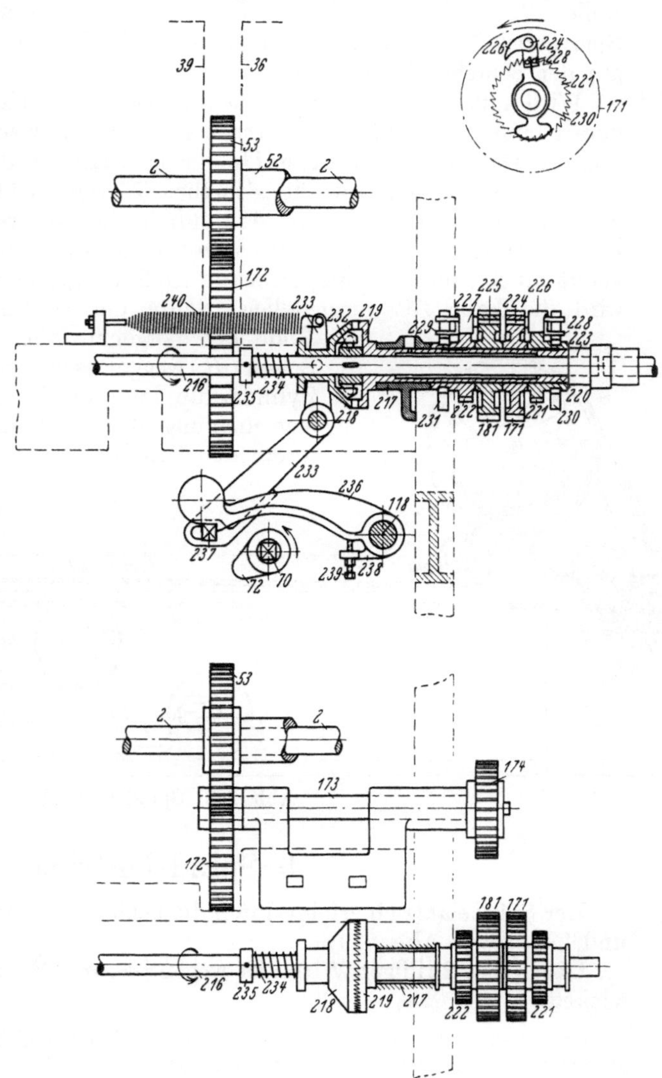

Abb. 237. Zylinderantrieb.

kupplung. Infolge Drehung der Kupplungshälfte *219* wird durch den Mitnehmer *232* der Zylinder angetrieben.

Falls der Wagen während seiner Ausfahrt mit der Rolle *120* auf den zweiten Schuh *B* der Vorgarnzählerwelle *118* drückt (Abb. 222), wird durch die Verdrehung der Vorgarnzählerwelle der auf ihr gekeilte Hebel *238* verdreht. Dieser untergreift mittels der Stellschraube *239* die auf der Vorgarnzählerwelle *118* lose drehbare Falle *236*. Sie muß dadurch so hoch gehoben werden, daß der Bolzen des Schalthebels *233* freigegeben wird. Vermöge der einstellbaren Feder *240* wird der Schalthebel die Zylinderkupplung ausschalten (Zylinderausschluß).

Soll ein direkter Verzug angewendet werden, so fehlt der Schuh *A* (Abb. 222). Es muß die Stellschraube *239* derart eingestellt werden, daß bei Niederdrücken des Schuhes *B* wohl die Falle *236* ausgehoben, nicht aber die Vorgarnzählerwelle *118* derart gedreht wird, daß die davon abhängige Verdrehung des Sperrhebels *117* (Abb. 221) den Schalthebel *113* freigibt. Der erste Riemen muß auf der Scheibe *38* verbleiben.

Wird mit halb kontinuierlichem Verzug gearbeitet, so wird der Schuh *A* derart eingestellt, daß der Sperrhebel *117* den Bolzen *114* des Schalthebels *113* von der Rast *115* in die Rast *116* springen läßt, wodurch der Riemenhebel *103* den ersten Riemen auf die Scheibe *37* verschiebt. Die Stellschraube *239* muß dann so gestellt sein, daß durch die Verdrehung des Schuhes *A* die Zylinderkupplung nicht ausgeschaltet wird. Erst durch Schuh *B*, der selbstverständlich eine dementsprechende Stellung gegenüber Schuh *A* haben muß, wird die Falle *236* ausgehoben. Sollte der kontinuierliche Verzug bis ans Ende der Wagenausfahrt erwünscht sein, so wird Schuh *B* weggelassen und die Ausschaltung der Zylinderkupplung erfolgt zu gleicher Zeit mit der Verschiebung des Riemens auf die Leerscheibe *36* durch den Schuh *C*.

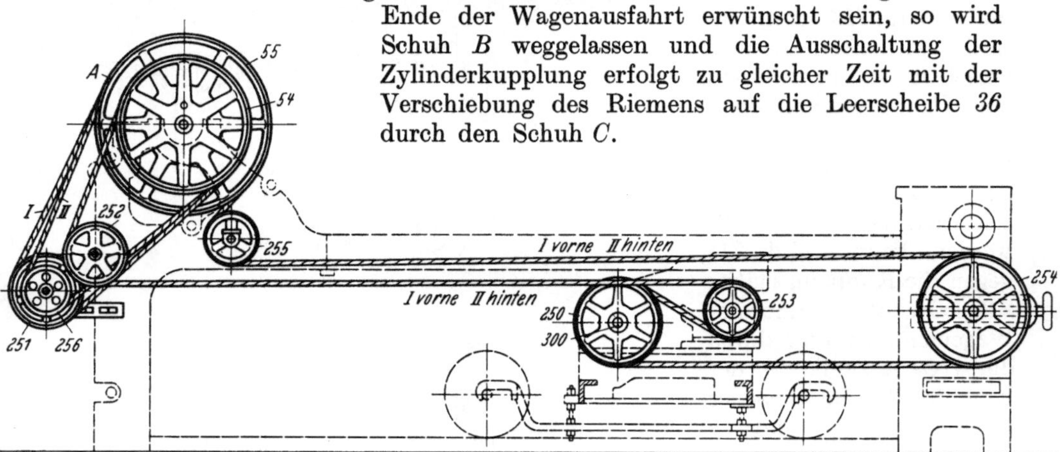

Abb. 238. Spindelantrieb.

6. Spindelantrieb.

Der Spindelantrieb erfolgt durch die beiden Twistwirtel *54, 55* (siehe Abb. 216 und 238, sowie Abb. 239).

Über diese 2 rilligen Wirtel ist wegen besserer Mitnahme ein Seil zweimal gewickelt.

Zwei gesondert gewickelte Seile können nie derart gleich aufgezogen werden, daß sie gleiche Spannung haben, weshalb ein einziges Seil in 2 Windungen gewickelt wird, welches durch die Verstellung einer Rillenscheibe *254* nachgestellt werden kann.

Zwecks Führung des Seiles ist eine Anzahl Rillenscheiben zum Teil am Headstock, zum Teil im Wagen und Vorderbock angeordnet (siehe auch Abb. 243, 246, 248).

Angenommen, der Lauf des Seiles wäre vom Punkt *A* (Abb. 238) der rückwärtigen Rille der großen Twistscheibe *55* betrachtet, so läuft der erste Lauf *I* des Seiles in der Rille der Scheibe *251*, von dieser in die vordere Rille der kleinen Twistscheibe *54*, von hier in die vordere Rille der Scheiben *252, 253*, sowie der Brustscheibe *250* und der Scheiben *254* und *255* in die vordere Rille der großen Twistscheibe *55*. Von dieser läuft sie im zweiten Lauf *II* in die Rille der Scheibe *256*,

dann in die rückwärtige der Twistscheibe *54* und endlich in der hinteren Rille
der Scheiben *252, 253, 250, 254* und *255* über Twistscheibe *55* zum Ausgangspunkt *A* der großen Scheibe *55* zurück. Zwischen den Rillenscheiben *251* bzw. *256*
und Scheibe *54* bildet das Seil das sogenannte „Kreuz". Diese Verkreuzung der
Seilläufe, d. h. der Übergang des Seiles von der rückwärtigen Rille einer Scheibe
in die vordere der nächsten Scheibe und umgekehrt, wird oftmals auch zwischen
den Scheiben *254* und *255* durchgeführt, oder aber es ist hinten zwischen Twistwirtel *55* und Leitrollen *251* und *256* gebildet. Die Brustscheibe *250* sowie die
schräggestellte Führungsscheibe *253* sind im Wagen gelagert. Erstere sitzt auf
der Trommelwelle, von wel-
cher mittels der Spindel-
schnüre die Spindeln ihren
Antrieb erhalten.

Wenn der erste Riemen
entweder auf Scheibe *38* oder
37 läuft, so wird durch den
Twistwirtel *54* das Seil und
durch dieses die Brustscheibe
bzw. Trommelwelle sowie die
Spindeln angetrieben.

Wird während der Aus-
fahrt des Wagens durch denselben der zweite Riemen auf
die Vollscheibe *40* gebracht, so
wird wegen seiner größeren
Laufgeschwindigkeit auch die
Scheibe *40* schneller angetrieben. Da diese auf der
Hauptwelle aufgekeilt ist, wird
bei gleichzeitiger Auskupplung
der Sperrklinke innerhalb der
Scheiben *38, 37* (siehe Abb. 216)
der Twistwirtel *54* ebenfalls
schneller angetrieben, was eine
höhere Spindeltourenzahl zur
Folge hat (zweite Spindelgeschwindigkeit). Geht der
zweite Riemen im Laufe der
Wagenausfahrt auf die Vollscheibe *42*, so werden, da diese

Abb. 239. Headstock von der linken Selfaktorseite
gesehen (Triebschnurführung im Headstock).

auf der langen Nabe der großen Twistscheibe *55* festsitzt, wegen des größeren
Durchmessers derselben, die Spindeln abermals schneller angetrieben (dritte
Spindelgeschwindigkeit).

Durch geeignete Wahl der auswechselbaren, verschieden großen Twistwirtel *54,
55,* sowie der entsprechenden Geschwindigkeit des Wagens bzw. der Lieferung,
lassen sich die gewünschten Drehungen des Garnes sowie die Festigung desselben
während des Verzuges erzielen.

7. Der Drehungszähler.

Der Zweck dieser Einrichtung ist die Kontrolle der Drehung, welche den Fäden
während jeden Wagenauszuges gegeben werden soll, so daß in den absatzweise
gesponnenen Fadenlängen die gleiche Gesamtdrehung vorhanden ist.

Im allgemeinen wird je nach der Konstruktion die Drehungskontrolle entweder von der Hauptwelle oder aber von der Spindeltrommelwelle, bzw. wenn der Drahtzähler im Vorderbock untergebracht ist, von dieser Stelle durchgeführt. Die erstere Anordnung ist insofern ungünstig, weil ein eventuelles Gleiten des Twistseiles unberücksichtigt bleibt.

Abb. 240. Spindelschnurstreckmaschine.

Von den beiden letzteren Antriebsarten des Drahtzählers ist, obwohl in beiden Fällen der Drahtzählermechanismus vom Twistseil selbst angetrieben wird, jedenfalls die Kontrolle der Trommeldrehungen am günstigsten, da die Trommel jenes Organ ist, welches den Spindeln die Drehung übermittelt.

Da die tatsächlichen Drehungen, die jedes Fadenstück von seiner zugehörigen Spindel erhält, von der Tourenzahl dieser abhängt, ist der Unterschied der Touren der einzelnen Spindeln von den Spannungs- und Gleitverhältnissen der Spindelantriebsschnur bzw. von dem Zustand der Spindellagerung abhängig.

Das Nachlassen bzw. Nachdehnen einzelner Spindelschnüre hat sofort Drehungsunterschiede und somit Unegalität der Fäden zur Folge.

Um ein zu starkes Gleiten der Spindelschnüre zu vermeiden, werden sie beim Aufziehen stark gespannt, worunter die Spindel leidet. Um diesen Übelstand zu vermeiden,

Abb. 241. Spindelschnurflechtmaschine.

verwendet man eine Spindelschnur-, Streck- und Wickelmaschine, durch welche die vom Knäuel abgezogene Spindelschnur im nassen Zustand gestreckt, auf eine Messinghülse nach Art einer Kreuzspule aufgewickelt und in diesem Zustand getrocknet wird.

Abb. 240 zeigt die Einrichtung dieser einfachen Vorrichtung (Fr. Cook & Co., Manchester), so daß sich eine weitere Besprechung erübrigt. Die Spindelschnüre werden heute meist im Spinnereibetrieb selbst entweder auf älteren Klöppelflechtmaschinen oder auf der neuen Zykloidenflechtmaschine der Firma Guido Horn in Berlin-Weißensee hergestellt.

In Abb. 241 und 241a erkennt man die wichtigsten die Fadenverflechtung durchführenden Organe, sowie die Art, wie die Verflechtung zustande kommt. In den unten festliegenden Zahnkranz (Außenzahnkranz) greifen Fadenführungsräder R ein. Diese sowie die zugehörigen Spulen S sind mit einem umlaufenden Radkörper K_1 in Verbindung, so daß die Umlaufräder R gedreht werden. Der Faden der Spule S läuft über einen Spannungsregler und Absteller durch die Radachse zu einem an der Innenseite des Rades angeordneten Fadenführer F. Der Fadenführer beschreibt somit Zykloidenbahnen. Die Schleife der Zykloide legt sich in Einschnitte E des feststehenden Mittelkörpers K. Während der Schleifenbildung in E bewegt sich ein Schlitten mit der Spule S_1 darüber hinweg. Der Schlitten wird an der Gleitbahn G des Mittelkörpers geführt und durch die Zwischenrädchen r vom inneren umlaufenden Zahnradkranz angetrieben.

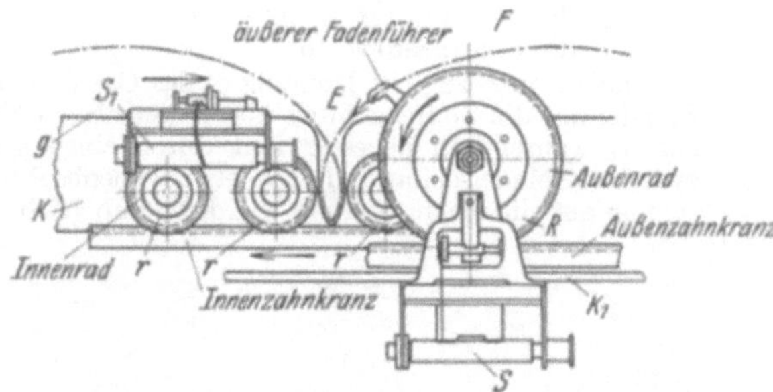

Abb. 241a. Spindelschnurflechtmaschine.

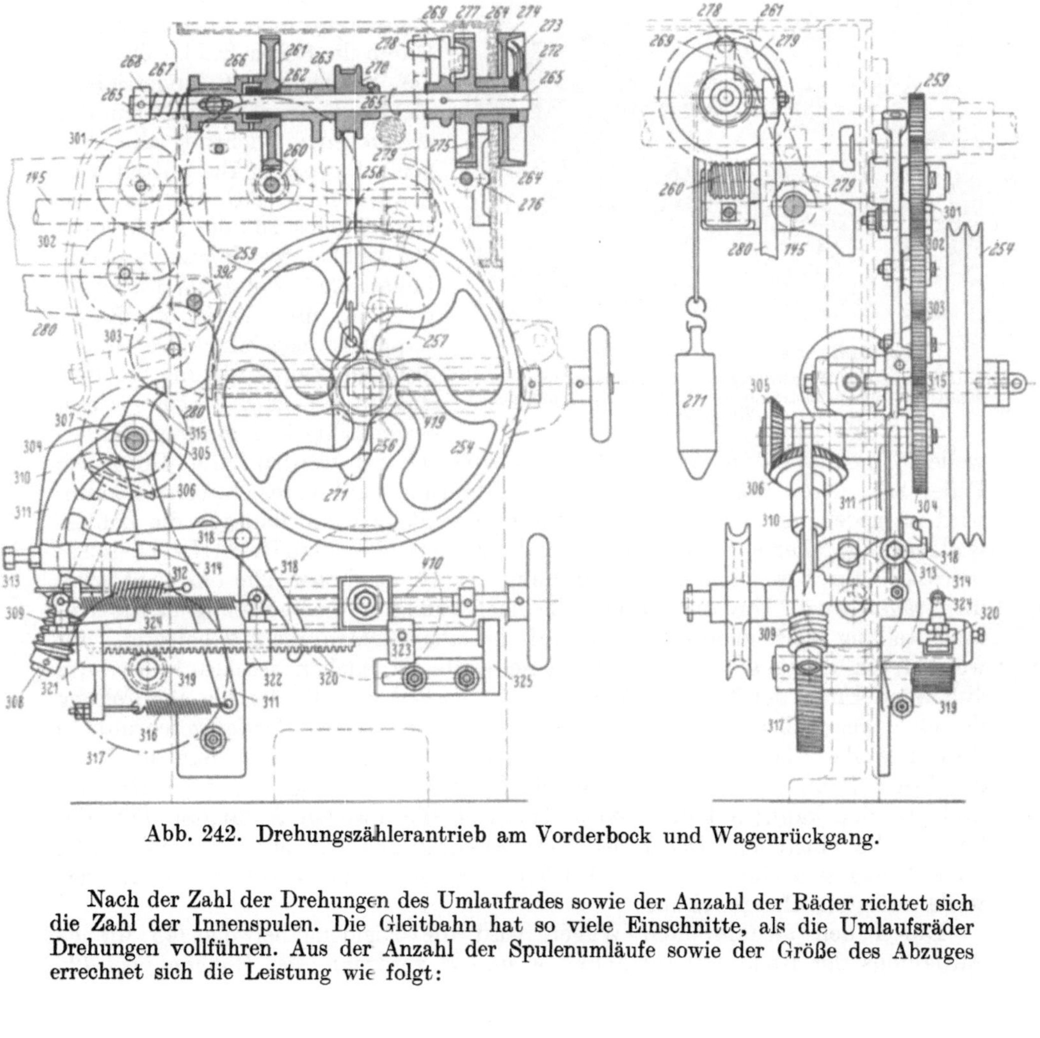

Abb. 242. Drehungszählerantrieb am Vorderbock und Wagenrückgang.

Nach der Zahl der Drehungen des Umlaufrades sowie der Anzahl der Räder richtet sich die Zahl der Innenspulen. Die Gleitbahn hat so viele Einschnitte, als die Umlaufsräder Drehungen vollführen. Aus der Anzahl der Spulenumläufe sowie der Größe des Abzuges errechnet sich die Leistung wie folgt:

Abzug bei einem Spulenumlauf sei z. B. 15 mm = 0,015 m,
Spulenumläufe je Min. seien 150,
somit ergibt sich eine Leistung von 150 × 0,015 × 60 = 135 m/Stunde.
Der Wirkungsgrad ist ca. 85 bis 95%,
der Kraftbedarf ⅓ bis ⅔ PS,
die Spulenzahl = 16.

Um ein in bezug auf Drehung egales Garn zu erzeugen, ist es nötig, öfters jede einzelne Spindel auf die Tourenzahl zu überprüfen. Nach älterer Art geschieht dies mittels Tourenzähler, während in neuester Zeit durch einen geeigneten Apparat die Relativbewegung zwischen Spindelschnur und Spindelwirtel beobachtet wird und somit ein Gleiten der Spindelschnur auf diesem festgestellt werden kann (siehe S. 255).

Abb. 243. Drahtzähler im Vorderbock.
Vorderbock mit Wagenrückgang, Formschiene und Fortschaltung. Spannspindel für die Triebschnur. Spannspindel für die Einzugsschnur.

Wirkungsweise des Drehungszählers.

Die Abb. 242 zeigt den Mechanismus eines Drehungszählers, welcher im Vorderbock angeordnet ist (vgl. auch Abb. 238, 243, 248, 249).

Die Triebschnurleitrolle *254* wird zum Antrieb des Drahtzählermechanismus herangezogen. Durch die Räder *256* bis *259* wird die Schnecke *260* angetrieben, die dem Schneckenrad *261* in der angegebenen Richtung die drehende Bewegung übermittelt. Das Schneckenrad *261* ist lose auf einer Büchse *262* der Zählerwelle *265* drehbar, welch letztere in den Lagern *263*, *264* am Vorderbock gelagert wird; sie ist als Zahnkupplung ausgebildet. Der zweite Teil der Zahnkupplung ist eine Zahnmuffe *266*, welche durch einen Längskeil mit der Zählerwelle *265* gekuppelt ist und auf dieser axial verschoben werden kann. Durch die Feder *267*, deren Spannung mittels des Stellringes *268* geregelt werden kann, wird im gegebenen Moment die Kupplung geschlossen und dadurch die Zählerwelle im angegebenen Sinn gedreht. Auf der Zählerwelle ist ein Hebel (Drücker *269*) befestigt, durch welchen die Verdrehung der Riemenhebelwelle *145* (Abb. 222) übertragen wird. Um die Zählerwelle nach erfolgter Endkupplung in die Anfangsstellung zurückzudrehen, ist auf ihr eine Riemenrolle *270* befestigt, auf welcher ein durch ein Gewicht *271* beschwertes Riemchen geschraubt ist. Am äußersten Ende der Zählerwelle ist ein Zeiger *272* gekeilt, der die Verdrehung derselben gegenüber dem einstellbaren fixen Zeiger *273* bzw. der festgeschraubten Ziffernscheibe (Zählerscheibe) *274* anzeigt. Der Zeiger *273* ist auf die Nabe des Einstellschneckenrades *275* aufgekeilt, das durch die Schnecke *276* verdreht werden kann; auf diese Weise läßt sich die jeweilige Anfangsstellung der Zählerwelle einstellen. Das Einstellschneckenrad *275* hat einen Anschlag *277*, an welchem sich eine Nase des Drückers *269* bei der Rückdrehung der Zählerwelle anlegt (Anfangsstellung).

Durch den ausfahrenden Wagen wird die Riemengabelwelle *145* infolge Auflaufens der Rolle *149* auf Schuh *E* und *F* verdreht. Der Riemenhebel *125*

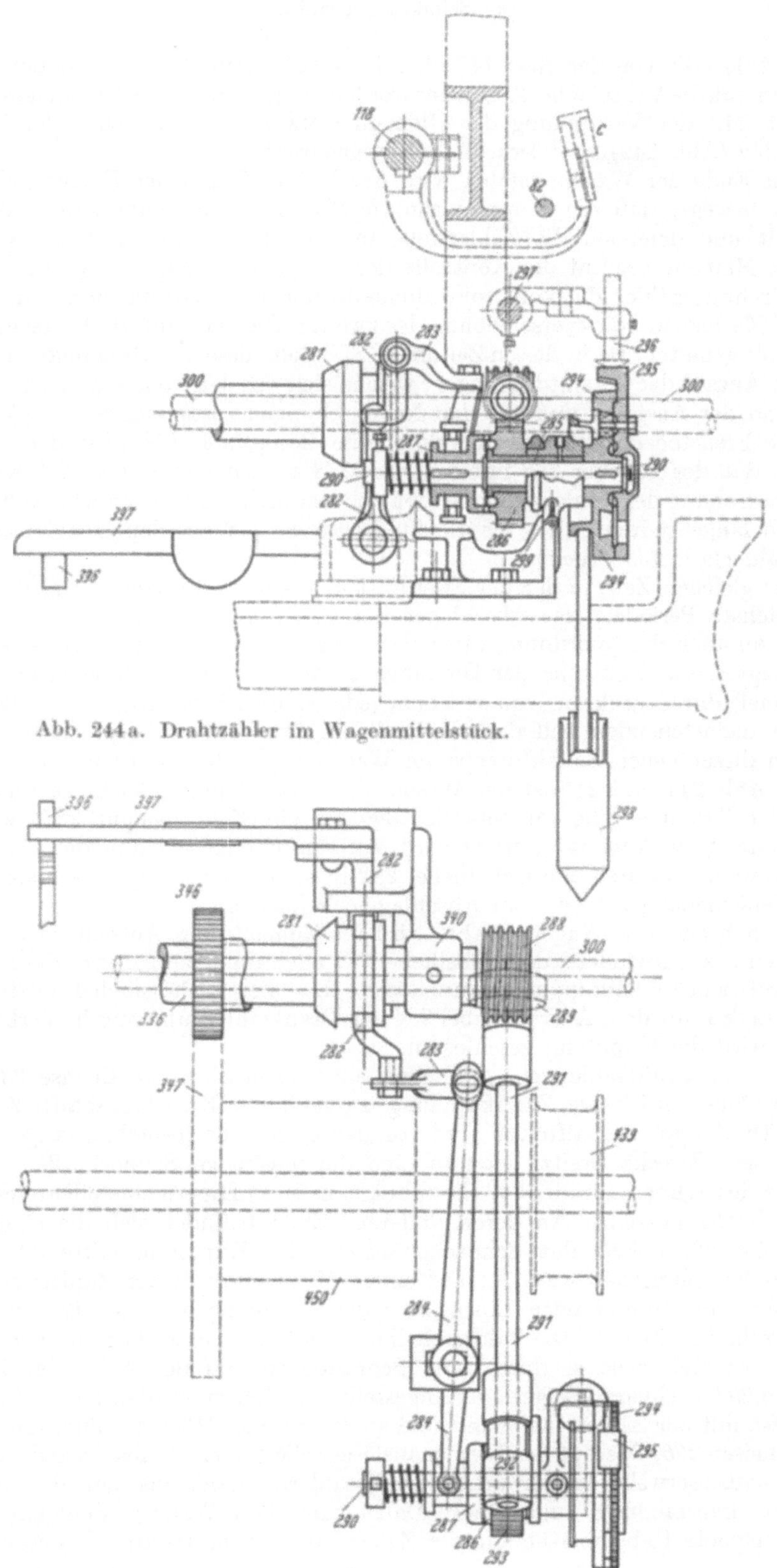

Abb. 244a. Drahtzähler im Wagenmittelstück.

Abb. 244b. Drahtzähler im Wagenmittelstück.

(Abb. 221) fällt von der Rast *143* über Rast *144* herab. Dadurch ist der zweite Riemen auf die Vollscheibe *42* geleitet worden: er gibt die dritte Spindelgeschwindigkeit. Mit der Verdrehung der Riemenhebelwelle hat sich auch der Zählerhebel *279* (Abb. 242) vom Drücker *269* weggedreht.

Am Ende der Wagenausfahrt wird durch den Wagen der Einzugshebel *280* derart bewegt, daß die Kupplungsmuffe *266* mit dem Schneckenrad *261* gekuppelt und demnach die Zählerwelle in der Pfeilrichtung gedreht wird. In diesem Moment beginnt die Kontrolle der Nachdrehungen, d. h. es wird durch den Drehungszähler die Zeit vom Momente der Einschaltung der Kupplungsmuffe *266* bis zur Rückverschiebung des zweiten Riemens auf die Leerscheibe *39* konstant gehalten. Da in diesen Zeiten die Spindeln dieselben Drehungen machen, ist die Anzahl der Gesamtdrehungen, welche sich aus den konstanten Drehungen während der Ausfahrt und aus den Nachdrehungen zusammensetzen, gleich.

Die Freigabe des Bolzens *138* durch die Zählerfalle *139* wird dadurch erreicht, daß der Drücker *269* mit der Nase *278* an den Zählerhebel *279* während der Verdrehung der Zählerwelle anstößt und dadurch die Riemenhebelwelle langsam so lange gedreht wird, bis die Stellschraube *146* auf den Hebelansatz *147* der Zählerfalle *139* drückt.

Zur gleichen Zeit, in der der zweite Riemen auf die Leerscheibe gleitet, wird die nächste Periode, „das Abschlagen der Fäden", eingeleitet.

Wenn auch die Anordnung dieses Drehungszählers günstig ist, so ist es doch angezeigter, die Kontrolle der Drehungen, vom letzten Maschinenelement (der Trommel) durchzuführen, von welchem jede Spindel ihren Antrieb erhält.

Im nachstehenden soll deshalb noch ein Drahtzähler besprochen werden, der an dieser neuen Selfaktortype im Wagen angeordnet werden kann.

In Abb. 244 und 245 ist das Wesen dieses Drahtzählers leicht zu erkennen. Auf der Trommelwelle (Mittelwelle) *300* ist ein Führungsmuff *281*, welcher, wie später nach Abb. 247 erörtert wird, zur Ein- und Ausrückung der Aufwickelschleifkupplung durch den Gabelhebel *282* in axialer Richtung verschoben wird. Die Verschiebung erfolgt vom Abschlagmechanismus.

Nach beendigter Wageneinfahrt wird im Momente des Aufschlagens (Hochschlagen des Aufwinders) der Gabelhebel *282* nach links bewegt, um die Klinken der Aufwickelschleifkupplung auszulösen. Da dieser Gabelhebel mittels des Lenkers *283* mit dem Ausrückhebel *284* der Drahtzählerkupplung in Verbindung steht, wird die Kupplung geschlossen.

Auf der Drahtzählerwelle *290* sitzt eine festgeschraubte Büchse *285*, auf welcher die seitlich als Zahnkupplung ausgebildete Kupplungshälfte *286* lose läuft. Die Kupplungshälfte *286* wird von der Trommelwelle *300* aus angetrieben. Zu diesem Zwecke besitzt letztere eine doppelgängige Schnecke *288*, welche mittels des Schneckenrades *289* die schräge, in ihren Lagern einstellbare Schneckenwelle *291* antreibt. An deren anderem Ende befindet sich die eingängige Schnecke *292*, welche das Schneckenrad *293* der Kupplungshälfte *286* treibt.

Die Kupplungshälfte *287* ist auf einem Mitnehmerkeil der Zählerwelle verschiebbar und nimmt nach Einrückung der Kupplung die auf *290* aufgekeilte Zählerscheibe *294* mit. Die Zählerscheibe besitzt eine schwalbenschwanzförmige Nut, vermittels welcher durch eine Schraube ein auf der Nabe der Zählerscheibe *294* drehbarer Zeiger *295* eingestellt und fixiert werden kann. Er dreht sich also mit der Zählerscheibe mit und stößt in seiner Höchststellung gegen das Streicheisen *296*, das auf der Riemenauslöserwelle *297* einstellbar gekeilt ist. Die Riemenauslöserwelle ist für diesen Drahtzählermechanismus auf der rechten Headstockverbindung angeordnet. Dabei wird diese Welle gedreht und durch eine geeignete Hebelübersetzung die Zählerfalle *139* im Headstock ausgehoben.

Dieser im Wagenmittelstück handlich untergebrachte Drehungszähler beginnt also die Zählung gleich mit der Wagenausfahrt. Die Ausschaltung der Kupplung *286, 287* erfolgt nach Beendigung der Abschlagperiode, wenn durch den Abschlagmechanismus der Gabelhebel die Muffe *281* nach rechts bewegt, um die Aufwickelschleifkupplung zur Einrückung zu bringen. Durch Lösen der Zählerkupplung wird die Zählerscheibe vermittels eines an ihr befestigten Riemchens und dem daran wirkenden Gewicht *298* in die Anfangsstellung zurückgedreht.

Diese ist durch eine Anschlagfalle (Abb. 245) gegeben, an welcher die Scheibe mittels einer Nase trifft. Diese Anschlagfalle ist um ihre eigene Achse *299* (Abb. 244) drehbar und wird durch eine Feder in ihrer normalen Lage gehalten. Es ist dies nötig, um bei einem eventuellen Nichtlösen der Zahnkupplung den Bruch irgendeines Drahtzählerteiles zu vermeiden.

In Abb. 244 und 245 sieht man oberhalb des Streicheisens *296* der Riemenauslöserwelle den dritten Schuh *C* der Vorgarnzählerwelle (vgl. Abb. 222). Rechts von diesen erkennt man die beiden anderen Auflaufschuhe. Die Rolle *120* ist auf dem dritten Schuh *C* aufgelaufen und veranlaßte dadurch die Verstellung des ersten Riemens auf die Leerscheibe.

Links vom dritten Schuh *C* ist an der rechten Headstockwand der Schalthebel *84* (Abb. 220) mit Schaltschuh *94* und Schaltstange *82* zu erkennen.

Die am Wagen gelagerte Rolle *93* ist im Begriffe, auf den Schuh *94* zu drücken, um dadurch eine 180grädige Drehung der Exzenterwelle zu veranlassen.

Abb. 245. Neuer Drehungszähler im Wagenmittelstück der Firma Josephys Erben, Bielsko.

Die Abbildung zeigt die Stellung des Wagens am Vorderbock, wie der Daumen der Drahtzählerscheibe nach beendigter Drahtgebung den Riemen für die 2. und 3. Spindelgeschwindigkeit zur Auslösung bringt.

8. Der Wagenrückgang.

Da das Garn während des Wagenauszuges verhältnismäßig stark beansprucht wird und weil es durch die Nachdrehungen, die es am Ende der Wagenausfahrt während der dritten Spindelgeschwindigkeit erhält, noch verkürzt wird, ist es vorteilhaft, zwecks Vermeidung von Fadenbrüchen den Wagen um einige Zentimeter (3 bis 5) zurückbewegen zu lassen.

Dies wird durch den in Abb. 242 skizzierten und in den Abb. 243, 246 zu erkennenden Wagenrückgangsmechanismus erreicht. Während die Abb. 243 den in Abb. 242 gezeichneten Antrieb erkennen läßt, zeigt Abb. 246 einen Schnurantrieb des Wagenrückgangsmechanismus, der vom Triebschnurleitrad *254* angetrieben wird.

Nach Abb. 242 wird vom Rad *259* aus das Rädergetriebe *301, 302, 303* und *304* angetrieben. Auf der Achse des Rades *304* ist das Kegelrad *305*, welches das Kegelrad *306* auf der um *307* schwenkbaren Welle *308* antreibt. Am Ende derselben ist die Schnecke *309* (eingängig). Die Schneckenwelle *308* ist im Hebel *310* gelagert, welcher um den Bolzen *307* drehbar ist. Um den gleichen Bolzen ist der Hebel *311* drehbar gelagert. Beide Hebel *310*, *311* sind mittels der Feder *312* elastisch miteinander gekuppelt. Auf der einen Seite ist im Hebel *311* eine Stellschraube *313* einstellbar festgeschraubt und gesichert. Ferner besitzt der Hebel *311* eine Nase *314*, sowie einen aufwärts gerichteten Anschlagarm *315*, der sich in der normalen Lage des Hebels an das Gestell des Vorderbockes legt.

Am abwärts verlaufenden Arm des Hebels *311* wirkt die Feder *316*, durch welche die gekuppelten

Abb. 246. Wagenrückgang am Vorderbock.

Hebel *310*, *311* eine kleine Ausschwingung im Sinne der Uhrzeigerdrehung machen, bis *315* an die Vorderbockwand anstößt.

Während der Wagen ausfährt, wird die Schnecke *309* durch das Triebschnurrad *254* und das angegebene Getriebe dauernd gedreht. Wenn der Wagen nach außen kommt, stößt ein Stelleisen desselben an die Schraube *313* und drückt Hebel *311* nach rechts, (Abb. 242) hinaus. Durch die Sicherungsfeder *312* wird Hebel *310* mitgezogen und dadurch die Schnecke *309* mit Schneckenrad *317* gekuppelt. Da es möglich sein kann, daß im Momente der Kupplung des Schneckengetriebes seine Zähne aufeinander treffen, sind beide Hebel elastisch gekuppelt.

Durch die Verschwenkung des Hebels *311* kann die Klinke *318* vor die Nase *314* einfallen, wodurch die Kupplung des Schneckengetriebes gesichert ist.

Auf der Achse des Rades *317* sitzt das kleine Rädchen *319*, welches in die

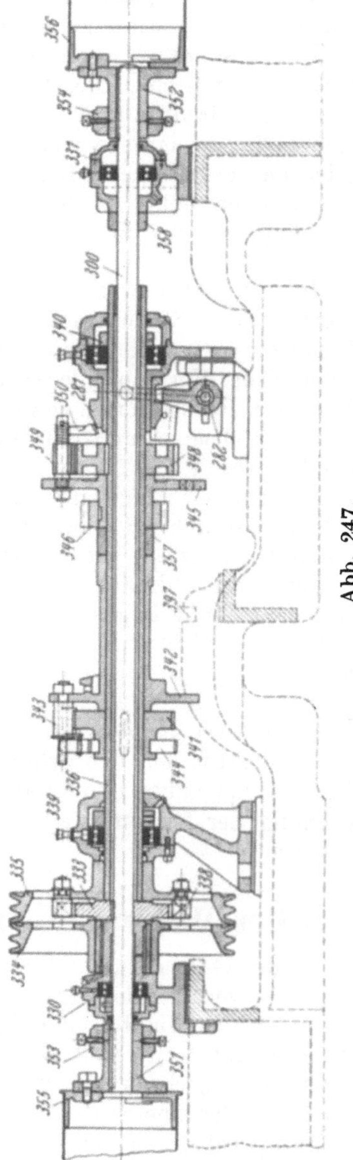

Abb. 247.

Abb. 247 bis 249. Wagenmittelwelle.

Zähne der Zahnstange *320* greift und diese nun nach links (in Abb. 242) bewegt. Dadurch wird der Wagen langsam einwärts gedrückt. Auf der in den Lagern *321, 322* gelagerten Zahnstange ist das Stelleisen *323* beliebig anschraubbar. Durch dieses kann die Dauer des Wagenrückganges eingestellt werden. Wenn das Stelleisen *323* an den nach abwärts gerichteten Arm der Klinke *318* stößt, wird diese derart gedreht, daß sie die Nase *314* freigibt, worauf durch die Feder *316* das Hebelpaar *310, 311* ausschwingt und der Antrieb des Schneckenrades *317* sowie der Zahnstange unterbrochen wird. Nach der Unterbrechung des Antriebes wird die Zahnstange durch die Feder *324* zurückgezogen, bis sie mit dem anderen Ende gegen die Pufferplatte *325* des Anschlages trifft.

Abb. 248.
Aufwinder und Abschlagmechanismus im Wagenmittelstück, Triebschnurführung (von der linken Selfaktorseite gesehen). Längs der rechten Headstockverbindung ist die Vorgarnzählerwelle mit Skala sichtbar, so auch der Quadrant und sein Betrieb.

9. Die Mittelwelle.

Dies ist der Teil der Trommelwelle, welcher, mit ihr gekuppelt, im Wagenmittelstück in 2 Lagern *330, 331* gelagert ist (Abb. 247).

Das Wagenmittelstück liegt innerhalb der beiden Wagenteile, in denen die Spindeln gelagert sind. In demselben befinden sich die Mechanismen für den Trommelantrieb, für die Abschlag- und Winderbewegung, sowie die Quadrantenregulierung, welche im weiteren noch besprochen werden.

Die einfache Wagenmittelwelle *300* sowie das Wagenmittelstück ist in den Abb. 248 und 249 im Vordergrund des Bildes zu erkennen.

In Abb. 248 sieht man rechts vorne den zweirilligen Triebschnurwirtel (Seilscheibe, Trommelwirtel, Brustscheibe), zwischen den beiden Headstockrahmen erkennt man das Getriebe für die Aufwickelvorrichtung, sowie links davon den Mechanismus der Quadrantenregulierung.

Abb. 249 zeigt innerhalb der Headstocktraversen auf der Mittelwelle die Abschlagschleifkupplung, zu beiden Seiten davon den Wirtel, sowie ein Teil der Wickelvorrichtung und der Quadrantenregulierung. Die Mittelwelle wird von der Firma Josephys Erben in 2 Ausführungen geliefert.

Die einfache Ausführung ermöglicht nur die Herstellung eines rechtsgedrehten bzw. eines linksgedrehten Garnes. Will man von rechtsgedrehtem Garn auf ein linksgedrehtes übergehen, so muß man hierfür alle Schnüre der Spindeln verkehrt auf die Spindelwirtel auflegen. Nach anderen Ausführungen, welche diese Arbeit vermeiden, müssen die für das Abschlagen und Aufwinden nötigen Klinken der Schleifkupplungen abmontiert und andere Klinken in daneben montierte Sperräder mit entgegengesetzter Zahnrichtung eingelegt werden. Auch muß die Quadrantenkette umgehängt bzw. die Antriebsschnecke des Drahtzählers ausgewechselt werden. Weiters muß die Triebschnur auf dem Trommelwirtel umgelegt werden. Dies erfordert alles verhältnismäßig viel Zeit, sowie große Aufmerksamkeit bei der Umstellung der einzelnen Teile.

Abb. 249.

Aufwinder und Abschlagmechanismus im Wagenmittelstück und Triebschnurführung, Quadrant und Quadrantenbetrieb (alles von der rechten Selfaktorseite gesehen).

Die Mittelwelle für Rechts- und Linksgang der Spindeln unterscheidet sich von der einfachen nur dadurch, daß zwei verkehrt laufende Triebschnurwirtel angewendet werden und daß Abschlag- sowie Aufwickelsperrad und Zählerantriebsschnecke nicht auf der Mittelwelle, sondern auf einem über dieser geschobenen durchgehenden Hülse (Rohr) aufgekeilt sind.

Da der Vorgang des Einlegens der Abschlag- und der Aufwickelkupplung der gleiche ist, soll im nachstehenden nur die Anordnung der Mittelwelle für Rechts- und Linksdraht besprochen werden.

Auf der Mittelwelle *300* (Abb. 247), welche in den Lagern *330, 331* gelagert ist, ist ein Mitnehmer *333* aufgekeilt. Links und rechts von diesem sind die beiden Triebschnurwirtel *334, 335*, von denen *335* mit dem auf der Mittelwelle aufgeschobenen Rohr *336* fest verbunden ist, während *334* auf dem Lagergehäuse des Lagers *330* lose läuft.

Da die Triebschnur in der Weise, wie dies Abb. 250 zeigt, um die Wirtel *334, 335* und um die Führungsrolle *337* gelegt ist, drehen sich beide Wirtel in entgegengesetzter Richtung zueinander.

Je nachdem, welcher Wirtel mittels der Mitnehmerbolzen *338* mit dem Mitnehmer gekuppelt ist, werden die Mittelwelle und mit ihr die Trommeln eine Drehung — von der Seite gesehen — im Sinne des Uhrzeigers oder entgegen diesem gedreht werden, also die Spindeln rechts bzw. linksdrehend laufen. In beiden Fällen dreht sich aber das Rohr *336* derart, wie dies für das Abschlagen und Aufwinden nötig ist, also in den Drehrichtungen des Wirtels *335*. Auf dem Rohr *336*, welches in den Lagern *339*, *340* gelagert ist, ist das Abschlagsperrrad *341* (Abb. 252) aufgekeilt. Neben diesem läuft lose die Klinkenscheibe *342* (Abschlagsperrscheibe), welche die Sperrklinke *343* trägt, die in gleicher Weise, wie schon früher besprochen, durch eine Schleppfeder *344* gesteuert wird. Rechts davon läuft eine

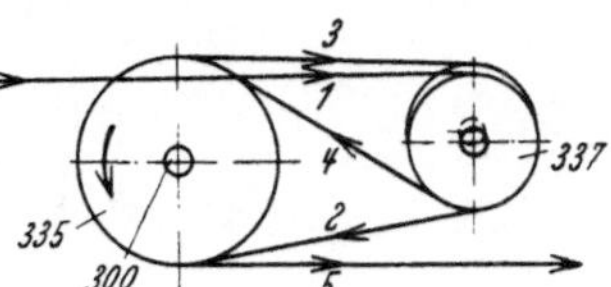

Abb. 250. Vorrichtung für Rechts- und Linksdraht.

zweite Klinkenscheibe *345* lose auf dem Rohr. Auf der Nabe dieser Scheibe ist das Aufwickelrad (Aufwinderrad *346*; 23, 25, 28 Zähne), welches in das Quadrantentrommelrad *347* (Abb. 244, 259) einkämmt (74 Zähne). Neben der Klinkenscheibe *345* ist auf dem Rohr das Sperrad *348* aufgekeilt, über dessen Zähne die Klinke *349* der Scheibe *345* angeordnet ist. Die Klinke wird durch eine Feder gegen die Zähne des Sperrades gedrückt. An der Sperrklinke sind seitlich Nasen angegossen, die, falls die schräge Fläche des Führungsmuffes *281* (Abb. 244, 259) an sie gedrückt wird, die Klinke aus den Zähnen hebt. Im entgegengesetzten Falle wird die Klinke durch die zugehörige Feder wieder in die Zähne des Sperrades gedrückt. Die Führungsmuffe *281* wird auf dem verlängerten büchsenartigen Gehäuse des Lagers *340* durch den Gabelhebel *282* (Abb. 244) axial verschoben. Die Funktion der auf der Mittelwelle angeordneten Abschlag- und Aufwindermechanismen werden im folgenden besprochen.

Um die Mittelwelle aus der Maschine zu heben, ohne die Spindeltrommeln zu verschieben, ist mittels eines Rippenstellringes *353*, *354* an jedem Ende der Mittelwelle eine in ihrer Nabe geschlitzte Trommelbodenbüchse *351*, *352* festgeklemmt, die durch leicht lösbare Schrauben mit den eigentlichen Trommelböden *355*, *356* verschraubt ist.

Gegen seitliches Verschieben ist die Mittelwelle durch die Stellringe *357*, *358* gesichert.

10. Das Abschlagen.

Das während der ersten zwei Perioden fertig gesponnene Garn muß auf die Hülse der Spindel gewickelt werden, um wieder ein neues Garnstück ausziehen und spinnen zu können. Der Selfaktor arbeitet während der ersten und zweiten Periode als Spinnmaschine und in der vierten Periode, der Wageneinfahrt, als Spulmaschine.

Da die Lage des Garnes zur Spindel während des Spinnens und des Spulens eine andere ist, muß eine Umstellung der entsprechenden Teile vorgenommen werden, welche mit „Abschlagen" bezeichnet wird.

Da die Fäden während des Spinnens auf den Spindeln in steilen Schraubenlinien (Verbundspiralen) liegen, während des Spulens jedoch durch einen gemeinsamen Fadenführer senkrecht zur Spindel laufen müssen, ist es notwendig, daß, außer der Inbetriebstellung des Fadenführers und der Fadenspannvorrichtung, die Spindeln einige Rückdrehungen machen, damit die Verbundspiralen herabgedreht werden.

Die hierzu nötige Einrichtung heißt der Abschlagmechanismus.

Der Antrieb erfolgt von der im Headstock gelagerten Nebenwelle *3* aus, durch welche das Abschlagrad *57* vom Rade *360* dauernd in entgegengesetzter

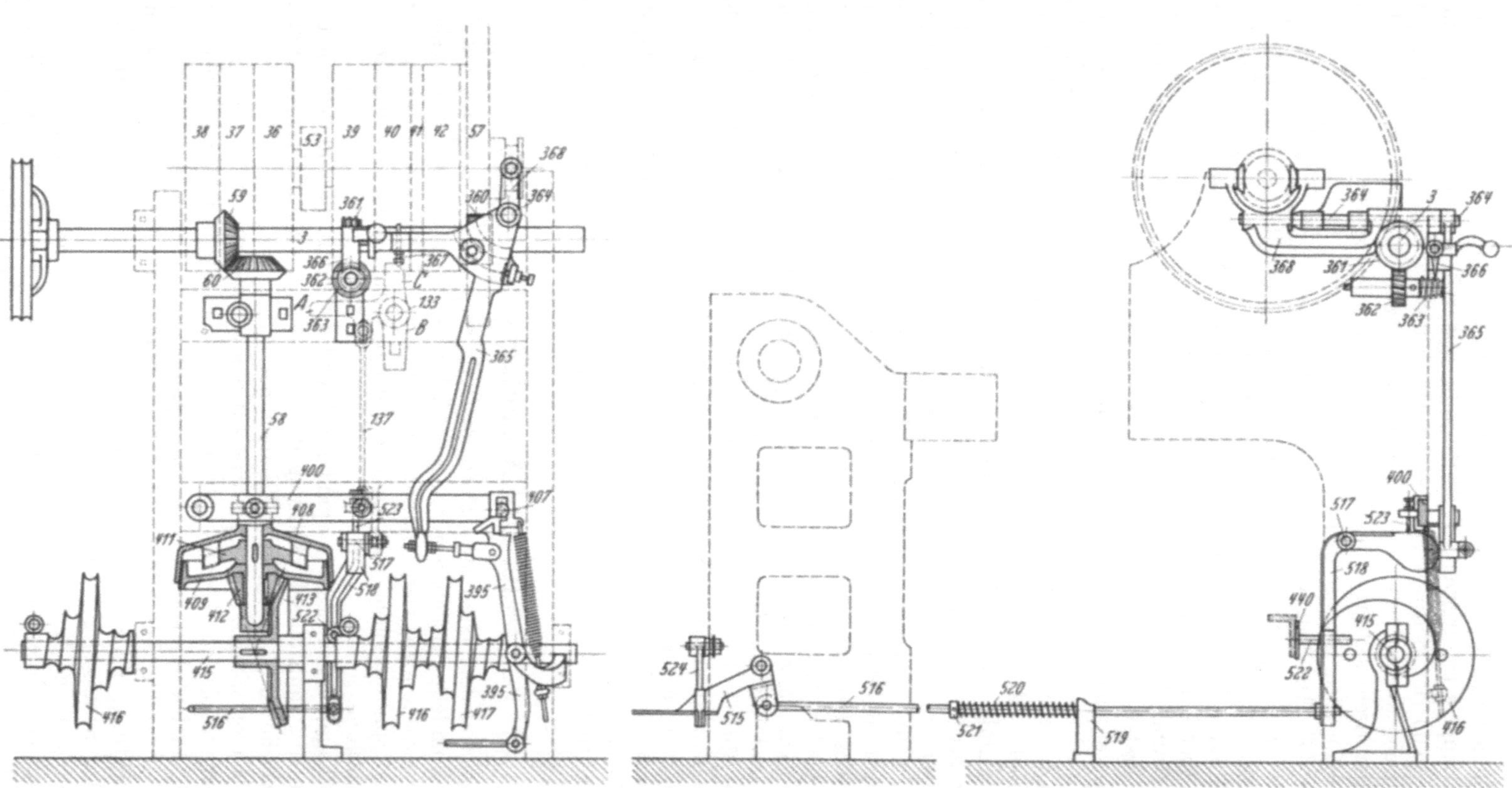

Abb. 251 a. Aufriß.

Abb. 251 b. Kreuzriß.

Abb. 251 a und b. Abschlag- und Einzugmechanismus.

Richtung zur Riemenscheibendrehung angetrieben wird (Abb. 251 bzw. 223 bis 227). Das Abschlagrad *57* ist als Konuskupplung (Abb. 216) ausgebildet und kann auf der Nabe der Vollscheibe *42* axial etwas verschoben werden.

Um beim Rückgleiten des zweiten Riemens auf dessen Leerscheibe die Spindeln allmählich in Ruhe zu bringen, bevor sie durch das Abschlagrad in verkehrter Richtung gedreht werden, ist die Abschlagbremse (Abschlagrad) mit dem Moderateur ausgestattet.

Zu diesem Zwecke ist auf der Nebenwelle *3* noch eine Schnecke *361*, welche über das Schneckenrad *362* die Moderationsschnecke *363* antreibt (siehe auch Abb. 251, Kreuzriß). Sie ist derart ausgebildet, daß nach ihrem Ende zu die windegänge tiefer eingeschnitten sind (verjüngte Gänge).

Vor der Nebenwelle ist auf einen Bolzen *364* der Abschlaghebel *365* drehbar gelagert, welcher am Ende seines linken Armes eine drehbare, mit einem Handgriff versehene Klinke *366* besitzt, die in normaler Stellung oberhalb der Moderationsschnecke durch Stellschraube *367* gehalten wird. Diese ist im linken Arm des Abschlaghebels einstellbar fixiert (siehe Abb. 223 bis 227) und ruht mit ihrem Kopfe auf dem Hebelarm *C* des Schalthebels *133* auf. Wird dieser Hebel durch die Auslösung der Zählerfalle *139* freigegeben und bewegt er sich dem Zuge der Feder *121* (Abb. 221) folgend nach links, so kann die Klinke *366* in die Gänge der Schnecke *363* eingreifen. Die Klinke läuft in den sich verjüngenden Schneckengängen nach vorn und senkt sich dabei gegen die Achse der Schnecke, bis sie aus dieser an der vordersten Stelle derselben herabfällt. Durch die Bewegung der Klinke wird der Abschlaghebel um *364* langsam gedreht, so daß vermöge des mit ihm einstellbar gekuppelten Gabelhebels *368*, welcher die Muffe des Abschlaghebels umgreift, das Abschlagrad allmählich in die Vollscheibe *42* eingeschlagen wird. Diese dreht sich in verkehrter Richtung mit, so daß vermittels des großen Twistwirtels *55* und der Triebschnur auch die Trommelwelle in verkehrtem Sinn gegenüber der Spinndrehung mitgenommen wird.

Wird die Mittelwelle bzw. das Rohr *336* auf derselben verkehrt gedreht, so wird das daraufgekeilte Sperrad *341* der Abschlagskupplung ebenfalls in diesem Sinne gedreht und durch die Schleiffeder *344* und Klinke *343* (Abb. 252) auch die Abschlagsperrscheibe (Klinkenscheibe) *342* mitgenommen (vgl. auch Abb. 247). Dadurch wickelt sich die seitlich zu ihr auf ihrer Nabe befestigte Abschlagkette *369* auf. Sie läuft über Rolle *370* zum sog. „Mond" *371* (Aufwindersegment), in welchem an einer auf Bolzen *372* (siehe Nebenskizze von Abb. 252) befestigten Kurbel *373* das andere Kettenende befestigt ist. Der Bolzen *372* kann durch Rad *374* von Hand aus verstellt und dadurch die gewünschte Durchhängung der Kette *369* vermöge des Sperrades *375* und der zugehörigen Klinke fixiert werden.

Mit dem Aufwindersegment (Mond) ist das Aufwinderknie *376* verschraubt, mit welchem der Aufsitzhebel *377* (Stelze) gelenkig verbunden ist.

Die Verstellung zwischen Mond und Aufwinderknie ermöglicht eine genaue Einstellung des Aufwinderdrahtes zu den Spindeln und bedingt seine Bewegungsverhältnisse. Am Ende des Aufsitzhebels *377* ist in einem Schlitz verstellbar und durch Stellschraube *378* genau einstellbar der Aufsitzschuh *379*, welcher außer der Begrenzungsnase *380* für seine Bewegung ein angegossenes Horn *381* besitzt. Der Aufsitzhebel *377* ist bei *382* mittels der Verbindungsgabel *383* mit der Kettenleitrolle *370* verbunden. Letztere ist an einem Winkelhebel *384*, welcher im Wagenmittelstück gelagert ist, drehbar und einstellbar befestigt. Der Winkelhebel *384* besitzt am anderen Arm eine Rolle *385* und wird durch Feder *386* im Sinne der Uhrzeigerdrehrichtung gezogen. Dadurch wird der

Aufsitzschuh *379* mit seiner vorderen Fläche gegen die Aufsitzrolle *387* des Schlepphebels *388* gedrückt, so daß die Rolle *385* und Winkelhebel *384* nach abwärts nicht beweglich sind. Der Schlepphebel *388* ist in einer Führung *389* im Wagen für seine auf- und abschwingende Bewegung geführt und um Bolzen *391* im Wagenmittelstück drehbar gelagert. Außer der einstellbaren Aufsitzrolle *387* besitzt der Schlepphebel *388* noch die in ihm verstellbare Kopierrolle *390*, welche auf der gebrochenen Bahn der unter ihr montierten Kopierschiene (siehe später) während der Einfahrt läuft. Dadurch schwingt der Schlepphebel auf und ab und gibt im Falle der Wageneinfahrt, wenn der Aufsitzschuh auf der Rolle *387* aufliegt, der Stelze bzw. durch das auf der Aufwinderwelle *28* aufgekeilte Aufwinderknie *376* dem Winderdraht (Fadenführer) seine Spulbewegung.

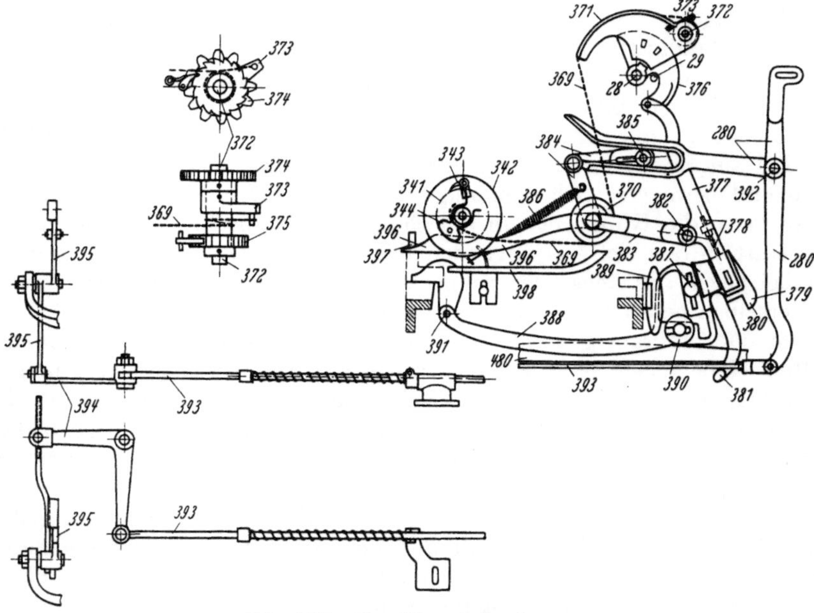

Abb. 252. Abschlagmechanismus.

Im Vorderbock ist um Bolzen *392* der Einrückhebel *280* für den Wageneinzug, welcher mit seinem aufwärtsgehenden Arm den im Vorderbock angeordneten Drahtzähler (siehe Abb. 242) kuppelt, oder aber mit dem nach abwärts gehenden Arm, wenn das Abschlagen beendet ist, die Wageneinfahrtskupplung einfallen läßt.

Der ausfahrende Wagen drückt mit der Rolle *385* des Winkelhebels *384* gegen die obere Lauffläche des Schnabels vom Einrückhebel *280* und dreht diesen im Sinne des Uhrzeigers (Abb. 252). Dadurch wird vermittels des nach aufwärts gehenden Hebelarmes die Drahtzählerkupplung eingeschlagen. Wenn der Drahtzähler, je nach seiner Einstellung, die Zählerfalle *139* (Abb. 221) auslöst und der Moderateur die Abschlagbremse einfallen läßt, wird die Mittelwelle *300* bzw. das Rohr *336* (Abb. 247) im entgegengesetzten Sinne gedreht. Auf diese Weise wird die Abschlagkupplung eingeschlagen und die Abschlagkette *369* auf die Nabe der Klinkenscheibe *342* aufgewickelt. Durch den Zug der Kette wird der Mond *371* und mit ihm das auf der Aufwinderwelle *28* gekeilte Winderknie *376* verdreht. Durch die Drehung der Aufwinderwelle wird der Aufwinderdraht, der bisher über den Spitzen der Spindeln stand (Abb. 212

Nebenskizze), nach der jeweiligen Kegelspitze des sich bildenden Kopses herabbewegt. Gleichzeitig wird durch die Drehung des Aufwinderknies die mit demselben verbundene Aufsitzstelze *377* so lange gehoben, bis die untere Absatz-
fläche des Schuhes *379* durch die Wirkung der Feder *386* auf die Aufsitzrolle *387*
zu liegen kommt. Die Aufsitzstelze macht hierbei eine entsprechende Bewegung
(Abb. 252) und verdreht mittels der Verbindungsgabel *383* den Winkelhebel *384*.
Das Abschlagen ist damit beendet. Durch die Verdrehung des Winkelhebels
drückt Rolle *385* auf den unteren Teil des Schnabels am Hebel *280* und bewegt
diesen wieder zurück. Die Drahtzählerkupplung wird gelöst und durch den
abwärtsgehenden Hebelarm von *280* und Stange *393* der Winkelhebel *394* derart
gedreht, daß die Einzugsfalle *395* den Einzugsbremshebel *400* (Abb. 221 u. 251)
herabfallen läßt. Durch diese Bewegung kann die Einzugskupplung einfallen,
worauf der Wagen eingezogen wird.

Es wird somit vom Abschlagmechanismus das Einfallen der Einfahrtskupplung abhängig gemacht.

Mit der letzten Drehung des Winkelhebels *384* wird auch eine in einem Ein-
schnitt *397* (auch Abb. 247 u. 252) des Wagenmittelstückes geführten Schiene *396*,
die mit dem Winkelhebel verbunden ist,
bewegt. Diese Schiene besteht aus zwei miteinander verschraubbaren und somit einstellbaren Teilen, wovon der am Ende befindliche eine schräge Auflauffläche besitzt.
Auf der Schienenfläche liegt ein Hebel *397*
(auch Abb. 259), der mit dem für den Auf-
windemechanismus bestimmten, steuernden
Gabelhebel *282* (Abb. 244) verbunden ist.
Die Bewegung der Schiene veranlaßt eine
Verdrehung des Gabelhebels *282*.

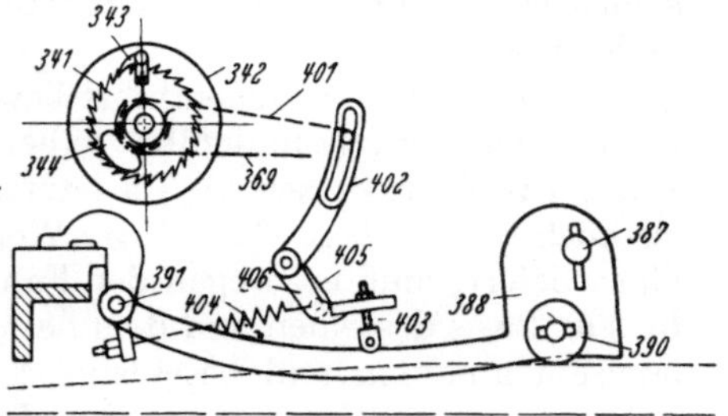

Abb. 253. Abschlagverkürzungs-
mechanismus.

Ist mit diesem der Einrückhebel *284*
des Drahtzählers dieser Abbildung verbunden, so wird derselbe im gleichen
Moment ausgerückt.

Da während eines Abzuges die Aufwickelstelle des fertigen Garnes innerhalb
der Kopslänge beliebig liegt, wird die Zahl der Verbundspiralen von dem jeweiligen Garnkörperkegel bis zur Spindelspitze verschieden sein. Somit muß
auch die Dauer der Abschlagperiode ungleich lang sein.

Am Anfang eines Abzuges muß wegen der größeren in Verbundspiralen
liegenden Garnlänge die Abschlagperiode länger dauern als am Ende derselben.
Die Dauer der Abschlagperiode wird durch die Durchhängung der Abschlagkette geregelt. Je mehr diese durchhängt, desto größer ist die Zeitspanne, in
welcher sie aufgewickelt wird.

Um die durchhängende Kette aufzunehmen, ist unter ihr eine Kettentisch-
platte *398* (Abb. 252) vorgesehen. Damit die Durchhängung der Kette mit
größer werdendem Kops geringer wird, ist eine sog. Verkürzungskette *401* entgegen
der Abschlagkette auf der Abschlagsperrscheibe *342* gewickelt (Abb. 253). Sie
ist mit ihrem anderen Ende im Verkürzungshebel *402* einstellbar befestigt. Sein
Arm *406* hat eine einstellbare Gabelschraube *403*, welche auf dem Rücken des
Schlepphebels *388* reitet. Durch Feder *404* wird der Verkürzungshebel *402* derart gedreht, daß die Gabelschraube auf dem Schlepphebel gedrückt und durch
den Verkürzungshebel die Verkürzungskette gespannt ist.

Wie später erörtert wird, senkt sich im Laufe der Kopsbildung der Schlepphebel. Infolge der Wirkung der Feder wird hierbei der Verkürzungshebel derart
verdreht, daß durch den Zug der Verkürzungskette *401* die Klinkenscheibe *342*

im Sinne der Abschlagdrehung gedreht wird, bevor die Abschlagdrehung einsetzt. Dadurch wird die Kette *369* im Moment des Abschlagens mit zunehmen-
dem Kops kürzer sein, womit auch die Dauer der Abschlagperiode eine geringere
Zeitspanne erfordert.

Die Abb. 248 u. 249 zeigen auf der durchlaufenden Aufwinderwelle (oberhalb
der Headstocktraversen) das Aufwindersegment (Mond) mit der Abschlagkette
(rechte Kette), einen Teil der Aufsitzstelze, sowie des Schnabels usw. Im rechten
inneren Teil des Vorderbockes sieht man den Drahtzählermechanismus.

11. Die Einfahrt des Wagens.

Durch die Einfahrtbewegung liefert sich der Wagen in jedem Moment ein
seiner Geschwindigkeit entsprechendes Fadenstück, welches in gleicher Zeit auf
den Garnkörper in 2 Schichten aufgewickelt werden muß.

Von diesen wird zuerst die in steilen Schraubenlinien verlaufende Kreuzschicht und darauffolgend der Hauptteil des Fadens in der Parallelschicht
(Hauptschicht) aufgewickelt. Die Kreuzschicht wird deswegen zwischen 2 Hauptschichten eingefügt, damit beim Abwickeln keine tieferliegenden Schichten mit-
gerissen werden.

Zu Beginn der Wageneinfahrt bewegt sich daher der Aufwinder (Fadenführer)
rasch nach abwärts und führt dabei die Faden von der jeweiligen Garnkörperspitze zur Basis desselben. Da letztere einen größeren Umfang besitzt, benötigt
sie auch eine größere Garnlänge. Weil der Wagen sich selbst das aufzuwickelnde
Garn liefert, muß er, wegen der Führung des Fadens von der Garnkörperspitze
bis zur Basis desselben und dem damit verbundenen Mehrbedarf an Fadenlänge,
langsam anlaufen und beschleunigt werden.

Im weiteren Verlauf der Einfahrt, wenn der Aufwinder den Faden durch
langsames Aufwärtsbewegen im gleichen Verhältnis gegen die Garnkörperspitze
laufen läßt, muß die durch den Wagen gelieferte Fadenlänge wieder kleiner
werden. Daraus geht hervor, daß die Wagenbewegung ungleichförmig sein muß:
im ersten Teil der Einfahrt muß der Wagen beschleunigt, im weiteren Verlauf jedoch wieder verzögert werden. Zu diesem Zweck werden für den Einzug
des Wagens Seilscheiben verwendet, die beiderseitig mit Schneckenrillen versehen sind (Einzugsschnecken).

Infolge des Seilauflaufes auf die veränderlichen Durchmesser der Schnecken
wird dem Wagen die zur Bewicklung nötige Bewegung erteilt.

Gleichzeitig ist diese Wagenbewegung vom technischen Standpunkt wegen
der Massenverhältnisse während der Bewegung nötig, um Schwingungen desselben
und somit auch Schlingenbildung im Garn zu vermeiden.

Von der Bewegung des Wagens muß die Spindeldrehung abgeleitet werden,
da sonst zu viele Fadenbrüche auftreten würden.

Falls die Spindeln direkt vom Wagen angetrieben würden, so wären die
Tourenzahlen derselben gerade an der Basis des Garnkörperkegels am höchsten.

Weil gerade an dieser Kopsstelle eine größere Fadenlänge gebraucht wird,
muß die Tourenzahl der Spindeln kleiner sein. Wenn der Faden gegen die Spitze
läuft, muß die Zahl der Touren erhöht werden. Auf einfache Weise wird diese
notwendige Regulierung des Garnbedarfes durch die Drehung der Spindeln vermittels des Robertschen Quadranten erreicht.

Da die Wagenbewegung für verschiedene Garne auf demselben Selfaktor
immer gleich ist, die Garnstärken jedoch eine veränderliche Größe bilden, müssen
die Drehungen der Spindeln die Unstimmigkeiten der Bewicklung ausgleichen.
Treten solche auf, so äußert sich dies durch Spannungsunterschiede in den Fäden.

Die Wagenbewegung ist somit der Kegelform der Schichten ganz allgemein angepaßt, die Spindeldrehungen sind es im spezellen je nach den Abweichungen, damit die richtige Bewicklung erreicht wird.

Die Spannungsschwankungen der Fäden geben ein Mittel zur Kontrolle der richtigen Aufwicklung, weshalb zur Aufwickelvorrichtung noch ein Spannungsanzeiger (-regler) nötig ist. Er besteht aus einem unter allen Fäden laufenden Draht, dem Gegenwinder.

Der Stellungsunterschied des Auf- und Gegenwinders ergibt ein Maß für die jeweils bei gleicher Belastung (Spannung) zu viel oder zu wenig aufgespulte Fadenlänge und gibt gleichzeitig eine Möglichkeit, bei Mehrbedarf der aufzuwickelnden Längen, also bei auftretender Spannungssteigerung, eine gewisse Fadenreserve zu liefern, im umgekehrten Falle jedoch, durch Vergrößerung der Entfernung beider, den Fadenüberschuß aufzunehmen.

Die Kontrolle bzw. Regulierung der Fadenreserve zwischen Auf- und Gegenwinderdraht geschieht mit Hilfe der Quadranten; die Besprechung erfolgt anschließend an den Wageneinzugs- und Quadrantenmechanismus.

Die Form des Kopses, nach welcher die für die Aufwicklung erforderlichen Organe gesetzmäßig bewegt werden müssen, ist vor allem von der Bewegung des Aufwinders abhängig, welche von der später erörterten Kopier- bzw. Formschiene abgeleitet wird.

12. Der Wageneinzug.

Am Schluß der Abschlagperiode wird durch die Aufsitzstelle *377* nach Abb. 252 der Winkelhebel *384* verdreht. Dabei drückt Rolle *385* den Schnabel des Hebels *280* nieder und dreht letzteren um seinen Drehpunkt *392* derart, daß die gefederte Stange *393* über den Winkelhebel *394* den Fallenhebel *395* in eine Lage bringt, bei der Bolzen *407* im Einzugbremshebel *400* (Abb. 251) von der Rast abgleitet und dabei die Einzugskupplung einfallen läßt.

Diese besteht aus der oberen Konuskupplung *408* und der mit Leder bzw. Ferodobelag versehenen unteren Konuskupplungshälfte *409*. Inmitten beider ist wieder ein Mitnehmer *411* auf der stehenden Welle *58* befestigt, welche letztere von der Nebenwelle *3* durch ein Kegelradpaar *59*, *60* angetrieben wird; in die Kerben von *411* greift je eine Nase der oberen Kupplungshälfte *408* dauernd ein.

Durch das Einfallen der Kupplung wird die stillstehende untere Kupplungshälfte *409* mitgenommen und mittels der Kegelräder *412*, *413* die Wageneinzugswelle *415* gedreht. Diese besitzt zwei Einzugsschnecken *416* und eine Gegenschnecke *417* (Abb. 251 bzw. Wagenführung Abb. 232, vgl. auch die Abb. 223 bis 227).

Die Seile der Einzugsschnecken *416* sind mittels Sperrad und Klinke durch die Sperradbefestigungen *418* im Wagen einstellbar befestigt, das Seil der Gegenschnecke läuft über eine im Vorderbock (Abb. 242 unten) verstellbare Spannrolle *410* und ist in dem Wagen bei *420* befestigt.

Im Mittelbock des Wagens ist weiters noch ein Seil angeordnet, welches über eine Leitrolle, die unter den Riemenscheiben im Headstock gelagert ist, zur Quadrantenschnecke im Vorderbock läuft, woselbst es befestigt ist. Ein Gegenseil dieser Schnecke geht von der unteren Seite derselben ablaufend zu einem Sperradböckchen im Mittelbock.

In den Schaubildern 217, 248 und 249 ist der Lauf dieses Seiles innerhalb der Headstockverbindungen, sowie die Quadrantenschnecke zu erkennen.

Rechts von dieser Schnecke ist das Getriebe eines im Vorderbock angeordneten Drahtzählers zu sehen.

13. Die Wirkungsweise des Quadranten.

Der Spindelantrieb kann deswegen nicht direkt von der Wagenbewegung abgenommen werden, weil der Aufwinder den Faden zuerst gegen die Basis des Kopses führt und die Spindeltouren in diesem Moment wegen des größeren Basisumfanges kleiner sein müssen, damit der Bedarf und die Lieferung des Fadens praktisch übereinstimmen. Geringe Unterschiede werden durch die Belastung des Gegenwinderdrahtes aufgenommen.

Es müssen im allgemeinen die Wagenbewegung und die Spindeldrehung im umgekehrten Verhältnis zueinander stehen. In dem von der Einfahrtsbewegung des Wagens abgeleiteten Spindelantrieb ist deswegen eine Einrichtung eingeschaltet, welche es ermöglicht, bei größerer Wagengeschwindigkeit die Spindeltouren niedriger zu halten und umgekehrt (Robertsche Quadranten).

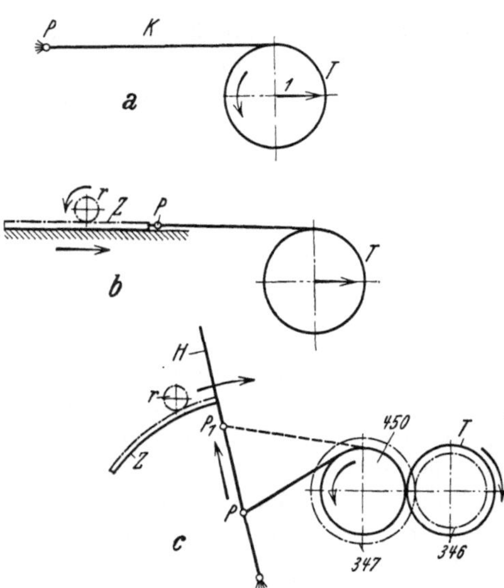

Abb. 254a, b und c. Quadrantenschema.

In Abb. 254a sei T eine Trommel, um welche eine Kette K gewickelt und bei P festgehalten ist. Bewegt sich zunächst die Trommel im Sinne des Pfeiles 1, so wird sie sich infolge der Abwicklung der Kette drehen.

Wird nun angenommen, daß sich auch das Kettenende P mit der gleichen Geschwindigkeit wie die Trommel bewegt, so wird, da keine Kettenabwicklung erfolgt, die Trommel in Ruhe bleiben.

Die Trommel T erreicht das Maximum ihrer Drehung, wenn das Kettenende P ruhig ist, und das Minimum, wenn das Ende die gleiche Geschwindigkeit wie die Trommel hat. Jede Bewegungsänderung des Punktes P äußert sich als Drehungsänderung der Trommel.

Je mehr das Ende P der Trommelbewegung zurückbleibt, d. h. je geringer die Geschwindigkeit des Punktes P ist, desto mehr entfernt sich die Trommel vom Punkt P, desto mehr Kette wird abgezogen. Die Trommel dreht sich rascher.

Die Trommel, die im Wagen untergebracht ist, bewegt sich anfangs zufolge der Einzugsschnecken beschleunigt.

Das Kettenende P bewegt sich ebenfalls beschleunigt, jedoch wegen einer zwischengeschalteten Übersetzung mit geringerer Geschwindigkeit als die Trommel. Nach Abb. 254b ist der Kettenpunkt P am Ende einer Zahnstange befestigt. Diese wird durch das Zahnrad r angetrieben, das wieder vom Wagen seine Drehung erhält. Da der Wagen zuerst beschleunigt und nachher verzögernd einfährt, wird der Zahnstangenpunkt P eine dem Wagen entsprechende Bewegung vollführen. Zufolge der gewählten Übersetzung verschiebt sich jedoch Punkt P langsamer als die gleichartig bewegte Trommel.

Die Geschwindigkeitsdifferenz beider ist für die Aufwicklung des Fadens auf die Basis des Garnkegels noch immer zu groß, so daß sich die Spindeln im Verhältnis zur gelieferten Fadenlänge zu rasch drehen würden.

Der Kettenpunkt P muß also noch eine Zusatzbeschleunigung erhalten. Dies wird in einfacher Weise dadurch erreicht, daß Punkt P eine Kreisbewegung vollführt. Zu diesem Zwecke ist das Kettenende an einem schwingenden Hebel H (Abb. 254c) befestigt. Dieser wird vom Zahnrad r vermittels eines Zahnbogens angetrieben.

Infolge der kombinierten Bewegung des Punktes P ist es nun möglich, die Spindeldrehungen zur Zeit der Basisbewicklung derart zu verringern, daß ohne Verwendung eines komplizierten Wickelapparates die vom Wagen gelieferte Garnlänge aufgewickelt wird. Allenfalls auftretende Unstimmigkeiten werden durch den Gegenwinder ausgeglichen.

Während der weiteren Einfahrt, wenn sich der Aufwinder wieder hebt und der Faden somit gegen die Spitze läuft, wird die Bewegung des Punktes P wieder verlangsamt, so daß wegen des vermehrten Kettenabzuges die Drehzahl der Spindeln bei gleichzeitiger Verminderung der Wagengeschwindigkeit und somit Fadenlieferung erhöht wird.

Da am Anfang des Kopses der Faden auf eine Hülse gewickelt wird und an dieser Stelle der Durchmesser kleiner ist, muß während des Aufbaues des Kopsansatzes auch die Spindelgeschwindigkeit geändert werden, denn es ändert sich auch der Durchmesser dauernd. Je kleiner der Durchmesser bzw. Umfang ist, desto größer muß die Drehzahl der Spindeln sein.

Während der Ansatzbildung muß also die Bewegung des Kettenendes P verändert werden. Am Anfang des Ansatzes, wenn auf die Hülse gewickelt wird, muß die Geschwindigkeit des Punktes P kleiner sein als am Ende des Ansatzes, wobei aber die Ungleichförmigkeit der Bewegung, wie früher besprochen wurde, erhalten bleiben muß. Am einfachsten gestaltet sich die Regulierung der Nacheilung des Punktes P, wenn er in dem besprochenen ausschwingbaren Hebel H verstellbar angeordnet ist.

Dreht sich der Hebel H (Abb. 254c) im angegebenen Sinn, so wird der Aufhängepunkt P der Kette während eines bestimmten Schwingungswinkels einen kleineren Bogen beschreiben, als wenn die Kette bei P_1 befestigt ist. Je näher der Kettenaufhängepunkt dem Drehpunkt des Hebels ist, desto mehr Kette wird abgewickelt und desto größer ist die Drehzahl der Spindeln. Zu Anfang des Ansatzes muß das Kettenende tiefer liegen und während der Ansatzbildung in axialer Richtung des Hebels nach aufwärts verschoben werden.

Nach Fertigstellung des Ansatzes bleibt der Kettenaufhängepunkt bei P_1, da für alle weiteren Schichten die Bewicklungsverhältnisse gleich bleiben.

Infolge der Schwingung des Hebels H beschreibt der Aufhängepunkt der Kette jeweils einen Kreisbogen, so daß durch die Bewegungsverhältnisse in demselben die der Kettnach-

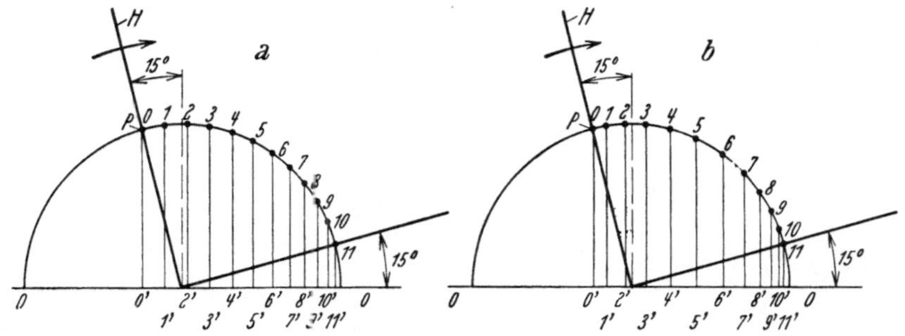

Abb. 255. Quadrantenbewegung.

eilung in einem für die Bewicklung günstigen Sinne kombiniert wird, wie ein Vergleich der Abb. 255a und b ergibt.

Die Abbildungen zeigen schematisch die beiden extremen Stellungen des Quadrantenhebels H, also in der aufrechten (ca. 15° gegen die Vertikale) und in gesenkter Lage (75° gegen die Vertikale).

Der Punkt P bewegt sich in Abb. 255a gleichförmig, in Abb. 255b ungleichförmig.

Die Unterschiede der Projektionsabschnitte auf den in der Wagenbewegung liegenden Durchmesser 0 bis 0 zeigen deutlich, daß in Abb. 255b bei beschleunigter Kreisbewegung anfänglich eine raschere Zunahme vorhanden ist als in Abb. 255a, welcher eine gleichförmige Kreisbewegung zugrunde gelegt ist. Auch am Ende der Quadrantenbewegung sind die Abnahmen der Wegstücke merkbarer, was besonders für die Spitzenbewicklung notwendig erscheint.

In Abb. 256 ist die Ausführung des Quadranten dargestellt.

Der nach Abb. 254c besprochene Hebel H ist als Rohr 425 ausgeführt, welches am unteren Ende zum Zwecke der drehbaren Lagerung zu beiden Seiten einen Zapfen 428 eingeschraubt hat.

Im Innern des Rohres ist die Quadrantenspindel 430 gelagert, welche am oberen Ende einen Vierkant besitzt und an deren unterem Ende ein Kegelrad 431 aufgeschraubt ist. Die Quadrantenspindel wird von einer Hülse (Quadrantenmutter) umgriffen, welche einen Mitnehmerzahn besitzt, der in die Schraubengänge der Quadrantenspindel eingreift. Da die Hülse gegen Verdrehung gesichert ist, bewirkt der Mitnehmerzahn bei Drehung der Spindel die Hebung bzw. Senkung der Quadrantenmutter (siehe auch Abb. 248, 249, 258).

Ein Teil der Quadrantenmutter ragt aus dem Rohr heraus. In diesem ist im Bolzen *432* die Kette eingehängt. Ferner ist ein Drücker *433* um Bolzen *434* drehbar, der durch verstellbaren Bolzen *435* mehr oder weniger weit aus der Quadrantenmutter herausragt, um bei der Niederbewegung des Quadrantenrohres auf die Kette zu drücken und dadurch einen größeren Kettenabzug zu erreichen.

Die Schraubengänge der Quadrantenspindel sind im unteren Teil steiler als oben und gehen in ein Gewinde mit gleichbleibender Steigung über. Es ist dies deswegen nötig, weil am Anfang während der Ansatzbildung, infolge des rascheren Anwachsens des Garnkörperdurchmessers, auch die Mutter bei ge-

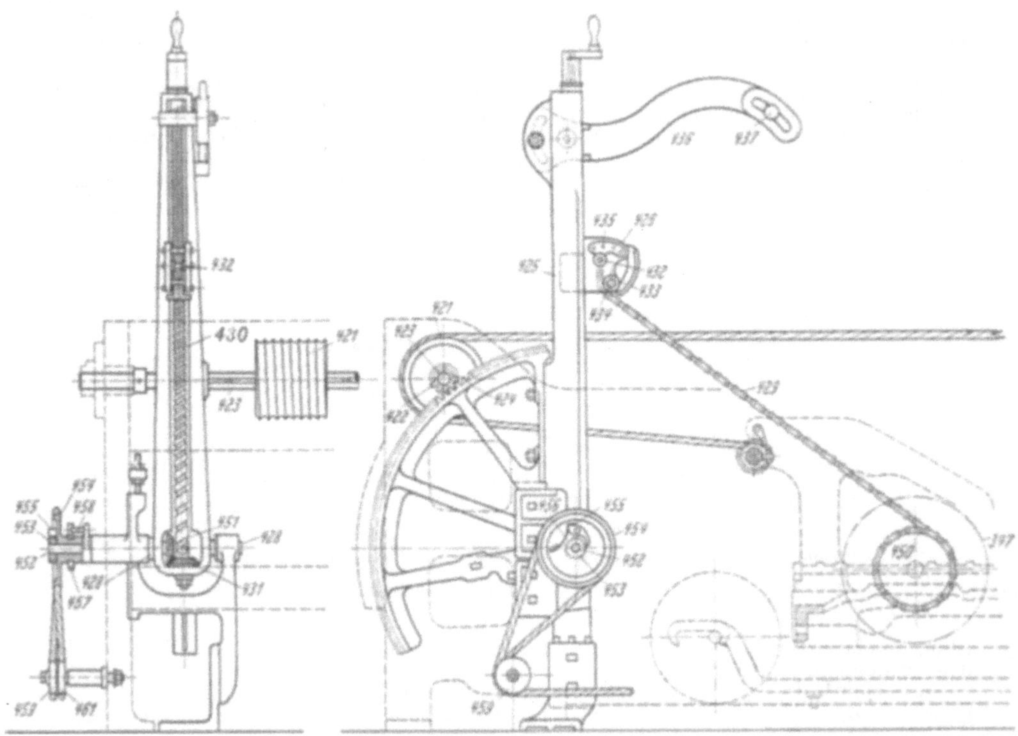

Abb. 256. Quadrantenmechanismus.

ringer Verdrehung der Leitspindel schneller gehoben werden muß. Um den Quadranten die früher besprochene schwingende Bewegung erteilen zu können, die die Ungleichförmigkeit der Wagenbewegung besitzt, ist am Rohr ein Zahnbogen *424* angeschraubt, in dessen Zähne die eines kleinen Rädchens eingreifen *422* (Quadrantenritzelkolben). Es ist auf der Quadrantenwelle *423* aufgekeilt und läßt sich auswechseln, damit der für verschiedene Garnstärken auch zu ändernde Bogenweg der Quadrantenmutter eingestellt werden kann, (12, 13, 14 Zähne).

Das Quadrantenrohr trägt am oberen Ende einen verstellbaren Hebelarm *436*, in dessen geschlitzten Ende ein Druckbolzen *437* befestigt werden kann (siehe Abb. 257 und 258).

Die Verstellbarkeit von *436* gestattet den Druckbolzen näher oder weiter von der Kette *429* zu bringen. Sein Zweck ist der gleiche wie der des Drückers *433* an der Quadrantenmutter.

Bei Neigung des Rohres drückt der tiefer oder höher eingestellte Bolzen *437* früher oder später auf die Quadrantenkette und knickt sie ein (Abb. 257).

Dadurch entsteht ein Mehrbedarf an Kettenlänge, so daß die Quadrantentrommel und durch diese die Spindeln schneller gedreht werden.

Durch diese Zusatzdrehung werden die Kopsspitzen fester gewickelt, weshalb man diese Einrichtung auch als „Spitzenhartwickler" bezeichnet.

Damit der Wagen nicht zu hart einläuft, wird am Ende der Wageneinfahrt die Einzugskupplung durch einen Puffer (Stoßplatte *440*; Abb. 251, Kreuzriß) frühzeitig ausgeschaltet, so daß der Wagen vermöge seiner eigenen Massenträgheit das letzte Stück seines Weges zurücklegt. Da am Schluß der Einfahrt die

Abb. 257.

Aufwinderstelze von ihrem hochgezogenen Sitz vermittels des Hornes *381* (Abb. 252), welches an ein Anstoßeisen *525* (Abb. 262) auftrifft, herabgestoßen wird, bewegt sich der Aufwinder wegen der Verdrehung der Aufwinderwelle nach aufwärts in seine für die nächste Spinnperiode nötige Anfangsstellung (Aufschlagen). Damit die für diese Periode wichtigen Verbundspiralen auf die Spindel wieder gewickelt werden, sind die Spindeln im Wagen tiefer montiert als das Lieferwerk. Die durch das Aufschlagen ihrer Führung beraubten Fäden laufen somit infolge des zum Lieferwerk gerichteten Zuges vom Garnkörper zur Spindelspitze ab.

Die Übertragung der Drehung der Quadrantentrommel auf die Spindelantriebstrommel erfolgt durch ein an der Quadrantentrommel angegossenes Rad *347* (74 Zähne), welches das auswechselbare Aufwinderad *346* (23, 25, 28 Zähne) antreibt, das auf der Nabe der Aufwindeklinkenscheibe *345* (Abb. 259) aufgekeilt ist. Wie früher schon gesagt wurde, wird die Klinke derselben durch die konische Fläche der Aufwindemuffe *281* gesteuert.

Abb. 258.

Vorderbock von der linken Selfaktorseite gesehen, mit Quadrant, Wagenrückgang und Drahtzähler im Vorderbock.

Nach Beendigung des Abschlagens wird die Stelze auf die Aufsitzrolle *387* (Abb. 252) gezogen. Durch die Aufsitzbewegung wird die mit dem Winkelhebel *384* verbundene verstellbare Schiene *396* gegen den großen Headstock bewegt. Auf dem vorderen Ende ruht ein Gewichtshebel *397*, der durch die angegebene Bewegung der Schiene auf der schrägen Auflauffläche derselben läuft. Da dieser Gewichtshebel *397* mit dem Gabelhebel *282* (nach Abb. 244 und 259) verbunden ist, wird die Muffe *281*, die letzterer umgreift, so verschoben, daß die Ärmchen der Windeklinke diese in die Zähne des Aufwindesperrades *348* eingreifen lassen (siehe auch Abb. 247).

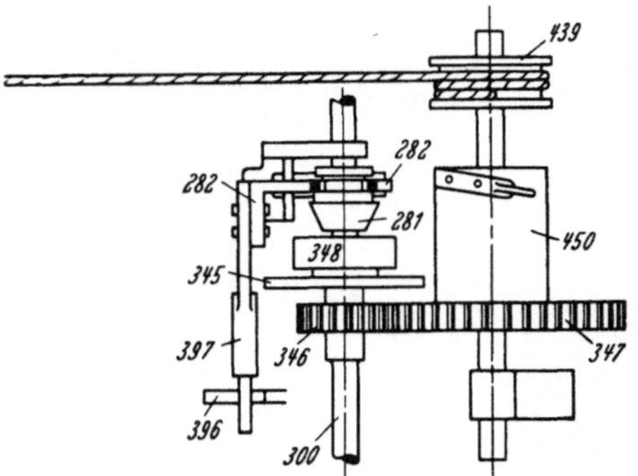

Abb. 259. Aufwickelmechanismus.

Dadurch wird die Klinkenscheibe mit dem Sperrad gekuppelt. Wird während der Wageneinfahrt durch die Geschwindigkeitsdifferenz zwischen Quadrantenmutter und Wagen die Kette von der Trommel *450* abgewickelt, so dreht sich diese und treibt durch die Räder *347*, *346* sowie Sperrscheibe und Klinke das auf der Trommelwelle bzw. auf dem Rohr *336* aufgekeilte Sperrad *348* an, wodurch die mit der Mittelwelle verbundenen beiderseitigen Spindeltrommeln und somit die Spindeln gedreht werden.

Beim Aufschlagen des Aufwinders durch Herabstoßen der Aufsitzerstelze wird am Ende der Wageneinfahrt die Schiene *396* zurückgezogen, so daß durch die Verdrehung des Gabelhebels die Muffe *281* verschoben und dadurch die Aufwinderklinke ausgekuppelt wird.

Bei der nächsten Wagenausfahrt wird durch den Wagen der Quadrant aufgerichtet. Auch muß die während der vorherigen Einfahrt abgezogene Kettenlänge wieder aufgewickelt werden. Es sitzt deshalb neben der Quadrantentrommel noch eine Schnurscheibe *439* (Abb. 259), auf welcher ein der Quadrantenkette entgegengesetzt gewickeltes Seil befestigt ist, das über Leitrollen gegen den Headstock läuft und dort durch ein Gewicht belastet ist.

In Abb. 248, 249 ist der eben besprochene Aufwickelmechanismus zwischen den Headstockverbindungen deutlich zu erkennen.

14. Die Quadrantenregulierung.

Jede Unstimmigkeit (Spannungsdifferenz) während der Aufwicklung der Fäden äußert sich durch eine Veränderung der Lage des Gegenwinders zum Aufwinder. Da der Gegenwinder durch Gewichtsbelastung von unten gegen die Fäden drückt, senkt er sich, falls der Bedarf an Garnlänge größer wird, also die Spannung in denselben steigt. Im umgekehrten Falle hebt sich der Gegenwinder.

Die gegenseitige Lage von Auf- und Gegenwinder gibt ein Maß für die Spannung bzw. die Möglichkeit, sie derart zu regulieren, daß ein übermäßiges Spannen der Fäden vermieden wird. Senkt sich der Gegenwinder bis zur jeweiligen Lage des Aufwinders, so können sämtliche Fäden reißen.

Der Wagen muß dann leer einfahren und abgestellt werden. Die Fäden müssen von Hand aus angedreht werden, wodurch infolge des Zeitentfalles ein Produktionsentgang entsteht. Vielfach wird die Spannung der Fäden von Hand aus insofern reguliert, daß die Quadrantenmutter durch Verdrehen der Leitspindel mittels einer Handkurbel verstellt wird.

Eine Spannungssteigerung tritt ein, wenn die Touren der Spindeln zu hoch sind. Es muß in diesem Falle die Quadrantenmutter gehoben werden, damit durch Vergrößerung des Bogenweges derselben weniger Kette von der Quadrantentrommel abgezogen und dadurch die Spindeldrehungen verkleinert werden. Wird die Fadenreserve dagegen zu groß, so muß die Quadrantenmutter nach abwärts bewegt werden. Praktisch richtet man sich nach der Stellung des Gegenwinders am Ende der Einfahrt. Kurz vor dem Aufschlagen soll der Gegenwinder ca. 1 bis 1,5 cm über den Spindelspitzen stehen.

Um die Regulierung von der Aufmerksamkeit und Geschicklichkeit des Spinners unabhängig zu machen, wendet man die selbsttätige Quadrantenregulierung an. Zu diesem Zwecke besitzt die Leitspindel des Quadranten am unteren Ende ein Kegelrad *431*, in welches ein ebensolches Rad *451* eingreift. Letzteres ist auf einem Regulierwellchen *252*, das in dem hohlen Quadrantenzapfen (Abb. 256) gelagert ist, festgeschraubt.

Die kurze Regulierwelle besitzt am anderen Ende ein Sperrad *453* aufgekeilt. Zwischen diesem und dem Quadrantenzapfen ist lose auf der Regulierwelle die sogenannte Regulierrolle *454*, welche auf der Außenseite eine Klinke *455* besitzt. Diese Klinke ist durch eine ebenfalls an der Regulierrolle *454* befestigten Blattfeder *456* dauernd in Eingriff mit dem Sperrad gehalten. In der eingedrehten Nabe der Regulierrolle *454* ist eine Bremsfeder *457* aufgesteckt, welche durch den Bolzen *458* einer Kurbel bei Drehung derselben mitgenommen wird. Die Kurbel ist auf dem Quadrantenzapfen festgeschraubt und macht die Bewegung des Quadranten mit.

Schwingt der Quadrant aus, so wird durch den Bolzen *458* die Bremsfeder *457* mitgenommen. Unter der Einwirkung der Bremsfeder wird die Regulierrolle sowie das mit ihr ge

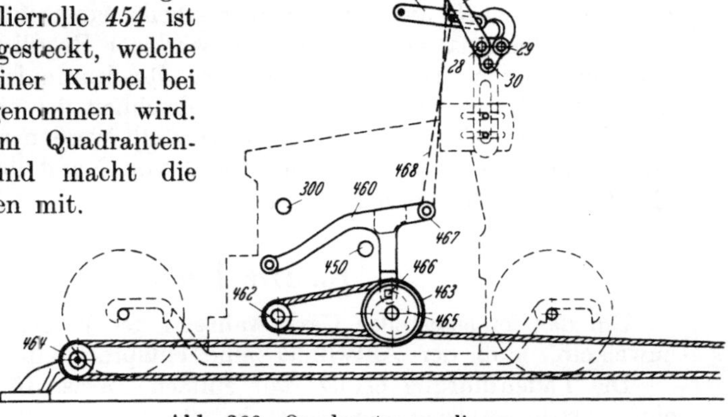

Abb. 260. Quadrantenregulierung.

kuppelte Sperrad *453* um den gleichen Winkel gedreht. Das Kegelrad *431* auf der Leitspindel wird dabei nicht verdreht. Erst wenn die Regulierschnur in der Regulierrolle letztere dreht, wird diese Bewegung mittels der Kegelradübersetzung unter gleichzeitiger Überwindung der Bremsung durch die Feder *457* auf die Leitspindel übertragen. Die Quadrantenmutter wird verstellt.

Die Regulierschnur läuft über die Leitrolle *459* (Abb. 260) im Vorderbock zur Leitrolle *462* im Wagen und von dieser über die Mitnehmerrolle *463* zur Leitrolle *464*. Letztere ist an der Headstockfußplatte drehbar gelagert. Von Leitrolle *464* läuft die Regulierschnur zur Leitrolle *461* im Vorderbock zurück und von dieser zur Regulierrolle *454* am Quadranten.

Auf der Nabe der Mitnehmerrolle *463* ist eine Sperrscheibe mit 3 Zähnen. Vor den Zähnen stellt sich ein Sperrbolzen *466*, welcher auf dem im rechten Wagenhaupt drehbar gelagerten Regulierhebel *460* befestigt ist. Der gleichzeitig durch ein Gewicht belastete Regulierhebel hat in seinem oberen, gegabelten Ende eine kleine Rolle *467*, um welche die Regulierkette *468* gelegt ist. Dieselbe ist an dem einen Ende mittels eines stellbaren Bolzens *469* am Regulierarm *470*, der an der Aufwinderwelle *28* sitzt, angehängt. Das andere Ende ist verstellbar am Regulierarm *471* der Gegenwinderwelle *29*. Je nach der gegenseitigen Lage des Auf- und Gegenwinders wird durch die Kette der Regulierhebel *460* gesenkt oder gehoben. Ist genügend Fadenreserve vorhanden, so ist der Regulierhebel gehoben und gestattet ein Abrollen der Rolle *463*, so daß keine Verstellung der Quadrantenmutter erfolgt. Drehen sich aber die Spindeln zu schnell, so senkt sich der Gegenwinder und mit ihm der Regulierhebel. Dabei legt sich der Sperrbolzen *466* vor einen der 3 Zähne der Sperrscheibe *465* und hindert diese in ihrer Drehung. Die Regulierschnur in der Rille der Mitnehmerrolle *463* wird geklemmt und die Schnur durch den einfahrenden Wagen mitgezogen.

Infolge des Schnurzuges dreht sich die Leitrolle *454* am Quadranten und nimmt vermittels der Klinke das Sperrad der Regulierwelle mit. Durch die Übersetzung werden die Leitspindel verdreht, die Mutter nach aufwärts verstellt und die Spindeltouren vermindert.

Die Einstellung der Reguliervorrichtung ist durch Verkürzung der Kettendurchhängung mittels Verstellung des Bolzens *469* am Aufwinderregulierarm *470*, sowie durch Verschieben des Kettenendes im Schlitz des Gegenwinderregulierarmes *471* möglich.

Während der Wagenausfahrt ist der Gegenwinder gesenkt, doch ist infolge des Aufschlagens des Aufwinders derselbe hochgegangen, so daß der Bolzen des Regulierhebels nicht in die Sperrscheibe eingreifen kann.

Wenn der Ansatzkegel fertig ist, wird der Regulierungsmechanismus durch Ausheben der Sperrklinke *455* an der Quadrantenleitrolle *454* ausgeschaltet, da die Quadrantenmutter wegen der Gleichheit der über dem Kopsansatz aufzuwickelnden Schichten nicht mehr verstellt werden braucht. Eine kleine evtl. notwendig gewordene Verstellung wird von Hand aus durch Drehen an der Quadrantenkurbel vorgenommen.

15. Die Formschiene.

Um das fertiggestellte Garn während der Wageneinfahrt gesetzmäßig aufzuwickeln, muß der Aufwinder eine entsprechende Bewegung erhalten.

Die Fadenführung erfolgt auf einfache Weise für jede Wagenseite durch einen Draht, welcher vermittels Bügeln von der durchlaufenden Aufwinderwelle die Spulbewegung erfährt (Abb. 266).

Die Verwendung eines einfachen Drahtes zur Führung der Faden ergibt sich durch die schräge Stellung der Spindeln und der höheren Lagerung des Lieferwerkes. Dadurch liegt in jedem Fadenlauf das Bestreben, gegen die Spindelspitze zu steigen. Nach abwärts werden somit die Faden gemeinsam durch den Druck des Aufwinderdrahtes geführt; nach aufwärts wird durch die ihm erteilte Bewegung ein willkürliches Aufsteigen der Faden verhindert. Letzteres wird nur am Ende der Einfahrt durch das Aufschlagen des Aufwinders herbeigeführt, durch welches die Spulorgane ausgeschaltet und für die nächste Ausfahrt in die Spinnstellung gebracht werden. Wegen der raschen Aufwärtsbewegung des Aufwinders haben die Fäden keine Führung und laufen in steilen Schraubenlinien gegen die Spindelspitze (Verbundspiralen), um in der nächsten Spinnperiode durch Abspringen von der Spindel die Drehung in das neu gelieferte Vorgarn weiterzuleiten.

Zu Beginn des Abzuges wird das fertige Garn direkt auf die Hülse gewickelt. Nach jeder aufgewickelten Schichte muß der Aufwinder höher gestellt werden, um einen in der spindelaxialen Richtung aufgebauten bzw. gewickelten Garnkörper zu erhalten. Entsprechend der Aufwärtsschaltung des Aufwinders sowie je nach der Stärke des Garnes wächst der Durchmesser in der Mitte des sich bildenden Garnkörpers am stärksten an. Auf diese Weise wird die Form eines Doppelkegels erzielt. Der Ansatz des Kopses ist beendet, wenn die Summe der Einzelschaltungen während der Ansatzbildung so groß ist wie die Höhe h der innersten Schichten (Abb. 261). Auf dem Ansatzkegel werden, da sich der Durchmesser des Garnkörpers nicht mehr ändert, die übrigen Schichten in gleicher Weise aufgebaut.

Anfangs, wenn auf die Hülse gewickelt wird, steht zur Aufwicklung des gesponnenen Garnes wegen des kleinen Durchmessers nur ein kleiner Raum zur Verfügung. Um rascher auf größeren Durchmesser zu gelangen, werden die Wicklungshöhen (h) anfänglich klein gehalten. Die Fadenwindungen liegen dann enger aneinander.

Während der Ansatzbildung werden die Windungshöhen wieder vergrößert. Außerdem wächst auch der Durchmesser des sich bildenden Garnkörpers. Da jedoch die aufzuwickelnde

Fadenlänge konstant bleibt — sie ist stets gleich der Auszugslänge —, verteilt sich diese nun auf einen größeren Raum. Es wird also dieselbe Garnmasse auf einen größer werdenden Raum aufgeteilt, so daß die Windungsdicken infolge weiter auseinanderliegender Fadenlagen dünner erscheinen.

Da für die untere Kegelfläche des Ansatzes eine bestimmte Neigung eingehalten werden soll, $\sphericalangle \alpha$, werden bei dünnerwerdenden Windungsschichten die Schalthöhen s_1, s_2, s_3, s_4 usw. ebenfalls kleiner.

Um bei späterem Abspulen des Kopses zu vermeiden, daß bei übereinanderliegenden, parallelgewickelten Schichten der ablaufende Faden die tiefergelegenen Windungen mitreißt, ist zwischen den parallelgespulten Hauptschichten je eine Kreuzwindungsschicht eingeschaltet. Dadurch wird auch gleichzeitig erreicht, daß wegen der kürzeren Fadenverbindung zwischen Kopsspitze und Basis der ganze Garnkörper bruchsicherer ist. Aus demselben Grunde werden, besonders bei Bewicklung kleiner Hülsen, die Windungshöhen während des Ansatzes sehr groß gemacht, damit sie tief in das Innere des Garnkörpers reichen und den darüber befindlichen Schichten den nötigen Halt bieten. Da die Beibehaltung der großen Windungshöhe für die Ausnützung der Spindel unvorteilhaft wäre, weil die Garnkörperspitze zu früh die Spindelspitze erreichen würde, geht man gegen Ende des Abzuges auf eine Höhe h_2 über. Dadurch wird der im Schnitt schraffierte Raum für die Bewicklung gewonnen. Dies bedeutet aber, da die konstante Fadenlänge auf eine kleinere Windungsfläche gewickelt wird, ein Dickerwerden des Kopses. Praktisch gleicht sich dieser Zuwachs zum Teil durch die Verjüngung der Spindel aus.

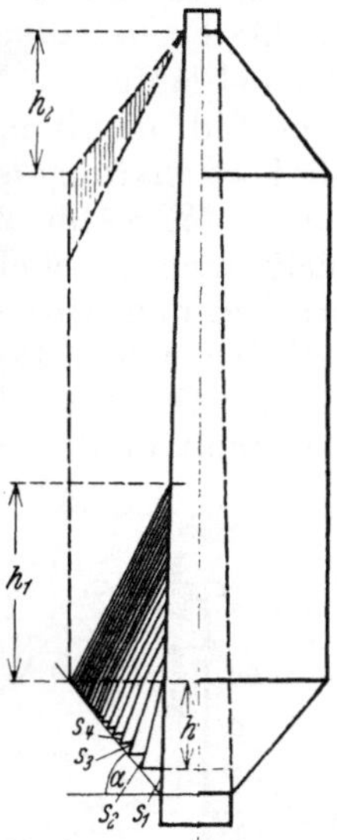

Abb. 261. Schema des Kopsaufbaues.

Die vorbesprochenen Bedingungen für den Aufbau eines Kopses werden durch die Formschiene, ihre Lagerung, sowie ihre Fortschaltung erfüllt.

In Abb. 262 ist schematisch die Anordnung der Formschiene *480* wiedergegeben.

Sie ruht mittels eines durch Schraube *481* verstellbaren Bolzens *482* auf dem vorderen Formschuh *483* und liegt mittels des exzentrischen Bolzens *484* auf dem rückwärtigen Formschuh *485* auf. Außerdem besitzt die Formschiene noch einen Bolzen *486*, der in der Formschienenführung *487* gleitet. Infolge des schrägen Schlitzes derselben wird die Formschiene, die sich während des Abzuges allmählich senkt, in ihrer Längsrichtung gegen den Headstock verschoben.

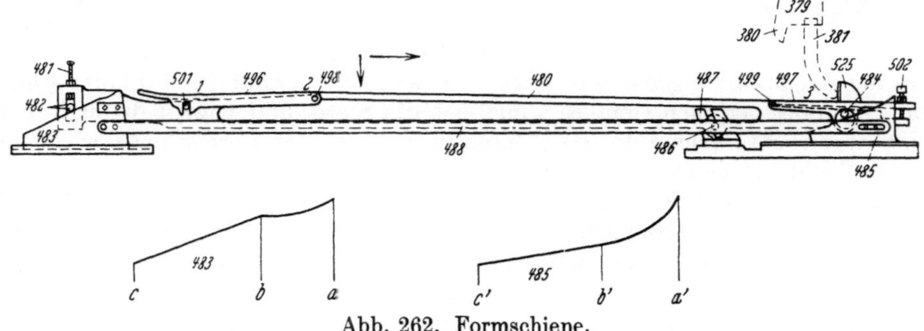

Abb. 262. Formschiene.

Die beiden Formschuhe sind durch eine Schiene *488* miteinander verbunden.

Da die Auflagestellen der Formschienenbolzen *482* und *484* auf den Formschuhflächen die Lage der oberen Bahn der Kopierschiene beeinflussen, ist die Verbindungsschiene an beiden Enden mit einem Längsschlitz versehen, damit die relative Lage der Schuhe *483*, *485* gegeneinander eingestellt werden kann.

Der vordere sowie der rückwärtige Formschuh ruht auf einer zugehörigen Führungsplatte, welche die entsprechenden Führungen zwecks Verschiebung des Schuhes besitzt und ihrerseits einstellbar auf den am Boden geschraubten Grundplatten befestigt werden kann (siehe auch Abb. 264).

Die vordere Formschuhführung *489* (Abb. 263) hat 2 Lageraugen *490*, *491* für die Fortschaltspindel *492*. Auf der durch eine Bremsfeder *493* abgebremsten Spindel läuft eine Mutter *495*, die von einem Ansatz *496* des vorderen Schuhes zum Teil umgriffen wird und dadurch diesem bei Verdrehung der Leitspindel die Fortschaltung (siehe später) der Mutter *495* mitteilt. Durch die Verbindungsstange *488* (Abb. 262) wird die Verschiebung des vorderen Schuhes auf dem rückwärtigen Schuh übertragen. Die obere Bahn der Formschiene *480* ist gebrochen und wird zum Teil durch die Schiene selbst, zum Teil aber durch Gelenkstücke *496*, *497* gebildet, die bei *498* bzw. *499* drehbar gelagert sind. Das vordere Gelenkstück kann durch die Schraube *501* in der gewünschten Lage festgeklemmt werden. Das rückwärtige Gelenkstück *497* ist durch Stellschraube *502* einstellbar.

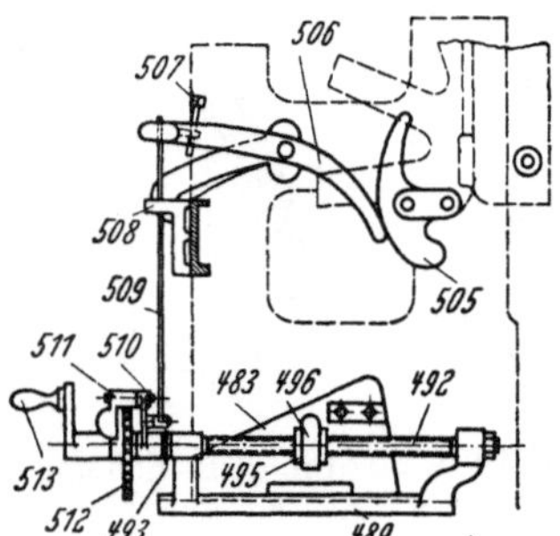

Durch die Gelenkstücke kann die obere Bahn der Formschiene entsprechend verändert werden, diese haben somit einen Einfluß auf die Bildung bzw. auf das Aussehen der Kopsform.

Über die Laufbahn der Formschiene läuft die Kopierrolle *390* des Schlepphebels *388* (Abb. 252), wodurch dieser je nach der eingestellten Form bzw. Lage der Schiene eine entsprechende auf- und abschwingende Bewegung macht.

Da auf der im Schlepphebel *388* befindlichen Aufsitzrolle *387* beim Abschlagen die Aufsitzstelze *377* aufspringt, macht die Stelze und der mit ihr verbundene Aufwinder die entsprechende Bewegung mit.

Die Bahn des Gelenkstückes *496* (Abb. 262) ist stärker ansteigend (*1—2*), das Gefälle der weitaus längeren Lauffläche (von *2—3*) sanft abfallend.

Dadurch wird im ersten Teil der Einfahrt die Stelze *377* schnell aufwärts gehoben und der Aufwinder im gleichen Verhältnis gesenkt. Während dieser schnellen Abwärtsbewegung des Aufwinders

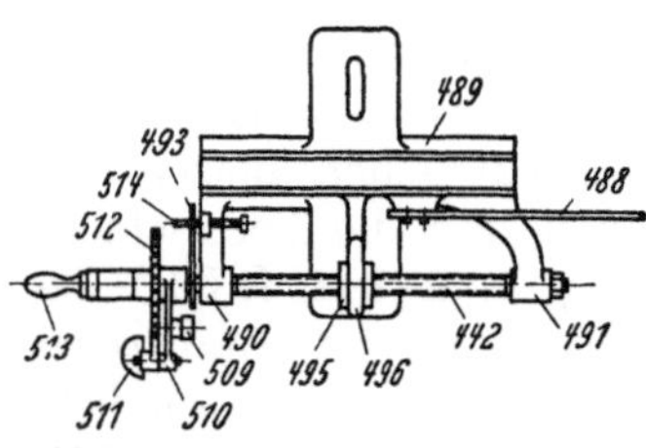

Abb. 263. Formschuhführung und Verstellung.

wird die Kreuzwindungsschichte gelegt. Im weiteren Verlauf der Einfahrt senkt sich wegen des geringen Gefälles allmählich die Stelze und bewegt dadurch den Aufwinder ebenso nach aufwärts. Durch diesen Teil der Formschiene wird die Hauptschichte gebildet.

Damit der Aufwinder für jede nächste Einfahrt etwas höher gestellt wird, muß die Windeschiene (Formschiene) gesenkt werden. Die Senkung erfolgt insofern gesetzmäßig, als die Formschiene mit ihren Enden auf den kurvenförmigen Laufflächen der Schuhe aufliegt.

Da letztere gemeinsam in der Richtung gegen den großen Headstock verschoben werden, gleiten die Auflagebolzen *482* bzw. *484* auf ihren Unterlagen ab. Die Formschiene nimmt wegen der Verschiedenheit der Kurvenform der Schuhe eine neue Lage ein, die dem Aufwinder in entgegengesetzter Richtung mitgeteilt wird.

Nach Abb. 262 (Nebenskizze) ist zu ersehen, daß die Kurve des Formschuhes *483* zuerst allmählich (von *a — b*) und anschließend steiler abfällt (von *b — c*).

Die Kurvenform des Schuhes *485* (rechte Nebenskizze) ist umgekehrt ausgebildet, zuerst steil (von *a' — b'*), dann sanft (von *b' — c'*). Die Kurvenstücke

$a - b$ bzw. $a' - b'$ gehören für die Ansatzbildung, während die anschließenden Stücke den zylindrischen Teil des Kopses bilden.

Durch die Kurve $a - b$ wird der vordere Teil der Schiene allmählich immer weniger gesenkt, so daß die Verstellung des Aufwinders entsprechend der abnehmenden Schalthöhen s_1, s_2, s_3, s_4 usw. (Abb. 261) vor sich geht. Da vom Formschuh *483* die Verstellung des Aufwinders im unteren Teil jeder Schichte abhängt, somit dadurch der gegenseitige Lagenunterschied dieser gebildet wird, nennt man diesen Formschuh auch Schaltplatte. Das Kurvenstück $a - b$ des Formschuhes *483* ist für Kett- und Schußgarn verschieden.

Der Bolzen *484* senkt sich anfangs wegen des stärkeren Gefälles zwischen $a' - b'$ des Formschuhes *485* schneller, womit ein größerer Höhenunterschied der Punkte *2* und *3* der Formschiene *480* erzielt wird.

Durch die damit verbundene allmählich zunehmende Neigung gegen den Headstock werden in jeder Hauptschichte während des Ansatzes die Windungshöhen größer. Der Formschuh *485* beeinflußt also hauptsächlich die Spitzenhöhe des Garnkörpers und wird deswegen als „Spitzenplatte" bezeichnet. Ist der Ansatz gebildet, so wird, wegen des größeren Gefälles der Kurve $(c - b)$ von *483* gegenüber Kurve $(c' - b')$ von *485*, das vordere Ende der Formschiene schneller gesenkt als das rückwärtige, wodurch sie in bezug auf ihre frühere Lage wieder etwas zurückgerichtet wird.

Gegen Ende des Abzuges werden somit die Schichtenhöhen kleiner.

Die Schichtenhöhen hängen neben der besprochenen einstellbaren Bahnform der Windeschiene bzw. ihrer Neigung noch von der Einstellung des Aufwindeknies *376* zum Aufwindesegment *371* (Abb. 252) ab.

Je höher die Anlenkung der Stelze *377* und des Aufwinderknies über dem Aufwinderwellenmittel liegt, desto kleiner ist die Ausschwingung des Aufwinders. Je tiefer das Anlenkungsauge ist, desto größer ist der Ausschwingungswinkel. Deswegen wird das Auge des Aufwinderknies je nach der Kopsform so eingestellt, daß es nach dem Aufsitzen auf die Schlepphebelrolle, zu Beginn des Kopsansatzes, mehr oder weniger über dem Aufwinderwellenmittel zu stehen kommt. Während der Ansatzbildung senkt sich mit der Stelze auch das Anlenkungsauge, so daß auch dadurch eine Vergrößerung der Schichtenhöhen entsteht.

Bei Bewicklung des zylindrischen Kopsteiles wird durch die stetige Senkung der Formschiene und der gleichartigen Bewegung des Auges die Schichtenhöhe ziemlich stark vergrößert. Um sie kleiner zu halten, wird das rückwärtige Ende der Formschiene durch entsprechende Ausbildung der Schuhkurven in ihrer Abwärtsbewegung gegenüber dem vorderen Ende zurückgehalten.

Die Formschiene wird während der Abwärtsbewegung mittels des Gleitbolzens *486*, der in der schrägen Führung *487* beidseitig eingreift, nach dem großen Headstock verschoben. Es bezweckt dies neben einer guten Führung der Schiene noch eine Verstellung der Kopierrolle auf dem Gelenkstück *496* der Formschiene. Auf diese Weise wird das Laufflächenstück $1 - 2$ vergrößert. Der Wagen liefert somit, bis die Kopierrolle im Punkt *2* der Formschiene anlangt, ein größeres Fadenstück. Dies erscheint notwendig, um die Spannung, die während der Kreuzbewicklung wegen des stetigen Anwachsens des Kopsdurchmessers zunimmt, durch eine größere Fadenlieferung zu vermindern. Die Fadenlänge der Hauptschichte wird dabei allerdings kürzer, doch gleicht sich der Bedarf dadurch aus, daß ihre Schichtenhöhe wieder abnimmt, auch werden zunehmende Spannungen durch Verstellung der Quadrantenmutter von Hand aus bzw. selbsttätig reguliert.

Die bisher besprochene einfache Formschiene hat manche Verbesserungen erfahren, welche im Kapitel: „Technische Sonderheiten" S. 243 besprochen werden.

Die erwähnte Fortschaltung der Schuhe wird dadurch erreicht, daß bei der Aufrichtung des Quadranten (während der Ausfahrt) ein Gleitschuh *505* (Abb. 263) an den Fortschalthebel *506* stößt und denselben niederdrückt. Die Stellung des

Fortschalthebels *506* kann durch die Stellschraube *507* gegenüber einem Anschlag *508* eingestellt werden, so daß der Gleitschuh *505* früher oder später auf den Fortschalthebel stößt. Dadurch kann eine größere oder kleinere Schaltung erreicht werden. An das Ende des Fortschalthebels ist die Zugstange *509* gehängt (siehe auch Abb. 264), welche mit dem Klinkenhebel *510*, der auf der Spindel *492* drehbar gelagert ist, in Verbindung steht. Der Klinkenhebel *510* besitzt an seinem Ende die durch Gewicht belastete Klinke *511* und übermittelt durch diese dem Schaltrad *512* die Schaltdrehung. Das Schaltrad ist auf der Leitspindel *492* befestigt und ist auswechselbar. Die Räder eines Satzes haben 40 bis 46 Zähne, um je 4 Zähne steigernd, so daß durch Auswechslung des Schaltrades die Verschiebung der Formschuhe der jeweilig gesponnenen Garnstärke eingestellt werden kann.

Ist ein Abzug fertiggestellt, so wird die Leitspindel mittels der Handkurbel *513* so weit zurückgedreht, bis die durch Stellschraube *514* bestimmte Anfangsstellung des Formschuhes erreicht ist.

In Abb. 264 ist der untere Teil des Vorderbockes mit dem Schaltmechanismus wiedergegeben. Außer diesem erkennt man im Ausschnitt der Vorderbockwand das liegende Rohr des Quadranten. Links in der Abbildung ist oben das Handrad an der Spannspindel für die daneben befindliche Triebschnurleitrolle, unterhalb davon das Handrad für die Spannspindel des Einzuggegenseiles.

Abb. 264. Schaubild der Formschuhschaltung.
Vorderbock von rückwärts, Formschiene und Durchsicht zum Quadrant.

Um den Wagen während der Einfahrt an beliebiger Stelle anhalten zu können, ist ein einfacher Mechanismus angeordnet, mit dessen Hilfe die Wageneinfahrtskupplung jederzeit gelöst werden kann. Gleichzeitig wird durch diese Einrichtung kurz vor Ende jeder Einfahrt vermöge der lebendigen Kraft des Wagens die Einzugskupplung gelöst, so daß das Anlegen des Wagens am Headstock sanft und ohne merklichen Anprall gegen die Anstoßböcke erfolgt.

Nach Abb. 251 (Kreuzriß) ist im Vorderbock (rechts unten in Abb. 264) ein Tritthebel *515* drehbar gelagert, der mit seinem Winkelarm und Stange *516* mit dem im Headstock bei *517* gelagerten Ausrückhebel *518* verbunden ist. Die Stange *516* ist durch ein Lagerböckchen *519* geführt, gegen das sich die auf der Stange befindliche und mittels Stellring *521* einstellbare Druckfeder *520* anlegt.

Der Ausrückhebel *518* besitzt eine verstellbare Schraube *522* mit Stoßplatte *440*, auf welche der Wagen gegen Ende der Einfahrt stößt. Durch die Wirkung der bewegten Wagenmasse wird der Ausrückhebel *518* verdreht. Auf dem verstärkten oberen Arm desselben liegt eine Stellschraube *523* des Einzugsbremshebels *400*. Bei Verdrehung des Hebels *518* wird letztere gehoben und dadurch die Einzugsbremse frühzeitig gelockert.

Um die Wageneinfahrt nach dem Abschlagen zu verhindern bzw. den Wagen während seiner Einfahrtbewegung an beliebiger Stelle anhalten zu können, wird der Tritthebel *515* getreten. Er kann mittels der Falle *524* in seiner Tieflage arretiert werden.

Am Ende der Einfahrt trifft das an dem Schuh *379* der Aufsitzstelze befindliche Horn *381* (Abb. 262) auf ein neben dem Formschuh *485* der Windeschiene verstellbar angeordnetes Stoßeisen *525* und wirft die Stelze von ihrem Sitz ab (Aufschlagen). Gleichzeitig trifft ein Hebel, welcher an der Gegenwinderwelle befestigt ist, auf einen Bolzen der Headstockwand und drückt den Gegenwinder nach abwärts.

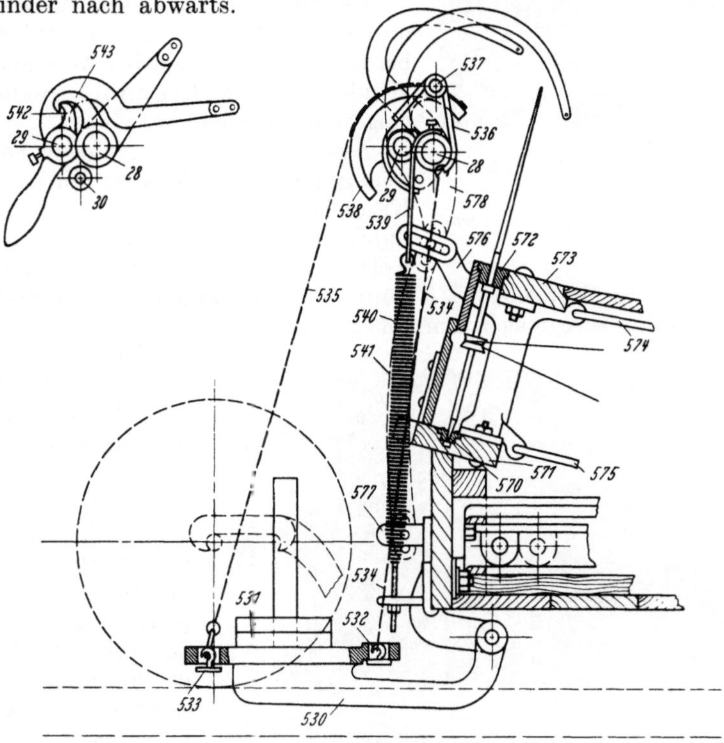

Abb. 265. Gegenwinderbelastung.

16. Gegenwinderbelastung.

Wegen Unstimmigkeit während der Bewicklung ist ein Spannungsausgleicher im Wickelmechanismus unentbehrlich. Der Gegenwinderdraht ist nicht nur als Ergänzung zum Quadrantenmechanismus zwecks Regelung der schwankenden Fadenspannung nötig, sondern erzielt auch eine für die Haltbarkeit bzw. für das Abwickeln notwendige Härte des Kopskörpers. Die Belastung des Kopskörpers ist nach Abb. 265 derart angeordnet, daß sie von der Stellung des Aufwinders abhängt.

An einigen Stellen des Wagens sind mehrere Belastungshebel *530* drehbar gelagert, die durch Gewichtsscheiben *531* mehr oder weniger belastet werden können (auch Abb. 267). Der Belastungshebel hat 2 Kettenhäkchen (*532*, *533*), in Bohrungen seiner Gewichtsplatte eingelegt, an welchen die Ketten *534*, *535* für den Aufwinder und Gegenwinder aufgehängt sind.

Die Aufwinderkette *534* ist an den Kettenwinkel *536* gehängt, der in der Kurbel *537* (vgl. Abb. 266, 267) drehbar gelagert ist. Auf der Gegenwinderwelle ist ein Segment *538* für die Kette *535*, an der Nabe der Kurbel *537* ein Lederstreifen *539* befestigt, an welchen die Winderfeder *540* gehängt ist, die mittels eines Schraubenbolzens im Wagen verstellt werden kann.

Abb. 266. Auf- und Gegenwinderanordnung.

Zylinderbank, Wagen mit Auf- und Gegenwinderteil.

Während der Wagenausfahrt, wenn der Aufwinder hochgestellt ist, wird der Belastungshebel *530* durch Kette *534* gehoben und die Kette *535* entlastet.

Die Spinnstellung des Aufwinders kann durch Anschläge, die auf der Winderwelle befestigt sind und sich bei Aufschlagen des Winders auf die Gegenwinderwelle legen, eingestellt werden.

Bewegt sich der Aufwinder beim Abschlagen nach abwärts, so wird durch die Kette *534* der Belastungshebel gesenkt. Dadurch wird seine Gewichtswirkung auf die Kette *535* des Gegenwinders übertragen und vermittels des Segmentes *538* wird die Gegenwinderwelle verdreht. Der Gegenwinderdraht bewegt sich somit nach aufwärts und drückt von unten auf die Fäden.

Abb. 267. Gegenwinderbelastung und Spindelanordnung.

Vermöge der Wirkung der Winderfedern *534* wird einerseits durch das Aufwinderknie auf der Winderwelle die Stelze gegen die Aufsitzrolle des Schlepphebels gedrückt, so daß die Kopierrolle desselben, ohne zu springen, die Bahn der Formschiene richtig abläuft. Anderseits wird beim Aufschlagen der Aufwindermechanismus in die Spinnstellung zurückbewegt.

Ist ein Abzug fertiggestellt, so wird die Wageneinfahrt nach dem Abschlagen durch Treten auf den Tritthebel *515* (Abb. 251, Kreuzriß) verhindert. Es kann auch durch eine besondere Einrichtung, z. B. durch den vorderen Formschuh bei Erreichung einer bestimmten Kopsgröße, die Ausrückstange gedrückt werden, so daß die Einzugskupplung nicht einfallen kann. Durch die Falle *524* wird die ausgerückte Stellung des Tritthebels arretiert.

Der Wagen wird nun ein Stück einfahren gelassen und nachher abgestellt.

Bei dieser Wagenstellung steht das Quadrantenrohr aufrecht und der Aufwinder der art, daß der Faden auf die Basis geführt wird. Hierauf wird die Quadrantenmutter herabgekurbelt.

Durch Ziehen des Twistseiles in der Aufwinderichtung wird der Gegenwinder wegen des dadurch erzielten Aufwickelns eines Fadenstückes tiefer gezogen, etwa bis in die Höhe der Kopsspitze. Hierauf wird der Gegenwinder von Hand aus noch etwas tiefer gedrückt, so daß er verankert werden kann. Zu diesem Zwecke ist auf der Gegenwinderwelle *29* ein mit einem Handgriff versehener Sicherungshaken *542* (Abb. 268), mit welchem der auf der

Winderwelle lose drehbare und verschiebbare Haken *543* zum Eingriff gebracht wird. Auf der Aufwinderwelle *28* ist ein Handhebel *544* (Griffhebel) — meist seitlich des linken Headstockrahmens — befestigt, durch den der Spinner den Aufwinder so weit hinabdrücken kann, daß die Fäden unter die Hülse des fertiggestellten Kopses auf die Spindeln aufgewickelt

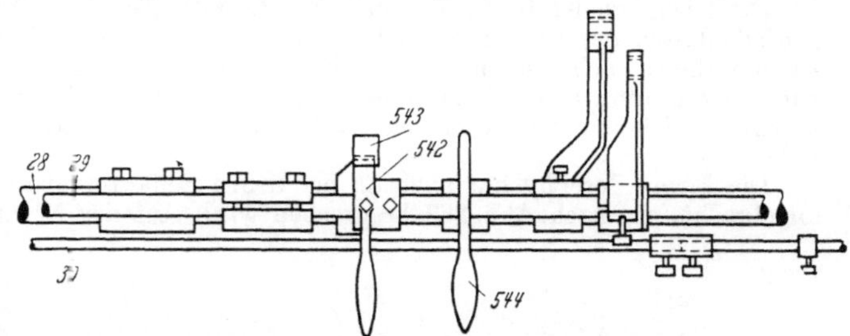

Abb. 268. Schema des Auf- und Gegenwinders.

werden können (Unterwinden). Wird nun der Gegenhaken *543* in den Haken *542* eingelegt, so ist der Gegenwinder verankert. Das Sichern des Gegenwinders ist nötig, damit er während des Unterwindens nicht spielen kann bzw. die Fäden entlastet sind.

Die Quadrantenkette muß für das Unterwinden (Ringelanspinnen) locker sein, damit während des Hinunterdrückens des Aufwinders die Spindeln nicht gedreht werden. Je nachdem die Rückwickeleinrichtung für die Kette der Quadrantentrommel angeordnet ist, wird es notwendig sein, die Quadrantentrommel zu sperren, um ein Nachspannen der gelockerten Kette durch das hierzu verwendete Gewicht zu vermeiden. Dies geschieht meist, indem an der Eingriffsstelle der Räder *346* und *347*, Abb. 244, 259 eine Lederlasche eingelegt wird.

Nun drückt der Gehilfe den Aufwinder mittels des Handgriffes *544* — oder aber auch direkt durch die Bügel des Winders — nach abwärts. Mittlerweile wird die Quadrantenkette durch den sich bewegenden Wagen gespannt, und die Spindeln drehen sich so, daß die Fäden unterhalb der Hülsen auf die Spindeln gewickelt werden.

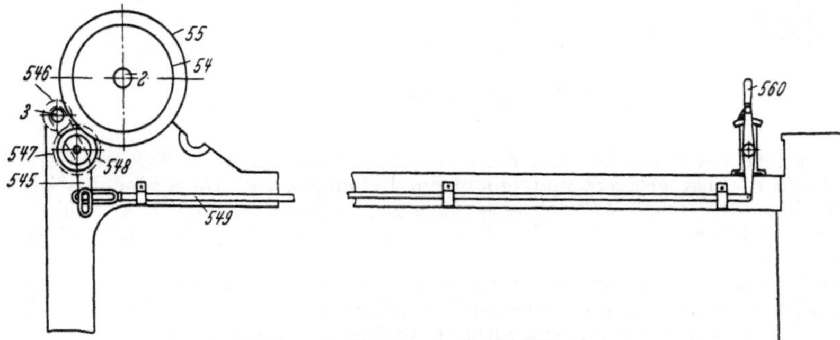

Abb. 269. Unterwindevorrichtung.

Auf leere Spindeln unterwindet man mehr, als wenn schon sog. „Ringel" gewickelt sind.

Das Vorziehen der Formschuhe in ihre Anfangsstellung durch Drehen an der Schaltradspindel *492* (Abb. 263) kann entweder vor oder nach dem eigentlichen Unterwinden erfolgen. Jedenfalls geschieht dies am leichtesten, wenn der Aufwinder bereits tiefgedrückt ist.

Eine andere Art des Unterwindens besteht darin, daß gleichzeitig mit beiden Handgriffen (*542* und *544*) Auf- und Gegenwinder herabgedrückt werden.

Der Gegenwinder wird vermittels des Hakens *543* wieder verankert. Gleichzeitig wird durch einen Gehilfen an der Twistschnur gezogen, so daß die Spindeln etwas gedreht werden. Nachher erfolgt das Unterwinden und Vorziehen, „Aufziehen", der Formschiene. Die Kette ist in diesem Falle gespannt.

Um das Fadenende leicht auffindbar und für den Versand gesichert von der Kopsspitze gegen den Ansatz zu befestigen, dreht man auch häufig vor dem Unterwinden durch Ziehen am Twistseil in der Richtung wie beim Abschlagen die Spindeln einige Male verkehrt.

Dabei wickelt sich die zum spiralförmigen Umwickeln des Kopses nötige Fadenreserve von den Spindeln ab. Der Gegenwinder geht dabei hoch.

Durch gleichzeitiges Abwärtsbewegen des Auf- und Gegenwinders und Drehen der Spindeln in der Aufwickelrichtung werden die Kopse in der oben angeführten Art umwickelt. Die übrigen Arbeiten sind die gleichen.

Das zum Unterwinden nötige Einziehen des Wagens wird derart durchgeführt, daß durch die Einrückstange *25* (Abb. 214) der Antrieb des Selfaktors vom Vorgelege aus ausgeschaltet wird.

Die lebendige Kraft der auslaufenden Leerscheiben bzw. Nebenwelle usw. wird durch Einfallenlassen der Einfahrtskupplung ausgenützt, um den Wagen ein Stück einzufahren. Genügt dieses nicht, so muß die Hilfskraft, die die Wageneinfahrt während des Unterwindens durchführt, die Einzugskupplung wieder lösen und durch Drücken an der Einrückstange die Scheiben neuerdings leer laufen lassen, um den besprochenen Vorgang zu wiederholen.

Die Firma Josephy hat auch an der neuen Selfaktortype eine Unterwindevorrichtung angebracht, die nach Abb. 269 besprochen wird. Auf der Nebenwelle *3* ist ein Hebel *545*

Abb. 270. Fertigstellung eines Abzuges.

drehbar gelagert sowie das Zahnrad *546* aufgekeilt. Dieses greift in Zahnrad *547*, welches im Hebel *545* drehbar gelagert und mit einem Reibungswirtel *548* verbunden ist.

Im Schlitze des Hebels *549* ist eine Zugstange verstellbar angelenkt, die längs der linken Headstockwand verläuft und mit einem Handhebel *560* (siehe Abb. 246 links vom Vorderbock) in Verbindung steht.

Durch Drehen desselben wird der Reibungswirtel, welcher am Umfange mit keilförmigen Reibungsrillen versehen ist, in entsprechende Eindrehungen des großen Twistwirtels *55* (für die dritte Spinngeschwindigkeit) eingedrückt, wodurch letzterer angetrieben wird und die Spindeln gedreht werden. Die Vorrichtung kann auch für das Anspinnen einer neuen Partie sowie für das sog. „Füttern" verwendet werden. Bei letzterem werden die Fäden auf die leeren Spindeln gewickelt, damit, falls keine gefederten Aufsteckhülsen verwendet werden, die Papphülsen bzw. Blechspulen auf den Spindeln festsitzen. Das Füttern der Spindel bedeutet einen Materialverlust, weshalb man zum Zwecke eines besseren Sitzes der Spindeln Aufsteckfedern verwendet (siehe S. 274).

In Abb. 270 wurde ein Abzug fertiggemacht. Durch das Unterwinden wurden die Fadenanfänge für den nächsten Abzug mit der Spindel verbunden, so daß dieselben nach Abziehen der fertigen Kopse und Aufstecken neuer Hülsen durch letztere auf die Spindeln geklemmt werden. Dadurch ist es möglich, daß nach Einfahrt des Wagens gleich die nächste Spinnperiode beginnen kann.

Auf der Abbildung sind die Kopse der letzten Spindeln zum Abziehen bereitgestellt, während die Arbeiterin neue Hülsen aufsteckt.

Auf der ersten Spindel dieses abgebildeten Selfaktors ist auch eine Spindelwaage aufgesteckt, mittels welcher man die Neigung der Spindeln einstellen kann (siehe S. 264).

C. Technische Sonderheiten.

Dem Wesen nach gibt es 2 verschiedene Streichgarnselfaktortypen. Während die eine Type — mit fahrbaren Wagen — im allgemeinen das Prinzip der alten Mule-Jenny von Crompton in den verschiedensten Konstruktionen vertritt, ist in neuerer Zeit eine zweite Art in den Handel gekommen, die dem Wesen nach der ersten Spinnmaschine, Jenny-Maschine von Hargreaves, ähnlich ist, bei welcher die Spindeln in einen fixen Rahmen gelagert sind, während das Vorgarn durch eine waagrecht hin- und herfahrende Presse geliefert wird.

Die Bezeichnung „Wagenspinner" gilt für den Streichgarnselfaktor im wahrsten Sinne des Wortes, weil er, im Vergleich zu anderen Selfaktortypen, den ganzen Spinnprozeß — also Verzug und Drahtgebung — vom Wagen aus bzw. durch ihn vollführt. Die verschiedensten Ausführungen der Selfaktortype mit fahrendem Wagen halten an der prinzipiellen Arbeitsunterteilung eines Wagenspieles fest und unterscheiden sich nur durch die Konstruktion sowie Anordnung der einzelnen hierzu nötigen Mechanismen.

In bezug auf die Lage der Hauptwelle unterscheidet man Längs- bzw. Parallelselfaktoren (Parallelantrieb) und Querselfaktoren (Querantrieb). Im ersten Falle ist die Hauptwelle parallel zur Längsrichtung (bzw. zum Lieferzylinder), im zweiten Falle quer dazu.

Meist werden die Streichgarnselfaktoren gegenüber der älteren Ausführung mit nur 2 Geschwindigkeiten,

Abb. 271. Einrichtung für kontinuierlichen Zug. (Ältere Type.)

heute für 3 Spindelgeschwindigkeiten gebaut. Für den Wagenauszug und erste Geschwindigkeit werden vorwiegend eine Leer- und Vollscheibe mit innen angeordneter Sperradkupplung verwendet, mit Ausnahme der neuen Selfaktortype von Josephy, die ausführlich besprochen wurde. Wie dort beschrieben, dient die mittlere Vollscheibe der Scheibengruppe des ersten Riemens für den kontinuierlichen Verzug. Die Anordnung der Scheiben für den zweiten Riemen ist zumeist die gleiche. Eine Ausnahme von der grundsätzlichen Verwendung zweier Scheibengruppen bildet der Differentialselfaktor der Fa. Hartmann, Chemnitz, bei welchem die Hauptwelle durch einen Motor über ein Zahnradvorgelege mit konstanter Drehzahl angetrieben wird.

Bei früheren Typen wurde der Vorderzylinder für den kontinuierlichen Verzug durch eine Räderübersetzung von der Wagenauszugswelle angetrieben. Zu diesem Zwecke befindet sich auf dem Vorderzylinderschaft noch eine zweite Zahnkupplung (links in Abb. 271).

Bei Verwendung dieser Verzugsart wird von der Vorgarnzählerwelle vermittels einer Verbindungsstange die Zylinderhebelfalle (Schalthebelfalle) gehoben, dabei die normal angeordnete Zylinderkupplung gelöst und die andere für den kontinuierlichen Verzug eingeschaltet. Diese Kupplung wird in gleicher Weise von der Vorgarnzählerwelle wieder ausgeschaltet.

In Abb. 271 ist der Antrieb der linken Zylinderkupplung durch die Wagenauszugswelle infolge Wegnahme eines Zwischenrades unterbrochen, da ohne kontinuierlichen Verzug gearbeitet wurde.

Die alte Einrichtung der Zylinderauslösung (Abb. 272) verwendet hierzu ein durch den Zylinder angetriebenes Zahnrad R, welches auf einer Schraubenspindel drehbar gelagert und durch einen Stift s mit den Schraubengängen derselben gekuppelt ist. In diesem Rad ist ein Bolzen b verstellbar befestigt, der, nachdem sich das Zahnrad während der Drehung — es wird durch ein breitzähniges, auf dem Zylinderschaft lose drehbares Rädchen r angetrieben — seitlich verschoben hat, die Zylinderhebelfalle F durch Aufdrücken löst. Durch

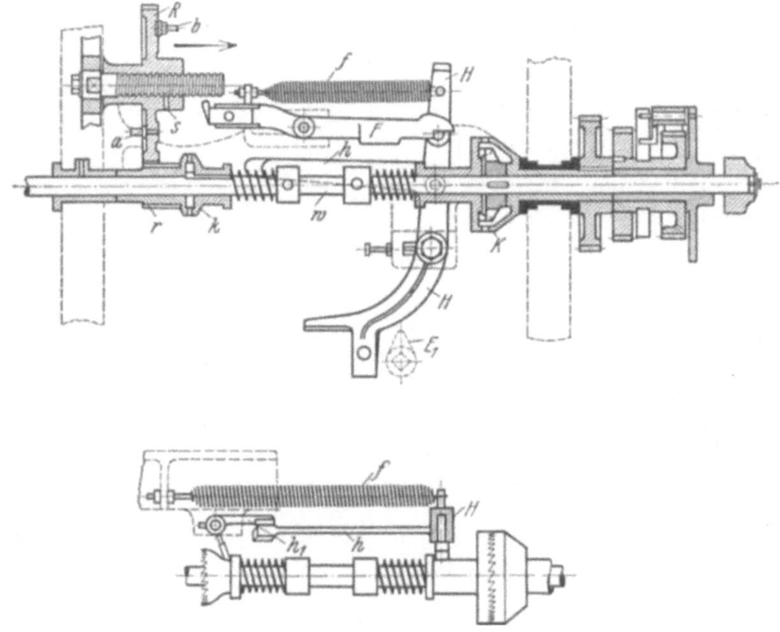

Abb. 272. Zylinderauslösung. (Ältere Type.)

letztere wird die Zylinderkupplung vermöge der Feder f auseinander gerissen und die Vorgarnlieferung unterbrochen.

Das breitzähnige Rädchen r ist seitlich als Zahnkupplung ausgebildet und wird durch eine gleichartige Kupplungshälfte k, die auf dem Zylinderschaft w aufgekeilt ist, angetrieben. Zum Zwecke der Rückbewegung des auslösenden, sich seitlich bewegenden Zahnrades R wird mit der Zylinderkupplung K auch die Antriebskupplung k der Vorgarnzählereinrichtung gelöst. Dies geschieht durch einen Arm h des Schalthebels H und des Winkelhebels h_1. Das seitlich bewegte Rad R wird nun mittels eines Gewichtszuges zurückgedreht. Diese Bewegung erfolgt so lange, bis ein zweiter Bolzen a im Zahnrad R auf einen federnden Anschlag trifft und damit die Ausgangsstellung wieder erreicht wird.

Der Selfaktor der Fa. Hartmann, Chemnitz hat außer dem kontinuierlichen Verzug noch eine Einrichtung für zunehmenden Verzug.

Nach beendigter Wageneinfahrt befindet sich zwischen der Spindelspitze und dem Klemmpunkt des Lieferzylinders ein fertiggedrehter Faden. Dieser ist wegen seiner Drehung nicht mehr verzugsfähig, wenn auch am Beginn der nächsten Ausfahrt ein kleiner Drehungsausgleich zwischen dem fertigen Faden und dem neu gelieferten Vorgarnstück stattfindet. Letzteres würde bei sofort einsetzendem Verzug zu stark verzogen werden, wodurch in das Garn spitzige und schnittige Stellen gelangen würden. Um dies zu vermeiden, wird meist derart gearbeitet, daß am Beginn der Ausfahrt ein kleinerer Verzug gewählt wird, oder man verzieht anfänglich überhaupt nicht, was dadurch erreicht wird, daß die Lieferung gegenüber der Wagenbewegung etwas größer ist.

Um gleich am Beginn der Ausfahrt das nur wenige Millimeter lange Vorgarnstück mit gleichmäßigem Verzug verstrecken zu können, d. h. den Verzug der anfänglich gelieferten Vorgarnlänge anzupassen, wird der Verzug anfangs klein gehalten und allmählich gesteigert.

Der ungleiche Antrieb der Lieferzylinder wird durch zwei Seilschnecken erzielt, die lose auf der Wagenauszugswelle laufen und durch ein Rädergetriebe mit den Lieferzylindern in Verbindung stehen. Am Beginn der Ausfahrt befinden sich die Seile auf dem kleinen Radius dieser Schnecken, so daß letztere durch den ausfahrenden Wagen rascher gedreht werden, wodurch die Lieferzylinder das Vorgarn mit etwa der gleichen Geschwindigkeit liefern, mit der sich der Wagen bewegt. Dadurch wird der Verzug auf einem Minimum gehalten. Während der Ausfahrt laufen die Seile auf immer größer werdenden Radien der Schnecken, so daß diese bzw. die Lieferzylinder langsamer gedreht werden und somit ohne Stoß auf einen größeren Verzug übergehen (siehe auch S. 332 Kunstwollspinnerei).

Abb. 273. Headstock Rückansicht (Josephy).

Während der Einfahrt wickeln sich die Seile gegeneinander auf bzw. ab. Damit man den Anfangsverzug einstellen kann, lassen sich die Seile gegeneinander leicht verstellen.

Die Anordnung bzw. der Antriebsmechanismus der S t e u e r w e l l e ist verschieden.

Die Steuerwelle ist entweder quer zur Selfaktorlängsrichtung oder auch parallel zu dieser im Headstock angeordnet. Zumeist sitzen die Exzenter auf einem Rohr, welches durch eine Schaltvorrichtung jeweils um 180⁰ gedreht wird (vgl. Abb. 218).

Bei der älteren Konstruktion des Josephy-Selfaktors ist die Schaltkupplung auf der von der Nebenwelle angetriebenen „stehenden" Welle (Königsbaumwelle) oberhalb der Einzugskupplung angeordnet (siehe Abb. 273).

Der unter der Schaltkupplung horizontal gelagerte Hebel besorgt die Ein- und Ausrückung der Kupplung und wird auf ähnliche Art durch den Wagen gesteuert. Sein mittlerer Drehpunkt wird durch eine Nut des Kegelrades, welches in der Abb. 273 hinter der Schaltkupplung zu sehen ist, nach einer Drehung um

180⁰ verschoben, so daß die Kupplung durch Verstellung des Schalthebels wieder ausgerückt wird. Es geschieht dies in der Weise, daß ein mit der oberen sich drehenden Kupplungshälfte durch eine Zwischenplatte in Verbindung stehender Bolzen auf die schräge Endfläche des Schalthebels aufläuft. Die obere Kupplung wird dadurch gehoben und gleichzeitig durch eine Nase ein Abgleiten des Bolzens verhindert. Die Steuerwelle ist in vorliegendem Falle mit den Exzentern aus einem Stück.

Auf die Details der Riemenhebelsteuerung sowie des Einfahrtsmechanismus usw. dieser Selfaktortype einzugehen, ist im Rahmen dieses Buches nicht möglich, es sei auf das Handbuch der Spinnerei von J. Bergmann[1] verwiesen.

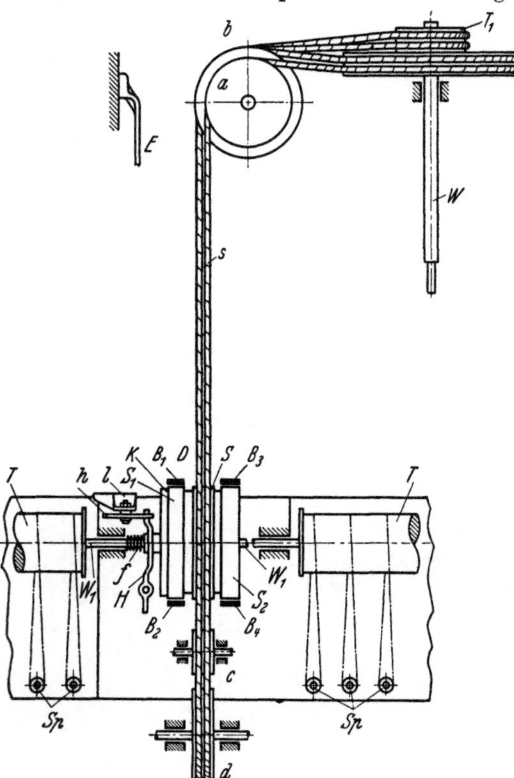

Abb. 274. Differentialgetriebe am Selfaktor von Hartmann, Chemnitz.

Der Antrieb der Spindeltrommel ist bis auf geringe Unterschiede in der Art der Seilführung zumeist der gleiche. Ausnahmen bilden der an dem Selfaktor der Firma Josephys Erben bereits besprochene Trommelantrieb für Rechts- und Linksdrehung der Spindeln und die neueste Einrichtung der Firma Hartmann, Chemnitz, bei welcher zur Erreichung der verschiedenen Spindelgeschwindigkeiten ein Differentialgetriebe auf der Trommelwelle angeordnet ist.

Infolge der Verwendung eines Differentialgetriebes kann die Hauptwelle mit gleichbleibender Tourenzahl (450 T/min) angetrieben werden. Der Vorteil dieser Einrichtung ist darin gelegen, daß für die verschiedenen Spindelgeschwindigkeiten nur geringere Massen beschleunigt werden müssen und überdies die Hauptwelle während des ganzen Spinnprozesses in einer Drehrichtung angetrieben werden kann. Dadurch ergibt sich ein geringerer Kraftbedarf und bei richtiger Behandlung infolge der Verminderung von Verlusten eine Verkürzung der Spieldauer, was einer Mehrproduktion gleichkommt.

Wie in Abb. 274 (siehe auch Abb. 277) zu ersehen ist, befindet sich seitlich der linken Headstockverbindung auf der Trommelwelle W_1 das Tainesche Differentialgetriebe D. Die Spindelantriebsschnur s läuft in normaler Art von den Twistscheiben T_1, T_2 über die Leitrollen a, b, c und die Brustscheibe (Trommelscheibe S), welche als Teil des Differentialgetriebes ausgebildet ist. Von dort läuft das Seil über die Leitrolle d, die im Vorderbock gelagert ist, zu den Twistwirteln zurück.

In der Schnittzeichnung Abb. 275 ist das Getriebe des Taineschen Differentials zu erkennen. Es besteht aus einem Gehäuse, in welchem sich das Getriebe be-

---

[1] Berlin: Julius Springer 1927.

findet (Räder A bis G). Das geschlossene Gehäuse, zum Teil mit Öl gefüllt, ist gleichzeitig als Seilscheibe S ausgeführt und läuft lose auf den Naben der Räder B bzw. C. Beide Räder sind in fester Verbindung mit den Bremsscheiben S_1 und S_2, welche zu beiden Seiten des Gehäuses angeordnet sind.

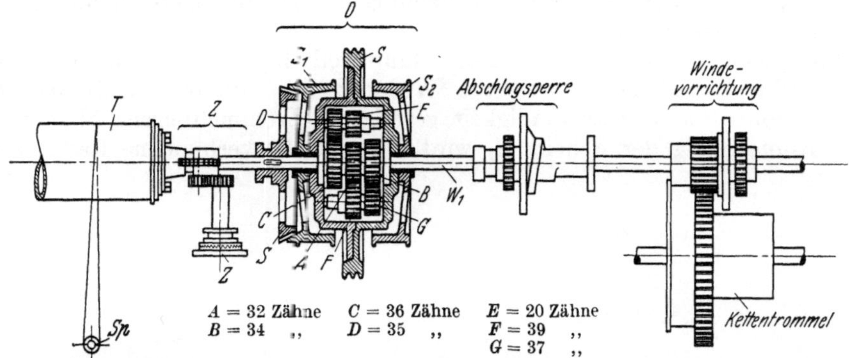

Abb. 275. Differentialgetriebe am Selfaktor von Hartmann, Chemnitz (Schnitt).

Die Bremsscheibe S_1 ist außerdem noch als Konuskupplung ausgebildet, in welche der mit der Trommelwelle W_1 in Verbindung stehende Konus durch axiale Verschiebung eingeschlagen werden kann.

Innerhalb des Gehäuses sind 4 Räderpaare angeordnet. Je 2 symmetrische Paare (ED, GF, Abb. 276) sind einander gleich. Die Räder jedes einzelnen Paares stehen miteinander in fester Verbindung.

Das Rad A ist auf der Trommelwelle aufgekeilt. In dasselbe kämmen die Räder F, welch letztere wieder in E eingreifen. Das mit F verbundene Rad G greift in B ein, während die Räder D, welche mit E in Verbindung stehen, mit dem Rad C kämmen.

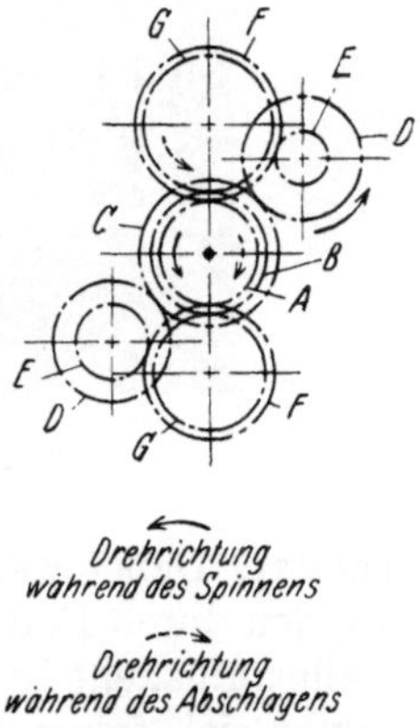

Um zu Beginn der Ausfahrt die erste Geschwindigkeit zu erteilen, wird am Schluß der Wageneinfahrt die seitlich des Differentialgetriebes D im Lager l gelagerte Falle h durch das Streicheisen E (Abb. 274) hochgehoben. Dadurch wird der Kupplungshebel H frei und der auf der Trommelwelle verschiebbare Konus K durch die Feder f in die Bremsscheibe S_1 gedrückt. Da der Konus K sowie das Rad A mit der Trommelwelle W_1 in fester Verbindung stehen, wird das Differentialgetriebe blockiert. Die Trommelwelle bzw. die Spindeln werden somit durch das gesperrte Getriebe D wie gewöhnlich angetrieben.

Die Tourenzahl der Hauptwelle W ist $n_1 = 450$ T/min. Der kleine Twistwirtel T_1 (für die erste und zweite Spindelgeschwindigkeit) ist auswechselbar und besitzt einen Durchmesser von 250, 300, 350 und 400 mm.

Der große Twistwirtel T_2 (für die dritte Spindelgeschwindigkeit hat) die Größen von 440 und 500 mm Durchmesser. Der Durchmesser der Seilscheibe S ist 400 mm, derjenige der Trommel 152 mm und jener vom Spindelwirtel 27 mm.

Daraus ergibt sich die Tourenzahl der Spindeln für die erste Geschwindigkeit, wenn dieselbe allgemein mit n_2 bezeichnet wird, zu:

$$n_2 = \frac{450 \cdot T_1 \cdot 153{,}5}{400 \cdot 27} = 6{,}396\, T_1\,.$$

Abb. 276. Differentialgetriebe am Selfaktor von Hartmann, Chemnitz (Wirkungsschema).

In Berücksichtigung der Spindelschnurdicke wurde der Durchmesser der Trommel statt 152 mm mit 153,5 mm in Rechnung gestellt.

Um die zweite Spindelgeschwindigkeit zu erhalten, wird während der Ausfahrt durch eine Anschlagrolle (siehe S. 250) an der linken Headstockverbindung die Bremsung der Scheibe S_1 (Drahterteilungsbremse) durchgeführt und gleichzeitig die Konuskupplung gelöst.

Ohne Erhöhung der Tourenzahl der Hauptwelle W wird ebenfalls durch den kleinen Wirtel, lediglich durch die Wirkung des Differentialgetriebes die für die zweite Spindelgeschwindigkeit gesteigerte Trommeltourenzahl erreicht. Durch Abbremsung der Scheibe S_1 wird das mit ihr verbundene Rad C still-

Abb. 277. Schaubild des Selfaktors mit Differentialgetriebe.

gesetzt. Dabei wälzt sich das Rad D auf C ab. Die Abwälzdrehungen von D werden durch Rad E bzw. Zwischenrad F dem Rad A, welches auf der Trommelwelle aufgekeilt ist, mitgeteilt (Abb. 266). Bei einer Umdrehung der Seilscheibe S ergibt sich folgende Trommeldrehung:

$$n_t = 1 + \frac{C \cdot E}{D \cdot A} = 1 + \frac{36 \cdot 20}{35 \cdot 32} = 1{,}643 \, .$$

Die Zahl 1,643 heißt das „Spindeldifferential".

Analog der Spindeltourenzahlberechnung für die erste Spindelgeschwindigkeit ergibt sich auch die Spindeltourenzahl für die zweite Geschwindigkeit:

$$n_2 = \frac{450 \cdot T_1 \cdot 153{,}5}{400 \cdot 27} \cdot 1{,}643 = 10{,}509 \, T_1 \, .$$

Um den Spindeln die dritte Geschwindigkeit zu erteilen, bleibt die Bremsscheibe S_1 in gleicher Weise gesperrt, während die Seilscheibe S vom großen

Twistwirtel T_2 bei gleicher Tourenzahl der Hauptwelle angetrieben wird. Daraus ergibt sich:

$$n_2 = \frac{450 \cdot T_2 \cdot 153,5}{400 \cdot 27} \cdot 1,643 = 10,509\, T_2 \,.$$

Die dritte Geschwindigkeit der Spindeln wird durch die größere Umfangsgeschwindigkeit des Twistwirtels T_2 erreicht.

Während des Abschlagens müssen die Spindeln wenige Drehungen in entgegengesetzter Richtung machen. Zu diesem Zwecke muß auch die Trommelwelle verkehrt zu ihrem früheren Umlaufsinn gedreht werden. Um dies zu erreichen, wird die Bremsung der Scheibe S_1 gelöst und die Scheibe S_2 (Abschlagbremse) abgebremst. Dadurch steht das Rad B still, so daß sich G auf demselben abwälzen muß. Da F mit G in Verbindung ist, wird durch Rad F das Rad A angetrieben.

Bei einer Umdrehung der Seilscheibe S macht die Trommelwelle während dieser Periode nachstehende Drehungen:

$$n_t = 1 - \frac{B \cdot F}{G \cdot A} = 1 - \frac{34 \cdot 39}{37 \cdot 32} = -\,0,12 \,.$$

Durch das Minuszeichen wird die Rückdrehung der Trommel angedeutet. Die Zahl 0,12 ist das „Abschlagdifferential".

Die Spindeltourenzahl während des Abschlagens wird aus der Formel

$$n_2 = \frac{450 \cdot T_2 \cdot 153,5}{400 \cdot 27} \cdot 0,12$$

errechnet. Dies ist die gleiche Formel wie für die dritte Spindelgeschwindigkeit, nur ist an Stelle des Spindeldifferentiales das Abschlagdifferential einzusetzen.

Während des Spinnens wird die Trommelwelle durch Vorgelege DE und Zwischenrad F in gleicher Richtung wie die Seilscheibe S gedreht (ausgezogener Pfeil in Abb. 276). Die Tourenzahl der Seilscheibe S bei Verwendung der verschiedenen Wirtel ist aus nebenstehender Tabelle zu ersehen.

Während des Abschlagens dreht sich die Seilscheibe S mit gleicher Tourenzahl wie für die dritte Spindelgeschwindigkeit, und zwar in gleicher Richtung wie beim Spinnen. Da die Trommelwelle beim Abschlagen durch das Vorgelege GF (ohne Zwischenrad) im Differential angetrieben wird, dreht sie sich im entgegengesetzten Sinn wie während der Spinnperiode (strichpunktierter Pfeil in Abb. 276).

Auf diese Weise erübrigt sich die gewöhnliche Anordnung der Abschlagbremse auf der Hauptwelle, wie sie bei allen anderen Konstruktionen durchgeführt ist, da die Abschlagbremse bei dieser Selfaktortype in das Differential verlegt wurde.

Aus der nachstehenden Geschwindigkeitstabelle sind die Tourenzahlen der Spindeln bei den jeweils verwendeten Twistwirteln zu ersehen.

Während der Wageneinfahrt ist die Bremsung beider Scheiben S_1 und S_2 gelöst. Die Trommelwelle bleibt vom Differentialgetriebe unbeeinflußt und wird während dieser Zeit vermittels der bekannten Einrichtung der Windevorrichtung angetrieben.

Tourenzahl der Seilscheibe bei konstanter Tourenzahl der Hauptwelle.

Wirtel	Erste Geschwindigkeit	Zweite Geschwindigkeit	Dritte Geschwindigkeit	Abschlagen
250	281	281	—	—
300	337	337	—	—
350	394	394	—	—
400	450	450	—	—
440	—	—	495	495
500	—	—	562	562

Die zur Bremsung der Scheiben S_1 und S_2 nötige Steuerung ist in den Abb. 278, 279 ersichtlich.

Sie geben jenen Teil des Wagens wieder, in welchem das Differentialgetriebe D mit seiner Steuerung angeordnet ist. Zum weiteren Verständnis der Steuerung sind noch verschiedene Teile des Wagenmittelstückes in den genannten Abbildungen eingezeichnet. Abb. 278 zeigt die Stellung des Steuermechanismus während der Ausfahrt des

Spindelgeschwindigkeiten bei 450 Hauptwellentouren.				
Wirtel	Erste Geschwindigkeit	Zweite Geschwindigkeit	Dritte Geschwindigkeit	Abschlaggeschwindigkeit
250	1600	2630	—	—
300	1920	3160	—	—
350	2240	3680	—	—
400	2560	4200	—	—
440	—	—	4625	338
500	—	—	5250	384

Wagens, Abb. 279 zeigt ihn vor der Einfahrt. Wie bereits besprochen, ist zu beiden Seiten der Seilscheibe S des Differentiales D je eine Bremsscheibe. In den angegebenen Abbildungen ist die Seite des Differentiales zu sehen, auf welcher die Bremsscheibe S_1, sowie der Konus K angeordnet ist. Zu beiden Seiten der Bremsscheibe S_1 — entsprechendes gilt auch für die hinter der Papierebene liegende Bremsscheibe S_2 — sind die Bremsbacken B_1 und B_2 (siehe auch

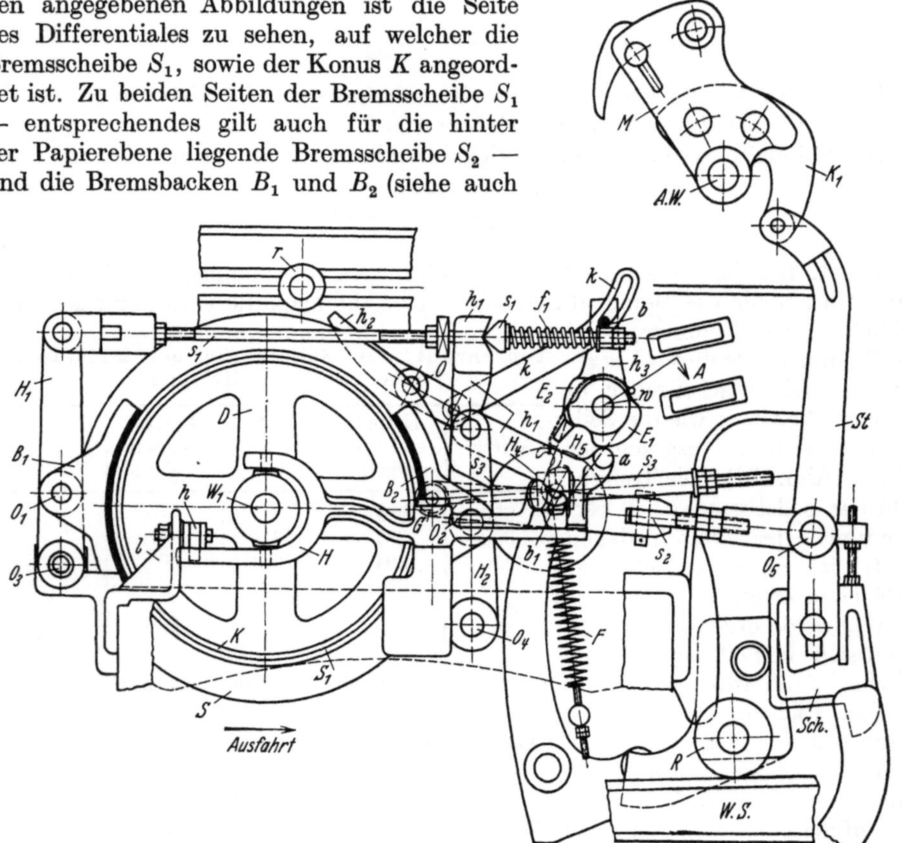

Abb. 278. Schaltmechanismus für das Differentialgetriebe.

Abb. 274) in den Bremshebeln H_1 und H_2 in O_1 und O_2 drehbar gelagert. Die Bremsbacken B_1 und B_2 (auch B_3 und B_4) sind mit Ferodobelag versehen, so daß eine gleichmäßige Bremswirkung erzielt wird.

Die Hebel H_1 und H_2 sind in den Lagern O_3 und O_4 drehbar.

Am oberen Ende des Hebels H_2 ist der doppelarmige Hebel h_1 gelagert. Der aufwärtsgehende kurze Arm von h_1 ist als Schneidlager ausgebildet und besitzt einen Schlitz für die Stange s_1. Auf der Stange s_1 befindet sich eine Druckfeder f_1, welche das als Schneide ausgebildete Stück gegen das Schneidlager drückt. Das Auge a am rechten Hebelarm von h_1 wird vom Exzenter E_1 derart beeinflußt, daß durch den Hebel h_1 sowie vermittels der Stange s_1 beide Bremsbacken an die Scheibe S_1 gedrückt werden. Die Abbremsung soll, wie an früherer Stelle bereits gesagt wurde, dann erfolgen, wenn für die zweite bzw. dritte Spindelgeschwindigkeit eine höhere Tourenzahl der Trommelwelle W_1 eintreten soll.

Am Anfang der Wagenausfahrt ist die Konuskupplung dadurch von der Feder f (Abb. 274) eingeschlagen worden, so daß die Falle h den Gabelhebel H am Ende der vorangegangenen Wageneinfahrt freigegeben hat.

Im weiteren Verlauf der Ausfahrt trifft der in O drehbar doppelarmige Hebel h_2 gegen die in der linken Headstockverbindung verstellbar geschraubten Rolle r, wodurch Hebel h_2 in die in Abb. 278 gezeichnete Stellung gedreht wird.

Der Hebel h_2 ist mit dem Kulissenhebel k gelenkig verbunden. In der Kulisse dieses Hebels k ist ein Bolzen b des Steuerhebels h_3. Er ist auf der Bremssteuerwelle w befestigt und dreht sie im Sinne des Pfeiles A. Durch die Verdrehung drückt das Exzenter E_1 auf das Auge a des Hebels h_1 und erzielt die bereits besprochene Abbremsung der Scheibe S_1 durch Andrücken der Bremsbacken B_1 und B_2 an dieselbe. Gleichzeitig wird durch Niederdrücken des Hebels h_1 die Konuskupplung gelöst und durch Falle h arretiert.

Die Steuerwelle ist in Abb. 277 hinter der Seilrolle zu sehen.

Seitlich des linken Wagenhauptes sieht man die Drahtzählerscheibe. Rechts oben ist vor dieser eine Klinke zu erkennen, welche am Umfang eines Nasenexzenters aufliegt. Letzterer ist am Ende der Steuerwelle befestigt. Wird die Steuerwelle in der Pfeilrichtung A nach Abb. 278 gedreht, so fällt die Klinke vor die Nase des Exzenters und sperrt dadurch die Steuerwelle, damit sie nicht dem Zuge der gespannten Feder F folgen kann. Die Sperrung der Steuerwelle ist deswegen nötig, weil für die zweite und dritte Spindelgeschwindigkeit das Exzenter E_1 auf das Auge a einwirken muß, um auf diese Weise die Abbremsung der Scheibe S_1 zu erhalten. In dieser Stellung bleibt der Mechanismus, bis die Drahtgebung vollendet ist.

Die gleiche Einrichtung der Hebelanordnung ist auch für die Abschlagbremse vorhanden. Nur wirkt auf das Auge a des betreffenden Hebels h_2 das Exzenter E_2. Die Exzenter E_1 und E_2 müssen gegeneinander versetzt sein, um vor allem die Bremsen gegenseitig zu sichern.

Wie aus Abb. 275 zu erkennen ist, wird die Drahtzählerscheibe ZS von der Trommelwelle aus angetrieben.

Durch den verstellbaren Bolzen in der Drahtzählerscheibe wird bei Erreichung der gewünschten Drehung die Sperrklinke ausgehoben. Durch Aufhebung der Sperrung der Steuerwelle wird diese unter der Wirkung der Feder F in die Pfeilrichtung B (Abb. 279) gedreht, so daß Exzenter E_2 zur Wirkung kommt.

Da E_1 nicht mehr auf Auge a drückt, wird die Drahterteilungsbremse entspannt.

Durch E_2 werden die Bremsbacken B_3 und B_4, welche durch B_1 und B_2 verdeckt sind, an die Scheibe der Abschlagbremse gedrückt und damit das Abschlagen eingeleitet.

Nach erfolgtem Abschlagen hat sich die Stelze St auf die Rolle der Kopiervorrichtung R aufgesetzt und hierbei eine kleine Linksbewegung vollführt.

Während der Wageneinfahrt müssen beide Bremsen des Differentiales D entspannt sein, um die Trommelwelle durch die Quadranteneinrichtung drehen zu können, weshalb diese kleine Bewegung der Stelze St zur Verstellung der Steuerwelle W herangezogen wird.

Diese Verstellung ist in Abb. 279 gezeichnet. Bei O_5 greift an die Stelze eine Stange s_2 an, die bei g mit der Zugstange s_3 in Verbindung steht. Über dieselbe gleitet eine Hülse H_4, welche durch Bolzen b_1 mit Hebel H_5 verbunden ist. Der Hebel H_5 ist auf der Steuerwelle befestigt. Durch die Bewegung der Aufsitzstelze wird der Hebel H_5 mittels der Zugstange s_3 etwas nach links bewegt, so daß das Auge des Hebels h_1 in dem tiefsten Punkt zwischen den beiden Exzentern E_1 und E_2 liegt. Durch die Bewegung des Hebels H_5 wurde demnach die Steuerwelle wieder etwas nach der Pfeilrichtung A gedreht. Weil das Auge a des zugehörigen Hebels h_1 von keinem Exzenter beeinflußt wird, sind beide Bremsen entspannt.

Während der Einfahrtsbewegung sollen die Bremsbacken von den Bremsscheiben ca. 2 mm entfernt sein.

Um eine Nachstellung der Bremsen bei Abnützung des Belages durchführen zu können, muß

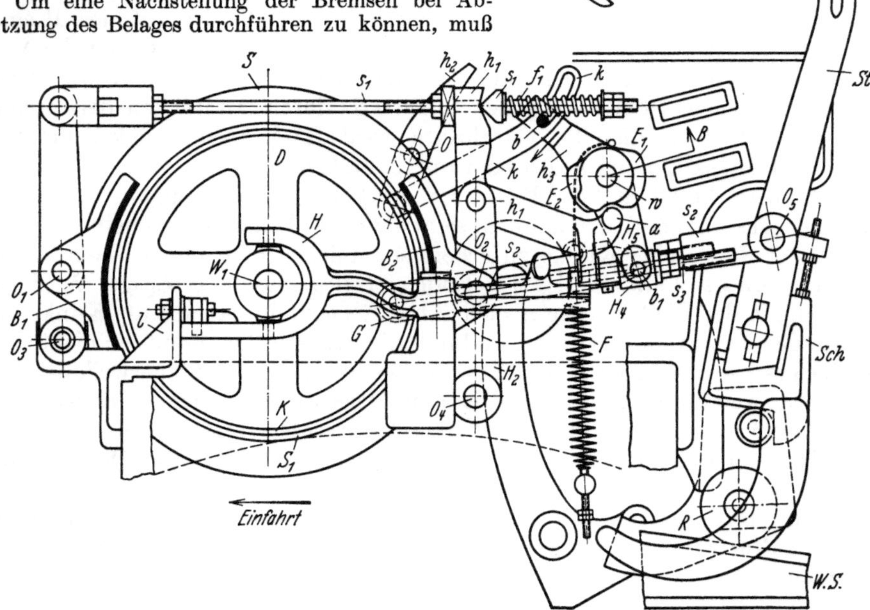

Abb. 279. Schaltmechanismus für das Differentialgetriebe.

die Feder f_1 nachgestellt werden. Je nach der Spannung dieser Feder kann auch das Abbremsen schneller oder langsamer erfolgen.

Beim Einstellen der Bremsbacken ist darauf zu achten, daß sie gleichmäßig von den Scheiben abstehen, damit der Bremsdruck nicht einseitig wirkt, und vor allem, um eine etwaige Biegung der Trommelwelle zu vermeiden.

Zum Nachfüllen des Öles besitzt das Differentialgetriebe 2 Löcher, die ca. 120° gegeneinander liegen. Um Öl nachfüllen zu können, öffnet man beide Löcher und dreht das Gehäuse derart, daß sich ein Loch oben befindet. Man gießt gutes, säurefreies Öl in die hinaufgedrehte Öffnung, bis es durch die andere Öffnung läuft; dann ist im Differential die nötige Menge Öl (ca. ½ Liter) vorhanden. Nach ca. 6 Wochen fügt man in gleicher Weise Öl hinzu. Nach 6 Monaten soll das Öl im Differential gewechselt werden. Hierbei ist es angezeigt, das Gehäuse mit Petroleum durchzuspülen.

Bei Besprechung der neuesten Type der Firma Josephys Erben wurde bereits angeführt, daß der Drahtzähler bei den verschiedensten Ausführungen entweder im Headstock oder aber im Vorderbock bzw. im Wagen sein kann. Letztere Anordnung ist die günstigste, weil außer Gleitverlusten der Seilbewegung noch das Abrollen des Seiles durch den bewegten Wagen sowie auch ein Nachlassen der Seilspannung berücksichtigt und weiters jedesmal die Gesamtdrehung der Trommel während einer Ausfahrt kontrolliert wird. Dies ist bei jeder anderen Anordnung des Drahtzählers nicht möglich, besonders dann nicht, wenn die Drehung direkt von der Hauptwelle abgenommen wird. Gegenüber dieser letzteren Anordnung ist es noch günstiger, den Drahtzähler im Vorderbock unterzubringen, wenn dieser durch die Seilrolle, die dort angebracht ist, angetrieben wird. In diesem Falle wird nicht die Drehung während der Ausfahrt kontrolliert, sondern nur die Nachdrehung. Es wird also die Drehungerteilung während der Ausfahrt als konstant angenommen und die Nachdrehung durch den Drahtzählermechanismus konstant gehalten.

Bei der Anordnung im Vorderbock werden zum Teil die Gleit- sowie Abrollverluste berücksichtigt.

Ein Nachteil dieser Anordnung gegenüber jener im Wagen tritt besonders dann auf, wenn beim Einrücken der Zahnkupplung zwischen den Zähnen derselben ein Spielraum auftritt. Er wird bei Anordnung des Zählers im Wagen schon während der ersten bzw. noch anfangs der zweiten Spindelgeschwindigkeit, hingegen bei der Unterbringung desselben am Vorderbock erst bei der dritten Spindelgeschwindigkeit überbrückt werden. Der Unterschied liegt darin, daß der Drahtzähler am Vorderbock in diesem Falle infolge der hohen Spindelgeschwindigkeit bedeutend mehr Drehungen im Garn zuläßt als bei Anordnung im Wagen, so daß im letzteren Falle stärkere Drehungsunterschiede in dem Faden auftreten werden, was besonders bei loser gedrehtem Garn unangenehm ist.

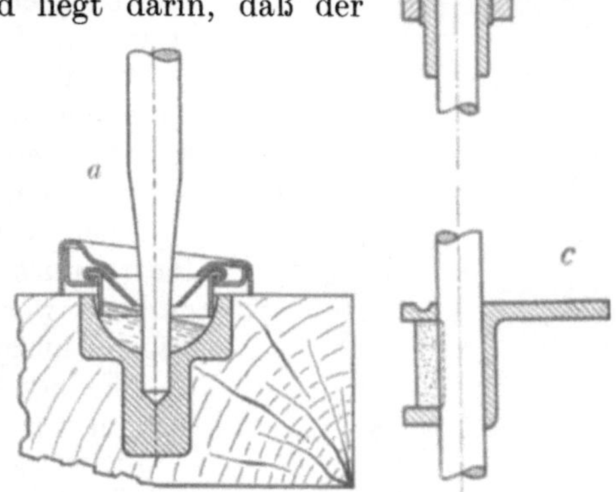

Abb. 280 a, b und c. Spindellagerung von Jagger.

Die Spindellagerungen weisen ebenfalls in ihrem konstruktiven Aufbau Verschiedenheiten auf.

Die aus feinstem Stahl hergestellte und gehärtete Spindel ist im Wagen an 2 Stellen gelagert.

Der bronzene Spindelkopf des Fußlagers (Abb. 265) ist im unteren Plattband *570*, welches im Tragbalken *571* befestigt ist, eingesetzt und derart ausgebildet, daß eine kleine Ölreserve aufgenommen werden kann, weshalb das Fußlager weniger oft geschmiert zu werden braucht. Um ein Verstauben bzw. Verschmutzen der Fußlager zu vermeiden, liegt über ihnen ein Schutzblech.

In Abb. 280 a ist ein Fußlager nach Ausführung der Firma Jagger & Sons, Oldham, zu sehen.

Das Halslager wird verschiedenartig ausgeführt. Bei der älteren Ausführung (Abb. 280 b) sind 10 bronzene Halslagerbüchsen in der oberen Tragschiene *572* (Abb. 265) (Plattband) eingesetzt. Das Plattband ist an der mit Bohrungen für die Spindel versehenen Holzleiste *573* im Wagen befestigt.

Bei diesen Halslagern kann das Schmieröl leicht abfließen. Durch die drehenden Spindeln wird es abgeschleudert, so daß neben der Verschmutzung der Maschine auch die Spindelschnüre mit Öl bespritzt werden und verderben. Außerdem tritt ein größerer Gleitverlust im Spindelantrieb ein, so daß dadurch das Garn eines Abzuges unegal wird. Deswegen und um geringen Ölverbrauch zu erzielen, wird in neuerer Zeit eine Filzschmierung angewendet. In Abb. 280 c ist eine Filzbandschmierung zu sehen. Auf der Außenseite der Lager sind Öffnungen, in welchen das Filzband liegt. Es ist an einem Stahlband befestigt, das in Nuten in der Tragschiene (Plattband) geführt und somit verstellbar ist. Oberhalb des Filzbandes hat die Tragschiene eine Rinne mit Öllöchern.

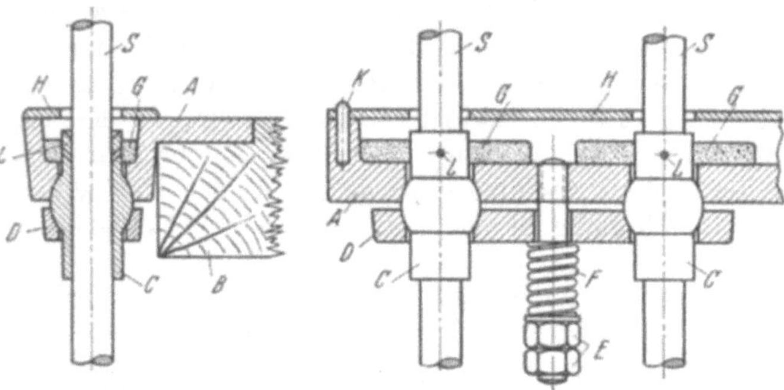

Abb. 281. Spindelhalslager von Josephy.

Abb. 281 zeigt eine der neuesten Ausführungen der Spindelhalslager der Firma Josephys Erben, Bielitz, die zwecks leichter Verschwenkungsmöglichkeit der Spindel im Mittelteil kugelig ausgebildet sind.

Diese Verschwenkung der Spindel wird nötig, wenn die Spindel aus irgendwelchen Gründen aus dem Fußlager genommen wird. Außerdem ermöglicht diese Lagerung ein leichtes Laufen der Spindeln, wenn die Holzleiste B des Wagens, auf welcher die Plattbänder geschraubt sind, sich geworfen oder verzogen hat. Die Kugelbüchsenlagerung gibt auch die Möglichkeit, daß sich bei Verstellung der Spindelneigung das Halslager der neuen Lage anpaßt.

Nach Abb. 281 sind die Spindellager C des oberen Plattbandes A im mittleren Teil kugelförmig ausgebildet, sie werden durch über je 2 Spindeln reichende, kugelig ausgenommene Deckel D mittels Schrauben E und Federn F an gleichfalls kugeligen Ausnehmungen des Plattbandes A elastisch angedrückt.

Die Ölung der Spindeln S ist eine sehr sparsame und verläßliche und erfolgt auf folgende Weise:

Das obere Plattband A ist als ein allseitig geschlossener, gewöhnlich über 10 Spindeln ruhender Trog ausgeführt, in dessen Boden die Kugelbüchsen C sitzen. Diese sind an ihrem oberen Teil von Filzstücken G umgeben, welche genau zwischen die Wand des Troges eingepaßt sind. Der obere Deckel H — durch 2 Stifte K gehalten — ist leicht abhebbar und in der Mitte mit einem Schmierloch (nicht sichtbar) versehen, durch welches Öl in den Trog eingegossen wird, bis alle Filzstücke G vollgesogen sind. Das Öl gelangt aus den Filzstücken G durch die kleinen Löcher L der Kugelbüchse C zu den Spindeln S und sorgt für eine durch Monate anhaltende gute Schmierung.

Eine andere Ausführung der Halslagerbüchse neuester Konstruktion ist das bewegliche TFC-Spindellager der Firma Triemer & Forkert, Schweinburg-Pleiße in Sachsen (Abb. 282).

Das bronzene Halslager ist ebenfalls kugelig ausgebildet. Seitlich der Spindeln läuft durchgehend die Schmierrinne, von welcher das Öl für jede Spindel durch einen Docht, der in direkter Berührung mit der Spindel ist, übermittelt wird. Wie aus dieser Abbildung

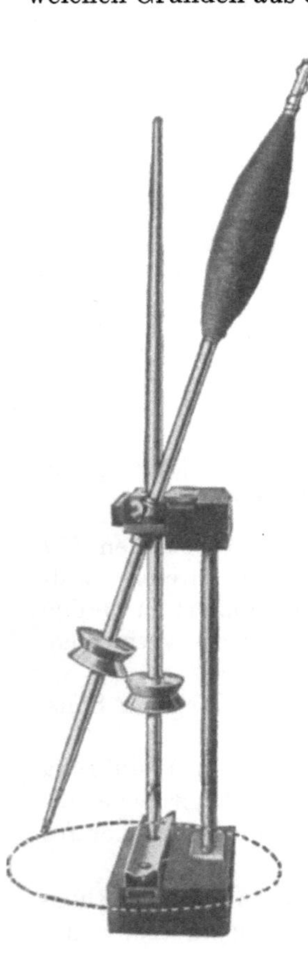

Abb. 282. Spindelhalslager von Triemer und Forker.

zu ersehen ist, gestattet die Ausführung des Halslagers eine zentrische Beweglichkeit der Spindel, so daß jederzeit ein leichtes Laufen der Spindel bei ge-

ringstem Ölverbrauch gewährleistet wird. — Da die Spindel der drahtgebende
Faktor ist, ist neben ihrer guten Lagerung auch die Spannung der Spindelschnur
für die Garndrehung von Wichtigkeit.
In letzter Zeit wurden verschiedene
Apparate in den Handel gebracht, die
eine Kontrolle des Spindelschnurschlüp-
fers ermöglichen.

Derartige Apparate beruhen im allgemeinen auf dem Prinzip des Stroboskopes.
Es ist dies eine — als Wunderrad oder Lebens-
rad bekannte — Scheibe, welche mit einer
Anzahl radialen Schlitzen versehen ist. Gegen
den Drehpunkt der Scheibe sind ebenfalls
radial angeordnete Abbildungen in den verschiedenen Bewegungsstadien. Wird die sich
drehende Scheibe vor einen Spiegel gehalten
und sieht man durch die Schlitze derselben,
so hat man im Spiegel den Eindruck des bewegten Vorganges.
Diese Apparate wurden nun sinngemäß
zur Ermittlung von Tourenzahlen bzw. Geschwindigkeiten herangezogen, ohne daß der
bewegte Teil in Berührung mit dem Meß-
apparat steht, wie dies bei dem Tachometer
(Tourenzähler) der Fall ist.

Die Apparate sind unter dem Namen
„Stroboskop", „Stroborama" bzw.
„Rotoskop" in den Handel gekommen.
Das Stroborama beruht auf der strobo-
skopischen Methode mit Spiegel und be-
steht aus einem auf einem einstellbaren
Gestell montierten Scheinwerfer, der
die bewegten Maschinenteile beleuchtet
(Firma: Forschungsbüro für Mechanik
und Physik A.G., Paris).

Die von Wechselströmen varriierbarer Frequenz betriebene Lampe leuchtet bei jeder
Periode 2mal hell auf. Bei einer Frequenz von
z. B. 50 Hz wird also ein betrachteter Maschinenteil 100mal beleuchtet, d. h. 100mal
sichtbar. Rotiert dieser Maschinenteil gerade
mit einer Winkelgeschwindigkeit von 100 Umdrehungen je Sekunde, so scheint er für den
Beobachter zu ruhen, denn in jedem Moment
des Aufleuchtens befindet sich jeder beliebig
herausgegriffene Punkt des rotierenden Ob-
jektes in der gleichen Lage. Wird die Frequenz langsam erhöht oder vermindert, so
scheint der beobachtete Gegenstand langsam
nach rückwärts bzw. vorwärts zu laufen. Die
Geschwindigkeitsmessung mit dem Stroborama erfolgt also derart, daß die Tourenzahl
des Umformers solange variiert wird, bis das
beobachtete Objekt stillzustehen scheint. Ein
Tachometer am Umformer gestattet dann, die
Umdrehungszahl direkt abzulesen.

Abb. 283. Rotoskop.

In äußerst handlicher Form gestattet das Rotoskop der Firma Ashdown,
Westminster London (Abb. 283), die Messungen von Geschwindigkeit bzw. ihre

Kontrolle sowie die Beobachtung schnell bewegter Maschinenteile. Der Zweck des Apparates ist, periodisch schnell wiederkehrende Bewegungsvorgänge — in der normalen Ausführung bis zu 40000 in der Minute — zu veranschaulichen und zugleich zahlenmäßig zu erfassen, ohne daß der Apparat in irgendwelche Berührung mit dem bewegten Maschinenteil kommt.

Der Apparat kommt für die Kontrolle der Spindel- sowie der Riemenantriebe in Betracht.

Da 20 bis 30 Spindeln gleichzeitig beobachtet werden können, kann mit Hilfe des Rotoskops jede nicht mit richtiger Geschwindigkeit laufende — also andere Drehung gebende — Spindel herausgefunden werden.

Auch die Vorgänge auf anderen Maschinen, wie Krempel, Vließbildung, Florteiler usw. sowie auch die Schmierwirkung eines Öles lassen sich kontrollieren.

Zum Zwecke der Drahtgebung muß die Spindel schräg stehen. Der Neigungswinkel gegen die Senkrechte ist je nach der Stärke des Garnes verschieden. Für mittlere Nummern ist er 15 bis 17°, für gröbere Nummern ist der Winkel ca. 1 bis 2° kleiner, für feinere um ebensoviel größer. Die Verstellung der Spindellage wird durch Verschiebung des Hals- bzw. Fußlagers erzielt. Zu diesem Zwecke werden die Zugstangen *574, 575* (Abb. 265) vermittels Schrauben verkürzt oder verlängert, so daß dadurch in kleinen Grenzen die Lage der Tragschienen *571, 573* verschoben wird.

Zwecks Unterstützung der Auf- und Gegenwinderwelle *28, 29* sind in beiläufiger Entfernung von 1 m am Wagen Eisenwinkel *576, 577* (oben und unten, Abb. 265) geschraubt, an welchen mittels Schrauben die diesbezüglichen Tragstützen *578* befestigt sind.

Die Einstellung der Spindelneigung sowie des Auf- und Gegenwinders wird im nächsten Teil besprochen.

Der Abschlagmechanismus des Selfaktors ist bei den verschiedensten Typen im Prinzip gleich. Auch die Anordnung aller Einzelheiten desselben im Wagenmittelstück ist beibehalten. Die Unterschiede bei den in Betracht kommenden Maschinen sind in bezug auf diesen Mechanismus nur gering.

Für die Spindelbewegung wird bei allen Selfaktoren während der Wageneinfahrt der nachschwingende Hebel mit dem ¼-Rad (Quadrant) verwendet.

Die Anordnung des Quadranten ist insofern verschiedenartig, als er bei manchen Typen innerhalb des Vorderbockes oder aber außerhalb der rechten Seite desselben gelagert ist (vgl. Abb. 257, 264, 277).

Unterschiede an den Quadranten bzw. der Windevorrichtung sowie der selbsttätigen Regulierung an den einzelnen Selfaktoren sind nur konstruktiver Natur. So wird unter anderem statt des Quadrantenseiles eine Kette verwendet.

Der Quadrantenmechanismus löst die Aufgabe der Spindelbewegung während der Einfahrt in derart einfacher Weise, daß ihn andere kompliziertere Konstruktionen nicht leicht verdrängen können.

Für die Aufwicklung könnte die Bewegung der Quadrantenmutter noch günstiger gemacht werden, wenn nach zweckentsprechender Umgestaltung des Ritzelantriebes sowie auch des Quadrantenbogens ein größeres, etwas exzentrisch gelagertes Ritzel verwendet würde. Ein solches Ritzel, welches sich während der ganzen Quadrantenbewegung nur um beiläufig ¾ seines Umfanges verdrehen dürfte, würde durch die entsprechende Nachschwingung der Quadrantenmutter eine der Aufwicklung besser angepaßte Spindeldrehung bewirken.

Der Gedanke des besprochenen Taineschen Differentialgetriebes und seiner Steuerung, gibt bei geringfügiger Änderung der Steuerung eine Möglichkeit, im Verein mit Aufwinder und Windeschiene den bisher verwendeten Quadrantenmechanismus durch eine grundsätzlich andere Konstruktion zu ersetzen.

Die Windeschiene ist im Prinzip für die Spulbewegung des Wenders bei allen Selfaktoren angewendet.

Man unterscheidet die einfache Windeschiene, welche in bekannter Art am vorderen und rückwärtigen Ende auf den Formschuhen ruht. Außer dieser Anordnung gibt es auch eine solche, deren vordere Auflaufbahn in der Windeschiene beweglich gelagert ist. Ihre Lagenänderung wird durch einen dritten Formschuh, der meist innerhalb des vorderen Schuhes angeordnet ist, gesteuert. Die Form des dritten Schuhes entspricht der des hinteren Formschuhes und bezweckt eine Korrektion der vorderen Laufbahn in bezug auf die Kreuzschicht.

Ebenfalls zum Zwecke einer regelbaren Aufwicklung wird die gegliederte Formschiene (Heiptsche Schiene) mit vorne und rückwärts beweglicher Laufbahn verwendet.

Diese gegliederte Formschiene „System Heipt" ist in Abb. 284 zu sehen. Die Beschreibung bzw. die Einstellvorschriften seien nach Firma Josephy mit den hierzu nötigen Nebenskizzen wiedergegeben.

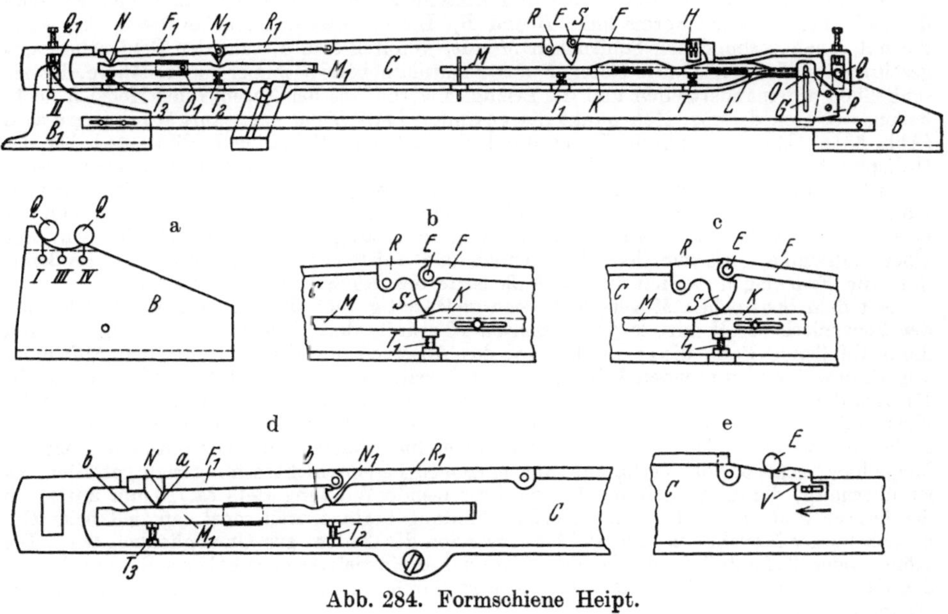

Abb. 284. Formschiene Heipt.

Sie unterscheidet sich im wesentlichen von einer normalen Windeschiene dadurch, daß die Form ihrer oberen Kante nicht durch die dem Balken C gegebene Form bedingt ist, sondern dadurch geändert und den verschiedenen Verhältnissen angepaßt werden kann, daß sich diese Kante aus einzelnen Teilen zusammensetzt, die gegeneinander verstellt werden können.

Der Balken C ruht mittels der beiden stellbaren Bolzen Q und Q_1 auf dem vorderen und rückwärtigen Formschuh auf. Seine obere, führende Kante setzt sich zusammen aus einem festen Teil in der Mitte, aus den beiden um Bolzen drehbaren Scharnierhebeln R und R_1 und aus den Scharnierhebeln F und F_1. Die beiden Schienchen M und M_1, die links und rechts am Balken C angeordnet sind, dienen zur Verstellung der Scharnierhebel R, R_1, F und F_1. Die Schienchen M ruhen auf den Stellschrauben T und T_1 und sind mit den an dem Formschuh B angeschraubten beiden Stelleisen P derart verbunden, daß die Bolzen O der Schienchen sich in den Schlitzen G der Stelleisen auf- und abwärts bewegen können. Werden die Formschuhe verschoben, so machen die Schienchen M diese Bewegung mit, wodurch sich die auf den Schienchen verstellbar angebrachten Leisten K unter die Nasen S der Scharnierhebel R schieben und diese anheben. Gleichzeitig ändern auch die Scharnierhebel F ihre Lage, weil die auf ihnen befestigten Stellhebel H den Bahnen der gleichfalls auf M stellbar aufgeschraubten Leisten L folgen müssen. Die Schienchen M_1 ruhen auf den Stellschrauben T_2 und T_3, sind stellbar und werden mittels einer durch den Balken C gehenden Schraube O_1 gemeinschaftlich in ihrer Lage fixiert. Sie besitzen auf ihrer oberen Kante je 2 Einkerbungen und können so eingestellt werden, daß die Nasen N der Scharnierhebel F_1 bzw. die Nasen N_1

der Hebel R_1 auf diese Einkerbungen treffen oder nicht, d. h. daß diese Scharnierhebel tiefer oder höher zu stehen kommen.

Der sogenannte „Höhepunkt" der ganzen Leitschiene, der sich bei dem Bolzen E befindet, kann überdies noch willkürlich geändert werden, indem man (siehe Abb. 284e) das auf dem Balken C befestigte keilförmige Stelleisen V im Sinne des angedeuteten Pfeiles verschiebt, wodurch der Bolzen E und mit diesem der Scharnierhebel R angehoben werden.

Einstellung: Nachdem die Leitschiene so eingestellt worden ist, wie dies Abb. 284 zeigt, verschiebe man die Formschuhe B und B_1 so weit, bis der Bolzen Q auf Punkt IV der Formschuhe B zu stehen kommt (Abb. 284a). Dann stelle man die Leisten K auf den Schienchen M derart ein, daß sie die Nasen S des Scharnierhebels R gerade berühren (siehe Abb. 284b). Hierauf bewege man die Formschuhe so weit, als dies zur Vollendung eines Kopses notwendig ist, um sich zu überzeugen, ob sich alle Teile der Formschienen leicht bewegen lassen und ob der Höhepunkt durch die Leisten K tatsächlich um die gewünschte Höhe (ca. 1 bis 2 mm) gehoben wird. Schließlich bringt man die Formschiene in die Anfangsstellung zurück.

Arbeitsweise: Wie bei der normalen Formschiene verschieben sich auch hier während des Spinnprozesses die Formschuhe B und B_1. Die ersteren nehmen bei dieser Bewegung die mit ihnen verbundenen Schienchen M mit, wodurch sich die auf den Schienchen aufgeschraubten Leisten K den Nasen S des Scharnierhebels R immer mehr nähern, bis sie schließlich aufeinandertreffen und die Leisten K vermittels der Nasen S den Hebel R hochheben, wodurch der sog. Höhepunkt der gesamten Leitschiene nach aufwärts verlegt wird (Abb. 284c). Man hat es in der Hand, durch Verstellen der Schraube T_1 dieses Anheben des Höhepunktes zu vergrößern oder zu verkleinern, und gilt als normale Verstellung eine solche von 1 bis 2 mm. Durch diese Erhöhung des Hebels R wird erreicht, daß der Aufwinder vom Höhepunkt aus über eine etwas steiler abfallende Bahn gleitet, wodurch der Faden an der betreffenden Stelle des Kopses in steilere Windungen aufgelegt wird. Durch diese wird der Übergangswinkel zwischen den absteigenden und aufsteigenden Windungen ein größerer, d. h. die Fadenlagen werden an der Außenseite des Kötzers mehr gekreuzt.

Mit dem Schienchen M verschiebt sich gleichzeitig auch die Leiste L, auf welche sich der Scharnierhebel F mittels der Stelleisen H stützt, durch die zuerst aufsteigende und dann abfallende Bahn dieser Leiste wird das Ansetzen des Fadens durch den Aufwinder vor Beginn der absteigenden Windungen der jeweiligen Länge der Kötzerspitze angepaßt. Es wird der Faden durch die zuerst aufsteigende und dann abfallende Kante zu Anfang der Kötzerbildung hoch zur Kötzerspitze ansetzen, bei halbvollem Kötzer hingegen tiefer und schließlich wieder höher. Durch dieses abwechselnd höhere und tiefere Ansetzen ist die Möglichkeit gegeben, die Verbindung der einzelnen Fadenschichten inniger zu gestalten. Es ist überhaupt darauf zu achten, daß die absteigende Windung stets ca. 10 mm unterhalb der letzten Fadenringe der aufsteigenden Windung beginnt, weil sonst, speziell beim Gebrauch kurzer Kopshülsen, ein leichtes Abwinden des Fadens zur Unmöglichkeit wird. Die Höher- oder Tieferstellung des Hebels F und damit ein tieferes oder höheres Retourschlagen des Fadens in bezug auf die Kötzerspitze wird durch ein Tiefer- oder Höhersetzen der verstellbaren Stelleisen H erreicht.

Höhepunkteinstellung: Gewöhnlich überragt der Höhepunkt der Leitschiene die übrige führende Kante derselben um 1 bis 2 mm. Es ist jedoch nicht gut möglich, ein bestimmtes Maß hierfür anzugeben, weil diese Stellung des Höhepunktes wesentlich von der jeweiligen Belastung des Gegenwinders bei Beginn der Aufwindung sowie von der Federspannung des Aufwinders abhängt. Ist z. B. diese sehr gering oder der Gegenwinder wenig belastet, so erhält der Aufwinder durch die Gleitrolle am Schlepphebel nicht die notwendige Fühlung mit der Leitschiene und ist also nicht imstande, den Krümmungen dieser genau zu folgen. In diesem Falle ist es von Vorteil, den Höhepunkt höher zu legen. Eine von der allmählichen Verlegung des Höhepunktes durch die Leiste K des Schienchens M unabhängige Änderung desselben ist, wie schon erwähnt, dadurch zu erreichen, daß man, wie Abb. 284e zeigt, das keilförmige Stelleisen V im Sinne des angedeuteten Pfeiles verschiebt, wodurch es den Bolzen E des Scharnierhebels R und damit diesen selbst anhebt. Man erreicht dadurch, daß der Aufwinder schon vor der tiefsten Windungsstelle, also vom ersten Aufwinden an, schneller nach oben springt, wodurch der Faden nicht so leicht am Kötzeransatz einschneidet oder unter die Kante windet.

Stellung der Leitschiene bei Schußkopsen mit kleinem Durchmesser: Die Formschuhe werden in diesem Falle so eingestellt, daß der Bolzen Q der Formschiene nunmehr auf Punkt III zu stehen kommt, während der Bolzen Q_1 seine alte Lage, also die Stellung bei Punkt II (Abb. 284 und 284a) beibehält. Da nun die Leitschiene im allgemeinen beim Spinnen schwacher Schußkopse an ihrem Ende weniger Gefälle haben soll, damit die Windungen an der Kopsspitze dichter zu liegen kommen, ist es notwendig, die Kante am Ende der Leitschiene höher zu legen. Um dies zu erreichen, ist das Schienchen M_1 nach rückwärts zu verschieben, damit die Nasen N und N_1 der Scharnierhebel F_1 bzw. R_1 nicht auf die 1 bis 2 mm tiefen Einkerbungen b, sondern auf die Punkte a zu ruhen kommen (Abb. 284 d).

Allgemeine Bemerkungen: Wenn sich nach vermeintlich richtiger Einstellung der Leitschiene und der Formschuhe herausstellen sollte, daß die Form der Kötzerspitze nicht entsprechend ausfällt, d. h. also zu stumpf oder zu schlank wird, so fahre man mit dem Selfaktorwagen langsam ein und trachte, diejenige Stelle zu ermitteln, von welcher aus sich durch die Rolle am Schlepphebel der Fehler auf den Aufwinder überträgt. Hat man diese Stelle gefunden, so wird man leicht beurteilen können, ob an den Scharnierplatten T_1 und R_1 oder ob die gesamte Leitschiene nach vor- oder nach rückwärts verschoben werden muß. Vor dem Verstellen merkt man sich aber die bestehende Anordnung, um leicht wieder auf dieselbe zurückkommen zu können, wenn es sich herausstellen sollte, daß man nicht das Richtige getroffen hat. Man verstellt stets nur um ein geringes und überlegt vorher reiflich, ob der zu korrigierende Fehler nicht durch andere Ursachen hervorgerufen worden ist.

Vereinzelt findet man eine ältere Art der Formschiene, die in letzterer Zeit auch wieder an neueren Typen zu finden ist (Firma Schubert & Salzer, Chemnitz). Es ist dies die „kurze" Windeschiene, die im Wagen gelagert ist.

Bei der Einfahrtsbewegung des Wagens bewegt sich der Schienenträger samt Formschiene und Schuhe gegen den Vorderbock. Dadurch läuft ihre Bahn unter der Kopierrolle durch und gibt dieser sowie der Stelze (Aufsitzhebel) die entsprechende Bewegung für den Aufwinder.

Grundsätzliche Verschiedenheiten in der Konstruktion weist die neue Bauart des Selfaktors mit ortsfesten Spindeln der Firma Schubert & Salzer, Chemnitz, auf (auch Houget, Verviers, baut diese Type seit 1913).

Das Prinzip ist in Abb. 285 zu ersehen.

Die Abb. 286 zeigt in schematischer Darstellung den Antriebsmechanismus; Abb. 287 stellt den Selfaktor im Betrieb dar.

Wie schon aus der Bezeichnung des Selfaktors zu entnehmen ist, ist der Spindelträger fix angeordnet, wodurch das Mitgehen mit dem Wagen zum Zwecke der Fadenkontrolle vermieden wird.

In dem ortsfesten Spindelträger sind die Spindeltrommel T, Spindel S, der

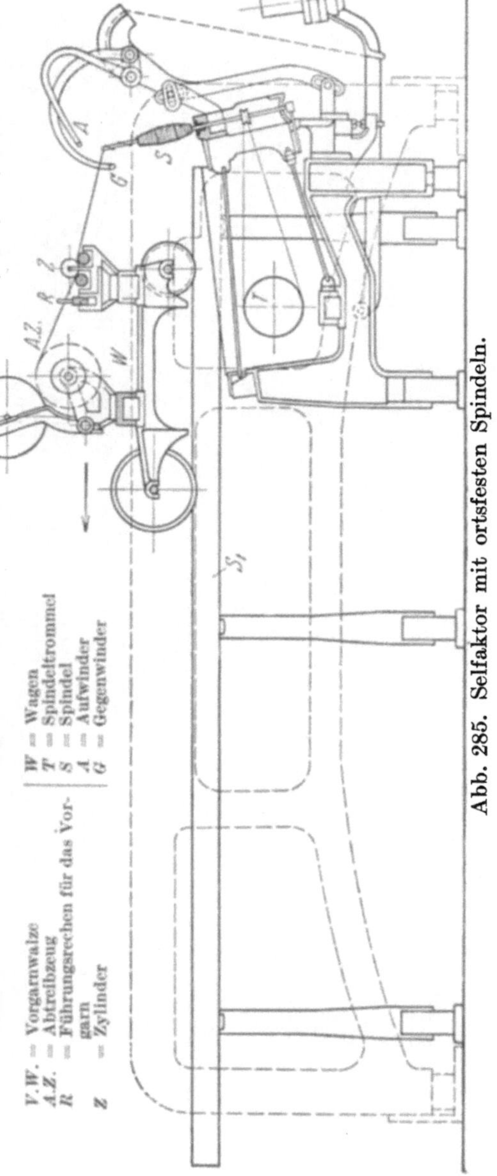

Abb. 285. Selfaktor mit ortsfesten Spindeln.

Auf- und Gegenwinder A und G gelagert, während das Abtreibzeug mit den Vorgarnwalzen, sowie das Lieferwerk auf einem Wagen W unterge-

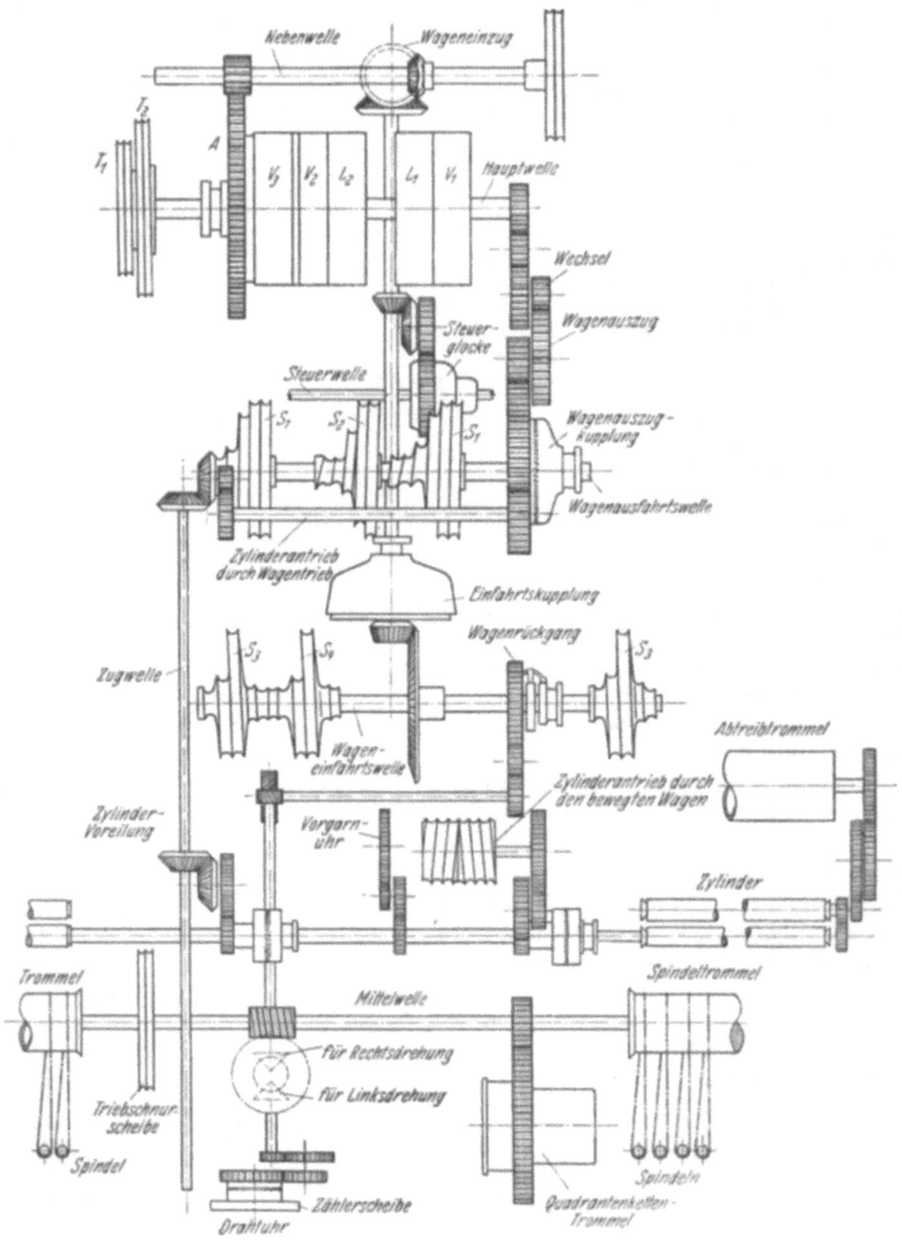

Abb. 286. Selfaktor mit ortsfesten Spindeln.

bracht sind Gund mit diesem eine hin- und hergehende Bewegung machen. Der Wagen läuft auf hochliegenden Schienen S_1 und benötigt während seiner Bewegung infolge der kleineren Dimensionen, sowie des geringeren Gewichtes, weniger Kraft.

Das Spinnprinzip des Streichgarnes ist bei dieser Type in gleicher Art wie bei den anderen Ausführungen zu beobachten, so daß auch hier wieder ein Wagenspiel in die vier bekannten Perioden eingeteilt wird.

Während der Ausfahrtsperiode bewegt sich der Wagen mit den Vorgarnspulen und Zylindern nach rückwärts und liefert dabei durch seine Abfahrt von den sich drehenden Spindeln das nötige Vorgarn. Die Zylinder werden dabei durch ein am Vorderbock befestigtes Seil, welches sich von einer im Wagenmittelstück angeordneten Schnecke abwickelt, angetrieben. Der Zylinder erhält zu Beginn der Wagenausfahrt eine Vorlieferung und wird dann direkt vom fahrenden Wagen getrieben (Abb. 286). Dies hat den großen Vorteil, daß der Wagen keine Bewegung machen kann — sei sie nun ruckweise oder infolge Dehnung des Auszugsteiles differierend —, die der Lieferzylinder nicht unbedingt mitmachen muß.

Durch entsprechende Anordnung wird die Lieferung der Zylinder unterbrochen und das vorgedrehte Garn verzogen. Die erste, zweite und dritte Spindelge-

Abb. 287. Betriebsaufnahme des Selfaktors mit ortsfesten Spindeln.

schwindigkeit wird von der Hauptantriebswelle des Selfaktors in gleicher Weise wie sonst mittels zweier Riemenscheibengruppen und zweier Twistwirtel durch die Triebschnur der Spindeltrommel mitgeteilt. Desgleichen erfolgt auch in bekannter Weise das Abschlagen.

Die Spindelbewegung während der Wageneinfahrt wird wieder durch einen schwingenden Hebel (Rohr) mit innen angeordneter Leitspindel erreicht. Der Hebel ist mit seinem unteren Ende im hochliegenden Wagen gelagert, während sein oberes Ende mit einem langen Lenkhebel (Gegenlenker) in Verbindung steht. Der Gegenlenker ist mit seinem tiefer gelegenen Ende im Headstock drehbar gelagert. Diese beiden miteinander gelenkig verbundenen Hebel bilden bei eingefahrenem Lieferwerk nahezu einen rechten Winkel. Während der Abfahrt des Lieferwerkes von den Spindeln richtet sich das Rohr mit der Leitspindel auf, analog der Ausfahrt des Wagens bei gewöhnlicher Anordnung. Bei der Zufahrt hingegen neigt sich das Rohr infolge des im Headstock drehbaren Gegenlenkers und zieht während dieser Bewegung an einer mit der ortsfesten Windevorrichtung verbundenen Kette. Durch eine geeignete Vorrichtung, kombiniert mit dem sonst gebräuchlichen Kettendrücker, wird am Ende der Zufahrt — Einfahrt — die Spindeltourenzahl außerdem erhöht.

Die Verstellung der Quadrantenmutter wird durch ein Handrad und einer längs der Wagenschiene angeordneten Vierkantwelle durchgeführt. Auf letzterer ist ein Schraubenrad, welches am Ende des Leitspindelrohres gelagert ist und die Leitspindel durch eine entsprechende Übersetzung dreht.

Die selbsttätige Regulierung erfolgt wieder durch den Gegenwinder als Spannungsregler. Derselbe rückt bei zu starker Fadenspannung eine Friktionskupplung ein, welche im Getriebe von der Einzugswelle zur Vierkantwelle des Leitspindelrohres angeordnet ist, so daß die Verstellung der Kettenmutter an der Leitspindel ermöglicht wird.

Bei Betrachtung und Vergleich der einzelnen bestehenden Selfaktortypen (übrigens auch sämtlicher anderer Textilmaschinen) zeigt es sich, daß an althergebrachten Mechanismen festgehalten wird. Zumeist sind es gute und sinnreiche Verbesserungen verschiedener Details, welche die einzelnen Typen unterscheiden, um die eine oder andere zeitlich zugkräftiger zu machen, doch ist im allgemeinen bei allen die gleiche Arbeitsweise zu erkennen.

Der moderne Maschinenbau und die Elektrotechnik schufen allerdings in neuester Zeit derart interessante Betriebselemente, daß sie früher oder später imstande sein könnten, die Durchführung der Arbeiten am Selfaktor im Vergleich zu allen seinen heutigen Konstruktionen grundsätzlich zu ändern.

D. Betriebstechnik der Selfaktorspinnerei.

Um die für einen bestimmten Verwendungszweck bestimmten Garne der Feinheit und Drehung nach wunschgemäß zu erzeugen sowie für die Umspulung in eine handliche Form (Kops), müssen bei einem im Betrieb stehenden Selfaktor während der Arbeit bzw. zwischen 2 Arbeitsperioden verschiedene Verstellungen bzw. Auswechslungen einzelner Teile durchgeführt werden.

Für Kettgarne trachtet man große Kopse zu machen, um soviel Garn als möglich aufwickeln zu können, da sie meist in derselben Form zur Herstellung einer Kette auf den Scherrahmen aufgesteckt oder aber umgespult werden.

Je länger das auf den Kopsen aufgewickelte Garn ist, desto weniger müssen sie infolge Ablaufens ausgewechselt werden. Es wird die Bedienung am Scherrahmen bzw. der Spulmaschine einfacher und auch der Wirkungsgrad dieser Maschinen erhöht.

Die Schußkopse müssen dünner gemacht werden, da ihre Stärke von der lichten Weite der verwendeten Schützen, in welche sie eingelegt werden, bestimmt ist.

Von der Nummer bzw. der Verwendung eines Garnes hängt somit die Kopsstärke und von dieser wieder bei einer bestimmten Selfaktorlänge die Spindelzahl ab. Wohl können dünne Kopse auf Selfaktoren mit großer Spindelteilung hergestellt werden, doch ist dies unrentabel, da der Selfaktor unausgenützt arbeitet.

Ist eine „laufende Partie" fertig gesponnen und kommt eine „neue" auf den Selfaktor, so erfordert dies verschiedene Handgriffe, Umstellung und Korrektur in bezug auf die frühere Ausspinnung. Auch werden im Laufe der Zeit Umstellungen und Neuaufstellungen von Selfaktoren stattfinden, auf welchen nach der Montage die für die „erste Partie" nötigen Einstellungen durchgeführt werden müssen.

Im nachstehenden wird auf die wichtigsten derartigen Arbeiten eingegangen werden.

Gewisse gewöhnliche Handgriffe, die während des Spinnens notwendig werden, können nicht ohne viele Abbildungen verstanden werden, in diesen Fällen ist von einer näheren Besprechung abgesehen worden.

Zum Zwecke der Einstellung der Maschine ist die Kenntnis der Vor- und Feingarnnummer, sowie auch des Verwendungszweckes des Garnes nötig.

Nach diesen Angaben sowie im Hinblick auf das Material, aus welchem das Vorgarn besteht, weiß der Spinner seine Maschine einzustellen.

Danach ist Kette und Schuß verschieden zu behandeln und weiters die Stärke der Drehung, die Größe des Verzuges, sowie die Art der beiden festzulegen.

Je nach dem auszuspinnenden Material wird der Verzug gewählt. Seine Größe ist aus der vorliegenden Vorgarnnummer und der Vorschrift der Ausspinnung gegeben.

Die Stellung der Schuhe $A\,B\,C$ (Abb. 222), sowie die der Schraube 239 (Abb. 237) muß, wie oben besprochen, der Verzugsart nach eingestellt werden, so daß die Zylinderauslösung früher eintritt, während der erste Riemen bei direktem Verzug auf Scheibe 38 (Abb. 216) verbleibt.

Bei kontinuierlichem Verzug darf die Zylinderfalle 236 nicht ausgehoben, jedoch muß der erste Riemen auf die Scheibe 37 verschoben werden. Die Einfallszeiten der einzelnen Spindelgeschwindigkeiten werden durch die Stellungen der Schuhe EF (Abb. 222) auf der Riemenhebelwelle 145 erzielt. Ihre rohe Einstellung ergibt sich meist schon aus der Erfahrung, während die genaue Stellung durch Korrektion erfolgt.

Manche Spinner arbeiten das eine oder andere Material nur mit 2 Spindelgeschwindigkeiten, welches von anderen mit 3 Geschwindigkeiten ausgesponnen wird. Die Größe der Verdrehung während der Ausfahrt richtet sich hauptsächlich nach dem Material und seiner Verwendung sowie nach der gewählten Verzugsart. Sie wird durch Auswechslung der kleinen Twistscheibe 54 (Abb. 216) verschieden hoch gehalten. Die Einfallszeit der zweiten Spindelgeschwindigkeit ist bestimmend für die Drehungen, die bis zum Schlusse der Wagenausfahrt ins Garn gegeben wurden. Sie wird, wie bereits besprochen, durch Schuh E ausgelöst. Die Zahl der Nachdrehung bestimmen die Auswechslung der großen Twistscheibe 55 und ebenso auch die Einfallszeit der dritten Spindelgeschwindigkeit.

Die Wahl der Drehung wird nicht allein auf Grund der Torsionsformel $T = \alpha \cdot \sqrt{N}$ vorgenommen, wobei für Kettgarn $\alpha = 2{,}58$, für Unterketten $\alpha = 2{,}75$, für Schußgarn $\alpha = 1{,}29$, für Kunstwollgarn $\alpha = 2{,}75$ bis $3{,}5$ (je nach Sorte), für Vigognegarn $\alpha = 2$ gilt, sondern man richtet sich auch nach den Anforderungen des Fadens im Gewebe, dabei sind Faserlänge, Spinnfähigkeit, Farbwirkung des im Garn manipulierten Fadens genau zu berücksichtigen.

Bei reinen Wollgarnen, etwa Nr. 10 bis 16 metr., in Feintuchbetrieben wird die Drehung in Kettgarnen, Unterkettengarnen (Zwist) und Schußgarnen sinngemäß unterschieden.

Der Verzug wird bei mindest A-Feinheit des Materials zu 25 bis 30% gewählt, bei A-B-Feinheit geht man bis auf 15 bis 20% herab. Für starke Baumwollbeimengungen oder Ramie bzw. Viskosezusatz (geschnittenes Material) nimmt man 5 bis 10% Verzug. Bei sehr kurzem Kunstwoll- und Vigognematerial wird 5 bis 8% verzogen, bei besserem Kunstwollmaterial, Garnnummer ca. 10 metr., 10%. Kettgarne erhalten wegen der höheren Haltbarkeit scharfen Draht, sie werden mit größerem Twistwirtel Nr. 3 bis 4, namentlich bei gutem Material, gesponnen. Man kann dann für größere Leistung den Wagen mit entsprechend großem Wagenauszugswechselrad rascher ausfahren lassen. Für kurzes Material oder weiche Schußgarne geht man auf einen kleineren Twistwirtel und geringere Wagengeschwindigkeit über.

Drehung und Verzug werden bei guten Ketten, „Oberketten", entsprechend hoch gewählt, bei Zwistketten, Eintragketten und Schuß wird entsprechend

reduziert. Dabei richtet man sich am besten nach Mustergarnen; oft ergeben
sich noch während der Arbeit einer Partie, namentlich bei neuen Gewebe-
arten je nach Ausfall der Muster oder Probestücke entsprechende Änderungen
in Drehung und Verzug.

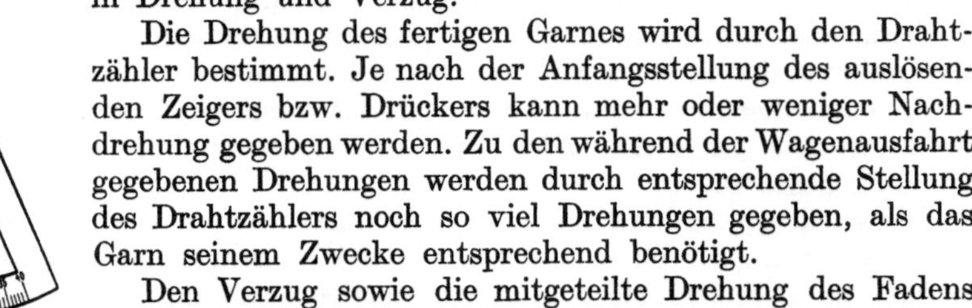

Die Drehung des fertigen Garnes wird durch den Drahtzähler bestimmt. Je nach der Anfangsstellung des auslösenden Zeigers bzw. Drückers kann mehr oder weniger Nachdrehung gegeben werden. Zu den während der Wagenausfahrt
gegebenen Drehungen werden durch entsprechende Stellung
des Drahtzählers noch so viel Drehungen gegeben, als das
Garn seinem Zwecke entsprechend benötigt.

Den Verzug sowie die mitgeteilte Drehung des Fadens
kontrolliert man während des Spinnens am einfachsten durch
die Hand. Zu diesem Zwecke läßt man die ausspinnenden
Fäden zwischen den gespreizten Fingern der Hand spielen.
Nach dem Gefühl — Weichheit bzw. Härte der Fäden —
erkennt man erfahrungsgemäß die richtige Spinnart, d. h.

Abb. 288. Spindel-
waage.

ob der Verzug richtig ist, ob die Drehungen gut gewählt wurden und die
Spindelgeschwindigkeiten zur richtigen Zeit einfallen. Nach Einfallen der
zweiten Geschwindigkeit soll der Fadenzug stark sein.

Der Faden wird mehr oder weniger stark „auf Verzug genommen". Wenn
während der Ausfahrt zuviel Drehung gegeben wurde, so erkennt man dies an
der Häufigkeit der Fadenbrüche am Ende der Wagenausfahrt. Am besten ist
es, während des Ausfahrens so viel Drehungen zu geben, als für den Verzug
zulässig ist. Auf diese Weise kürzt man auch die Zeit der Nachdrehung ab und erhöht dadurch die Produktion des Selfaktors.

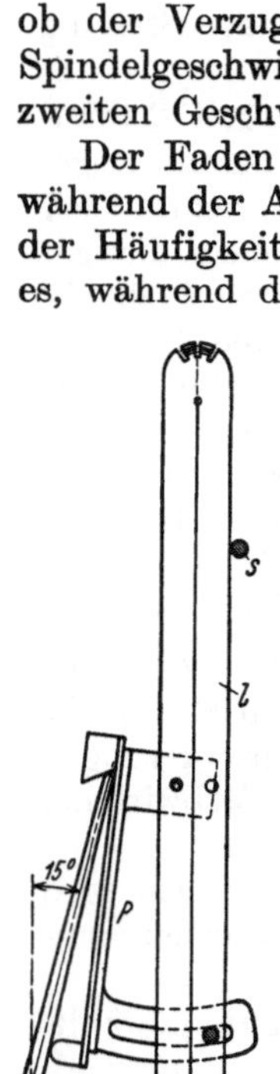

Die Bewegung des Wagens während der Ausfahrt kann
durch den Hauptwellenwechsel (Rad *44*, Abb. 216) geändert
werden. Durch Verstellen sämtlicher Wagenauszugsschnecken
sowie durch Auswechseln des Wagenwechsels kann das richtige Geschwindigkeitsverhältnis zwischen Vorgarnlieferung und
Wagenbewegung erzielt werden. Bei direktem Verzug (Antrieb
durch Scheibe *38*) wird Rad *154* (Abb. 228 bis 238), bei kontinuierlichem Verzug (Antrieb durch Scheibe *37*) wird das Rad *179*
ausgewechselt.

Die normale Drehungsrichtung im Garn ist rechtslaufend.

Beim „Rechtsdraht" verlaufen die Verdrehungen im Garn von links
nach rechts. Die Spindeln laufen während dieser Drahtgebung im Sinne
des Uhrzeigers (bei Sicht auf die Spindeln). Der Faden läuft bei Draufsicht auf einen Kops rechts auf bzw. ab.
Bei Linksdrehung gilt das Umgekehrte.

Linksdrehung wird außer zu Effektzwecken häufig bei Schußgarnen angewendet, weil letztere in der Walke eine besser ge-
schlossenere Gewebefläche ergeben. Auch die Walkdauer wird

Abb. 289. Spindel-   abgekürzt.
neigungsmesser.

Um die Drehung der Spindeln von Rechts- auf Linksdrehung
umzustellen, sind meist zeitraubende Arbeiten durchzuführen,
die aber bei entsprechender Konstruktion der betreffenden Mechanismen, z. B.
Spezialausführung der Mittelwelle (Abb. 247), vermieden werden.

Wie bereits im vorhergehenden Abschnitt besprochen wurde, stehen die
Spindeln wegen der Drahterteilung mehr oder weniger geneigt. Um alle Spindeln
richtig einzustellen, verwendet man einige Hilfsapparate. Nachdem man den

Wagen etwas ausgefahren hat, wird er gegen den feststehenden Teil des Selfaktors durch Holzleisten bestimmter Länge verriegelt. Nachher werden die Spindeln an den äußersten Stellpunkten sowie auch in der Mitte durch Aufsetzen einer Spindelwaage in die richtige Lage eingestellt. In Abb. 288 ist eine solche Spindelwaage schematisch und in Abb. 270 auf der ersten Spindel sitzend zu sehen. Die Einstellung der Spindelneigung erfolgt durch die Zugstangen *574, 575* (Abb. 265, Stellpunkte), welche an dem Tragschienenhalter befestigt sind. Am anderen Ende der Stangen sind diese mit Gewinde versehen, so daß sie vermittels Schrauben im Wagen verstellt werden können. Die Spindelneigung wird an der Skala der Waage abgelesen. Nachher wird neben der Spindelwaage auf die Spindeln eine ca. 150 mm breite Platte P (nach Abb. 289) gesetzt, in welcher ein Lineal l verstellbar ist. Der Senkel s_1 spielt bei senkrechter Lage des Lineales mit seiner Aufhängeschnur in eine Rille desselben ein.

Abb. 290. Spindelneigungskontrolle.

Auf diese Weise ist das Lineal nach der gewünschten Spindelneigung, welche durch die daneben aufgesteckte Waage angezeigt wird, eingestellt (Abb. 290).

Nun wird oberhalb der Spindeln eine Schnur stark gespannt. Sie ist an Holzleisten, welche an den Wagenwänden geschraubt werden, befestigt. Die Schnur soll bei Verwendung des Hilfsapparates nach Abb. 289 so hoch

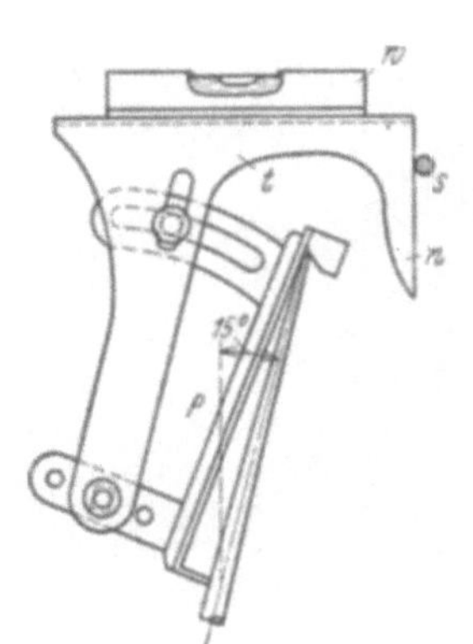

Abb. 291 und 292. Spindeleinstellung.

als nur möglich am Lineal anliegen, weil die Einstellung wegen seiner größeren Ausschwingung empfindlicher ist.

Nachdem diese Arbeiten durchgeführt sind, können die übrigen Stellpunkte (Zugstangen) der Tragschienen auf gleiche Weise eingestellt werden.

Zur Kontrolle der richtigen Einstellung wird die Platte mit dem Lineal auf die zu prüfenden Spindeln aufgesteckt. Die straffgespannte Schnur muß wieder das Lineal berühren.

Die Platte P nach Abb. 289 ist innerhalb der Spindeln auf diesen aufgesetzt, während die gleiche Vorrichtung bei entsprechender Ausführung auch außerhalb der Spindelreihe verwendet werden kann.

Eine andere Vorrichtung zur Einstellung der Spindel zeigt Abb. 291. Die Platte P wird außen auf die Spindeln gehängt. Der einstellbare Teil t ist oben nach einer Seite rechtwinklig gebogen, um eine Wasserwaage auflegen zu können. An der vorderen Nase n des Teiles t liegt die straffgespannte Schnur s an (vgl. auch Abb. 292).

Die Einstellung der Lieferzylinder Z_1, Z_2 geschieht ebenfalls mittels spez. Vorrichtungen, wie in Abb. 293 zu sehen ist.

Danach wird ein 3 bis 5 cm breiter Winkel W_1 auf die Zylinder gelegt und durch Stellschraube s, die sich mit einer kleinen Platte p auf Zylinder Z_2 stützt, derart eingestellt, daß der Senkel s_1 einspielt.

Fortsatz f zeigt die Stellung der Spindelspitze an, die durch Höheneinstellung des Wagens gestellt werden kann. Zu diesem Zwecke ist der Wagen vermittels der Schrauben s stellbar, Abb. 212 (vgl. auch Abb. 232 und 238).

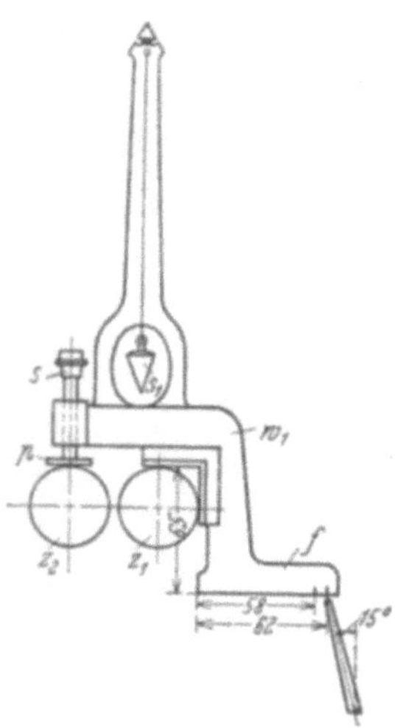

Abb. 293. Zylindereinstellung.

Gleichzeitig können am Fortsatz Marken für die gebräuchlichen Spindelneigungen eingearbeitet werden.

Noch eine andere Einrichtung mit Verwendung einer Wasserwaage ist gebräuchlich.

Dieselbe Platte P (nach Abb. 291) kann nach Auswechslung des Teiles t zur Einstellung des Aufwinders ver-

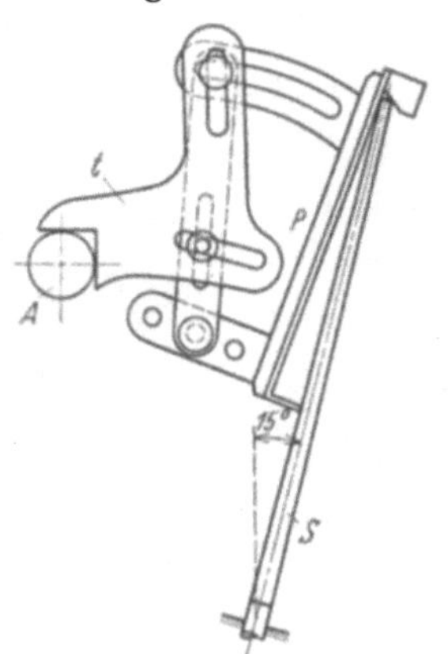

Abb. 294 und 295. Aufwindereinstellung

wendet werden (Abb. 294 und 295). Die Aufwinderwelle A soll derart gegenüber den Spindeln eingestellt werden, daß der Aufwinderdraht nahe an der Spindelspitze vorbeigeht und tief nach abwärts bewegt werden kann.

Falls während der Arbeit eine Spindelschnur reißt, wird sie durch eine neue ersetzt. Mit Hilfe eines am Ende doppelt gebogenen Hakens wird die z. B. in

die Klinge eines Taschenmessers eingeklemmte und dadurch beschwerte Schnur
über die Trommel gelegt. Hinter ihr hängt die Spindelschnur herab und wird
mit dem Haken unter der Trommel hervorgezogen, oberhalb des Wirtels auf die
Spindel gebunden und nachher auf den Wirtel aufgelegt. Dadurch erreicht man
eine gute Mitnahme der Spindel.

In Ermangelung des Hakens zieht man eine Spindelschnur auch mit Hilfe der Nachbar-
spindelschnur ein. Zu diesem Zwecke muß die betreffende Schnur von ihrem Wirtel herunter-
genommen werden. Die neu aufzulegende Schnur wird an die Nachbarschnur angeschlungen,
und durch allmähliches Ziehen an derselben wird das angebundene Ende über die Trommel
herumgelegt. Nachher wird die neue Schnur, wie oben besprochen, gebunden. Da das Einziehen der Spindelschnur bei einiger Übung während der Wagenbewegung durchgeführt
wird, muß auf die Ausspinnung bzw. Aufspulung des Fadens der zum Einziehen verwendeten
Nachbarspindel verzichtet werden.

Das Aufziehen einer neuen Schnur muß mit großer Sorgfalt geschehen, da
sonst der Faden eine geringere Drehung erhält oder aber bei falschem Auflegen
entgegengesetzt gedreht wird. Falls letzteres während eines Abzuges nicht bemerkt wird, können dadurch große Unannehmlichkeiten in der Weberei entstehen.

Früher wurden durch eine Spindelschnur bis zu 18 Spindeln angetrieben. Der Riß einer
solchen gemeinsamen Schnur bedeutet einen großen Zeitverlust und Produktionsrückgang,
am günstigsten ist der Einzelantrieb.

Ein Übergang von Kett- auf Schußkopse erfordert ebenfalls Verstellungen
einzelner Teile.

Der Garnkörper für Schußgarne hat kleinere Dimensionen als der für die
Kette. Auch die Hülse ist zwecks Ausnützung des lichten Raumes im Webschützen dünner, so daß sie auf der Spindel höher sitzt. Aus diesem Grunde
braucht der Aufwinder beim Abschlagen nicht so tief herabbewegt zu werden. Die Zeit des Abschlagens (Bewegung des Aufwinders) muß somit kürzer
werden.

Um dies zu erreichen, wird durch Verstellung der Schraube *378* (Abb. 252)
die Stelze *377* verkürzt oder aber die Aufsitzrolle *387* für den Stelzenschuh *379*
tiefer gestellt. Zufolge dieser vorgenommenen Änderung setzt sich die Stelze
bereits früher auf die Rolle *387*, so daß die Abwärtsbewegung des Aufwinders
frühzeitig unterbrochen wird. Durch diese Verstellung der Stelze wird der An-
lenkungspunkt an das Winderknie *376* ebenfalls tiefer gelegt und der Aufwinder
erzielt eine größere Windungshöhe. Gegen Ende des Abzuges kann dies zu einem
Schwächerwerden des Kopses führen. In diesem Falle ist es zweckmäßig, das
Aufwindeknie relativ zur Aufwinderwelle derart zu verstellen, daß die auf letzterer befestigten Aufwinderbügel mehr gegen den Vorderbock stehen, wodurch
die Windungshöhe verkleinert wird.

Bei manchen Selfaktortypen ist zu diesem Zwecke auf der Aufwinderwelle
ein Hebel festgeschraubt und das Aufwindeknie mit dem Kettsegment vereinigt.
Beide zusammen haben die Gestalt eines Halbmondes, der mit Schlitzen versehen und durch diese relativ zur Aufwinderwelle verstellbar ist.

Da bei Schußkopsen die Ansatzhöhe kleiner ist, müssen auch die Bolzen *482*,
484 (Abb. 262) der Windeschiene *480* auf den Kurvenflächen der Schuhe verstellt werden. Der Bolzen *482*, welcher auf Schuh *483* ruht, muß mehr gegen *b*
der Ansatzkurve (linke Nebenskizze) desselben verschoben werden. Um dies
zu erreichen, wird mittels der Handkurbel *513* an der Leitspindel *492* (Abb. 263)
derart gedreht, daß beide Schuhe gegen den großen Headstock verschoben werden
und somit die Ansatzkurve, wie erforderlich, verkleinert wird. Nachher wird
die Anschlagschraube *493* für den vorderen Schuh gestellt, an welche der
Ansatz *496* desselben stößt. Eventuell kann man sich für die Stellung des
Bolzens *482* auf der Ansatzkurve entsprechende Marken machen, um bei Wieder-

kehr der Verhältnisse gleich richtig einzustellen. Das Ansatzstück des Schuhes *483* ist meist für den Übergang von Kett- auf Schußkötzer auswechselbar.

Die durch Verstellung des vorderen Schuhes sich ergebende Lage des Bolzens *484* auf der Ansatzkurve *485* wird je nach Bedarf geändert. Zu diesem Zwecke werden die Verbindungsschrauben der Stange *488* und hinterem Schuh *485* gelöst und letzterer entsprechend verstellt.

Soll der Bolzen *484* weiter gegen die Spitze der Kurve *485* gestellt werden, so muß man den Schuh gegen vorne verschieben. Infolge dieser Verstellung wird das rückwärtige Gefälle der Windeschiene kleiner sein, so daß die Windungshöhe des Aufwinders ebenfalls kleiner wird.

Ist aber eine größere Windungshöhe erwünscht, so muß der Schuh gegen den Headstock verschoben und fixiert werden, wodurch der Bolzen *484* eine tiefere Lage gegenüber dem vorderen Teil der Windeschiene einnimmt. Falls eine gegliederte Windeschiene vorhanden ist, müssen je nach der Ausführung auch die erforderlichen Einstellungen vorgenommen werden. Im allgemeinen ist die Windungshöhe bei Schützenkötzern kleiner als jene der Kettkötzer. Zur Einstellung muß die Schraube *481* am vorderen Kopf der Windeschiene *480* herausgedreht werden, damit das Gefälle der Schiene kleiner wird.

Nachdem durch die Einstellung der Schuhe das Gefälle in gegebenen Grenzen verringert worden ist, läßt sich durch Verdrehen der Schraube *481* eine genaue Korrektion der Windungshöhe erzielen.

Falls der Ansatz eines Kopses im allgemeinen zu kurz geworden ist, war die Anfangsstellung des Bolzens *482* zu weit von Punkt *a* (Abb. 262, linke Nebenskizze) des Schuhes *483* gestellt. Um diesen Fehler zu beheben, muß die Anschlagschraube *493* (Abb. 263) hinausgeschraubt werden, damit die Anfangsstellung des Bolzens *482* mehr gegen *a* zu liegt. Ist der Ansatzkegel des Kopses zu lang, so liegt der entgegengesetzte Fall vor und muß entsprechend behandelt werden.

Die Schraube *481* hat bei schlechter Stellung zur Folge, daß die Spitzenhöhe des Kopses entweder zu lang oder zu kurz ausfällt. Im ersteren Falle ist das Gefälle *2* bis *3* zu groß. Der Fehler wird durch Herausdrehen der Schraube *481* behoben. In letzterem Falle muß, da das Gefälle *2* bis *3* zu klein ist, die entgegengesetzte Maßnahme durchgeführt werden.

Je nach der Hülsenlänge und Dicke ist die Zeit des Abschlagens zu korrigieren.

Auf dickeren Hülsen bilden sich steilere Verbundspiralen als auf dünnen. Im letzteren Falle liegen mehr Fadenspiralen, weshalb das Abschlagen länger dauern muß, um dieselben abzuwickeln. Dies wird durch Verlängerung der Abschlagkette erzielt. Im ersten Falle wird die Kette verkürzt.

Eine Verlängerung oder Verkürzung der Kette *369* wird durch Drehen am Handrad *374* (Abb. 252) erreicht. Dadurch wird die dort aufgewickelte Kette nachgelassen oder aber noch mehr aufgewickelt.

Nachdem, wie früher besprochen wurde, die Windeschiene zufolge der Schuhverstellung mehr oder weniger gesenkt wurde, ist eine Verkürzung der Abschlagkette eingetreten (vgl. Abb. 253). Dies muß bei der Einstellung der Abschlagkette berücksichtigt werden.

Ist das Hülsenende nahe an der Spitze der Spindel und steht der Hülsenrand stärker von derselben ab, so liegt die Gefahr vor, daß durch zu frühen Eingreifens des Aufwinders der Faden am Hülsenrand hängen bleibt und reißt.

Es müssen erst die an der nackten Spindel engerliegenden Fadenwindungen oberhalb der Hülse abgewickelt sein, bevor der Aufwinder den Faden nach abwärts zieht. Aus diesem Grunde muß die Kette etwas länger gehalten werden, damit der Aufwinder später eingreift. Auch das Stoßeisen *525* (Abb. 262) für

das Aufschlagen des Aufwinders muß je nach Verwendung dickerer oder dünnerer
Hülsen verstellt werden.

Bei dickeren Hülsen wird das Stoßeisen etwas gegen den Vorderbock gestellt, damit das Horn *381* des Stelzenschuhes *380* früher anstößt und aufschlägt,
so daß mehr Fadenreserve für die Verbundspiralen vorhanden ist. Falls gröberes
Garn gesponnen wird, muß der Aufwinder durch das Stoßeisen ebenfalls etwas
früher abgestoßen werden, als bei feinerem Garn.

Die Dicke des Garnkörpers bei Schußkopsen muß, wie schon gesagt, der
lichten Weite des Webschützens angepaßt werden. Dies erreicht man, unter
gleichzeitiger Berücksichtigung der Garnstärke, durch Änderung der Schuhver-
schiebung, welche für jede Ausfahrt notwendig ist. Die Größe der Verschiebung
beider Formschuhe hängt von der Zahnzahl des verwendeten Schaltrades *512*,
welches an der Leitspindel *492* sitzt, sowie von der Schaltgröße der Klinke *511*
ab. Der sich aufrichtende Quadrant gibt gegen Ende der Wagenausfahrt der
Klinke *511* (Abb. 263) die nötige Ausschwingung. Je nach Stellung der Schraube *507* wird der Verdrehungswinkel des Schalthebels größer oder kleiner sein,
so daß die Klinke um einen oder mehr Zähne schaltet. Bei gleichem Umfang
haben die Schalträder verschiedene Zähnezahlen; dadurch ist die Zahnteilung
größer oder kleiner. Durch Verdrehung des Schaltrades um 1 oder 2 Zähne wird
der Drehwinkel desselben und somit die Verschiebung der Schuhe mehr oder
weniger groß sein. Je größer die Verschiebung bei sonst gleichen Verhältnissen
eingestellt wird, desto dünner wird der Garnkörper ausfallen und umgekehrt.
Die Verschiebung ist somit umgekehrt proportional der Kopsstärke.

Da bei größerer Verschiebung die Zähnezahl kleiner ist, ist letztere direkt
proportional dem Kopsdurchmesser d.

Ist Z_a die Zahnzahl des bei einer früheren Partie verwendeten Schaltrades
und Z_n die Zahl der Zähne des neuen Schaltrades, ferner d_a und d_n die Durchmesser des Kopses, so ist

$$\frac{Z_a}{Z_n} = \frac{d_a}{d_n}.$$

Soll bei gleicher Nummer eine andere Kopsdicke gebildet werden, so muß man
das Verhältnis der Durchmesser errechnen.

Wenn

$$\frac{d_a}{d_n} = v$$

(Verhältniszahl) bezeichnet wird, ergibt sich

$$Z_n = \frac{Z_a}{v}.$$

War Z_a mit 1- oder 2-Zähneschaltung vorgenommen, so ergibt sich aus der Rechnung auch das Z_n mit gleicher Zähneschaltung.

Bei gleicher Kopsstärke und verschiedener Garnnummer muß berücksichtigt
werden, daß die Nummer ebenfalls proportional der Zähnezahl des Schaltrades
ist, d. h. eine kleinere Nummer bedingt für die gleiche Kopsstärke eine kleinere
Zähnezahl:

$$\frac{Z_a}{Z_n} = \frac{N_a}{N_n} \quad \text{oder} \quad Z_n = Z_a \cdot \frac{N_n}{N_a}.$$

Wurde das alte Rad um 2 Zähne geschaltet und will man das neue um 1 Zahn schalten,
so wird letzteres nach Formel: $Z_n = \frac{Z_a}{2} \cdot \frac{N_n}{N_a}$ berechnet.

Soll der Durchmesser sowie die Nummer geändert werden, so rechnet man z. B. das
neue Schaltrad für die neue Nummer und betrachtet dieses errechnete Schaltrad als altes
Schaltrad für die Umrechnung auf den Durchmesser.

Da die Kopsstärke noch von der Garndrehung sowie von der Gegenwinderbelastung abhängt, wird die theoretisch errechnete Zähnezahl praktisch nicht
stimmen, weshalb das Schaltrad meist nach Erfahrung ausgewechselt wird
und die Rechnung nur als Richtlinie dient.

Die Unterschiede in den Kopsstärken erfordern auch eine Verstellung des
Quadrantenmechanismus bzw. eine eventuelle Auswechslung des Wickelwechsel-
rades. Da bei dünneren Kopsen der Unterschied der Durchmesser an der Basis
und Spitze des Garnkörperkegels kleiner ist, muß die Ausschwingung des Quadranten geändert werden.

Dies wird entweder durch Auswechseln des Quadrantenritzels *422*, Abb. 256
(um 1 Zahn weniger) oder aber durch Verstellung des Quadranten um ca 2 Zähne
gegen den Headstock erreicht. Letzteres geschieht durch Nachstellen des Quadrantenseiles. Zu diesem Zwecke wird das von der
Quadrantenschnecke direkt zum Wagen gehende
Seil an seinem dort befindlichen Befestigungspunkt
etwas aufgewickelt und das Gegenseil dazu nachgelassen. Im ersten Fall wird der Ausschwingungswinkel des Quadrantenrohres kleiner, im letzten
Falle wird er beibehalten, was für die Auf-
wickelverhältnisse dünner Kopse ungünstiger ist.

Auch die Quadrantenmutter bedarf einer Verstellung. Je nach der durch die vorher besproche-

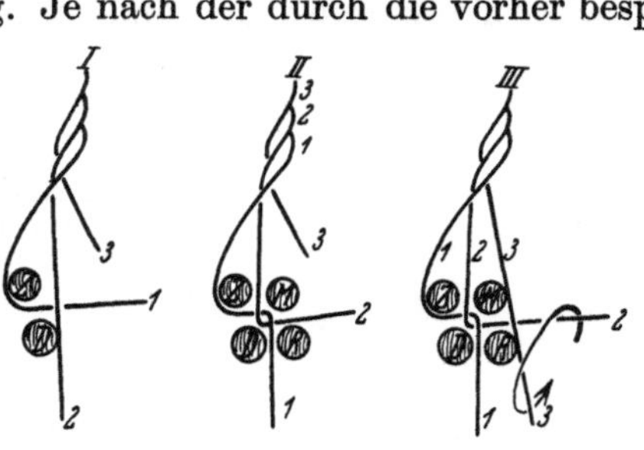
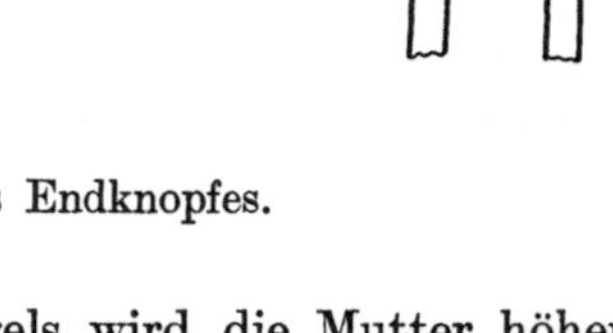

Abb. 296.

Abb. 296 bis 299. Bildung des Endknopfes.

nen Einstellungen erzielten Form des Garnkegels wird die Mutter höher oder
tiefer gestellt werden müssen. Ist der mittlere Durchmesser kleiner, so muß die
Mutter nach abwärts gestellt werden, um die während der Einfahrt gelieferte
Fadenlänge durch höhere Spindeltouren aufzuspulen.

Um den Wagen, sowie den Spindeln und dem Quadranten die entsprechende
Bewegung bzw. Führung zu geben, werden stärkere oder schwächere Baumwollseile verwendet. Sämtliche Seile, ob sie für die Aus- oder Einfahrt oder zum
Antrieb der Spindeln bzw. des Quadranten dienen, geben dem Wagen, falls sie
gut aufgespannt sind, gleichzeitig eine sichere Führung.

Korrespondierend bzw. symmetrisch angeordnete Seile müssen stets denselben Durchmesser haben, da sonst der Wagen schlecht geführt wird.

Neue Seile dehnen sich während der Arbeit sehr stark, so daß die Führung
des Wagens unsicher ist und er in stärkere Schwankungen gerät. Deshalb sollen
neue Seile nie auf die Maschine gebracht werden, bevor sie gedehnt wurden.
Damit sich die Seile besser dehnen, werden sie häufig vorher ins Kesselhaus
gelegt, jedenfalls aber müssen die Seile einige Zeit bei der Saaltemperatur
ausliegen.

Am besten ist es, einige Seile dauernd im Spinnsaal auf einer Spannvorrichtung zu lassen. Diese besteht aus einigen Seilrollen, über welche die Seile gelegt werden. Mittels einer Kurbel kann die Distanz der Rollen vergrößert werden, so daß die aufgelegten Seile gespannt werden können. Die Spannvorrichtung wird meist hinter einem Selfaktor oder aber, falls kein Platz ist, längs einer Wand aufgestellt. Falls ein Seil gebraucht und vom Spannrahmen herabgenommen wird, muß das Seil sofort durch ein neues ersetzt werden.

Ein anderes Verfahren besteht darin, das Seil unter Spannung auf eine Trommel aufzuwickeln und es in diesem Zustand im Spinnsaal zu lassen, bis es benötigt wird.

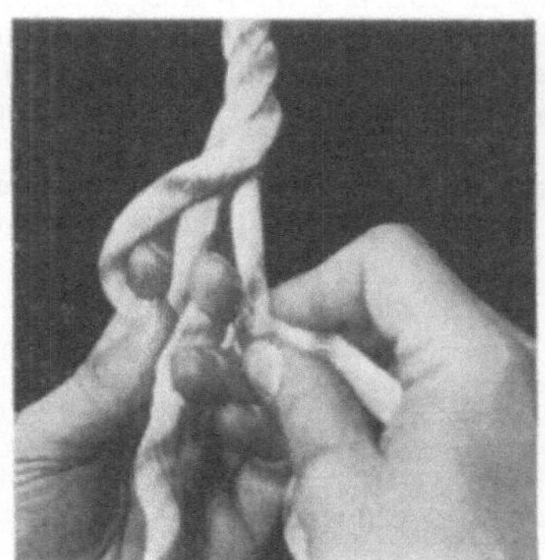

Abb. 297.

Abb. 298.

Die verwendeten Seile sind 3- oder 4 litzige Baumwollseile. Bei gleicher Stärke sind die 4 litzigen Seile geschmeidiger und voller als die 3 litzigen. Unter anderem verwendet man auch imprägnierte Seile sowie Zwirnseile. Letztere sind weniger geschmeidig als die Seile aus einfachem Baumwollgarn. Die Seilstärken sind meist 15 bzw. 22 mm. Auch 10 mm, 13 mm, 14 mm, 18 mm bzw. 27 mm Seile werden verwendet.

Um die Seilenden an den verschiedenen Schnecken (Auszug, Einzug, Quadranten und Führungsschnecken) befestigen zu können, sind entweder Ösen an denselben befestigt, oder aber es ist in der Mitte der Trommelschnecken (z. B. Auszugsschnecke) eine Öffnung.

Zu diesem Zwecke wird am Seilende ein Knoten gebildet. In der Praxis nennt man diesen Endknopf auch „Matrosenknopf".

Seine Bildung an einem 3 litzigen Seile ist in Abb. 296 bis 298 zu ersehen. Abb. 296 zeigt in den Nebenabbildungen I, II und III Vorstadien des Knopfes und in IV die Litzenverflechtung vor dem Zuziehen. Der Knoten wird zumeist mit der linken Hand in der Weise durchgeführt, daß das Seil ca. 20 bis 25 cm aufgedreht wird. Die Litze 1 wird seitlich um den Zeigefinger Z gelegt und zwischen diesem und dem Daumen D gehalten (Abb. 296 I). Nachher wird die Litze 2 über die waagrecht gehaltene Litze 1 gelegt und mit dieser durch die rechte Hand verdreht. Die Litze 2 muß

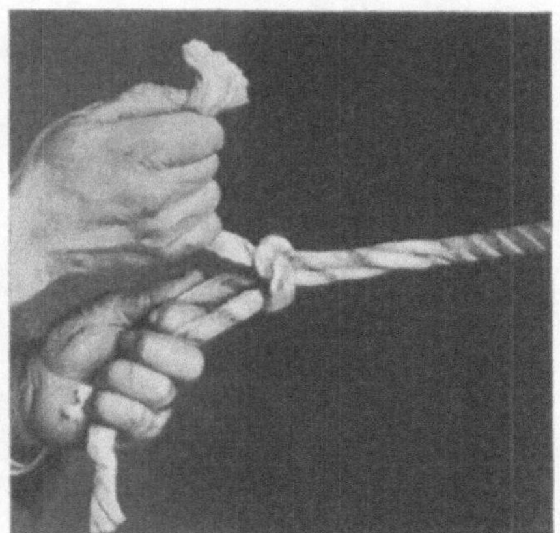

Abb. 299.

fester gezogen werden, während die Schleife von 1 locker sein muß.

Die Verdrehung von Litze 1 und 2 wird zwischen den Fingern Z, D, M und R gehalten. Dieses Vorstadium zeigt Abb. 296 II.

Nun wird die ebenfalls fester gezogene dritte Litze über die mit dem Ringfinger und kleinen Finger der rechten Hand waagrecht gehaltene Litze 2 gelegt (Abb. 297). Beide werden wieder miteinander verdreht (siehe Drehpfeil in Abb. 296 III). Die nun abwärtslaufende Litze 2 wird zwischen Ringfinger und kleinem Finger der linken Hand gehalten (Abb. 296 IV). Die dritte Litze wird mit Litze 1 verflochten. Durch Ziehen am Ende E der

Litze *3* wird der Knoten festgezogen (siehe Abb. 299). — Durch Ziehen an 2 beliebigen Litzenenden bei gleichzeitiger Auseinanderbewegung derselben kann der Knopf leicht geöffnet werden.

Bei Ringösen (Abb. 300a) muß das Seil vor der Knotenbildung durchgezogen werden, bei Lyraösen (Abb. 300b) wird der Knoten vorher gebildet und dann das Seil eingelegt.

Bei Verwendung von konischen Klemmen ist die Knotenbildung nicht nötig. Wie Abb. 300c zeigt, werden in die innen konisch ausgebildete Ringöse O zwei Kluppen k, k_1, zwischen welchen das Seil eingelegt ist, gesteckt. Die Kluppen haben an ihren inneren Flächen Rillen, die den Seilgängen entsprechen, so daß das Seil gut umfaßt wird. Je größer der Zug im Seil ist, desto stärker werden die Kluppen aneinander gepreßt, so daß das Seil dadurch gut befestigt ist.

In Abb. 300d ist das in die Öse O gesteckte Seilende um einen Keil K (Kausche) gelegt. Durch den Zug am Seil wird der Keil mehr in die Öse gepreßt und dadurch das Ende fester gehalten.

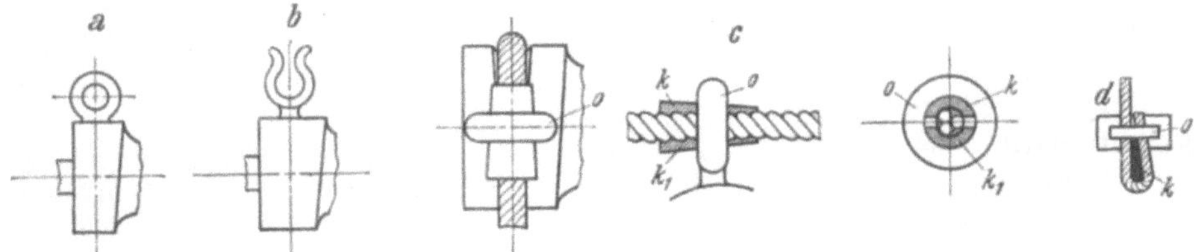

Abb. 300a bis d. Seilbefestigung an der Schnecke.

Um ein Seil endlos zu machen, d. h. die Enden des Seiles ohne Knopf betriebssicher zu verbinden, müssen die einzelnen Litzen miteinander verflochten werden. Dasselbe geschieht auch dann, wenn ein sonst noch brauchbares Seil aus irgendeinem Grunde an einer Stelle gerissen ist. Die Verflechtung der Seilenden bei der Spindeltriebschnur erfolgt nach dem Einziehen des Seiles auf die Maschine, während diese Arbeit bei den anderen Seilen abseits derselben durchgeführt werden kann (z. B. bei Antriebsseil der Nebenwelle usw.).

Die Verbindung der Seilenden kann auf verschiedene Art gemacht werden. Beim sog. Wasserbund (Abb. 303), der eine kurze Verspleißung darstellt, muß jedes Seilstück je nach der Seilstärke ca. 35 bis 50 cm vom Ende mit einer Schnur abgebunden werden. Hierauf werden die Litzen aufgedreht und jede einzelne Litze geteilt.

Bei der Teilung der Litzen nimmt man von jeder etwas weniger als die Hälfte weg und trachtet, daß der Kern der Litze im größeren Teil verbleibt. Durch Verdrehen der Litzenteile und gegenseitigen Vergleich zueinander kann die gewünschte Stärke abgeschätzt werden. Der schwächere Teil wird abgeschnitten. Dies wird bei allen Litzen durchgeführt. Die auf diese Weise hergerichteten Litzen werden in Wasser getaucht. Nachher werden die miteinander zu verbindenden Seilstücke in der Richtung der Seildrehung eingedreht, um für die fertige Verbindung die nötige Eindrehung zu erreichen. Der Helfer hält die Seile bei ihren Abbindungen in einer Entfernung von ca. 20 cm gegeneinander. Nun werden die korre-

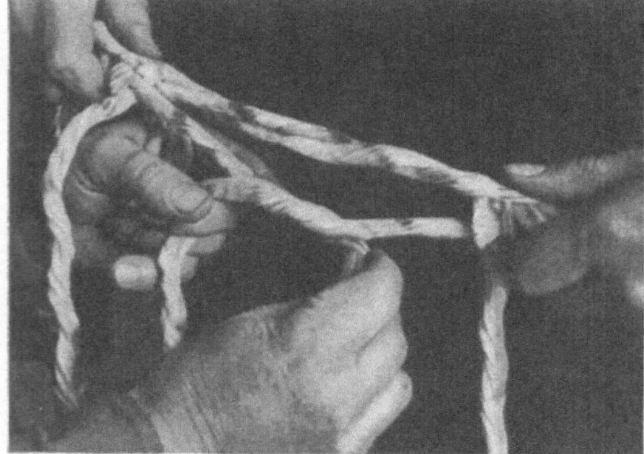

Abb. 301.

Abb. 301 bis 303. Seilspleißungen.

spondierenden Seillitzen in ihrer Drehungsrichtung noch etwas eingedreht und in der gleichen Richtung miteinander verdreht. Jede Verkreuzung muß vermieden werden. Der Helfer in Abb. 301 hält zwei bereits verschlungene Litzen, während der Spleißende die nächsten Litzen gegeneinander verdreht. Das dritte Litzenpaar hängt noch frei nach abwärts. Nachdem nun auch dieses in gleicher Weise behandelt wurde, werden die Litzen jedes Paares von Hand aus mehr und mehr miteinander verdreht. Zu diesem Zwecke wird mit Daumen und Zeigefinger der linken Hand eine der 3 vereinigten Litzen abgehoben und durch die erreichte Schleife das zugehörige Litzenteil durchgezogen. Diese Arbeit ist in Abb. 302 festgehalten. Nun werden die vom Helfer gehaltenen Litzenenden mit beiden Händen ruckweise gezogen, damit eventuell Längenunterschiede ausgeglichen werden. Mit der Eindrehung wird abwechselnd fortgefahren, bis man mit den Litzenenden bei den Abbindungen angekommen ist. Es wird auf der einen Seite die Bindung aufgeschnitten, die Litzen werden weiter eingeflochten, durch abermalige Teilung geschwächt und das abgeschnittene Stück noch gut eingeflochten. Auf der anderen Seite der Verspleißstelle wird das gleiche gemacht. Die fertige, jedoch noch nicht vollkommen eingedrehte Spleißstelle zeigt Abb. 303. Die Enden der geschwächten bzw. zum Schluß geteilten Litzen bleiben noch am Bund hängen und werden erst, nachdem das Seil auf der Maschine unter Spannung genommen wurde, abgeschnitten. In Abb. 303 wurden auf der einen Seite der Spleißstelle die Enden absichtlich weggeschnitten.

Abb. 302.

Die Spleißstelle soll im gespannten Seil nicht dicker sein als das gute Seil. Weiters darf die Einflechtungsstelle der Litzenenden keinen Knoten bilden, da an einer solchen Stelle das Seil im Laufe des Betriebes abgestoßen wird.

In Abb. 303 scheint die Spleißung dicker ausgefallen zu sein, doch ist zu berücksichtigen, daß das Seil während der Aufnahme ohne Spannung war.

Der gleiche Bund kann auch auf solche Weise hergestellt werden, daß statt der anfänglichen Teilung der zu verflechtenden Litzen jede derselben mit einem Messer zugespitzt („zugeputzt") wird. Die sich verjüngenden Litzen werden nun in gleicher Art, wie besprochen, miteinander verflochten.

An Stelle des Zuspitzens jeder einzelnen Litze können die Litzen auch auf verschiedene Längen abgeschnitten werden.

Man dreht auch die Litzen aus dem Seil und dreht an Stelle der abgewundenen eine Litze des anderen Seilstückes ein und verbindet sie bzw. verflicht die Litzenenden. Jedenfalls muß auch hier getrachtet werden, daß kein Knoten entsteht und keine Verkreuzungen von Litzen gebildet werden, da an derartigen Stellen das Seil zu stark abgenützt wird. Weiters muß man beobachten, daß die Spannung der einzelnen Litzen, die miteinander verflochten werden, eine gleichmäßige ist, um während des Betriebes nicht eine Überbeanspruchung der einen oder anderen Litze zu erreichen. Der Litzenabfall bei der Verspleißung wird als Putzwolle verwendet. Die Verflechtung zweier Seilenden ist Übungssache.

Bevor auf dem Selfaktor zu spinnen begonnen wird, müssen die Vorgarnwalzen von den hierzu bestimmten Walzenstän-

Abb. 303.

dern bzw. Vorgarnaufzügen (siehe Spinnereianlagen) aufgelegt werden. Das Auflegen muß man vorsichtig durchführen, um nicht die heiklen Vorgarnfäden zu beschädigen. Keinesfalls sollen die Walzen, wie dies oftmals geschieht, quer über das Abtreibzeug gelegt werden, da sich die Rechenbügel in die Vorgarnscheiben drücken und Fäden reißen. Nachdem die Vorgarnfäden der neuen Auflage in die Bügel und unter die Druckzylinder derart eingelegt wurden, daß ca. 30 bis 35 cm Vorgarn nach abwärts hängt, kann zum Anspinnen begonnen werden. Damit die Hülsen gut sitzen und das Garn fest gewickelt werden kann, wickelt man zuerst Material auf die nackte Spindel. Man nennt diese Arbeit „füttern".

An Stelle des Futters verwendet man auch **Kopshalter**. Besonders notwendig sind diese Halter, wenn auf Blechspulen gespult werden soll. In Abb. 304 ist ein Kopshalter der Firma Triemer & Forkert, Schweinsburg-Pleiße, Sachsen, wiedergegeben.

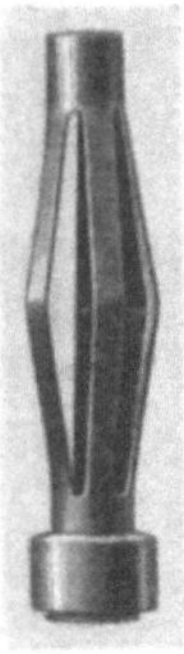

Falls mit solchen verschieden geformten Kopshaltern gearbeitet wird und die Hülsen aufgesteckt worden sind, werden, nachdem der Wagen etwas hinausgezogen wurde, die Spindeln in Umdrehung versetzt und die Vorgarnfäden mit beiden Händen gegen die sich drehenden Spindeln gehalten. Die Vorgarnfäden fangen sich an denselben und erhalten Draht.

Die Drehung der Spindeln geschieht meist derart, daß bei ausgerückter Wagenausfahrtskupplung der Riemen von Hand aus auf die Vollscheibe gerückt wird, oder aber so, wie dies nach Abb. 269 besprochen wurde.

Um leere Hülsen schneller auf die Spindeln aufzustecken bedient man sich sogenannter **Hülsenaufsteckapparate**.

Abb. 304.
Kopshalter.

In Abb. 305 ist ein solcher Apparat für lange Hülsen im entleerten und gefüllten Zustand zu sehen (von Fr. Jagger & Sons, Oldham, England). Er besteht aus einem äußeren segmentartigen Teil, an welchem an der vordersten Seite eine Reihe konischer Röhrchen entsprechend der Spindelteilung angeordnet sind. Die äußersten derselben sind durch trichterartige Ansätze, die verpfropft sind, verlängert und dienen zum Auflegen des Apparates auf die Spindelspitzen.

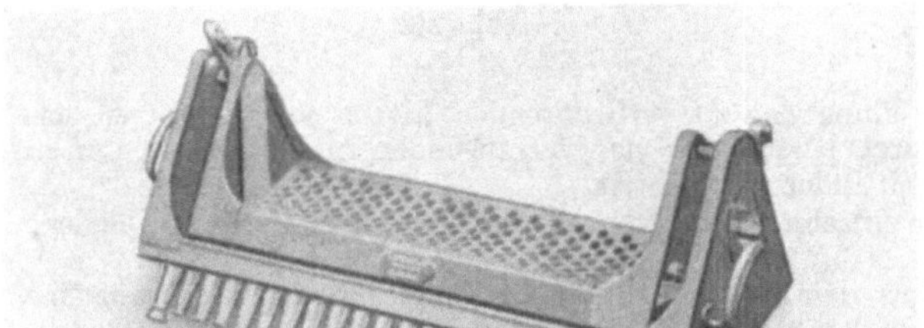

Der innere verschwenkbare, segmentartige Behälter besitzt zur Aufnahme der Hülsen Lochungen, die, in ebenso vielen versetzten Doppelreihen angeordnet, als trichterförmige Röhrchen ausgebildet sind. Die Hülsen einer Doppelreihe fallen durch dasselbe Röhrchen. Vor dem Aufstecken wird der Apparat mit Hülsen gefüllt. Je nach der Spindelteilung können ca. 150 bis 300 Hülsen untergebracht werden. Der Apparat wird im Bedarfsfalle mittels der beiden Handgriffe erfaßt und mit den äußersten Röhrchen auf die Spindeln gesteckt. Durch Auslösen einer Sperrklinke wird der innere gefüllte Behälter je um eine Reihe verschwenkt. Die Hülsen einer Längsreihe fallen durch die Röhrchen auf die Spindeln. Der Apparat wird dann wieder über die nächsten leeren Spindeln gebracht und die folgende Hülsenreihe über die Röhrchen geschaltet usw.

Abb. 305. Hülsenaufsteckapparat.

Der Apparat kann bei eventueller Unterbrechung der Aufsteckarbeit mittels zweier vorgesehener Haken auf die Gegenwinderwelle aufgehängt werden. Eine Hilfskraft folgt dem Apparat, um entweder mit den Händen oder mit einem Aufsteckbrettchen die Hülsen auf die richtige Stelle der Spindel zu bringen und fest aufzusetzen.

Es gibt auch Apparate mit rechteckigen Hülsenbehältern, welche vor- und rückwärts verschoben werden können.

Die Hülsen müssen alle gleich hoch auf den Spindeln gesteckt sein. Zu diesem Zwecke ist es gut, ein rechtwinkeliges Blech oder Holz (Aufsteckbrett) zu benutzen. Das Hilfsgerät wird ober den Hülsen gegen die Spindeln gedrückt, so daß die Spindeln in Ausschnitten desselben liegen, und nach abwärts bewegt. Nach der Länge der Hülsen richten sich die Maße des Aufsteckbrettes.

Um die zu Beginn einer Partie an die Spindeln angelegten und gedrehten Vorgarnfäden unter die Hülsen aufzuwickeln („Unterwinden"), wird für die Wageneinfahrt umgestellt und der Aufwinder von Hand entsprechend tief geführt.

Wenn eine andere Partie zu spinnen ist, soll man den Wagen vorher putzen, damit die verschiedenen Abfälle nicht miteinander vermischt werden. Die Kopse der alten Partie bleiben auf den Spindeln. Die Fäden sind alle abgerissen. Die Vorgarnfäden der neuen Auflage werden bei eingefahrenem Wagen mit den fertigen Fäden der alten Partie von Hand angedreht. Nachher fährt man ca. ½ m aus. Vorgarnlieferung und Wagen werden von Hand aus abgestellt und mit der zweiten Geschwindigkeit Draht gegeben. Nun wird der Drahtzähler ausgelöst, worauf selbsttätig abgeschlagen wird. Nachdem die Falle für die Einfahrtskupplung gelöst wurde und der Wagen eingefahren ist, läßt man ihn nochmals ausfahren. Nun führt man jene Arbeiten durch, die am Schlusse eines Abzuges zwecks Unterwindung der Fäden nötig sind. Da während dieses Vorganges kein Verzug eingeschaltet war, reißen fast keine Andreher.

Bei gleichfarbigem Material beginnt man so, als wäre eine Vorgarnwalze abgelaufen.

Nummerkontrolle.

Zu Beginn einer neuen Ausspinnung müssen nach ca. 5 bis 6 Wagenspielen die Fertiggarne auf ihre Nummer kontrolliert werden. Zu diesem Zwecke zieht man meist von 2 Nachbarspindeln so viele Meter ab, daß die Summe der abgezogenen Länge in Metern der gewünschten Fertignummer gleich ist (z. B. bei Nr. 8 werden 8 m abgezogen). Das Abmessen der Länge geschieht mit Hilfe eines genau 50 cm langen Brettchens. Selbstverständlich muß die Dicke des Brettchens in der angegebenen Länge berücksichtigt werden. Seine Breite ist ca. 7 bis 8 cm.

Werden z. B. 2 Fäden von Nr. 9 gemeinsam kontrolliert, so werden von jeder Spindel 4,5 m abgezogen. Diese Länge liegt in 9 Wicklungen um das Brettchen. Es sind also bei Nr. 9 zwei Fäden 9mal zu wickeln, bei Nr. 12 müssen sie 12mal gewickelt werden usw.

Die abgezogene Garnlänge wird auf einer Waage ihrer Nummer nach kontrolliert, indem man auf die andere Waagschale 1 g legt. Bei metrischer Numerierung muß die Waage im Gleichgewicht sein.

Falls man von 4 Spindeln das Fertiggarn abziehen will, um dadurch einen besseren Durchschnitt in der Nummer zu erhalten, muß das Meßbrettchen 25 cm lang sein. Die Fäden von 4 Spindeln lassen sich nicht mehr gut ohne Hilfe einer zweiten Person abziehen.

Will man beispielsweise die Länge der eingestellten Vorgarnlieferung bestimmen, so reißt man gleich zu Anfang der Ausspinnung das Vorgarn dicht am Lieferzylinder ab und läßt den Wagen ausfahren. Die gelieferte Vorgarnlänge kann nun abgemessen werden.

Um unnütze Zeitverluste zu vermeiden, trachtet man, am Selfaktor möglichst wenig Umstellungen vornehmen zu müssen, und beschränkt sich lediglich auf kleine Nachstellungen, die sich aus der Kontrolle ergeben, bzw. ändert im gegebenen Falle die Drehung.

Es ist unter anderem von großem Vorteil, wenn man, falls es das verschiedene Material zuläßt, eine gewisse Konstanz im Verzug beibehält. Es ergibt sich daraus auch eine einfache Vorgarnnummerkontrolle. Für einen bestimmten Verzug errechnet man sich, wie folgt, die Länge eines Brettchens; man mißt mit demselben so viel Vorgarnfäden ab, als die Nummer des Fertiggarnes ist. Z. B. werden für Fertiggarn Nr. 6 sechs Vorgarnfäden über die einfache Länge des Brettes gemessen.

Diese Methode ergibt sich aus folgender Überlegung. Der Verzug ist — wie schon eingangs (Kapitel: Fertigspinnen) besprochen — gleich dem Verhältnis der Nummern. Es ist

$$V = \frac{N_2}{N_1}.$$

Da die Nummern proportional den Längen sind, ergibt sich daraus:

$$V = \frac{L_2}{L_1}.$$

N_2 soll beispielsweise 8 sein; L_2 ist also 8 m.

L_1 soll sich aus der Länge eines Brettchens derart ergeben, daß 8 Vorgarnfäden nebeneinander liegend abgemessen werden. Ist Z die Zahl der Vorgarnfäden und l die Länge des Brettchens, so ergibt sich

$$L_1 = Z \cdot l,$$

aus

$$V = \frac{L_2}{L_1}$$

ergibt sich

$$L_2 = V \cdot L_1$$

und nach Einsetzen von L_1

$$L_2 = V \cdot Z \cdot l.$$

Da stets L_2 und Z den gleichen Zahlenwert haben sollen, so folgt

$$1 = V \cdot l$$

oder

$$l = \frac{1}{V}.$$

D. h. die Brettlänge ist der umgekehrte Wert des Verzuges.

Wäre z. B.

$$V = 1{,}6,$$

so ist

$$l = \frac{1}{1{,}6} = 0{,}625 \text{ m} = 62{,}5 \text{ cm}.$$

Soll bei einem 1,6fachen Verzug ein Fertiggarn Nr. 8 hergestellt werden, so muß die Vorgarnnummer

$$N_1 = \frac{N_2}{V} = \frac{8}{1{,}6} = 5$$

sein. Bei einer Brettlänge von 0,625 m müssen somit

$$\frac{N_1}{l} = \frac{5}{0{,}625} = 7{,}9 \sim 8$$

Vorgarnfäden gemessen werden. Wenn also 8 Vorgarnfäden über die einfache Brettlänge von 62,5 cm gemessen werden, so entspricht dies einer Vorgarnnummer 5.

Kleine Unstimmigkeiten werden am Selfaktor durch geringe Änderung des Verzuges korrigiert.

Eine genaue Kontrolle des fertigen Garnes kann nur auf Grund einer großen Fadenlänge durchgeführt werden. Zu diesem Zwecke verwendet man eine Haspel, vermittels welcher man eine entsprechende Länge abmißt.

Je mehr von verschiedenen Spindeln des Selfaktors abgenommene Kopse aufgesteckt werden, desto genauer fällt die mittlere Nummer des Garnes aus. Bei entsprechenden Schwankungen der Nummer müssen die nötigen Verstellungen am Selfaktor vorgenommen werden. Zulässige Nummerschwankungen:

$$
\begin{array}{lllll}
\text{bis } N_m = 10 & \text{unter einer} & & \tfrac{1}{2}\, N_m \\
\text{,, } \ N_m = 16 & \text{,,} & \text{,,} & 1\, N_m \\
\text{,, } \ N_m = 30 & \text{,,} & \text{,,} & 2\, N_m
\end{array}
$$

Falls die Nummer das zulässige Maß überschreiten würde, wird die Vorgarnnummer geändert. Große Nummernunterschiede kommen häufig im Sommer vor: wenn ein zu großer Walzenvorrat vorhanden ist, ist es gut, über Sonn- und Feiertage in dieser Jahreszeit feuchte Tücher über die Vorgarnwalzen zu legen, falls keine eigene Befeuchtigungsanlage vorhanden ist.

Da die Nummer das Verhältnis einer Fadenlänge zu deren Gewicht ist, muß die auf die Haspel gewundene Länge gewogen werden.

Für die praktische Ermittlung genügt es vollkommen, eine Garnwaage zu verwenden, welche an einer Skala gleich die Nummer anzeigt.

Zwecks größerer Genauigkeit erhält die Waage eine weitgeteilte Skala von Nr. 1 bis 10 und eine parallele Skala von Nr. 10 bis 30 metr. Für die gröberen Nummern ist eine kleinere Länge, z. B. 100 m, für die feineren eine größere Anhängelänge (bis 500 m) nötig.

Auch für Vorgarne werden derartige Nummerwaagen gebaut.

Falls dem Spinnereibetrieb eine Weberei angeschlossen ist, in welcher auch Kammgarn- bzw. Baumwollgarne verarbeitet werden, können auf dem Gradbogen die entsprechenden Numerierungsskalen vorgesehen werden.

Jede Skala entspricht einer bestimmten Anhängelänge. Bei kürzeren Längen muß umgerechnet werden. Wenn die durch die Zeiger angezeigte Zahl mit Z und die Anhängelänge, nach welcher die Skala gemacht wurde, mit L bezeichnet wird, so ist

$$N = \frac{Z}{\dfrac{L}{l}} = \frac{Z}{L} \cdot l \,.$$

In der Formel ist l die tatsächlich angehängte Länge in der gleichen Längeneinheit gemessen wie L.

E. Allgemeines.

Bei höheren Streichgarnnummern, über 20 metr., wird auch „zweimal" gesponnen. Da höhere Vorgarnnummern Schwierigkeiten in der Herstellung bereiten und außerdem durch einen größeren Verzug auf dem Selfaktor leicht sehr unegale Garne hergestellt werden, spinnt man erst eine niedere Nummer aus und dreht z. B. nach links ein. Die Spulen werden auf ein Aufsteckgatter oberhalb des Abtreibzeuges aufgesteckt. Während des zweitmaligen Spinnens muß nun Rechtsdrehung gegeben werden (falls rechtsgedrehtes Garn gewünscht ist). Dadurch dreht sich die frühere Linksdrehung auf, und es kann das Garn durch den restlichen Verzug auf die gewünschte Nummer ausgesponnen werden. Man nennt das zweimalige Spinnen „sürfilieren". Sollen gröbere Garne hergestellt werden und ist die Vorgarnnummer wegen der Teilung im Florteiler zu fein, so werden 2 Vorgarnfaden miteinander dubliert und gemeinsam versponnen.

Die Länge der Selfaktoren hängt vor allem von den benötigten Spindeln sowie ihren Teilungen und auch von dem verfügbaren Raum ab.

Man rechnet je erzeugtem Vorgarnfaden für niedere Garnnummern 2 bis 4, für mittlere Nummern 3 bis 5 und für feinere Nummern ca. 5 bis 7 Spindeln. Selbstverständlich hängt dies auch von der Drehung je Längeneinheit des fertigen Fadens ab. Daraus ergibt sich auch die Anzahl der Selfaktorspindeln je Krempelsatz. Die Spindelteilung ist verschieden nach Garn und Kopsstärke; diese schwankt zwischen 45 bis 55 bis 60 mm. Jedenfalls muß die Teilung auch der Größe der Vorgarnwalzen angepaßt sein. Die Spindeln für eine solche Walze brauchen um ca. 50 bis 70 mm mehr Platz, als die Spullänge benötigt.

Die Verteilung der Spindeln auf beiden Seiten des Headstockes ist verschieden und hängt außer von den Fadenzahlen der zugehörigen Vorgarnwalzen auch von den Raumverhältnissen sowie von den Säulenentfernungen im Saal ab. Die Anzahl der Spindeln eines Selfaktors ist somit gleich der Anzahl der Vorgarnwalzen mal der Zahl der Vorgarnfäden auf denselben.

Meist hat die linke Seite des Selfaktors um eine Vorgarnwalze oder aber, wenn es die örtlichen Verhältnisse bedingen, auch um 2 bzw. 3 Walzen mehr.

Die Gesamtlänge eines Selfaktors ergibt sich aus:

$$L = n \cdot t + K,$$

wo

n die Gesamtspindelzahl,

t die Teilung,

K eine Konstante

ist.

Die Konstante ist bei den einzelnen Ausführungen verschieden und beträgt beispielsweise 2000 mm. Hiervon entfällt für die linke Seite 975 mm und für die rechte 1025 mm. Normale Selfaktorlängen sind 18 bis 25 m.

Die Selfaktoren können auch derart gestellt werden, daß ihre Headstöcke gerade gegenüberstehen. Eine solche Aufstellung benötigt jedoch mehr Platz. Wenn Selfaktoren mit gleicher Spindelzahl, jedoch verschiedener Spindelteilung gegenüberstehen — z. B. Kettgarn- und Schußgarnselfaktoren —, so sind ihre Headstöcke ebenfalls zueinander verstellt, so daß auch diese Aufstellung eine günstige Lösung in bezug auf die Raumfrage ist.

Die Tiefe der Selfaktoren hängt von der Wagenauszugslänge ab, welche normal 1650 oder 1850 mm ist.

Für gut verspinnbares Material ist der lange Auszug zu empfehlen, während der kurze für schlechter ausspinnbares, besonders aber für Kunstwollen verwendet wird.

Die Leistung eines Selfaktors ist hauptsächlich von der Fertignummer, der Drehung je Wagenspiel und Spindelzahl sowie auch von der Bedienung und Wartung abhängig. Je höher die Garnnummer, desto geringer ist die Leistung, da sie nach kg gerechnet wird. Je mehr Drehung ein Garn erhalten soll, desto mehr Zeit ist für die Nachdrehungen nötig. Daher ist die Anzahl der Wagenauszüge kleiner. Je nach den die Produktion bestimmenden Faktoren werden in einer Minute durchschnittlich 2 bis 4 Wagenspiele gemacht.

Am besten ist es, während einer bestimmten Zeit, z. B. 5 bis 10 Min., die Wagenauszüge zu zählen, um einen durchschnittlichen Wert zu erhalten.

Danach kann die theoretische Leistung eines Selfaktors berechnet werden, wenn noch die Wagenauszugslänge mit 1650 mm und die Garnnummer mit Nr. 8 angegeben wird. Werden z. B. 2,5 Wagenspiele je Minute gemacht, so sind dies in der Stunde 150 Wagenspiele.

Die in einer Stunde je Spindel erzeugte Länge ist

$$1,65 \cdot 150 = 249,5 \text{ m}.$$

In 8 Stunden ist die Leistung einer Spindel

$$249,5 \cdot 8 = 1996 \text{ m},$$

das sind nahezu 2 Strähne je Tag/Spindel. Bei 360 Spindeln leistet der Selfaktor je Tag

$$718\,560 \text{ m} = 718,56 \text{ km}.$$

Aus $N = \dfrac{L}{G}$ ist

$$G \text{ kg} = \frac{L}{N} = \frac{718,56}{8} = 89,82 \text{ kg} \cong 90 \text{ kg/Tag}.$$

Ist das Gewicht eines Kopses 54 g, so ergibt dies eine Fadenlänge von

$$L = N \cdot G = 8 \cdot 54 = 432 \text{ m.}$$

Da in einer Stunde 249,5 m je Spindel fertiggestellt wurde, ist die theoretische Zeitdauer eines Abzuges 1,74 Stunden = 1 Stunde 45 Min. Rechnet man für Abziehen, Aufstecken neuer Hülsen sowie für sonstige Arbeiten und Stillstände ca. 15 Min. Zeitverlust (ca. 14%), ergibt sich die wirkliche Zeit eines Abzuges zu 2 Stunden. Danach können in diesem Falle 4 Abzüge je Tag gemacht werden.

Falls tüchtige Helfer zur Verfügung stehen, kann bei flinker Arbeit die Leistung erhöht werden.

Ein Abzug wiegt aus dem Vorhergehenden ca. 19,5 kg, daher ist die praktische Leistung L_p je Tag

$$19,5 \cdot 4 = 78 \text{ kg/Tag.}$$

Die theoretische Leistung L_t war mit 90 kg errechnet. Daraus ergibt sich ein Wirkungsgrad von

$$\eta = \frac{L_p}{L_t} = \frac{78}{90} = 0,86$$

oder $\eta = 86\%$. Der Zeitverlust ist wieder ca. 14%. Die praktische Wochenleistung nach dem Produktionsbeispiel ist bei 47 stündiger Arbeitszeit — 1 Stunde wird je Woche zum Reinigen der Maschine verwendet —

$$G \text{ kg} = 458 \text{ kg.}$$

Die Leistungen der Selfaktoren werden in den Spinnereien in geeignet angelegten Büchern notiert, von denen nachstehende Einteilung eine Buchseite darstellt.

Woche.......... von............ ... bis.............. ..... Krempelsatz............ Selfaktor...........

Datum	Partie-Nr.	Farbe	Garn-Nr.	kg			Ablieferung		Anmerkung
				Kette	Schuß	Zwirn	Datum	kg	

Summe ....

Partie............ G.-Nr............. kg............

Der Kraftbedarf ist je nachdem, welche Spindelteilung bzw. Spindelzahl der Selfaktor hat — bei Teilungen von 40 bis 100 mm und bis 600 Spindeln —, für

50 bis 100 Spindeln 1 PS. Hierzu ist für den Antrieb des Getriebes noch ca. 1 bis 1,5 PS zu rechnen. Auch hängt der Kraftbedarf nach den jeweiligen Arbeitsbedingungen ab.

Hilfsmaterial und seine Verwendung in der Spinnerei.

Die Hilfsmaterialien in der Krempelei (Kratzen, Ledersorten) sind schon oben besprochen. Für einwandfreien Selfaktorbetrieb ist nicht nur die Kontrolle der fertigen Garne in Qualität und Menge wichtig, sondern auch die Überwachung aller dazu nötigen Hilfsmaterialien notwendig. Die wichtigsten sind die Spindelschnüre, Selfaktortreibschnüre und Seile, das Riemenmaterial und besonders die verwendeten Spinn-, Spindel- und Schmieröle.

Für Schnur- und Seilmaterial ist zur Anfertigung prima Makogarn, 24 bis 28 engl., nicht zu hart gesponnen, gerade gut genug. Falsche Sparsamkeit rächt sich in höheren Verbrauchsziffern des scheinbar billigeren Hilfsmaterials und in der Qualität und Gleichmäßigkeit der gesponnenen Garne.

Spindelschnüre müssen dem Wirteldurchmesser und Profil an der Spindel angepaßt sein, etwa Nr. 3 gibt bei Selfaktorenspindeln noch kleine Knoten und gute Spindeltourenzahl. Periodische Tourenkontrolle und Selfaktorleistungskontrolle überzeugen bald von guter Schnurqualität. Ein Selfaktor mit ca. 440 Spindeln soll je Monat nicht über 16 dkg obiger Spindelschnur verbrauchen. Bei Einführung neuer Schnursorten bespannt man je eine Selfaktorhälfte mit alten und mit neuen Schnüren und nimmt Leistungs-, Touren- und Kraftbedarfsmessungen vor. Ähnlich werden Seile geprüft, die Drehung soll weich sein, der Durchmesser in den Wirtel passen, die Spleißstellen nicht zu dick, die Seile gründlich durchimprägniert sein. Oberflächliches Anfärben oder Einfetten der Seile ist schlecht, die Seile gehen dann durch innere Deformation frühzeitig zugrunde. Eine genaue Lebensdauerstatistik in Abhängigkeit der Garnleistung der Selfaktoren gibt guten Aufschluß, ebenso der Kraftverbrauch. Gute Seile laufen etwa 2½ Jahre.

Die Riemen müssen hochprima Kernriemen, lohegegerbte Rückenbahn, spez. Gewicht unter 1, fein geleimt und genäht sein, eine Messung der Schlupfverluste überzeugt auch hier bald von der Güte.

Der Ölbedarf teilt sich in der Feinspinnerei in den Maschinenölbedarf für Achsen, Lager und Wellen (reines Maschinenöl, Visk. 4 bis 5 bei 50° C, garantiert rein, säure-, harz- und asphaltfrei) und in Spindelöl (Visk. 4 bis 6 bei 20° C) für die Schmierung der Plattbänder (Filzstreifen) der Spindellager. Diese Sorte ist für die hochtourigen Baumwoll- und Kammgarnselfaktorspindeln direkt verwendbar. Für die Streichgarnspindeln eignet sich etwa ein Zusatz von ¼ Maschinenöl wegen Ölersparnis und günstigerem Kraftverbrauch besser. Eine Ölstatistik in Kurvenform als Verbrauch an Öl in Gramm je Kilogramm gesponnener durchschnittlicher Garnsorte gibt auch hier guten Einblick. Für etwa Nr. 16 ist der Bedarf im Mittel ca. 5 g Öl je Woche und kg Garn.

Der Antrieb der Streichgarnselfaktoren ist wohl im elektrotechnischen Sinne als Einzelantrieb sehr günstig lösbar, da hohe Wirkungsgrade bei dem stark schwankenden Kraftbedarf erreichbar sind, doch ist wirtschaftlich der Gruppenantrieb überlegen, Gruppen von 6 bis 10 Selfaktoren je Motor sind dabei am vorteilhaftesten. Ein Großbetrieb erreichte bei höchster Garnleistung je Selfaktor zu 440 Spindeln den minimalen Durchschnittsbedarf von 4,8 PS. Bei Neuanlagen bemißt man unter Zugrundelegung eines Beschäftigungsgrades von 0,75% etwa 7 PS Motorstärke bei Antrieb durch normale Drehstrommotoren.

Der Kraftverbrauch in Kilowattstunden wird ebenfalls im Verhältnis zur gesponnenen Leistung je kg Garn registriert und in Diagrammen verfolgt.

Der Wirkungsgrad in der Leistung, d. i. das Verhältnis der praktischen zur theoretischen Leistung ist in guten Betrieben für die Feinspinnerei 70 bis 75% und fällt bei sehr schlechten Garnen (Kunstwolle!) oder schlechter Betriebsführung noch unter 65%.

Die Bedeutung der Luftbefeuchtung, der Beleuchtung und Beheizung sowie des Garn- und Materialtransportes wurde schon im Abschnitt Krempelei gewürdigt.

F. Ringspinnmaschine[1].

Wie zu Beginn des Kapitels „Fertigspinnen" eingehend erläutert wurde, kann das durch den Nitschelvorgang (Mangeln) verdichtete Vorgarn wegen der ungleichen Verankerung der Fasern (Härchen) nicht ohne Verdrehung verzogen werden. Ein ununterbrochener Spinnprozeß, wie er sich auf der gewöhnlichen Ringspinnmaschine abspielt, erfordert wegen der Anwendung eines Streckwerkes eine besser parallele Lage des Grundstoffes, als dies im vorliegenden Vorgarn der Fall ist. Würde ein ungedrehtes Vorgarn durch die stetig schnellerlaufenden Zylinderpaare eines Streckwerkes durchgeführt werden, so würde je nach den Fasern und seinen gegenseitigen Verankerungen sowie je nach der Höhe des angewendeten Verzuges starkschnittiges Garn entstehen, oder aber es würde das Vorgarnbändchen innerhalb der Streckwalzen in kleine Stückchen zerrissen werden.

Zum Zwecke der Verfeinerung ist somit die Verdrehung unentbehrlich.

Um nun dem Vorgarn innerhalb des Streckwerkes Drehung zu geben, wird an der Streichgarnringspinnmaschine zwischen den Streckwalzen ein Drehröhrchen angewendet (siehe Abb. 306, 307).

Durch die stattfindende Verdrehung des Vorgarnes werden die schwächeren Stellen desselben mehr verdichtet, so daß sie den Verzug aushalten. Die starken Fadenstückchen erhalten naturgemäß weniger Drehungen, weshalb sie innerhalb des Verzugsfeldes durch den dort wirkenden Zug vergleichmäßigt werden.

Abb. 306. Ringspinnmaschine.

Der innerhalb des Streckwerkes auf das Vorgarn wirkende Zug wird einerseits durch die schnellere Geschwindigkeit des Abzugszylinderpaares D (Abb. 307), andererseits aber durch die Verkürzung des zwischen den Walzenpaaren laufenden Fadens erzielt, die dieser durch die Drehung erfährt. Auf diese Weise soll der Wagenzug bei gleichzeitiger Vordrahterteilung ersetzt werden. Während beim Selfaktor zur Zeit des Wagenverzuges eine höhere Spindelgeschwindigkeit einsetzt, was zur Verdichtung der durch den Verzug verlagerten Fasern unbedingt

---

[1] Da die Ringspinnmaschine in der Streichgarnspinnerei noch nicht eine derartige Bedeutung erreicht hat wie für andere Spinnereien, wird hier nur das Wesentlichste der Maschine besprochen.

nötig ist, kann dies an der Ringspinnmaschine bei Anwendung eines Drehröhrchens nicht durchgeführt werden.

Die Drehung des Vorgarnfadens wird in der Nähe des Drehröhrchens etwas höher sein als beim zuliefernden Walzenpaar, da die Drehung mit der Entfernung

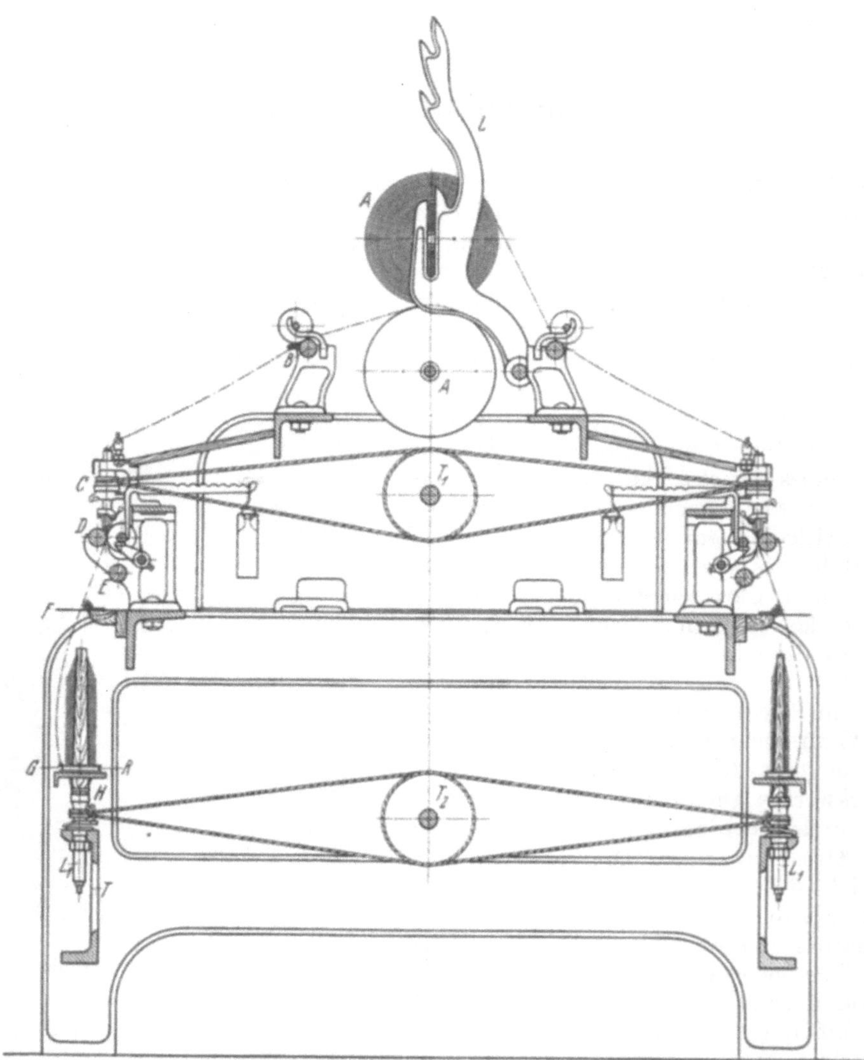

Abb. 307. Ringspinnmaschine.

vom drahterteilenden Organ im allgemeinen proportional abnimmt und außerdem durch das genannte Zylinderpaar ungedrehtes Vorgarn geliefert wird.

Aus diesem Grunde sowie auch um den stärkeren Stellen des durcheilenden Vorgarnes die Möglichkeit der Verstreckung und Wiederverdrehung zu geben, muß die Entfernung zwischen dem Lieferzylinderpaar und dem Drehröhrchen größer gehalten werden. Sie beträgt bei neueren Maschinentypen gewöhnlicher Anordnung ca. 370 bis 450 mm, bei solchen mit gebrochener Führung bis ca. 700 mm.

Die Entfernung des Röhrchens vom zweiten Zylinderpaar muß, wie aus dem Folgenden hervorgeht, so klein als möglich gehalten werden.

Hält man ein Fadenstück bzw. ein Bändchen zwischen 2 Klemmen und dreht genau in der Mitte des freien Stückes, so dreht sich der Faden bzw. das Bändchen beiderseits der Verdrehungsstelle in entgegengesetzter Richtung mit gleicher Drehungszahl ein. Bewegt man nun den Faden (das Bändchen) in der Richtung seiner Achse, so wird z. B. das linksgedrehte Fadenstück, durch das drahterteilende Organ hindurchgehend, in das auf der anderen Seite in entgegengesetzter Richtung gedrehte übergehen. Die zuwandernden Linksdrehungen lösen nach kurzer Zeit die anfangs bestehenden Rechtsdrehungen auf. Es wird also stets das in der Laufrichtung, hinter der Verdrehungsstelle liegende Fadenstück die anfänglich erhaltene Drehung verlieren.

Wäre an der Ringspinnmaschine in der Mitte der beiden Streckwalzenpaare das Drehröhrchen angeordnet, so wäre das zwischen diesem und dem zweiten Zylinderpaar befindliche Vorgarnstück ein größeres Stück ohne Drehung. Wegen der abziehenden Bewegung des zweiten Walzenpaares würde der Vorgarnfaden reißen bzw. sehr schnittig werden.

Es muß also nach dem Vorhergesagten das Drehröhrchen so nahe als möglich zum zweiten Zylinderpaar eingestellt werden. Vom Abzugszylinderpaar werden die Fasern aus dem um das Ende des Drehröhrchens gewickelten Vorgarnfaden herausgezogen und dieser dadurch noch verzogen. Die Vergleichmäßigung der starken Stellen im Vorgarn erfolgt im ersten Teil des Verzugsfeldes durch die Spannungszunahme infolge der Verkürzung des Fadenstückes während der Vordrehung. Die auf diese Weise erzielte Faserverlagerung erfordert eine erhöhte Drahterteilung, um die eingetretenen Zwischenräume zwischen den Fasern zu verkleinern. Da aber das Röhrchen eine konstante Drehung erhält, ist die Drehung je Längeneinheit des Fadens gleich.

Die gewünschte Nachahmung des Verzugsvorganges beim Selfaktor kann somit durch das Röhrchen nicht erreicht werden, worin auch der Grund zu suchen ist, daß sich die Ringspinnmaschine trotz ihrer größeren Leistungsfähigkeit für Streichgarn nicht allgemein einführen kann.

In Abb. 307 ist eine Ringspinnmaschine der Firma Platt Bros & Co., Limited, Oldham, in der schematischen Anordnung zu sehen. Das Prinzip derselben sei kurz besprochen.

Auf die meist geriffelte, regelbar angetriebene Abtreibtrommel A werden die vom Florteiler fertiggestellten Vorgarnwalzen mit ihren Zapfen in die Schlitze der Lagerarme L eingelegt. Für Reservewalzen sind an den Armen noch Kerben vorgesehen.

Bei einseitigen Ringspinnmaschinen laufen sämtliche Vorgarnfäden nach der einen Maschinenseite ab. Bei doppelseitigen Maschinen, wie sie die angegebene Abbildung zeigt, läuft abwechselnd ein Faden gegen die eine, der Faden der nächsten Vorgarnscheibe jedoch nach der anderen Maschinenseite.

Für beide Seiten ist nur eine Vorgarnwalze vorgesehen.

Außer dieser Vorlageart können die einzelnen von der Walze abgenommenen Vorgarnscheiben auf kleine hutförmige Unterlagen gelegt und einzeln abgesponnen werden. Die Unterlagen (in Abb. 308 rechts) sind auf Vorlagespindeln gelegt und sehr leicht drehbar.

Die Vorgarnfäden in Abb. 307 laufen beiderseits in das erste Zylinderpaar B, von dort durch das Drehröhrchen zu dem Abzugszylinderpaar D. Unterhalb desselben ist eine Fangwalze E für gerissene Fäden. Vom axial über der Spule befindlichen Fadenführer F läuft der Faden zum Läufer (Traveller) G. Dieser ist auf dem Ring R aufgesetzt und macht die für die Spulbewegung nötige auf- und abgehende Bewegung.

Die Spindel ist in dem auf der Traverse T (Spindelbank) festgeschraubten Lagerkörper L_1 gelagert. In diesem ist Fuß- und Halslager der Spindel angeordnet.

Damit die Spindel wegen ihrer hohen Touren (ca. 2500 bis 3500 T/min) nicht warm läuft, muß sie ausreichend geschmiert werden, was dadurch erreicht wird, daß der Lagerkörper dauernd mit Öl gefüllt ist. Zwecks Reinigung ist an unterster Stelle eine Abschlußschraube angebracht. Der Antrieb der Spindel erfolgt mittels einer Spindelschnur von der Trommel T_2. In neuerer Zeit werden 2 gegenüberliegende Spindeln durch einen Bandriemen mit zwischengeschalteter Spannrolle angetrieben. Damit der Faden von der Spule gut abläuft, muß er auf der Ringspinnmaschine vermittels der Läuferbewegung in sich kreuzenden Schichten aufgespult werden. Es werden also wieder 2 verschiedene Schichten gewickelt. Eine Hauptschichte mit parallelen Fadenlagen und eine Kreuzschichte. Dies wird dadurch erreicht, daß die Ringbank von einem entsprechend geformten Exzenter auf- und abbewegt wird. Das Verhältnis der Auf- und Abbewegungskurve auf dem Exzenterumfang ist meist 1:2.

Da an der Garnkörperspitze der Durchmesser kleiner ist als an der Basis, muß, damit in derselben Zeiteinheit das gleiche Fadenstück aufgewickelt wird, die Ringbank an der Spitze eine schnellere Bewegung erhalten. Nach

$$W = \frac{L}{d\,\pi}$$

(W = Windungszahl, L = Lieferung, d ist der jeweilige Durchmesser) ergibt sich, daß die Windungszahl an der Garnkörperspitze größer ist — da d kleiner ist — als an der Basis. Je größer aber die Windungszahl ist, desto größer der Hub in der Zeiteinheit.

Auch dieser Bedingung muß die Form des Exzenters entsprechen.

Damit die Spule (Hülse) in axialer Richtung bewickelt wird, muß die Ringbank neben ihrer stetigen Auf- und Abbewegung noch eine zusätzliche Schaltbewegung gegen die Spindelspitze erhalten.

Der Mechanismus hierzu sowie für die Ansatzbildung kann im Rahmen dieses Bandes nicht besprochen werden, es wird deshalb auf Band II/1 dieses Handbuches, sowie auf „Das Handbuch der Spinnerei" von Bergmann[1] verwiesen.

Abb. 308. Ringspinnmaschinenantrieb.

Im allgemeinen gibt der durch das Exzenter auf- und abschwingende Exzenterhebel der Ringbank die entsprechende Spulbewegung und beeinflußt während seiner Bewegung ein auswechselbares Schaltrad. Durch letzteres wird eine kleine Kettentrommel, auf welcher die Kette befestigt ist, über eine Schneckenübersetzung angetrieben, so daß bei jedem Hub des Exzenterhebels etwas Kette aufgewickelt wird. Dadurch geht die Ringbank für jede Haupt- und Kreuzschichte um weniges nach aufwärts.

Um eine entsprechende Kopsstärke zu erhalten, die von der Ansatzbildung abhängt, wird am Anfang der Bewicklung die Kette beim Tiefgang der Ringbank durch eine Nocke an der Kettentrommel eingeknickt. Während der Verdrehung

---

[1] Berlin: Julius Springer.

der Trommel wird die Einknickung immer kleiner. Dadurch geht die Ringbank jedesmal um weniges tiefer nach abwärts. Auf diese Weise werden die Schalthöhen (vgl. Selfaktor, Abb. 261, s_1, s_2 ...) mit zunehmender Bewicklung kleiner, so daß ein entsprechender Ansatzwinkel eingehalten wird.

Besonders bei Streichgarnringspinnmaschinen, bei welchen oft große Unterschiede zwischen Ringweite und Hülsendurchmesser herrschen, ist es sehr angezeigt, die Spindeltouren während jeder einzelnen Schichte zu regeln, damit die Spannung des Fadens an der Spitze des Garnkegels abnimmt. Während des Spinnens ist die Spannung im Faden umgekehrt proportional dem Garnkörperdurchmesser und direkt proportional dem Quadrate der Tourenzahl.

An der Spitze des Garnkörperkegels ist bei konstanter Tourenzahl die Spannung am größten. Bei Zunahme des Durchmessers nimmt sie im gleichen Verhältnis ab.

Da die Tourenzahl an der Spitze bei einer bestimmten Garn- und Läufernummer gegeben ist und sie nicht überschritten werden darf, kann nur die Drehung der Spindel an der Basis erhöht werden.

Die Hülsen der Ringspinnmaschine müssen in einem bestimmten Verhältnis zum Ringdurchmesser sein. Auch sind die Ringspinnhülsen immer dicker als bei Selfaktoren, weil bei zu dünnen Hülsen die Spannung im Faden zu groß wird und viele Brüche die Folge sind. Der Hülsendurchmesser am Ansatz soll bei Schußgarnen nicht weniger als ⅓, bei Kettgarnen ¼ der Ringweite betragen.

Die Firma Josephys Erben stellt ihre Ringe in folgenden Dimensionen her.

Für Kettkopse verwendet man bei feinen Garnen (Hülsenhöhe 200 bis 240 mm, lichter Durchmesser der Hülse: unten 18 mm, oben 13 mm) Spinnringe von 50 bis 65 mm Durchmesser bei 75 mm Spindelteilung.

Für mittlere Garne (Hülsenhöhe 240 mm) nimmt man bei 100 mm Teilung Zwirnringe von 70 mm Durchmesser, für ganz starke Garne (Hülsenhöhe 240 mm) werden Worstedt-Ringe mit 75 bis 90 mm Durchmesser bei 125 mm Teilung verwendet.

Für Schußgarne (Hülsenhöhe 150 bis 200 mm, lichter Durchmesser der Hülse: unten 10 mm, oben 6 mm) ist der Ringdurchmesser 32 und 34 mm bei 55 mm Teilung sowie 38 und 41 mm bei 60 mm Teilung.

Für Schußkopse (Hülsenhöhe 200 mm) und einer Teilung von 70 bis 75 mm ist die lichte Ringweite 44 und 50 mm.

Die Änderung der Spindeltourenzahlen während des Spinnens kann entweder durch elektrischen Antrieb oder aber auch durch eine spezielle Konstruktion mit dem Riemenantrieb bewirkt werden.

Bei der elektrischen Regelung wird ein Einphasen- oder Drehstromkollektormotor verwendet, der infolge Verstellung der Bürsten in seiner Tourenzahl regelbar ist. Durch eine entsprechende Steuerung wird die Bürstenverstellung erzielt.

Für Transmissionsantrieb sind verschiedene Konstruktionen im Handel. Im nachstehenden soll die Regelung der Spindel nach dem System von Firma Josephys Erben beschrieben werden, welche in Abb. 309 und 310 zu ersehen ist. Der regulierbare Antrieb ist im Prinzip der gleiche wie beim Streichgarnselfaktor für die zweite und dritte Spindelgeschwindigkeit.

Auf dem Antriebsbock der Ringspinnmaschine ist, wie Abb. 309 zeigt, parallel zur Längsrichtung derselben eine Vorgelegewelle V gelagert, sie kann auch quer gelagert sein. Am Ende dieser Welle sind 2 auswechselbare Schnurwirtel W_1 und W_2 wie beim Selfaktor angeordnet. Der kleine Wirtel W_1 ist direkt auf das Ende der Welle V aufgeschraubt und wird von der auf der Welle V aufgekeilten Vollscheibe S_1 getrieben. Der große Wirtel W_2 ist in bekannter Weise auf Büchse B befestigt, die ihren Antrieb von der Riemenscheibe S_2 empfängt. Vermittels eines endlosen Seiles, welches über Leit- und Spannrollen läuft, stehen beide Wirtel W_1 und W_2 mit Wirtel W_3 in Verbindung (vgl. auch Abb. 310).

Der Wirtel W_3 sitzt auf der Trommelwelle T, so daß letztere sowohl vom Wirtel W_1 als auch von W_2 aus angetrieben werden kann, je nachdem auf welcher Scheibe (S_1 oder S_2) sich der Antriebsriemen der Ringspinnmaschine befindet.

Die Gabel des Riemens wird durch eine mit der Steuerung der Maschine in Verbindung stehende Vorrichtung zwischen den Scheiben S_1 und S_2 verschoben. Ist die Ringbank an der Spitze des Garnkörpers, so befindet sich der Riemen auf Scheibe S_1, während er zur Zeit der Basisbewicklung wegen der zu erteilenden höheren Spindeltouren auf Scheibe S_2 ist.

Somit werden die Spindeln durch Wirtel W_1 an der Garnspitze langsamer, an der Basis jedoch vermittels Wirtels W_2 schneller getrieben.

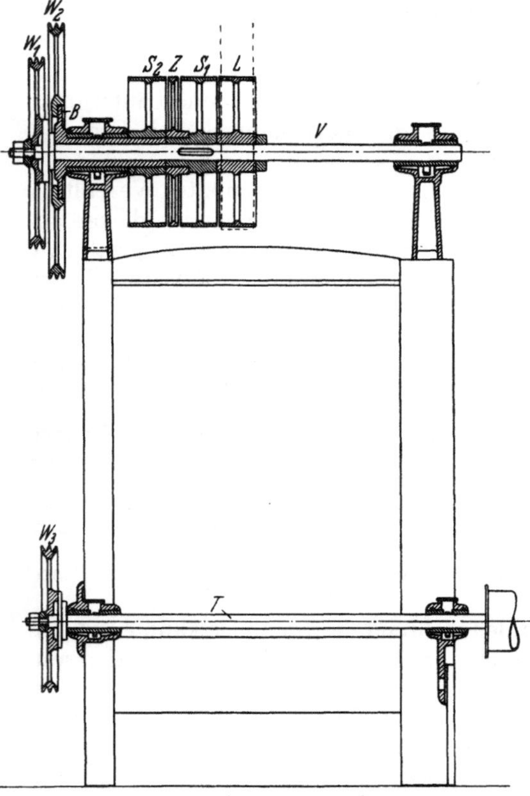

Abb. 309. Mechanischer Spinnregler.

Durch die Konstruktion der Steuerung wird auch erreicht, daß zu Beginn eines Abzuges nur die langsamere Geschwindigkeit eingeschaltet ist und bei fortschreitender Ansatzbildung entweder allmählich bei jedem Hub die zweite Geschwindigkeit automatisch oder von Hand aus eingelöst wird.

Die Zwischenscheibe Z zwischen S_1 und S_2 hat den gleichen Zweck wie beim Selfaktor, nämlich Riemenverschleiß durch gleichzeitiges Überdecken beider verschiedentourig sich drehenden Riemenscheiben zu vermeiden. Ist ein Abzug fertig, so wird durch die Steuerung der Riemen, sobald die Ringbank auf die Unterwindestellung gedreht wurde, auf die Leerscheibe L verschoben, so daß die Maschine zum Stillstand kommt.

Durch Auswechseln der Wirtel W_1 und W_2 erreicht man die Änderung der Geschwindigkeiten an Spitze und Basis. Jede für sich kann beliebig größer oder kleiner werden. Durch Wechseln des Wirtels W_3 kann die Geschwindigkeit der Maschine verändert werden.

Man ist heute bestrebt, aus Ersparnisgründen große lange Kopse zu erzeugen. Ihr Vorteil liegt nicht nur darin, daß der Kops für die spätere Verwendung ein größeres Garnmagazin darstellt, von dem längere Zeit der Bedarf gedeckt werden kann, sondern es wird auch bei der Herstellung insofern Zeit gespart, als der Abzug länger dauert und somit die unbedingt erforderlichen Nebenarbeiten weniger oft durchzuführen sind. Nun ist die Grenze der Tiefstellung der Ringbank dadurch gegeben, daß ein zu großer Ballon gebildet wird, anderseits darf aber die Spule wegen der Führungsöse nicht zu lang sein, da sonst bei Hochstellung der Ringbank Schwierigkeiten auftreten.

Aus diesen Gründen werden heute auch Ringspinnmaschinen mit am Orte die Spulbewegung durchführender Ringbank ausgeführt, während die Spindelbank die Schaltbewegung nach abwärts vollführt. Die Konstruktion ist wohl wegen des Spindelantriebes etwas komplizierter, doch ist der Vorteil des gleichen Abstandes zwischen Fadenführer und Läufer überwiegend. Die Spannungsverhältnisse bleiben am Anfang und Ende eines Abzuges die gleichen, weiters ist die Möglichkeit langer Kopse gegeben.

Die verschiedenen Spindelausführungen können im Rahmen des Buches nicht besprochen werden, doch sei angeführt, daß in dieser Richtung viele Verbesserungen durchgeführt wurden, um die Mängel der älteren Konstruktionen zu vermindern bzw. zu beheben.

Schon früher wurde die zweckmäßige Lagerung der Spindel durch Vereinigung von Fuß- und Halslager in einem Lagerkörper besprochen.

Es gibt ferner Einrichtungen, bei welchen durch entsprechende Nutführung eine gute Zirkulation des im Lager befindlichen Öles erzielt wird. Weiters werden

Abb. 310. Schaubild von Abb. 309.

federnde (flexible) Spindeln ausgeführt, um den Schnurzug bzw. Stoß gegen das Spindelhalslager abzumindern. Dadurch wird erreicht, daß die Spindel ruhig und vor allem bei hoher Tourenzahl nicht warm läuft.

Damit die Spindeln sehr leicht laufen und um außerdem eine Kraftersparnis für ihren Antrieb zu erreichen, werden sie auch in Rollenlagern gelagert. Kugellager haben sich weniger gut bewährt.

Um einen gerissenen Faden wieder anlängern (anlegen) zu können, muß die entsprechende Spindel stillgelegt werden. Aus diesem Grunde sind die meisten Spindeln mit einer Backenbremse ausgerüstet, welche durch das Knie bedient wird, so daß die beiden Hände zur Arbeit frei sind.

Die Bemühungen, die Ringspinnmaschine auch in der Streichgarnspinnerei als vollwertige Spinnmaschine auszugestalten, erstrecken sich nach allen Richtungen, trotzdem hat sie sich nicht allgemein einführen können, einmal wegen der Art des Verzuges, andererseits deshalb, weil die Garne wegen der Spannungsverhältnisse beim Aufwickeln stärker gedreht werden müssen als auf dem Selfaktor.

Besonders für Schußgarne, die wegen des Walkens bzw. Rauhens weniger Drehung haben müssen, eignet sich die Maschine vorläufig noch nicht.

Vor kurzem wurde nun eine Einrichtung bekanntgegeben, die es nach bereits erfolgter praktischer Erprobung ermöglichte, Garne mit äußerst niederer Drehungszahl zu spinnen[1].

Die Fadenspannung wird bei dieser Einrichtung vom Spulendurchmesser unabhängig gemacht. Zu diesem Zwecke wird jeder Spinnring auf 4 konische Rollen aufgesetzt und angetrieben. Wenn auch sich drehende Spinnringe zwecks Vermeidung des Fadenzuges bekannt waren, so ermöglicht erst die neue Einrichtung durch Verwendung eines dünnen Bremsringes, welcher lose auf dem Spinnring aufgeschoben ist, daß zwischen der Lage dieses Ringes und der Fadenspannung eine Wechselwirkung eintritt. Je lockerer die Fadenspannung ist, desto mehr gestattet der Bremsring ein Zurückbleiben des Läufers auf dem rotierenden Spinnring. Ist im Faden jedoch eine größere Spannung, so verhindert der Bremsring das Schlüpfen zwischen Läufer und Spinnring.

Auch in bezug auf Spinnröhrchenausführung und -anordnung wurden die verschiedensten Verbesserungen durchgeführt, die alle dahin gehen, die Bedienung zu vereinfachen bzw. den „zuckenden" oder „vibrierenden" Verzug, den das entstehende Garn am Selfaktor erfährt, nachzuahmen.

Je ruhiger ein Zug auf die sich umschlingenden Fasern ist, desto stärker muß er wirken, damit ein gegenseitiges Abgleiten und Freigeben erreicht wird. Tritt aber die Lagenänderung ein, so ist in diesem Moment der Zug zu stark, da infolge der Verlagerung zwischen den Fasern Zwischenräume entstehen, die eine große Bewegungsfreiheit gestatten. Die Fasern gleiten zu schnell, so daß schnittige Stellen entstehen. Um diese zu vermeiden, müssen die Zwischenräume durch höhere Drahtgebung vermindert werden.

Auf der Ringspinnmaschine wird das zwischengedrehte Vorgarn — „falscher" Draht — durch kontinuierlichen Verzug verzogen. Die Drehung, die während des Verzuges gegeben wurde, geht wieder verloren. Es geschieht also gerade das Gegenteil wie beim Selfaktor. Aus dem wieder geöffneten Vorgarn werden die Fasern von der Spitze des Drehröhrchens durch das zweite Zylinderpaar herausgezogen. Diese Stelle ist in erster Linie Ursache von schnittigem Aussehen.

Das Vibrieren während des Verzuges wurde, wie bemerkt, an der Ringspinnmaschine durch entsprechende Anordnung und Ausführung des Drehröhrchens nachgeahmt und hat recht gute Fortschritte in bezug auf das Aussehen des Garnes zur Folge gehabt.

In neuester Zeit werden von Dobson & Barlow Ltd., Bolton (England), Baumwollspinnmaschinen mit geneigten Selfaktorspindeln gebaut. Der Faden liegt in einigen Spiralwindungen auf der Spindel. Infolge des durch die Spindeldrehungen von der Spindelspitze abgleitenden Fadens entstehen ebenfalls Zuckungen im Faden. Ob diese Neuerung auch an der Streichgarnringspinnmaschine mit Erfolg Anwendung finden kann, werden erst die praktischen Erfahrungen lehren.

Im nachstehenden sollen nun noch einige Konstruktionen des Spinnröhrchens, sowie seine Anordnung im Streckwerk besprochen werden.

Den älteren Ausführungen des Drehröhrchens haftete der Fehler an, daß der Faden nur umständlich eingezogen werden konnte. Dieser Nachteil wird, wie sich aus der folgenden Besprechung ergibt, auf verschiedene Weise beseitigt.

---

[1] Setzer, Rudolf: Zum Problem der Streichgarn-Ringspinnerei. Z. ges. Textilind., 34. Jahrg., März 1931.

Die Abb. 311 zeigt die Konstruktion des Röhrchens nach Firma Josephys Erben.

Das Röhrchen ist exzentrisch zu seiner Achse gebohrt, so daß der in seine obere Öffnung eingelegte Faden infolge der hohen Tourenzahl des Röhrchens (über 2000 T/min) stets auf einen größeren Radius gelangt, sich dabei durch die Bohrung selbsttätig hindurchzieht und vom Abzugszylinder übernommen wird.

Das Ende des Fadens legt sich einige Male um die Spitze des Röhrchens, welche nadelartig ausgebildet ist und somit nahe an das Streckwerkzylinderpaar eingestellt werden kann, so daß selbst die kleinsten Fasern erfaßt werden können.

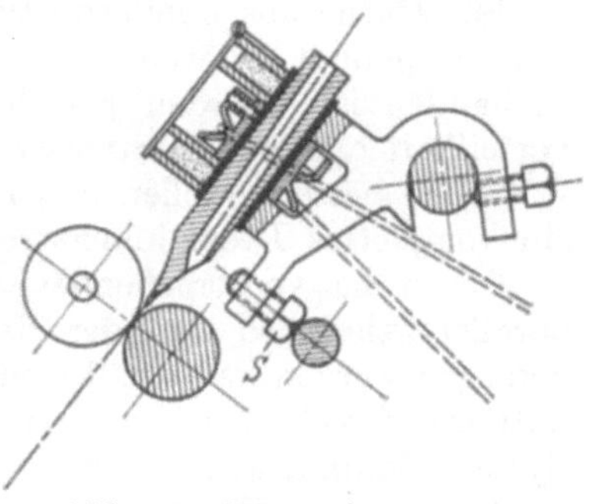

Die Firma Hartmann, Chemnitz, hat zum gleichen Zwecke das Spinnröhrchen an der Spitze derart aufgeschnitten, daß die dadurch

Abb. 311. Spinnröhrchen von Josephy.

gebildeten schrägen Flächen bei der raschen Rotierung des Röhrchens wie die Schaufeln eines Ventilators wirken und der Faden durch die Saugwirkung eingezogen wird.

Die Firma Ernst Geßner in Aue bedient sich hierzu einer Druckluftdüse.

Um einen vibrierenden Verzug zu erhalten und auch gleichzeitig die Bedienung beim Einfädeln eines Fadens zu erleichtern, ordnet die Firma Platt Bros & Co., Oldham (England), das Drehröhrchen senkrecht an und versieht die obere Fläche des Röhrchens mit 2 Warzen (Abb. 307), die während der Drehung an den schräg geführten Faden stoßen. Der Faden muß über die Warzen springen. In axialer Richtung des Fadens treten auf diese Weise rasch wechselnde Spannungen auf.

Das gleiche erreicht die Firma Hartmann, Chemnitz, indem sie die obere Öffnung mit Einschnitten versieht, in welche der schräg zum Röhrchen laufende Faden einspringt.

C. Martin führt das Röhrchen mit einem schräg zu seiner Achse verlaufenden Ausschnitt aus, in welchem der ebenfalls unter einem Winkel zur Röhrchenachse laufende Faden erfaßt und wieder losgelassen wird (Abb. 312). Zwecks Drahtgebung besitzt das Röhrchen am un-

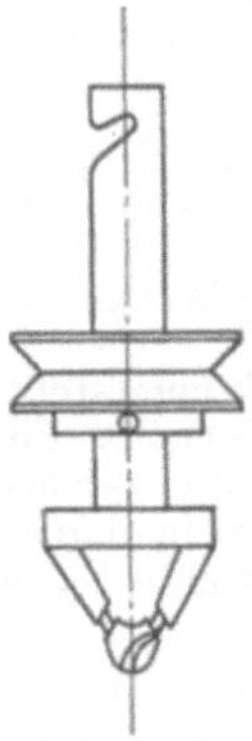

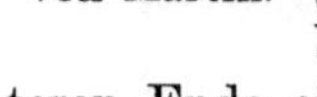

Abb. 312. Spinnröhrchen von Martin.

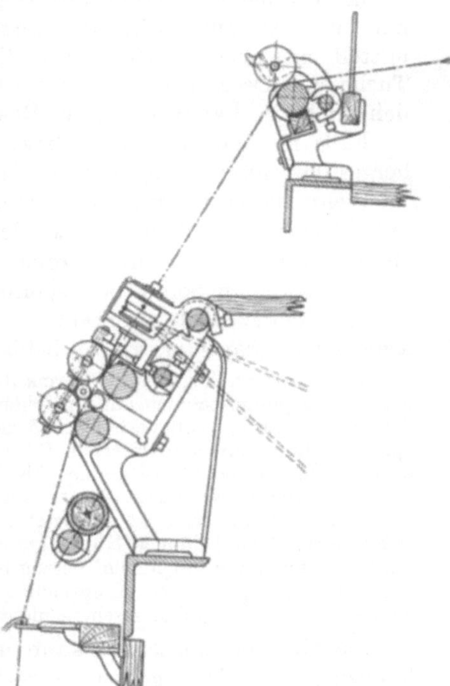

Abb. 313. Spinnröhrchenanordnung.

teren Ende eine kleine Scheibe mit einem Bügel, in welchen eine schraubenförmige Nut eingearbeitet ist. In diese legt sich der Faden, so daß demselben eine Drehung erteilt wird.

In Abb. 313 ist die Anordnung des Spinnröhrchens nach Firma Josephys Erben zu sehen.

Das Spinnröhrchen ist in einem getrennten Halter abnehmbar gelagert. Die Spitze des Röhrchens kann durch Schraube *s* (siehe Abb. 311) zum ersten Walzenpaar des anschließenden Zylinderstreckwerkes genau gestellt werden.

Für Garne aus minderwertigem Material, die mit wenig Verzug gesponnen werden, genügt es, wenn hinter dem Drehröhrchen nur ein Streckwalzenpaar vorhanden ist. Werden jedoch bessere Fasermaterialien versponnen, so wird vorteilhaft ein zweites Streckwalzenpaar angewendet.

Sollen bessere Wollen mit höheren Verzügen versponnen werden, so wird ein komplettes Dreizylinderstreckwerk angewendet (Abb. 313).

Durch das vorhergehende Röhrchenstreckwerk sind die Fasern schon mehr parallel gelegt, so daß der Faden im angeschlossenen Streckwerk nochmals verzogen werden kann und somit ein höherer Gesamtverzug erreicht wird. Das mittlere Streckwalzenpaar wird zweckmäßig als Durchzugsstreckwalzenpaar, System Janink, ausgeführt.

Zur genauen Einstellung des Drehröhrchens bedient man sich eines dünnen Stahlbleches (Stellblech). Die Spitze muß genau zwischen der Klemmstelle von Druckwalze und Zylinder stehen. Je kürzer das Fasermaterial, desto näher und genauer muß die Spitze eingestellt werden.

Die Tourenzahl des Röhrchens (ca. 2200 T/min) kann unabhängig vom Antrieb der Trommel und des Streckwerkes verschieden hoch gehalten werden.

Im allgemeinen werden die Ringspinnmaschinen in der Streichgarnspinnerei nur für Kett- und Zwirngarne angewendet, ferner für stärkere, eventuell auch mittelfeine Garne aus kürzeren Wollen, oder auch für Shoddy, wie sie für gröbere Tuche bzw. Decken verarbeitet werden, endlich für Teppichgarne; selbstverständlich auch für Baumwoll- bzw. Baumwollabfallgarne.

Falls manipulierte Wolle bzw. Kunstwollen ausgesponnen oder Haargarne hergestellt werden, sind die Erfolge zufriedenstellend.

Wenn für bestimmte Garnsorten keine besonderen Anforderungen in bezug auf Gleichmäßigkeit gestellt werden, so können sie mit Vorteil auf der Ringspinnmaschine hergestellt werden.

Garne, die am Selfaktor gesponnen wurden, dürfen mit solchen von der Ringspinnmaschine nicht vermischt werden, da sonst in der Weberei wegen des verschiedenen Charakters dieser beiden Garnsorten Ausschuß entsteht.

Nach weiteren Angaben der Firma Josephys Erben werden für Wollgarne und Teppichgarne Ringspinnmaschinen mit einfachem Röhrchenstreckwerk bis Nr. 5 metr. angewendet. Für solche Garne, wenn sie bis Nr. 15 metr. ausgesponnen werden sollen, eignen sich Ringspinnmaschinen mit kombiniertem Röhrchenstreckwerk. Sehr gut manipulierte Wollen mit sehr gleichmäßigem Stapel können bis Nr. 20 metr. versponnen werden.

Haargarne bis Nr. 3 bzw. 4 metr. werden mit einfachem Röhrchenstreckwerk hergestellt, für Kunstwolle bis Nr. 8 ist es vorteilhaft, ein Zweizylinderstreckwerk zu verwenden. Für Schußgarne, die auf dünnen Hülsen gespult, sowie für hochwertige Spinnstoffe, aus welchen feine Garnnummern mit hohem Verzug hergestellt werden sollen und für welche eine besondere Gleichmäßigkeit eine Hauptbedingung ist, oder aber auch für weichgedrehte Garne eignet sich die Ringspinnmaschine nicht, sondern nur der Selfaktor.

Die Ringspinnmaschine kann mit Parallel- oder Querantrieb je nach der Transmissionsanlage gebaut werden. Der Antrieb kann entweder von der Transmission erfolgen, oder aber es ist Einzelantrieb vorgesehen.

Doppelseitige Maschinen erhalten für jede Seite einen separaten Antrieb, entweder durch Riemen oder elektrisch.

Zwecks Regelung der Spindeltouren sind entweder auswechselbare Twistwirtel oder aber Kegelscheiben angeordnet.

Die Länge der Ringspinnmaschine ist nach Ausführungen der Firma Hartmann, Chemnitz, gleich der Spindelzahl einer Seite mal Teilung + 1680 mm bzw. für andere Modelle 1480 mm.

Gegenüber dem Selfaktor hat die Ringspinnmaschine, soweit sie in der Streich-garnspinnerei in Betracht kommt, den Vorteil, daß ihre Produktion je 1 Spindel ca. das 1,5- bis 2fache einer Selfaktorspindel beträgt. Außerdem ergibt sich eine ziemlich große Raumersparnis. Auf derselben Bodenfläche kann durch die Ringspinnmaschine eine 2- bis 4fache Produktion gegenüber dem Selfaktor erzielt werden.

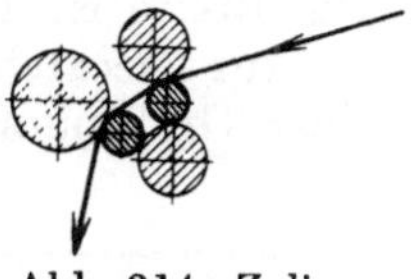

In der untenstehenden Tabelle sind die Abmessungen der Ringspinnmaschine der Firma Hartmann, Chemnitz, ange-geben. Die Spindelteilung ist 95 mm, Ringweite 51 mm.

Für gröbere Garne verwendet man auf der hierfür be-stimmten Ringspinnmaschine keine Spinnröhrchen, sondern nur ein Streckwerk mit geringer Walzendistanz. Das Zylinder-

Abb. 314. Zylin-derwerk für kur-zes Material.

werk besteht aus 2 Reihen geriffelter Streckzylinder mit je einem darüber-liegenden belasteten Oberzylinder (Abb. 314). Unterhalb des Zylinderwerkes befindet sich eine Fangwalze, die durch Putzwalzen reingehalten wird.

Als Vorlage können entweder Vorgarnwalzen oder einzelne Vorgarn-scheiben dienen.

Die Spindeln werden bei der Grobgarnring-spinnmaschine für jede Seite von einer Trommel angetrieben. Bei Parallel-antrieb der Maschine wer-den die Spindeltrommeln mittels Kegelscheiben an-getrieben, damit die Spin-delgeschwindigkeit nach Bedarf geregelt werden kann.

Bei Querantrieb erhält der Ringspinnmaschinen-antrieb zum gleichen Zweck einen auswechsel-baren Twistwirtel von 300, 400, 500 und 550 mm

Abb. 315. Grobringspinnmaschine.

Durchmesser. — Bei zweiseitigen Ringspinnmaschinen für grobe Garne wird jede Seite für sich wie eine einzelne Maschine getrieben.

Die Grobringspinnmaschine (Abb. 315) wird zum Ausspinnen von hart-

	Ohne Zwischenvorgelege					Einschließlich zweier Deckenvorgelege					
Spindel-zahl	Maschinen-		Kraft-bedarf	Gewicht		Spindel-zahl	Maschinen-		Kraft-bedarf	Gewicht	
	Länge m	Breite m	PS	netto kg	brutto kg		Länge m	Breite m	PS	netto kg	brutto kg
160	9,280		5,5	3940	4930	160	9,080		5,5	4230	5300
180	10,230		6	4280	5350	180	10,030		6	4590	5750
200	11,180		6,5	4620	5780	200	10,980		6,5	4950	6200
220	12,130	1,340	7	4960	6200	220	11,930	1,500	7	5310	6650
240	13,080		7,5	5300	6630	240	12,880		7,5	5670	7100
260	14,030		8	5640	7050	260	13,830		8	6030	7550
280	14,980		8,5	5930	7480	280	14,780		8,5	6390	8000
300	15,930		9	6320	7900	300	15,730		9	6750	8450

gedrehten gröberen Kettengarnen bis Nr. 4 metr. für Wolle, Haar und Kunstwolle, die hauptsächlich in der Decken- und Kotzenfabrikation verarbeitet werden, verwendet.

Die Länge der Maschine ist Spindelzahl einer Seite Teilung + 1400 mm. Die Breite ist 1200 mm.

Aus nachstehender Tabelle sind die Betriebsverhältnisse und der Kraftbedarf einer Grobspinnmaschine der Firma Hartmann, Chemnitz, zu ersehen.

Betriebsverhältnisse und Kraftbedarf.

Spindel-teilung mm	Ring-weite mm	Spindel-wirtel-durch-messer mm	Bei Parallelantrieb Umdreh. in der Minute		Bei Querantrieb Umdreh. in der Minute		Kraft-bedarf 1 PS be-treibt etwa Spindeln
			der Decken-vorgelege-wellen	der Spindeln	der Antriebs-wellen	der Spindeln	
95	63	30	525	3500—1850	420	3500—1900	40
105	76	35	525	3000—1600	420	3000—1630	35
125	89	42	525	2500—1300	420	2500—1360	30
140	102	50	500	2000—1050	400	2000—1090	25

G. Schußspinnmaschinen.

In der Streichgarnspinnerei werden die groben Garne bis Nr. 4 metr., die in der Weberei als Schuß für Decken, Kotzen bzw. Teppiche verwendet werden, ohne weiteren Verzug — also nur durch mehr oder weniger starkes Eindrehen — des im Vorgarn lose liegenden Materials hergestellt. Zu diesem Zwecke ist die Nummer des Vorgarnes gleich der Fertignummer zu halten. Es muß allerdings berücksichtigt werden, daß die Fertignummer je nach dem Grad der Eindrehung eine kleine Veränderung in bezug auf die Vorgarnnummer erfährt.

Die Schußspinnmaschinen sind dem Wesen nach Schußspulmaschinen, bei welchen entweder eine Vorgarnscheibe oder aber der Fadenführer der Spulvorrichtung das drahterteilende Organ ist. Demnach unterscheidet man Teller- oder Dosenspinnmaschinen und Trichterspinnmaschinen (System Chapon).

Bei beiden Maschinentypen wird das Garn in Form von Schlauchkopsen aufgewickelt. Diese entstehen, wenn das Garn ohne Verwendung einer Hülse auf die nackte Spindel gespult wird.

Diese Art der Kopsform wird deswegen für gröbere Garne angewendet, damit mehr Material in den Webschützen eingelegt werden kann, so daß der Webstuhl zwecks Auswechslung der Schußspule weniger oft abgestellt werden muß.

Um in bezug auf den Schuß solche unliebsame Zeitverluste zu vermindern, ist der Webschützen derart bemessen, daß möglichst viel Garn innerhalb der lichten Weite des Webschützens untergebracht werden kann. Es kann dies auf verschiedene Art durchgeführt werden, indem einerseits statt der sonst üblichen hölzernen Schußspule eine papierne Hülse kleinerer Dimension verwendet bzw. auch die Aufsteckspindel im Schützen weggelassen und andererseits die Schützenlänge vergrößert wird.

Die Kopse, welche nach dem Gesagten im Schützen auf keine Spindel aufgesteckt zu werden brauchen, also den ganzen freien Raum in demselben mit Material ausfüllen, heißen Schlauchkopse. Bei den modernsten Webstühlen beträgt ihre Länge bis 75 cm.

Damit Schlauchkopse (Kötzer) wegen des Wegfallens der inneren Unterstützung nicht so leicht zerbrechen, muß der Faden kreuzförmig aufgespult werden.

Die Einrichtung solcher Maschinen wird im folgenden besprochen.

In Abb. 316 ist die Trichterspinnmaschine (Chaponmaschine) nach der Ausführung der Firma Hartmann, Chemnitz, in den Abb. 317 bis 319 die der Firma Josephys Erben, Bielitz, zu sehen.

Bei der Trichterspinnmaschine liegen die ganzen Vorgarnwalzen V auf der angetriebenen Abtreibtrommel A. Durch entsprechend ausgebildete Halter H, die gleichzeitig mit Lagern für Reservewalzen ausgestattet sind, werden die Zapfen der Vorgarnwalze gehalten. Für jeden Vorgarnfaden ist eine drahterteilende Spulvorrichtung vorgesehen. Die durch das Lieferwerk L zugeführten Vorgarnfäden gehen über eine Führungsöse zum Fadenführer F (Abb. 316). Der Fadenführer steht in Verbindung mit dem Trichter T, welcher an seiner Oberfläche einen der Kegelform des Trichters entsprechenden Schlitz besitzt.

Bei Auf- und Abbewegung des Fadenführers F und gleichzeitiger Drehung der Spindel läuft der Faden in den Schlitz des Trichters ein und wird direkt auf die meist 4kantige Spindel aufgewickelt. Zu diesem Zwecke wird die Spindel S vermittels der hyperbolischen Räder r_1, r_2 angetrieben (bis 1000 T/min). Die während der Aufwicklung im Trichter entstehende Pressung des Garnes wirkt hebend auf die Spindel, so daß diese in axialer Richtung bewickelt wird.

Das Rad r_2 ist auf einer nach dem Profil der Spindel hohlen Antriebswelle W festgeschraubt, so daß die oben in den Trichter eingeführte Spindel S mitgenommen wird (siehe Abb. 317).

Auf dieser Welle W ist eine mit einer Nut versehene Hülse h lose drehbar. Auf Hülse h ist Rad r_4 befestigt, welches von der Antriebswelle W_2 über das hyberpolische Rad r_3 angetrieben wird.

Es werden also Trichter und Spindel getrennt voneinander angetrieben. Um eine stets gleichbleibende Aufwindung zu erzielen, baut die Firma Hartmann, Chemnitz, zwischen den Antriebswellen W_1 und W_2 für Spindeln und Trichter ein Differentialgetriebe ein, welches auch gleichzeitig die Möglichkeit gibt, auf einfache Weise von Rechts- auf Linksdraht überzugehen. Auf der auf- und abbewegten Bank B sind zwischen den Spindeln-Halteböckchen a, zwischen welchen die Mutter m in ihrer eingestellten Stellung fixiert ist (Abb. 317).

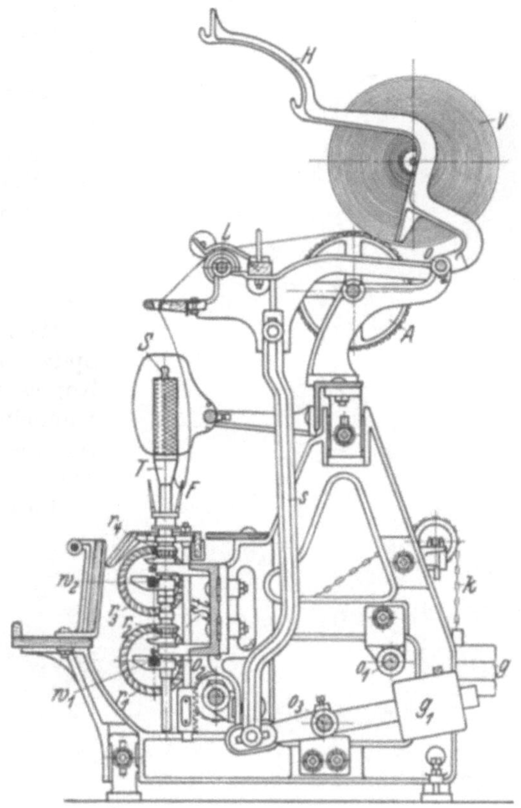

Abb. 316. Trichterspinnmaschine von Hartmann, Chemnitz.

Die Fadenführer F sind auf der Randscheibe einer mit Schraubengewinde versehenen Hülse h_1 befestigt. Durch letztere Einrichtung können die Fadenführer in der Höhenrichtung zwecks richtiger Bewicklung eingestellt werden. Die Hülse h_1 besitzt innen einen Mitnehmer, der in die Nut der Trichterhülse h eingreift. Auf diese Weise werden auch die Fadenführer mit dem Trichter gleichlaufend gedreht und dem vom Lieferwerk gelieferten Vorgarn die entsprechend gewählte Drehung erteilt.

Infolge der Geschwindigkeitsdifferenz zwischen Trichter und Spindel wird das zulaufende, bereits eingedrehte Garn aufgewickelt.

Die Fadenführerbank B bewegt sich rasch auf und ab, so daß kreuzbewickelte Kopse entstehen. Diese Bewegung wird durch einen Kreisexzenter auf Welle O_1 (Abb. 316) erzielt.

Die Exzenterstangen — nicht gezeichnet — greifen in Schlitzhebeln ein, die auf Welle O_2 befestigt sind, so daß durch Verstellung der Hub der Bank vergrößert oder verkleinert werden kann.

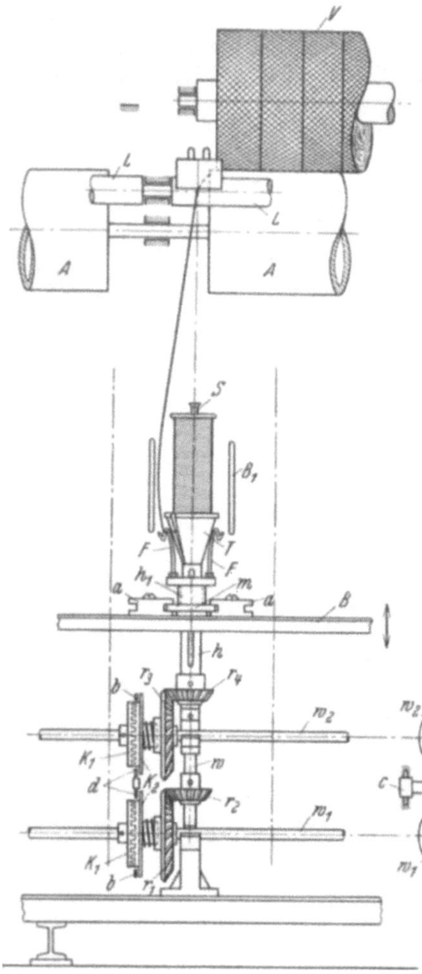

Auf der Welle O_2 sind neben Segmenträdern auch Kettenscheiben. In erstere greifen die als Zahnstangen ausgebildeten Führungsstangen St der Bank ein, wodurch diese ihre Bewegung erhält.

Um die Kettenscheiben sind Ketten gewickelt, an deren Enden, zwecks Ausgleich des Bankgewichtes, Gewichtsscheiben G gehängt sind.

Die Spule und der Trichter drehen sich am Ort. Die Spindel ist schwer ausgeführt, damit die Formgebung des Kopses, die im Trichter vor sich geht, unter Belastung erfolgt und dadurch dem Kopse die richtige Härte gegeben wird.

Weil der Faden vom Fadenführer auf die Spitze und dann wieder auf die Basis des Kopses geführt wird, somit bei der konstanten Spindeltourenzahl an den genannten Stellen verschieden große Fadenlängen benötigt werden, wird das Lieferwerk L auf- und abbewegt.

Diese Bewegung erfolgt durch ein Exzenter, das vermittels eines Rollenhebels (in Abb. 316 nicht sichtbar) die Welle O_3 und mit dieser die Stange s sowie auch das Lieferwerk auf- und abbewegt. Zwecks Ausgleiches der bewegten Massen sind Gegengewichte G_1 angeordnet.

Um das Gewicht des Lieferwerkes zu verringern, wird der Lieferzylinder als Rohr ausgebildet. Die Bewegung des Zylinders muß eine derartige sein, daß bei Aufwickeln des Garnes auf die Basis des Kopses, also bei Aufwärtsbewegung der Fadenführerbank, derselbe nach abwärts geht und umgekehrt.

Abb. 317.

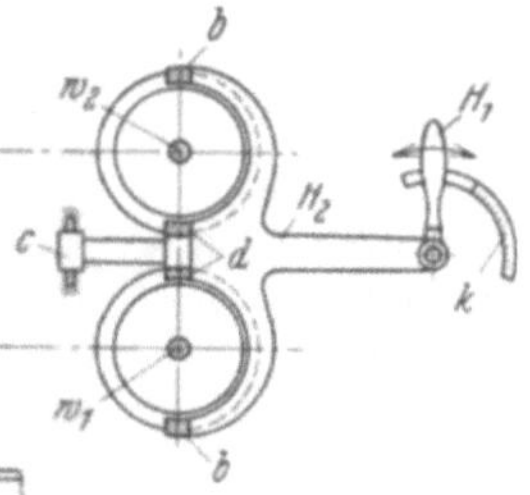

Abb. 317 bis 319. Trichterspinnmaschine von Josephy.

Damit ein Zusammenschlagen der Fäden nicht erfolgen kann, sind zwischen den Spindeln sogenannte Fadenfangbleche (Ballonfänger) B_1 angeordnet.

Während die Maschine nach Abb. 316 für jede Vorgarnwalze eine Ein- und Ausrückvorrichtung hat, ist an der Type nach Abb. 317 bis 319 für jede Spindel eine Ausschaltmöglichkeit gegeben.

Nach Abb. 317 ist seitlich der hyberpolischen Räder r_1 und r_3 je eine Zahnkupplung angeordnet.

Der Kupplungsteil K_1 ist auf der betreffenden Antriebswelle festgeschraubt, während die Kupplungshälfte K_2 auf der Nabe des zugehörigen Rades seitlich verschiebbar ist und durch eine Feder gegen K_1 gedrückt wird (vgl. auch Abb. 318).

Gegen den Rand der Kupplungshälfte K_2 können die Bolzen b bzw. d des entsprechend geformten Ausrückhebels H_2 gedrückt werden, um beide Kupplungen gleichzeitig zu lösen. Es geschieht dies dadurch, daß der Handhebel H_1 am Ausrückhebel nach aufwärts bewegt wird. Seitlich des Handhebels H_1 ist eine Kurvenführung, so daß der in C gelagerte Ausrückhebel die entsprechende Bewegung vollführt.

Zwecks leichteren Einfädelns der Fäden sind 2 Fadenführer angeordnet.

Abb. 319 zeigt eine Chaponmaschine nach Firma Josephys Erben in Betrieb. Die Maschine hat 40 Spindeln für 4 Vorgarnwalzen je 10 Fäden.

Die Länge der Kopse ist ca. 300 mm bei ca. 50 mm Durchmesser. Die praktische Wochenleistung ist bei Garn Nr. 1,2 bis 2 metr. und 40 Spindeln je nach der Güte des Vorgarnes ca. 200 bis 400 kg.

In Tabelle S. 296 sind die Abmessungen sowie Kraftbedarf und Gewichte einer Chaponmaschine nach Firma Hartmann, Chemnitz angegeben.

Wegen der Wirkung der auf- und abgehenden Massen von Fadenführerbank und Lieferwerk, sowie wegen des massiven Antriebes von Trichter und Spindel verbraucht die Chaponmaschine verhältnismäßig mehr Kraft als die einfacher gebaute Teller- (Dosen-) Spinnmaschine. Letztere ist deshalb beliebter und am meisten verwendet.

Abb. 318.

Abb. 319.

Dem Prinzip nach stellt die Dosenspinnmaschine das Garn auf die Weise fertig, daß die in die Dosen eingelegten Vorgarnscheiben mit ersteren gedreht werden. Der eingedrehte Faden wird wie bei den Schlauchkops-Spulmaschinen aufgewickelt. Der Aufbau, sowie die Wirkungsweise der Dosenspinnmaschine

Spindel-zahl	Maschinen-		Kraft-bedarf	Gewicht netto
	Länge m	Breite m	PS	kg
60	6,340		3	1830
70	7,230	0,950	3,5	2060
80	8,120		4	2290
90	9,010		4,5	2520

soll nach der in den Abb. 320 bis 322 dargestellten Ausführungen der Firma Schimmel erklärt werden.

Die Vorgarnscheibe V (Abb. 320) wird in die Dose D eingelegt, welche auf Spindel S befestigt ist. Die Dosenspindel ist bei l und l_1 gelagert und besitzt unterhalb des Stellringes s einen lose auf ihr laufenden Antriebswirtel w. Letzterer ist nach unten als Konuskupplung ausgebildet, in welche der

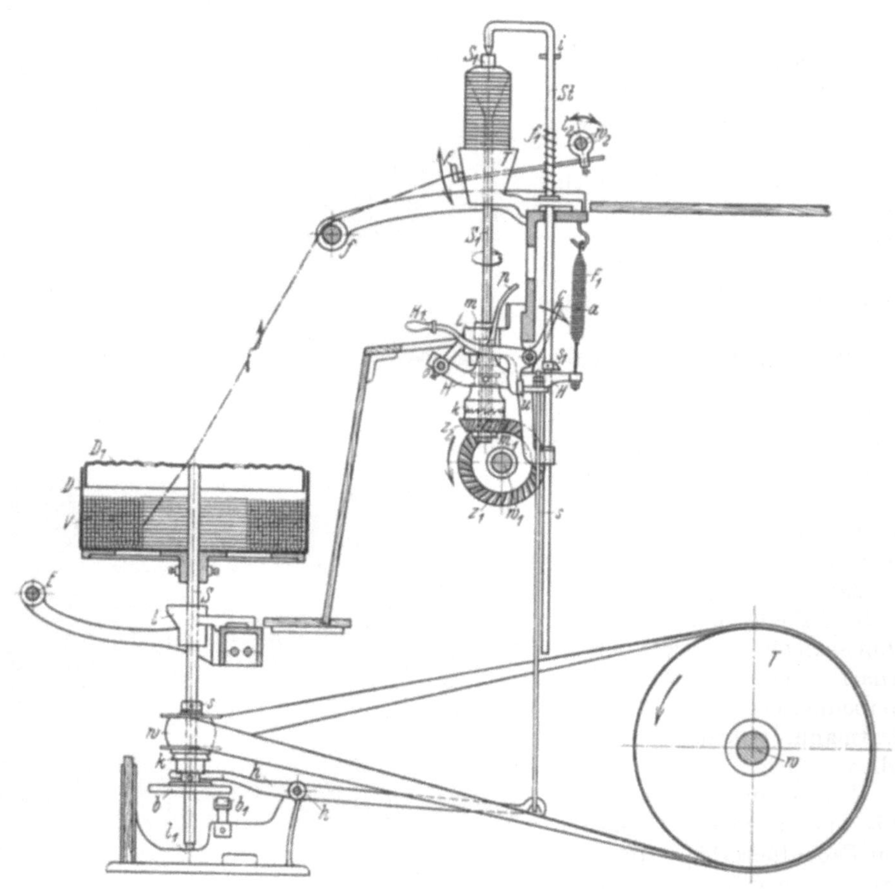

Abb. 320.
Abb. 320 bis 322. Dosenspinnmaschine.

Konus k bei entsprechender Bewegung des Hebels h gedrückt wird. Der Hebel h besitzt eine Klaue, mittels welcher er den Konus ein- und ausschaltet. Unterhalb des Hebels ist eine Bremsscheibe b, die sich, falls der Konus nach abwärts bewegt wird, auf die Bremsbacke b_1 legt. Der Konus k mit Bremsscheibe b ist durch einen Mitnehmerkeil mit der Dosenspindel verbunden. Der lose auf der

Spindel laufende Wirtel w wird von der Trommel T, die auf der Hauptwelle befestigt ist, angetrieben (vgl. die Abb. 321).

Bei der in Abb. 320 angegebenen Antriebsrichtung wird dem Vorgarn ein Linksdraht erteilt. (Es kann selbstverständlich auch Rechtsdraht gegeben werden.) Die Dose ist durch Deckel D_1 geschlossen. Letzterer hat in der Mitte eine Aussparung, in welche das Ende der Spindel reicht. Durch den Zwischenraum zwischen dem Rand der Öffnung und der Spindel läuft das Vorgarn hindurch, dadurch kann die Drehung im Vorgarn nur nach aufwärts verlaufen.

Bei anderen Ausführungen ist kein Deckel vorgesehen. Es muß dann über der Dose ein Fadenführer

Abb. 321.

angeordnet werden, der zwecks Einlegens der Vorgarnscheibe aufklappbar ist.

Der Faden wird aus dem inneren Teil der Vorgarnscheibe abgezogen, weil die äußeren Lagen der Scheibe durch die Fliehkraft gegen die Innenwandung der Dose gedrückt werden und der Faden infolge der Pressung anfänglich verzogen wird. Außerdem würde bei äußerem Abzug der Durchmesser der Scheibe kleiner und sie würde wegen ungenügendem Halt in der Dose umhergeschleudert werden. Auch müßte die Dicke der Vorgarnscheibe geringer gemacht werden, um ein klagloses Abziehen des Fadens von der Umfangfläche der Scheibe zu erreichen.

Das gedrehte Vorgarn wird über Führungsstange f zum Fadenführer F geleitet. Dieser ist für jede Spindel in einem auf der sich hin- und herdrehenden Fadenführerwelle befestigten Lager l_2 verstellbar befestigt.

Im Trichter T befindet sich die Spindel s_1, die zwecks fester Bewicklung durch Stange St belastet ist (siehe auch Abb. 321).

Falls ein Kops fertig ist oder ein gerissener Faden angeknüpft werden muß, wird die Stange abgehoben und nach seitlicher Verdrehung fallen gelassen.

Die Pufferfeder f_1, auf welche die Stange mittels des eingesetzten Bolzens i bei der Fallbewegung trifft, verhindert ein gänzliches Herabfallen.

Die vierkantige Spindel besitzt oben einen geriffelten Holzkonus und ist nach unten in eine entsprechend hohle Muffe m gesteckt. Die Muffe ist

Abb. 322.

nach abwärts als Hülse ausgebildet, auf welche am unteren Ende eine Mutter m_1 geschraubt ist. Diese verhindert das Herabfallen des auf der Muffenhülse lose laufenden hyperbolischen Zahnrades Z_2.

Das Zahnrad Z_2 wird vom gleichartigen Rad Z_1 angetrieben und ist nach oben als Zahnkupplung ausgebildet (s. Abb. 322).

Oberhalb von Z_1 ist die zweite Kupplungshälfte k, in deren Eindrehung eine Klaue des Einrückhebels H eingreift.

Innerhalb der Kupplung ist ein Mitnehmer auf der Muffe m befestigt, welcher mit der oberen Kupplungshälfte k dauernd in Verbindung steht. Die Spindeln erhalten von der Spindelwelle w_1 über die hyperpolischen Räder Z_1, Z_2 ihren Antrieb, der im Bedarfsfalle bzw. bei fertiger Kopslänge unterbrochen wird.

Um die Spindel bzw. die Zahnkupplung einzuschalten, wird an die Platte p des in o drehbar gelagerten Einrückhebels H gedrückt. Dadurch bewegt sich dessen rechtes Ende abwärts, so daß die Rast des Handhebels H_1 vor die Nase n des Einrückhebels fällt und diese sichert. Da letzterer mittels des Stängelchens s mit dem unten gelagerten Einrückhebel h für die Dosenspindel in Verbindung ist, wird auch die Konuskupplung k derselben eingeschlagen und diese Dose in Drehung versetzt. Nach anderer Ausführung kann die Dose und Spindel getrennt voneinander ein- und ausgeschaltet werden.

Will man die Spindel ausschalten, so hebt man den Handhebel hoch, worauf die Nase des Einrückhebels H freigegeben und dieser unter Wirkung der Feder F_1 nach aufwärts gezogen wird und beide Kupplungen ausschaltet. Das gleiche geschieht, wenn der Kops die gewünschte, dem Webschützen angepaßte Länge erreicht hat.

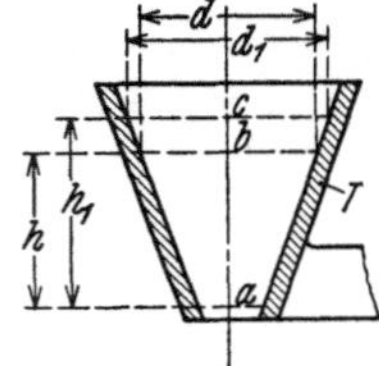

Abb. 323. Trichterquerschnitt. Einstellung der Kopsstärke.

Zu diesem Zweck ist ein Stellring s_1 auf der Belastungsstange St entsprechend befestigt. Derselbe hat eine schräge Nase, mit welcher er gegen den Bolzen c am aufwärtsgehenden Arm des Handhebels H_1 stößt und letzteren ausrückt.

Das Detail der Einrückung ist auf Abb. 322 zu sehen.

Die Dosenspinnmaschine ist meist zweiseitig gebaut. Die Trommelwelle W wird durch eine Riemenscheibe bzw. direkt vom Motor aus gedreht. Die Spindelwelle w_1 wird durch Zahnräder von der Trommelwelle aus getrieben. Am anderen Ende der Spindelwelle wird über 2 Vorgelege ein Kreisexzenter angetrieben, welches mittels einer aufwärtsgehenden Stange und einem Schlitzhebel die mit letzterem verbundene Fadenführerwelle w_2 in schwingende Bewegung versetzt.

Da die gespulten Kopse direkt in den Webschützen eingelegt werden, muß die Dicke bzw. ihre Länge diesem angepaßt werden.

Die Kopslänge kann beispielsweise nach Abb. 320 durch den kleinen Stellring s_1 auf der Stange St eingestellt werden. Die maximale Spulenlänge hängt von der Spindellänge ab, da diese bei Erreichung derselben aus der Öffnung der Muffe m tritt und nicht mehr mitgenommen wird. Die Kopslänge schwankt bei dem verschiedenen Typen von 250 bis 300 mm.

Um den Schlauchkops im spindellosen Schützen festzuhalten, dienen an seinen Wandungen einseitig wirkende Riffelungen. Damit sich die Umfangswindungen des Garnkörpers in die Vertiefungen der Riffelungen einlegen, muß der Kopsdurchmesser etwas größer sein als die innere Weite des Schützen.

Die Einstellung der Kopsstärke geschieht auf der Maschine für sämtliche Fadenführer durch Verstellung der Exzenterstange im zugehörigen, auf der Fadenführerwelle sitzenden Schlitzhebel. Je nach dieser Verstellung wird der Hub des Fadenführers größer oder kleiner ausfallen. Abb. 323 zeigt die Wirkung der Hubhöhe auf die Kopsstärke im Trichter T. Werden die Fadenführer von a nach b (Hubhöhe h) gehoben, so erhält man einen Kops von der Stärke d; wird aber die Bewegung von a nach c vergrößert, so erhält der Kops einen Durchmesser d_1.

Selbstverständlich muß während der Einstellung auch die Stellung des Schlitzhebels auf der Fadenführerwelle berücksichtigt werden. Für sämtliche Fadenführer wird die Einstellung von ihrer tiefsten Stelle aus durchgeführt.

Falls bei der einen oder anderen Spindel die Kopsstärke nicht stimmt, wird sie durch

Verstellung des Fadenführerstängelchens im Lagerböckchen l_2 korrigiert. Je weiter das Stängelchen herausgezogen wird, desto größer wird die Hubhöhe. Der Kops wird hierbei stärker. In manchen Fällen muß auch das Lagerböckchen l_2 auf der Fadenführerwelle verstellt werden.

Bei der Chaponmaschine wird die gemeinsame Einstellung von dem auf der Zahnsegmentwelle befestigten Schlitzhebel, an welchem der Exzenterhebel für die Bewegung des Fadenführers angreift, durchgeführt. Die Einzeleinstellung bzw. die notwendigen Korrekturen werden bei dieser Maschine durch Verdrehen der Fadenführer bzw. der Mutter erzielt. Sollte der eine oder andere Kops beim Weben nicht die nötige Stärke haben, so kann man sich insofern helfen, als man den Kops in ein Stofffleckchen einhüllt und mit diesem in den Schützen legt.

Da die äußeren Windungen des Kopses in den Vertiefungen der Riffelungen des Schützens liegen, kann man den Faden beim Weben nicht von außen abziehen, ohne Gefahr zu laufen, daß der Schützen aus dem Webfach springt.

Der Schlauchkops wird von innen abgezogen, weil seine äußeren Windungen in den Vertiefungen der Riffelungen liegen. Deswegen wird der Kops verkehrt in den Schützen gelegt.

Oftmals werden 2 Vorgarnfäden miteinander gedreht.

Auf der Chaponmaschine werden zu diesem Zweck 2 Fäden von benachbarten Vorgarnscheiben zu einer Spindel geführt und miteinander verdreht. Bei der Dosenmaschine können hierzu höhere Dosen verwendet werden, so daß 2 Vorgarnscheiben übereinander eingelegt werden können.

In manchen Fällen wird die Dublierung zweier Vorgarnfäden auf einem Spezialflorteiler mit hintereinander angeordneten Nitschelwerken

Abb. 324. Nitschelmaschine System Prade.

durchgeführt. Es gibt dies einen bedeutend schöneren Faden. Im zweiten Nitschelzeug werden 2 nebeneinanderliegende bereits genitschelte Vorgarnfäden miteinander verdichtet. Statt dieser Anordnung kann auch eine eigens hierzu gebaute einfache Nitschelmaschine, System Prade verwendet werden.

In Abb. 324 sind links 2 Vorgarnwalzen übereinander aufgelegt, je 2 gleichartig von oben und unten einlaufende Vorgarnfäden werden durch die Lederhosen miteinander genitschelt und ergeben dadurch einen bedeutend besseren und festeren Faden.

Die Dosenmaschine hat den Vorteil einer einfachen Bauart, doch hat sie wegen der Vorgänge bei der Aufspulung den Nachteil, daß die Drehung im Faden etwas ungleichartig ist. Dies rührt daher, daß während der Aufwicklung der Fäden bald auf einem kleinen, bald auf einem größeren Durchmesser aufgeführt wird. Da der Faden infolge der Aufwicklung aus der Dose gezogen wird, erhält jedes Fadenstück, welches auf die Garnkegelspitze gewickelt wird, wegen der geringeren Fadenlaufgeschwindigkeit, mehr Drehungen. Die Tourenzahl der Dosenspindel ist ca. 1200 bis 1400 T/min.

Durch die Auswechslung von Wechselrädern läßt sich die Aufwickelgeschwindigkeit regulieren, so daß ca. 45 bis 400 Drehungen auf jeden Meter Fadenlänge gegeben werden können.

Auch bei der Chaponmaschine ergeben sich kleine Unterschiede in der Drehung. Der Mehrbedarf an Garnmenge bei Bewicklung der Basiswindungen wird bei dieser Maschine durch die raschere Senkung des Lieferwerkes und durch die Ballonspannung ausgeglichen.

Die Spindelteilung ist bei der Dosenmaschine verhältnismäßig groß, da sie von der Größe der Dose abhängig ist. Letztere beträgt je nach den Ausführungen ca. 240 bis 280 mm im Durchmesser.

Die Spindelteilung ist ca. 270 bis 315 mm, eventuell auch 333 mm.

Der Antrieb der Maschine erfolgt entweder durch Riemen oder einen Elektromotor. Wenn kleinere Maschinen in einer Flucht angeordnet werden sollen, können die Trommelwellen, falls die Maschinen gleicher Type sind, miteinander gekuppelt werden.

Die Spindelwellen können auch durch Triebseile angetrieben werden. Die Dosenspinnmaschinen werden meist doppelseitig mit 12 bis 90 Spindeln auf einer Seite gebaut.

Die praktische Leistung einer Spindel ist bei einem Vorgarn Nr. 2,8/2 metr. ca. ½ kg je Stunde.

Die Länge einer doppelseitigen Maschine ist ½ Spindelzahl mal Teilung + ca. 800 bis 1060 mm.

In Tabelle S. 301 sind die Abmessungen usw. der Dosenspinnmaschine nach Hartmann, Chemnitz, bei 290 mm Spindelteilung und 260 mm Spinndosendurchmesser angegeben.

Abb. 325a.

Abb. 325a und b. Ringzwirnmaschine von Josephy.

Zwirnmaschinen.

In der Weberei wird zumeist der einfache Faden verarbeitet, doch ist z. B. aus Gründen der Mode nötig, den einfachen Faden entweder mit einem andersfarbigen oder andersartigen Faden zu verzwirnen (z. B. Mouliné). Dies hat den Zweck, dem Gewebe Effekte zu geben, die teils durch Farbe, teils durch Glanz usw. zur Wirkung kommen sollen.

Auch werden 2 oder mehrere Fäden miteinander verzwirnt, um eine größere Egalität bzw. Festigkeit zu erreichen.

Die normale Drehung beim Zwirnen ist umgekehrt wie beim einfachen Garn.

Für manche Zwecke erfolgt die Eindrehung beim Zwirnen in der gleichen Richtung wie beim einfachen Garn. Es ist dies hauptsächlich bei Florgarnen in der Teppichindustrie (z. B. Smyrna) der Fall, da die abgeschnittenen Fadenstücke wegen der abnormalen Zwirndrehung voller erscheinen.

Daten zur Dosenspinnmaschine.

Anzahl der Spindeln bzw. Spulenköpfe	Maschinen-		Kraftbedarf bei Transmissionsantrieb	Gewicht	
	Länge	Breite		netto	brutto
	m	m	PS	kg	kg
40	6,860		2	2200	2750
50	8,310		2,5	2650	3310
60	9,760	1,720	3	3100	3880
70	11,210		3,5	3550	4440
80	12,660		4	4000	5000
90	14,110		4,5	4450	5560

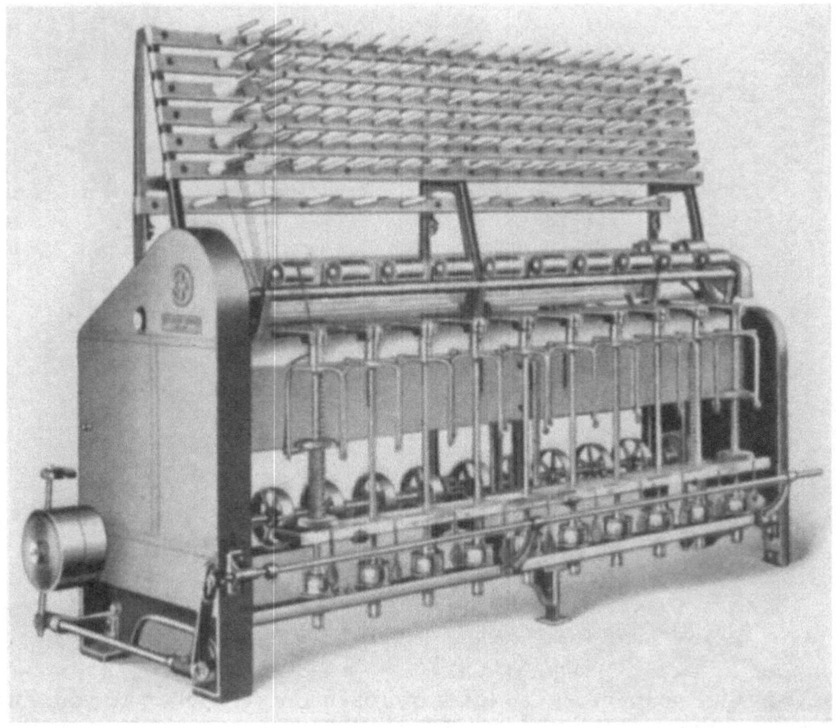

Abb. 325 b.

Die Ringzwirnmaschine (Abb. 325; Firma Josephy, Bielitz) arbeitet nach dem gleichen Prinzip wie die Ringspinnmaschine, nur findet wegen der Verarbeitung fertiger Garne kein Verzug statt. Es entfällt also das Streckwerk, an seiner Stelle ist nur ein Lieferwerk angeordnet.

Der obere Druckzylinder wird zwecks Vermeidung von Materialverlusten bei Fadenbruch abgehoben, so daß in diesem Fall kein Material eingezogen wird. Die Vorlagespulen werden auf einem Aufsteckgatter für Laufspulen bzw. für Kopse (Schleifspulen) aufgesteckt.

Oftmals werden vorher auch die zu zwirnenden Garne auf einer Kreuzspule gefacht, d. h. mehrfach aufgewickelt.

Die Drahterteilung, die Aufwickelvorrichtung, sowie die Drahtgebung ist dieselbe wie bei der Ringspinnmaschine, sie braucht hier nicht näher beschrieben zu werden[1]. Nach den Ausführungen der Firma Josephys Erben, Bielitz, ist die Länge der Maschine

einseitig   = Spindelzahl × Teilung + 1300 mm, Breite (einseitig) =   600 mm
doppelseitig =   „   × Teilung + 1530 mm,   „   doppelseitig = 1100 mm

ihr Kraftbedarf ist für je 100 Spindeln ca. 1½ PS.

Für manche Modeartikel (Gewebe, Tücher usw.) werden die zu zwirnenden Garne nicht in normaler Art erzeugt, sondern sind verschiedene Unregelmäßigkeiten in Drehung und Stärke bzw. gegenseitiger Lage direkt erwünscht. Solche Garne nennt man Effektgarne. Hierzu werden spezielle Effektringzwirnmaschinen gebaut (Abb. 326; Firma Hartmann, Chemnitz). Diese haben 2 Zylinder-

Abb. 326. Effektringzwirnmaschine von Hartmann, Chemnitz.

werke. Das höher gelegene ist das Effektzwirnzylinderwerk und wird vom Zwirnzylinderwerk durch Wechselräder angetrieben, so daß ersteres je nach Bedarf entweder mit gleicher oder verschiedener Geschwindigkeit, ferner stetig oder mit Unterbrechungen angetrieben wird.

Durch Mehrlieferung des Effektfadens oder absatzweises Liefern des Grundfadens, sowie mit Hilfe einer schwingenden Fadenführerlatte lassen sich die verschiedensten Effektzwirne, wie Noppen-, Knoten-, Raupen-, Kräusel-, Frottee-, Schlingen- sowie auch glatte Webzwirne erzeugen. Länge der Maschine = Spindelzahl × Teilung + 1050 mm (für doppelseitige Maschinen ist nur die ½ Spindelzahl in Rechnung zu stellen). Breite = 700 mm. Kraftbedarf für 30 Spindeln ca. 1½ PS.

Gröbere bzw. mittlere Streichgarne werden auf Flügelzwirnmaschinen miteinander verdreht (Abb. 327; Firma Josephys Erben, Bielitz). Sie findet meist Verwendung in der Teppich-, bzw. auch in Filter- und Filztuchindustrie.

---

[1] Vgl. diese Technologie Bd. IV, 2 A.

Das drahtgebende Organ ist wieder eine Öse, die durch einen Bügel (Flügel) mit der Spindelachse in Verbindung steht und mit dieser um die auf der Spindel sich lose drehenden Spule läuft. Die Spule ist nicht angetrieben, sondern wird durch die Festigkeit des aufzuspulenden Fadens in der gleichen Drehrichtung mit dem Flügel mitgenommen und gedreht. Der Unterschied der Umdrehungsgeschwindigkeiten zwischen Flügel und Spule in einer bestimmten Zeiteinheit ist stets gleich dem vom Lieferwerk gelieferten Fadenstückes.

Die Spule wird durch eine Bremse abgebremst und bleibt dadurch um die Lieferung zurück. Die zu zwirnenden Garne werden in geeigneter Form auf das Aufsteckgatter gesteckt. Die Länge der Flügelspindeln richtet sich nach den zugehörigen Holzspulen.

Die Abmessungen der Holzspulen sind entweder 140 mm lichte Höhe und 90 mm Durchmesser oder 170 mm lichte Höhe und 110 mm Durchmesser. Die entsprechenden Spindelteilungen sind 150 mm und 175 mm. Die Länge der Maschine ist Spindelzahl × Teilung + 800 mm. Die Breite ist 800 mm. Der Kraftbedarf einer Flügelspinnmaschine ist für 15 Spindeln ca. 1 PS.

Um mehrere grobe Garne miteinander zu verzwirnen und gleichzeitig in Strähnform aufzuwickeln, wird eine einfache Maschine verwendet, welcher das Material in Kreuzspulform vorgelegt wird. Die Maschine ist doppelseitig. In der Mitte befindet sich eine Weife (Haspel). Zu beiden Seiten ist je eine Reihe von Flügelspindeln, welche ihre Drehung von einer unter der Weife angeordneten Trommel erhalten.

Die zu zwirnenden Garne werden vorher auf einer Kreuzspule gefacht.

Abb. 327. Flügelzwirnmaschine.

Diese wird auf die Spindel des Flügels gesteckt und in geeigneter Weise gebremst.

Der Doppelfaden läuft durch die Öse des Flügels hinauf zur axialen Bohrung im Flügelkopf und wird auf die sich drehende Haspel aufgewickelt. Durch die Wickelbewegung derselben wird das Material von der Kreuzspule abgezogen und infolge der Flügeldrehung gleichzeitig gezwirnt.

Je nach dem Verhältnis der Haspelbewegung zur Flügeldrehung wird mehr oder weniger stark gedreht.

Das Zwirnen kann auch bei entsprechender Vorlage und Durchführung der nötigen Umstellungen auf dem Streichgarnselfaktor erfolgen.

Soll Streichgarn im Strähn versandt bzw. gefärbt werden, so bedient man sich einer Weife (Haspel). Es ist dies eine mehrlattige Skelettrommel, deren Umfang meist verstellbar ist. Zwecks Abnahme der aufgeweiften Strähne sind die Lattenrahmen zusammenklappbar. Vor der Haspel ist ein Tisch mit dem Aufsteckzeug. Die Haspel kann für Strähne mit 1,25, 1,37, 1,5 oder aber bis 1,7 bzw. von 1,425 bis 1,85 m eingestellt werden. Durch eine Schaltvorrichtung können Strähne zu 5, 7 oder 10 Gebinde hergestellt werden. Vermittels einer Zählvorrichtung wird die Fadenzahl je Gebinde nach Wunsch eingestellt. Kraftbedarf einer Weife für 30 bis 40 Spindeln ist ½ PS.

Abmessungen und Gewichte.

Spindel-zahl	100 mm Spindelteilung				120 mm Spindelteilung			
	Maschinen-		Gewicht		Maschinen-		Gewicht	
	Länge m	Breite m	netto kg	brutto kg	Länge m	Breite m	netto kg	brutto kg
20	2,765		250	380	3,145		280	420
25	3,265		280	420	3,745		310	470
30	3,765	0,890	310	470	4,345	0,890	350	520
35	4,265		340	510	4,945		380	570
40	4,765		370	560				
	140 mm Spindelteilung				160 mm Spindelteilung			
20	3,525		290	440	3,905		320	480
25	4,225	0,890	330	500	4,705	0,890	360	540
30	4,925		370	560				

VI. Die Kunstwollspinnerei.

Zur Kunstwolle griff man im letzten Viertel des vergangenen Jahrhunderts, als einerseits gesteigerte Verwendung reiner Schurwolle, andererseits der Verbrauch an Modestoffen in breiteren Kreisen der Bevölkerung stärkeren Materialbedarf bei billigem Warenpreis herbeiführte. Anfänglich mit Mißtrauen betrachtet, gelang es ihm später durch die Vervollkommnung in der Erzeugung, besonders in den besseren Qualitäten, den Wettbewerb mit der Schurwolle erfolgreich aufzunehmen. Die Bezeichnung „Kunstwolle" weist nicht etwa auf künstlich erzeugte Wolle, sondern man versteht darunter ein Abfallprodukt, das eigentlich „Regenerationswolle" genannt werden sollte.

Man gewinnt Kunstwolle durch Zerfaserung bereits verwendeter Stoffreste, Strickwaren bzw. Garnabfälle aus der Spinnerei und Weberei. Durch entsprechende Beimengung billigerer Schurwollen, Kämmlinge, eventuell Baumwolle in geringen Mengen läßt sich ein sehr schönes und auch ziemlich tragfähiges Garn und Gewebe gewinnen. Das äußere Aussehen der Ware wird durch die heute hochstehende Veredelung (Appretur) der Gewebe nahezu dem reinwollener Schurwollgewebe gleichgemacht; erst die genaue Untersuchung macht den Fachmann auf den Gehalt eines Gewebes an Kunstwolle aufmerksam.

Die Rohmaterialien zur Kunstwollgewinnung bestehen einerseits aus Spinnereiabfällen, wie Krempelausputz, Flug, Fadenenden der Spinnerei; andererseits aus Webereiabfällen in Form von Fadenresten, die entweder als einfaches Garn oder als scharfgedrehte Zwirnabfälle vorliegen. Eine gute Organisation der Abfallsammlung, Sortierung und Reinigung bringt im Webereibetrieb durch Wiederverwertung, zumindest durch Verkauf der Abfälle, bedeutende Ersparnisse. Das Garnabfallmaterial soll in einer gut geleiteten Wollweberei 2 bis 2,5% der verarbeiteten Garnmengen nicht übersteigen, der prozentuelle wirtschaftliche Verlust muß durch Wiederverkauf der Abfälle sogar noch weiter herabgedrückt werden. Man bringt vorteilhaft, um die Abfälle schon bei der Entstehung am Webstuhl nach Qualität und Farbe zu trennen, an den Stühlen Sammelkästchen oder Säckchen an, die der Zahl und Art der verarbeiteten Garnsorten am

Stuhl entsprechen. Zweckmäßig werden Reinwolle, Baumwollfadenreste, einfaches und gezwirntes Garn sowie die verschiedenen Farben auseinander gehalten. Die Aufbereitung derartiger Spinnerei- und Webereifadenenden erfolgt durch Vorlockerung und Reinigung durch Klopfen und nachheriges Auflösen auf entsprechenden Fadenendenöffnern (Garnettmaschinen bzw. Droussetten).

Zur Gewinnung der Kunstwolle aus Geweberesten, Strickerei- und Wirkereiabfällen — insoweit sie Abfälle sind, als „Lumpen“ bezeichnet — werden diese Rückstände zuerst in Fadenstücke und dann diese in Einzelfasern zerlegt. Für die Gewebezerlegung verwendet man „Lumpenreißer“ verschiedener Bauart, in neuerer Zeit auch Gewebezerlegungsmaschinen (Entwebungsmaschinen), die als eine Art Auftrennmaschine nach Kett- und Schußrichtung die Zerlegung des Gewebes durchführen. Der Auflösung der Gewebereste geht das Desinfizieren und Entstauben, ferner das Sortieren und die Zurichtung, eventuell auch die Reinigung durch Wäsche als Vorbereitung voran. Je nachdem, ob es sich um reinwollene oder halbwollene Lumpen handelt, spricht man einerseits von Shoddy- und Mungogewinnung, andererseits von der Gewinnung der Extraktwolle aus halbwollenen Lumpen. Bezüglich der Gewinnung der Effilochés oder Baumwollkunstwolle aus rein baumwollenen Hadern sei auf die Baumwollabfallspinnerei verwiesen.

Die hochwertigsten Kunstwollen gewinnt man aus weichen Trikotage- sowie aus weichen Kammgarnfadenabfällen (Enden) überhaupt. Sie werden als „Feinkammgarn-Shoddy“ bezeichnet und erreichen Qualitäten, die fast guten Schurwollen entsprechen.

Die aus mittleren Kammgarn-Damenkleiderstoffen oder aus Kaschmir-Tücherabfällen u. ä. gewonnenen Kunstwollen, denen eventuell auch Baumwolle beigemengt sein kann, die aber immer noch gutstapelig sind, werden als „Tibet“ bezeichnet. Die schlechtesten Sorten von Kunstwolle, die infolge ihrer Kurzfaserigkeit oft nur mehr unter Zusatz von Baumwolle oder Abfallwolle versponnen werden können, heißen „Mungo“. Man gewinnt sie durch Zerreißen von gewalkten Tuchabfällen aller Art, auch aus Enden und Abfällen der Kunstwollspinnerei und Weberei und schätzt sie qualitativ nach ihrer Herkunft ein. Sie werden nach ihrem Ursprung bezeichnet, man spricht z. B. von Reinwollmungo, aus guten Tuchen, Loden oder Militärtuchabfällen gewonnen, oder von Halbwollmungo, falls die Abfälle schon Baumwolle enthalten. Man teilt auch in prima, secunda, tertia Mungo ein, wobei die letzte Sorte den schlechtesten Qualitäten, die aus minderwertigen Kunstwollabfällen gewonnen werden, entspricht. Während die mechanische Zerfaserung aus Reinwollabfällen ohne weiteres schon Kunstwolle liefert, erfolgt die Gewinnung der Extraktwolle auf chemischem Wege durch Karbonisation der halbwollenen Hadern.

Die Gewinnung der Kunstwolle.

Aus Spinnerei- und Webereiabfällen, in Form von Fadenresten auf Hülsen oder als sogenannte „Enden“, erfolgt die Kunstwollgewinnung direkt durch Zerfaserung. Diese Materialien müssen bei ihrem Anfall möglichst nach Farbe und Qualität getrennt gehalten werden. Das Abwerfen auf den Webereifußboden und ihre Wiedergewinnung als Kehricht erfordert eine kostspielige Reinigung, außerdem bewirkt dies eine Vermengung in Qualität und Sorte, was eine minderwertigere Ausbeutung an Kunstwolle ergibt. Wenn man schon gezwungen ist, Spinnereiabfälle in Form von Kehricht zu gewinnen, so ist die Reinhaltung der Spinnereifußböden, die man glatt und fugenlos, am besten als Xylolithböden herstellt, nicht nur eine hygienische Maßregel, sondern sie führt durch gute Ausbeute an reinen Enden zur besseren Verwertung des Kehrichts bei der Kunstwollgewinnung.

Nach eventueller Desinfektion durch Dämpfen müssen die Enden, die man aus Kehricht gewinnt, zuerst entstaubt werden. Besonders peinliche Betriebe waschen eventuell auch auf der Spülmaschine, wenn es sich um sehr hochwertige Abfälle in großen Partien handelt. Reine Webereienden, besonders wenn sie getrennt gewonnen sind, können sofort der Zerfaserung zugeführt werden.

Die Entstaubung des Kehrichts erfolgt auf der in Abb. 328 dargestellten Abfallreinigungsmaschine (Ausputz- oder Kehrichtklopfer), wenn es sich um Reinigung loser Abfälle handelt. Stärker verfilzte, verwirrte Garnabfälle werden dagegen vorteilhaft auf der später angeführten Wollreinigungsmaschine (Abb. 329a bis c) behandelt, die auch zum Entstauben unreiner, staubiger, sandiger, gefärbter Wollen und Gerberwollen dient.

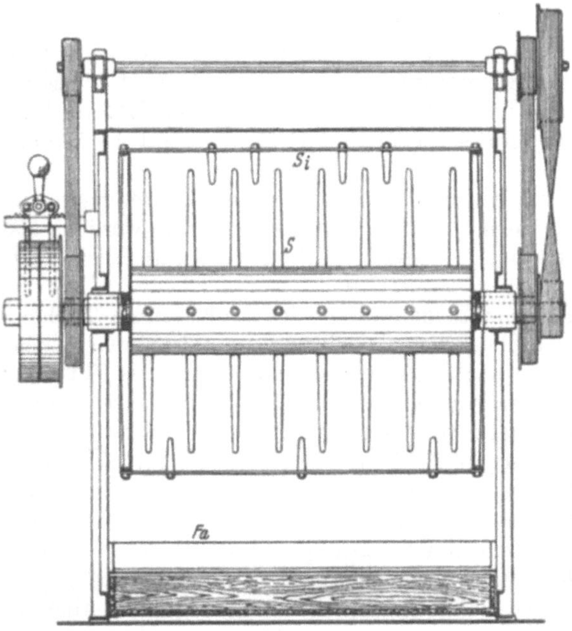

Die Abfallreinigungsmaschine (Abb. 328) besteht aus einem kräftigen Eisengestell (Rahmenguß), der außen mit einem Staubfangblech glatt verkleidet ist. Ein Teil dieser Verkleidung ist als Klapptür gebaut. Die langsam laufende Siebtrommel *Si* hat 1100 mm Arbeitsbreite und 1050 mm Durchmesser, sie ist mit starkem Drahtgeflecht überzogen und mit einer Klappe versehen, durch welche die zu reinigenden Abfälle periodisch in die Trommel gebracht werden. Die Siebtrommel hat am inneren Umfang reihenweise stählerne Gegenschlagstifte, abwechselnd auch Schlaglederstreifen, die zur Mitnahme der Abfälle dienen. In der Trommel läuft, zu ihr in entgegengesetzter Richtung, ein schnellaufender Schläger *S*, wodurch das Fasergut kräftig geschüttelt und doch schonend von Staub und Schmutz gereinigt wird. Die Reinigung ist infolge der großen Siebfläche eine sehr gute. Eine Verfilzung der Wollfasern findet nicht statt, da die Stifte entsprechenden Abstand haben und Trommel sowie Schläger sehr schnell, mit ca. 80 Touren, laufen. Erfahrungsgemäß dauert eine Arbeitsperiode 1 bis 3 Min. Die Siebtrommel wird dann abgestellt und bei weiterlaufendem Schläger das gereinigte Material ausgeworfen. Unter der Siebtrommel ist ein Schmutzfangkasten *Fa*. Besseren Partien kann auch sehr reiner Krempelausputz beigemengt werden. Der Kraftbedarf beträgt 1 PS.

Durch regelmäßige Kontrollwägungen und Trennung der gewonnenen Abfallmengen, nach Partien geordnet, erhält man eine genaue Übersicht über den „Stand" der Streichgarnspinnpartien. Die gewonnenen Feingarnmengen und die Abfälle ergänzen sich auf 100% des Gesamtgewichtes. Ein Befund des Spinnstandes von über 100% ist auf Verschmutzung oder Feuchtigkeit oder den Gehalt

Abb. 328a.

Abb. 328a und b. Ausputzklopfer.

an Schmälzmitteln zurückzuführen. Sie bildet für den unreellen Kunstwollohnspinner eine trübe Quelle leichten Gewinnes.

Die Wollreinigungsmaschine dient zur Reinigung und Auflockerung verwirrter Abfälle und Wollen. Ihr Aufbau ist aus Abbildungen und Zeichnungen (Abb. 329a bis c) ersichtlich. Die Arbeiterin speist von Hand aus, wieder absatzweise wie bei der vorigen Reinigungsmaschine, immer je eine Tischlänge, läßt diese nach Bedarf 0,5 bis 1 Min. lang klopfen, worauf der Auswurf erfolgt. Die

Abb. 328b.

Bearbeitung erfolgt durch Klopfen des Materials zwischen der großen, schnell umlaufenden Schlagtrommel mit 1000 mm Arbeitsbreite und 800 mm Durchmesser bei 500 Touren mit 8 Schlagleisten, die starke Stahlzähne haben, und mit 2 langsam umlaufenden Arbeitswalzen A, die auch mit Stahlstiften besetzt sind. Die erste Vorlockerung des Materials wird von den Trommelstiften T schon bei den Einführzylindern vorgenommen. Zur Absonderung werden die Flocken durch die Schlagtrommel über einen Drahtstabrost getrieben, der bis zur Überdeckung der Maschine reicht und mit einer Gegenschlagleiste g versehen ist. Durch den Exhaustor E wird der Staub vom Rost abgesaugt und in die Staubkammer geblasen. Staubkammern erhalten je angeschlossene Reinigungs- oder Reißmaschine zur sicheren Staubabsonderung ein Volumen von ca. 14 m³ für jeden ange-

20*

schlossenen Exhaustor. Die unter der Schlagtrommel vorhandene Auswurfklappe
läßt das geklopfte Material periodisch auf den unten liegenden Abführtisch *Af*

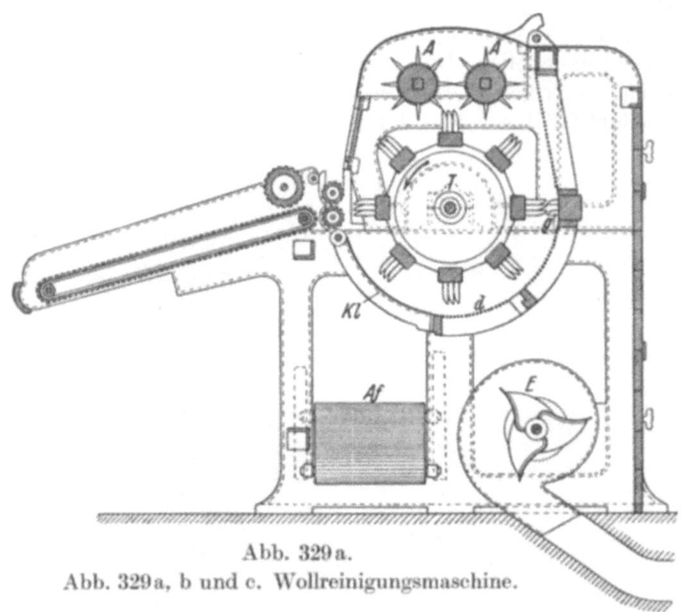

Abb. 329a.

Abb. 329a, b und c. Wollreinigungsmaschine.

fallen, der es aus der Maschine führt. Die Schlagtrommel und der Abführtisch
laufen ständig, während der Zuführtisch und die Auswurfklappe selbsttätig mit

Abb. 329b.

regelbarer Arbeitszeit stillstehen und laufen, so daß die Klopfzeit einstellbar ist.
Die Maschine leistet in 10 Stunden ca. 1000 bis 1500 kg bei einem Kraftbedarf
von 6 PS.

Der Reinigungsgrad und die Auflockerung des gewonnenen Kunstmaterials wird durch seinen Stapel und den Gehalt an unbeschädigten Fasern beurteilt. Zur Erhöhung der Leistung dieser genannten, absatzweise arbeitenden Maschine hat man folgende kontinuierlich arbeitende Konstruktion geschaffen.

Spiralreiß- und Klopfwolf.

Er wird wohl überwiegend zur Auflockerung verwirrter Wollen verwendet, kann aber auch zur Reinigung und Auflockerung von Wollabgängen, Kämm-

Abb. 329 c.

lingen, Krempelausputz, Spinnkehricht benützt werden. Er geht in der Behandlung des Materials den umgekehrten Weg wie die bisherigen Maschinen, indem er die durch den Speisetisch T (Abb. 330) und die Speisewalzen zugeführten Materialien zuerst mit einer Reißtrommel zerfasert, also auflöst, und dann erst durch eine Spiralklopftrommel klopft. Dadurch tritt ein etwas schärferer Angriff bei der Auflösung ein, namentlich wenn der Schmutz die Faden verklebt, was einen größeren Abfall an kurzem Material bringt. Dafür wird aber eine bessere Reinigung durch das nachherige Klopfen erreicht. Nach

Ansicht vieler Praktiker ist daher dieser Wolf in der Kunstwollspinnerei nur für lockeres Material zu verwenden, um die Materialschädigung und Verluste an kurzen Fasern niedrig zu halten. Der in diesem Bilde dargestellte Spiralreiß- und Klopfwolf wird zum Auflockern und Reinigen, aber auch zum Mischen von

Abb. 330. Spiral-Reiß- und Klopfwolf.

Wolle, Kämmlingen, Wollabgängen, Krempelausputz und zum Ausstauben gefärbter Wollen verwendet (siehe Wolferei). Materialien, die kein Aufreißen erfordern, werden direkt bei *f* in die Maschine geworfen.

A. Der Garnettöffner (Fadenöffner).

Er dient zur Auflösung von Fadenenden aus der Weberei und der Feingarnabfälle aus der Spinnerei, namentlich aber für härtere Fadenstücke, wie Zwirnreste, Seidenabfälle usw. Auch die auf dem Lumpenreißer durch Zerfaserung von Hadern gewonnene Kunstwolle enthält noch oft unaufgelöste Fadenreste, besonders wenn die Hadern aus gezwirntem Material bestehen. Sie werden dann durch nochmaligen Durchgang auf dem Fadenöffner völlig in Einzelfasern aufgelöst. Je nach der nötigen Intensität der Auflösung verwendet man den einfachen Fadenöffner mit einer Haupttrommel zur Auflösung von loseren Garnresten, insbesondere von weichen Kammgarn- und Streichgarnenden. Für härter gedrehte Enden, besonders Baumwollzwirn zur Gewinnung von Rohmaterial für die Baumwollabfall-, Vigogne- und Barchentgarnspinnerei benützt man zur Auflösung den doppelten Garnettöffner mit 2 Haupttrommeln, sogar bis zu 4 bis 7 Trommeln. Er ist unentbehrlich besonders für Hartwatereste in der Baumwollabfallspinnerei und für Zwirn-Weftreste aus der Kammgarnweberei sowie für Seidenzwirnenden und zur Auflösung von Seidenabfällen, besonders wenn sie in der Kunstwollspinnerei beigemengt werden. Der Belag aller Walzen, mit Ausnahme des Volants, ist hier in entsprechendem Sägezahndraht gewählt. Den größten Teil der Auflösung besorgen die Arbeiter mit dem Tambur. Für längeres Material (Seidenabfälle) schaltet man zu besserer Auflösung vorteilhaft vor jeden Arbeiter einen gleichgroßen Wender ein. Die Einstellung der Beläge geschieht für den letzten Arbeiter auf ein feines Stellblech, bei den anderen Walzen etwas höher; für feine gezwirnte Seidenreste, die einer besonders genauen Auflösung bedürfen, stellt man dagegen nach dem Gehör ein. In diesem Falle wird das Material nach der Behandlung am Garnettöffner vorteilhaft entweder auf einer Droussierkrempel oder auf einer Kunstwollkrempel vor dem eigentlichen Krempeln noch droussiert. Ein schlecht eingestellter oder stumpfer Belag beim Garnettöffner liefert ein gerolltes, unvollständig aufgeschlossenes Kunstwollmaterial, während eine zu scharfe Einstellung, besonders nach neuem Schliff, wohl aufgelöstes, aber kurzgerissenes Material gibt. Das Schleifen stumpf gewordener Sägezahnbeläge kann mit Schleifwalze und nachheriger Behandlung mit Schlichtfeilen erzielt werden.

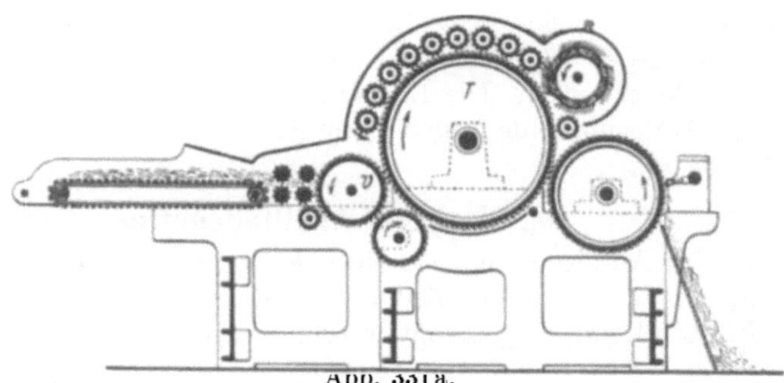

Abb. 331a.

Abb. 331a und b. Einfacher Garnettöffner.

Der einfache Wollfadenöffner oder Garnettöffner sei nachstehend (Abb. 331a und b) behandelt. Die aufzulösenden Enden werden von Hand aus, da mechanische Speisung sich bei Enden in kurzer Zeit verstopft, gleichmäßig auf den Zuführtisch aufgelegt. Dieser läuft mit etwas höherer Arbeitsgeschwindigkeit. Man speist möglichst mäßig, weil dadurch eine bessere Auflösung erzielt wird. Die Zufuhr erfolgt durch 2 Paar Speisezylinder, das erste Paar geriffelt und mit Druckbelastung versehen, das zweite Paar mit Sägezahndrahtbelag ausgestattet. Er übergibt das Material in gleichmäßigen Mengen der Vorreißwalze v, die es vorzupft und mittels Kämmwirkung an die Haupttrommel T abgibt. Diese bringt dann das Material in den Bereich der ober dem Tambur angeordneten 8 bis 14 Arbeiterwalzen. Hinter letzteren hebt ein Volant, der unten durch eine Putzwalze gereinigt wird, das Material aus dem Belag der Haupttrommel.

Abb. 331b.

Der Peigneur nimmt das Material auf und ein Hacker schlägt es vorteilhaft gleich in einen Sammelkasten. Verfasser hat durch die direkte Abfuhr des Materials in einen entsprechend großen, mit Emballage ausgelegten Holzkasten — eine sogenannte Einsackvorrichtung — wesentlich an Arbeitslohn gespart. Unter der Haupttrommel sowie ober den Arbeitern, dem Volant und der Speisung ist eine abnehmbare Stahlblechumhüllung vorgesehen, welche Faserverluste und Unfälle bei dieser ziemlich gefährlichen Maschine verhindert. Die Maschine wird mit Haupttrommeldurchmesser von 600 mm, 9 Arbeiter mit 90 mm, der Läufer mit 230 mm, der Peigneur mit 400 mm Durchmesser gebaut. Sie benötigt dann ca. 2,2 PS und leistet bei einer Arbeitsbreite von 1200 mm ungefähr 200 kg gerissenes Material in 10 Stunden. Die Maschine wird auch für größere Leistung mit 800 mm Trommeldurchmesser, 11 Arbeiter mit 100 mm Durchmesser, der Läufer mit 265 mm und der Abnehmer mit 600 mm gebaut, sie leistet dann ca. 280 kg in 10 Stunden bei einem Kraftbedarf von 3,5 PS und 1500 mm Arbeitsbreite. Die kleine Maschine erhält ca. 230 Touren für den Tambur, die große Maschine etwa 180 Touren. Das abgenommene Material kann auch zu Pelzen gewickelt werden. Die Leistungen dieser Maschine sind zwar gering, jedoch ist die Auflösung eine äußerst gründliche, das gewonnene Material langfaserig und wertvoll.

Der doppelte Wollfadenöffner (Garnettöffner).

Zur Auflösung hartgedrehter Kammgarnfäden sowie gezwirnter Seidenabfallfäden, die in neuerer Zeit auch mittleren und besseren Garnen zu besonderer Effektbildung beigemengt werden, wird der doppelte Garnettöffner verwendet.

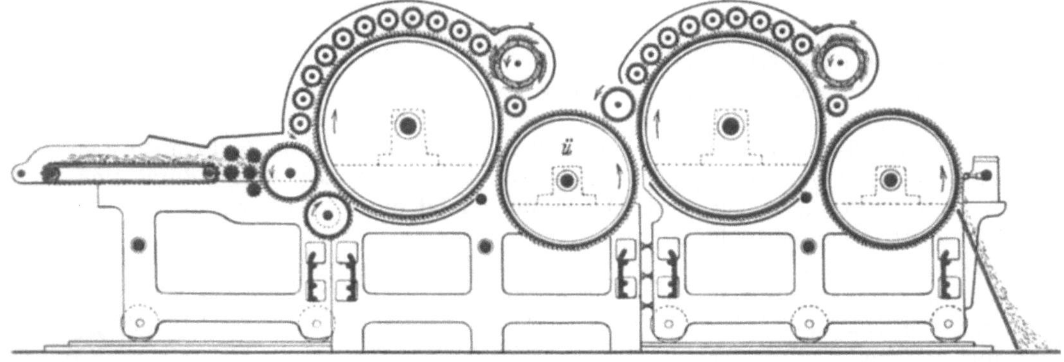

Abb. 332a.
Abb. 332a und b. Doppelter Garnettöffner.

Man hat auch für sehr feine Schurwollwinterstoffe (Paletot), um der meist schwarzen oder dunkelgrauen Grundware einen silbergrauen Schimmer zu verleihen, gerissene weiße Seidenfäden beigemengt, eventuell auch Kunstseidenfäden, gerissen und geschnitten, als Zusatz zum Wollmaterial verwendet. Bei Reinseide werden die gerissenen und geschnittenen Seidenfäden vorgebeizt, damit sie nicht anfärben und weiß bleiben. Dadurch treten sie nach der Rauherei als ein silbriger Schimmer in Form feiner Faserenden aus der Gewebeoberfläche hervor.

Die Abb. 332 zeigt einen doppelten Garnettöffner. Er arbeitet mit 2 Haupttrommeln, jede mit 11 Arbeitern, und einem Volant und zwischengebauter großer Übertragungswalze $\ddot{u}$. Das Gestell ist dreiteilig, abfahrbar für Reinigung und Schleifen. Der Sägezahndrahtbelag vom zweiten Tambur an ist feiner, um eine weitere Auflösung zu erreichen, die Florabnahme kann durch einen Hacker, bei kurzem Material auch durch eine Bürstwalze erfolgen. Die Maschine wird wieder in 2 Typen gebaut; die kleinere hat einen Haupttrommeldurchmesser von 600 mm, auf der ersten Haupttrommel 9, auf der zweiten 8 Arbeiterwalzen mit 90 mm Durchmesser, der Peigneur 400 mm, die Haupttrommeln 225 Touren in der Minute. Leistung bei 1200 mm Arbeitsbreite mit Rücksicht auf die noch schonender abgestufte Auflösung ca. 170 kg in 10 Stunden bei einem Kraftbedarf von 3,5 PS. Die größere Type hat 2 Haupttrommeln mit

800 mm Durchmesser, auf der ersten 11, auf der zweiten 9 Arbeiterwalzen mit
100 mm Durchmesser, der Läufer mit 265 mm, der Abnehmer mit 600 mm Durchmesser, die Leistung bei 1500 mm Arbeitsbreite ca. 230 kg in 10 Stunden bei
einem Kraftbedarf von 6 PS. Dieser schwankt je nach der Materialvorlage. Im
allgemeinen ist die Verwendung kleinerer Trommeln mit der höheren Tourenzahl
vorteilhafter und liefert besonders mit entsprechend scharfen Belägen besseres
Kunstwollmaterial als die Verwendung großer Trommeln. Es hängt dies mit der
schärferen Eingriffswirkung der Tamburwalze bei kleinerem Krümmungsradius
zusammen. Man wird mit Rücksicht auf die einfache Bedienung dieser Maschine
eventuell 2 oder 3 Aggregate nebeneinander, durch eine Arbeiterin bedient, laufen
lassen, und kann dann auch bei geringer Speisung mäßige Produktionskosten
bei guter Kunstwollqualität erreichen.

Abb. 332 b.

B. Die Gewinnung der Kunstwolle aus Lumpen.

Je nach der Beschaffenheit des Hadernmaterials und nach der angestrebten
Kunstwollqualität unterscheidet man, wie oben angegeben, die Gewinnung der
Kunstwolle aus gewalkten Lumpen der Webwaren- bzw. Wirkwarenindustrie
und aus Filzabfällen als Mungoqualität, sowie die Erzeugung der Kunstwollen
aus ungewalkten lockeren Hadern als Shoddyqualität. Die Mungokunstwolle ist
ihrer Natur nach kurzfaserig, daher weniger spinnfähig, sie wird meist mit
besserer Kunstwolle oder mit Baumwollbeimengung versponnen. Für sich allein
ergibt sie nur einen sehr schwachen Faden, der höchstens als Füllkette oder
gar nur als Füllschuß zur Erhöhung des Gewebegewichts verwendet wird. Hingegen sind die Shoddyqualitäten, je nach ihrer Herkunft, oft ziemlich hoch-
wertig, wie schon bei Gelegenheit ihrer Gewinnung bei den Fadenöffnern erwähnt wurde.

Die Kunstwollgewinnung zerfällt in die Vorbereitung des Hadernmaterials
und die eigentliche Erzeugung der Kunstwolle, das sogenannte „Reißen". Die
Vorbereitung der Hadern geht in der Regel folgenden Weg. Die Hadern oder
Lumpen werden meist durch Hadernsammler in kleinen Mengen aufgebracht,
oder sie fallen in Großbetrieben, bei der Konfektionierung auch als größere
Quantitäten in Konfektionsanstalten, Heeresbekleidungsanstalten u. ä. in einheitlicher Beschaffenheit ab. Bei Schneiderabfällen werden sie als „Neutuch"

bezeichnet, während Hadern aus gebrauchten Kleidungsstücken nur als minderwertigeres „Alttuch" gelten. Je reiner und einheitlicher das Hadernmaterial, desto besser kann es verwendet werden. Diesem Grundsatz entsprechend, sortiert schon der Hadernsammler nach Farbe, Qualität, teilt eventuell schon die Kleidungsreste durch Auftrennen in baumwollenes Futter und wollenen Oberstoff, entfernt Knöpfe und grobe Fremdkörper.

Aus den von den Hadernhändlern aufgekauften Hadern werden durch eine Nachsortierung größere Partien gebildet, aus welchen man dann ca. 150 bis 200 kg schwere prismatische Ballen preßt, die durch Bandeisen abgebunden werden. In dieser Form lagern die Hadern oft nur in offenen Schuppen, so daß sie der Verstaubung sehr ausgesetzt sind, beim Lumpenhändler oft viele Monate, bis sie an die Kunstwollfabriken, die sich ausschließlich mit Kunstwollerzeugung befassen, oder an Kunstwollspinnereien direkt verkauft werden. Durch die lange Lagerung bei Gegenwart von Verunreinigungen bilden sich in den Hadernballen gefährliche Herde für Mikroben. Die nachherige Verarbeitung birgt bei Unterlassung der Desinfektion der Hadern schwere Gefahren für die Gesundheit der Arbeiter. Allgemein sind alle Kunstwolle erzeugenden und verarbeitenden Maschinen, besonders die Lumpenreißwölfe, sehr gefährlich; die geringfügigsten Hautverletzungen führen oft schwere Blutvergiftungen und selbst den Tod des Verletzten herbei. Die behördlich vorgeschriebene Desinfektion sowie die ausgiebige Reinigungsmöglichkeit für die Arbeiter ist unumgänglich notwendig.

Die Desinfektion und Entstaubung der Hadern.

Eine einfache, wirkungsvolle Desinfektion mit geringen Kosten, die auch der Hadernqualität nicht schadet, kann durch Dämpfen mit ca. 1,5 bis 2 at erfolgen. Die Hadern werden aus den geöffneten Ballen, am besten auf flachen Drahthorden, ausgebreitet und in einem Dampfkessel ca. 15 Minuten lang einer Dampftemperatur von 110 bis 120⁰ ausgesetzt, wodurch der größte Teil der Mikroben getötet wird. Da die Desinfektion etwas Kosten verursacht, wird sie leider oft unterlassen und die Hadern werden nur einfach geklopft.

Das Klopfen der Hadern erfolgt auf dem Hadernklopfer oder Lumpenklopfwolf, auch Shaker genannt, der durch eine Schlagtrommel mit Schlagstiften ein bestimmtes Hadernquantum klopft, so daß der trocken anhaftende Staub sowie lose Fremdkörper, wie Sand und sonstiger Trockenschmutz, aus den Lumpen ausgeklopft werden. Die Abb. 333a, b zeigen einen derartigen einfachen Klopfer mit Handspeisung. Die Lumpen werden beim Fülltrichter E in kleinen Portionen, ca. 0,5 kg, eingeworfen, dann werden sie durch einen Schieber in den Klopfraum fallen gelassen; spärliche Speisung verbessert auch hier die Klopfwirkung. Durch den Abschluß der Klopftrommel nach allen Seiten ist der Arbeiter vor Verletzungen geschützt. Die Trommel T und die Gegenstifte g bearbeiten das Material ca. 2 Minuten lang, dabei fallen schwere Verunreinigungen direkt durch den Rost R, während der Staub durch den Saugventilator Ve durch den oberen und unteren Rost abgesaugt wird. Die Staubräume sind durch das Rohr r mit der Maschine verbunden. Nach beendigter Klopfzeit werden vom Arbeiter, bei älteren Klopfern von Hand aus oder bei neueren Klopfern (Bauart Schirp, Vohwinkel) durch ein Steuerexzenter mit einstellbarer Klopfzeit automatisch, die Auswurfklappe K geöffnet und die gereinigten Hadern ausgeworfen. Die Trommel läuft ständig, sie macht ca. 350 bis 450 Touren je Min. (bei längeren Hadern langsamer). Die Maschine leistet bei 930 mm Trommeldurchmesser und bei 950 mm Arbeitsbreite ca. 100 bis 120 kg gereinigte Hadern je Stunde bei einem Kraftbedarf von 4 bzw. 5 PS. Hadernklopfer und Reißer erfordern ziemliche Anlaufmomente wegen der Massenbeschleunigungen der Trommeln, wegen des ungleichen Kraftbedarfes infolge der Speisung und wegen des ungleichen Widerstandes gegen das Zerreißen verwendet man am besten Gruppenantrieb. Die Ventilatoren erhalten Kugellager, dagegen haben sich solche für die Haupttrommeln auch bei 2reihiger Anordnung nicht sehr gut bewährt.

Das Sortieren der Lumpen erfolgt in hellen, sehr gut heizbaren und besonders gut gelüfteten Räumen, die man vorteilhaft auch mit Luftbefeuchtung versieht. Eine ziemlich hohe Feuchtigkeit verhindert Staubentwicklung und Bazillenverbreitung. Die Arbeit wird an entsprechenden Sortiertischen von Hand aus durch Trennmesser, Scheren durchgeführt. Vor dem Auftrennen schlägt die Arbeiterin jeden Hader noch einmal auf die Siebfläche des Sortiertisches. Gute Sortiertische gleichen Sortiertischen für Wolle (siehe dort). Eine gelinde Staubabsaugung der aus einer feinmaschigen Drahthorde gebildeten Tischfläche ist hier unbedingt notwendig, doch darf der Luftzug nicht so stark sein, daß er der Arbeiterin lästig wird und von ihr abgestellt wird. Die Tischlänge, -höhe und -breite muß der Größe der Arbeiterin angepaßt sein; die Arbeit erfolgt meist stehend, seltener sitzend, richtige Anbringung der Werkzeuge und Arbeitsteilung (Taylorversuche) bringen hier überraschende Erfolge. Am Boden des Tisches ist eine Reinigungsklappe für die schweren Fremdkörper angebracht. Bei sitzender Arbeit muß die Arbeiterin hier etwas höher sitzen als bei der Wollsortierung, damit sie mit schräg abwärts liegenden Armen arbeitet und beim Auftrennen nicht durch die Staubentwicklung in der Atmung belästigt wird. In einzelnen Ländern schreibt die Gewerbevorschrift Atmungsfilter vor. Die Arbeiterin sortiert nach Qualität, Farbe, Beschaffenheit, Alter der Lumpen, trennt Oberstoffe vom Futter, schneidet Knöpfe, Nähte, Borten, Besätze weg und scheidet reine und unreine Hadern. Übersehen eines Fremdkörpers, besonders von Knöpfen usw., führt beim Lumpenreißer leicht zur Funkenbildung und Brandentwicklung. In

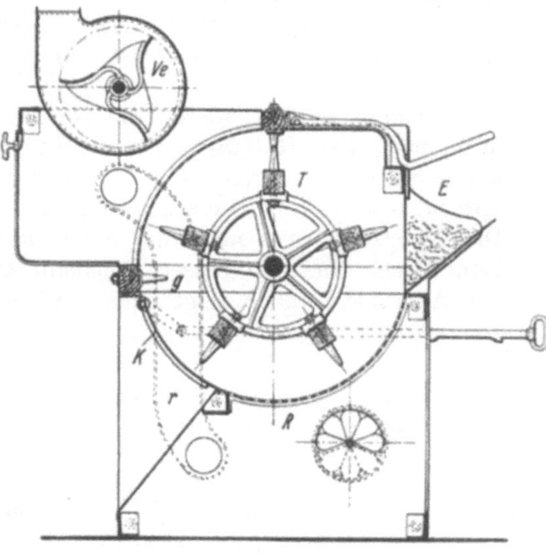

Abb. 333a.

Abb. 333a und b. Hadernklopfer.

Abb. 333b.

modernen Anlagen wird die Einrichtung einer verläßlichen Brandverhütungsanlage, wie Sprinkler u. ä., kombiniert mit Handfeuerlöschern, von den Versicherungsanstalten meist gefordert. Die sortierten Lumpen werden partienweise, meist in Körben, dem Hadernreißer oder Lumpenreißwolf zugeführt. Die Sortierung am laufenden Band ist nur bei entsprechend vorbereiteten Lumpen möglich.

Vor dem Reißen werden die zur Verarbeitung bestimmten Lumpen meist in Mengen einer Halbtagpartie schichtenweise aufgehäuft und durch eine Gießkanne mit einer billigen Schmelze, meist Extraktöl, aus Waschwassern gewonnen, mit ca. 6% Öl vom Haderngewicht und 20fachem Wasserzusatz angefeuchtet. Das Naßreißen setzt nicht nur die Feuergefahr im Betriebe herab, sondern es bringt auch eine weit bessere Ausbeute an Kunstwolle in Menge und Qualität. Die Abb. 334a und b zeigt einen einfachen Lumpenreißwolf.

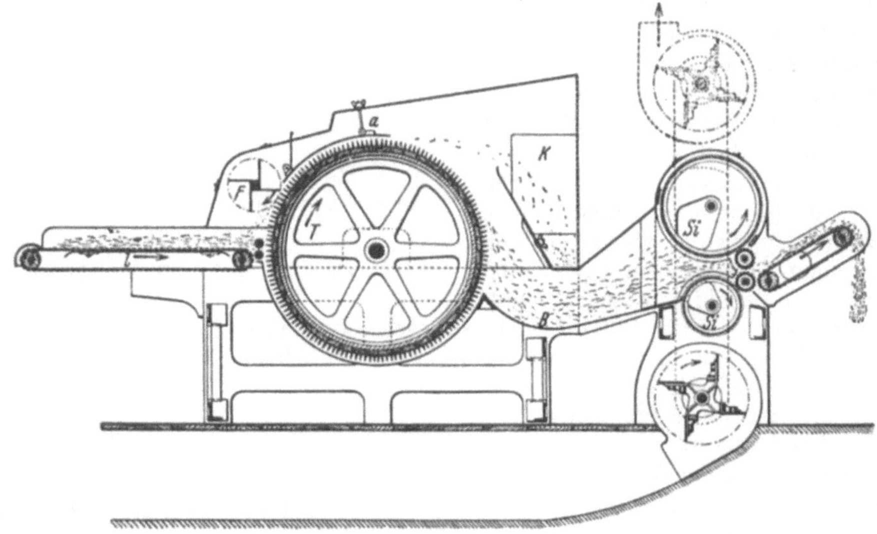

Abb. 334a.
Abb. 334a, b und c. Lumpenreißer.

Das aufzulösende sortierte Lumpenmaterial wird nach reichlicher Schmelzung auf den eisernen Lattentisch l aufgelegt. Dieser übergibt die Lumpen den geriffelten stählernen Speisewalzen, die mit Rücksicht auf die genügende Klemmwirkung der Lumpen mit Hebelbelastung der oberen Walze versehen sind. Um eine sichere Klemmung zu erreichen, darf die Speisung nicht zu stark sein und muß bei schwerer auflösbaren Klumpen herabgesetzt werden. Der Tambur T trägt einen Brettchenbelag mit geschärften Stahlstiften von etwa 30 mm Länge, die entweder kegelförmig oder prismatisch gebaut und in die Belagbrettchen in genau verteilter Anordnung eingeschraubt sind (Abb. 334c). Die Stapellänge der gewonnenen Kunstwolle hängt einerseits von dem Rohmaterial, andererseits von der Entfernung der Speisewalzenmitte vom Spitzenkreis des Tamburs ab. Die Speisezylinder und der Zuführtisch sind doppelseitig angetrieben, außerdem kann mittels eines Friktionsantriebes der Antrieb der Speisewalzen auf Vor- oder Rückwärtslauf eingestellt werden, je nachdem der aufzulösende Stoff Widerstand leistet. Das Ausrücken der Speisung oder der Rücklauf wird dann eingeschaltet, wenn die Auflösungsarbeit zu schwer wird, so daß die Tourenzahl der Reißtrommel sinkt, was wieder eine schlechtere Auflösung ergeben würde.

Der aufmerksame Arbeiter findet nach Qualität der aufgelösten Kunstwolle bald die richtige Speisemenge und Speisegeschwindigkeit für das betreffende Material. Die Reißtrommel selbst hat einen nahtlos geschweißten schmiedeeisernen Mantel, auf welchem die Stiftenbrettchen je nach Größe des Tamburs

Abb. 334b.

30 oder 56 auswechselbar aufgeschraubt sind. An den Enden sind die Brettchen durch heiß aufgezogene Schmiedeeisenringe noch besonders festgehalten. Die Belagbrettchen werden aus reinem astfreien Buchenholz hergestellt, die Stahlstifte sofort in die frischen Brettchen eingeschraubt bzw. in neuerer Zeit eingepreßt. Die Trommel erhält eine beiderseits entsprechend lange Antriebsachse, so daß sie zur Schonung der Belagstifte und vor allem zur Erzielung einer gleich-

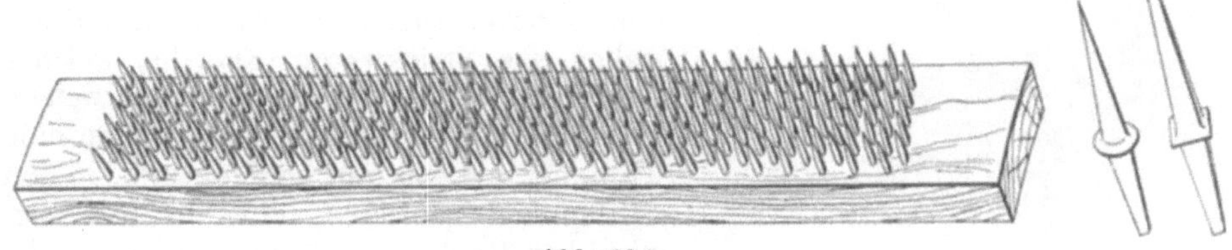

Abb. 334c.

mäßigen Kunstwollqualität zeitweilig je nach Beschaffenheit der zu reißenden Lumpen gewendet werden kann und bei gleicher Drehrichtung nach der Wendung mit der Gegenseite der Stiftspitzen arbeitet. Zur Erleichterung der Wendung werden in neuerer Zeit zweireihige geschlossene Kugellager verwendet, welche bei der Wendung mitwechseln, so daß sie einfach nur vom Maschinengestell abgeschraubt werden.

Das von der Reißtrommel mitgerissene Material streift nun zu große unaufgelöste Lumpenstücke an dem einstellbar eingerichteten Abscheideblech a ab, eine Fang- oder Schlagwalze F wirft diese Stoffteile wieder auf den Zuführtisch.

Die mit den Stiften mitgerissenen Kunstwollteile werden einerseits, sofern sie noch Fadenstücke, Stoffteilchen als schwerere Teile enthalten, nachdem die Trommel das Abfangblech verlassen, von der Trommel abgeschleudert und sammeln sich im sog. Pitzkasten K an. Auch seine Scheidewand ist gegen den Tambur verstellbar, so daß die Art der abgefangenen Pitzen bezüglich ihrer Menge und Schwere geregelt werden kann. Im Pitzkasten prüft der kontrollierende Betriebsbeamte die Art und Menge der Pitzen; durch den Vergleich mit der im Auswurfkanal B abgeschleuderten Kunstwolle gewährt einen Aufschluß über die Güte der geleisteten Reißarbeit. Die gerissene Kunstwolle wird an die Siebtrommeln Si, deren Inneres von einem Exhaustor abgesaugt wird, zu einer Watte verdichtet und dem Abführtisch übergeben. Der Ventilator, je nach dem Anschluß der zugehörigen Staubsammelräume unter der Maschine oder ober den Siebtrommeln (in Abb. 334 punktiert gezeichnet), saugt Staub und zu kurzes Fasermaterial ab. Mit Rücksicht auf den notwendigen kleinen Speisewalzendurchmesser (Klemmentfernung) gibt man der Maschine nur eine Arbeitsbreite von höchstens 380 mm, wobei die praktische Erfahrung zeigte, daß bei schwer auflösbaren gewalkten Lumpen die Arbeitsbreite wegen der besseren Klemmung vorteilhaft noch auf 250 mm herabgesetzt wird. Die jeweilige Breite der Reißtrommel ist um etwa 60 mm größer als die Arbeitsbreite. Der Trommeldurchmesser und damit die Trommelmasse und Arbeitsenergie der Trommel wird dem aufzulösenden Material angepaßt. Für weiche Materialien wie Strickwaren, Flanelle, weiches Alt- und Neutuch, Tibet, Alpaka, weiche Kammgarne und ähnliches wählt man eine Trommel mit 660 mm Durchmesser, in den Stiftspitzen gemessen, gibt ihr den sog. Shoddystiftenbelag (längere prismatische Stifte) auf 30 Brettchen mit je 6×26 Stiften je Brett. Die Tourenzahl wird je nach den hauptsächlichst zu verarbeitenden Hadern auf 780 bis 800 Touren je Min. eingestellt.

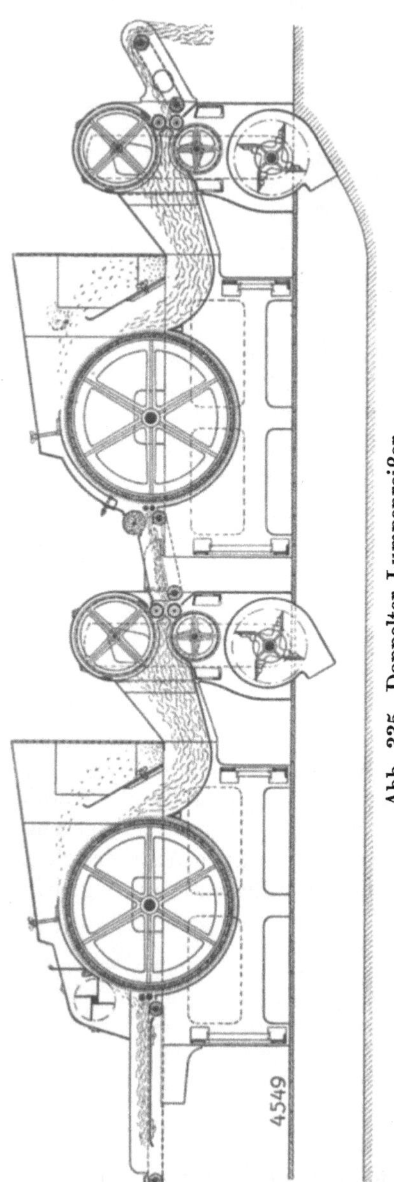

Abb. 335. Doppelter Lumpenreißer.

Die Maschine benötigt dann bei weichem Material im Mittel 10 PS, bei Einzelantrieb ist ein 15-PS-Motor vorzusehen. Kurzschlußmotoren haben sich auch bei Sterndreieckanlassern nicht bewährt, die Motoren sind staubsicher zu kapseln, wegen erhöhter Brandgefahr sind in Reißereien besondere Sicherheitsvorkehrungen zu treffen. Die Maschine leistet bei richtiger Bedienung, rechtzeitiger Auswechslung bzw. Wendung des Tamburs 35 bis 40 kg Kunstwolle je Stunde.

Für stark gewalkte Lumpen, Filze, Militärtuchhadern wählt man bei kräftiger gebauter Maschine eine Trommel mit ca. 985 mm Außendurchmesser mit geringerer Arbeitsbreite ca. 250 mm, auf 54 Brettchen mit je 6×46 Stiften als sogenannten Mungostiftenbelag beschlagen. (Runde Stifte mit ca. 20 mm freier Stiftenlänge.) Besonders schwer lösbare Waren, wie Kattune, Schirting, Segeltuch, Schuhfutterreste als Neutuch erhalten lamellenartigen Belag auf einem doppelten Lumpenreißer montiert, wie Schnitt (Abb. 335) zeigt, dabei erhält die erste Trommel Mungostiftenbrettchen, wie zuvor beschrieben auf 54 Brettchen mit je 6×46 Stiften, die zweite Trommel einen noch feineren Belag mit 54 Brettchen (auch 56 bei größerer Trommel) mit je 14×29 Stiften je Brettchen. Die Leistung der Maschine beträgt bei der Eintrommelausführung mit großem Trommeldurchmesser bei 700 Trommeltouren ca. 25 kg je Stunde, bei der zweitamburigen Maschine wegen der schwierigeren Auflösung ca. 20 kg je Stunde. Der Kraftbedarf beträgt bei der eintamburigen Maschine 20, bei der zweitamburigen Maschine 25 PS im Mittel, bei Einzelantrieb muß ein Motor von 25 bzw. 30 PS gewählt werden. Die mitfolgende Abb. 336a und b zeigt die verschiedenen Arten der gebräuchlichsten Stiftenbeläge.

Kohllöffel-Belagbrettchen. Zur Festlegung der Ausführung von Belagbrettchen für Lumpenreißer und Tambure sind folgende Angaben notwendig:

1. Tamburdurchmesser ohne die Belagbrettchen,
2. Gesamtbreite des Tamburs,
3. Arbeitsbreite, das ist die Zahnfeldbreite des Tamburs,
4. die Brettchendicke,
5. die obere Breite der mit radialen Seitenflächen nötigen Brettchen sowie zur Kontrolle die Zahl der einzelnen zur einmaligen Deckung eines Tamburs nötigen Exemplare,
6. die Teilung des Stiftbesatzes, worunter man die Angabe versteht, wieviel Stiftreihen mit je wieviel Stiften in das einzelne Brettchen kommen müssen. Z. B. 7 Stiftreihen zu je 32 Stiften (gleich 224 Stifte je Brettchen) bedeutet Teilung 7 × 32,
7. Nummer, Länge und Form der Stifte, die rund oder flach, stumpf oder spitz, schwach oder blank ausgeführt werden können.

Bezüglich der Stiftzahl je Brettchen (Teilung) sind im allgemeinen üblich:

Tambure mit Arbeitsbreite 360 mm:

ca. 50— 70 Stifte: gröbere, wollgestrickte Lappen, wie Strümpfe, Schals usw.,
„ 70—100 „ feinere desgleichen,
„ 120—160 „ Tibet, Zephir, Flanell u. dgl.,
„ 200—250 „ alte, wollene Tuchlumpen,
„ 300—350 „ neue, wollene Tuchlumpen und Webenden,
„ 400—500 „ wollene Fadenabgänge.

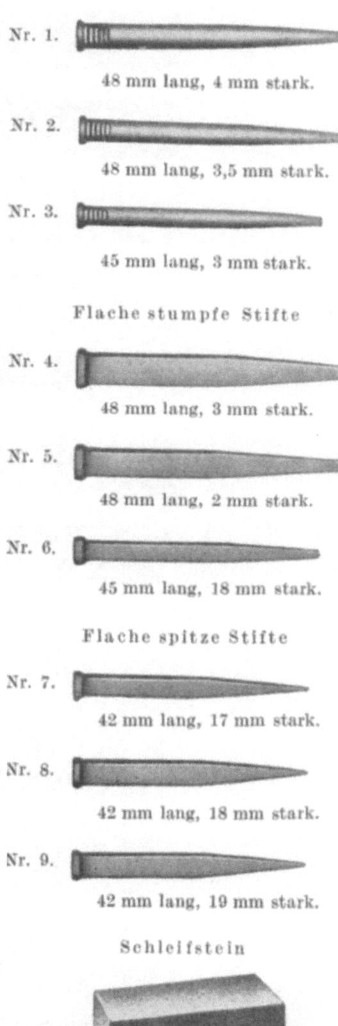

Abb. 336a. Belagstifte.

In der Baumwollreißerei werden genommen, ebenfalls je Brettchen gerechnet:
Vorreißer Arbeitsbreite 360 mm:

ca, 250—370 Stifte: für baumwollene Abschnitte, Lumpen aller Art und Fadenabgänge.

Belagbrettchen für 360 mm Arbeitsbreite.

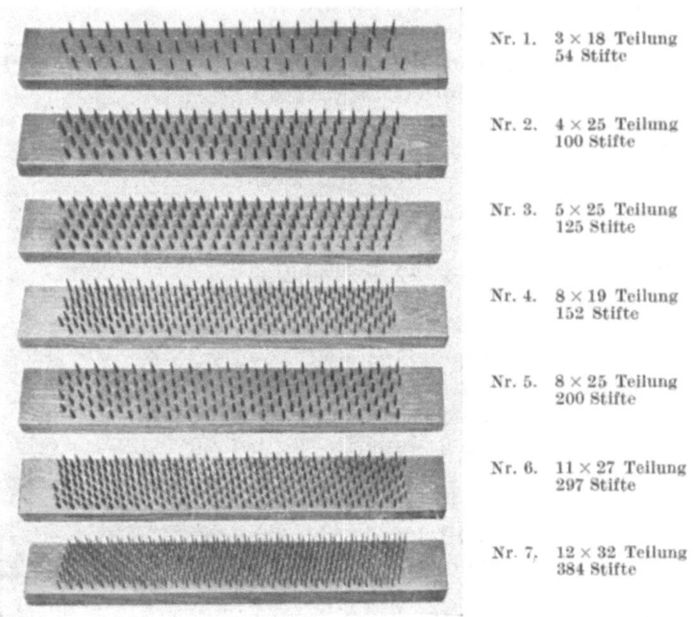

Belagbrettchen für 480 mm Arbeitsbreite.

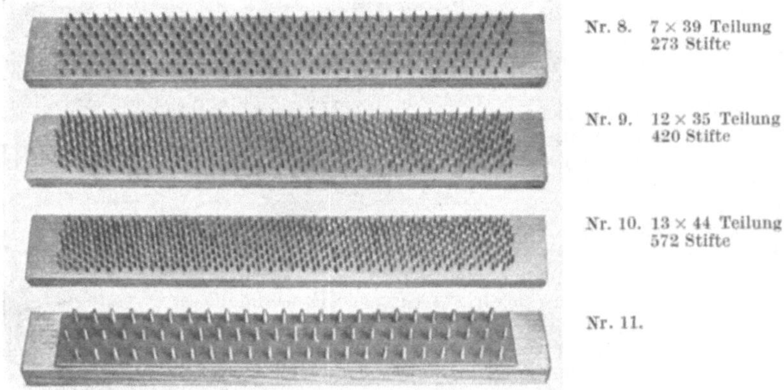

Abb. 336 b. Belagbrettchen.

Nachreißer Arbeitsbreite 490 mm:

ca. 300—600 Stifte: für Vorgarne und weichere Fäden, ferner für vorgerissene Baumwollappen.

Runde Stifte wählt man für weicheres offeneres Material, flache Stifte für hartes, stark verfilztes Material.

Die Pflege der Beläge ist für die erzielte Kunstwollqualität von höchster
Bedeutung. Sie beginnt schon bei der Einlagerung der frischen Belaggarnituren.
Diese werden sofort nach ihrem Eintreffen in einem heißen trockenen Raum
(z. B. ober den Trockenmaschinen oder im Kesselhaus) luftig gelagert, so daß

durch das eintretende Schwinden des
Holzes ein besonders fester Sitz der Stifte
erreicht wird, allenfalls bringt man sie
in besondere Trockenkästen (Abb. 337).
Beim Aufziehen der Belagbretter schraubt
man diese zuerst auf der geschweißten
glatten Trommelfläche fest und zieht
dann die Randringe heiß auf. Diese sind
in kaltem Zustande ca. 4 mm im Innen-
durchmesser kleiner als der Außendurchmesser des Holzbelages, sie werden in
einem Sägespanfeuer auf gute Blauwärme
gebracht, so daß sie beim Aufziehen das

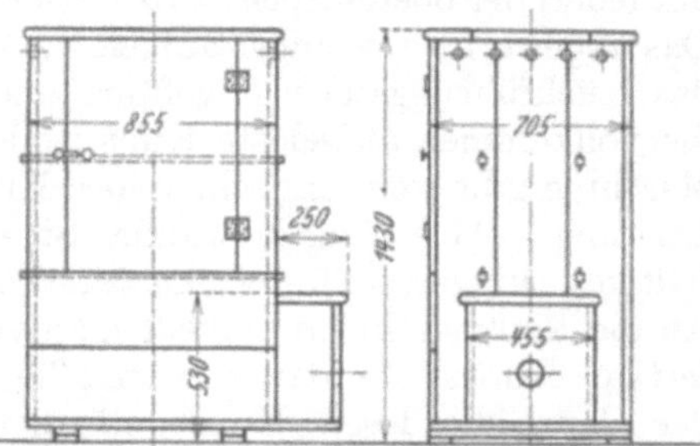

Abb. 337. Trockenkasten für Belag-
trockner.

Holz noch nicht verkohlen. Richtig aufgezogene Ringe dürfen sich weder in
der Arbeit lockern und abrutschen, noch dürfen sie durch zu scharfes Aufziehen etwa in der Arbeit reißen. Die Beurteilung, wann die Trommel zu
wenden ist, richtet sich einzig und allein nach der Beschaffenheit der Kunstwolle. Sobald im Pitzkasten zu viel Pitzen auftreten und sich auch in der fertigen Kunstwolle stärker bemerkbar machen, ist die Trommel mit einem Ab-
drehsupport mittelst Schleifstein zu schärfen (Abb. 336 unten), natürlich muß

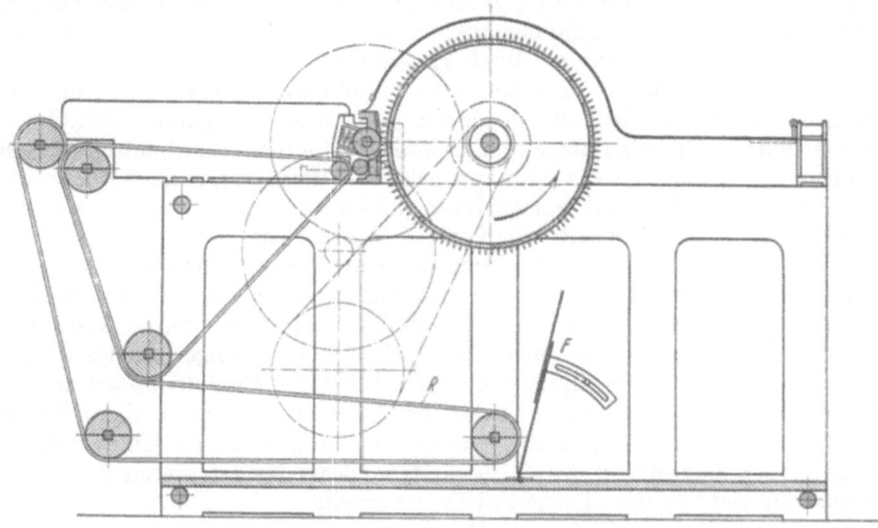

Abb. 338. Kunstwollreißer von Houget.

sie vorher auch schon beiderseitig gewendet worden sein. Die beste Kunstwolle
erhält man erfahrungsgemäß nicht mit einem frisch geschärften Belag — ein
solcher gibt zuerst ziemlich viel Pitzen —, sondern erst dann, wenn der Belag
etwa 1 bis 1½ Tage gearbeitet hat. Stark gedrehtes Fadenmaterial ergibt in
der Regel beim ersten Durchgang nicht völlige Auflösung, man läßt das Material
entweder auf einer Maschine mit feinerem Belag durchlaufen oder behandelt es
zweckmäßiger auf dem mehrfachen Garnettöffner bzw. bei Woll- und Seiden-

abfällen auf einer Droussierkrempel, wozu sich hauptsächlich die oben beschriebene Gilliamkrempel eignet.

In Abb. 338 ist ein Kunstwollreißer belgischer Bauart für Shoddy dargestellt.
Er hat zur Verwertung kleinster Abfälle und Stoffreste eine Muldenspeisung
mit federnder oberer Speisewalze, erfordert also sehr geringe, sorgfältige Speisung.
Das abgeworfene, weniger aufgelöste Material wird durch das Flugblech F gegen
das Rückführungstuch R geführt und damit zur Speisung zurückgeleitet, nur
die vollkommen aufgelöste Kunstwolle gelangt über das Fangblech hinaus. Die
Maschine gibt wohl ein sehr reines Kunstwollmaterial, hat aber eine sehr kleine
Leistung: 10 bis 15 kg je Stunde. Sie eignet sich besonders für stark baumwoll-
hältiges, kürzeres Halbwollmaterial, wie weiche Halbwollflanelle und Tibet.
An die Reißmaschinen schließt man vorteilhaft Steiglattentücher an, welche die
fertige Kunstwollwatte zweckmäßig in einer Sackvorrichtung ablagern, in
der dann die losen Kunstwollballen geformt werden. Starkes Pressen ge-
schmälzter feuchter Kunstwolle ist wegen Selbstentzündungsgefahr zu vermeiden. Besonders neigen nach praktischen Beobachtungen die mit feldgrün
gefärbten (Helindonfarbe) Kunstwollen zur Selbstentzündung, was auf Katalyse
der Schmälze zurückzuführen sein dürfte.

C. Die Gewinnung der Kunstwolle aus halbwollenen Lumpen durch Karbonisation.

Diese Kunstwollerzeugung führt zu reinwollenem Material als Endprodukt,
der sog. „Extraktwolle", die durch Zerstörung der pflanzlichen Beimengungen
in den halbwollenen Lumpen auf chemischem Wege gewonnen wird. Die Hadern
werden nach der Vorbehandlung durch Entstauben bzw. Desinfizieren sortiert
und zugerichtet, dann meist auf einer ovalen Spülmaschine gewaschen, um das
Eindringen der Chemikalien zu erleichtern und Säure zu sparen, hierauf geschleudert und in diesem halbfeuchten Zustand gesäuert und karbonisiert. Nach
der Karbonisation werden die Lumpen geklopft, dann gefärbt, abermals getrocknet und schließlich auf einem Lumpenreißwolf oder bei sehr loser Beschaffenheit auf einer Drousette zu Kunstwolle aufgelöst.

Die Haupteinwirkung geschieht durch das Karbonisieren, das heute als Um-
wandlungsprozeß der pflanzlichen Verunreinigungen in die spröde Hydrozellulose erkannt ist, so daß nicht von Verkohlung gesprochen werden kann. Die
in den Halbwollumpen vorhandenen pflanzlichen Beimengungen (meist Baumwolle) werden bei der Säureeinwirkung in ein brüchiges Produkt umgewandelt,
das bei der späteren Behandlung leicht ausfällt, es genügt dazu allenfalls ein
Durchklopfen oder auch ein bloßes Spülen. Da die gewonnene Kunstwolle in
der Regel sauer nachgefärbt wird, ist ein besonderes Neutralisieren nach dem
Karbonisieren und vor dem Färben nicht notwendig.

Man unterscheidet in der Art der Durchführung 2 Karbonisierverfahren, die
Trockenkarbonisation und die Naßkarbonisation. Die erstere besteht
aus einer Behandlung der Lumpen mit Salzsäuregas bei einer Temperatur von
mindestens 100 bis 110° C in einer rotierenden, gelochten, fünfseitigen prismatischen Gußeisentrommel. Da bei dem fortschreitenden Prozeß die Temperatur
in der Karbonisiertrommel bis über 150° C steigt, so wird die verbleibende Kunstwolle meist hartgriffig, brüchig und weniger spinnfähig.

Das zweite Verfahren, die Naßkarbonisation, wurde früher meist mit zu
wenig Sorgfalt durchgeführt. Die Hadern wurden in ca. 4° Bé Schwefelsäure
getränkt, geschleudert und scharf getrocknet. Wegen nicht befriedigender Kunst-

wollqualität (allenfalls auch wegen zu scharfer Trocknung) bei höheren Kosten verließ man dieses Verfahren. Ein Brünner Industrieller führte jedoch eingehende Betriebsversuche mit exakter nachheriger Prüfung der Kunstwolle durch und fand, daß durch sorgfältige Regelung des ganzen Naßkarbonisierverfahrens, sparsame Verwendung der Schwefelsäure bei Anwendung genau bemessener Mengen und genau reguliertes Trocknen weitaus bessere Kunstwolle

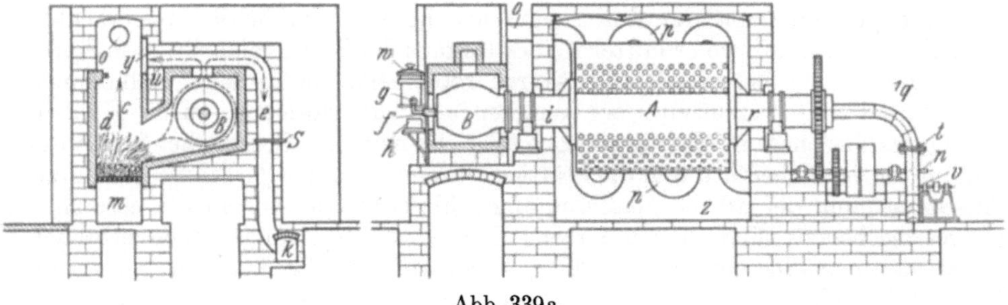

Abb. 339a.

Abb. 339a und b. Karbonisiertrommel von Schirp.

mit nur geringerer Erhöhung der Erzeugungskosten gewonnen wird als beim Trockenkarbonisierverfahren.

Die Trockenkarbonisiermaschine von Schirp, Barmen-Vohwinkel (Abb. 339a, b) erhält als Hauptteil eine fünfkantige Gußeisentrommel A, deren Umfang, mit ca. 10 mm Löchern 25 mm Lochteilung, gelocht ist. Sie ist in Stoffbüchsenrollenlagern gelagert und rotiert mit ca. 3,5 Touren je Min. Ein Salzsäurezerstäuber g, als Spritzdüse mit Rückschlagventilsicherung gebaut, führt die feinverteilte Salzsäure in kleinen Mengen in eine gußeiserne Glühretorte B, die an der Trommelachse mitrotierend, befestigt ist und von außen durch ein Koksfeuer ständig erhitzt wird. Da die Salzsäuredämpfe unmittelbar aus der Retorte durch die kurze Hohlachse in die fünfkantige Karbonisiertrommel treten, ist eine Tropfenbildung durch Kondensation ausgeschlossen. Die Trommel wird überdies vor der Einleitung der Säuredämpfe durch Heißluft scharf vorgewärmt, was durch ein besonderes Rohrsystem p

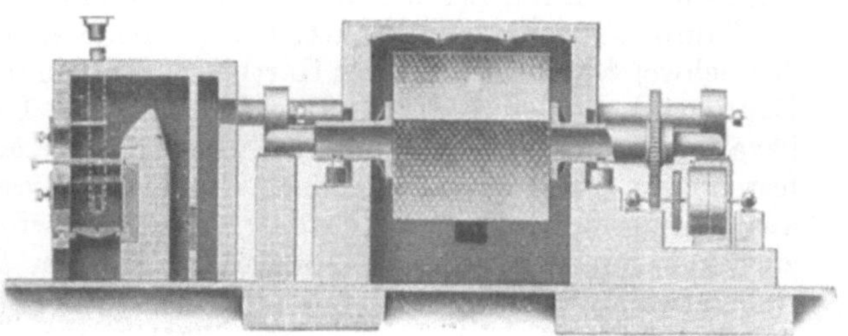

Abb. 339b.

bewirkt wird, durch das erhitzte Luft durch einen Exhaustor V gesandt wird. Da die Heißluft durch die Trommel gesaugt wird, tritt bei Zumischung der Salzsäuredämpfe eine gründliche Durchdringung der Lumpen mit den Säuredämpfen ein, wie dies für das gute Durchkarbonisieren notwendig ist. Neuere Forschungen Ulrichs zeigten, daß eine kurze, aber scharfe Hitzeeinwirkung das Karbonisieren bei mäßiger Schädigung des Kunstwollmaterials besonders begünstigt

Die vorerwähnte Vortrocknung entfernt zugleich die ziemlich beträchtlichen Feuchtigkeitsmengen aus den Hadern (bei zentrifugenfeuchten Hadern ca. 60, bei in einfachen Walzenquetschwerken gequetschten Hadern ca. 80%), erst hierauf erfolgt die Einleitung des Salzsäuredampfes. Die eingelegte Hadernmenge,

ca. 120 kg Lumpen, bei loserer Qualität und größeren Maschinen auch bis
160 kg, werden nach der Vortrocknung ca. 1,5 bis 2,5 Stunden mit den Salzsäure-
dämpfen in der Trommel behandelt. Die Tagesleistung beträgt unter Berücksichtigung der Anwärmezeiten, Füllung und Entleerung der Trommel bei gründlicher Entlüftung ca. 800 kg Kunstwolle. Für größere Leistungen müssen größere
Trommeln bzw. mehrere eingebaut werden. Der Arbeiter prüft das Fortschreiten
des Karbonisierprozesses durch zeitweilige Probenentnahme an der dem Säure-
zusatz abgewendeten Seite durch eine an dieser Stopfbüchse angebrachten
Sicherheitsverschluß, wo er mittelst eines Hakens die Probe gefahrlos entnehmen
kann. Der ganze Betrieb der Salzsäurekarbonisation ist an sich vollkommen
ungefährlich, die vereinzelt vorgekommenen Ofenexplosionen waren Kohlen-
oxydgasexplosionen infolge unsachgemäßer Bedienung. Gegen die Salzsäuredämpfe ist der Arbeiter durch die kräftige Durchlüftung der Maschine geschützt.
Allerdings muß der an die Maschine angeschlossene Schornstein die gesetzlich
vorgeschriebenen Dimensionen haben. Der Koks- und Chemikalienverbrauch
ist verhältnismäßig gering, ca. 200 kg Koks auf 1200 kg Lumpen bei einem
Säureverbrauch von ca. 4% des Lumpengewichtes, doch ist, wie erwähnt, die
Beschaffenheit der gewonnenen Kunstwolle unbefriedigend, und man beginnt in
neuerer Zeit, besonders in modernen Großbetrieben, wieder auf die Naßkarbonisation zurückzugreifen. Der Kraftbedarf der Maschine einschließlich Ventilator
beträgt je nach Trommelgröße 2,5 bis 3 PS.

Die Naßkarbonisation ähnelt durchaus der Schwefelsäurekarbonisation klet-
tiger Wollen und Kämmlinge. Die vorbehandelten, gereinigten, sortierten Lumpen werden in Partien von ca. 100—150 kg mit einfacher Krahnvorrichtung in
einem bleiausgeschlagenen Säurebottich, in neuerer Zeit auch mit Gummoid
überzogener Eisenbottich, in die ca. 4,5 Bé starke Schwefelsäure eingehängt.
Neuerdings wird noch besser das Lumpenmaterial für größere Partien von
ca. 200 bis 250 kg, zwischen 2 gelochte Holz- oder Gummoidrostplatten eines
solchen Säurebottichs eingelegt. Bei der erstgenannten, alten Art werden die
Lumpen von Hand aus durch den Arbeiter mit gummiüberzogenen Stöcken in
der Säure ca. 25 Min. umgerührt. Bei den neueren Typen erfolgt eine Zirkulation
der Schwefelsäure mittelst der Hartblei- oder Gummoidpumpe durch ca. 20 Min.
Dann wird die Säure durch Umschaltung des Dreiweghahns in den Säure-
behälter zurückgepumpt und die Hadern in einer nebenanstehenden säurefesten Zentrifuge ausgeschleudert (Hartgummikessel oder neuerdings Kessel
aus säurefestem Stahl). Durch das Schleudern wird ein großer Teil der Säure
zurückgewonnen, so daß größte Sparsamkeit im Säureverbrauch möglich ist.
Nach etwa halbstündiger Rastzeit, in welcher die Säure noch besser in das Innere
der Lumpen eindringt, werden diese bei ca. 105 bis 110° C möglichst rasch getrocknet. Die zugehörigen Trockenmaschinen ähneln vollständig den bei der
Wolltrocknerei verwendeten Kammertrocknern (Stufentrockner mit Gegen-
stromprinzip), nur sind die Heizkörper der nötigen schärferen Trocknung entsprechend größer bemessen und ist das Innere der Maschine, soweit es mit den
Säuredünsten in Berührung kommt, säurefest lackiert. Durch Anwendung von
Netzmitteln mit ca. ½ bis 1% von der Säureflottenmenge erreicht man ein
rascheres Eindringen der Schwefelsäure und besseres Durchkarbonisieren. Bewährt haben sich Leonil und Flerhenol der chem. Fabriken Offenbach a. Main,
sowie einige andere Mittel wie Neckal B und andere. Man kann bei Gegenwart
dieser Zusätze die Schwefelsäure schwächer nehmen, ca. 3 bis 3,5 Bé, und die
Temperatur auf 90 bis 100° C herabsetzen, was wieder eine wesentliche Schonung
der gewonnenen Kunstwolle bedeutet. Wohl erfordert die Naßkarbonisation
etwas höhere Kosten im Chemikalienverbrauch und ist die angeschlossene

Trockeneinrichtung in Anschaffung und Betrieb etwas kostspieliger, sie wird jedoch durch die Qualität der so gewonnenen Kunstwollgarne weitaus eingebracht. Wahrscheinlich dürfte die Schwefelsäurenaßkarbonisation in absehbarer Zeit die Salzsäuretrockenkarbonisation verdrängen.

Das Reißen der karbonisierten Hadern nach vorherigem Klopfen auf einem einfachen oder doppelten Klopfwolf erfolgt analog, wie das früher beschriebene Reißen der Reinwollhadern. Vorteilhaft wird die Reißtrommeltourenzahl auf ca. 600 ermäßigt, dementsprechend ist auch der Kraftbedarf bei der mürben Beschaffenheit der Hadern wesentlich geringer. Er beträgt etwa 5 bis 7 PS je Maschine. Die Trommeln erhalten vorteilhaft einen nicht zu scharfen Shoddy-stiftebelag. Karbonisierte, sehr lockere Halbwollumpen können eventuell wie Flanelle und Tibet direkt nach dem Klopfen droussiert werden, ohne daß man sie dem Hadernreißen unterwirft, wodurch man eine weniger geschädigte Kunstwolle erhält.

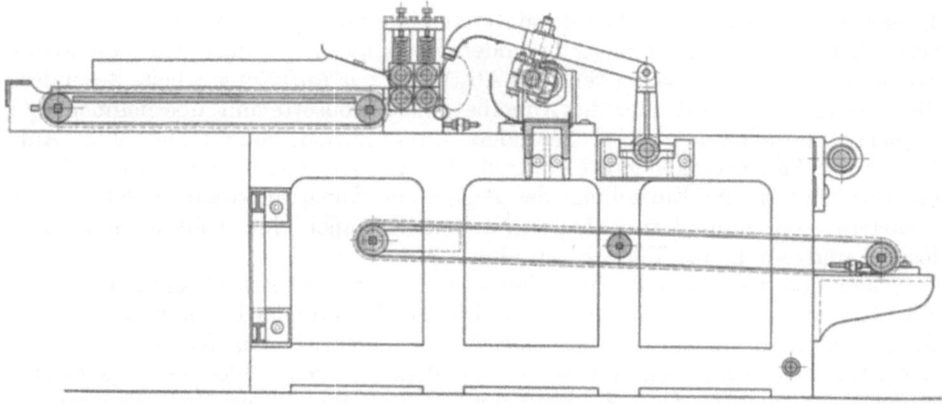

Abb. 340. Gewebezerlegungsmaschine von Houget.

Bei halbwollenen Lumpen, die in der Kette aus billigerer Baumwolle und im Schuß aus weichem Kammgarn oder Streichgarn bestehen, kann die Gewinnung der Kunstwolle besonders aus Neutuch als Extraktwolle nach der Naßkarbonisation auch auf der sog. Gewebezerlegungsmaschine durchgeführt werden. Wie Abb. 340 zeigt, arbeitet diese Maschine mit einer Art Kämmwirkung. Sie erfordert ein ziemlich fadengerades, also sorgfältiges Speisen der Lumpen; die Fadenrichtung muß möglichst genau senkrecht zur Speisetischlaufrichtung liegen. Ist die Kette Baumwolle, so liegen die Lumpen mit der Schuß-richtung genau quer am Tisch, da man ja die Schußfaden gewinnen will. Ist die Kette Wolle und der Schuß Baumwolle, so wird sinngemäß um 90° gedreht aufgelegt. Die Gewebestücke, die in der Tischlaufrichtung ziemlich kurz, mindestens aber dem Speisewalzenabstand entsprechend, dimensioniert sind, kommen über den ca. 350 mm breiten Speisetisch zuerst in den Bereich zweier geriffelter Speise-walzenpaare. Die Oberwalzen sind gefedert, die Unterwalzen angetrieben, wobei das zweite Paar, in der Arbeitsrichtung einstellbar, 5 bis 10% schneller läuft als das erste, wodurch eine wesentliche Vorlockerung der Lumpen eintritt. Ein mit Exzenterantrieb versehener Schwingkamm, dessen Schwingungszahl der Vor-rückungsgeschwindigkeit der gespeisten Lumpen entspricht, kämmt aus den Lumpen die wollenen Querfäden in ziemlich unverletzter Form ab und wirft sie auf das darunter laufende Abführtuch. Die so gewonnenen Fäden kann man meist direkt auf einer Droussierkrempel schonend weiterverarbeiten. Die Gewebeauflösungsmaschine eignet sich auch zum Auflösen rein wollener, locker gewebter, weicher Kammgarnstoffabfälle; sie müssen aber in der Wanderrichtung des Tisches kurz geschnitten sein, nur wenig länger als der Speisewalzenabstand, damit auch das in der Kette liegende Material nicht zu sehr beschädigt wird. Man läßt auch dann die Speisewalzen ohne wesentliche Streckung laufen. Die Produktion der Maschine erreicht höchstens 100 kg je Stunde, der Kraftbedarf beträgt bei Extrakthadern 1,5 PS, bei Reinwollhadern 2 PS. Die gewonnene Kunstwolle ist von hervorragender Güte, so daß englische und französische Kunstwollfirmen im großen Maßstab zur Verwendung dieser Maschine übergegangen sind.

Es sind auch andere Konstruktionen mit Stiftentrommeln in Verwendung.

D. Die Kunstwollkrempelei.

Man arbeitet analog wie in der Wollkrempelei, nur unter Berücksichtigung des Umstandes, daß das verarbeitete Material einerseits noch unaufgelöste Fadenstückchen enthält, andererseits besonders bei schlechter Kunstwolle besonderer Schonung bedarf, mit weitgehendster Abstufung der Auflösungsarbeit. Besonders die erste Krempel muß hier die Aufgabe einer Drousette mit übernehmen, bei gröberen Garnen unter Nr. 6, besonders Mungogarnen, kommt die völlige Auflösung der Fadenstückchen oft erst auf der zweiten Krempel zustande. Dementsprechend ist die Einstellung der Beläge der Kunstwollkrempeln eine etwas schärfere, um zumindest auf der zweiten Krempel eine vollkommene Auflösung und ein klares Vließ zu erhalten.

Nach den verarbeiteten Materialien zerfällt die Kunstwollspinnerei in die Shoddy- und in die Mungospinnerei. Die Einrichtung der Krempelsätze in der Shoddyspinnerei entspricht annähernd den beschriebenen Krempelsätzen in der Streichgarnspinnerei, nur wird besonders bei den schlechteren, schwerer auflösbaren Qualitäten die Zahl der Arbeiter und Wender erhöht. Die Kratzennummern sind etwas feiner als die entsprechenden Beschläge für die gleichen Garnnummern in der Wollspinnerei. Mittlere und bessere Shoddygarne werden ohne jede weitere Umstellung auf normalen Streichgarnsätzen gearbeitet. Dagegen erfordern die Mungogarne mit Rücksicht darauf, daß das Material meist unter 20 und selbst unter 10 mm Faserlänge hat, eine besondere Behandlung. Man mengt vor allem bei sehr kurzem Material unter 10 mm ca. 5 bis 10% Abfallbaumwolle oder passende Shoddykunstwolle hinzu, um überhaupt ein spinnbares Produkt zu erreichen.

Das Wolfen, das dem Krempeln vorangeht, muß in diesem Fall besonders gründlich durchgeführt werden. Man wolft trocken und schmelzt dann reichlich bis ca. 8% vom Materialgewicht, allerdings mit möglichst billigem Spicköl. Für die minderen Mungosorten wird als Spicköl sog. Schwarzöl verwendet, d. i. das schlechteste Extraktöl, aus Waschwässern der Appretur gewonnen, das eventuell noch vom Extrahiervorgang Schwefelsäurereste enthält. In diesem Falle sind die Krempelbeläge sehr gefährdet, da sie durch diese Spickmittel angegriffen werden können. Die gleichfalls billigen mineralischen Öle sind für die Krempelei ungefährlich, daher dem Lohnspinner sympathisch, ergeben aber große Schwierigkeiten bei der Appreturwäsche der aus diesen Garnen erzeugten Gewebe.

Die Haltbarkeit der schlechten Mungogarne ist oft so gering, daß sie knapp das Feinspinnen und Verweben als Schuß (meist minderwertiger Füllschuß) vertragen. Als Kettengarne, ebenfalls nur als Füll- oder Unterkette verwendet, erfordern Mungogarne besseres Rohmaterial, wie gewalkte Militärlumpen mit einem Zusatz von mindestens 10% Baumwolle oder passender Shoddykunstwolle. Bei der Kunstwollmanipulation ist darauf zu achten, daß das kurze Mungomaterial infolge der vielen scharfen Angriffe mechanischer und chemischer Art während der Gewinnung steif und spröde ist, also wenig Verfilzungsfähigkeit und Bindekraft besitzt. Es ist daher zur Fadenbildung ein geschmeidiges, ziemlich feines Bindematerial erforderlich. Grobe Wollen und ebensolche Kunstwollen sind mit Rücksicht auf ihre Glätte und Härte zur Aufbesserung der Manipulation bei Mungo nicht geeignet. Wird ein solcher Zusatz fehlerhafterweise gemacht, so ist das entstehende Garn meist sehr unegal, knotig und klumpig, da die Langfasern nur untereinander binden, das Mungomaterial aber nicht genügend festhalten. Ein derartiges Garn zeigt im aufgedrehten Zustand einen sehr unegalen Faserbart. Man setzt daher zweckmäßig bei der Manipulation zur Fadenbildung etwas Baumwolle oder mittlere feine Shoddy hinzu.

Die Verwendung der Mungogarne geht seit Kriegschluß immer mehr zurück, da die Qualitätsansprüche an die Stoffe besonders in den zivilisierten Ländern ständig steigen. Die Veränderung in den Lohn- und Erwerbsverhältnissen haben es mit sich gebracht, daß lieber weniger Kleidungsstücke, aber aus besserem Material angeschafft werden. Auch die Herstellungskosten sind besonders in Mitteleuropa, im Verhältnis zum geringen Materialwert dieser Garne, ziemlich hoch gestiegen.

Man verwendet für die ausgesprochene Mungospinnerei der mindesten Garne, die mit geringer Baumwollbeimengung gesponnen werden, in der Krempelei Sonderausführungen für die Grobkrempel, die meist als zwei- oder dreifache Krempel in einem Aggregat in Hintereinander-Anordnung gebaut wird. Ebenso erhält die Vorspinnkrempel, besonders im Florteiler, der als Stahlbandflorteiler oder bei älteren Konstruktionen als Ringpeigneuranordnung gebaut ist, eine Sonderausführung.

Die Vor- oder Reißkrempel bei der Mungospinnerei besteht, wie Abb. 341a und b zeigen, aus besonders groß dimensioniertem Speisekasten und Wiegeapparat, der eine sehr reichliche Speisung bei geringer Speistischgeschwindigkeit ermöglicht. Die starke Speisung ist mit Rücksicht auf den mäßigen Verzug von 80 bis 90 und die geringe Arbeitsgeschwindigkeit des ganzen Satzes bei gleichzeitig geforderter hoher Produktion notwendig. Die Speisung erfolgt durch 2 Speisewalzenpaare an die Vorreißwalze, die das vorgelockerte Material der Vorkrempel (Avanttrain) übergibt, der zweite Unterzylinder ist dabei mit einer unten liegenden Putzwalze ausgestattet. Eine Übertragungswalze übergibt in bekannter Art das Material an den ersten Krempeltambur T_1; dieser arbeitet mit 5 Arbeitern und Wendern, sein Abnehmer P_1 übergibt den Flor, der an dieser Stelle noch etwas pitzig ist — oder wie der Praktiker sagt „graupelt“, — an den zweiten Tambur T_2. Dieser setzt mit seinen 5 Arbeitern und Wendern die Auflösung fort. Alle Walzen bis zu diesem Tambur, soweit sie nach unten an freier Fläche Material führen, sind durch ein sorgfältig anschließendes Glanzblech abgedichtet, da sich das kurze spröde Material sehr leicht vom Belag löst und als Abfall unter die Krempel fallen kann. Der Materialverlust (entsprechend der Stand der Spinnpartie) ist trotz aller Vorsicht mehr als doppelt so ungünstig als bei guten Streichgarnpartien. Er beträgt meist über 5% bei der Krempelei allein, auch in der Vorbereitung und in der Feinspinnerei ist er erheblich größer als bei der Woll- und Shoddyspinnerei. Vom zweiten Peigneur wird bei dieser Konstruktion Hartmanns der Flor bereits abgenommen. Für besonders intensive Ausgleichung des Flors durch sehr fein abgestufte Auflösung, wie sie bei schlechtesten Mungopartien nötig wird, verwenden englische Konstrukteure wie Huddersfield und Klein, Hundt Co. in Düsseldorf nach dem zweiten Peigneur noch einen dritten Tambur mit 4 Arbeitern und Wendern und dem Schlußpeigneur. Erst

hinter diesen erfolgt die Florabnahme und Breitbandbildung zur Übertragung
auf die Vorspinnkrempel.

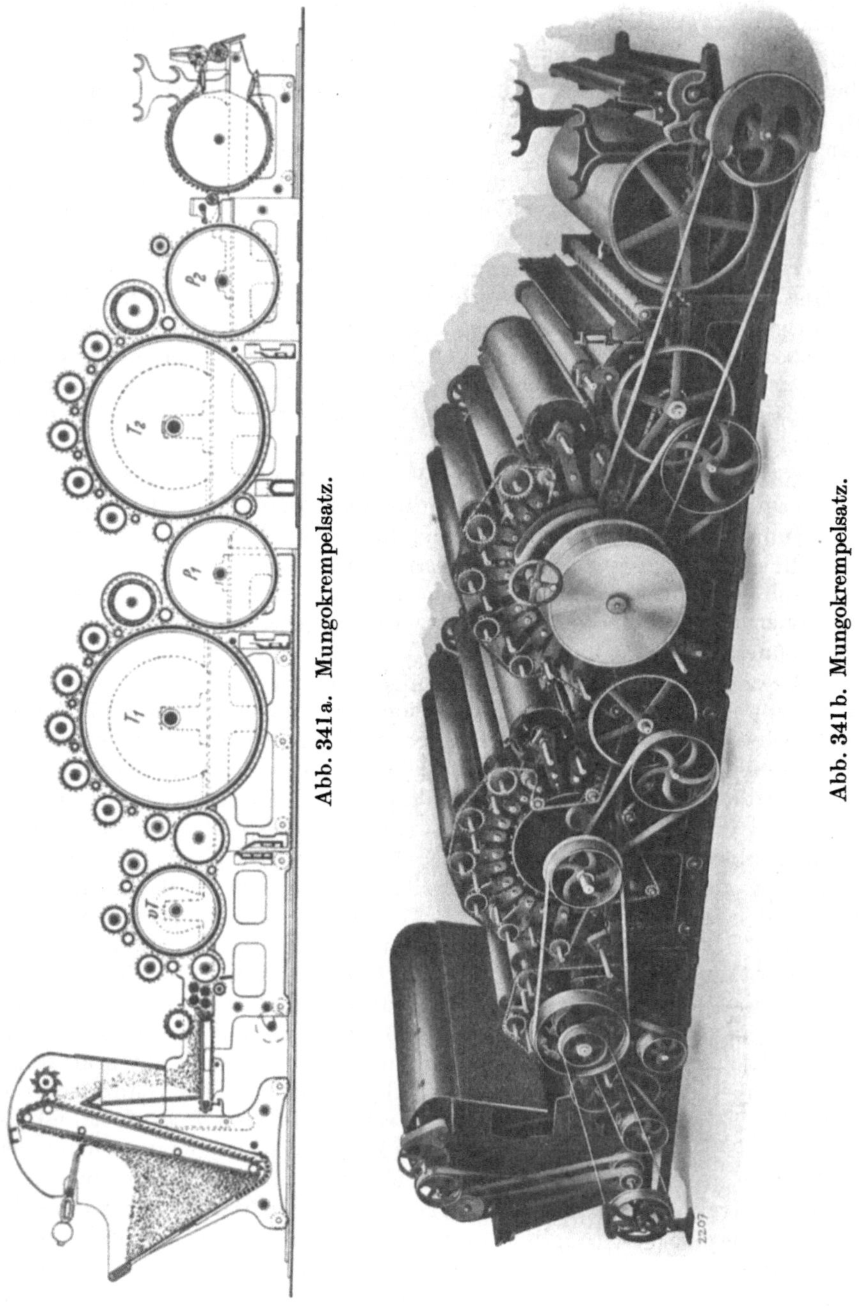

Abb. 341a. Mungokrempelsatz.

Abb. 341b. Mungokrempelsatz.

Die Florabnahme von der Mungokrempel erfolgt heute schon vielfach mit
sehr rasch laufenden, sehr fein oder ungezahnten Hackerschienen, die über
1200 Schläge je Min. machen. Es sind aber vielfach auch noch die sog. hacker-

losen Krempeln in Anwendung, die die Florabnahme vom letzten Peigneur mit
einer Abnehmewalze Aw, wie Abb. 342 zeigt, besorgen. Die rasch laufende Ab-
nehmwalze überträgt den Flor nur an den Kratzenspitzen vom Peigneur P_g auf
die glatten Stahlwalzen w_1 und w_2, die in langsamer Drehung den Flor an das
Lattentuch La abliefern. Der Volant muß hier besonders fein gestellt werden,
auch der Peigneur darf nicht zu tief in
den Tambur eingreifen, damit der Flor
beim Peigneur wirklich nur in den Spitzen des Belages sitzt. Der ganze Krempelsatz läuft mit sehr mäßiger Geschwindigkeit, der erste Tambur mit 75, der letzte
mit 90 Touren, dementsprechend auch
alle andern arbeitenden Walzen viel langsamer als bei der gewöhnlichen Streich-
garnkrempel, um das spröde, kurze Material zu schonen und doch einen einwandfreien, gleichmäßigen, lochfreien
Flor zu erreichen, der die Voraussetzung
für gutes Vor- und Feingarn ist. Die

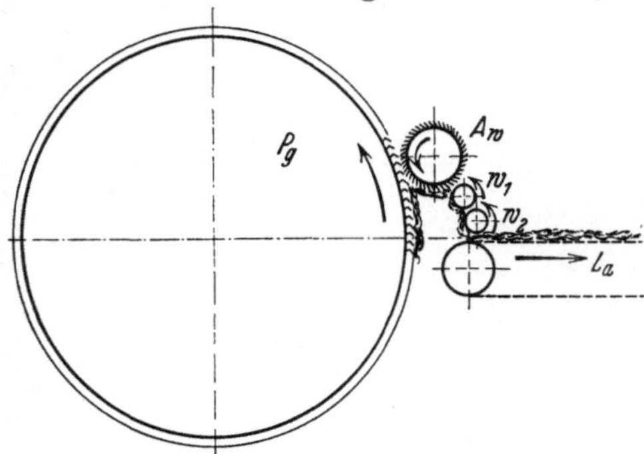

Abb. 342. Hackerlose Florabnahme.

Löcherbildung im Flor war infolge unrichtiger Konstruktion bei den früheren
mit Hackern ausgerüsteten Krempeln ziemlich häufig. Man ging deshalb auf die
hackerlose Konstruktion über. Erst die neueste Zeit lehrte, durch die geeignete,
bereits erwähnte Hackerkonstruktion mit hoher Schlagzahl feinster Einstellung
bei sehr kurzem Hackerexzenterhub wieder von der hackerlosen Konstruktion
abzugehen. Die Einstellung der Krempelbeläge beim ersten Tambur erfolgt mit
feinen Stellblechen, bei den folgenden, besonders bei der Vorspinnkrempel,
werden die Beläge direkt berührend eingestellt, um schärfste Auflösung und Vergleichmäßigung zu gewährleisten. Diese Art der Einstellung kann nur nach Gefühl und Gehör erfolgen, sie erfordert ganz besondere Erfahrung, was die Verschiedenheit der Gespinstqualitäten bei gleicher Maschinenart und gleichem Rohmaterial erklärlich macht. Wegen der nötigen ge-
ringen Arbeitsgeschwindigkeit ist naturgemäß bei
geringem Verzug auch die Flornummer gröber,
hier entspricht aber auch der gröberen Garnnummer zur Erzielung der Haltbarkeit und einer
erträglichen Produktion.

    Die Vorspinnkrempel, als die zweite Krempel,
hat ebenfalls 2 Tambure oder zumindest einen
Vortambur mit größerer Arbeiter- und Wender-
zahl. Das Nitschelzeug erhält besonders breite,
scharf mit kurzem Hub nitschelnde Nitschelhosenpaare, eventuell wird doppelt hintereinander

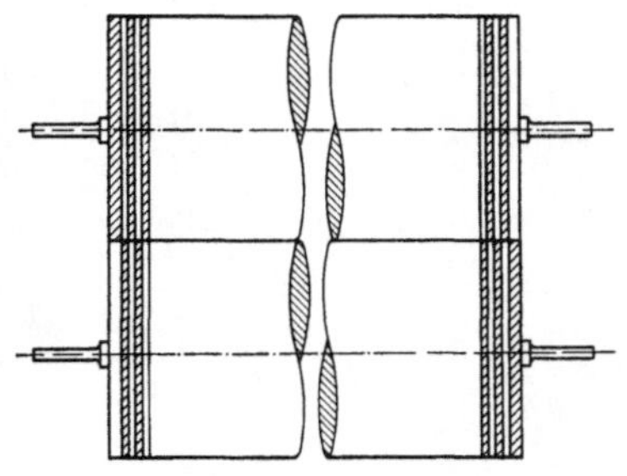

Abb. 343. Ringpeigneure.

genitschelt. Dadurch ist eine geringere Breite der Einzelnitschelhose und eine
Steigerung der Nitschelhosengeschwindigkeit und Wirkung für die zweite Hose
möglich. Die Vorgarnbildung erfolgt heute meist wieder durch Riemchenflorteiler.
Das früher verwendete System der Doppelpeigneure, die als Ringpeigneure beschlagen waren, kommt langsam außer Verwendung. Ursache ist die Unreinheit
der Florstreifenränder und damit die Ungleichheit der Garne und andererseits
die Schwierigkeit der genauen Herstellung des Ringbeschlages. Ringpeigneure
arbeiten, wie Abb. 343 zeigt, mit abwechselnden, ringförmig beschlagenen Streifen
auf den Peigneuren, wobei die Zwischenräume des einen Peigneurs dem Be-
schlagstreifen des andern entsprechen. Dadurch wird der Flor vom Tambur in

2 Streifengruppen abgenommen. Heute ziehen besonders neuere Kunstwollspinnereien in Deutschland und England Riemchenflorteiler, in Frankreich und Belgien
Stahlbandflorteiler vor. Den letzteren wird ein sehr rundes reines Vorgarn nach-

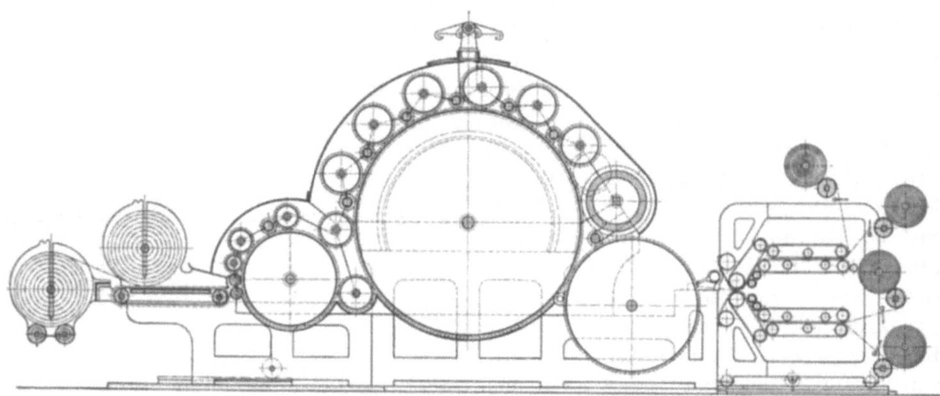

Abb. 344. Kunstwollkrempel von Houget.

gerühmt. In der Abb. 344 ist ein Mungovorspinnkrempel belgischer Bauart von
der Firma Houget, Verviers dargestellt. Diese benützt als Vorlage doppelte Langpelze, die den Langpelzapparaten der zugehörigen Reißkrempel entstammen.

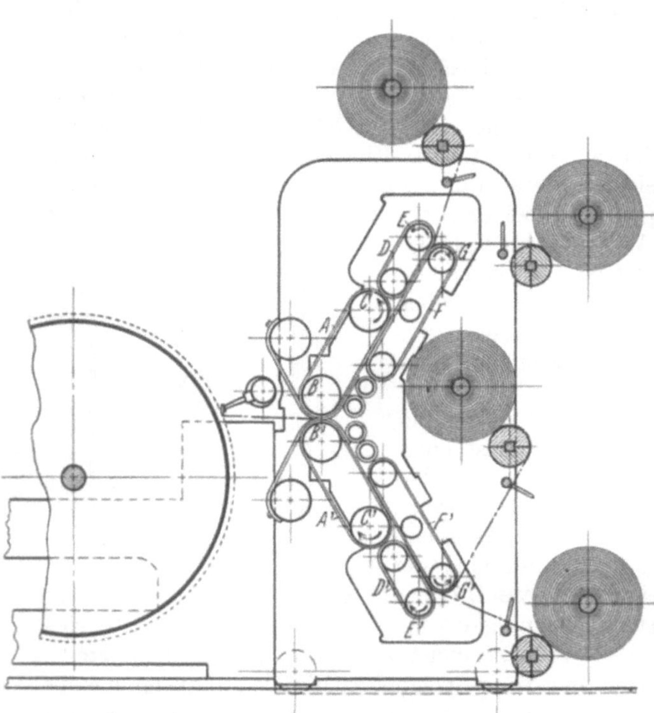

Abb. 345. Stahlbandflorteiler von Polinard.

Die doppelte Pelzvorlage erfolgt wegen besserer Ausgeglichenheit der Speisung. Interessant ist hier die abgestufte Anordnung der Pelzwickelwalzen, die dem Arbeiter ein Überheben der schwereren Walzen bei Vorlage neuer Wickel wegen der geringen Hubhöhe erleichtert und eine gedrängte Bauart der Krempel ermöglicht. Die Krempel selbst hat Avanttrain normaler Bauart, außerdem einen Tambur mit 6 Arbeiter- und Wenderwalzen, dadurch einen besonders tief liegenden Peigneur; die Florabnahme erfolgt durch Hacker, die nackten Walzen, mit Ausnahme der kleinen Wender, Speise- und Putzwalzen,

sind im französischen, belgischen und englischen Krempelbau immer mit Gipsbelag versehen, um unbedingte Rundheit der Walzen, genauesten Schliff und
Einstellung zu erreichen. Der angeschlossene Stahlbandflorteiler ist in Sonder-

konstruktionen tiefer dargestellt. Er übergibt die Florstreifen an die besonders breit gebauten 2 Nitschelzeuge und die 4 Vorgarnwickelzeuge. Die Führung der sehr schwachen Vorgarnfäden zur Aufwicklung auf den Vorgarnspulen erfordert, zumal für die Umkehrpunkte der Fadenführerbewegung, eigene Vorkehrungen; die bei normalen Streichgarnsätzen verwendete sinusartige Fadenführerbewegung gibt eine, wenn auch geringe Schwankung in der Führungsgeschwindigkeit, die bei den besonders schwachen Vorgarnfäden, namentlich in den Umkehrpunkten, leicht Vorgarnbrüche bringt. Houget hat deshalb diese Fadenführung durch eine ganz gleichförmige Bewegung ausgeführt (Rollenexzenter). Von den in Verwendung stehenden Stahlbandflorteilern sei an Hand der Abb. 345 die Bauart Polinard mit kombinierter doppelter Nitschelung angeführt.

Der Stahlbandflorteiler, System Polinard. Dieses Florteilersystem hat, wie schon bei den Stahlbandflorteilern für Wolle erwähnt, vor- und rückschwingenden Antrieb für die Stahlbänder.

Die Nitschelhosen erhalten dadurch eine besondere Spannung der reibenden Flächen, daß die Teilhosen AA' an den Walzen CC' gerieben werden, die zweiten Teilhosen DD' an den Walzen EE' und die Traghosen an den Walzen GG' reiben. Dadurch bleiben die reibenden Hosenflächen immer straff, ohne zu stark gespannt werden zu müssen und ohne daß man sie durch die Stellschrauben zu stark aneinanderpreßt. Dies gibt sehr weiches, rundes Vorgarn von hoher Gleichmäßigkeit und Haltbarkeit. Die Nitschelgeschwindigkeit der zweiten Hose DD' ist doppelt so hoch wie die der ersten, was bei besonders sehr glattem Mungo sehr wertvoll ist. Falls man stärker filzendes Material verarbeitet (Militärtuchmungo), kann

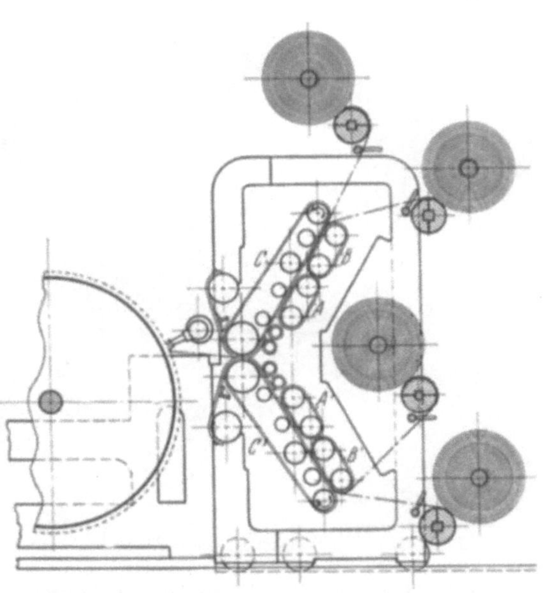

Abb. 346a. Stahlbandflorteiler von Degros.

die Wirkung von DD' ausgeschaltet werden. Die Umfangsgeschwindigkeit von D und F ist für sich regulierbar, so daß D eventuell am schnellsten laufen kann, was eine gelinde Streckung des Vorgarnes im Nitschelzeug ermöglicht, so daß man also mit noch stärkerem Flor arbeiten kann, als der Vorgarnnummer entspricht. Dieser dickere Flor folgt leichter dem Hacker, wodurch größere Gleichmäßigkeit und leichtere Teilbarkeit durch die Stahlbänder erreicht wird. Auch bei den schlechtesten Materialien entstehen durch diese Behandlung keine Garnspitzen. Die Walzen BB' brauchen dadurch nicht so streng eingestellt zu werden, was ein leichteres Arbeiten der Stahlbänder und damit wieder reineres Vorgarn gibt. Diese Art des Nitschelhosenantriebes wird nunmehr auch von deutschen Konstrukteuren, wie Hartmann, Chemnitz, bei horizontallaufenden Nitschelhosenarbeitsflächen angewendet und bleibt auch bei abgenützten Hosen von immer gleicher Nitschelwirkung. Die Walzen GG' und EE' sind in exzentrisch genau stellbaren Büchsen gelagert, wodurch genaueste Parallelstellung und gleichmäßige Reibwirkung der Nitschelhosen erreicht ist.

Der Stahlbandflorteiler, System Degros ist in Abb. 346a und b in 2 Varianten im Längenschnitt dargestellt. Die Form Abb. 346a zeigt nebst bekannter Ausführungsart der schwingenden Stahlbänder zwei besonders breite äußere Nitschelhosen CC', die mit je einem inneren Hosenpaar AB, $A'B'$ zusammenarbeiten. Antrieb sowie unabhängige Anstellbarkeit aller Nitschelhosen ist ähnlich wie im System Polinard durchgeführt, der Unterschied liegt nur darin, daß die kürzeren Nitschelhosen AB und $A'B'$ als ganze auf den Reibungsflächen der Hosen CC' aufliegen, wodurch eine besonders günstige Nitschelwirkung erzielt wird. Auch in diesem Fall kann B und B' durch etwas höhere Umfangsgeschwindigkeit eine gelinde Streckwirkung auf die Vorgarnfäden ohne Schaden ausüben. Die Abänderung in Abb. 346b besteht darin, daß äußere und innere Nitschelhosenpaare 2paarig, AC, BD und $A'C'$ und $B'D'$, ausgeführt sind. Dadurch tritt wohl während der Nitschelung eine kleine Unterbrechung ein, es kann aber das zweite Paar DB bzw. $D'B'$ mit schärferer Nitschelwirkung bei etwas höherer Umfangsgeschwindigkeit völlig unabhängig vom ersten Paar eingestellt werden. Diese Art von Florteilern eignet sich besonders für glattes, cheviotartiges Kunstwollmaterial mit nicht zu schlechtem Stapel. Im allgemeinen laufen bei Kunstwolle besonders minderwertigeren Stapels auch die Florteiler und Nitschelzeuge entsprechend den geringeren Tamburtourenzahlen wegen der nötigen Schonung des Materials wesentlich langsamer als bei Woll- oder Shoddystreichgarn. Das Schleifen der Krempelsätze muß in wesentlich kürzeren Zeiträumen, ebenso wie das Putzen, infolge rascherer Verlegung der Beläge wiederholt werden. Bei sehr schlechten Mungopartien ist das Putzen oft alle anderthalb Tage notwendig und das Schleifen muß, namentlich bei viel Gehalt an harten Baumwollfadenresten, eventuell wöchentlich, sogar öfter wiederholt werden. Schärfe und Einstellung der Beläge können hier oft bedeutende Unterschiede in der Garnqualität ergeben, wie sie auch die am Markt befindlichen Kunstwollgarne oft auch bei gleichem Lumpenausgangsmaterial zeigen.

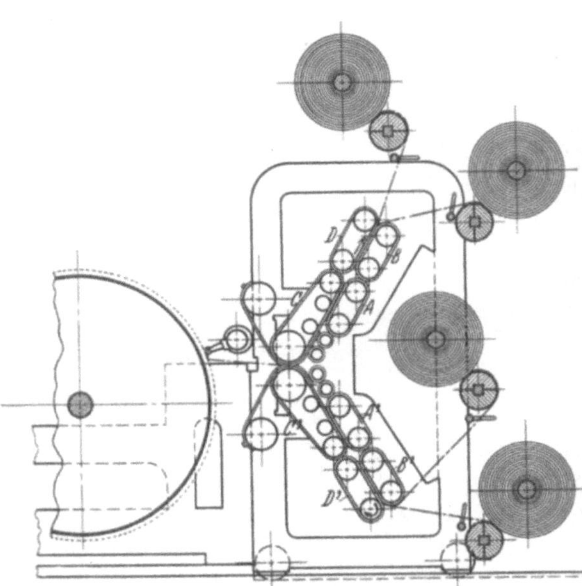

Abb. 346b. Stahlbandflorteiler von Degros.

E. Das Feinspinnen der Kunstwolle.

Mit Rücksicht auf die besonders kurzen Fasern und die dadurch bedingte geringere Haltbarkeit des Vorgarnes muß das Feinspinnen der Kunstwollgarne mit gewissen Vorsichtsmaßregeln vorgenommen werden. Die haltbareren Shoddygarne, welche sich wie gewöhnliche Wollstreichgarne verhalten, erfordern keine wesentlichen Vorkehrungen in der Feinspinnerei. Sie können ohne weiteres auf normalen Streichgarnselfaktoren oder bei besonders langem, kräftigem Material auf der Streichgarnringspinnmaschine, der „métier fixe", versponnen werden. Aus gröberem Shoddymaterial mit langem Stapel werden häufig auch Schußgarne auf grobe Nummern in Schlauchkopsform auf nackten Spindeln gesponnen und besonders in der Teppich- und Filzindustrie verarbeitet. Mungogarne können nur auf Selfaktoren fertiggesponnen werden. Sie erfordern mit Rücksicht auf das besonders schwache Vorgarn Sondervorkehrungen im Selfaktor. Die Spindelteilung wird wegen der meist groben Garnnummer (man spinnt Mungo gewöhnlich von Nr. 8 abwärts) auf 58 bis 60 mm gewählt. Die Spindelzahl wird so hoch gehalten, als es sich mit der Selfaktorlänge und den dadurch notwendig eintretenden Wagenschwankungen beim Spinnen verträgt. Man wählt wenigstens 440 Spindeln, was bei einer Teilung von 60 mm eine Gesamtlänge des Selfaktors von 28,10 m gibt. Es berechnet sich die Gesamtlänge $L = a + n \cdot s$. Hierin bedeutet a den Zuschlag für die Headstockbreite und die konstanten Stirnwandbreiten (bei Josephy 1,75, bei Hartmann 1,78, bei Schwalbe & Wiede noch etwas höher), n die Anzahl der Spindeln und s die Spindelteilung. Wegen der geringeren Haltbarkeit der Garne ist im allgemeinen eine verminderte Geschwindigkeit des Selfaktors, besonders kleinere Spindelgeschwindigkeit und eine sehr vorsichtig gesteigerte Wagenausfahrtgeschwindigkeit notwendig. Man setzt demgemäß die Tourenzahl des Selfaktordeckenvorgeleges von 275 Touren auf 250 herab. Den eintretenden Produktionsausfall muß man durch raschere Wageneinfahrt und sorgfältige Bedienung ausgleichen. Die schwereren Garne und Kötzer erfordern besonders größere Massenbeschleunigungen für den Spindelantrieb.

Die Wagenauszugslänge wird wegen der geringen Haltbarkeit der Garne, die bei Mungoschußgarnen oft gerade nur noch das Spinnen und Verschießen am Webstuhl verträgt, auf 1,60 m, eventuell noch darunter, herabgesetzt (bei guten Shoddy- und Schurwollgarnen beträgt die Wagenauszugslänge ca. 1,85 m).

Man war seit längerer Zeit bestrebt, die Zahl der Wagenauszüge mit Rücksicht auf das billige Garn zur Steigerung der Produktion zu erhöhen, als besonders vorteilhaft fand man bei Kunstwollselfaktoren die Einrichtung des kontinuierlichen Verzuges bzw. des zunehmenden Verzuges (siehe Selfaktoren).

Man richtet sich bei Mungo in der Einstellung der Wagenausfahrts- und Verzugsmechanismen hauptsächlich nach der Anzahl der reißenden Fäden, um nicht die bei diesem billigen Material besonders schwer ins Gewicht fallenden Produktionsverluste durch Fadenbruch zu erhalten. Die Lieferzylinder erhalten wegen der bequemeren Bedienung beim Anknüpfen unbedingt zwei Unter- und einen Oberzylinder. Peinliche Einstellung der Wagenverspannung zur Erzielung einer schwingungsfreien Wagenausfahrt, genauer Antrieb der Spindeln, guter Zustand der Spindellagerungen und Schnüre sind auch hier wie bei jedem Selfaktorbetrieb eine wichtige Vorbedingung. Mit Rücksicht auf die Länge der Wagen und Empfindlichkeit der Garne sind die Wagenauszugsschnecken für Kunstwollselfaktoren besonders groß zu dimensionieren und erhalten eine sehr sanfte Steigerung der Radien, um eine weiche Anfahrt zu erzielen. Weiche Anfahrt, ruhiger Gang auch bei der dritten Spindelgeschwindigkeit, ruhige Einfahrt, stoßfreier Einfahrtsschluß, bei geradem schwingungsfreien Wagenlauf sind Merkmale eines gut konstruierten und richtig gestellten Selfaktors und Bedingung für die Herstellung eines guten Garnes. Der Moderateur für den Abschlag ist auf das sorgfältigste einzustellen. Eine zu scharfe Durchführung der Abschlagsbewegung ist auch oft Ursache vieler Fadenbrüche. Man läßt deshalb den Winder und die Gegenwinderbewegung nach Rückdrehung der Spindeln mit der Fadenführung und Spannung einsetzen. Die notgedrungen verwendete scharfe Drehung des Garnes, die ein früheres Einsetzen der zweiten und dritten Spindelgeschwindigkeit bedingt, um die nötige Fadenfestigkeit zu erhalten, gibt besonders bei den schlechten Kunstwollgarnen infolge des großen Fadendurchmessers eine

bedeutende Faserverdrehung im Faden und dadurch eine starke Fadenverkürzung,
die sich meist sofort nach Einschaltung der dritten Spindelgeschwindigkeit äußert.
Um durch die eintretende Steigerung der Fadenspannung infolge der Verkürzung
Fadenbrüche zu vermeiden, muß der Wagenrückgangsmechanismus beim Kunst-
wollselfaktor viel früher einsetzen als beim gewöhnlichen Streichgarnselfaktor.
Dementsprechend wird das Stelleisen, welches den Wagenrückgang am Ende
der Wagenausfahrt durch Anschlagen des auslaufenden Wagens einleitet, auf
Grund praktischer Versuche so weit vorgeschoben, bis man keine Fadenbrüche
mehr durch Verkürzung erhält. Fadenbrüche, die schon während der zweiten
Spindelgeschwindigkeit eintreten, haben ihre Ursache meist in Vorgarnfehlern,
die von der Krempel stammen, oder in fehlerhafter Einstellung des kontinuierlichen Verzuges. Sie sind daher nicht durch den Wagenrückgang zu beheben,
sondern es muß nach einer anderen, der wahren Ursache gesucht werden.

Houget & Teston in Verviers (Société anonyme, Verviers) und als Lizenz-
nehmer G. Josephys Erben, Bielitz, führen die Winder- und Gegenwinderbewegung zur Schonung der Faden mit einer pneumatisch gedämpften Bewegung
aus. Wie Abb. 347 zeigt, ist der Gegenwinder mit einem Luftpuffer abgefangen,

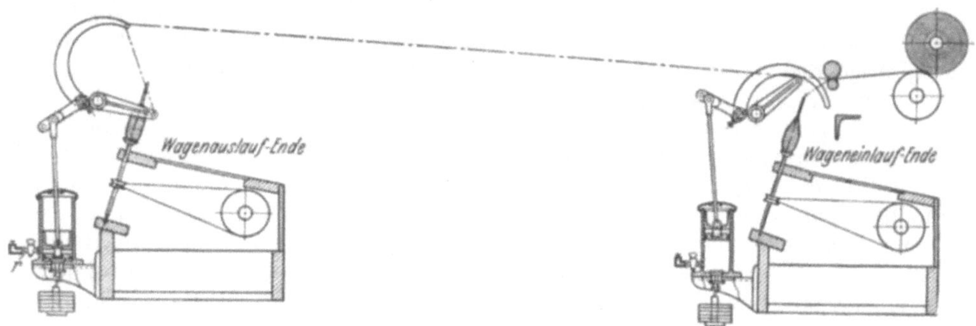

Abb. 347. Fadenführerdämpfung von Houget.

dessen elastisches Ausschwingen durch das Regulierhähnchen r regelbar ist.
Beim Hochgehen des Kolbens, also Tiefgang des Gegenwinders vor Beginn
der Wagenausfahrt, läßt das kleine, durch Gewichte einstellbare Saugventil am
Boden des Zylinders auch diese Bewegung des Gegenwinders gedämpft ausschwingen. Die eigentliche Spannung bei der Windung wird wohl durch Gewichtsbelastung, wie üblich, bei den Gegenwindern erzielt, gestattet aber durch den
pneumatischen Ausgleich eine etwas höhere mittlere Fadenspannung bei der
Aufwindung und gibt dadurch härtere, haltbarere Kötzer. Dies gilt besonders
bei vollwerdenden Kötzern, wo sich die Schwierigkeiten des Abschlagens infolge
der geringeren Fadenreserve bis zur Spindelspitze immer steigern, so daß bei
gewöhnlicher Gewichtsbelastung der Gegenwinder das Abziehen der fertigen Kötzer
aus diesem Grunde früher erfolgen muß, was viele Produktionsunterbrechungen
durch Stillstand beim Kötzerabzug hervorbringt. Die Dämpfung der Gegenwinderbewegung gestattet aber, die Kötzer länger zu formen, da die Fadenreserve
verkürzt werden kann. Eine solche ist auch im Interesse der Mehrproduktion
bei anderen Streichgarnselfaktoren empfehlenswert.

Die Produktion der Kunstwollselfaktoren muß wegen des geringen Garnpreises und wegen der kurzen Wagenauszugslänge durch größere Spindelzahl
und, da diese infolge der Selfaktorlänge beschränkt ist, durch eine möglichst
große Zahl von Wagenausfahrten erreicht werden. Die Produktion P_T in Metern
je Stunde ist für die Wagenausfahrtslänge A, die um die Wagenrückgangslänge R

verkürzt erscheint, bei der Spindelzahl S und der Auszugszahl n in der Minute theoretisch gegeben durch $P_T = (A - R) \cdot S \cdot n \cdot 60$; die praktische oder wirkliche Produktion P ist mit Rücksicht auf die Stillstände beim Kötzerabzug und die verlangsamte Arbeit beim Anspinnen im Verhältnis des Wirkungsgrades η geringer, demnach P wirklich $= P_T \cdot \eta$; η kann durch sorgfältige Einstellung des Selfaktors, Gewährung von Spinnprämien an Meister und Arbeiter über 0,85 hinaufgetrieben werden.

Um den Schwierigkeiten, welche die Massenbeschleunigungen des Wagens und des Spindelantriebes verursacht, auszuweichen und dadurch auch Überbeanspruchungen schwacher Vorgarne, besonders bei Kunstwolle, herabzusetzen, hat die Société anonyme in Verviers (Houget & Teston) die Konstruktion des Streichgarnselfaktors auf neue Grundlage gestellt.

Das Selfaktorsystem von Houget, als „Selfakting ranvideur demi-fixe" bezeichnet, ist (siehe Kapitel: Fertigspinnen) mit feststehendem Wagen und Spindelantrieb gebaut. Dagegen wird die Zylinderbank mit den Vorgarnspulen in entgegengesetzter Richtung wie der Wagen des gewöhnlichen Streichgarnselfaktors ausgefahren. Hierdurch erreicht man ungemein ruhigen Lauf der Spindeln, was sich durch gleichmäßigere Drehung und bessere Egalität der Garne überhaupt erkennen läßt. Die leichteren Massen des Vorgarnspulen- und Zylinderbankwagens gestatten überdies eine größere Anzahl von Wagenauszügen je Minute. Der Arbeiter, der seinen Stand beim stillstehenden Spindelgestell hat, kann viel leichter und schneller anknüpfen. Wie Versuche in italienischen und belgischen Spinnereien zeigten, ist dadurch besonders in Kunstwollbetrieben eine Produktionssteigerung um mehr als 20% erreichbar. Die allgemeinere Einführung dieses knapp vor Kriegsbeginn erfundenen Selfaktorsystems ist nur durch die hohen, in den bestehenden Selfaktoren investierten Kapitalien behindert. Bei Neueinrichtungen ist ihre Anschaffung unbedingt zu erwägen.

VII. Die Herstellung der Effilochés (Kunstbaumwolle).

Die Kunstbaumwolle wird durch Zerreißen bzw. Zerfasern von Baumwollhadern oder Baumwollfadenenden oder auch Auflösen von Vorgespinstresten erzeugt. Sie wird in der Praxis mit Vorliebe „Effiloché" benannt. Sie spielt als Zusatzmaterial für sich allein und auch als Beimengungsmaterial in der Kunstwollspinnerei eine wichtige Rolle. Für die Herstellung rein baumwollener Streichgarne (Barchentgarne, Dochtgarne) ist sie für die Vigognespinnerei charakteristisch. Als Zusatzmaterial besonders für mindere Kunstwollpartien trägt sie meist die Haltbarkeit des Garnes.

Die Gewinnung der Kunstbaumwolle, eine Bezeichnung, die im fasertechnischen Sinne genau so falsch ist wie die Bezeichnung Kunstwolle, kann auf dreierlei Art, je nach den Ausgangsprodukten, erfolgen.

Die Gewinnung aus Baumwollhadern (Lumpen) verschiedenster Art erfordert die weitgehendste Abstufung und den längsten Arbeitsgang. Einfacher ist die Gewinnung der Effilochés aus den Fadenabfällen der Spinnerei und Weberei, etwas schwieriger aus gezwirnten Fadenresten, dagegen sehr einfach und schnell aus Vorgespinstresten. Auch direkter Spinnflug (Kehricht und ähnliche Spinnabfälle) werden nach einfacher Reinigung durch Klopfen auf Openern als Beimischung zur Effilochégewinnung mit herangezogen. Das Reinigen und Auflockern des losen Spinnfluges bzw. des gerissenen Vorgespinstes kann sowohl auf Klopfwölfen bzw. noch besser auf dem „Willow" und am zweckmäßigsten auf dem Crighton-opener erfolgen. Vielfach setzt man zur Aufbesserung mindere billigere ostindische, kurze Baumwollen, wie z. B. Surate oder Omrah, hinzu.

Je nach dem Ausgangsmaterial, seiner schwereren oder leichteren Auflösbarkeit sowie nach dem Grundmaterial, aus dem das Ausgangsprodukt besteht (Stapel), wird auch die gewonnene Kunstbaumwolle verschieden. Die hochwertigsten Produkte liefern die Spinnabgänge guter Baumwollpartien aus der Baumwolldreizylinderspinnerei. Diese sind nahezu Naturbaumwollen ebenbürtig. Gerissene Vorgespinstabgänge (Lunten oder Vorgarnenden) bilden meist eine hochwertige Aufbesserung für Effilochépartien geringerer Güte. Auch die Baumwollstrickwaren liefern, falls sie aus weichem Grundgarn hergestellt sind, entsprechend hochwertige, langstapelige Kunstbaumwolle. Hingegen ist die Kunstbaumwolle, aus dicht gewebten und gerauhten Baumwollumpen (Flanell, Barchent, Tiftin u. ä.) oder aus gezwirnten harten Baumwollhadern gewonnen, meist sehr minderwertig. Sie kann für sich allein meist nicht versponnen werden und erfordert die oben erwähnte entsprechende „Aufbesserung". Vereinzelt findet man für diese Art der Effilochés die Bezeichnung „Baumwollmungo", das gewonnene gerissene Material hat vor Beimengung der Aufbesserung einen Stapel von 11 bis 16 mm, eventuell noch darunter.

Die Gewinnung der Effilochés aus Baumwollhadern.

Die Gewinnung der Baumwolle aus baumwollenen Stoffabfällen bzw. aus Trikotagen richtet sich, wie oben erwähnt, nach dem Ausgangsmaterial. Die Hadern müssen vor der Zerfaserung entsprechend vorsortiert sein. Sie werden beim Vorsortieren nach der Schwierigkeit der Auflösung, Qualität und Farbe getrennt. Das Reißen der Hadern muß dann entsprechend abgestuft in einem Hadernvorreißer und einer entsprechenden Anzahl Nachreißern erfolgen. Die Vorreißer erhalten Stiftenbelag, der bei schwer auflösbarem Material Kantstifte, bei leicht auflösbarem Rundstifte erhält. Bei schwer auflösbarem Material verwendet man entsprechend große Trommeldurchmesser (1 m) und geringe Arbeitsbreite (300 mm). Bei leicht auflösbaren Hadern werden kleine Trommeln (650 bis 750 mm Durchmesser), Arbeitsbreiten von 50 cm und niedrigere Trommeltourenzahlen verwendet, was besseres, spinnfähigeres Effilochématerial ergibt.

Die Sortierung der Baumwollhadern erfolgt nach Farben (einfarbig: weiß, hell, bunt, dunkel, blau, braun, schwarz) bzw. nach Härte oder Weichheit, nach Bindung der Fasern im Grundmaterial bzw. Ausgangsprodukt. Die Hadern sind meist schon vom Abfallhändler vorsortiert, vorzerkleinert und durch Schneiden mittels Schere von Hand aus bzw. durch Auftrennen vorbereitet.

Die Sortierung am laufenden Band ist hier in gleicher Weise wie in der neueren Kunstwollerzeugung üblich. Die vorsortierten Hadern können für besonders große Leistungen durch diese modernste Art der Sortierung, wie sie die schematische Abb. 348 zeigt, erreicht werden. Die Vorarbeiterin *1* der in einer Akkordpartie *2* bis *7* arbeitenden Gruppe legt in lockerer Anordnung nach Hell, Bunt und Dunkel getrennt die Hadern in 3 Reihen nebeneinander auf den Auflegetisch. Das wandernde Band führt diese 3 Hadernreihen zu den seitlich stehenden Arbeiterinnen *2* bis *7*. Das Band geht mit einer Geschwindigkeit von 2 bis 5 cm je Sekunde an den Arbeiterinnen vorbei. Diese greifen nun die einzelnen Sorten heraus und werfen sie in die ihnen zugeteilten Sortierkörbe *s*. Diese Körbe sind in der Abbildung nur für die Arbeiterin *2* angedeutet, man verwendet je Arbeiterin bis 16 Körbe, die als Normaltype ausgeführt sind. (S. Abb. 348.) Die Verteilung der Körbe um die Arbeiterin nach der Häufigkeit der Sorten und Reichweite ist von großer Bedeutung. Die Arbeiterin *2* nimmt ungefähr $^1/_3$ der

Hadern aus der Reihe Bunt und einen Teil — ca. $^1/_6$ — aus der Reihe Dunkel heraus. Die Arbeiterin *3* nimmt $^1/_3$ aus der Reihe Hell und $^1/_6$ aus der Reihe Dunkel heraus. Analog arbeiten die Arbeiterinnen *4* bis *7*. Die etwa nicht bewältigten Hadernpartien fallen am Ende des Bandes in einen Sammelkorb oder werden auf einem unter dem Sortierband rücklaufenden Band wieder zur Auflegerin *1* geführt. Die ganze Arbeitspartie muß aufeinander auf das genaueste eingearbeitet sein. Es sind dann Höchstleistungen erzielbar, die bis drei- und viermal so hoch werden als bei einfacher Handsortierung am Sortiertisch. Man kann täglich bis 2000 kg und mehr je Sortierpartie erreichen. Natürlich kommen vereinzelte Mißgriffe vor, eine Revision der Körbe beim Entleeren ist daher zweckmäßig. Die Körbe sind aus leichtem, festem Rutengeflecht zu normalisieren, haben 30 × 30 cm an der oberen Öffnung und 25 × 25 cm am Boden bei 80 cm Höhe, wie sie auch die obere Lauffläche des Bandes hat. Die Körbe passen auch in den normierten Materialaufzug, der die sortierten Materialien in die unter der Sortierung gelegenen Sortierräume bringt. Die Sortierung selbst wird im obersten Stockwerk eventuell Dachraum eines 2- bis

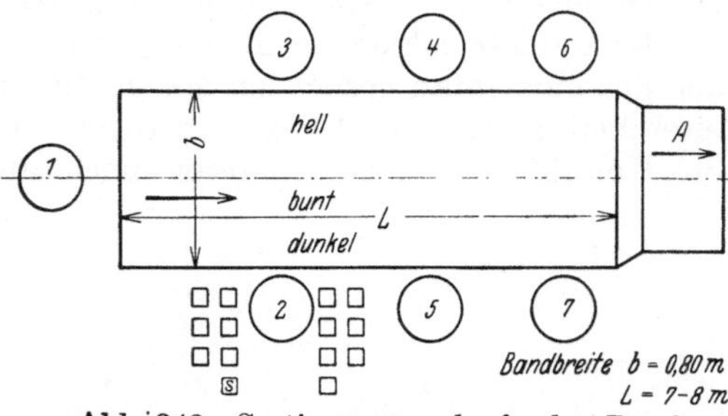

Abb. 348. Sortierung am laufenden Band.
Körbe werden mit kleinem *s* bezeichnet.

3 stöckigen Sortiergebäudes untergebracht. In allen Stockwerken, die über dem ersten Stock liegen, sind die Materialräume vorgesehen; im ersten Stock wird die Droussierung eingerichtet, ebenerdig wird die Reißerei, Färberei, Wäscherei und Haderntrocknerei untergebracht. Die Ausführung des Gebäudes geschieht in Eisenbeton mit möglichst rascher Trennungsmöglichkeit nach Räumen und Lagerung des gerissenen bzw. sortierten Materials in kleineren feuersicheren Boxen. Das Reißen der Materialien erfolgt im trockenen bzw. geschmälzten Zustand, ein Naßreißen ist nur bei sehr lockeren Hadern zu empfehlen, bei harten Hadern wird zuviel Baumwolle zerrissen.

A. Das Reißen der Baumwollhadern (Effilochieren).

Die Gewinnung der Baumwollfasern aus Baumwollhadern zerfällt in das Vorreißen und in das Nachreißen. Das Vorreißen wird auf Vorreißmaschinen durchgeführt, die im allgemeinen Aufbau den Kunstwollreißern entsprechen. Mit Rücksicht auf das zu reißende Baumwollmaterial erhalten sie jedoch den entsprechenden Stiftenbelag. Das Vorreißen wird ein- bis zweimal ausgeführt, um eine allmähliche Abstufung in der Auflösung zu erreichen, auch das folgende Nachreißen wird aus gleichem Grunde in mehrere, bis 6 Stufen zerlegt. Allgemein sind in einem zusammenarbeitenden Maschinenaggregat (Satz) 1 Vorreißer und 2 oder mehr Nachreißer direkt miteinander gekuppelt. Die moderne Fließarbeit kuppelt so viel Nachreißer an den Vorreißer, daß das Endprodukt spinnfähiges Fasergut liefert und eine Wiederholung des Reißvorganges nicht nötig wird. Die Vorreißer werden von U. Kohllöffel in Reutlingen eintamburig oder zweitamburig gebaut. Die eintamburigen Modelle leisten je Stunde ca. 20 bis 25% mehr, wenn ein großer Tamburdurchmesser gewählt wird. Der Verfasser beobachtete allerdings in der Praxis, daß dann ein minderer Ausfall des Materials eintritt. Der Gehalt an unaufgelösten Fadenstücken (Pitzen) ist etwas höher. Das Naßreißen, das in der Kunstwollfabrikation bei guter Schmälzung (6 bis 10% Schmälze mit

Wasser und Ammoniak angesetzt) so gute Resultate gibt, ist bei der Baumwollreißerei nur mit Vorsicht zu verwenden. Zu hohe Tamburgeschwindigkeit gibt
besonders leicht schlecht gerissenes Material (Pitzen und gekürzte, zerrissene
Fasern; Stapelprobe). Die große Produktion geht auch hier bei Anwendung hoch-
touriger großer Tamburen auf Kosten der Effilochéqualität. Von größter Bedeutung ist für befriedigende Leistungen eine genaue Montage der Maschine, die
Einstellung der Einzelteile, die richtige Wahl der Stiftenbeläge, die Stiftenschärfe,
die Trommeldurchmesser und die Trommeltourenzahl. Abb. 349 zeigt einen
Vorreißer von G. Josephy, Bielitz, im Schnittbild, die Abb. 350a und b geben
Reißer von U. Kohllöffel in Reutlingen wieder. Die Abb. 349 zeigt den Speisetisch,
der bei modernen Maschinen mit regelbarer Geschwindigkeit läuft, um dem
Arbeiter die Möglichkeit zu geben, je nach der Schwierigkeit der Auflösung bzw.
nach der momentan gespeisten Menge die Zuführgeschwindigkeit, also die in der
Zeiteinheit zugeführte Menge, zu regeln. Besondere Zuführungskonstruktionen
von Kohllöffel sind im späteren noch ausgeführt. Die Zuführungszylinder a

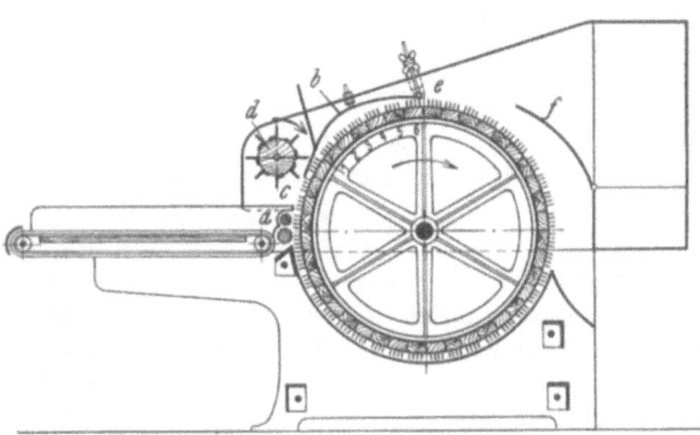

werden bei mittlerem
Baumwollstapel des Ha-
dernmaterials auf 4 mm
Zwischenraum zum Tam-
burspitzenkreis einge-
stellt. Die Zuführzylinder
oder Speisezylinder sind
jeder für sich angetrieben
und mit dem Speisetisch-
antrieb auskuppelbar,
während der Tambur wei-
terläuft. Das Blech b wird
mit der Kante c auf ca.
1 mm Entfernung an den
Tamburspitzenkreis ange-
stellt. Die Flügelwelle d

Abb. 349. Vorreißer von Josephy.

wird so nahe an die Blechkante c angestellt, daß nur ungerissenes Material auf
den Zuführtisch zurückgeschleudert wird. Da der Tambur auch ungerissenes und
nicht genug aufgelöstes Material mitreißt, so wird das Blech b mit der Kante e
möglichst nahe an den Tambur gestellt, dadurch werden die vorstehenden unaufgelösten Teile von den Belagspitzen abgerollt, fliegen durch die Schleuderkraft
vom Tambur ab und über das Blech f in den rechts vom Tambur angebrachten
Pitzkasten. Auch die Einstellung des Bleches f ist für die gute Abscheidung der
Pitzen, also für den Zustand bzw. die Reinheit des gerissenen Materials maßgebend. Der erfahrene Effilochéerzeuger oder Kunstwollfabrikant erkennt an
dem Aussehen und der Menge der Pitzen im Vergleich zum gerissenen Material
die Leistungsfähigkeit und den Zustand seiner Maschine. Sie bildet für ihn auch
eine Kontrolle für die richtige Wahl und den guten Schliff seines Belages.

Tambur und Speisewalzen erhalten zweckmäßig Gleitlager mit Dauer-
schmierung. Kugellager haben sich für die schwer arbeitenden Vorreißertambure
nicht bewährt. Bei schwer auflösbarem Material werden die Trommeln nach
8 Tagen, eventuell selbst zweimal wöchentlich, bei leicht auflösbarem Material
nach 2 bis 3 Wochen gewendet. Dadurch arbeiten die Tambure mit der zweiten
Stiftenseite und nützen sich auch die Stifte gleichmäßiger ab.

Der Zustand des gerissenen Materials wird nach dem Stapel und dem noch
allfälligen Gehalt an Pitzen beurteilt. Werden bei gleichem Hadernmaterial die
Pitzen zahlreicher und der Stapel kürzer, so wird es notwendig, den Belag zu

schleifen oder, falls dies nicht mehr möglich, gegen einen neu belegten Tambur auszutauschen. Deshalb ist es erforderlich, zu jeder arbeitenden Trommel mindestens eine Reservetrommel vorrätig zu halten. Neue bzw. neugeschliffene

Abb. 350a. Vorreißer von Kohllöffel.

Beläge geben nicht sofort gutes Material, sondern erst wenn die Beläge 2 bis 3 Tage eingearbeitet sind. Nach dem Schleifen müssen die Entreewalzen und alle früher erwähnten Bleche neu eingestellt werden.

Das gerissene Material wird bei modernen Maschinen durch einen Luftstrom an zwei oder eine Ablieferungssiebtrommel geschleudert, die im Innern abgesaugt

Abb. 350b. Vorreißer von Kohllöffel.

wird. Die Baumwolle formt sich dadurch zu einer Watte, die Regulierung des Saugluftstromes erfolgt durch Ringschieber, die die Siebtrommel innen teilweise abdecken. Wie in der Baumwollspinnerei spielt die Stellung dieser Ringschieber für die Bildung der richtigen Watte eine große Rolle. Durch das Absaugen wird auch die Staubentwicklung im Arbeitslokal herabgesetzt. Der abgesaugte Staub wird durch Kanäle oder Blechleitungen in die Staubkammer oder den Staubturm

geblasen. Die letzteren erhalten ca. 14 m³ Absetzraum je angeschlossene Reiß-
maschine, um einen Rückstau zu vermeiden und staubfreie Arbeit zu erreichen.
Die Ausblaskanäle können ober oder unter den Maschinen abgeführt werden.
Sie sollen für allfällige Brandgefahr (Entstehung des Brandes in der Reißmaschine)
Verschlußklappen erhalten.

1. Die Reißmaschinenbeläge.

Die Abb. 336 zeigt eine Zusammenstellung der wichtigsten Belagarten. Für
weiche Reißarbeit werden runde Stifte, allenfalls bei langem Materialstapel auch
mit weiterem Abstande verwendet. Für harte Reißarbeit nimmt man dichtere,
kürzere Stifte, eventuell Kant- oder Flachstifte. Unrichtig gewählter Stiftenbelag
zeigt sich sofort an der Beschaffenheit des gerissenen Materials durch zu kurzes,
also zerstörtes Material bzw. in der Anwesenheit von Pitzen. Ist das Material
überwiegend kurz, so ist die Maschine zu eng zwischen Speisung und Tambur
eingestellt bzw. die Stifte zu scharf. Die Anwesenheit von Pitzen deutet auf zu
scharfe und neue Beläge hin, dabei sind die Pitzen noch fadenförmig. Bei zu
altem oder stumpfem oder zu wenig dichtem Belag werden die Pitzen mehr die
Gestalt kleiner Stoffstückchen annehmen. Zu hohe Tamburgeschwindigkeit liefert
gleichfalls zu kurzes Material. Systematische Beobachtung führt auch hier zu
guten Resultaten.

2. Das Aufziehen der Belagbrettchen.

Die Belagbrettchen müssen beim Eintreffen im Betrieb zuerst ca. 14 Tage
bei etwa 35⁰ C gut getrocknet werden. Sie sind womöglich warm, unbedingt aber
trocken auf den Tambur aufzulegen. Das Brettchen *1* (in Abb. 349) wird zuerst mit 2 Hakenschrauben befestigt, dann wird das Brettchen *3* befestigt; das
Brettchen *2* wird nun zwischen *1* und *3* so streng eingepaßt, daß es am Tamburumfang noch nicht aufliegt (ca. 2 mm Spielraum). So wird mit allen geradzahligen
und ungeradzahligen Brettchen verfahren. Dann wird über die Brettchenenden
an beiden Tamburrändern je ein kräftiger Stahlring, der nur heiß, bei ca. 300⁰ C,
streng passend aufgeschoben werden kann, befestigt. Die Blauwärme, d. i.
ca. 300⁰ C, erzielt man durch Einlegen der Ringe vor dem Auflegen in eine
ca. 300 mm dicke Schicht von Holzsägespänen, die man dann verbrennen läßt.
Die aufgezogenen Beläge werden hierauf mit einem Schleifsupport, der an der
Maschine befestigt werden kann, geschliffen, indem man den Tambur mit der
Arbeitsgeschwindigkeit laufen läßt und den Schleifstein vorsichtig anstellt. Der
Arbeiter soll bei dieser Arbeit seitlich, nicht vor der Maschine stehen, da die
Stifte ausbrechen und ihn gefährden können. Auch die Brandgefahr durch die
entstehenden Schleiffunken ist zu beachten.

Der in den Abb. 350a und b abgebildete Vorreißer von Kohllöffel hat Einzel-
antrieb mit Spezialmotor, der ein besonders hohes Anzugsmoment aufweist
(Mehrnutmotor). Der Kraftbedarf des Vorreißers steigt beim Reißen von dichten
und harten Baumwollhadern im Anlauf bis 25 PS, um im Dauerbetrieb auf 15 PS
zu fallen. Für rascheres Abstellen erhält die Trommelachse eine kräftig wirkende
Backenbremse *b*. Der Motor wird mit Stufenschaltung mit allmählich steigender
Tourenzahl bei stillstehendem Tisch, also ausgerückten Speisewalzen, angelassen
(Zahngetriebe *z*) und dann erst die Speisung eingerückt. Die Maschine hat
8 Geschwindigkeiten für die Speisung, die während des Betriebes umgeschaltet
werden können. Man kann auch kleine Fehler in der Wahl des Stiftenbelages
durch eine andere Regelung der Speisegeschwindigkeit ausgleichen. Die Entfernung der Speisewalzen ist gleichfalls während des Betriebes durch das Hand-

rad _h_ einstellbar, so daß beim Materialwechsel rasch ohne Ummontage die richtige Einstellung der Speisewalzen gefunden werden kann. Die Leistungen dieser auch für Kunstwolle verwendbaren Type, Tourenzahl, Kraftbedarf und Hauptmaße sind aus nachstehender Tabelle ersichtlich. Bei Kunstwolle dient die Maschine als Hauptreißer, bei Baumwolle als Vorreißer.

Modell Nr.	Tambur- durchmesser mm	Arbeitsbreite des Tamburs mm	Durchmesser der Antrieb- scheibe mm	Breite des Antrieb- riemens mm	Touren je Minute	Kraftbedarf unverbind- lich je nach Material PS	Ungefähre Gewichte in Kilogramm				Raumbedarf in Millimeter ohne Bedienung einschließlich Ablieferapparat	
							der Reißmaschine bei Zuführungsantrieb		des Woll- ablieferapparates			
							durch Räder- vorgelege (8 stufig)	durch Friktion (5 stufig)	ohne Venti- lation	mit Venti- lation	ohne Ventilation	mit Ventilation
I	1000	360	330	150	680	8—14	brutto 1550 netto 1350	1400 1220	320 275	550 500	4000·1500	4500·1500
II	640	360	270	130	720	6—12	brutto 1180 netto 1030	1000 900	320 275	550 500	3300·1400	3800·1400

Die Leistung ist wie der Kraftbedarf von der Beschaffenheit des Rohmaterials, der Bedienung, den Ansprüchen usw. abhängig. Normalerweise können unverbindlich je Stunde in kg gerechnet werden:

Modell	Neutuch	Alttuch	Tibet	Flanell	Shoddy	Baumwollene Lumpen		Jute und Emballagen
						feine	gröbere	
I	35	45	40	40	65	35	45	120—140
II	27	35	30	30	50	27	35	9—110

Bei besonders harten Baumwollwaren wird die Arbeitsbreite der Reißer auf ca. 360 mm herabgesetzt und der Tamburdurchmesser vergrößert. Die geringere Arbeitsbreite ist auch wegen der nötigen kleineren Speisewalzendurchmesser erforderlich. In neuerer Zeit hat Kohllöffel auch eine automatische Abführung der Pitzen aus dem Pitzkasten ausgeführt.

Abb. 351. Nachreißer von Kohllöffel.

Die Nachreißer.

Diese Maschinen sind als zwei- oder mehrtamburige Aggregate gebaut. Besonders die letzteren sind namentlich für die Fließarbeit und Großleistungen in Anwendung. Statt der zweitamburigen Bauart verwendet man auch vereinzelt die zweimalige Passage des Materials durch eine Einzelmaschine, nur ist die Wirkung dann geringer, da doch der gleiche Belag wirkt, während bei kombinierten Nachreißern die Beläge immer dichter und feiner werden.

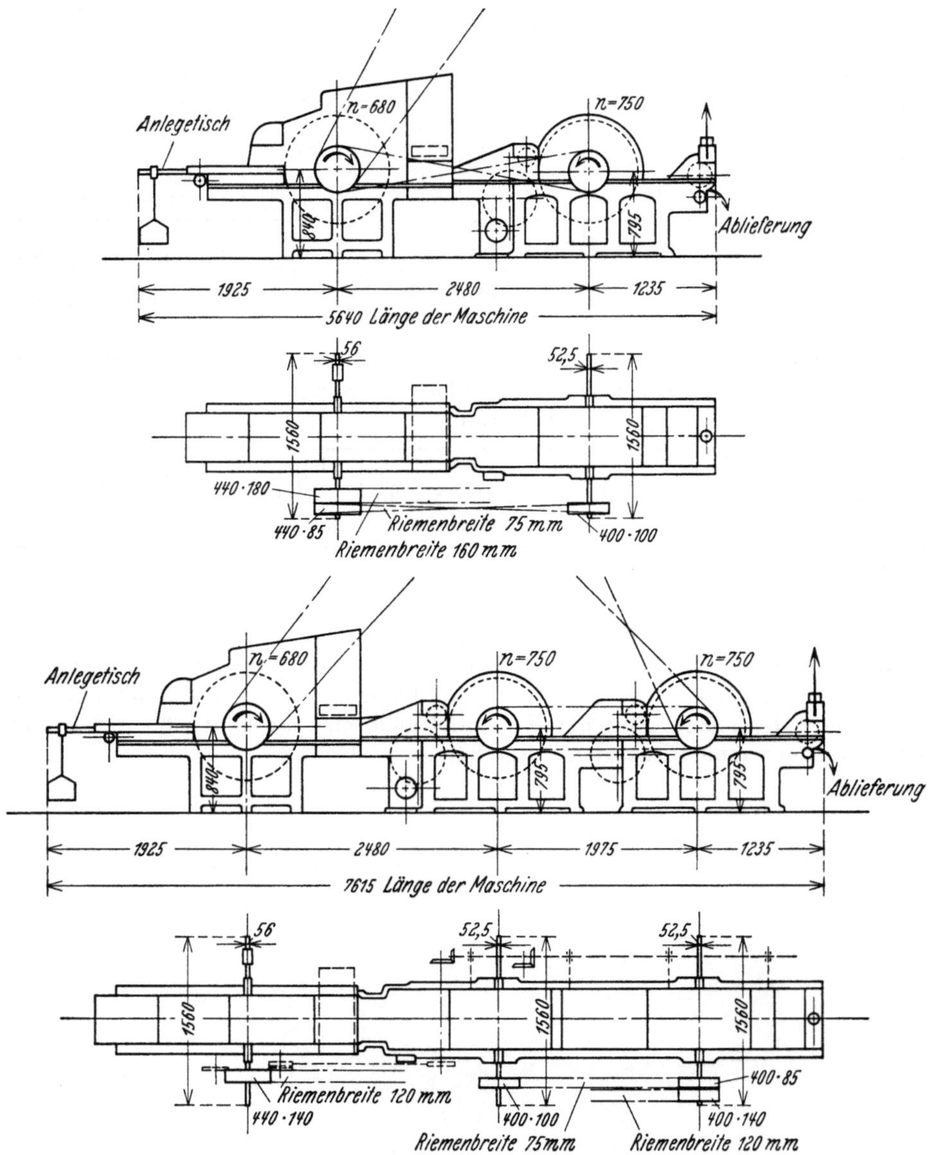

Abb. 352. Mehrtamburige Reißmaschinen.

Die Abb. 351 zeigt eine Nachreißmaschine der Bauart Kohllöffel mit veränderlich einstellbarer Tischgeschwindigkeit durch ein Stufenvorgelege *St*, dessen Zahnradwechselkasten 8 verschiedene Geschwindigkeitsstufen aufweist. Durch Einsetzen eines Wechselrades kann das Getriebe noch um 20% schneller laufen. Die Abbildung zeigt auch das Zahnradkettengetriebe für die untere Speisewalze. Der rückwärts angebaute Ventilator saugt die Siebtrommel und damit den Staub ab. Das Laufgewicht *G* sorgt für kräftige Zylinderbelastung, um ein Herausreißen ganzer Hadernstücke und damit die Bildung grober Pitzen zu verhindern. Der Speisewalzenradius muß um ca. 2 bis 3 mm größer sein, als der Stapel des zu reißenden Materials beträgt. Die Zuführgeschwindigkeit und die Speisewalzenentfernung vom Tamburspitzenkreis sind wieder regelbar.

Die mehrtamburigen Reißmaschinen bestehen in der Kupplung mehrerer eintamburiger Maschinen hintereinander, wie die Abb. 352 zeigt. Sie können auch zur Auflösung besonders weicherer Fadenenden als Vor- und Fertigreißer bzw. als Vor- und Nachreißer verwendet werden. Durch sorgfältige Abstufung der Stiftenbeläge (Dichte, Länge und Stiftendicke), die mit zunehmender Auflösung immer dichter werden, ferner durch sehr genau regelbare Speisegeschwindigkeit, durch genaue Einstellung des Tisches und der Speisewalzen, durch Regelung der Abführwalzen, die als Zufuhr für die nächste Speisung dienen, erhält man auch hier günstige Resultate. Als Nachreißer leistet die Maschine bei Vorlage ungerissener Fäden bis 45 kg je Stunde. Bei Vorlage vorgerissenen Materials kann man bis 120 kg je Stunde erreichen. Ein Nachreißaggregat kann dann die Produktion dreier Vorreißer bewältigen. Faden können, wie erwähnt, direkt im Nachreißer aufgelöst werden, dagegen erfordern Hadern unbedingt die Verwendung eines Vorreißers. Die Abbildung zeigt sowohl die Kombination eines Vorreißers mit einem Nachreißer als auch die Kombination eines Vorreißers mit 2 Nachreißern.

3. Das Schleifen und Wenden der Beläge.

Stumpf gewordene Beläge müssen rechtzeitig nachgeschliffen werden. Die Instandhaltung des Tamburbelages der Reißmaschinen ist eine Grundbedingung zur Erzielung eines gut spinnfähigen, gerissenen Materials. Seine Güte ist aus dem Stapeldiagramm erkenntlich, das, wie Abb. 353 zeigt, eine schwach ab-

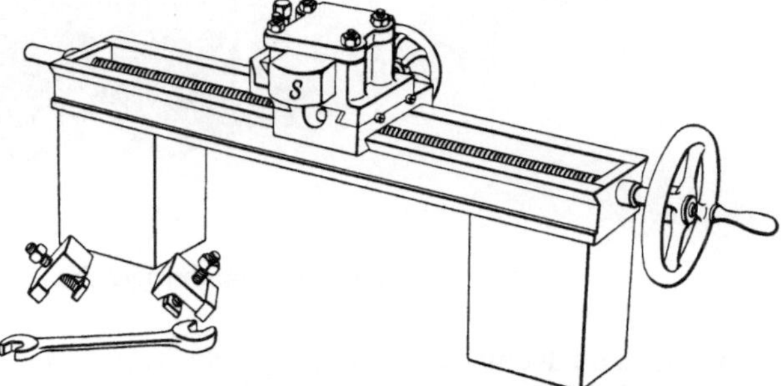

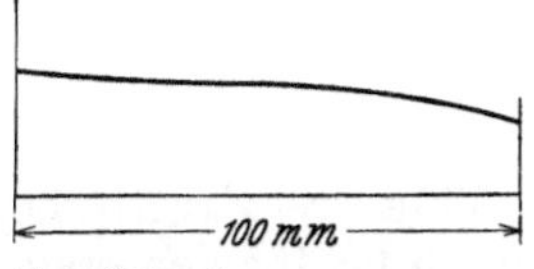

Abb. 353. Stapeldiagramm für Effilochés.

Abb. 354. Schleifsupport für Reißtrommel.
Schleifstein S.

fallende Kurve bilden soll. Unstetigkeit in diesem Diagramm zeigt Fehler in der Auflösung an. Das Schleifen stumpf gewordener Beläge kann in der Maschine erfolgen. Zu diesem Zweck wird die Tamburhaube abgehoben und der Schleifsupport (Abb. 354) in der Maschine an der den Speisewalzen entgegengesetzten Seite befestigt. Der Support wird genau mittels Stichlehre nach den Speisezylinderlagern parallel zu den Speisezylindern und zur Tamburachse eingestellt. Dann wird mit sehr leichtem Anstrich beginnend der Tambur mit der Arbeitstourenzahl (650 bis 1000 je nach Bauart) betrieben und durch den langsam von Hand aus durch die Schraubenspindel verschiebenden Stein S abgeschliffen. Vor dem Schleifen kontrolliert man noch den Tambur auf Rundlauf. Eine bekannte Tatsache ist, daß sich der Belag in der Mitte mehr abnützt als an den Tamburrändern, was mit der Handspeisung zusammenhängen dürfte, bei welcher der Arbeiter in der Mitte unwillkürlich mehr auflegt. Man muß daher beim Schleifen die Ränder des Belages stärker nachschleifen, um wieder eine

genau zylindrische Tamburspitzenfläche zu bekommen. Der Arbeiter soll wegen
der Gefährdung durch ausbrechende Stifte abseits stehen. Die Maschine ist vor
dem Schleifen gut vom Faserflug zu reinigen, um nicht durch die Schleiffunken
Feuer zu fangen. Das Schleifen erfolgt etwa 14 tägig, je nach Härte des zu reißenden Materials; je 8 tägig ist der Tambur zu wenden, um eine gleichmäßige Stift-
abnützung der Beläge zu erreichen. Bei Bestellung von neuen Belägen gibt man
das hauptsächlich zu reißende Material an und beziehe die Belagbrettchen nur
von besonders erfahrenen Spezialfirmen. Minderwertige oder falsch gewählte
Beläge liefern nicht nur schlecht gerissenes Produkt, sondern gefährden auch
den Arbeiter.

B. Das Öffnen von Vorgarnabfällen (Lunten).

Dieses lockere Produkt läßt sich bei geringsten Materialverlusten leicht auflösen. Man verwendet gewöhnlich 2, seltener mehr, als Nachreißer gebaute
Maschinen und nimmt größere, langsam laufende Trommeln (1000 mm, 850 Touren).

Abb. 355. Mehrtamburiger Nachreißer.

Die Beläge sind Rundstiftenbelag, ca. Nr. 6 und 7 der Abb. 336 a. Der Kraftbedarf
ist mit Rücksicht auf die leichte Auflösung sehr gering, ca. 5 PS für den ersten
Tambur und 4 PS für den folgenden. Das gerissene, oder richtiger in diesem
Fall aufgelockerte Baumwollmaterial wird eventuell auf einem Willow oder besser
Crighton-opener gelockert und von Staub und Flug gereinigt. Das Spicken oder
Naßreißen ist bei Vorgespinsten überflüssig, gefährdet nur die Fasern. Gespicktes,
gerissenes Baumwollmaterial darf auf keinen Fall, besonders in gepreßten Ballen,
länger liegen. Namentlich im Sommer besteht dann höchste Feuersgefahr. Mit
Rücksicht auf die billige Produktion wird, um mit einem Durchlauf spinnbares
Material zu erhalten, die Maschine auch mehr als zweitamburig gebaut, sie leistet
dann bis 80 kg je Stunde. Die Leistung hängt aber, wie immer, vom Vorlage-
material und Maschinenzustand ab. Für die Hauptlager der Tambure kann bei
Vorgarnöffnern unbedenklich der Einbau von Kugellagern erfolgen. Der verstellbare Anlegetisch, ebensolche Speisewalzen, Staubabsaugung und automatischer
Wattentransport gehören zur modernen Ausrüstung einer solchen Anlage.
    Öffnen von Fertiggarnresten der Spinnerei, Weberei und Zwirnerei. Ein-
fache Garne lassen sich naturgemäß leichter und mit besserer Ausbeute an
Fasergut auflösen, als gezwirntes Material. Für lose, weich gesponnene Garn-

abfälle genügt zur Öffnung eine 2—3 tamburige Maschine, wie sie etwa Abb. 355 zeigt. Die Maschine kann sowohl zum Nachreißen von vorgerissenem Baumwollhadernmaterial, wie zum Öffnen von Fadenabfällen benützt werden. Wird die Maschine mehr als zweitamburig gebaut, so verwendet man vom dritten Tambur an Sägezahndrahtbelag, der analog den Stiftenbelägen mit fortschreitender Auflösung des Materials dichter wird. Man steigt in der Sägezahndrahtnummer von Tambur zu Tambur immer um ca. 2 Nummern. Die Tamburlager können mit Rücksicht auf die leichtere Reißarbeit als Kugellager gebaut werden. Die Maschine kann bei 6 tamburiger Anordnung, bei einer Arbeitsbreite von 480 mm, bis 120 kg Material je Stunde öffnen. Die Abb. 356 zeigt eintamburige Vorreißer und 2—6 tamburige Nachreißer im Längenschnitt. Das gerissene Material wird von jedem Tambur gegen die dahinter liegenden Siebtrommeln geworfen, deren Saugwirkung durch die innen angeordneten Ringschieber geregelt wird, so daß eine gleichmäßige Watte entsteht, die als Speisung für die nächste Reißtrommel dient. Auch die Maschinen mit Sägezahndrahtgarnierung müssen trotz der eventuell unter dem Tambur angeordneten Putzbürsten täglich bei Arbeitsschluß gereinigt und zwei- bis viermal monatlich nachgeschärft werden. Das Nachschärfen dieser Beläge geschieht durch langsame Drehung der Trommeln gegen die Arbeitsrichtung in der Maschine oder auf der Drehbank, wobei der Belag mit einer feinen Messerfeile nachgeschärft wird. Nachher wird mit einem Schleifstein bei schneller Tamburdrehung der Belag abgezogen. Das gerissene Material bzw. der Fortschritt in der Auflösung kann durch Probenentnahme hinter den Siebtrommeln (durch die Kontrollfenster in der Seitenwand) überprüft werden. Bei harten, gezwirnten Fadenenden (Hartwaterenden) ordnet man 2 Maschinengruppen an. Ein Vorreißeraggregat mit Stiftenbelag arbeitet mit 2 Nachreißaggregaten, die Sägezahnbelag erhalten, zusammen. Besonders scharf gezwirnte Fadenenden, die eventuell merzerisiertes Garn oder Seidenfäden enthalten, werden auf reinen Sägezahndrahtöffnern, Garnettöffnern mit feinem Belag, behandelt. Sie gleichen den Konstruktionen, welche in der Kunstwollspinnerei besprochen wurden. In diesen Fällen werden diese Maschinen auch als „Trümmerreißer" bezeichnet. Sie erhalten besonders feinen Belag und das auf ihnen aufgelöste Material wird eventuell noch auf Droussierkrempeln weiter aufgelöst. Die Maschinen sind in der Art der Reißkrempeln oder auch als Gilljam-Krempeln gebaut. Die Auflockerung erfolgt auf das schonendste bei geringsten Abfallverlusten.

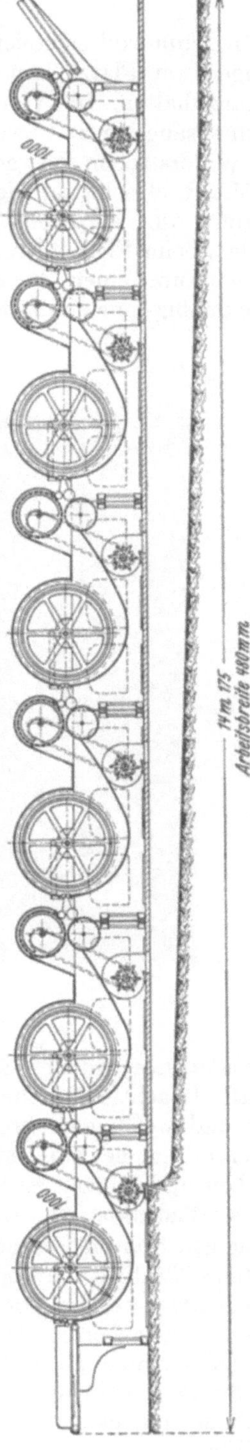

Abb. 356. Effilochésaggregat.

C. Effilochieranlagen.

In Baumwollreißereien ist weitgehendste Anordnung von Staubabsaugungsanlagen am Platze, um die unter diesen Arbeitern grassierende Tuberkulose hintanzuhalten. Im Verein mit einer guten Luftbefeuchtung kann eine gute Staubabsaugung weit zweckmäßiger wirken, als die von den Arbeitern meist nur mit Widerstreben verwendeten Atmungsfilter.

Mit Rücksicht auf die hohe Feuersgefahr ist in Reißereien die separate Abschalung der einzelnen Maschinen in feuersicheren Boxen zweckmäßig. Besonders beim Effilochieren soll jeder Arbeitsstand einen Handfeuerlöscher, jeder Arbeitsraum einen Feuerhydranten erhalten. Gerissene Materialien werden zweckmäßig pneumatisch in den Einsackraum bzw. Ballenpackraum geführt.

Abb. 357. Fadenklauber.

Fadenenden in der Spinnerei und besonders in der Weberei werden beim Anfall oft achtlos durcheinandergeworfen. Sie müssen dann nach Farbe und in hart und weich gedrehte Fäden sortiert werden. Das Ausklauben der harten Fäden erfolgt heute meist mechanisch am sogenannten Fadenklauber. Das Ausklauben und Kürzen zu langer Fadenreste erfolgte früher von Hand aus.

Der **Fadenklauber**, Bauart Kitson (Abb. 357), wird heute von allen einschlägigen Spinnmaschinenfabriken gebaut. Die Maschine hat 3 kräftig gebaute Stiftenreißwellen, die über einem Rost mit 1200 Touren je Min. rotieren. Die Fadenenden werden portionsweise in die Einwurföffnung *ö* der oberen Verschalung eingeworfen. Das weiche Material wird aufgelöst und als Watte über eine Siebtrommel abgeführt, die harten und längeren Fäden wickeln sich um die Klopfwellen. Man stellt deshalb zeitweilig die Maschine ab, öffnet die Verschalung und schneidet mit einem krummen Spitzmesser diese Enden herunter. Die Einwurföffnung muß so klein bemessen sein, daß die einführende Hand des Arbeiters nicht gefährdet ist, d. h. nicht bis in den Schlagkreis der Reißwellen reichen kann. Die Abbildung zeigt den Fadenklauber in geöffnetem Zustand. Der Arbeiter hat eben die aufgewickelten Fadenenden entfernt und wirft dieselben unter die Maschine. (Richtiger wäre getrennte Ablage in einen Korb. Am linken Maschinenende der Abzugsventilator des Rostes.) Das Öffnen der Verschalung zur Wellenreinigung ist nur bei abgestellter Maschine möglich. Die Maschine öffnet ca. 9 bis 14 kg Fadenenden je Stunde. Sie benötigt bei Einzelantrieb etwa 2 PS. Das vorgelockerte Material kann dann in Nachreißern völlig aufgelöst werden. Die ausgeklaubten harten Fäden kommen auf den Garnettöffner.

D. Die Weiterverarbeitung der Effilochés.

Die Weiterverarbeitung des Effilochés erfolgt in der Art, daß man sie, entweder mit minderen Baumwollen oder mit Baumwollspinnabgängen manipuliert, als Reinbaumwollgarne, sog. Vigognegarne oder Barchentgarne, verspinnt. Vielfach mengt man sie auch in Kunstwollpartien herein, wo sie bei minderen Kunstwollen die Tragkraft des Garnes übernehmen. Beim Krempeln der Effilochépartien sind die in der Kunstwollkrempelei angegebenen Grundsätze zu beachten. Kleine Arbeiter und besonders Wenderwalzen bei großen Tamburen, die nicht allzu schnell laufen, sind wesentlich, ferner scharf eingestellte Beläge, eventuell gehärtete Kratzen, sehr intensive Nitschelung. J. Kern und Schervier in Aachen verwenden bei ihrem „halbstarren" Kratzenbelag eine besonders verstärkte Stoffunterlage für die Kratzenhäkchen, wodurch eine intensivere Auflösung bei Schonung der Fasern infolge der Häkchenelastizität erreicht wird.

Man empfiehlt diesen Belag besonders für Drousetten.

Die Feinspinnerei, die auf Selfaktoren erfolgt, erhält kurzen Wagenauszug, sehr kleinen Wagenverzug (5 bis 8% eventuell weniger), scharfen Draht mit größerem Wagenrückgang, um die Schwäche des Materials zu berücksichtigen. Besonders grobe, weichgedrehte Dochtgarne oder Teppichfüllschußgarne werden mit Beimengung minderer Baumwollsorten auf Topfspinnmaschinen fertiggesponnen.

Weitere, einzeln käufliche Teile des achten Bandes der „Technologie der Textilfasern":

***Erster Teil: Wollkunde.** Bildung und Eigenschaften der Wolle. Bearbeitet von Dr. **Gustav Frölich**, Professor an der Universität Halle a. S., Direktor des Instituts für Tierzucht und Molkereiwesen, Dr. **Walter Spöttel**, Privatdozent an der Universität Halle a. S., und Dr. **Ernst Tänzer**, Privatdozent an der Universität Halle a. S. Mit 172 Textabbildungen und 2 farbigen Tafeln. IX, 419 Seiten. 1929.

Gebunden RM 54.—

Dritter Teil: Chemische Technologie der Wolle und die dazugehörigen Maschinen. Von Professor **G. Ulrich** und Geh. Reg.-Rat Dipl.-Ing. Professor **H. Glafey.**

In Vorbereitung.

Vierter Teil: Weltwirtschaft der Wolle. Bearbeitet von Dr. jur. **H. Behnsen,** Berlin, und Dr. rer. pol. **W. Genzmer,** Berlin. IX, 195 Seiten. 1932.

Gebunden RM 32.—

***Handbuch der Spinnerei.** Von Ingenieur **Josef Bergmann †**, o. ö. Professor an der Technischen Hochschule in Brünn. Nach dem Tode des Verfassers ergänzt und herausgegeben von Dr.-Ing. e. h. **A. Lüdicke,** Geh. Hofrat, o. Professor emer., Braunschweig. Mit 1097 Textabbildungen. VII, 962 Seiten. 1927. Gebunden RM 84.—

Bisher erschienen zumeist in der Fachliteratur Abhandlungen über die Spezialgebiete der Spinnerei, es fehlte an einem Kompendium, das die gesamte Materie zusammenfassend und nach dem Stande der neuesten Technik darstellte. Diesem fühlbaren Mangel hilft das vorliegende Werk ab, dessen Verfasser als Autoritäten der Textilwissenschaft bekannt sind. Der größte Teil des Buches, etwa neun Zehntel des Ganzen, ist von Professor Bergmann verfaßt, nach dessen Tode Professor Lüdicke den Inhalt ergänzte und das Werk vollendete. Alles was die ausgedehnte und wichtige Spinnereiindustrie umfaßt, wird in sachverständiger und leicht verständlicher Form zum Gegenstand gründlicher Behandlung gemacht, so daß der Leser sich aufs beste über die moderne Spinnereitechnik unterrichten kann ... Mit diesem inhaltreichen Buche wird dem Textiltechniker ein äußerst wichtiges und kaum entbehrliches Mittel in die Hand gegeben, seine Kenntnisse zu vermehren und die neuesten technischen Hilfsmittel kennenzulernen. Auch der Textilkaufmann wird aus dem Werke neues und reiches Wissen schöpfen können. *„Textil-Woche"*

***Die Spinnerei in technologischer Darstellung.** Ein Hilfsbuch für den Unterricht in der Spinnerei an technischen Lehranstalten und zur Selbstausbildung sowie ein Handbuch für jeden Spinnereifachmann. Von Dr.-Ing. **Edw. Meister,** o. Professor an der Technischen Hochschule zu Dresden. Zweite, vollständig neubearbeitete Auflage des gleichnamigen Werkes von G. **Rohn †**. Mit 223 Textabbildungen. VI, 243 Seiten. 1930. Gebunden RM 15.50

Die Neubearbeitung des Rohnschen Buches durch Prof. Dr. Meister ist außerordentlich zu begrüßen. Auf engem Raum wird die gesamte Spinnerei einer leicht verständlichen technologischen Betrachtung unterworfen. Dadurch, daß die technologischen Grundbegriffe, die für die Spinnerei allgemein gelten, dem Werk vorangesetzt sind, können die einzelnen Spinnereizweige, wie Baumwollfeinspinnerei, Grob-, Vigogne- und Baumwollabfallspinnerei, Wollstreichgarn- und Kammgarnspinnerei, Flachs-, Hanf-, Jute-, Seide-, Kunstseide- und Asbestspinnerei ohne Wiederholung der bereits erörterten Vorgänge an Hand sehr guter Abbildungen besprochen werden. Das Buch ist in erster Linie für den Unterricht an technischen Lehranstalten bestimmt, aber es eignet sich wegen seiner vorzüglichen Darstellungsweise ebensogut zum Selbststudium und ist in der Hand des Spinnereifachmannes ein wertvolles Nachschlagewerk. *„Melliand Textilberichte"*

** Auf alle vor dem 1. Juli 1931 erschienenen Bücher wird ein Notnachlaß von 10% gewährt.*

Zur Einführung.

Die „Technologie der Textilfasern" ist so angelegt, daß die ersten drei Bände die naturwissenschaftlichen und die gemeinsamen technologischen Grundlagen, die weiteren die einzelnen Fasern zum Gegenstande haben.

Der erste Band wird die naturwissenschaftlichen Grundlagen, vor allem Physik und Chemie der Textilfasern, behandeln.

Der zweite Band enthält die mechanische Technologie, das Spinnen, Weben, Wirken, Stricken, Klöppeln, Flechten, die Herstellung von Bändern, Posamenten, Samt, Teppichen, die Stickmaschinen. Hierbei sind beim „Spinnen" und „Weben" nur die wesentlichen Grundlagen übersichtlich dargestellt, während die Ausbildung der Maschinen und Verfahren für den Spezialisten in den späteren Bänden, bei den einzelnen Fasern, eingehend erörtert wird. Dagegen bringen die weiteren oben angeführten Kapitel ausführliche Beschreibungen, so daß nur bei wichtigen Sonderfällen in den späteren Bänden kurze Wiederholungen zu finden sein werden.

Der dritte Band gibt eine moderne Darstellung der Farbstoffe und ihrer Eigenschaften, während die Färberei und überhaupt die chemische Veredelung keine allgemeine zusammenfassende Darstellung erfahren, sondern bei jeder Faser speziell besprochen sind.

Mit dem vierten Bande beginnt die Darstellung der Einzelfasern. Dieser Baumwollband — und analog sind die den anderen Faserstoffen gewidmeten aufgebaut — enthält: Botanik, mechanische und chemische Veredelung, Wirtschaft und Handel.

Der fünfte Band behandelt Flachs, Hanf und Seilerfasern, Jute:

der sechste Seide;

der siebente Kunstseide;

der achte Wolle.

Ergänzungsbände sollen vorläufig ausgeschaltete Sondergebiete und vertiefte Darstellungen allgemeinerer Natur enthalten, sowie methodische und analytische Monographien aufnehmen.

Durch die gewählte Anordnung sollte insbesondere auch ermöglicht werden, daß, unter tunlichster Vermeidung von Wiederholungen in größerem Umfange, der Einzelband oder Teilband, wenn auch ein organisches Glied des Ganzen, doch auch ein abgeschlossenes Einzelwerk darstellt. Dieser Gesichtspunkt erscheint wesentlich; denn bei der Vielseitigkeit der Materie waren nicht nur die Interessen der Textiltechniker und -industriellen, sondern auch die des Maschinenbauers, Chemikers und Physikochemikers, des Botanikers und Zoologen, sowie des Wirtschaftlers zu berücksichtigen und sind in der eingehenden, in vielen Fällen wenigstens in diesem Ausmaße oder in deutscher Sprache erstmaligen Darstellung auch in weitem Umfange berücksichtigt worden.

Das eigenartige Zusammenströmen der Wissenschaften, ihre Vereinigung durch die Empirie in das gemeinsame Bett der Textilindustrie ist wohl als charakteristisch erkannt, aber bisher nicht zu einem großen systematischen, allgemeingültigen Lehrgebäude aufgebaut worden. In diese Richtung vorwärts zu führen, systematisch durch bewußte wissenschaftliche Analyse die Empirie zu verdrängen, ist das letzte Ziel des umfangreichen Werkes, das nur durch die mühselige Arbeit und bereitwillige Einordnung der Mitarbeiter und durch die verständnis- und opfervolle Unterstützung des Verlages ermöglicht wurde.

Es sei gestattet, an dieser Stelle den wärmsten Dank an alle Firmen und anderen privaten und öffentlichen Stellen auszusprechen, die die Herstellung des Werkes durch Überlassung, oft durch Anfertigung neuer Zeichnungen und Bilder, durch besondere Mitteilungen und in sonstiger Weise unterstützt haben!

Der Herausgeber.